国家级职业教育规划教材
人力资源和社会保障部职业能力建设司推荐
高等职业技术院校电类专业教材

自动化综合实训

ZIDONGHUA ZONGHE SHIXUN

主　编　王兆晶
副主编　刘传顺　林尔付

中国劳动社会保障出版社

简介

本书主要内容包括自动化生产线的安装调试与维修、数控机床的电气装调与维修、电梯的安装调试与维修，以及复杂机床的电气测绘与改造等。

本书由王兆晶主编，刘传顺、林尔付副主编，其中课题一由王兆晶、刘传顺、朱玲编写，课题二由林尔付、宋明学、宋玉庆编写，课题三由孙常华、尹四倍、谢国用编写，课题四由屈安山、李苏扬、司永祥编写；赵杰审稿。

图书在版编目（CIP）数据

自动化综合实训/王兆晶主编. —北京：中国劳动社会保障出版社，2017

高等职业技术院校电类专业教材

ISBN 978-7-5167-2986-1

Ⅰ.①自… Ⅱ.①王… Ⅲ.①自动化技术-高等职业教育-教材 Ⅳ.①TP2

中国版本图书馆 CIP 数据核字(2017)第 120992 号

中国劳动社会保障出版社出版发行

（北京市惠新东街1号 邮政编码：100029）

*

北京市艺辉印刷有限公司印刷装订 新华书店经销

787 毫米×1092 毫米 16 开本 24.5 印张 566 千字

2017 年 6 月第 1 版 2024 年 5 月第 4 次印刷

定价：46.00 元

营销中心电话：400-606-6496

出版社网址：http://www.class.com.cn

http://jg.class.com.cn

前　言

为了更好地适应全国高等职业技术院校电类专业教学要求，全面提升教学质量，人力资源和社会保障部教材办公室组织有关学校的一线教师和行业、企业专家，充分调研企业生产和学校教学情况，广泛听取各职业技术院校对教材使用情况的反馈意见，对2006年至2007年出版的全国高等职业技术院校电类专业基础平台教材和电气自动化技术专业模块教材进行了修订，并做了适当的补充开发。

本次教材修订（新编）工作的重点主要体现在以下四个方面：

第一，科学合理安排内容，融入先进教学理念。

根据电类专业毕业生所从事职业的实际需要和教学实际情况的变化，合理确定学生应具备的能力与知识结构，适当调整部分教材的内容及其深度、难度，如《数控机床电气检修（第二版)》中增加了教学中广泛使用的广数GSK980T系统的相关知识；根据相关工种及专业领域的最新发展，在教材中充实“四新”内容，如《变频器应用技术（三菱　第二版)》中改用目前广泛应用的较新型的FR－E740型通用变频器。同时，结合教学改革要求，在教材中融入较为成熟的课改理念和教学方法，以完成具体典型工作任务为主线组织教材内容，将理论知识的讲解与具体的任务载体有机结合，激发学生学习兴趣，提高学生实践能力。

第二，进一步完善教材体系，充分满足教学需求。

在进一步完善现有教材教学内容的基础上，适应专业发展趋势，新开发了《电力电子技术》《过程控制技术》《工业组态软件应用技术》《自动化综合实训》教材，以充分满足当前电气自动化技术专业教学的实际需求。同时，相关教材还可满足“生产过程自动化技术”“工业网络技术”“计算机控制技术”等其他电类专业方向的教学需要。

第三，涵盖国家职业标准，与职业技能鉴定要求相衔接。

教材编写坚持以国家职业标准为依据，涵盖相关国家职业标准中、高级的知识和技能要求，并在与教材配套的习题册中增加针对相关职业技能考试的练习题。同时，严格贯彻国家有关技术标准的要求。

第四，进一步开发辅助产品，提供优质教学服务。

根据大多数学校的教学实际需求，部分教材还配套开发了习题册，以便于学生巩固练习使用。与教材配套的电子课件等教学资源可通过职业教育教学资源和数字学习中心（http://zyjy.class.com.cn）下载。

本次教材的修订（新编）工作得到了江苏、安徽、山东、河南、湖南、广东、广西、四川等省人力资源和社会保障厅及一些高等职业技术院校的大力支持，教材的编审人员做了大量的工作，在此我们表示诚挚的谢意。

人力资源和社会保障部教材办公室

2017 年 6 月

目 录
CONTENTS

国家级职业教育规划教材

课题一　自动化生产线的安装调试与维修

任务1　认识自动化生产线

学习目标

1. 熟悉自动化生产线的结构组成。
2. 了解自动化生产线的基本功能。
3. 掌握自动化生产线的工作过程。
4. 能正确进行自动化生产线的基本操作。

任务引入

自动化生产线是指人们按照产品加工工艺过程，把自动化专机以及辅助机械设备连接起来而形成的、具有独立控制功能的生产系统。自动化生产线在很大程度上可以说是现代工业的生命线，不仅仅是因为它具有非常高的生产效率，更是因为它具有非常广泛的应用空间。机械制造、电子信息、石油化工、轻工纺织、食品制药、汽车生产以及军工业等现代化工业的发展都离不开自动化生产线。如图1—1—1所示为几种常见的自动化生产线。

自动化生产线是在传统流水生产线和自动化专机的功能基础上逐渐发展起来的。它通过自动化输送及其他辅助装置，按照特定的生产流程，将各种自动化专机连接成一体，并通过气动、液压、电动机、传感器和电气控制系统使各部分的动作联系起来，使整个系统按照规定的程序自动工作，连续、稳定地生产出符合技术要求的特定产品。如图1—1—2所示为DL－MPS500A型自动化生产线教学实训设备实物图。

本任务主要是认识如图1—1—2所示自动化生产线的结构组成，并完成自动化生产线的基本操作。

a)

b)

c)

d)

图 1—1—1　几种常见的自动化生产线
a）汽车生产线　b）冰箱生产线　c）饮料生产线　d）成品包装生产线

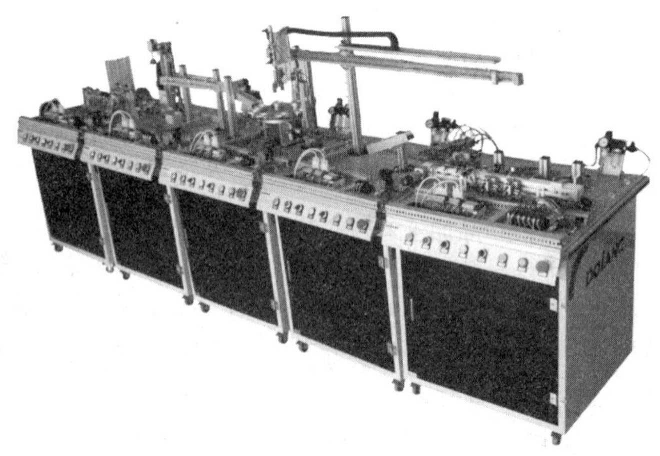

图 1—1—2　DL－MPS500A 型自动化生产线教学实训设备实物图

相关知识

一、自动化生产线的结构组成

根据制造行业及工艺上的区别，自动化生产线有很多类型，如自动化机械加工生产线、自动化装配生产线、自动化喷涂生产线、自动化焊接生产线、自动化电镀生产线等。其中最典型的有两种，一种为自动化机械加工生产线，用于机械零件加工行业；另一种为自动化装配生产线，用于各种产品的后期装配生产。本书主要以自动化装配生产线为例介绍自动化生产线的结构组成。

自动化装配生产线的结构原理与手工装配流水线、自动化机械加工生产线是非常相似的，只不过在手工装配流水线上的操作者是工人，自动化机械加工生产线上的操作者是各种工作站或自动机床，而在自动化装配生产线上则由各种自动化装配专机来完成各种装配工艺。自动化装配生产线流程图如图 1—1—3 所示。

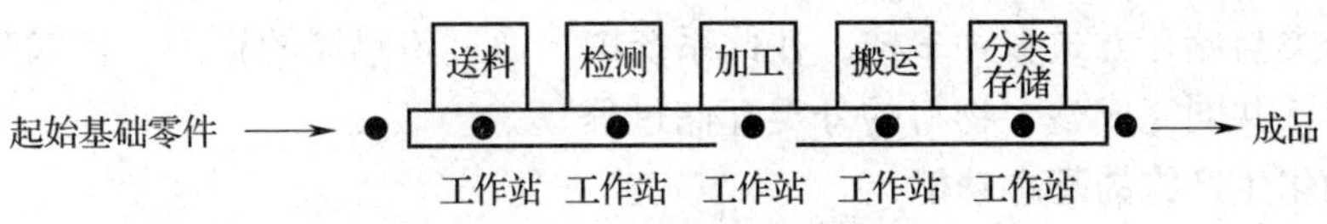

图1—1—3　自动化装配生产线流程图

自动化装配生产线主要包括送料机构、检测机构、加工机构、搬运机构、分类存储机构等，如图1—1—4所示。除此之外，经常还可能有部分人工操作的工序，用于代替技术上极难实现自动化或在成本上并不经济的装配工序，组成同时包括机器自动操作与人工操作的混合型自动化装配生产线。

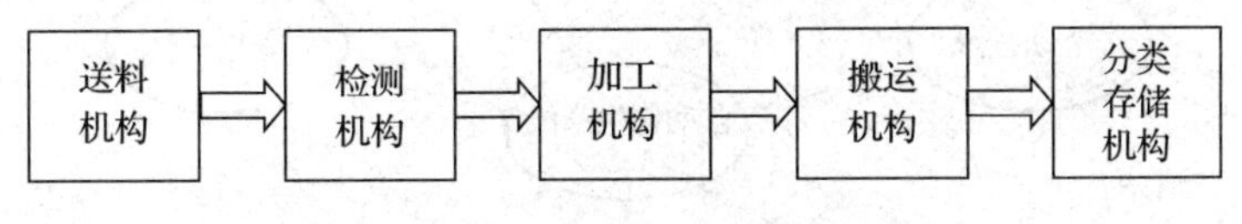

图1—1—4　自动化装配生产线的结构组成

1．送料机构

送料机构通常作为自动化生产线的第一个单元，完成工件的输送。在此系统中，物料的输送是将待加工的工件从第一个单元输送到第二个单元，通过传送机构及气动机械手完成整个送料过程。

2．检测机构

检测机构是实现自动控制和自动调节的关键环节，也是自动化生产系统不可缺少的关键技术之一，其水平高低在很大程度上影响和决定着系统的功能。其水平越高，系统的自动化程度就越高。在一套完整的自动化生产系统中，如果不能利用检测机构对被控对象的各项参数进行及时准确的检测，并转换成易于传送和处理的信号，所需要的用于系统控制的信息就无法获得，整个系统就无法正常有效地工作。

3．加工机构

加工机构是自动加工生产系统不可缺少的关键环节，其水平高低在很大程度上影响和决定着系统的功能。其精度越高，系统的可靠性就越高。

物料的加工通常有多种形式，而对于重复又要求复杂的加工工序，可以通过数控技术快速、准确地加工工件，在实际工厂中通常使用数控机床、数控铣床、数控加工中心等设备实现快速准确的加工任务。在DL－MPS500A型自动化系统中，物料的自动加工是通过钻孔装置模拟实现的。

4．搬运机构

搬运机构在自动化生产系统中主要完成工件的搬运工作。工件的搬运通常有多种形式，而对于重复又要求复杂的搬运，可以通过自动化技术控制机械装置执行相应动作，快速、准确地搬运工件。在实际工厂中通常使用行车等搬运设备将物品从一个地方搬运到另一个地方。在DL－MPS500A型自动化系统中，物品的搬运是将加工完成的工件从上一个单元搬运到下一个单元，通过气动机械手完成整个搬运过程。

5．分类存储机构

分类存储机构通常作为自动化生产系统的最后一个单元，完成成品工件的搬运与分类储存。工件的分类与储存方式多种多样，在此系统中，通过传感器的检测、传输带的输送及推料气缸的组合，共同完成整个物料的分类存储过程。

二、自动化生产线的基本功能

自动化生产线集机械技术、电工电子技术、传感测试技术、PLC 控制技术、接口技术、驱动技术、网络通信技术等多种核心技术于一体，如图 1—1—5 所示。

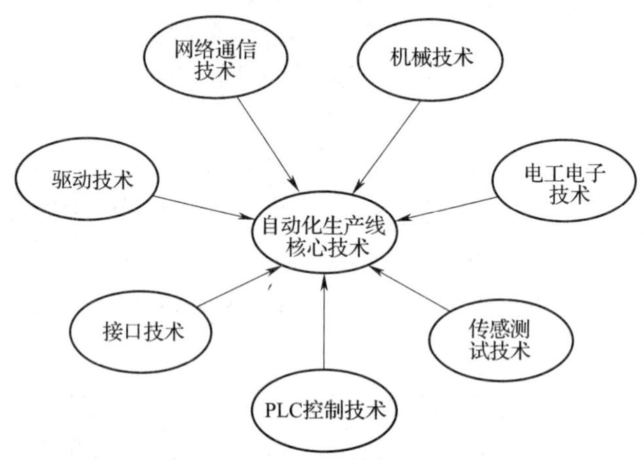

图 1—1—5　自动化生产线的核心技术

由于生产的产品不同，各种类型的自动化生产线的大小不一，结构有别，功能各异。从功能上来看，不论何种类型的自动化生产线都应具备最基本的四大功能，即运转功能、控制功能、检测功能和驱动功能。运转功能在生产线中依靠动力源来提供。控制功能在自动生产线中，主要由微型计算机、单片机、可编程序控制器或其他一些电子装置来实现。在工作过程中，设在各部位的传感器把信号检测出来，控制装置对信号进行存储、运输、运算、变换等，然后用相应的接口电路向执行机构发出命令，完成必要的动作。检测功能主要由位置传感器、直线位移传感器、角位移传感器等各种传感器来实现。传感器收集生产线上的各种信息，如位置、温度、压力、流量等传递给信息处理部分完成控制作用。驱动功能主要由电动机、液压缸、气压缸、电磁阀、机械手或机器人等执行机构来实现。

三、自动化生产线的工作过程

如图 1—1—2 所示的自动化生产线教学实训系统主要由送料机构、检测机构、加工机构、搬运机构、分类存储机构组成，其工作过程主要分以下几步。

1．送料

料仓里的工件按顺序供给，吸盘将工件从送料机构传送到检测机构。

2．检测

传感器检测工件颜色和材质，提升气缸（无杆气缸）上升，高度测量气缸下降，光电传感器测量工件高度。若为合格品（中等的位置），直流电动机控制传输带启动，合格品到达加工站，传输带停止运行；若为不合格品（低、高的位置），提升气缸下降，不合格品放入废料槽。

3. 加工

光电传感器确认工件到达转盘之后，转盘旋转 45°，把工件送到相应的加工位置上，钻孔加工模块加工工件内径，然后转盘旋转将工件送到下一个位置，并利用检测气缸判断工件是否钻孔及钻孔是否合格，如果气缸前进到底，说明加工正常，否则是次品。

4. 搬运

加工模块完成加工工作之后，由搬运模块完成搬运工作。

5. 分类存储

分类存储机构接收到启动信号，机械手将工件从缓冲机构搬运到分类存储机构，传输带启动，传感器检测到工件到达，工件按预设的顺序被储存到相应的滑槽，入库传感器检测到工件，入库完成，传输带停止运行，前进的转换气缸的活塞杆缩回。

任务实施

一、任务准备

实施本任务所需要的实训设备及工具材料见表 1—1—1。

表 1—1—1　　实训设备及工具材料

序号	设备与工具	型号或规格	数量
1	自动化生产线实训设备	DL－MPS500A 型自动化生产线	1 套
2	电工常用工具	剥线钳、旋具、压线钳、测电笔、万用表等	1 套

二、自动化生产线结构组成的识别

正确指认如图 1—1—2 所示的 DL－MPS500A 型自动化生产线教学实训设备各单元名称，并填写在表 1—1—2 中。

表 1—1—2　　自动化生产线结构组成的识别

单元	第一单元	第二单元	第三单元	第四单元	第五单元
组成名称					

三、自动化生产线的基本操作

1. 送电准备工作

（1）气路检查

检查气源是否引入实训装置，且压力表调至 0.4 MPa；检查气路是否接错，气缸气管有无漏接现象；手动操作电磁阀，调节流量阀，使气缸动作正常。

（2）传感器检查

检查各传感器接线是否有虚接、漏接、错接现象；气缸到位后，检查相应的磁性开关是否动作；工件到位后，检查相应的传感器是否有信号；用万用表分别测试主电源和控制回路电源是否有短路现象。确认电路连接无误后方可送电。

（3）按钮检查

检查各按钮、开关等电气元件接线是否有虚接、漏接、错接现象；按钮、开关等动作时，触头是否动作。

注意

1）一定要使用接有地线的插座，防止漏电和触电。

2）不要使用旧的插座或者电源线，否则有触电及火灾危险。

3）保证在外围供电电压为 AC220（1±10%）V、气压为 0.4～0.6 MPa 的情况下操作，以免设备出现异常情况。

4）控制器或传感器附近禁止带有磁性的物体接近，以免器件出现误差或故障。

5）确认电路、气路及系统连接无误后方可送电启动。

2. 送电操作顺序

开启设备总电源，给气泵供电。当气泵压力达到 0.4～0.6 MPa 时，打开气泵气阀，打开单站气源处理器（压力值为 0.4～0.6 MPa），合闸给单站送电。送电顺序如下：

分类存储→缓冲→搬运→加工→检测→送料

将各站的 PLC 打至“RUN”挡，再将“手动/自动”开关打至“自动”挡，“单站/网络”打至“网络”挡，准备就绪后，从最后一站开始将每站的急停按钮按下，然后松开每站的急停按钮，此时复位指示灯就会提示操作人员按下每站的复位按钮，各站设备复位完成后，启动灯会闪烁，接着就按下启动按钮，各站进入工作状态。

各站操作流程框图如图 1—1—6 所示。

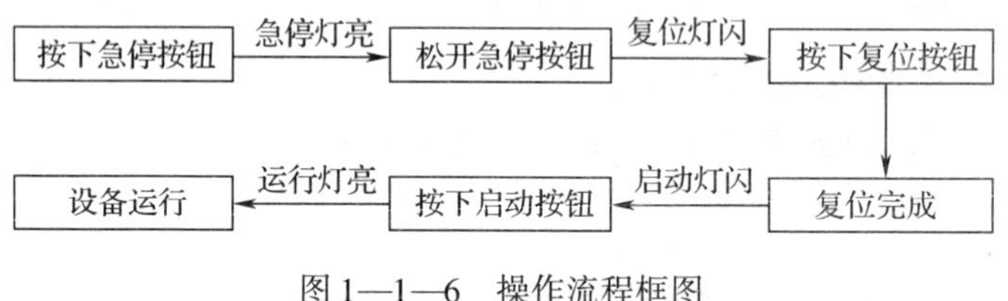

图 1—1—6　操作流程框图

3. 断电操作顺序

注意

先断电，再关气源，最后关闭设备总电源。

（1）断电

先按下急停按钮，然后关闸，即断开各站断路器。断电顺序如下：

送料→检测→加工→搬运→缓冲→分类存储

（2）关气源

先关闭气源处理器手阀，然后关闭总气阀，即关闭气泵手阀。断气顺序如下：

送料→检测→加工→搬运→缓冲→分类存储

（3）关闭设备总电源。

任务测评

任务实施的评分标准见表1—1—3。

表1—1—3 评分标准

序号	考核内容	考核要求	评分标准	配分	扣分	得分
1	认识自动化生产线	正确指认自动化生产线各单元名称	指认自动化生产线各单元名称不正确，每个扣10分	50		
2	自动化生产线基本操作	正确完成自动化生产线的基本操作	（1）不做送电准备工作，扣10分 （2）不能正常送电，扣10分 （3）不能正常送气，扣10分 （4）不能正常断电，扣10分 （5）不能正常断气，扣10分	50		
3	安全文明生产		违反安全文明生产规定，扣5~10分			
开始时间：			结束时间：	成绩		
学生姓名：			教师签名：		年 月 日	

思考与练习

1. 什么是自动化生产线？列举几种常见的自动化生产线。
2. 自动化生产线一般由哪几部分组成？
3. 自动化生产线综合了哪些核心技术？自动化生产线有哪四种最基本的功能？
4. 简述自动化生产线的通电开机步骤和断电关机步骤。

任务2 自动化生产线送料机构的安装调试

学习目标

1. 熟悉送料机构的结构组成。
2. 掌握气动元件和检测元件在送料机构中的应用。
3. 理解送料机构的电气控制原理。
4. 掌握送料机构PLC控制程序编写方法。
5. 能正确完成送料机构的安装和调试。

任务引入

自动送料机构是自动化生产系统的第一个环节，其作用是将物料按一定的比例输送至后续设备，以实现整个生产的自动化。自动送料机构的关键设备是自动给料器，它可以根据设定值使物料保持设定的流量，并使后续装置运行稳定、安全，以保证产品的质量。为取得良好的供料效果，自动送料机构不断朝着经济、可靠、维护检修量小、环保效果好、高自动化程度的方向发展。如图 1—2—1 所示为 DL - MPS500A - 1 型自动化生产线教学实训设备中的送料机构。

图 1—2—1　DL - MPS500A - 1 型自动化生产线教学实训设备中的送料机构

本任务要求完成如图 1—2—1 所示自动化生产线送料机构单元的安装和调试。

本任务只考虑送料机构单元作为独立设备运行时的情况。在熟悉送料机构单元结构组成的基础上，掌握送料机构的气路、电路控制原理，完成送料机构单元机械部分、气路及电路的安装和调试。

相关知识

一、送料机构的结构组成

送料机构主要由分配机构和旋转传送机构等组成，分配是指将三个料仓里的不同物料按照先后顺序依次分配给下一个单元，旋转传送是指将物料从上一个单元搬运到下一个单元。

1. 分配机构

分配机构由双作用气缸、光纤传感器、接近传感器、2 位 5 通单作用电磁阀、滚珠丝杠及直流电动机等组成，如图 1—2—2 所示。料仓里储存工件，光纤传感器感应储存的工件，分配气缸把料仓里的工件按顺序推出去，第一个料仓里的工件推完之后继续推第二个料仓里的工件。料仓的位置由直流电动机驱动，通过接近传感器的检测信号给料仓定位，其中料块是否输送到位是由安装在料仓后方的光纤传感器决定的。

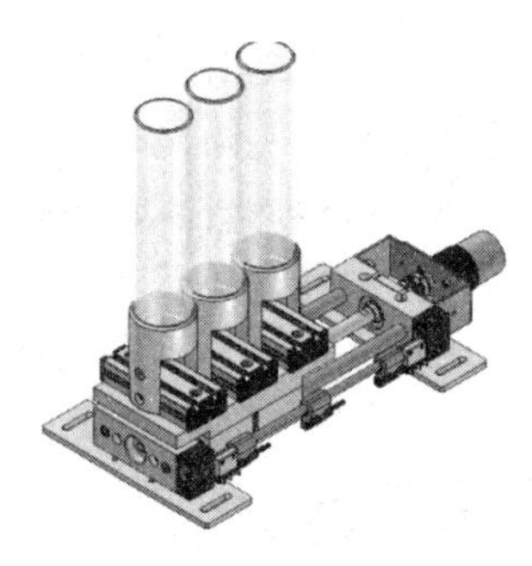

图 1—2—2　分配机构

料仓是一个圆柱形有机玻璃管，在料仓的下端有一个光纤传感器，用来检测工件的有无。

2．旋转传送机构

旋转传送机构由旋转气缸、接近传感器、真空感应压力传感器、流量调节阀、3 位 5 通电磁阀、真空发生器等组成，如图 1—2—3 所示，其中，旋转气缸使用3 位5 通电磁阀。真空系统由旋转气缸、3 位5 通电磁阀、急速排气阀和压力传感器组成。回转气缸和真空发生器、吸盘组合起来把工件传送出去，真空发生器和吸盘将工件从供料模块传送到下一站。

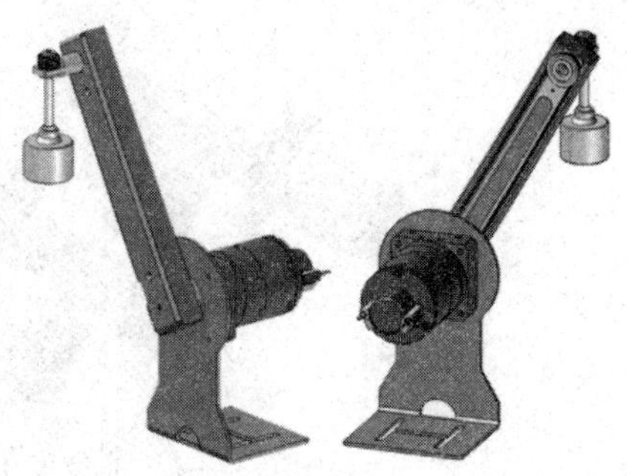

图 1—2—3　旋转传送机构

二、送料机构的气动元件

1．气源处理装置

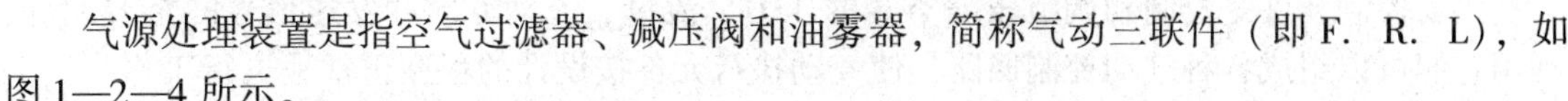

气源处理装置是指空气过滤器、减压阀和油雾器，简称气动三联件（即 F．R．L），如图 1—2—4 所示。

空气过滤器用于滤除空气中含有的固体颗粒、水分、油等各类杂质。减压阀是将输出压力调节在比输入压力低的调定值上，并保持稳定不变。油雾器是使润滑油雾化后注入空气流中，随着空气流动进入需要润滑的部件，起到润滑的作用。

2．气动执行元件

气动执行元件是将气体能转换成机械能以实现往复运动或回转运动的执行元件。实现直线往复运动的气动执行元件称为气缸；实现回转运动的称为气动马达。本站送料机构使用的气动执行元件有气动旋转装置（即摆动气缸）、单作用气缸、真空发生器及真空吸盘。

（1）摆动气缸

摆动气缸是利用压缩空气驱动输出轴在一定角度范围内做往复回转运动的气动执行元件。摆动气缸有限定的旋转角度，其在两个位置之间间歇性摆动。

（2）单作用气缸

如图 1—2—5 所示为最常用的单作用普通气缸的基本结构，一般由缸体、前后缸盖、活塞、活塞杆、弹簧、密封件和紧固件等零件组成。单作用气缸仅一端有活塞杆，从活塞一侧供气，在一个方向输出力，靠弹簧或自重返回。

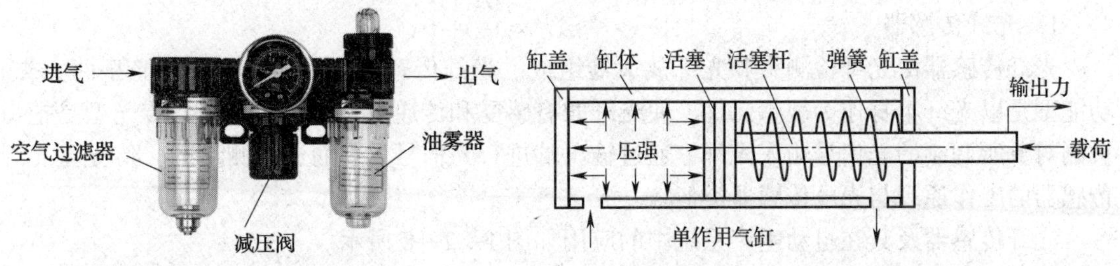

图 1—2—4　气源处理装置　　图 1—2—5　单作用气缸的基本结构

（3）真空发生器及真空吸盘

真空发生器是利用正压气源产生负压的一种小型真空元件。真空发生器的传统用途是配合吸盘进行各种物料的吸附、搬运，如图 1—2—6 所示。真空吸盘又称真空吊具，如图 1—2—7 所示。利用真空吸盘抓取制品是最廉价的一种方法。

图 1—2—6　真空发生器

图 1—2—7　真空吸盘

3. 气动控制元件

气动控制元件是控制和调节压缩空气的压力、流量、流动方向和发送信号的重要元件，利用它们可以组成各种气动控制回路，使气动执行元件按设计的程序正常地进行工作。气动控制元件按功能和用途可分为方向控制阀、压力控制阀和流量控制阀三大类。

（1）方向控制阀

气动方向控制阀是气压传动系统中通过改变压缩空气的流动方向和气流的通断，来控制执行元件启动、停止及运动方向的气动元件。方向控制阀按照阀的控制操纵方式，分为电磁控制、气压控制、机械控制、手动控制等几种类型。

（2）压力控制阀

压力控制阀是用来控制气动系统中压缩空气的压力，满足各种压力需求或用于节能。压力控制阀有减压阀（调压阀）、安全阀（溢流阀）和顺序阀三种。这类阀的共同特点是，都是利用作用于阀芯上的压缩空气压力和弹簧力相平衡的原理进行工作的。

（3）流量控制阀

在气压传动系统中，有时需要控制气缸的运动速度，有时需要控制换向阀的切换时间和气动信号的传递速度，这些都需要通过调节压缩空气的流量来实现。流量控制阀就是通过改变阀的通流截面积来实现流量控制的元件。流量控制阀包括节流阀、单向节流阀、排气节流阀和快速排气阀等。

三、送料机构的检测元件

1. 光纤传感器

光纤传感器由光纤检测头和光纤放大器组成。光纤传感器分为功能型和传光型两大类。功能型是以光纤本身作为敏感元件，使光纤兼有感受和传递被测信息的作用。传光型是把由被测对象所调制的光信号输入光纤，通过输出端进行光信号处理而进行测量的，传光型光纤传感器的工作原理与光电传感器类似。

光纤传感器及其在自动生产系统中的应用如图 1—2—8 所示。

2. 磁性开关

磁性开关是一种非接触式位置检测开关，这种非接触式位置检测不会磨损和损伤检测对象，响应速度快。当有磁性物质接近磁性开关传感器时，传感器动作并输出开关信号。在实际应用中，可在被测物体（如气缸的活塞或活塞杆）上安装磁性物质，在气缸缸筒外面的两端各安装一个磁感式接近开关，就可以用这两个传感器分别标识气缸运行的两个极限位置。

图 1—2—8　光纤传感器及其在自动生产系统中的应用

如图 1—2—9 所示是磁性开关及内部电路。为了防止因接线错误损坏磁性开关，通常在使用磁性开关时都串联了限流电阻和保护二极管。这样即使引出线极性接反，磁性开关也不会烧毁，只是该磁性开关不能正常工作。磁性开关在立式机械手中的应用如图 1—2—10 所示。

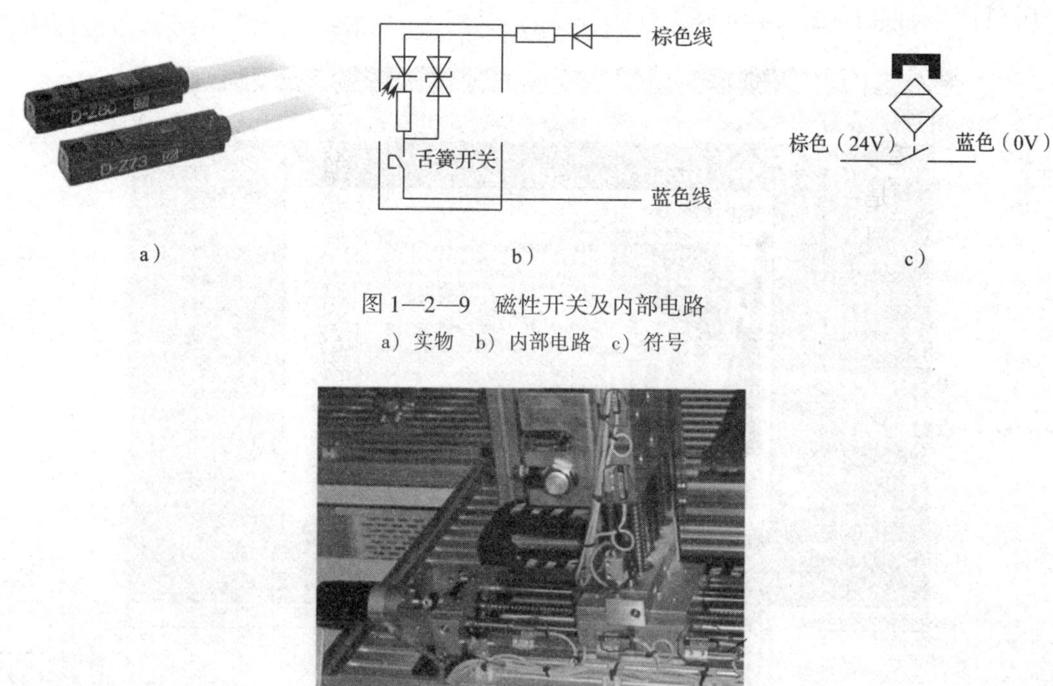

图 1—2—9　磁性开关及内部电路
a）实物　b）内部电路　c）符号

图 1—2—10　磁性开关在立式机械手中的应用

3. 真空感应压力传感器

真空感应压力传感器是工业实践中常用的一种压力传感器，其广泛应用于各种工业自控环境，涉及石油管道、水利水电、铁路交通、智能建筑、生产自控、航空航天、军工、石化、油井、电力、船舶、机床、管道送风、真空设备等诸多行业，其外形如图 1—2—11 所示。

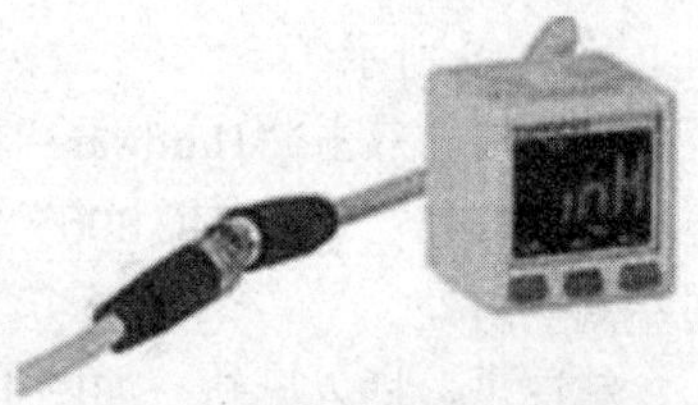

图 1—2—11　真空感应压力传感器

输出信号：4 ~ 20 mA（二线制）、0 ~ 5 V、1 ~ 5 V、

0～10 V（三线制）。

振动影响：在机械振动频率 20～1 000 Hz 内，输出变化小于 0.1% FS。

电气接口（信号接口）：赫斯曼接头、四芯屏蔽线、四芯航空接插件、紧线螺母。

四、西门子 S7－300 系列 PLC

1. S7－300 结构

如图 1—2—12 所示，S7－300 采用模块化结构设计，用户可根据需要选择相应的模块组件，应用灵便。一台 S7－300 一般由以下模块组成：电源（PS，可选项）、中央处理器（CPU）、信号模板（SM）、功能模板（FM）、通信处理器（CP）等。

图 1—2—12　S7－300 模块化结构设计

2. STEP7 V5.4 编程软件的使用

双击计算机桌面上的“S7tgtopx”图标，打开 S7tgtopx 软件，如图 1—2—13 所示。在打开的界面中，单击新文件建立一个新文件夹，并取名为“11”，如图 1—2—14 所示。

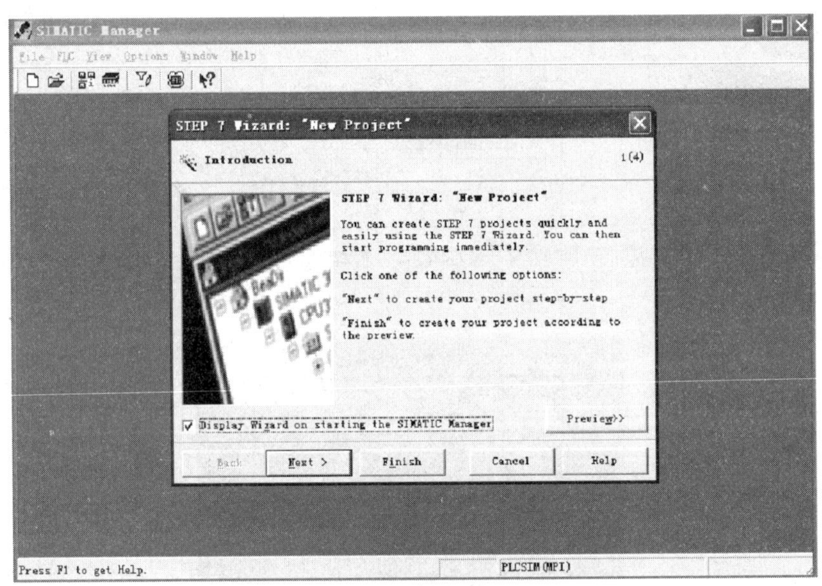

图 1—2—13　打开 S7tgtopx 软件

（1）建立硬件组态

第一步：单击“Insert”菜单→“Station”→“SIMATIC 300 Station”，插入 300 站，如图 1—2—15 所示。

第二步：双击“Hardware”硬件图标，进入硬件组态画面，在右侧图框中找到 300 的安装导轨，点开“SIMATIC 300”的“＋”图标，找到“RACK－300”→“Rail”，将此图拖到左侧空白处。

第三步：插入导轨，如图 1—2—16 所示。

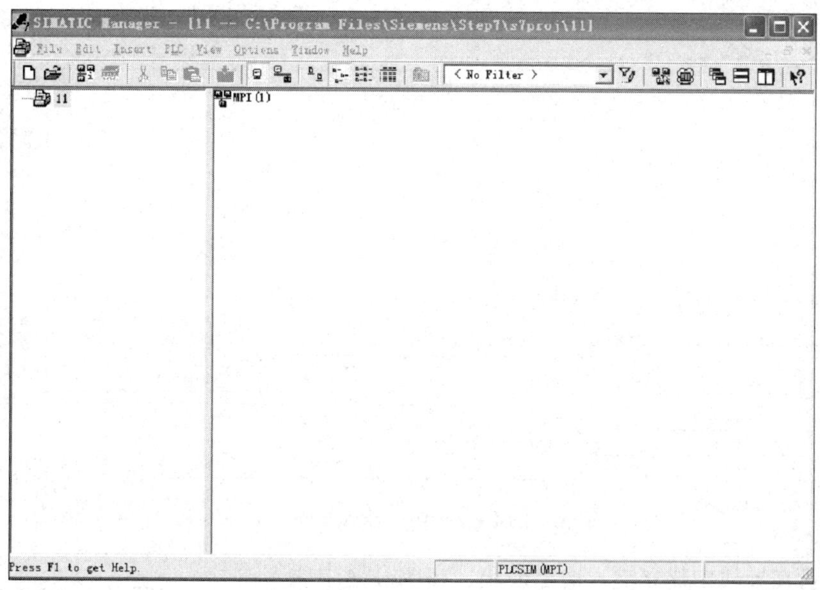

图 1—2—14　建立文件“11”

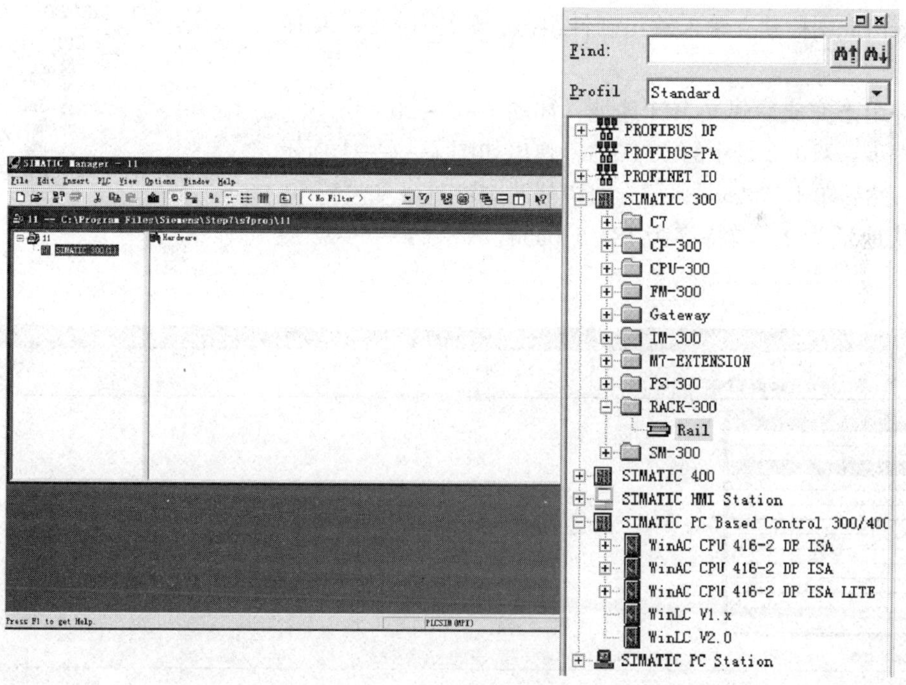

图 1—2—15　硬件组态画面

第四步：在导轨 2 号槽中插入 300 主机的型号。首先点开“SIMATIC 300”的“+”图标找到“CPU313”→“6ES7 313 -0AB0”模块，插入相应的版本号“V2.6”，如图 1—2—17 所示。

双击“6ES7 313 -0AB0”图标，这样 CPU313 模块就被插入到导轨里，如图 1—2—18 所示。

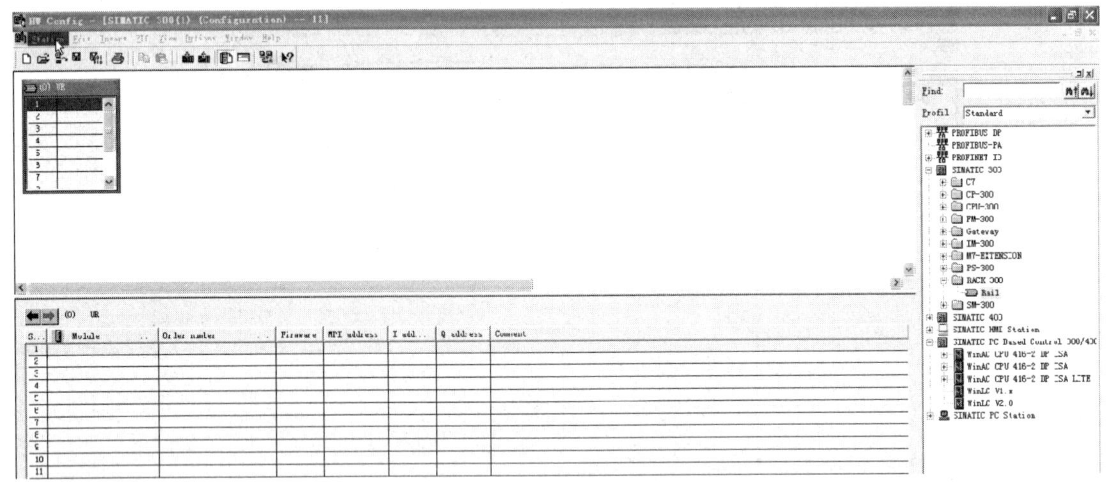

图 1—2—16　插入导轨

第五步：在导轨中建立输入输出模块，在 4 号槽中插入输入输出模块，点开“SIMATIC 300”的“+”图标找到“SM—300”→“DI/DO - 300”→“SM323 DI8/DO8 × DC24V/0, 5 A”，双击此图标建立输入输出硬件组态，如图 1—2—19 所示。

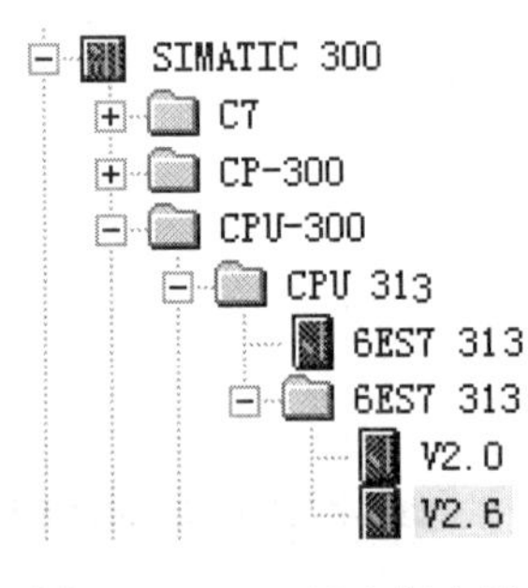

图 1—2—17　插入版本号

硬件组态完成后建立 MPI 地址，如图 1—2—20 所示。

第六步：双击 2 号中的 CPU313，弹出如图 1—2—21 所示的画面。然后单击“Properties”，可以修改 MPI 地址和波特率，系统默认地址为 2，波特率为 187.5 Baud，如图 1—2—22 所示。

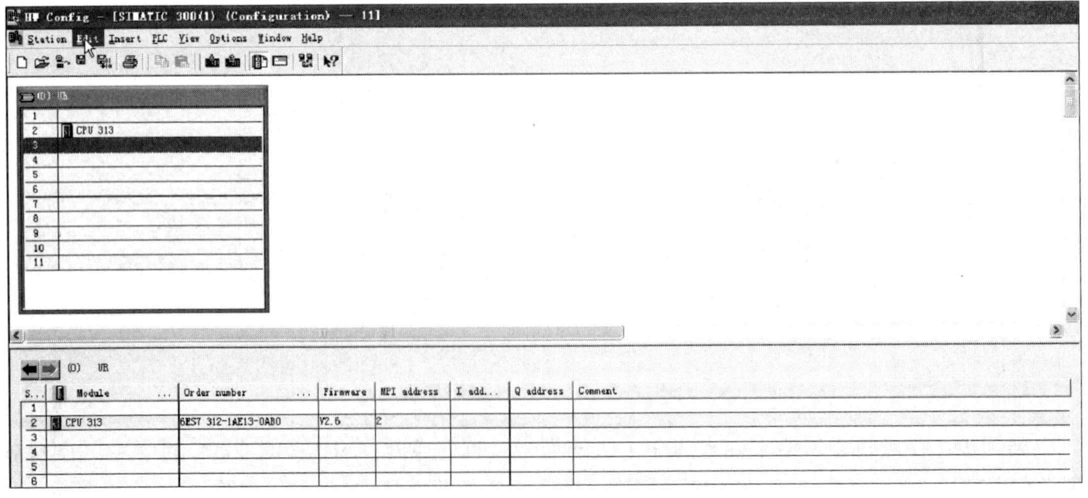

图 1—2—18　将 CPU313 模块插入导轨

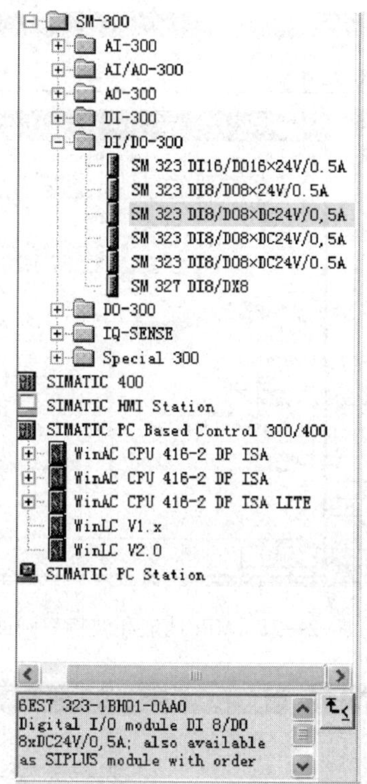

图 1—2—19　建立输入输出硬件组态

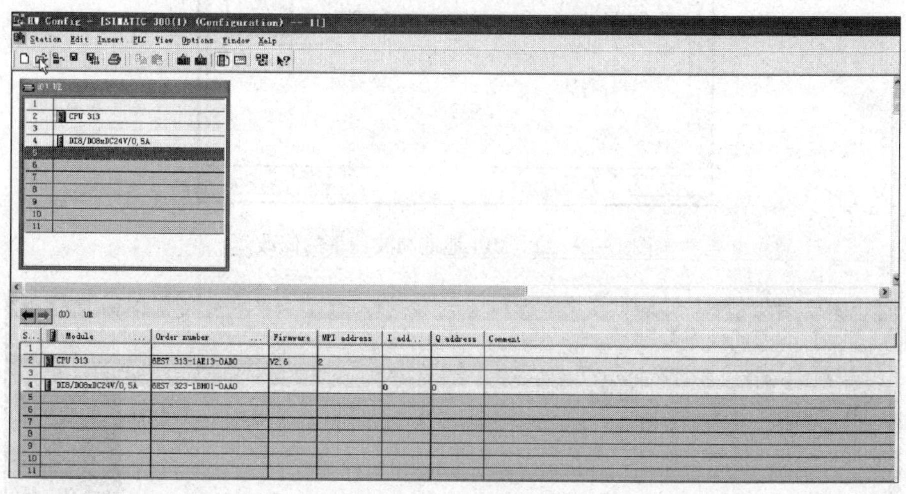

图 1—2—20　建立 MPI 地址

（2）S7－300PLC 编程

第一步：建立编程画面，回到硬件配置初始画面，如图 1—2—23 所示。

双击“CPU 313”图标找到“Blocks”块，如图 1—2—24 所示，然后双击“Blocks”块出现“OB1”，最后双击“OB1”数据块，即进入编程画面。

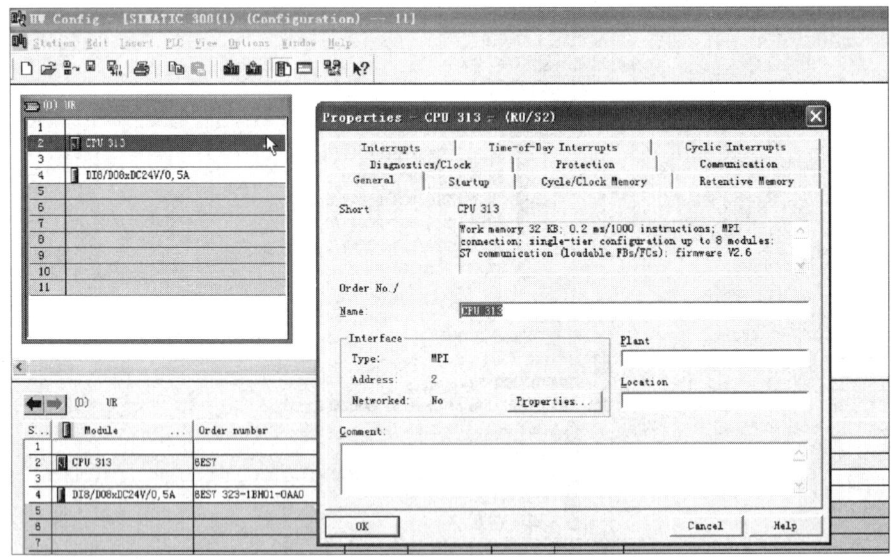

图 1—2—21　MPI 地址和波特率画面

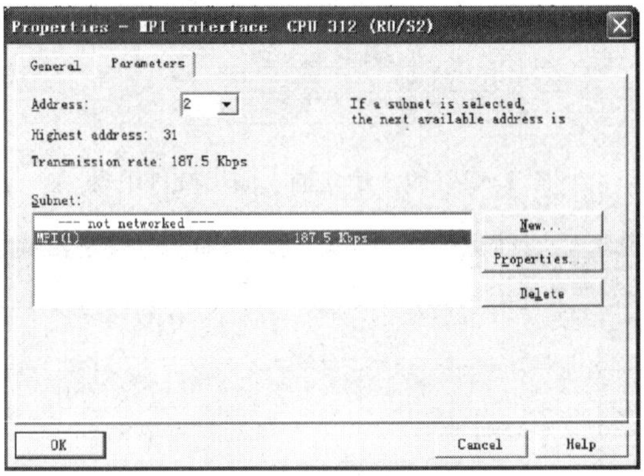

图 1—2—22　MPI 地址和波特率的修改

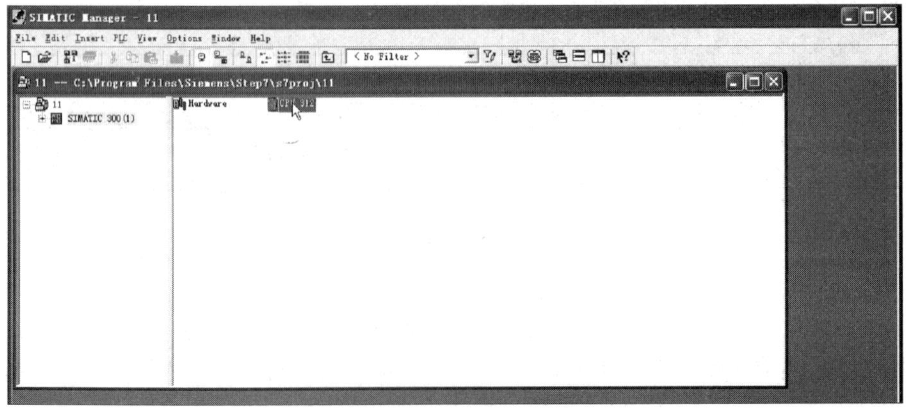

图 1—2—23　硬件配置初始画面

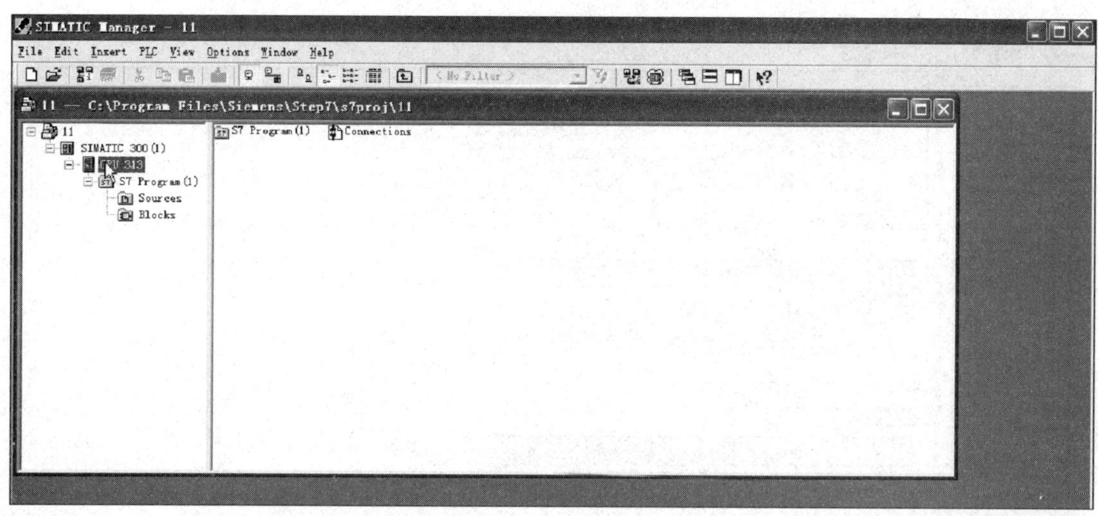

图 1—2—24　编程画面

第二步：数据块建立后，即可开始编程，如图 1—2—25 所示。

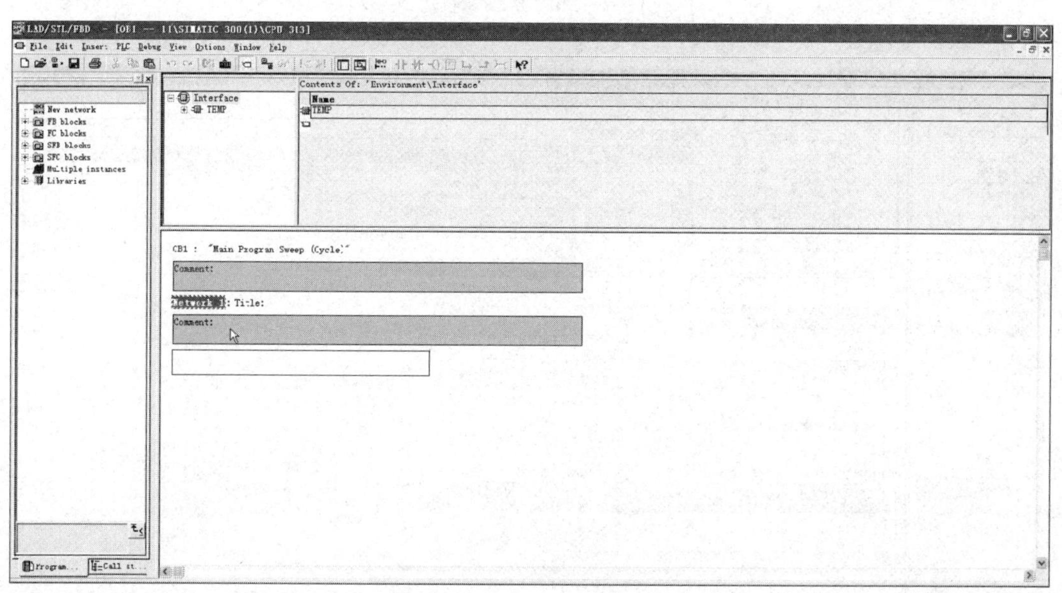

图 1—2—25　开始编程画面

第三步：在编程界面中，利用“View”菜单将编程方式“STL”修改为“LAD”，如图 1—2—26 所示。

第四步：编写需要的程序并保存，如图 1—2—27 所示。

第五步：程序下载。用一根西门子 S7 - 300 的 MPI 编程电缆将 CPU300 与编程计算机连接起来，然后将硬件配置信息下载到 CPU300 中，再将所编用户程序下载到 CPU300，将开关挡打至“RUN”挡，至此 PLC 即可运行用户程序。

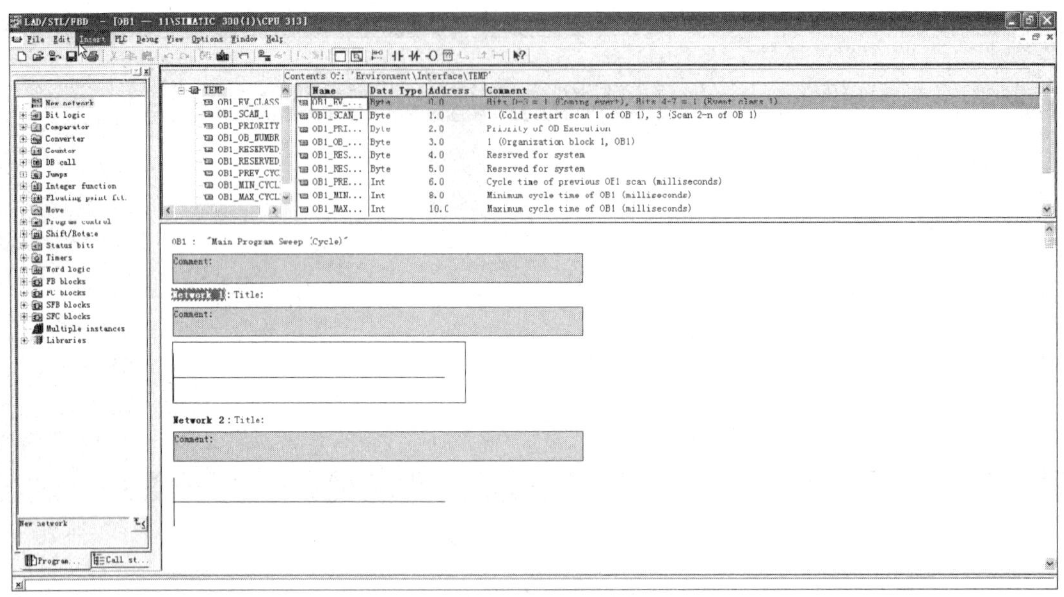

图 1—2—26　修改编程方式

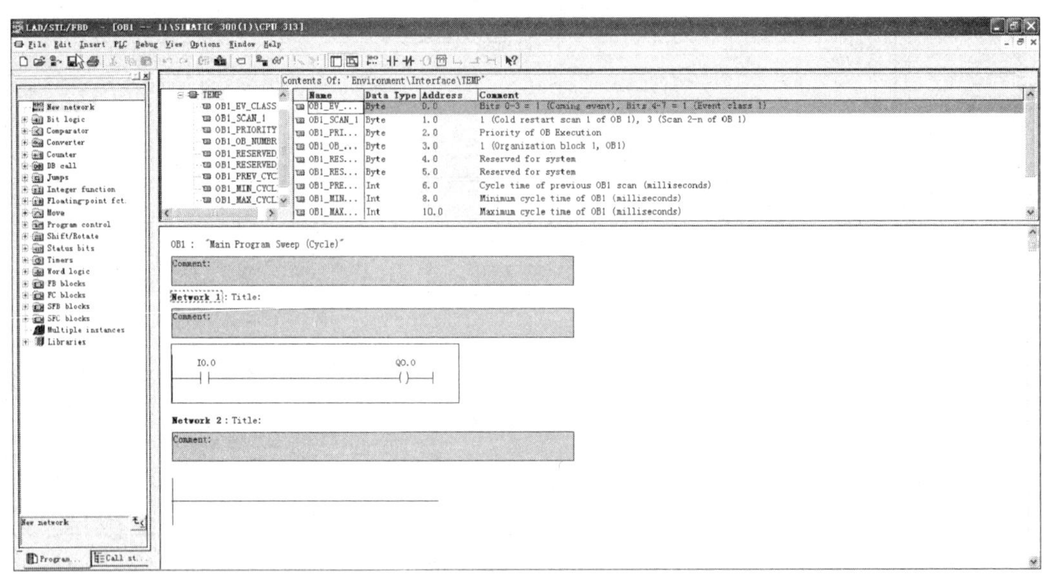

图 1—2—27　程序保存

(3) 文件的保存

选择文件所在驱动器，输入文件名后单击保存。

五、送料机构的工作原理

西门子 S7－300 作为本站的控制中心，既要采集按钮信号、各类传感器信号，还要控制直流电动机的正反转、气缸伸出和缩回、摆缸的左摆和右摆、吸盘的吸放动作。

送料机构的控制方式有手动/自动控制以及网络控制等多种控制方式。当送料机构单独运行，与后面的工作站没有任何关联时，可以将其置于手动控制方式。S7－300 上电后，首先检测各传感器的采集信号，然后根据操作者的操作步骤发出不同的工作指令，命令执行机构有序地动作。各执行机构全部恢复后，按下启动按钮，当 1#料仓（本工作站共有三个料仓）里有工件，供料气缸就将料仓里的工件推出到位，然后摆缸带动真空吸盘摆动到左位，这时吸盘开始工作，将工件吸住，然后摆缸带动工件摆到右位，工件就安全送入下一站。这一工作流程完成后，如果是处于网络控制方式，就要等待下一站发出继续送料的指令，送料机构才能周而复始地循环工作。当三个料仓都没有工件时，这时黄灯就会闪烁，表示没有工件，设备可以停止工作了。

1．送料机构 PLC 控制原理

送料机构的 PLC 控制原理框图如图 1—2—28 所示。

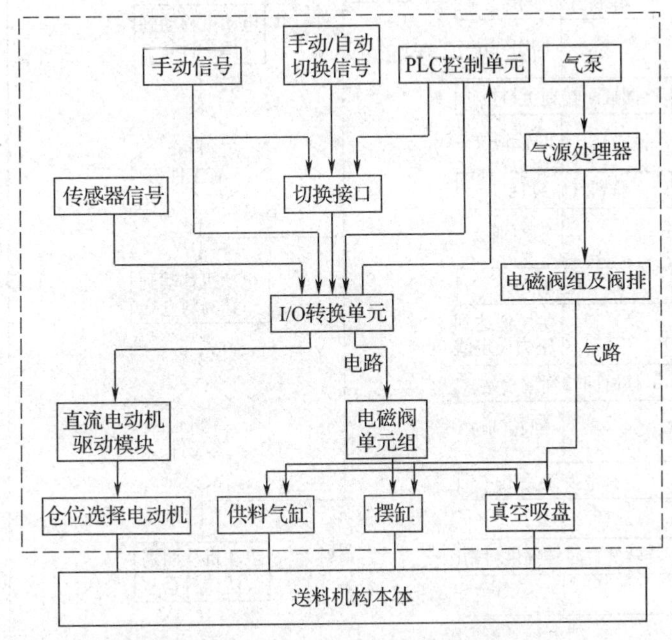

图 1—2—28　送料机构的 PLC 控制原理框图

2．送料机构的 PLC 控制编程流程

送料机构的 PLC 控制编程流程如图 1—2—29 所示。

3．送料机构的工作过程

(1) 在分配机构的三个料仓中分别放入工件，工件有三种颜色（红色、黑色和银色）、三种高度（高、中、低）。料仓光纤传感器感应储存的工件，此时供料气缸动作，将 1#料仓里的工件推出到传输位（1#料仓完成之后继续 2#料仓），传输位光纤传感器检测到工件信号。

(2) 旋转气缸向料仓方向回转（左侧），旋转气缸到达料仓位工件上方，供料气缸缩回，真空吸盘打开开始吸附工件，压力传感器检测到负压值达到压力设定值，旋转气缸向下一站方向回转（右侧）。到达下一站后真空吸盘关闭，工件被放入检测位。旋转气缸向料仓方向回转（左侧），此时进入检测单元的始端。

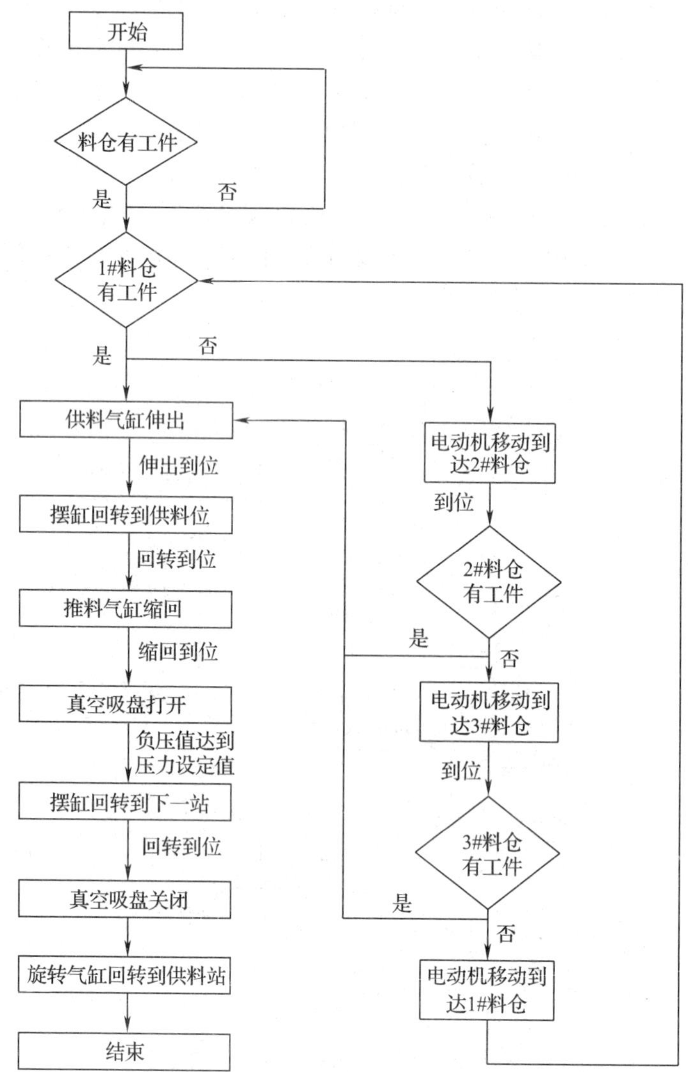

图 1—2—29　送料机构的 PLC 控制编程流程

六、送料机构的典型故障分析

1. 典型硬件故障

（1）机械部件故障

机械结构安装不符合图样要求，螺钉没拧紧，机械位置不准确，机械部件安装不到位，传感器的安装支架没有安装好，模块与模块之间配合不好。

（2）气动部件故障

气源处理装置安装不到位，气路连接不符合气动原理图，有漏接的回路。

（3）电气部分故障

电气元器件的型号规格不符合电气配置单，元器件有损坏，接线不符合电气原理图，有错接、漏接的地方。

2. 典型运行故障

(1) 气路故障

故障现象：气源没有引入实训装置或压力表没有调至0.4～0.6 MPa；气路接错。

解决方法：手动操作电磁阀，调节流量阀，使气缸动作正常；检查气路，发现接错处并予以纠正。

(2) 传感器故障

故障现象：气缸到位后，磁性开关指示灯不亮；料仓有工件时，光纤开关检测不到信号。

解决方法：检查各传感器接线是否正确，调整光纤传感器的灵敏度；调节磁性开关的位置，直到传感器能检测到信号为止。

(3) 按钮故障

故障现象：按下按钮，PLC 接收不到信号。

解决方法：检查按钮接线是否正确，检查按钮是否损坏。

任务实施

一、任务准备

实施本任务所需要的实训设备及工具材料见表1—2—1。

表1—2—1　　实训设备及工具材料

序号	设备与工具	型号规格	数量
1	自动化生产线实训设备	DL－MPS500A 型自动化生产线	1套
2	磁性开关	CS1－3 DC 24 V、PNP 信号	3只
3	光纤传感器	DC 24 V 感光距离 0～100 mm 可调 PNP	2只
4	电动机	DC 24 V、15 W、57 转	1台
5	线缆	红色 1.0 mm^2、蓝色 1.0 mm^2、黑色 0.3 mm^2	若干
6	电工常用工具	剥线钳、旋具、压线钳、测电笔、万用表等	1套

二、送料机构机械部件装调

1. 供料机构装调

将丝杠、电动机、联轴器、3030 型材、笔形气缸、安装螺钉、T 形螺母、底板等机械部件准备好，根据装配图将各部件用螺钉紧固好，然后放在基板上固定，手动转动联轴器，观察丝杠能否正常运转，如果能正常运转，则进入下一道工序的安装。

2. 摆缸的安装

将拉杆、旋转马达、安装底座、传输带、气管、调节阀、真空吸盘、螺钉等根据装配图装好到位后，接通气管，按一下电磁阀看摆缸能否左右摆动，如果可以，则进入下一道工序；如果不能，则调整电磁阀直到摆缸能左右摆动为止。装配好的效果图如图1—2—30所示。

图 1—2—30　已装配好的摆缸

三、送料机构气路装调

1. 真空吸盘气路装调

真空吸盘气路如图 1—2—31 所示。按下真空吸盘的电磁阀（手动按键），气流通过进气端将气输送到吸口，然后将工件吸住。松开按键，气流通过回气端将阀门关闭，吸盘停止工作。

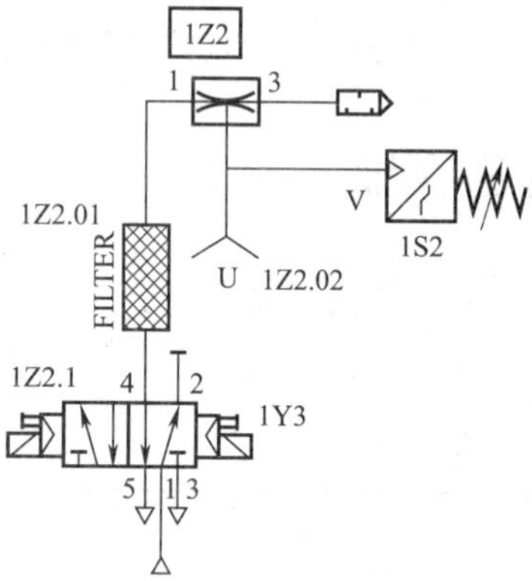

图 1—2—31　真空吸盘气路

2. 旋转气缸气路装调

旋转气缸（摆缸）气路如图 1—2—32 所示。摆缸由双向电磁阀控制，摆缸摆动到左位时由左位电磁阀控制，摆动到右位时由右位电磁阀控制，调试方法同上。

3. 推料气缸气路装调

推料气缸气路如图 1—2—33 所示。气缸在没有送气之前处于缩回状态，推料气缸的调试是按下电磁阀上的按键，气缸就伸出，松开按键气缸就缩回。

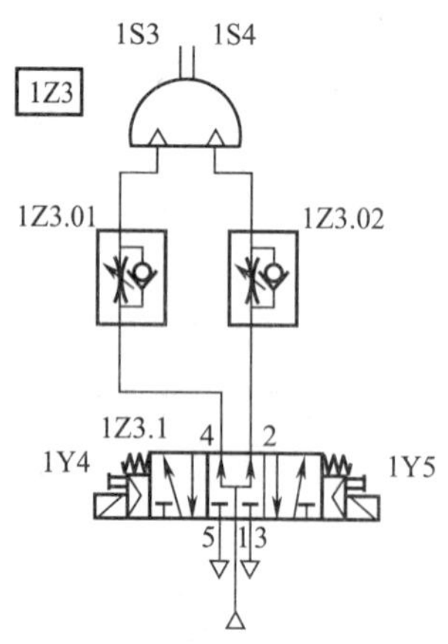

图 1—2—32　旋转气缸气路

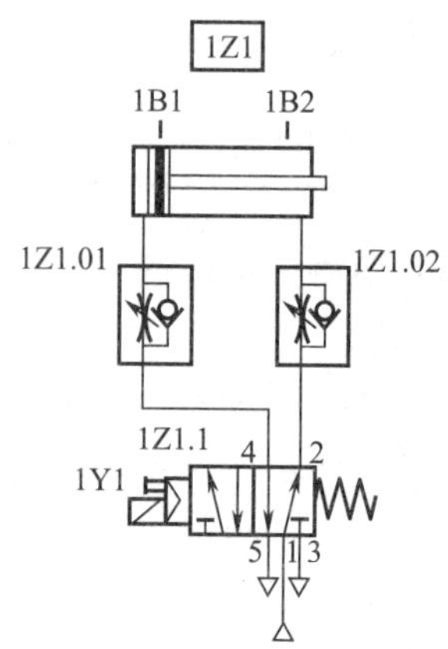

图 1—2—33　推料气缸气路

4. 电磁阀组的装调

旋转气缸、真空吸盘、送料气缸的控制机构是电磁阀，电磁阀上均有一个“一”字形的按键，具有自锁功能和自复位功能，根据气缸的动作行程开启相应的功能，如图 1—2—34 所示。

图 1—2—34　电磁阀组

四、送料机构电路装调

1. PLC 的 I/O 地址分配

S7－300PLC 控制送料机构的 I/O 地址分配见表 1—2—2。

表 1—2—2　I/O 地址分配表

输入	含义	输出	含义
I0.0	启动	Q0.0	启动灯
I0.1	停止	Q0.1	停止灯
I0.2	手动/自动	Q0.2	功能灯
I0.3	功能	Q0.3	网络灯
I0.4	网络	Q0.4	复位灯
I0.5	复位	Q0.5	报警灯
I0.6	急停	Q0.6	料仓电动机正转
I0.7	1#料仓有无工件	Q0.7	料仓电动机反转
I1.0	2#料仓有无工件	Q1.0	摆缸左位电磁阀
I1.1	3#料仓有无工件	Q1.1	摆缸右位电磁阀
I1.2	推料到位	Q1.2	真空吸盘打开电磁阀
I1.3	1#仓位到达	Q1.3	真空吸盘关闭电磁阀
I1.4	2#仓位到达	Q1.4	送料气缸电磁阀
I1.5	3#仓位到达		
I1.6	摆缸左位		
I1.7	摆缸右位		
I2.0	真空发生器压力到达设定值		
I2.1	送料气缸缩回位		
I2.2	送料气缸伸出位		

2. PLC 控制电路安装

PLC 控制电路接线如图 1—2—35 所示。

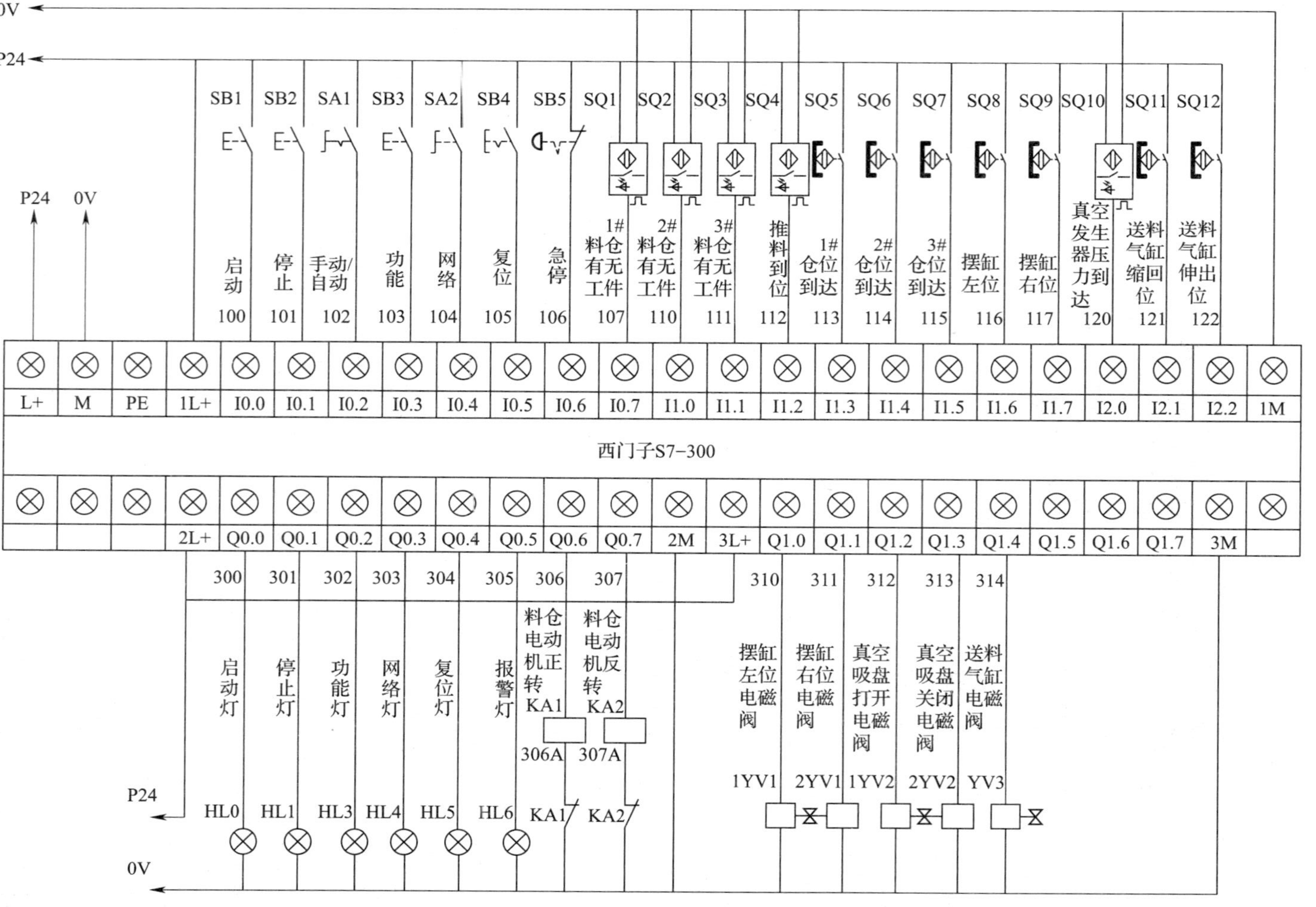

图 1—2—35 PLC 控制电路接线

（1）光纤传感器安装

首先将光纤检测头固定在机械结构上，光纤放大器要安装在导轨上，然后将光纤检测头尾端的两条光纤分别插入放大器的两个光纤孔，接线时应注意根据导线颜色判断电源极性和信号输出线。如图 1—2—36 所示是光纤放大器的安装图及调整方法。

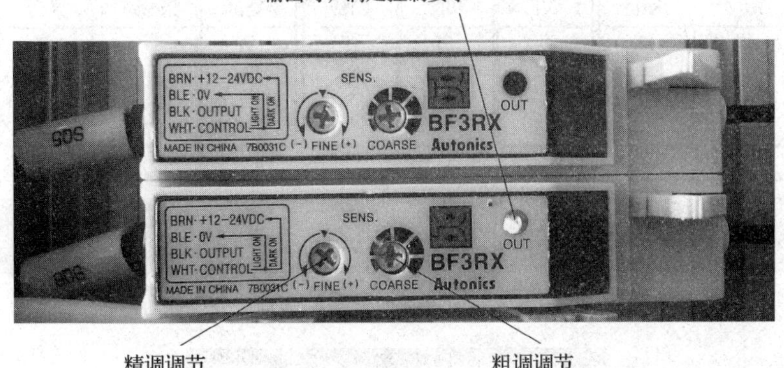

图 1—2—36　光纤放大器的安装图及调整方法

光纤放大器的上端有两个电位器调节旋钮，用小十字旋具调节这两个电位器（正转或反转），可以调节光纤放大器的感测距离。

（2）磁性开关安装

在气缸上安装磁性开关时，先把磁性开关安装在气缸上，磁性开关的安装位置根据控制对象的要求调整。调整方法比较简单，只要让磁性开关到达指定位置后，用旋具拧紧固定螺钉（或螺母）即可，如图 1—2—37 所示。磁性开关通常用于检测气缸活塞的位置。

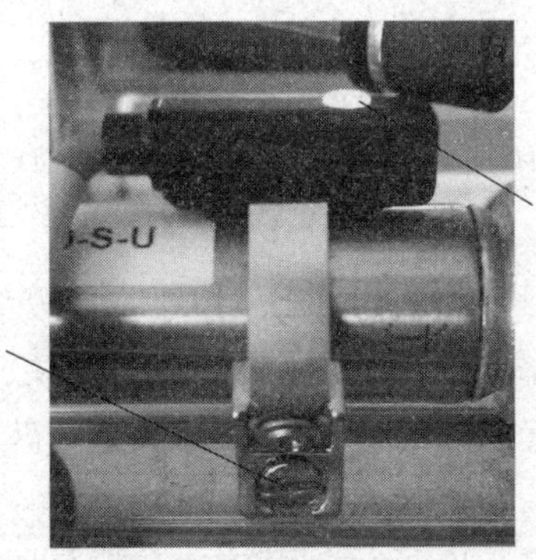

图 1—2—37　磁性开关调整方法

磁性开关与气缸配合使用时，如果安装不合理，可能使得气缸的动作不正确。当气缸活塞移向磁性开关，并接近到一定距离时，磁性开关才有感知，开关才会动作，通常把这个距离叫检出距离。

（3）直流电动机的安装

直流电动机通过联轴器与丝杠配合，然后通过顶丝拧紧，安装在丝杠上。

(4) 送料机构操作面板电气安装

先将各按钮头根据配置要求套入相应的标牌，并将按钮座一起安装在按钮安装板上，如图 1—2—38a 所示。然后根据面板接线图，将所有的输入/输出线接到 PLC 的 I/O 转接板上，如图 1—2—38b 所示。

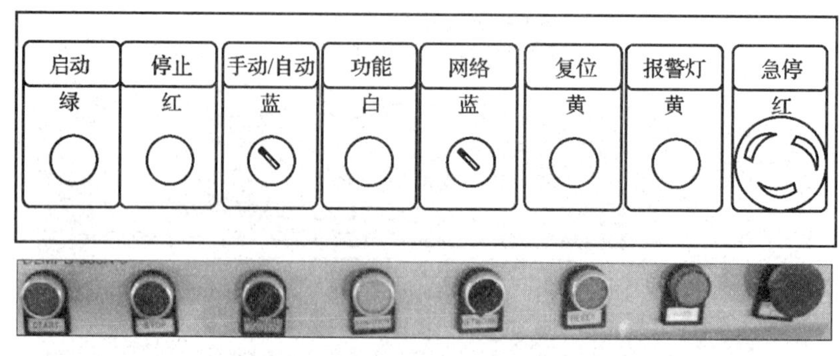

a)

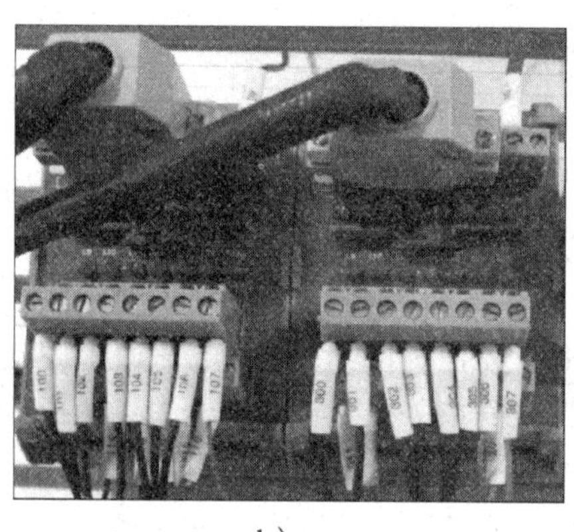

b)

图 1—2—38　送料机构操作面板电气安装及接线

a）操作面板的电气安装　b）PLC 的 I/O 转接板接线

(5) S7 - 300 安装

根据 CPU 单元、输入输出模块，先选取 S7 - 300 专用安装导轨的长度，然后在最左侧装入 CPU 单元，接着从左到右依次安装输入模块、输出模块，各模块都装入导轨后，用旋具紧固好，再将导轨安装在电气安装板的最下端（根据电气盘面布置图进行安装）。

3. PLC 控制程序编写

S7 - 300 主程序调用如图 1—2—39 所示，其主要功能是调用子程序。

其中分配工件的料仓仓位选择功能如下：

3#仓没有工件、2#仓有工件，则由 3#仓去 2#仓，如图 1—2—40 所示。

3#仓没有工件、1#仓有工件，则由 3#仓去 1#仓，如图 1—2—41 所示。

同样，2#仓没有工件、1#仓有工件，则由 2#仓去 1#仓，如图 1—2—42 所示。

数据交换程序，读取 2#从站数据，如图 1—2—43 所示。

写入 2#从站数据，如图 1—2—44 所示。

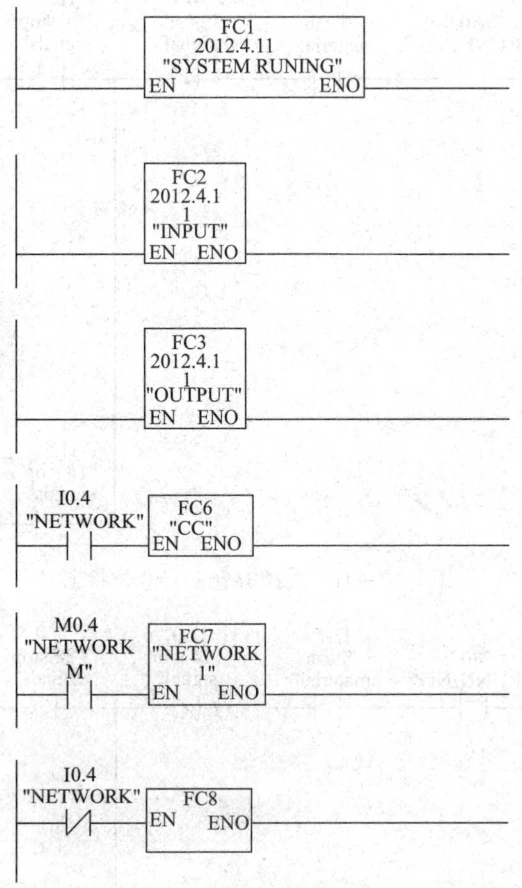

图 1—2—39　主程序调用

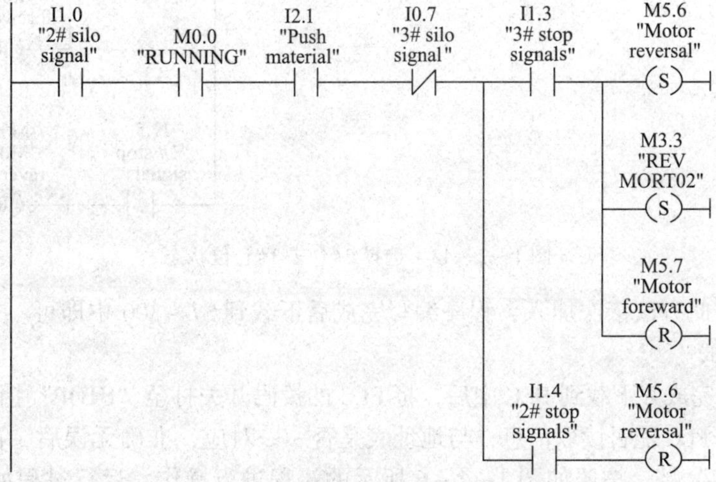

图 1—2—40　选择 3#仓去 2#仓位状态

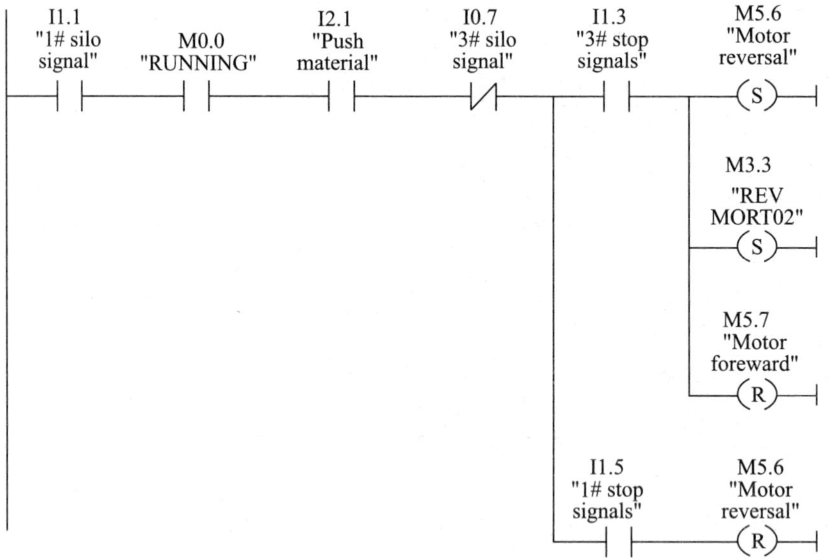

图 1—2—41　选择 3#仓去 1#仓位状态

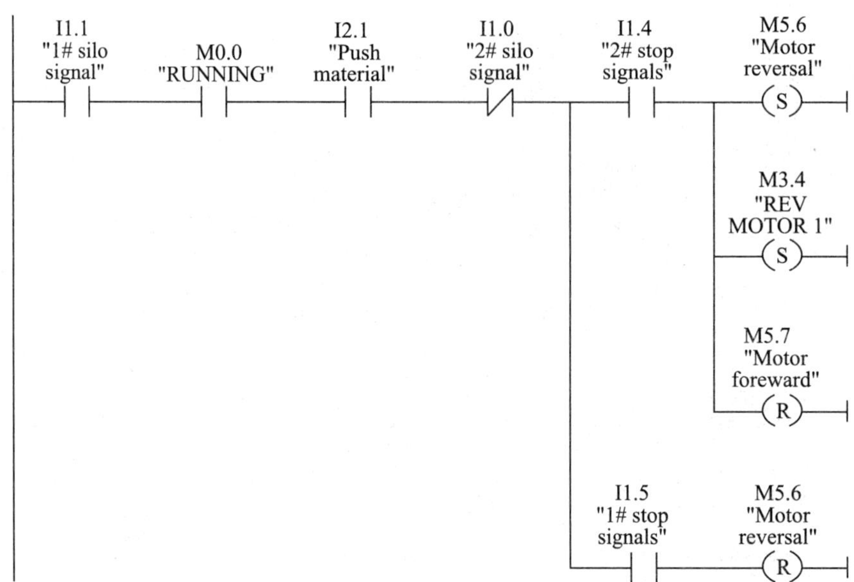

图 1—2—42　选择 2#仓去 1#仓位状态

其他各站按此方法依次加入，程序编写完成后下载到 S7－300 中即可。

4. 程序调试

当程序编写完成并下载到 PLC 中后，将 PLC 的拨码开关打至“STOP”挡，然后对各信号点进行检测，看 PLC 能否读取信息，与地址表是否一一对应，准确无误后，再将 PLC 的拨码开关打至“RUN”挡，按照如图 1—1—6 所示的流程进行操作，运行过程如图 1—2—29 所示。

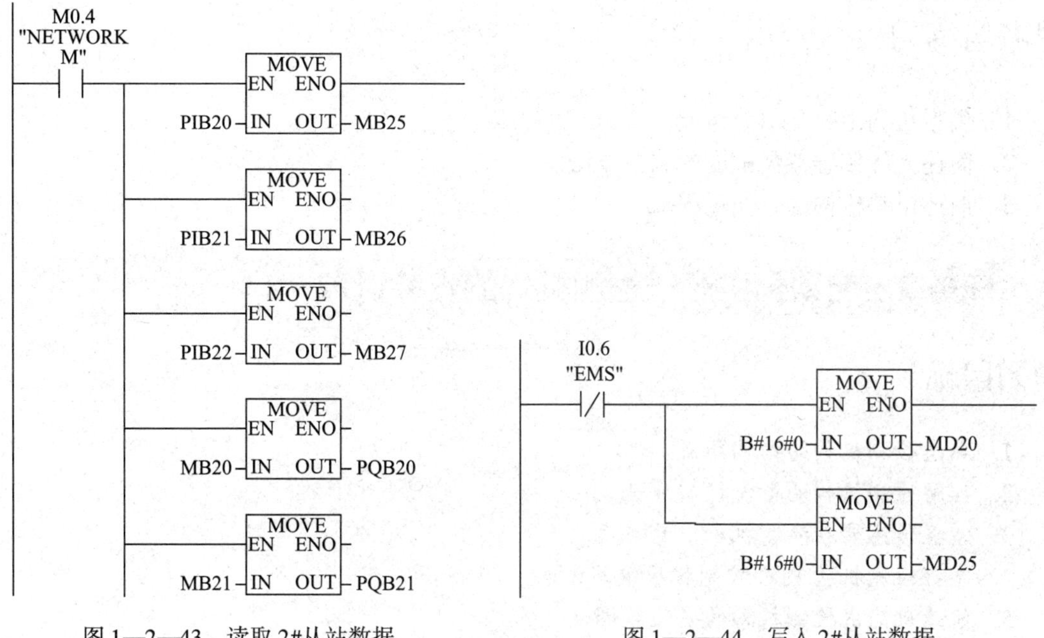

图 1—2—43 读取 2#从站数据

图 1—2—44 写入 2#从站数据

任务测评

检查任务的完成情况，并将结果填入表 1—2—3。

表 1—2—3 **评分标准**

序号	主要内容	考核要求	评分标准	配分	扣分	得分
1	电路连接调试	根据电气原理图正确连接电气控制线路	(1) 不套线号，每处扣 1 分 (2) 不压接线端子，每处扣 1 分 (3) 接错信号线，每处扣 2 分	30		
2	气路连接调试	根据气路原理图正确连接气管	(1) 漏气，每处扣 2 分 (2) 气管插错，每处扣 2 分 (3) 气缸不能正常工作，每处扣 3 分	30		
3	程序编写调试	掌握 S7－300PLC 的编程方法，并编写控制程序	(1) 程序不能运行，扣 10 分 (2) 控制流程不准确，每处扣 2 分 (3) 不能连续运行，扣 5 分	40		
4	安全文明生产		违反安全文明生产规定，扣 5～10 分			
开始时间：			结束时间：	成绩		
学生姓名：			教师签名：		年 月 日	

思考与练习

1. 供料机构由哪几部分组成?
2. 简述光纤传感器灵敏度的调节方法。
3. 简述供料机构的工作过程。

任务 3 自动化生产线检测机构的安装调试

学习目标

1. 熟悉检测机构的结构组成。
2. 理解检测机构的电气控制原理。
3. 掌握传感器在检测机构中的应用。
4. 掌握检测机构 PLC 控制程序编写方法。
5. 能正确完成检测机构的安装和调试。

任务引入

传感检测技术具有信息获取、信息转换、信息传递及信息处理等功能，它随着现代科学技术的发展而迅猛发展，是机电一体化系统不可缺少的关键技术之一，主要应用在计算机集成制造系统（CIMS）、柔性制造系统（FMS）、加工中心（MC）、计算机辅助制造系统（CAM）。如图 1—3—1 所示是 DL－MPS500A－2 型自动化生产线教学实训设备的检测机构。

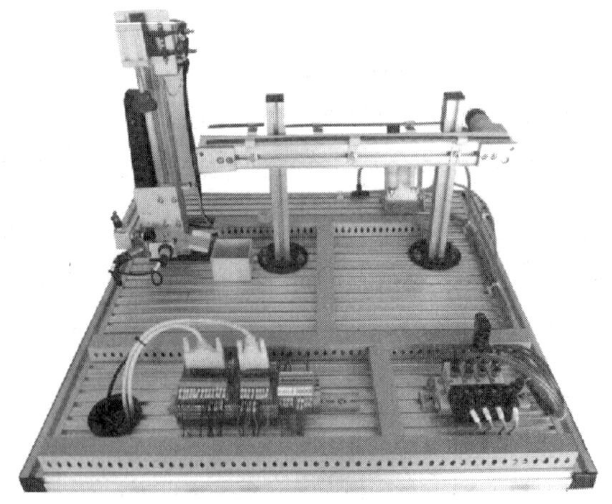

图 1—3—1　自动化生产线教学实训设备的检测机构

本任务要求完成如图 1—3—1 所示自动化生产线教学实训设备检测机构的安装与调试。

相关知识

一、检测机构的结构组成

检测机构的机械部分主要由检测模块和传输带模块组成，电气部分主要由西门子 CPU224 模块、DP 通信模块 EM277、断路器、开关电源、操作面板、I/O 转接模块以及各类传感器组成。

1. 检测模块

检测模块由双作用气缸、无杆气缸、电感传感器、电容传感器、光电传感器、2 位 5 通单作用电磁阀等组成，如图 1—3—2 所示。物料到达检测位，提升气缸上升，高度检测气缸下降，传感器检测工件特性，合格品由推料气缸推出，通过传输带到达下一单元，不合格品由推料气缸推入废料槽。

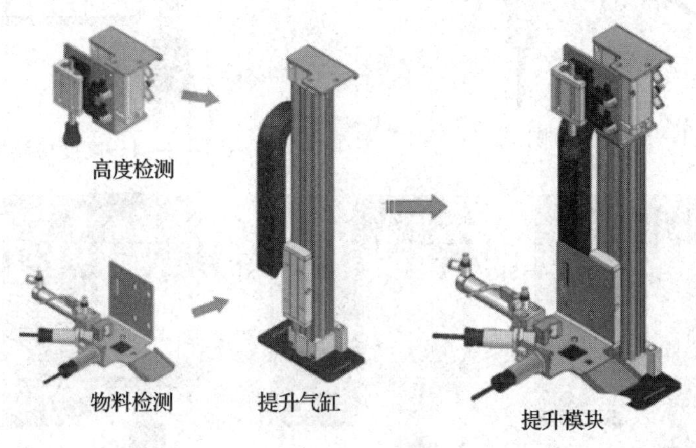

图 1—3—2 检测模块

传感器检测物料特性的过程如下：

(1) 物料材质检测

不同物料材质的传感器状态见表 1—3—1。

表 1—3—1 **不同物料材质的传感器状态**

传感器种类 / 工件材质	黑色工件	有色工件（红色）	金属工件（银色）
光电传感器	× (0)	○ (1)	○ (1)
电容传感器	○ (1)	○ (1)	○ (1)
感应传感器	× (0)	× (0)	○ (1)

注：表中“010”表示黑色塑料工件，“110”表示红色塑料工件，“111”表示银色金属工件。

检测托盘如图 1—3—3 所示。当工件被搬运到检测托盘的③号位置时，这时的光电传感器、电容传感器、电感传感器均对其进行扫描，每个传感器根据物料材质的不同由信号的有无来判断物料的特性（表格中的“○”表示能读取信号，用“1”表示；而“×”表示无法读取其信号，用“0”表示），这样通过信号的组合，PLC 就能判断出何种材质、何种颜色。因为 PLC 只能读取“1”和“0”信号，当为“1”时表示有，为“0”时表示无。如果出现

1个“1”，表示是黑色塑料工件；如果出现2个“1”，表示是红色塑料工件；如果出现3个“1”，表示是银色金属工件。

（2）物料高度检测

高度检测模块的结构如图1—3—4所示。每个模块都有两个传感器，根据不同传感器的检测信号组合测量工件高度，如图1—3—5所示。按不同高度分类的传感器状态见表1—3—2。

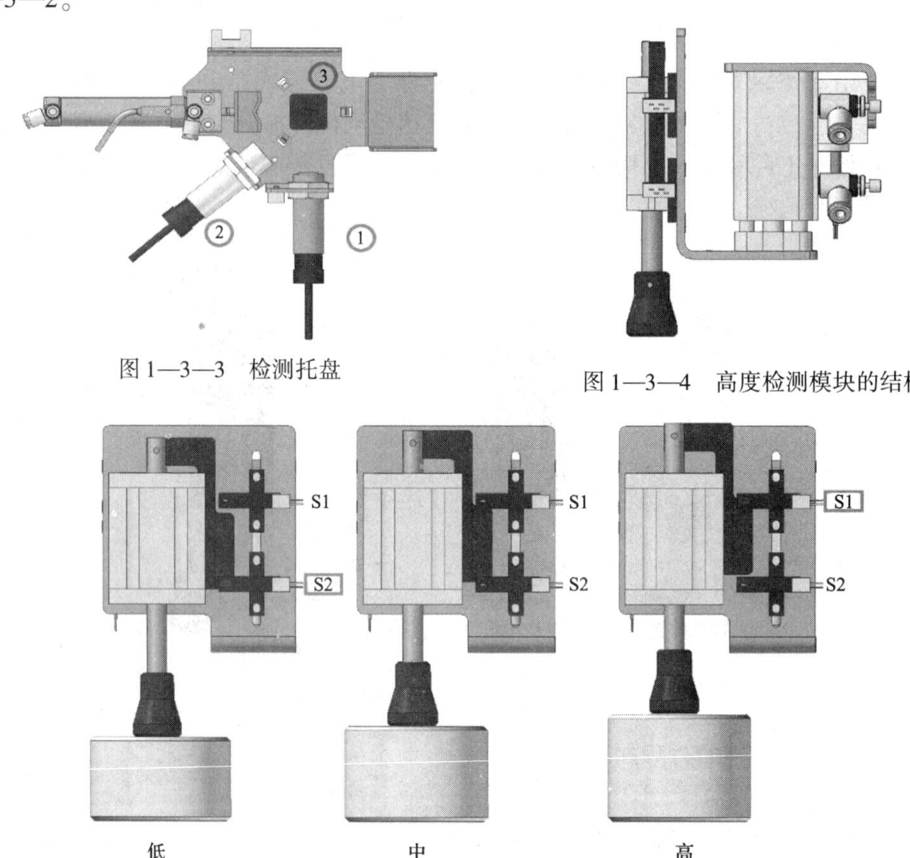

图1—3—3　检测托盘

图1—3—4　高度检测模块的结构

低　中　高

图1—3—5　根据不同传感器的检测信号组合测量工件高度

表1—3—2　按不同高度分类的传感器状态

传感器 \ 工件高度	低	中	高
S1	×（0）	○（1）	○（1）
S2	○（1）	○（1）	×（0）

注：在编程时规定中等高度的工件表示合格产品，其余为不合格产品，即出现“11”信号为合格产品，出现“01”或“10”信号为不合格产品。

2. 传输带模块的组成

传输带模块主要由张力调节装置、带形式传输带装置、直流齿轮电动机等组成，如图1—3—6所示，主要完成物料的传输。物料到达传输带模块，直流电动机开始运行，物料传输到下一单元，传输完成后电动机停止运行。

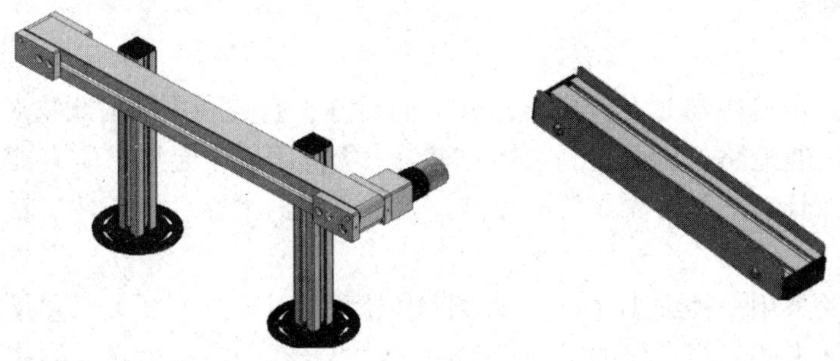

图 1—3—6　传输带模块

二、检测机构常用传感器

1. 电容传感器和电感传感器

电容传感器是利用力学量变化使电容器的一个参数发生变化的方法来实现信号变换的。电感传感器是利用电磁感应把被测的物理量如位移、压力、流量、振动等转换成线圈的自感系数和互感系数的变化，来实现信号变换的。电容传感器和电感传感器实物及符号如图 1—3—7 所示。

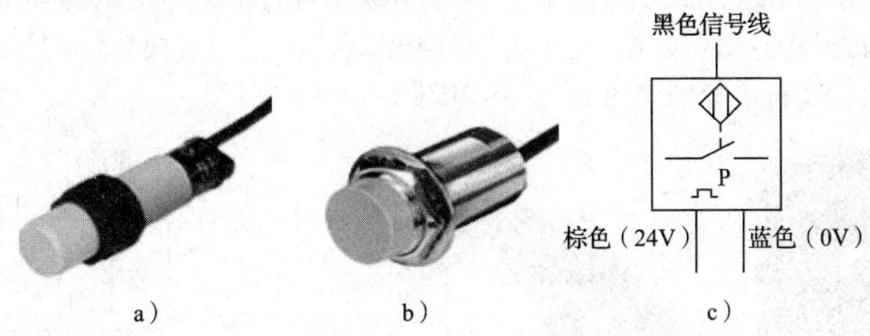

图 1—3—7　电容传感器和电感传感器实物及符号

a）电容传感器　b）电感传感器　c）传感器符号

电容式接近开关属于一种具有开关量输出的位置传感器，它的测量头通常是构成电容器的一个电极，而另一个极板是物体本身，当物体移向接近开关时，物体与接近开关的极距或者介电常数发生变化，引起静电容量发生变化，使得和测量头相连的电路状态也随之发生变化，由此便可控制开关的接通和断开。这种接近开关的检测物体，并不限于金属导体，也可以是绝缘的液体或粉状物体。

电涡流式接近开关属于电感传感器的一种，是利用电涡流效应制成的有开关量输出的位置传感器。它由 LC 高频振荡器和放大处理电路组成，利用金属物体在接近这个能产生电磁场的振荡感应头时，使物体内部产生电涡流。这个电涡流反作用于接近开关，使接近开关振荡能力衰减，内部电路的参数发生变化，由此识别出有无金属物体接近，进而控制开关的通或断。这种接近开关所能检测的物体必须是金属物体。

应根据生产线上被测物体的不同和安装环境的不同来选用电容式或电感式传感器。当被测对象是导电物体或可以固定在一块金属物上的物体时，一般都选用涡流式接近开关，因为它的响应频率高、抗环境干扰性能好、应用范围广、价格较低。若所测对象是非金属（或金属）、液位高度、粉状物高度、塑料、烟草等，则应选用电容式接近开关。这种开关的响应频率低，但稳定性好。

2. 光电开关

光电开关（光电传感器）是光电接近开关的简称，它是利用被检测物对光束的遮挡或反射，由同步回路选通电路，从而检测物体的有无。物体不限于金属，所有能反射光线的物体均可以被检测，而且对被测对象无任何影响。光电开关通常在环境条件比较好、无粉尘污染的场合下使用。

生产线上广泛采用一种细小光束、放大器内置型漫射式光电开关。它是利用光照射到被测工件上后反射回来的光线工作的，由于工件反射的光线为漫反射光，故称为漫射式光电开关。漫射式光电开关由光源（发射光）和光敏元件（接收光）两部分构成，光发射器与光接收器处于同一侧。工作时，光发射器始终发射检测光，若接近开关前方一定距离内没有出现物体，则没有光被反射到接收器，光电开关处于常态而不动作；反之，若接近开关的前方一定距离内出现物体，只要反射回来的光强度足够，则接收器接收到足够的漫反射光，就会使接近开关动作而改变输出的状态。

在生产线上除了漫反射式光电开关，还有投射型（对射式）和回归型（镜面反射）光电开关，都由发光的光源和接收光线的光敏元件构成，如果投射的光线因检测物体不同而被遮掩或反射，到达受光部的量将会发生变化。受光部将检测出这种变化，并转换为电信号，进行输出。

光电开关实物及符号分别如图 1—3—8 和图 1—3—9 所示。

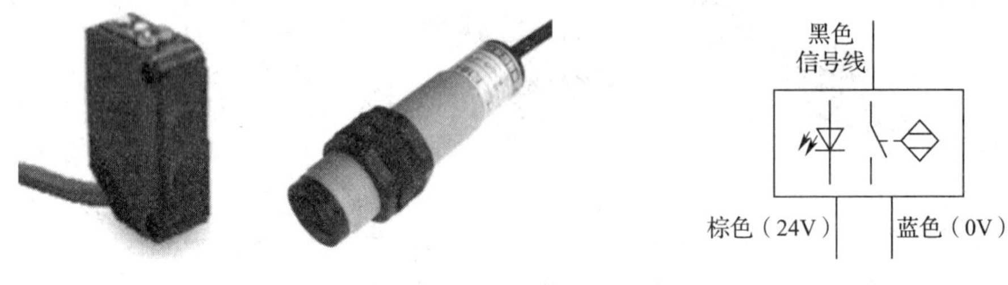

图 1—3—8　光电开关实物

图 1—3—9　光电开关符号

自动化生产线中的检测机构广泛采用了电容传感器、电感传感器和光电开关，以完成物料材质的检测，如图 1—3—10 所示。

图 1—3—10　检测机构的三种传感器

三、西门子 200 系列 PLC

1. CPU 单元

本站选用 CPU224 作为控制核心，完成对该站点输入信号的采集工作，并对推料气缸、升降气缸、高度检测气缸、直流电动机等设备进行控制，按照事先预定的工作流程，将三种工件一一筛选，逐个检测，最后将得到的数据通过 EM277 模块传递至下一站，如图 1—3—11 所示。

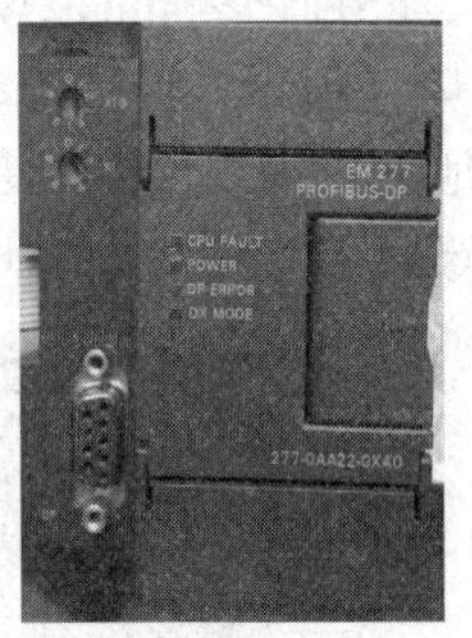

图 1—3—11　CPU224 和 EM277 模块

2. EM277 – DP 模块

通过 EM277 PROFIBUS – DP 扩展从站模块，可将 S7 – 200 CPU 连接到 PROFIBUS – DP 网络。EM277 经过串行 I/O 总线连接到 S7 – 200 CPU。PROFIBUS 网络经过其 DP 通信端口，连接到 EM277 PROFIBUS – DP 模块。这个端口可运行于 9 600 ~ 12 M Baud 的任何 PROFIBUS 波特率。作为 DP 从站，EM277 模块接收从主站来的多种不同的 I/O 配置，向主站发送和接收不同数量的数据。这种特性使用户能修改所传输的数据量，以满足实际应用的需要。与许多 DP 站不同的是，EM277 模块不仅仅能传输 I/O 数据，还能读写 S7 – 200 CPU 中定义的变量数据块。这样使用户能与主站交换任何类型的数据。先将数据移到 S7 – 200 CPU 中的变量存储器，就可将输入、计数值、定时器值或其他计算值传送到主站。类似 EM277 PROFIBUS – DP 模块的 DP 端口可连接到网络上的一个 DP 主站上，但仍能作为一个 MPI 从站与同一网络上如 SIMATIC 编程器或 S7 – 300/S7 – 400 CPU 等其他主站进行通信。通信调试见课题一的任务 7 中的介绍。

3. STEP 7 – Micro/WIN 编程软件的使用

（1）连接 RS – 232/PPI 多主站电缆

如图 1—3—12 所示为 S7 – 200 与编程设备连接示意图。将 RS – 232/PPI 多主站电缆的 RS – 232 端（标识为“PC”）连接到编程设备计算机的 RS – 232 通信口（本例为 COM1），RS – 232/PPI 多主站电缆的 RS485 端（标识为“PPI”）连接到 S7 – 200 的端口 0 或端口 1，再设置 RS – 232/PPI 多主站电缆的 DIP 开关。

（2）开机送电

打开计算机和 PLC 电源，启动计算机，并给 PLC 送电。

（3）打开 STEP7 – Micro/WIN 编程软件

双击计算机桌面上的 V4. 0 STEP 7 MicroWIN SP6 图标 ，出现如图 1—3—13 所示的

S7－200编程画面。注意左侧的操作栏，可以用操作栏中的图标，打开STEP7－Micro/Win项目中的组件。单击操作栏中的通信图标进入通信对话框。可以用这个对话框为STEP7－Micro/WIN设置通信参数。

（4）与S7－200建立通信

1）为STEP7－Micro/WIN设置通信参数。如图1—3—14所示，设置通信参数：PC/PPI电缆的通信地址设为0，接口使用COM1，传输波特率用9.6 kbps。

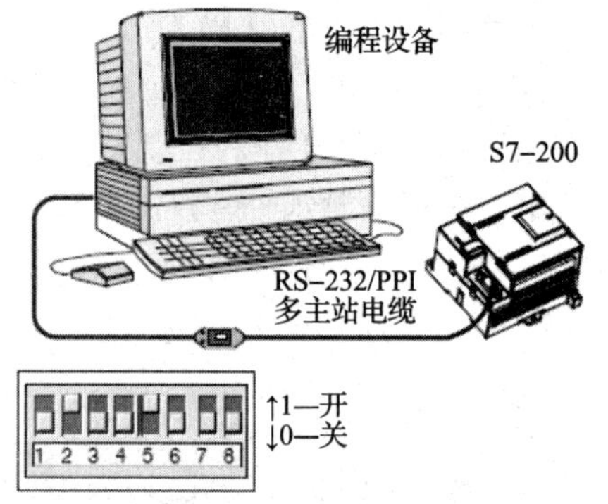

图1—3—12　连接RS－232/PPI多主站电缆

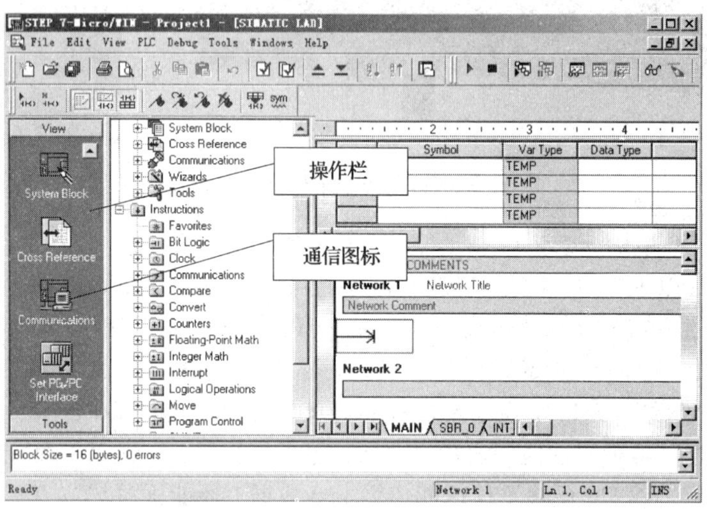

图1—3—13　S7－200编程画面

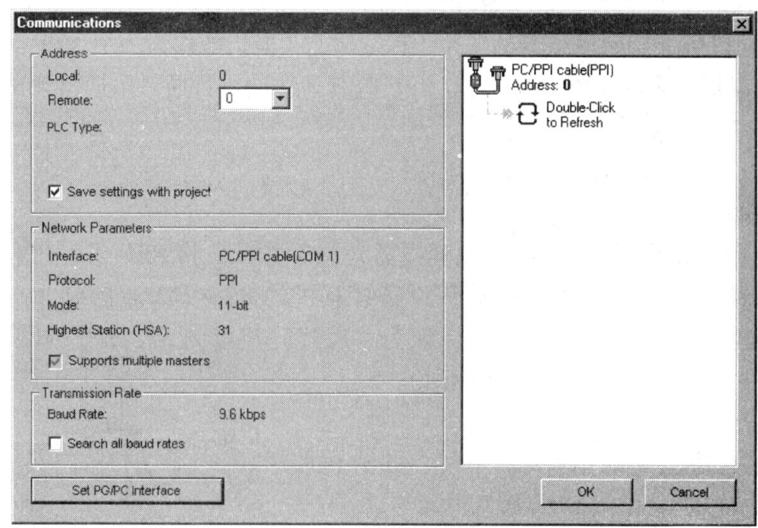

图1—3—14　设置通信参数

2）用通信对话框与 S7－200 建立通信。在通信对话框中双击刷新图标，STEP7－Micro/WIN 自动搜寻并显示所连接的 S7－200 站的 CPU 图标。

（5）输入应用程序并下载到 PLC

在编程画面输入应用程序，并编译、下载到 PLC 运行，注意保存程序。

四、检测机构工作原理

检测机构完成对物料的颜色、材质、高低等特性的检测，并将测试结果传送到不同单元。当检测托盘内收到一个工件后，先要对其进行高低的判断，这时升降气缸上升到位，高度测量装置就下降。当两个 U 形传感器都有信号时表示工件合格，当只有一个有信号时表示工件不合格。高度测量完毕，升降气缸下降到位，不合格的工件就直接推出到废料盒中，合格的工件接着对其进行判断（要分辨出红色工件、黑色工件、金属工件），然后通过通信处理将这些信息传送到下一个单元。

1. 检测机构 PLC 控制原理

检测机构 PLC 控制原理框图如图 1—3—15 所示。

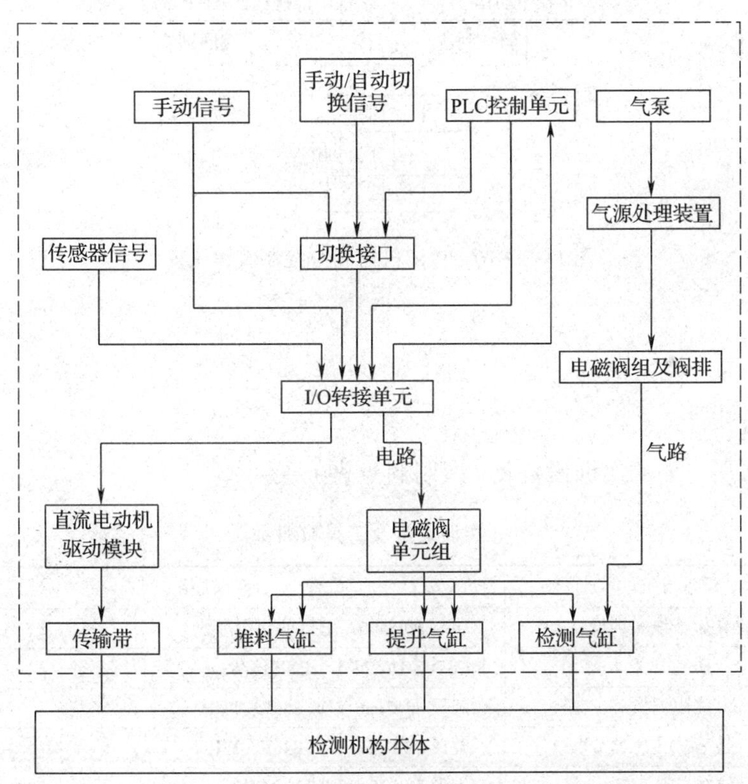

图 1—3—15 检测机构 PLC 控制原理框图

2. 检测机构的 PLC 控制编程流程

物料到达本站后，在托盘上先进行材质、颜色的判断，并将结果储存在指定的寄存器中，然后提升气缸将料块送至高度检测环节，再对工件进行高、低、中的判断，得出结果。当出现高或低工件时，提升气缸下降到位，然后推料气缸将这类工件推到本站的废料盒中；当出现中等高度工件时，判定为合格件，推料气缸将其弹到传输带上，传输带通过电动机运转带动工件运行到滑槽上，然后工件在滑槽上做自由落体运动，之后将工件传递至下一单元，并且向主机发送颜色、材质等相关信号。合格工件被弹出之后，推料气缸缩回且到位后，提升气缸下降到位，等待下一个工件的到来，检测要一直这样循环下去，周而复始地工作。检测机构 PLC 控制编程流程如图 1—3—16 所示。

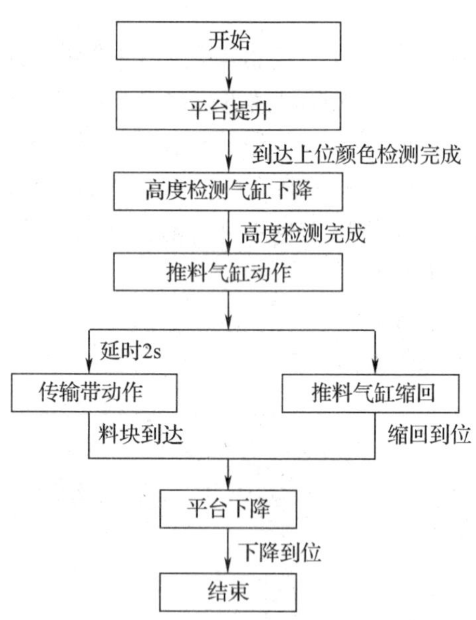

图 1—3—16　检测机构 PLC 控制编程流程

任务实施

一、任务准备

实施本任务所需要的实训设备及工具材料见表 1—3—3。

表 1—3—3　　实训设备及工具材料

序号	设备与工具	型号规格	数量
1	自动化生产线实训设备	DL－MPS500A 型自动化生产线	1 套
2	磁性开关	CS1－3 DC 24 V、PNP 信号	1 只
3	光电开关	圆形 ϕ18 mm　DC 24 V、PNP	1 只
4	电容式传感器	圆形 ϕ18 mm　DC 24 V、PNP	1 只
5	电感式传感器	方形 *PR*125 DC 24 V、PNP	1 只
6	U 形光电开关	U 形槽开口　DC 24 V、PNP	2 只
7	型材	3030	若干
8	笔形气缸	ϕ75～100 mm	1 只
9	电动机	DC 24 V、15 W、37 转	1 台
10	线缆	红色 1.0 mm^2、蓝色 1.0 mm^2、黑色 0.3 mm^2	若干
11	电工常用工具	剥线钳、旋具、压线钳、测电笔、万用表等	1 套

二、检测机构电气回路装调

1. PLC 控制检测机构的 I/O 地址分配

PLC 控制检测机构的 I/O 地址分配见表 1—3—4。

表 1—3—4　　I/O 地址分配表

输入	含义	输出	含义
I0.0	启动	Q0.0	启动灯
I0.1	停止	Q0.1	停止灯
I0.2	手动/自动	Q0.2	功能灯
I0.3	功能	Q0.3	网络灯
I0.4	网络	Q0.4	复位灯
I0.5	复位	Q0.5	报警灯
I0.6	急停	Q0.6	提升气缸上升
I0.7	提升气缸下降位	Q0.7	提升气缸下降
I1.0	提升气缸上升位	Q1.0	检测气缸
I1.1	弹位	Q1.1	推料气缸
I1.2	下降位	Q2.0	斜坡气缸
I1.3	退回位	Q2.1	传输带输送机
I1.4	电感传感器		
I1.5	电容传感器		
I2.0	光电传感器		
I2.1	高位		
I2.2	低位		

2. 检测机构 PLC 控制电气接线图

检测机构 PLC 控制电路接线如图 1—3—17 所示。

3. 传感器、电动机、操作面板的安装

(1) 传感器安装

安装传感器时，必须保证传感器到被检测物的距离在检出距离范围内，同时考虑被检测物的形状、大小、表面粗糙度及移动速度等因素。若传感器调整位置不到位，对工件反应不敏感，动作灯不亮；若传感器位置调整合适，对工件反应敏感，动作灯亮而且稳定；当没有工件靠近传感器时，传感器没有输出。无论是哪一种传感器，在使用时都必须注意被测物的材料、形状、尺寸、运动速度等因素。安装时必须认真考虑检测距离、设定距离，保证生产线上的传感器可靠动作。

电感传感器的安装调试方法如图 1—3—18 所示。先调整传感器的位置，合适后将固定螺母锁紧。

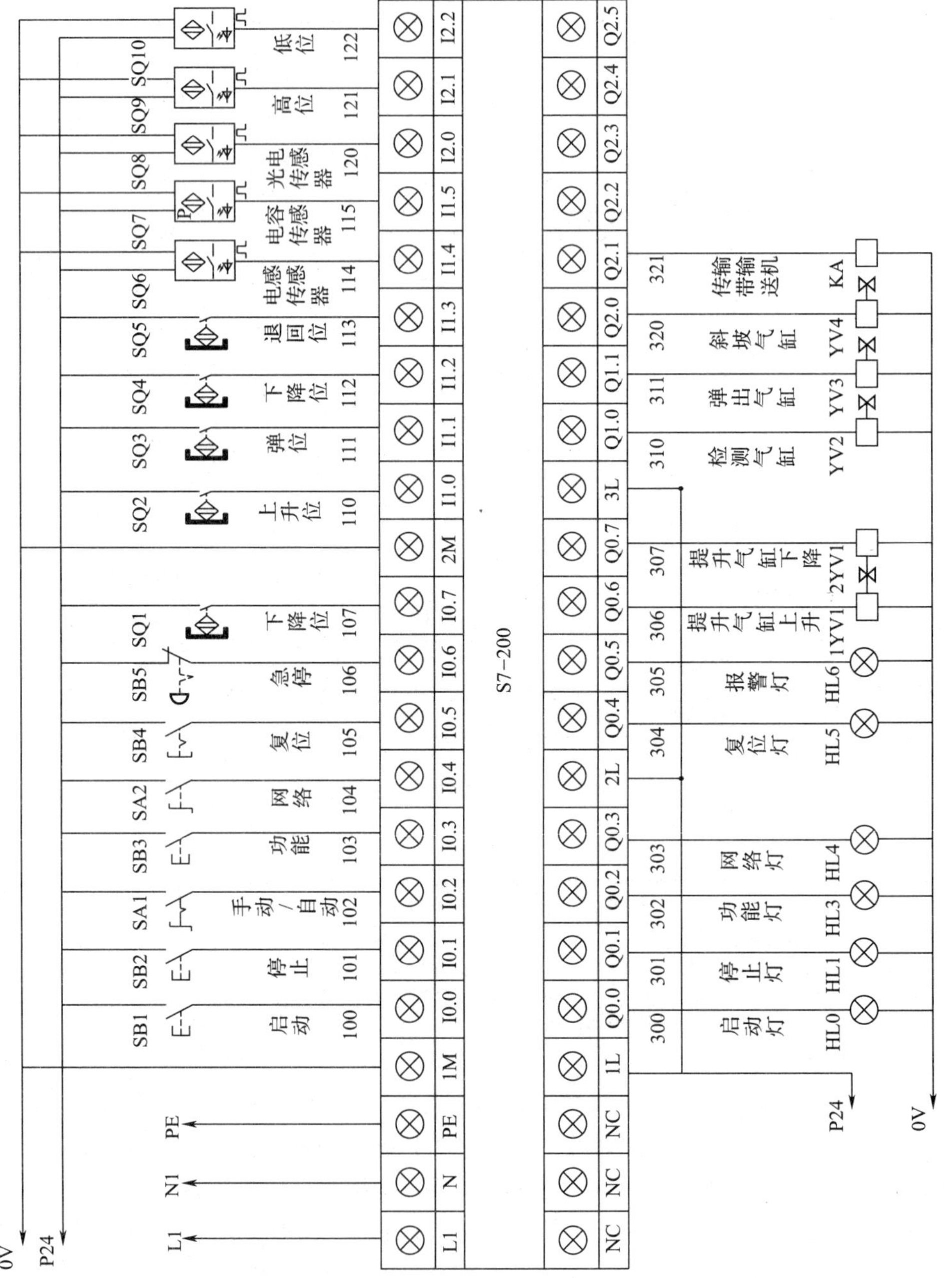

图 1—3—17　检测机构 PLC 控制电路接线

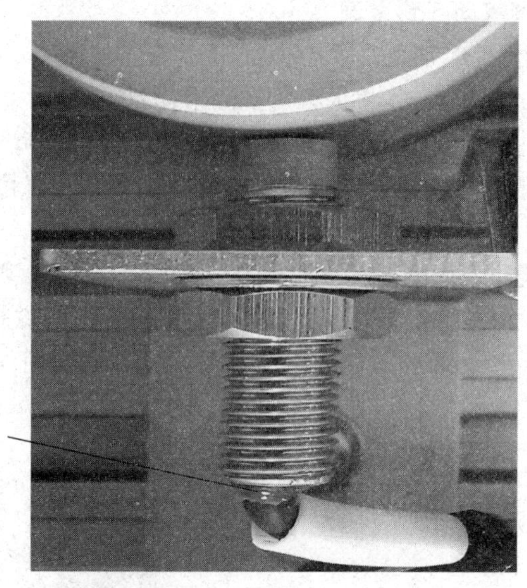

图 1—3—18　电感传感器的安装调试方法

光电传感器的安装调试方法如图 1—3—19 所示。

图 1—3—19　光电传感器的安装调试方法

（2）直流电动机的安装

直流电动机通过联轴器与滚轮配合，然后通过顶丝拧紧，安装在滚轮上，带动传输带，如图 1—3—20 所示。

（3）检测机构操作面板电气安装

先将各按钮头根据配置要求套入相应的标牌，并将按钮座一起安装在按钮安装板上，然后根据面板接线图，将所有的输入输出线接到 PLC 的 I/O 转接板上。

三、检测机构气动回路装调

1. 提升气缸回路装调

如图1—3—21所示，先将提升气缸固定在3030型材上，然后装好坦克链，将气管和磁性开关的电缆穿过它，避免运行过程中的相互干涉，这些装完后，将提升气缸安装在底座上，最后通过T形螺母将提升气缸机构安装在基板上，再将气管连接到电磁阀进气和排气接管上，安装完成。

提升气缸是通过双向电磁阀来控制的。调试时，开启气源处理装置，观察提升气缸目前处于下降位置还是上升位置，当这些准备就绪后，按一下电磁阀上的按键，发现提升气缸做上升或下降运行，然后听是否有漏气的“吱吱”声音，如果无，说明气缸和电磁阀的气路连接良好。

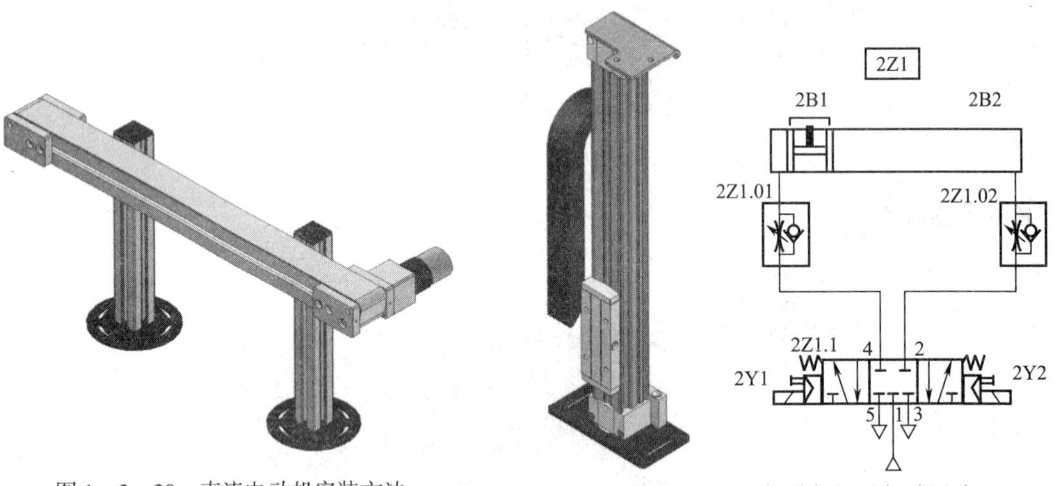

图1—3—20　直流电动机安装方法

图1—3—21　提升气缸及气动回路

2. 材质检测模块回路装调

材质检测模块及气动回路如图1—3—22所示，各部件都准备好后，先安装方口处的电感传感器，然后将推料气缸安装在托盘的左侧，接着安装光电传感器和电容传感器，这些都装完后，将整个材质检测模块安装在提升气缸的最下端。

气路连接：将推料气缸的两个调速接头分别插入气管，然后将这两根气管接入控制其动作的相应电磁阀上。

电路连接：将各传感器信号接入基板上的I/O转接板的输入端子上，根据原理图对号入座。

气路调试：接通气泵，开启气源处理装置，当压力达到0.4～0.6 MPa后，打开阀门观察推料气缸的初始状态，气缸通气后其初始状态应在缩回位，如果气缸不在缩回位，则要交换两根气管的位置，使其在初始位置。然后再按一下电磁阀上的按键，这时推料气缸就会伸出到位，松开按键，推料气缸就会回到初始状态，即回到原位。

电路调试必须等本站所有电气接线完成并检查合格后方可通电调试，检查其信号是否已接入PLC的输入端和输出端。

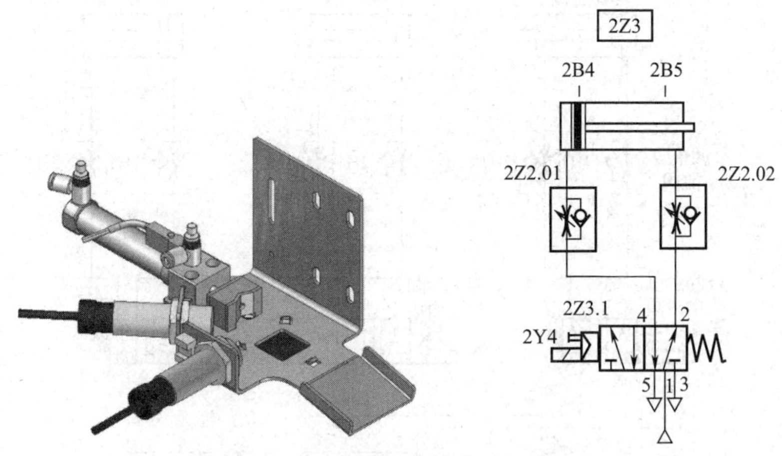

图 1—3—22　材质检测模块及气动回路

3．高度检测模块装调

高度检测模块及气动回路如图 1—3—23 所示。检测气缸通过连接块与检测头装在一起，U 形开关通过 L 形支架与检测条装在一起，然后将这个模块安装在提升气缸模块的上端。

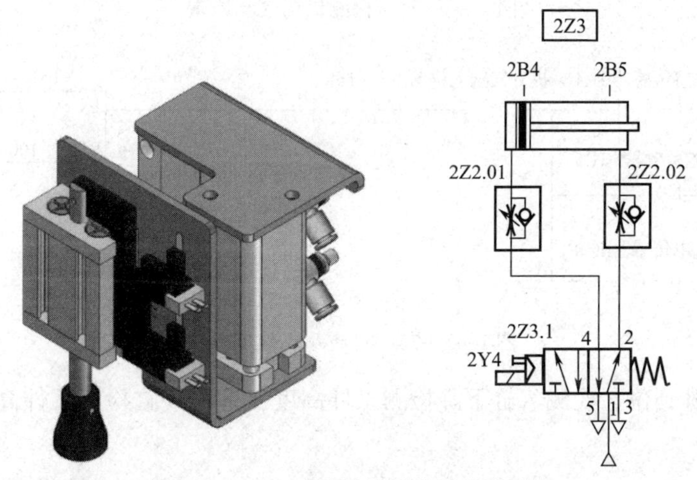

图 1—3—23　高度检测模块及气动回路

气路连接、电路连接及调试方法参考材质检测模块回路装调方法。

4．检测机构气路原理

该站总体气动原理如图 1—3—24 所示，分别控制检测气缸、推料气缸、推出气缸，最后通过汇流排连接到气源处理装置上。

四、检测机构 PLC 控制程序编写及调试

1．PLC 控制程序编写

检测机构的 PLC 与主站之间通过 EM277 DP 通信，检测机构主要是检测和输送，检测有工件合格和不合格之分，因此程序分为判断、检测、处理三部分。

工件到达检测模块，提升气缸上升检测工件，材质颜色处理程序如图 1—3—25 所示。

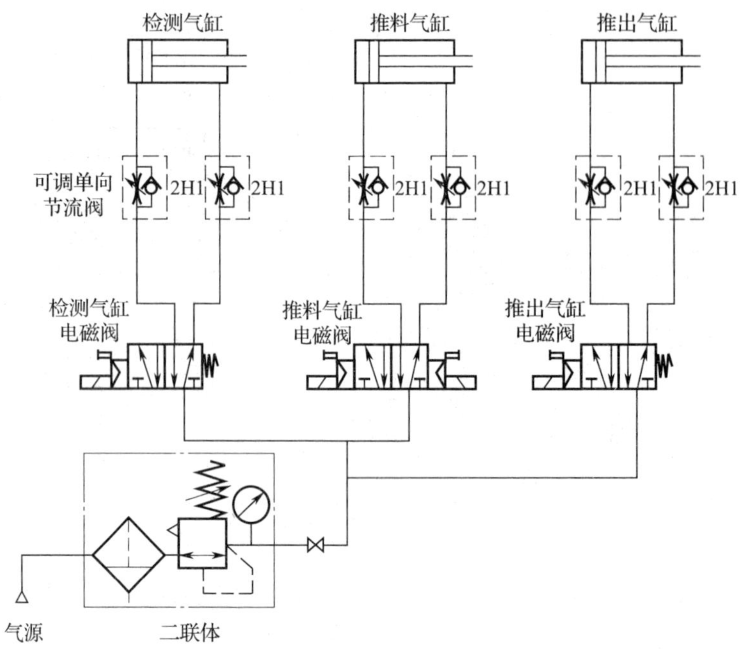

图 1—3—24　检测机构气动原理

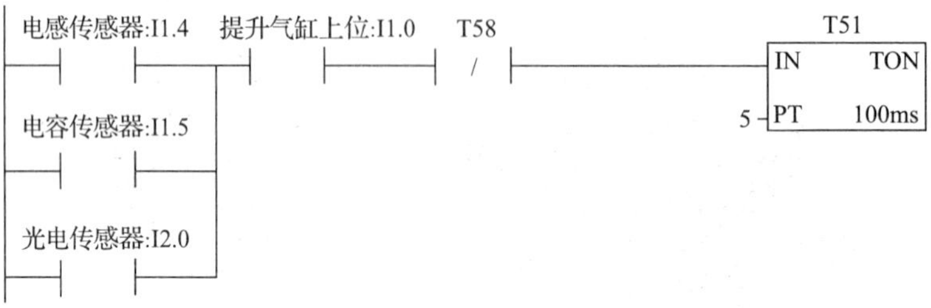

电感传感器:I1.4　提升气缸上位:I1.0　T58　T51
IN　TON
5 PT　100ms
电容传感器:I1.5
光电传感器:I2.0

图 1—3—25　材质颜色处理程序

提升气缸上升到位，检测气缸下降检测工件高度，检测气缸检测工件高度程序如图 1—3—26 所示。

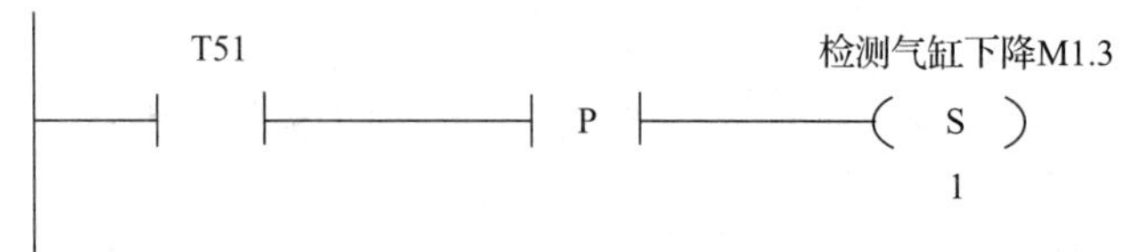

图 1—3—26　检测气缸检测工件高度程序

工件过高或过低都认为不合格，程序如图 1—3—27 所示。

合格工件则直接推出到传输位，程序如图 1—3—28 所示。

推出到位则传输带运输机运行，其程序编写如图 1—3—29 所示。

传输带运输机运行 3 s 时间后，斜坡气缸打开，将工件送入下一机构，传输完毕则回到程序开始部分重复检测下一工件。斜坡气缸打开程序如图 1—3—30 所示。

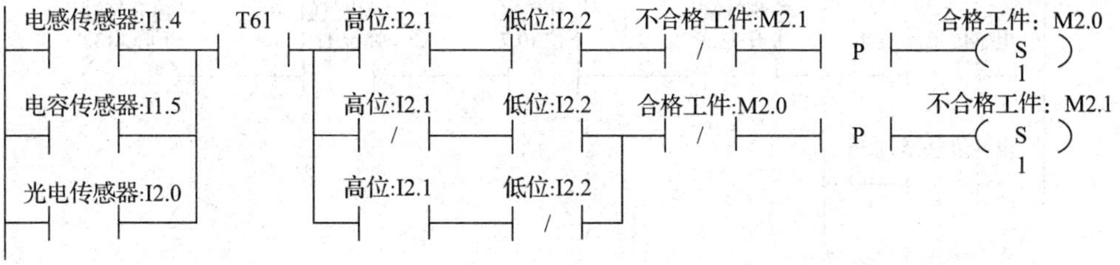

电感传感器:I1.4
T61
高位:I2.1
低位:I2.2
不合格工件:M2.1
P
合格工件：M2.0
S
1
电容传感器:I1.5
高位:I2.1
低位:I2.2
合格工件:M2.0
P
不合格工件：M2.1
S
1
光电传感器:I2.0
高位:I2.1
低位:I2.2

图 1—3—27　检测工件合格程序

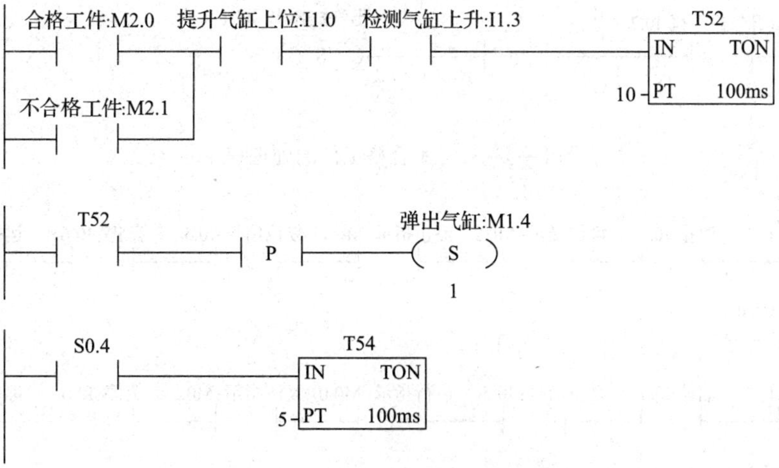

合格工件:M2.0
提升气缸上位:I1.0
检测气缸上升:I1.3
T52
IN
TON
10
PT
100ms
不合格工件:M2.1
T52
P
弹出气缸:M1.4
S
1
S0.4
T54
IN
TON
5
PT
100ms

图 1—3—28　合格工件直接推出到传输位程序

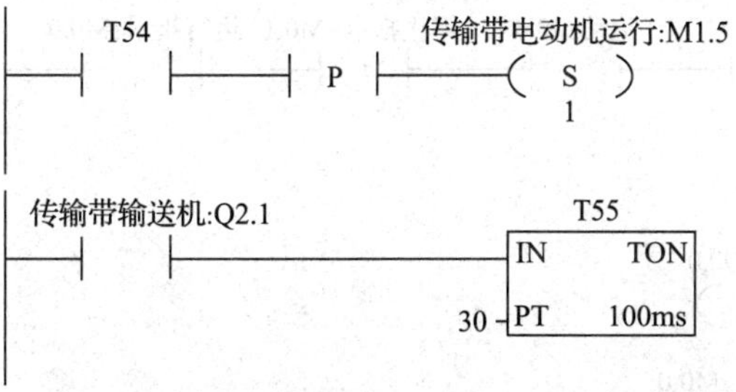

T54
P
传输带电动机运行:M1.5
S
1
传输带输送机:Q2.1
T55
IN
TON
30
PT
100ms

图 1—3—29　传输带运输机运行程序

T55
P
斜坡气缸:M1.6
S
1

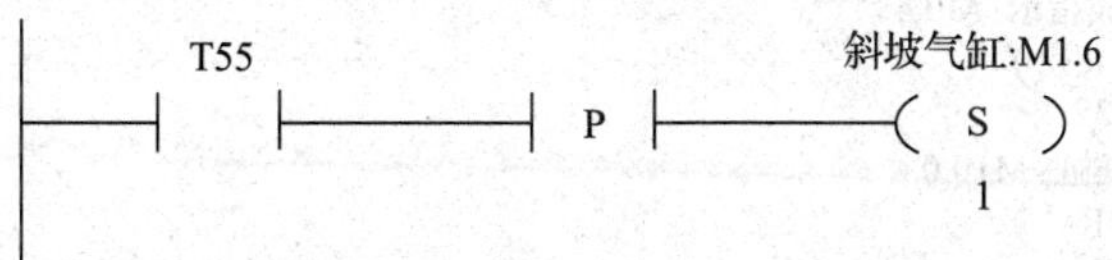

图 1—3—30　斜坡气缸打开程序

如果是不合格工件，则提升气缸下降，将工件推出到废料仓，废料推出后程序回到开始部分继续检测下一工件。不合格工件的处理程序如图 1—3—31 所示。

控制主程序及输出程序的处理如图 1—3—32 所示。

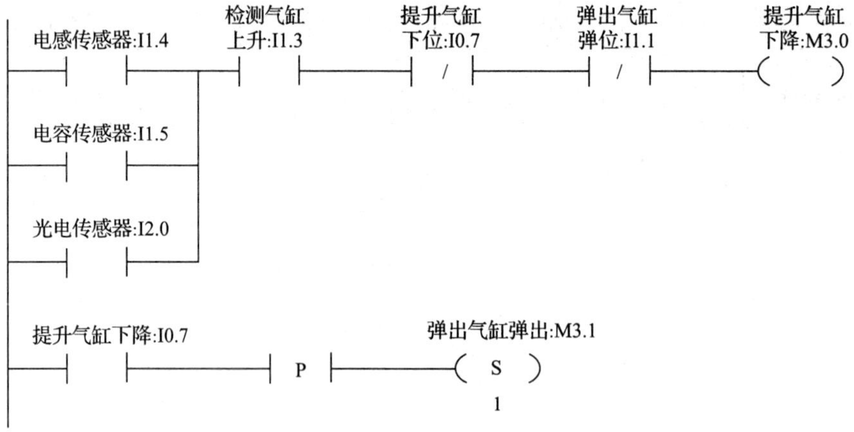

电感传感器:I1.4　检测气缸上升:I1.3　提升气缸下位:I0.7　弹出气缸弹位:I1.1　提升气缸下降:M3.0

电容传感器:I1.5

光电传感器:I2.0

提升气缸下降:I0.7　P　弹出气缸弹出:M3.1　S　1

图 1—3—31　不合格工件的处理程序

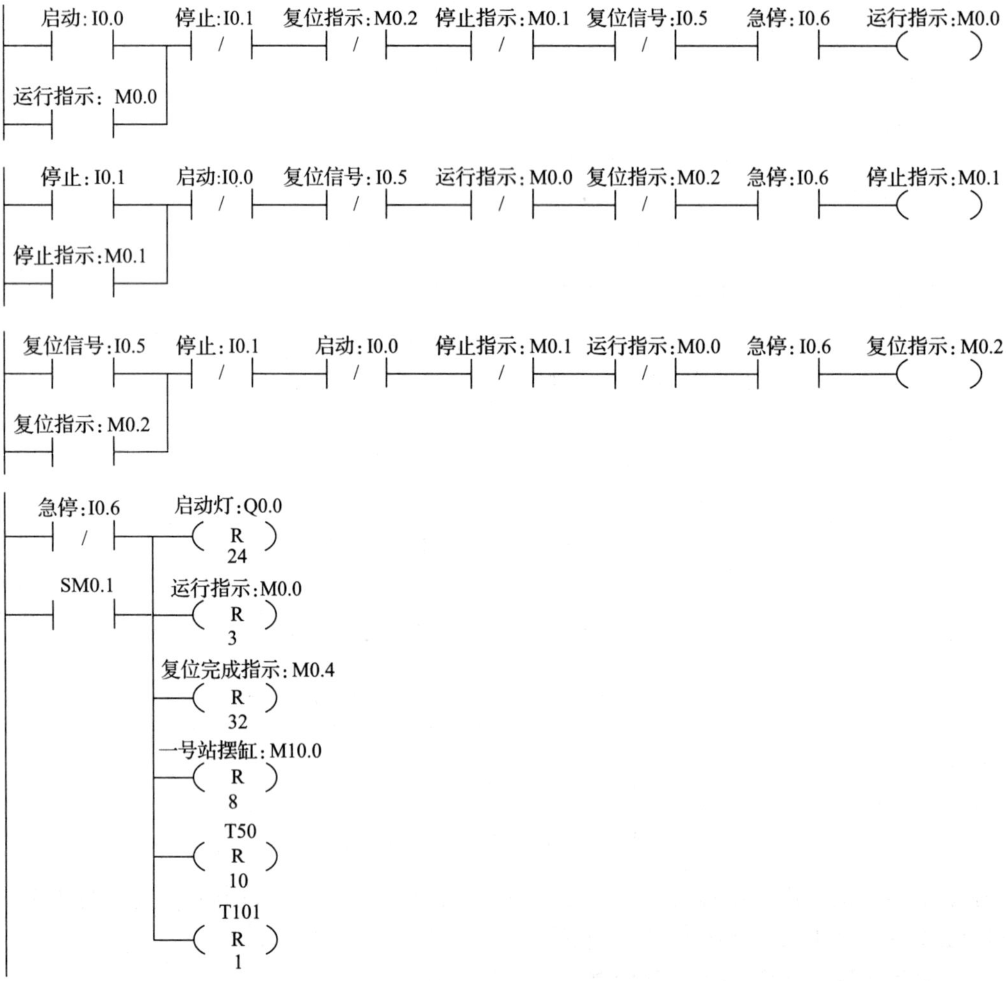

启动: I0.0　停止:I0.1　复位指示:M0.2　停止指示:M0.1　复位信号:I0.5　急停:I0.6　运行指示:M0.0

运行指示: M0.0

停止: I0.1　启动:I0.0　复位信号: I0.5　运行指示: M0.0　复位指示:M0.2　急停:I0.6　停止指示:M0.1

停止指示:M0.1

复位信号:I0.5　停止: I0.1　启动: I0.0　停止指示:M0.1　运行指示:M0.0　急停: I0.6　复位指示: M0.2

复位指示: M0.2

急停:I0.6　启动灯:Q0.0　R　24

SM0.1　运行指示:M0.0　R　3

复位完成指示: M0.4　R　32

一号站摆缸: M10.0　R　8

T50　R　10

T101　R　1

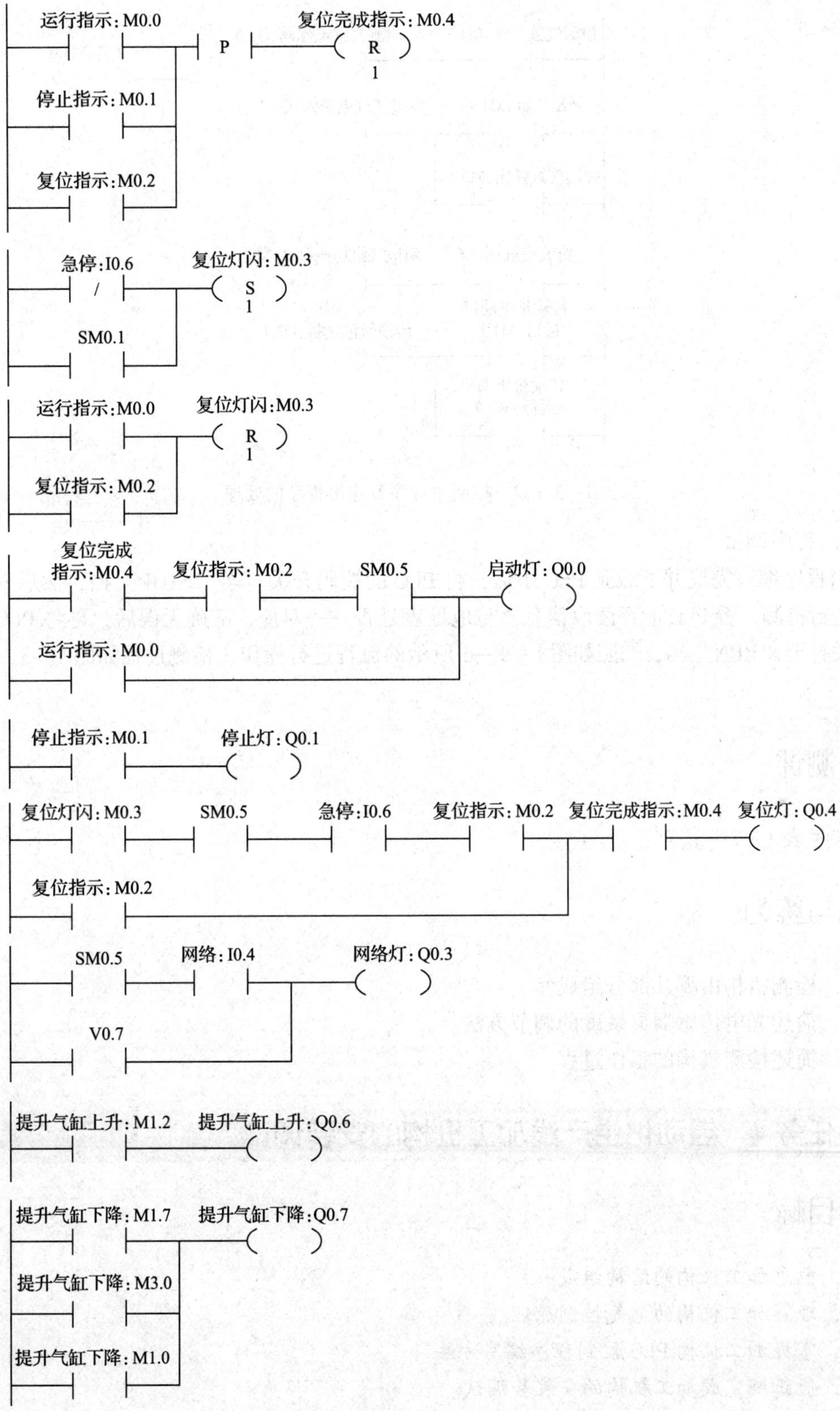

运行指示:M0.0
复位完成指示:M0.4
P
R
1
停止指示:M0.1
复位指示:M0.2
急停:I0.6
/
复位灯闪:M0.3
S
1
SM0.1
运行指示:M0.0
复位灯闪:M0.3
R
1
复位指示:M0.2
复位完成
指示:M0.4
复位指示:M0.2
SM0.5
启动灯:Q0.0
运行指示:M0.0
停止指示:M0.1
停止灯:Q0.1
复位灯闪:M0.3
SM0.5
急停:I0.6
复位指示:M0.2
复位完成指示:M0.4
复位灯:Q0.4
复位指示:M0.2
SM0.5
网络:I0.4
网络灯:Q0.3
V0.7
提升气缸上升:M1.2
提升气缸上升:Q0.6
提升气缸下降:M1.7
提升气缸下降:Q0.7
提升气缸下降:M3.0
提升气缸下降:M1.0

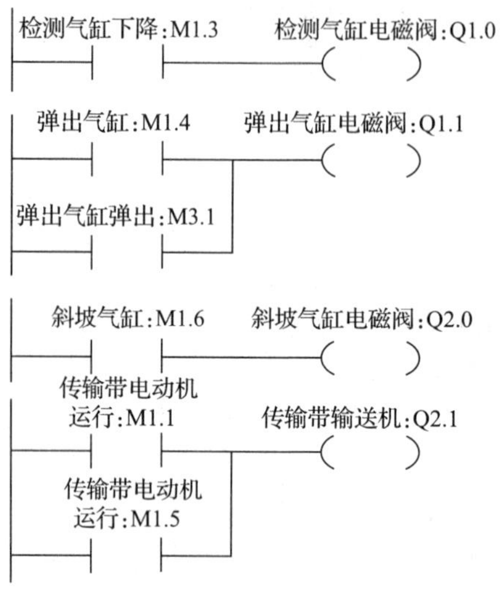

图 1—3—32　控制主程序及输出程序的处理

2. 程序调试

当程序编写完成并下载到 PLC 中后，将 PLC 的拨码开关打至“STOP”挡，然后对各信号点进行检测，看 PLC 能否读取信息，与地址表是否一一对应，准确无误后，再将 PLC 的拨码开关打至“RUN”挡，按照如图 1—1—6 所示的流程进行操作，检测过程如图 1—3—16 所示。

任务测评

参考表 1—2—3。

思考与练习

1. 检测机构由哪几部分组成？
2. 简述光电传感器灵敏度的调节方法。
3. 简述检测机构的工作过程。

任务 4　自动化生产线加工机构的安装调试

学习目标

1. 熟悉加工机构的结构组成。
2. 理解加工机构的电气控制原理。
3. 掌握加工机构 PLC 控制程序编写方法。
4. 能正确完成加工机构的安装和调试。

任务引入

加工机构是自动加工生产系统的关键环节，其水平高低在很大程度上决定着系统的功能。随着科学技术的发展，自动加工水平的不断提高，使得生产率得到很大的发展。如图1—4—1所示为自动化生产线教学实训设备的加工机构。本任务要求完成如图1—4—1所示自动化生产线教学实训设备加工机构的安装和调试。

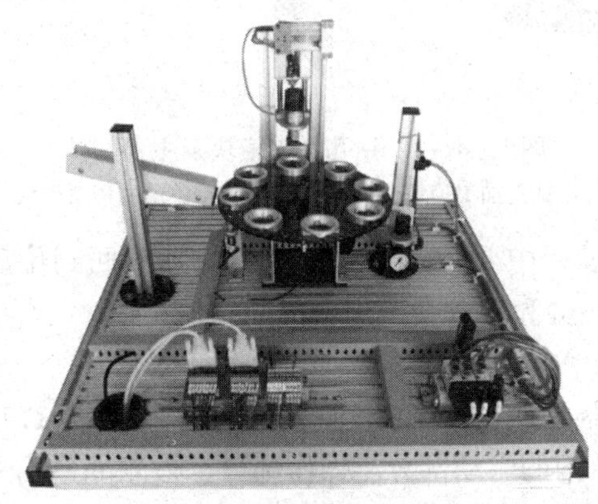

图1—4—1　自动化生产线教学实训设备的加工机构

相关知识

一、加工机构的结构组成

加工机构主要完成工件的加工及加工后的检测，主要由转盘模块、钻孔加工模块、检测模块等组成。

1. 机械构成

（1）转盘模块

转盘模块主要由8工位转盘、直流齿轮电动机、光电传感器、电感传感器等组成。光电传感器检测到物料到达，直流电动机运行，转盘旋转45°后停止，等待下一物料。转盘模块如图1—4—2所示。

（2）钻孔加工模块

钻孔加工模块主要由直流齿轮电动机、双作用气缸、单作用气缸、钳位气缸、2位5通单作用电磁阀、3位5通双作用电磁阀等组成，其结构如图1—4—3所示。

（3）检测模块

检测模块主要由2位5通电磁阀、单作用气缸、气压调节模块和磁性传感器等组成，如图1—4—4所示。加工完成后的物料到达检测位，检测气缸下降，气缸下降到位则工件为合格工件，气缸不能下降到位则工件为不合格工件。

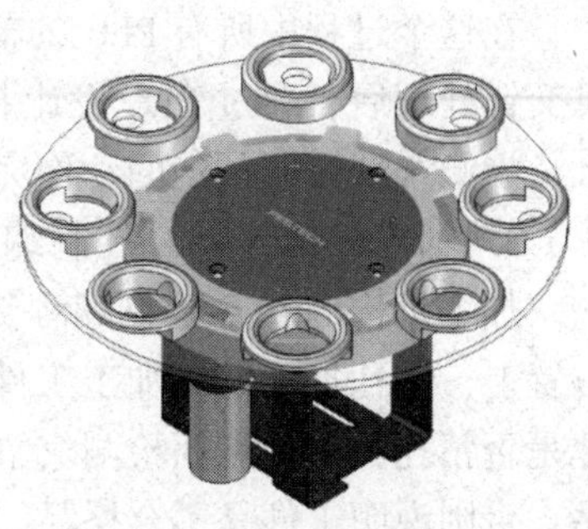

图1—4—2　转盘模块

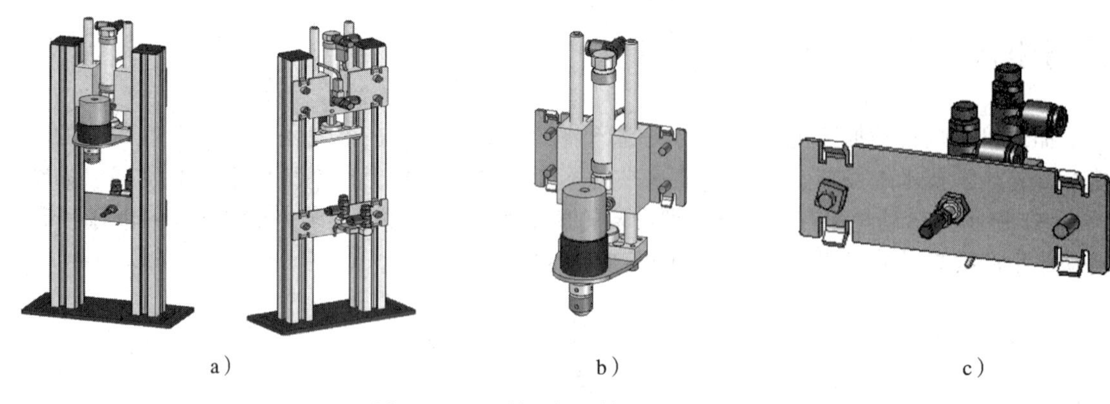

图 1—4—3　钻孔加工模块及主要部件
a）钻孔加工模块　b）钻孔装置　c）钳位挡料模块

检测模块检测工件的过程中要注意，只有检测气缸缩回到位后转盘才能转动，否则检测气缸和转盘会发生碰撞。

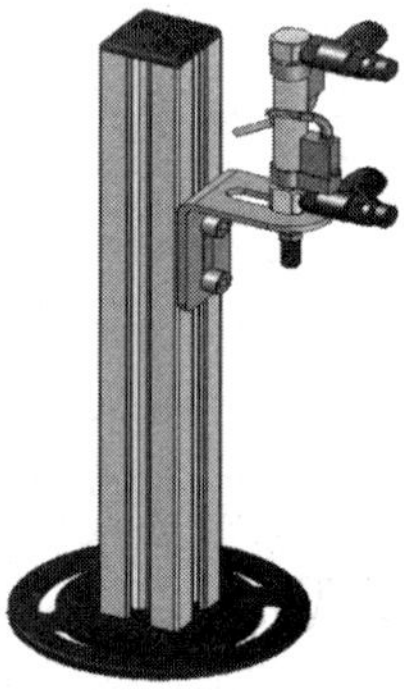

2. 电气组成

加工机构的中央控制器是西门子 CPU224，通信模块是 EM277。为了保证设备安全，机械结构的驱动部分、操作部分、检测部分均采用 DC 24 V 供电，相应选择开关电源（交流 220 V 变 DC 24 V）、断路器、中间继电器、I/O 转接板、光电传感器、电感传感器、直流电动机等。

图 1—4—4　检测模块

二、加工机构的工作原理

上一站的工件被送入本站的预存工位后，钳位气缸缩回，转盘自动转一个工位，直到工件被转至加工位，钳位气缸伸出定位工件，这时提升气缸带动钻孔电动机下降，气缸下降到位后钻孔电动机开始运行，对工件进行钻孔加工，钻孔完成后钻孔气缸上升，气缸上升到位，钻孔电动机停止，钳位气缸缩回，转盘旋转 45°（本转盘共 8 个工位），等待下一工件到达。

1. 加工机构 PLC 控制原理

钻孔加工机构的 PLC 控制原理框图如图 1—4—5 所示，它是整个机构控制的核心。I/O 转接板是 PLC 对外联络的工作站，所有与电有关信息的传递均通过它来处理，而气路则是通过另一个支路供给。

在这个过程中所有 PLC 的输入信号都是由传感器、按钮、开关信号提供的，通过这些信息交错处理后，通过 PLC 发出控制指令，让钻孔电动机、转盘电动机、钳位气缸、钻孔气缸、检测气缸按照预定的动作完成各自在本站的功能。

2. 加工机构的 PLC 控制编程流程

加工机构的 PLC 控制编程流程如图 1—4—6 所示，转盘旋转 45°把工件送到相应的加工位置上，钻孔加工模块加工工件内径，然后转盘旋转工件到达下一个模块，这一模块判断工件是否钻孔，然后利用检测气缸检测工件内径是否合格，如果气缸前进到底说明工件是合格品，否则说明工件是不合格品。

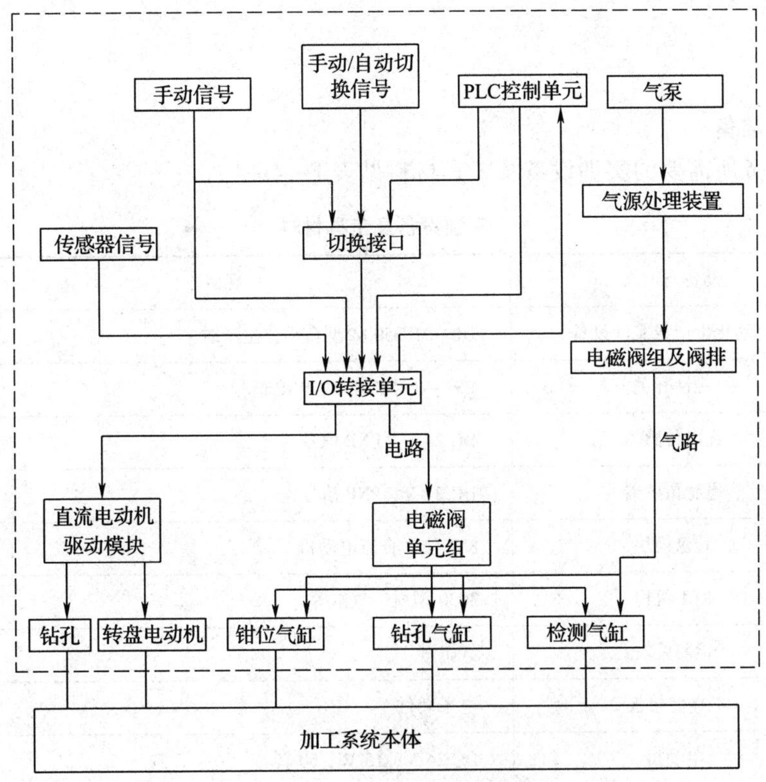

图 1—4—5 钻孔加工机构的 PLC 控制原理框图

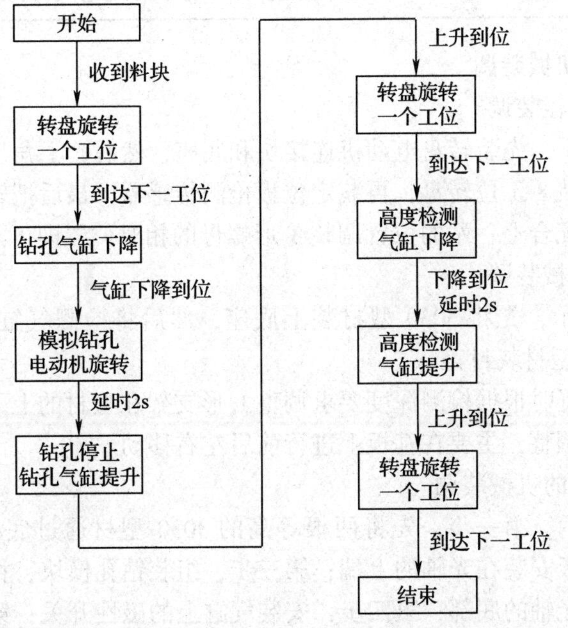

图 1—4—6 加工机构的 PLC 控制编程流程

任务实施

一、任务准备

实施本任务所需要的实训设备及工具材料见表 1—4—1。

表 1—4—1　　实训设备及工具材料

序号	设备与工具	规格	数量
1	自动化生产线实训设备	DL－MPS500A 型自动化生产线	1 套
2	磁性开关	CS1－3 DC 24 V、PNP 信号	3 只
3	光电传感器	DC 24 V、PNP 信号	1 只
4	电感传感器	DC 24 V、PNP 信号	1 只
5	转盘模块	8 工位、直流电动机	1 台
6	加工机构	3030 型材、气缸等	1 台
7	检测模块	气缸等	1 台
8	I/O 转接板	电子套件	1 套
9	电动机	DC 24 V、15 W、60 转	1 台
10	导线	红色 1.0 mm^2、蓝色 1.0 mm^2、黑色 0.3 mm^2	若干
11	电工常用工具	剥线钳、旋具、压线钳、测电笔、万用表等	1 套

二、加工机构的机械装调

1．转盘模块的机械装调

如图 1—4—2 所示，先装转盘电动机连接块和底座，然后套上角度定位板，再装上盖板固定定位板，然后再装 8 工位转盘，再装定位板检测传感器，最后把转盘模块用 T 形螺母固定在基板上。调整时配合上一站的位置调整 T 形螺母的相对位置即可。

2．检测模块的机械装调

如图 1—4—4 所示，先将 3030 型材装上底座，然后将检测气缸通过 L 形支架安装在 3030 型材上，最后给型材装封盖。

调试检测气缸位置时根据检测深度要求调整 L 形支架在型材的上下位置，底座位置根据转盘的工位进行相对调整，主要在基板上进行前后左右移动。

3．钻孔加工模块的机械装调

如图 1—4—3 所示，第一步，先将两根等高的 3030 型材通过底板搭建起来；第二步，将升降气缸通过连接板安装在光轴的上端；第三步，组装钻孔模块，将钻孔电动机通过连接板安装在两根平衡的光轴的底部；第四步，安装气缸上的磁性开关；第五步，将钻孔加工模块按照实际要求安装在转盘的左侧方向，然后拧紧螺钉或整理部件。调试时，根据整体要求进行相对位置的调整。

三、加工机构的电路装调

1．PLC 的 I/O 地址分配

S7－200 控制加工机构电气控制 I/O 地址分配见表 1—4—2。

表 1—4—2　　I/O 地址分配表

输入	含义	输出	含义
I0.0	启动	Q0.0	启动灯
I0.1	停止	Q0.1	停止灯
I0.2	手动/自动	Q0.2	功能灯
I0.3	功能	Q0.3	网络灯
I0.4	网络	Q0.4	复位灯
I0.5	复位	Q0.5	报警灯
I0.6	急停	Q0.6	钻孔气缸上升电磁阀
I0.7	钻孔气缸上升位	Q0.7	钻孔气缸下降电磁阀
I1.0	钻孔气缸下降位	Q1.0	钳位气缸电磁阀
I1.1	深度检测气缸上升位	Q1.1	深度检测气缸电磁阀
I1.2	深度检测气缸下降位	Q2.0	钻孔电动机控制继电器 KA1
I1.3	钳位气缸退回位	Q2.1	旋转电动机控制继电器 KA2
I1.4	工件到达转盘（光电传感器）		
I1.5	转盘工位定位开关（电感式传感器）		

2．PLC 控制钻孔加工机构的电路安装

如图 1—4—7 所示为 PLC 控制钻孔加工机构的电路接线图。

（1）传感器和电动机的安装及接线

加工机构主要有光电传感器和电感传感器，光电传感器主要检测工件是否到达 8 工位转盘，电感传感器主要用于 8 工位转盘旋转 45°位置检测。安装和调试方法同检测机构，不再重复。将传感器的信号接到 I/O 转接板的输入端子上，电动机线接到 I/O 转接板的输出端子上。

（2）操作面板的安装及接线

安装方法及接线方法同送料机构，不再重复。

（3）配电盘的安装及接线

1）选择好安装导轨长度和线槽长度。

2）根据盘面布置图安装好导轨，并用螺钉紧固。

3）将相应的电气元件安装在导轨上。

4）对各电气元件贴上相应的标签，便于接线和维修。

5）对安装好的配电盘进行布线，根据电气原理图和接线图，按照电气规范进行接线。

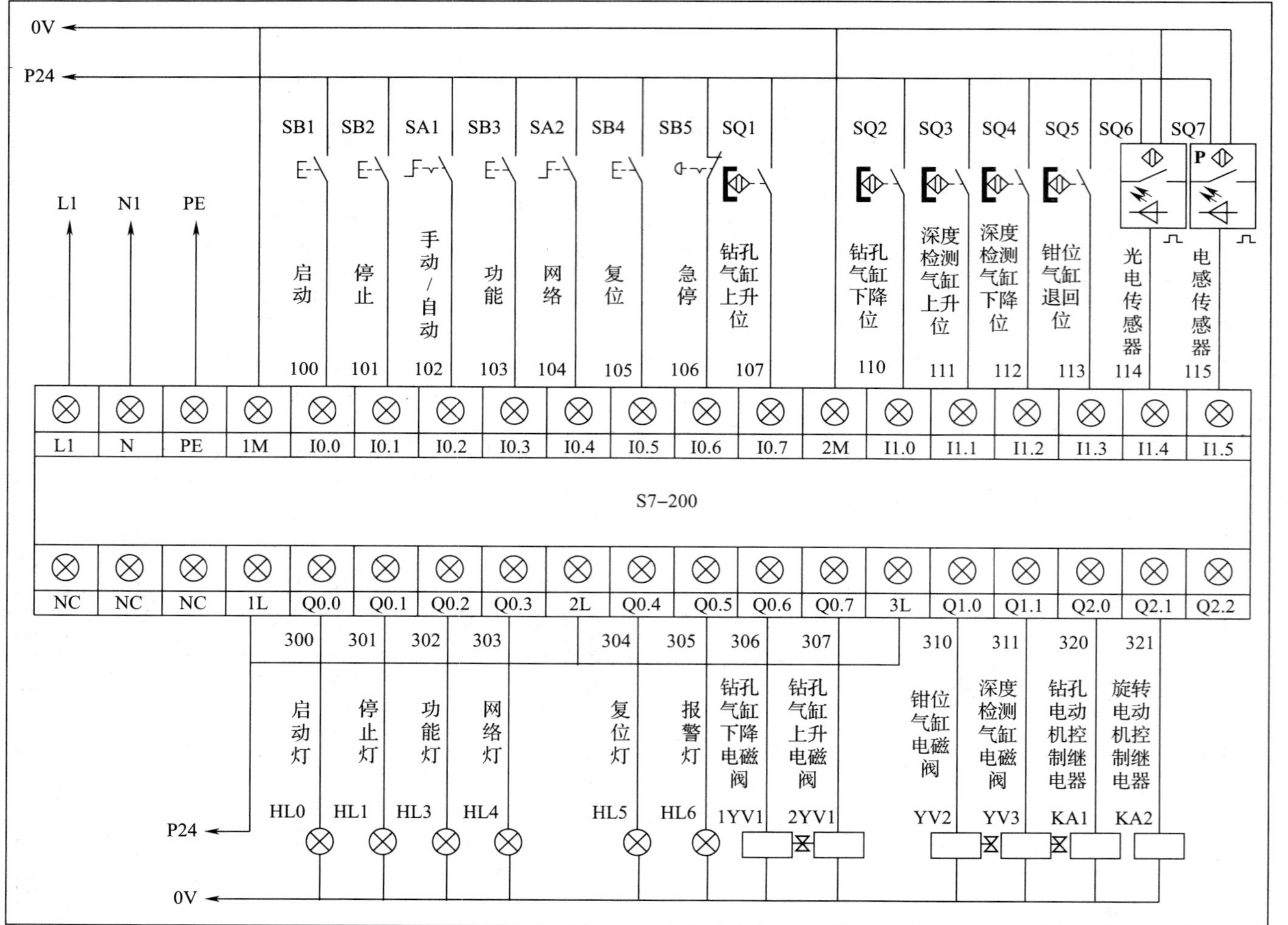

图 1—4—7 PLC 控制钻孔加工机构的电路接线图

6）进行线路检查和通电试验。

7）将配电盘安装在电柜内。

（4）I/O 转接板的安装及接线端子的安装

首先将导轨固定在铝基板上，然后将 I/O 转接板卡在导轨上，并将接线端子装上，最后在导轨两侧加上堵头，防止端子移动和脱落。

（5）电路调试

电路接线的检查：根据电气原理图和 I/O 地址分配表对各类按钮信号、光电开关、电感传感器、磁性开关的引线是否接入 PLC 的输入端进行检查，判断方法一般采用目测、万用表、通电检查等，但最有效的方法是通电检查。例如，要检查钻孔气缸是否在上升位，给 PLC 通电，加工机构通电，对气缸电磁阀进行操作，通过气缸的上下升降动作查看 PLC 对应的输入点指示灯是否变亮，如果输入点指示灯变亮说明接线正常；如果输入点指示灯没有变化，先调整磁性开关在气缸上的安装位置，如果位置正常且磁性开关上的指示灯变亮，再检测 I/O 转接板上的接线是否正确，通过这个方法逐一排查。

电路调试：编写程序按照指定的动作顺序运行，参见后面的程序编写和电路调试。

四、钻孔加工机构的气路装调

1．钻孔气缸气动回路

钻孔加工装置的机械结构及气动回路如图 1—4—8 所示。

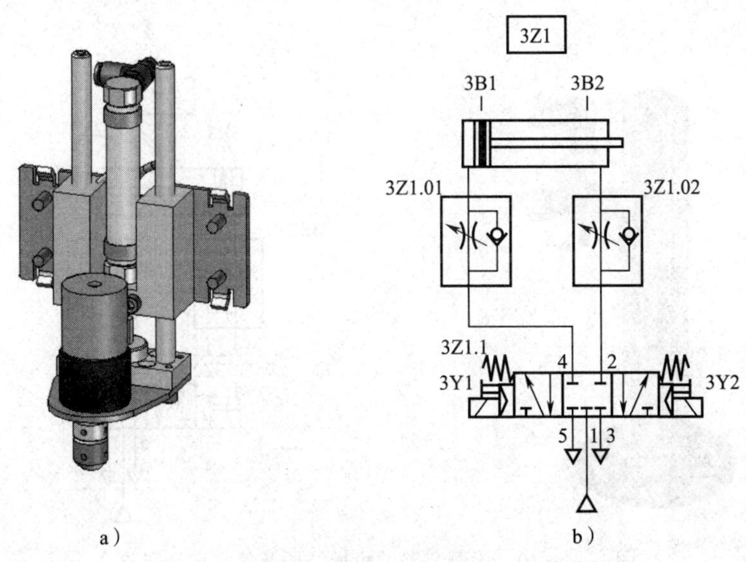

图 1—4—8　钻孔加工装置的机械结构及气动回路

a）机械结构　b）气动回路

将笔形气缸的两个排气调节阀分别插入蓝色和黑色气管，然后分别接到所控制的电磁阀上，并通过扎带固定在基板上，每节扎带间距为 7 mm。然后打开气源处理装置，假定气缸的初始位置在上升位，目测气缸在什么位置，如果在上升位，通过按电磁阀上的按键操作气缸的上升或下降。如果不在上升位，关闭气源处理装置，将黑色和蓝色气管交换所插的位置，然后再给气缸通气，直到其在上升位置，再对其进行调试。

2．钳位装置气缸气动回路

钳位装置的机械结构及气缸气动回路如图 1—4—9 所示。钳位装置气路安装和调试方法参考钻孔气缸。

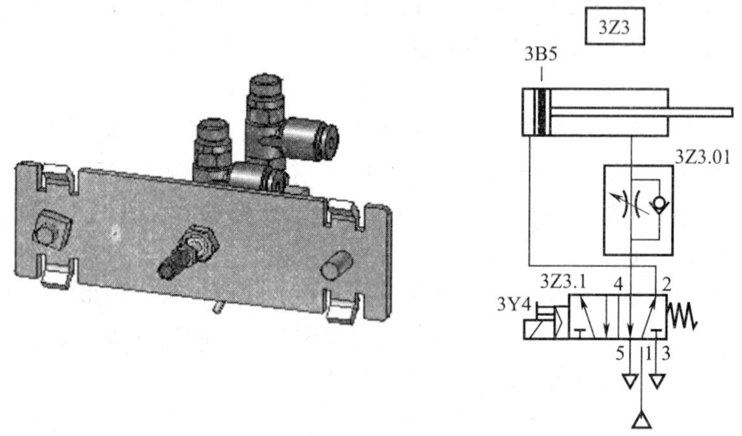

图 1—4—9　钳位装置的机械结构及气缸气动回路

3．检测模块气缸气动回路

检测装置的机械结构及气缸气动回路如图 1—4—10 所示。检测模块气路连接与调试方法参考钻孔气缸。

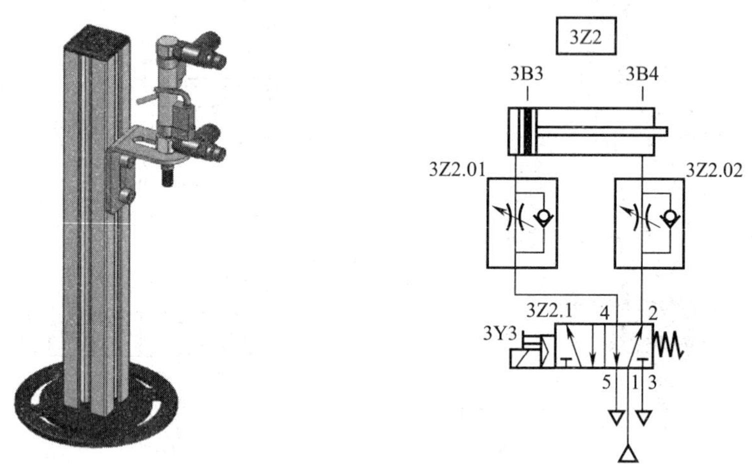

图 1—4—10　检测装置的机械结构及气缸气动回路

五、钻孔加工机构的 PLC 控制程序编写及调试

1．加工机构 PLC 控制程序编写

加工机构主要完成工件的移位传输及加工过程，程序分为循环移位传输部分和加工部分。循环移位传输部分采用循环移位指令，循环移位指令分循环左移位指令和循环右移位指令，如图 1—4—11 所示。

循环右移字节（RRB）指令和循环左移字节（RLB）指令将输入字节数值（IN）向右或向左旋转 N 位，并将结果载入输出字节（OUT）。

旋转具有循环性。如果移位数目（N）大于或等于 8，执行旋转之前先对位数（N）进行模数 8 操作，从而使位数在 0～7 之间。如果移动位数为 0，则不执行旋转操作。如果执行旋转操作，旋转的最后一位数值被复制至溢出位（SM1.1）。如果移动位数不是 8 的整倍数，旋转出的最后一位数值被复制至溢出位（SM1.1）。如果旋转数值为 0，零标志位 SM1.0 被置为 1。

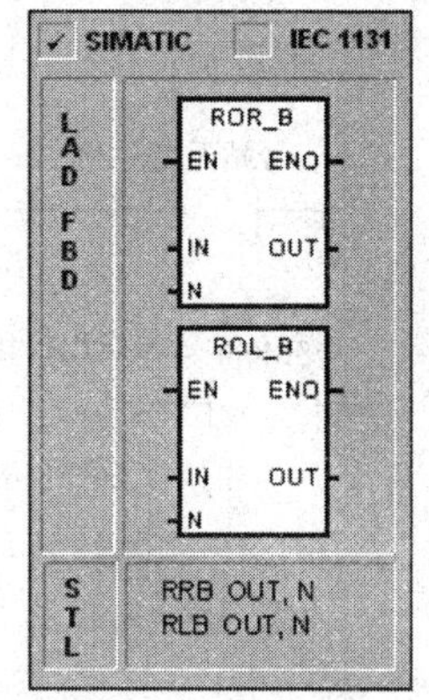

图 1—4—11　循环移位指令

循环右移和循环左移字节操作不带符号。

使 ENO＝0 的错误条件：SM4.3（运行时间），0006（间接寻址）。

工件到达转盘后延时 1 s 转盘开始旋转，转盘旋转程序如图 1—4—12 所示。

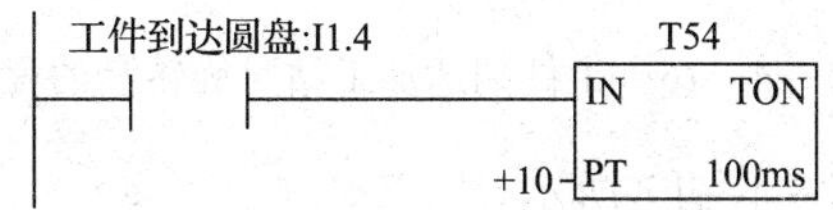

图 1—4—12　转盘旋转程序

工件被送至下一工位，电动机 1 s 后将停转，程序如图 1—4—13 所示。

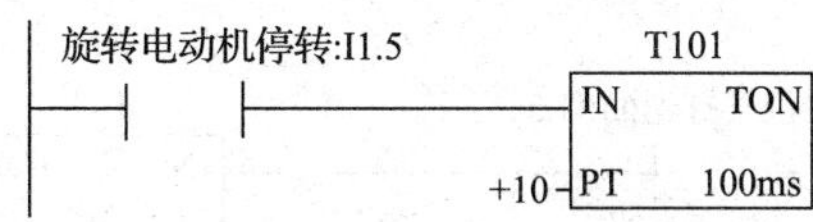

图 1—4—13　转盘停转程序

工件移位处理程序如图 1—4—14 所示。

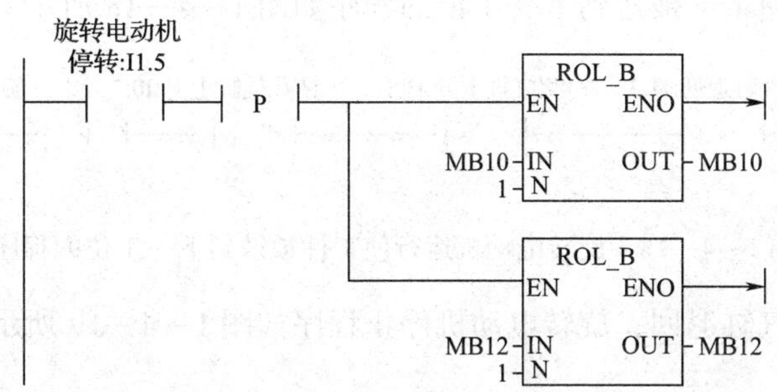

图 1—4—14　工件移位处理程序

只要 MB10 大于 0，则说明转盘上有工件，也就是说当上一站不再输送工件后，当料盘还有工件时，料盘就要自动旋转，将所有的工件全部输送至下一站。转盘剩余工件自动旋转程序如图 1—4—15 所示。

当供料站无工件时，加工站将转盘上的工件加工完为止。如果供料站有料，则加工站按顺序加工工件。工件到达加工站时旋转盘的程序如图 1—4—16 所示。

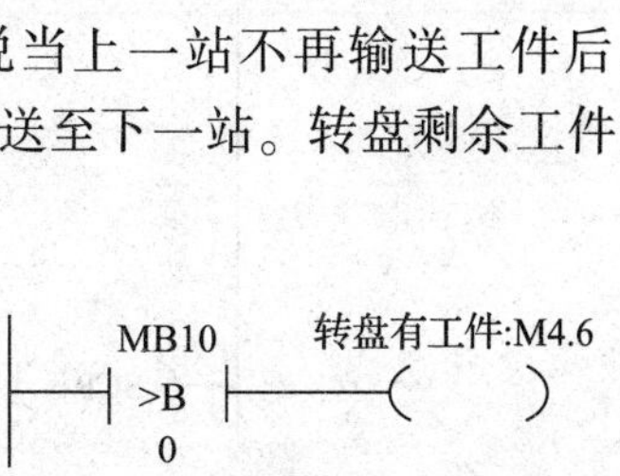

MB10　>B　0　转盘有工件:M4.6　(　)

图 1—4—15　转盘剩余工件自动旋转程序

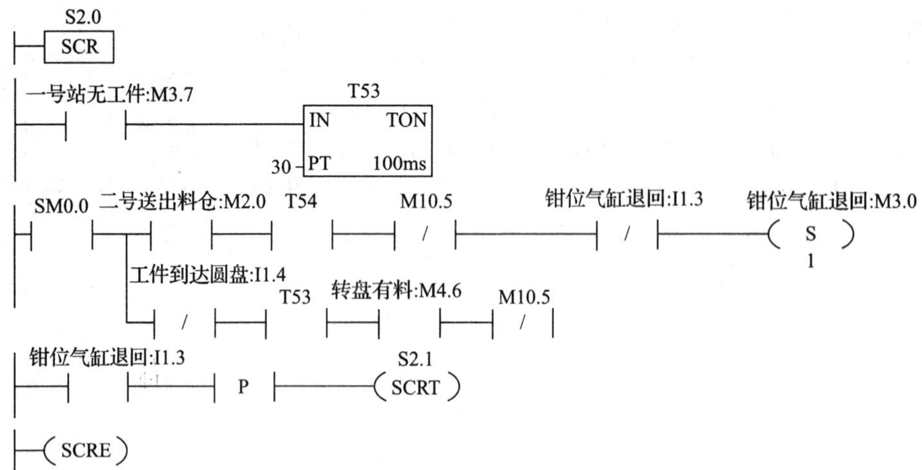

图 1—4—16　工件到达加工站时旋转盘的程序

钳位气缸缩回程序如图 1—4—17 所示。

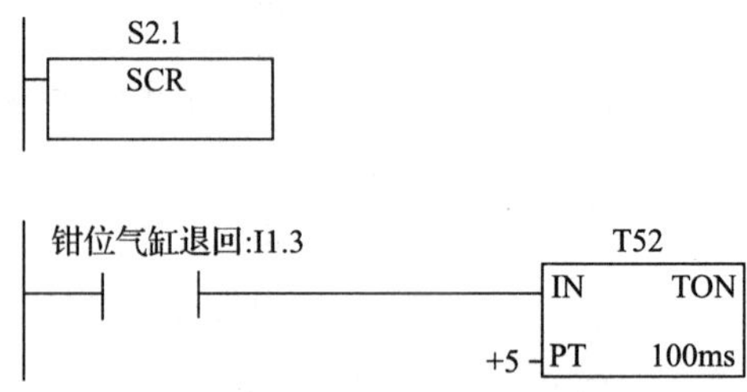

图 1—4—17　钳位气缸缩回程序

旋转电动机运行使工件被送到下一工位的程序如图 1—4—18 所示。

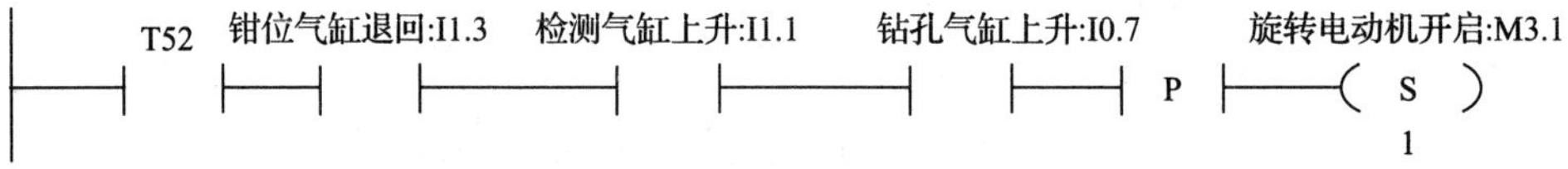

T52　钳位气缸退回:I1.3　检测气缸上升:I1.1　钻孔气缸上升:I0.7　P　旋转电动机开启:M3.1　(S) 1

图 1—4—18　旋转电动机运行使工件被送到下一工位的程序

旋转到位，钳位气缸退回，旋转电动机停止程序如图 1—4—19 所示。

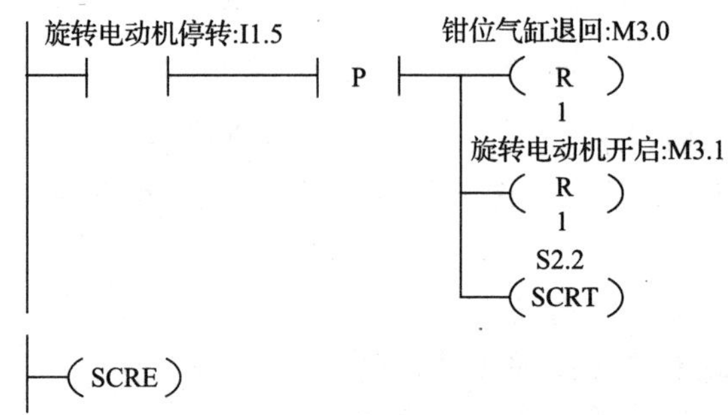

图 1—4—19　旋转到位，钳位气缸退回，旋转电动机停止程序

钻孔气缸下降开始钻孔，钻孔完成，检测气缸下降，检测工件，程序如图 1—4—20 所示。

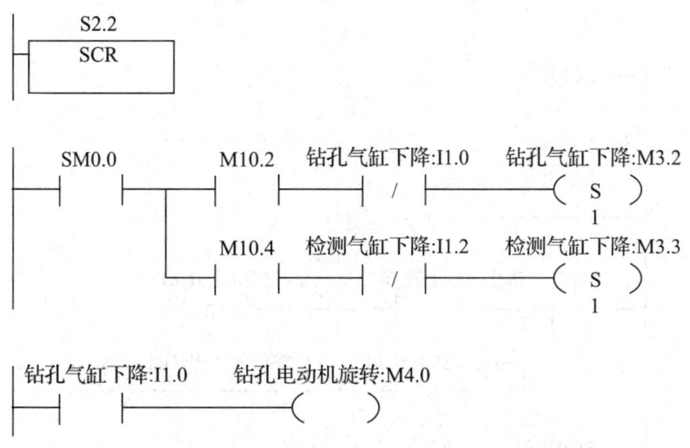

图 1—4—20 钻孔气缸、检测气缸下降和电动机旋转钻孔程序

工件分为合格和不合格，合格和不合格工件信号分别传送给下一站，给下一站发送工件加工完成信号，程序如图 1—4—21 所示。

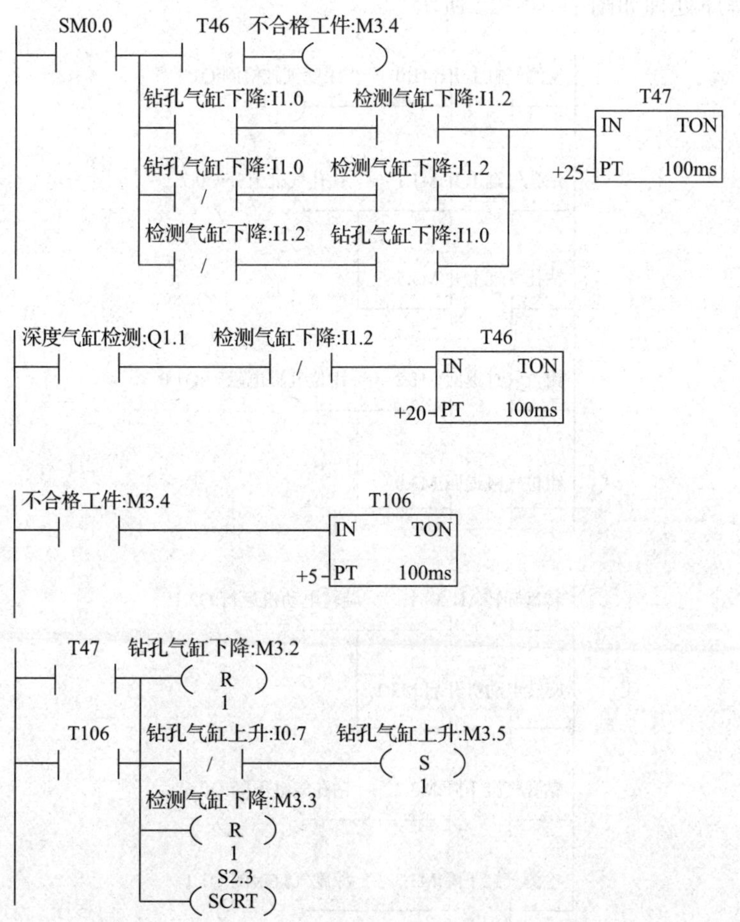

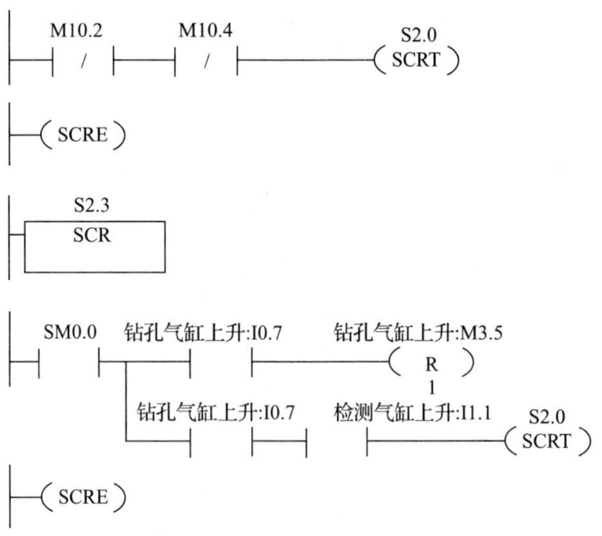

图 1—4—21　合格和不合格工件处理控制程序

合格和不合格工件处理完成后，回到程序开始位置继续循环加工下一个工件。输出控制程序处理如图 1—4—22 所示。

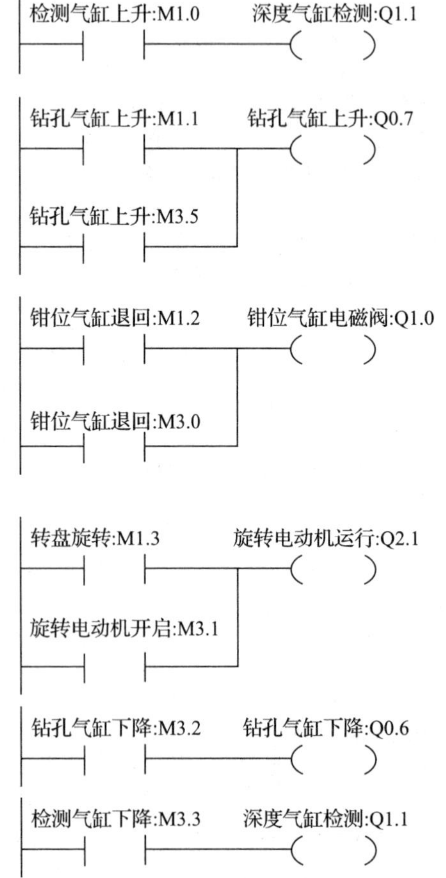

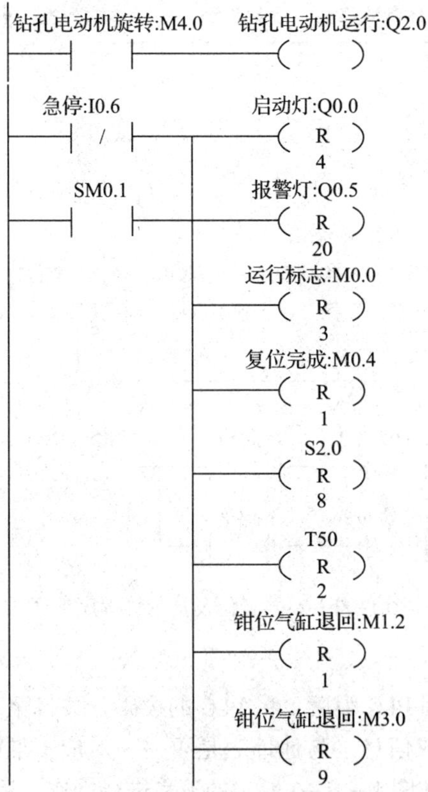

图 1—4—22　输出控制程序处理

复位及指示灯程序处理如图 1—4—23 所示。

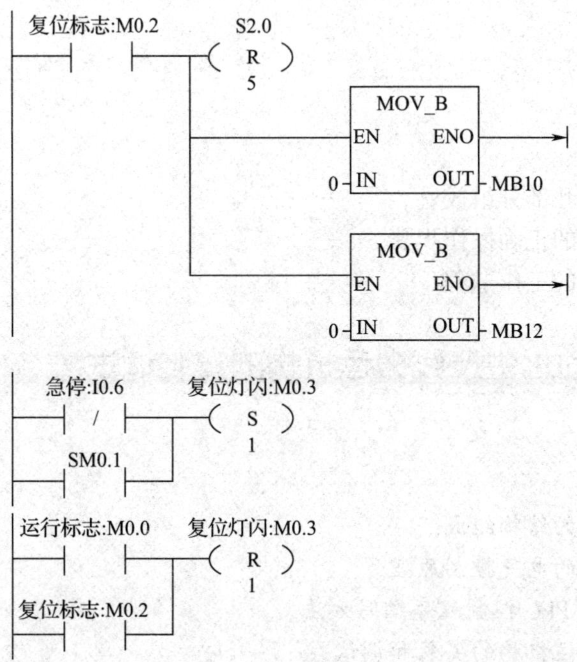

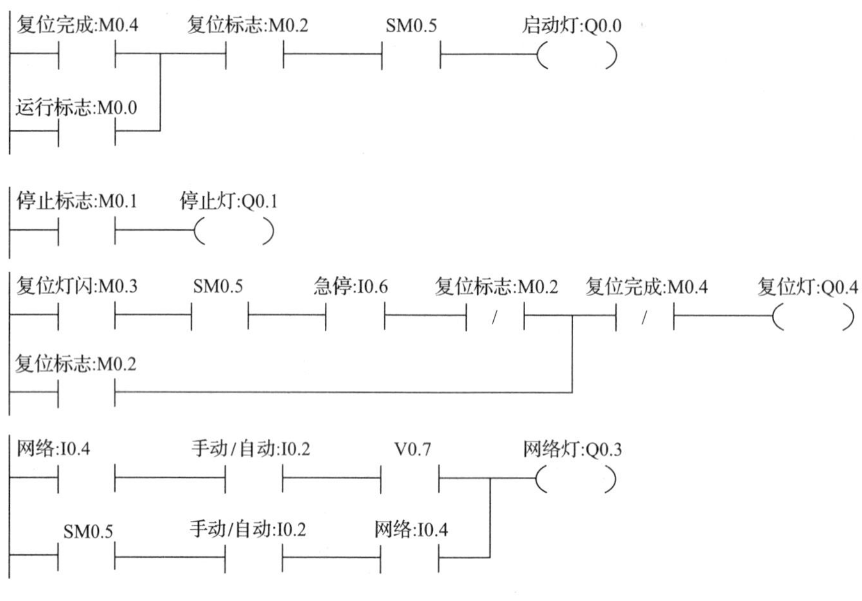

图 1—4—23　复位及指示灯程序处理

2. 加工机构程序调试

当程序编写完成并下载到 PLC 中后，将 PLC 的拨码开关打至“STOP”挡，然后对各信号点进行检测，看 PLC 能否读取信息，与地址表是否一一对应，准确无误后，再将 PLC 的拨码开关打至“RUN”挡，按照如图 1—1—6 所示的流程进行操作，运行过程如图 1—4—6 所示。

任务测评

参考表 1—2—3。

思考与练习

1. 加工机构由哪几部分组成?
2. 简述加工机构的正确操作步骤。
3. 简述加工机构的工作过程。

任务 5　自动化生产线搬运机构的安装调试

学习目标

1. 熟悉搬运机构的结构组成。
2. 理解搬运机构的电气控制原理。
3. 掌握搬运机构 PLC 控制程序编写方法。
4. 能正确完成搬运机构的安装和调试。

任务引入

随着工业自动化的普及和发展，控制器的需求量逐渐增大，搬运机械手的应用也逐渐普及，主要用在汽车、电子、机械加工、食品、医药等领域的生产流水线或货物装卸调运，可以更好地节约能源和提高运输设备或产品的效率，以降低其他搬运方式的限制和不足，满足现代经济发展的要求。

如图 1—5—1 所示为自动化生产线教学实训设备的搬运机构，它采用 3 自由度搬运机械手，能完成重复且单调、精确度要求高的自动搬运零件工作。本任务要求完成如图 1—5—1 所示的自动化生产线教学实训设备搬运机构的安装和调试。

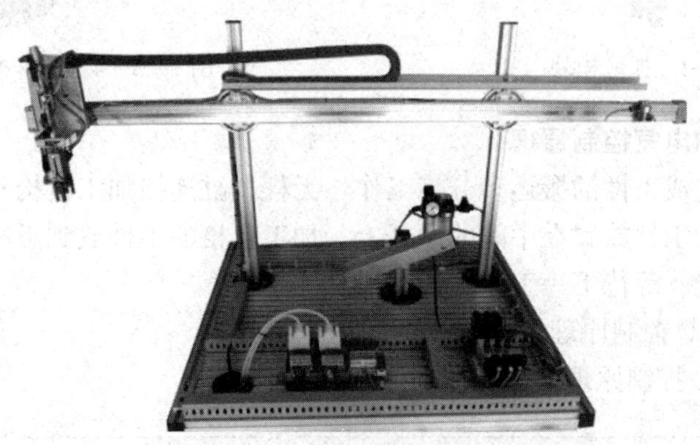

图 1—5—1　自动化生产线教学实训设备的搬运机构

相关知识

一、搬运机构的结构组成

搬运机构主要由无杆气缸、抓取模块、滑杆模块及传感器组成。

1. 无杆气缸

如图 1—5—2 所示，该无杆气缸长度为 0.5 m，连接加工机构和缓冲机构。无杆气缸的三个位置（左、中、右）由三个磁性开关检测。3 位 5 通双作用电磁阀控制无杆气缸的停止位置，气缸速度控制器（流量调节阀）控制气缸移动的速度。

2. 抓取模块

抓取模块主要由气手指、升降气缸、2 位 5 通单作用电磁阀等组成，主要完成工件的提升、下放、抓取、放松等动作，如图 1—5—3 所示。

3. 滑杆模块

如图 1—5—4 所示，加工机构加工不良的工件放置在中间的滑杆上。如果滑杆上次品放满，光纤传感器检测到不合格品信号，报警灯开始闪烁。

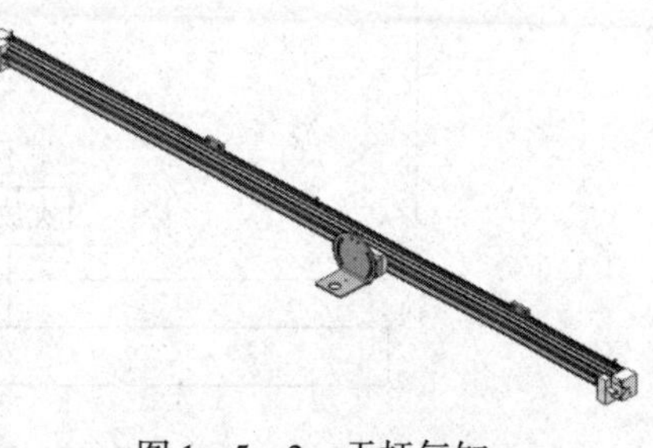

图 1—5—2　无杆气缸

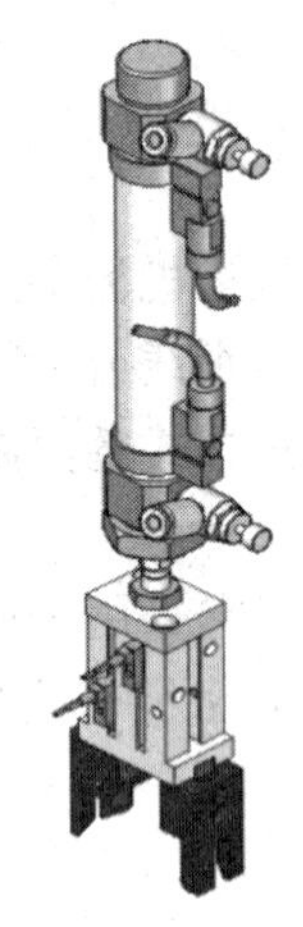
图 1—5—3 抓取模块

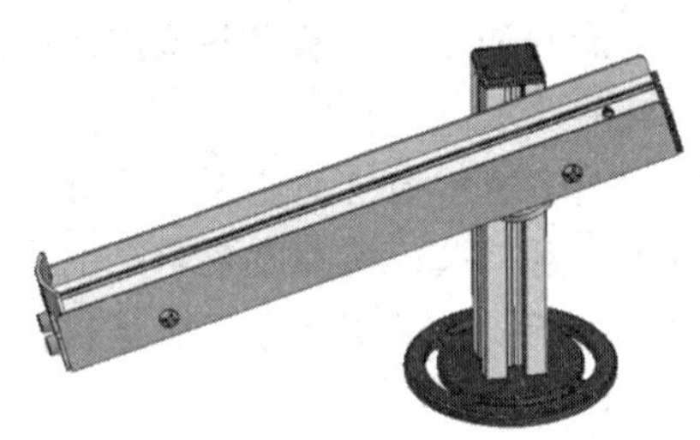
图 1—5—4 滑杆模块

二、搬运机构的电气控制原理

搬运机构主要完成工件的搬运和分拣工作，无杆气缸连接加工机构和分类存储机构，把加工机构加工不良的工件放置在中间的滑杆上，加工合格的工件放到下一机构，放置完成后机械手回到初始位置，等待下一工件到达。

1. 搬运机构 PLC 控制原理

搬运机构的 PLC 控制原理框图如图 1—5—5 所示。

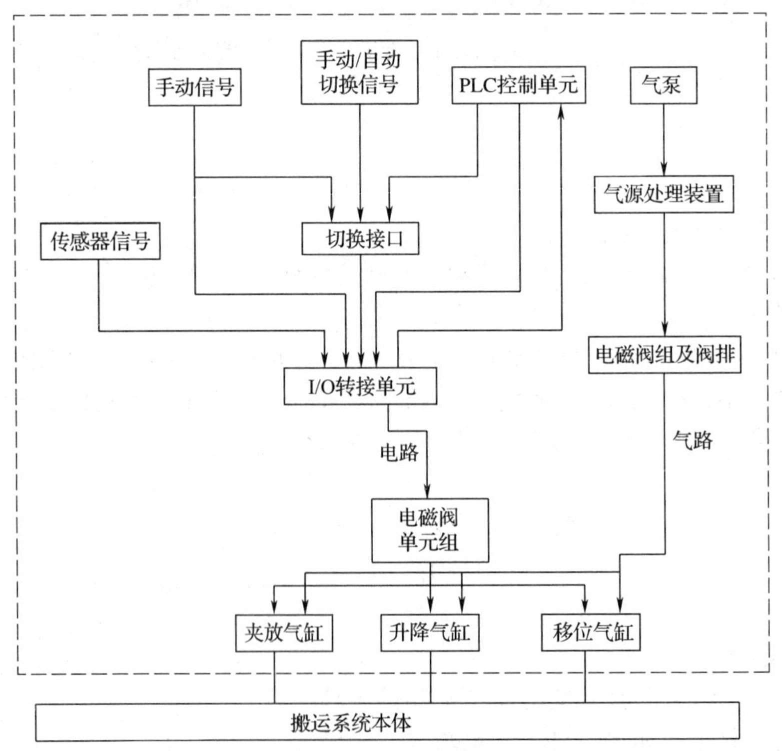

图 1—5—5 搬运机构的 PLC 控制原理框图

起初设备的初始状态是无杆气缸停在与上一站的相邻位，即设备的左侧位，抓取气缸停在上升位端。当上一站的工件到达抓取位时，上一站就发送一个指令给搬运站的 PLC，PLC 通过信息处理后，发送命令给抓取气缸，要求抓取气缸下降去夹紧工件，如果是合格的工件，就把工件送到分类存储站；如果是不合格的工件，就放到滑杆模块的槽中。

2. 搬运机构的 PLC 控制编程流程

工件到达搬运位，机械手 *Y* 轴下降，气手指夹紧，夹紧到位，*Y* 轴上升，无杆气缸左右移动，将加工不合格的工件放入废料仓内，将加工合格的工件放入缓冲机构。搬运机构机械手工作流程如图 1—5—6 所示。

搬运机械手 PLC 控制流程如图 1—5—7 所示。

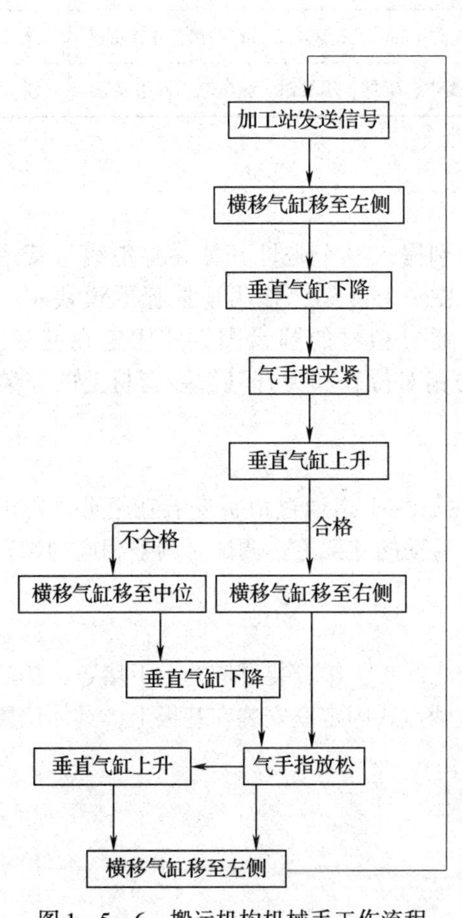

图 1—5—6　搬运机构机械手工作流程

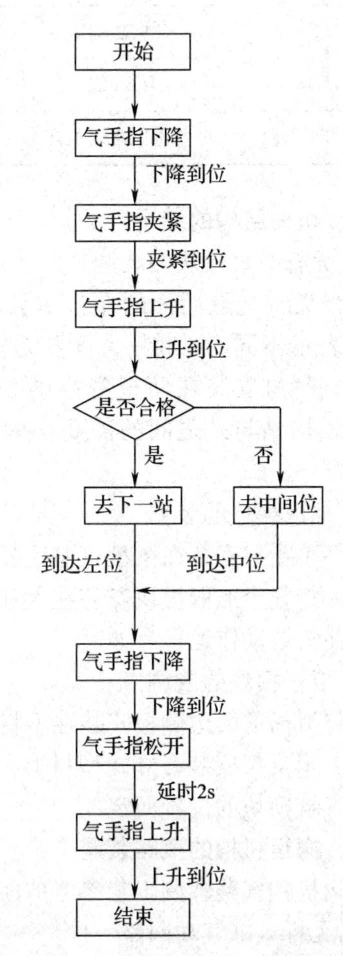

图 1—5—7　搬运机械手 PLC 控制流程

任务实施

一、任务准备

实施本任务所需要的实训设备及工具材料见表 1—5—1。

表 1—5—1　　实训设备及工具材料

序号	设备与工具	规格	数量
1	自动化生产线实训设备	DL－MPS500A 型自动化生产线	1 套
2	磁性开关	CS1－3 DC 24 V、PNP 信号	6 只
3	光纤传感器	DC 24 V、PNP 信号	1 只
4	无杆气缸	专用	1 只
5	气手指	专用	1 只
6	电磁阀组	单控，线圈电压 DC24V	1 套
7	导线	红色 1.0 mm^2、蓝色 1.0 mm^2、黑色 0.3 mm^2	若干
8	电工常用工具	剥线钳、旋具、压线钳、测电笔、万用表等	1 套

二、机械结构的装调

1. 无杆气缸模块的装调

先在无杆气缸后面的左、中、右三个位置分别嵌入三个磁性开关（穿上线号管或打标签，表示不同的功能）。再在无杆气缸的前面装一个支架，作为连接抓取模块用。最后将无杆气缸安装在两根等高的 3030 型材上，通过型材的圆盘固定座固定在基板上。调试时根据站与站之间的需要，调整在基板上的相对位置和无杆气缸在型材上的安装高度等。

2. 抓取模块的装调

先将手指夹安装在微型气缸上组成气手指，然后气手指通过滑板安装在笔形气缸的下端，最后将整个抓取模块安装在无杆气缸的可左右移动的支架上。调试时调整相应的螺钉和螺母，使气缸动作运行自如。

3. 滑杆模块的装调

先将滑槽的两边侧板安装在型材上，然后装上光纤头，接着装滑槽的上下堵盖，最后将其通过 L 形支架安装在立式型材上，立式型材通过圆盘式固定座安装在基板上，具体位置根据无杆气缸模块的位置而定。

三、搬运机构的气路装调

搬运机构气路装调工艺参考前面的任务。

1. 无杆气缸气动回路

无杆气缸结构及气动原理如图 1—5—8 所示。

2. 抓取气缸气动回路

抓取气缸结构及气动原理如图 1—5—9 所示。

四、搬运机构电路装调

1. PLC 控制电路 I/O 地址分配表

S7－200PLC 控制搬运机构 I/O 地址分配见表 1—5—2。

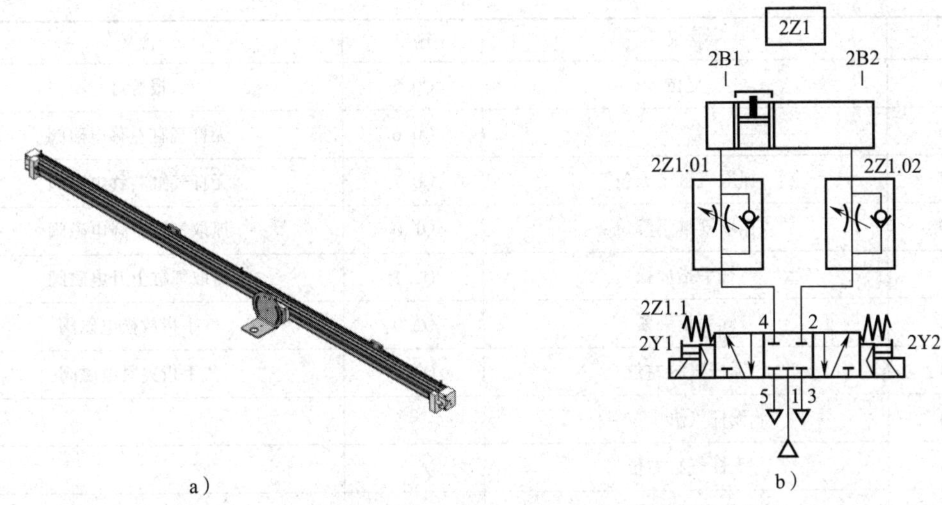

a） b）

图 1—5—8　无杆气缸结构及气动原理

a）无杆气缸结构　b）气动原理

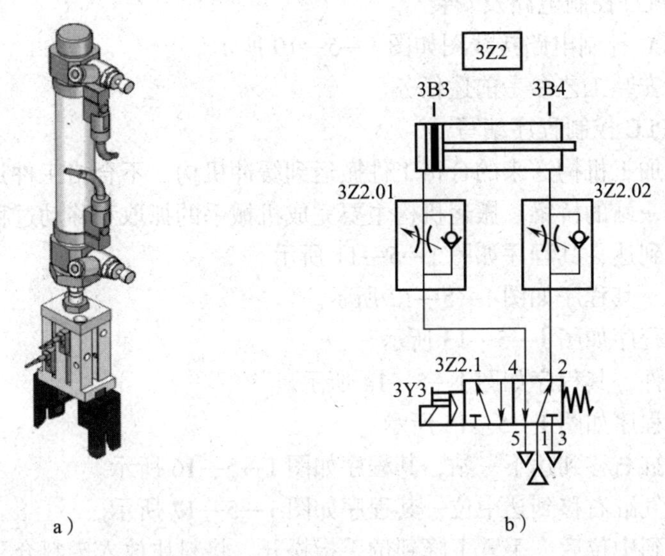

a） b）

图 1—5—9　抓取气缸结构及气动原理

a）抓取气缸结构　b）气动原理

表 1—5—2　　I/O 地址分配表

输入	含义	输出	含义
I0. 0	启动	Q0. 0	启动灯
I0. 1	停止	Q0. 1	停止灯
I0. 2	手动/自动	Q0. 2	功能灯
I0. 3	功能	Q0. 3	网络灯
I0. 4	网络	Q0. 4	复位灯

续表

输入	含义	输出	含义
I0.5	复位	Q0.5	报警灯
I0.6	急停	Q0.6	无杆气缸左移电磁阀
I0.7	抓取气缸上升位	Q0.7	无杆气缸右移电磁阀
I1.0	抓取气缸下降位	Q1.0	抓取气缸下降电磁阀
I1.1	气手指放松	Q1.1	抓取气缸上升电磁阀
I1.2	气手指夹紧	Q2.0	气手指放松电磁阀
I1.3	无杆气缸左位	Q2.1	气手指夹紧电磁阀
I1.4	无杆气缸中位		
I1.5	无杆气缸右位		
I1.6	滑槽光纤传感器		

2．搬运机构 PLC 控制电路及安装

搬运机构的 PLC 控制电路接线图如图 1—5—10 所示。

搬运机构电路安装工艺参考前述任务。

3．搬运机构 PLC 控制程序编写

搬运机构是将加工机构送来的合格工件搬运到缓冲机构，不合格工件送到废料仓，本站是连接上一站和下一站的桥梁。搬运机构主要完成机械手的抓取和移动过程。

加工机构工件到达，其程序如图 1—5—11 所示。

无杆气缸左移，其程序如图 1—5—12 所示。

手臂下降，其程序如图 1—5—13 所示。

气手指夹紧工件，其程序如图 1—5—14 所示。

手臂上升，其程序如图 1—5—15 所示。

合格工件则气缸右移到达下一站，其程序如图 1—5—16 所示。

不合格工件则气缸右移到达中位，其程序如图 1—5—17 所示。

无杆气缸移动到中位后，手臂下降到位手指松开，将料块放入废料仓，手臂上升。不合格工件处理的程序如图 1—5—18 所示。

工件合格时，气手指打开，将工件放入下一站，程序如图 1—5—19 所示。

放料完成，程序回到开始位置，继续搬运下一工件，程序如图 1—5—20 所示。

主程序及输出程序如图 1—5—21 所示。

4．搬运站程序调试

将本站的 PLC 打至“RUN”挡，再将“手动/自动”开关打至“手动”挡，再将“单站/网络”打至“单站”挡，这些准备就绪后，将急停按钮按下，再松开急停按钮，这时复位指示灯就会提示操作人员按下复位按钮，搬运站复位完成后，启动灯会闪烁，然后按下启动按钮，就开始进入搬运工作。操作流程如图 1—1—6 所示，运行过程如图 1—5—6 所示。

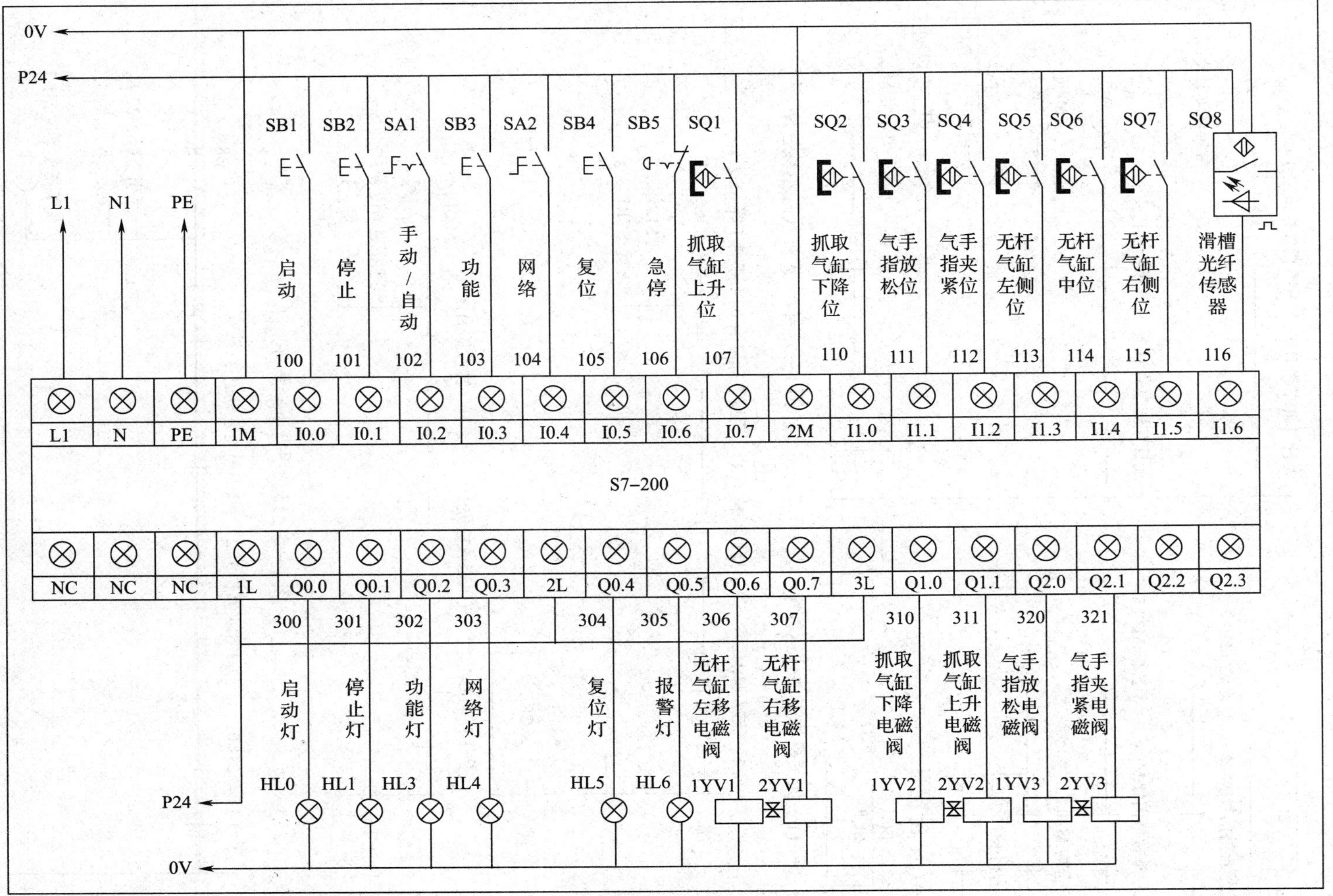

图1—5—10 搬运机构的PLC控制电路接线图

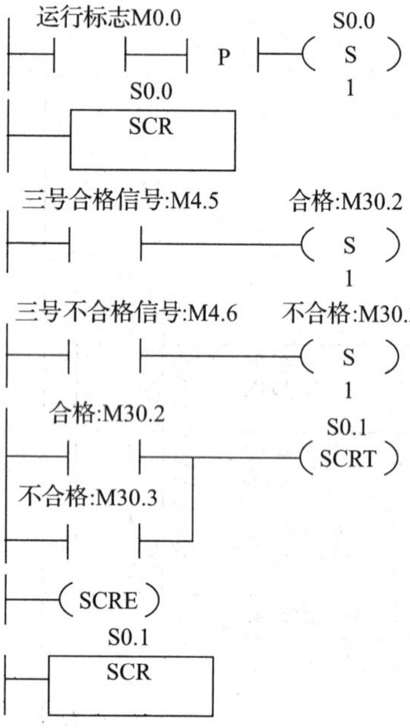

运行标志M0.0
S0.0
P
S
1
S0.0
SCR
三号合格信号:M4.5
合格:M30.2
S
1
三号不合格信号:M4.6
不合格:M30.3
S
1
合格:M30.2
S0.1
SCRT
不合格:M30.3
SCRE
S0.1
SCR

图 1—5—11 加工机构工件到达程序

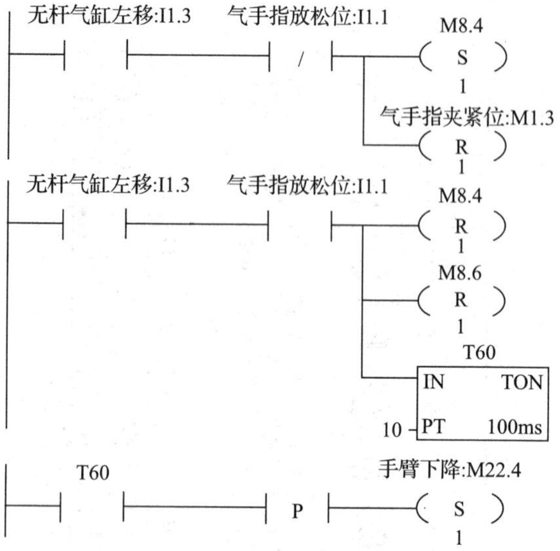

无杆气缸左移:I1.3
气手指放松位:I1.1
M8.4
S
1
气手指夹紧位:M1.3
R
1
无杆气缸左移:I1.3
气手指放松位:I1.1
M8.4
R
1
M8.6
R
1
T60
IN TON
10 PT 100ms
T60
手臂下降:M22.4
P
S
1

图 1—5—12 无杆气缸左移程序

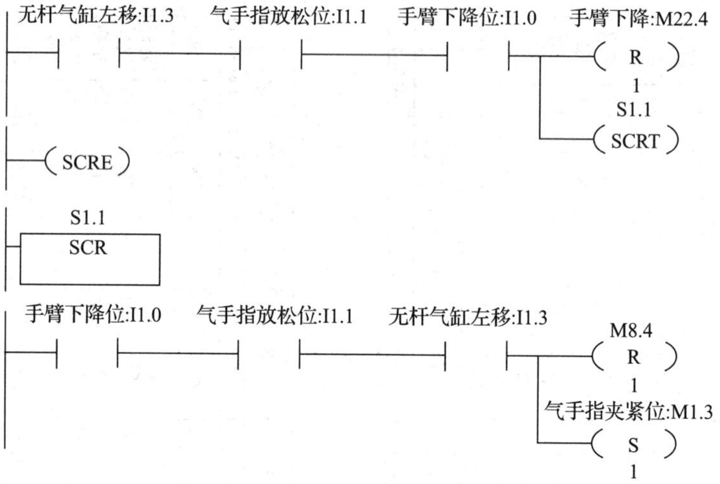

无杆气缸左移:I1.3
气手指放松位:I1.1
手臂下降位:I1.0
手臂下降:M22.4
R
1
S1.1
SCRT
SCRE
S1.1
SCR
手臂下降位:I1.0
气手指放松位:I1.1
无杆气缸左移:I1.3
M8.4
R
1
气手指夹紧位:M1.3
S
1

图 1—5—13 手臂下降程序

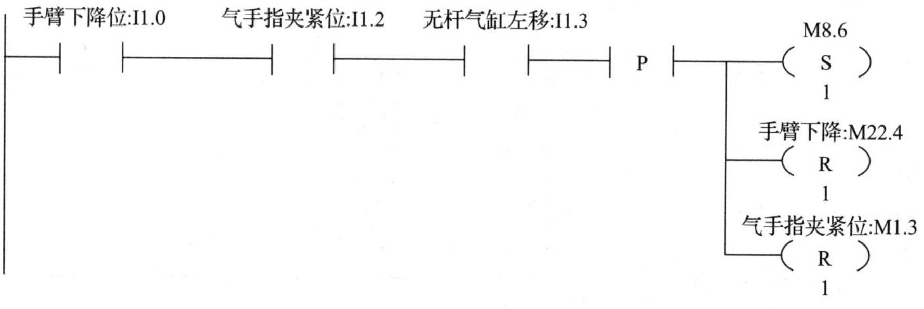

手臂下降位:I1.0
气手指夹紧位:I1.2
无杆气缸左移:I1.3
P
M8.6
S
1
手臂下降:M22.4
R
1
气手指夹紧位:M1.3
R
1

图 1—5—14 气手指夹紧工件程序

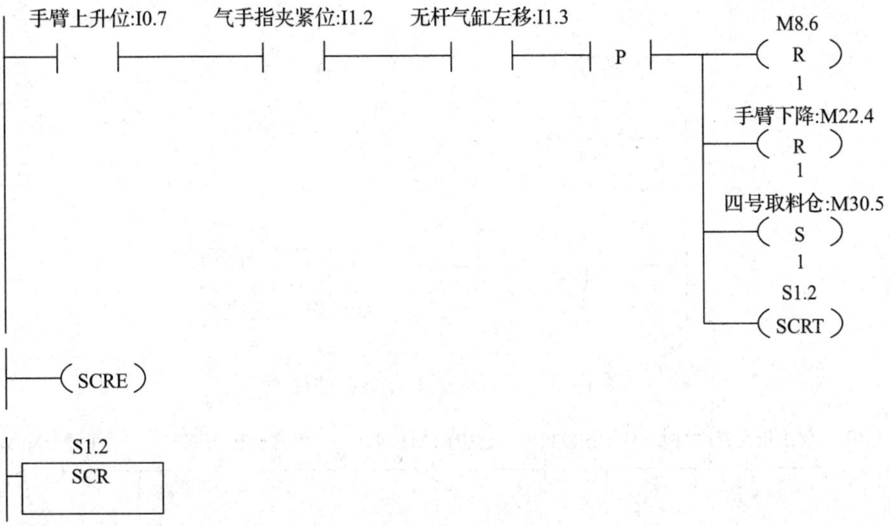

手臂上升位:I0.7
气手指夹紧位:I1.2
无杆气缸左移:I1.3
P
M8.6
R
1
手臂下降:M22.4
R
1
四号取料仓:M30.5
S
1
S1.2
SCRT
SCRE
S1.2
SCR

图 1—5—15　手臂上升程序

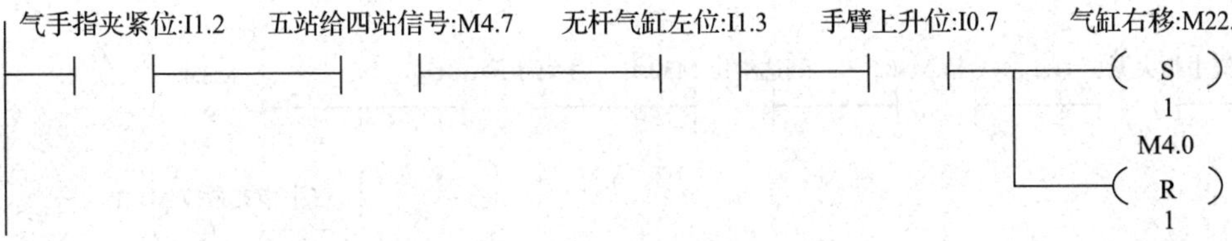

气手指夹紧位:I1.2
五站给四站信号:M4.7
无杆气缸左位:I1.3
手臂上升位:I0.7
气缸右移:M22.0
S
1
M4.0
R
1

图 1—5—16　输送合格工件程序

无杆气缸不合格:I1.4
P
到达中位:M30.4
S
1
气手指夹紧位:I1.2
合格:M30.2
无杆气缸右位:I1.5
手臂上升位:I0.7
M4.0
R
1
气缸右移:M22.0
R
1
S2.0
SCRT
不合格:M30.3
无杆气缸不合格:I1.4
手臂上升位:I0.7
M4.0
R
1
气缸右移:M22.0
R
1
S1.3
SCRT

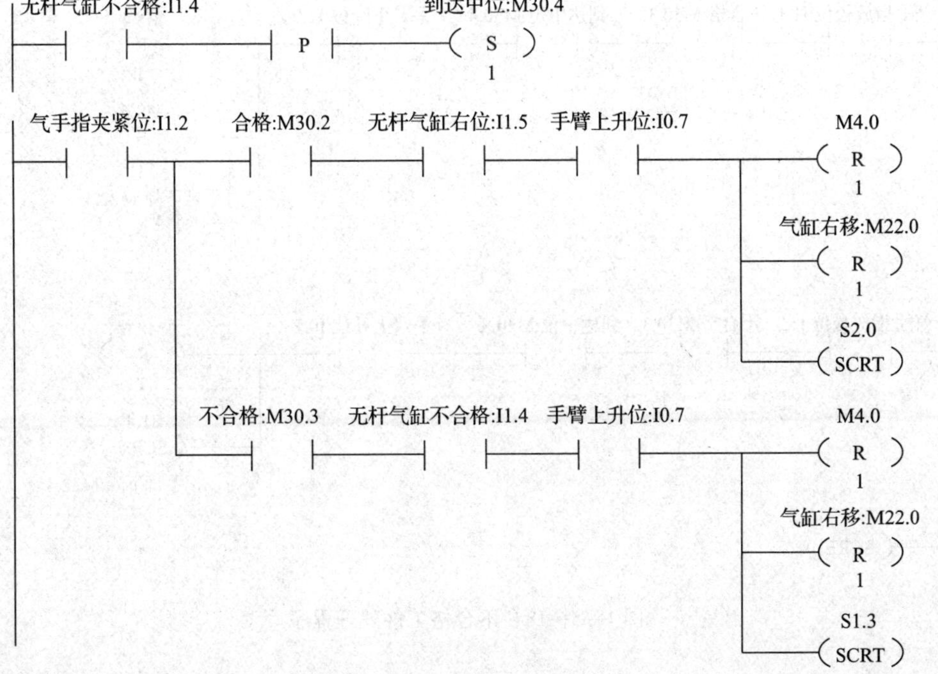

SCRE
S1.3
SCR
S1.3
T101
IN
TON
+10
PT
100ms

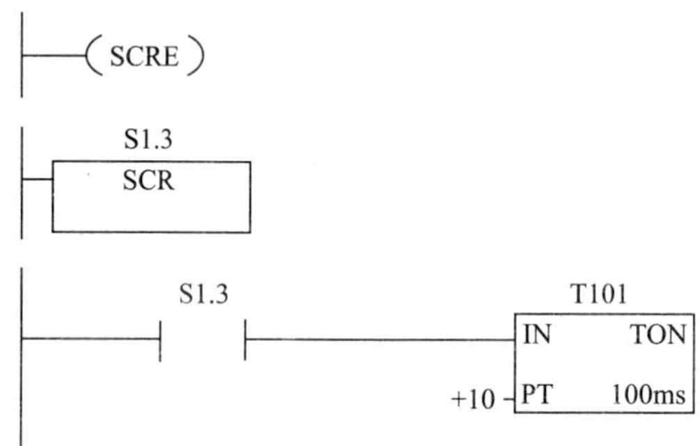

图 1—5—17　输送不合格工件程序

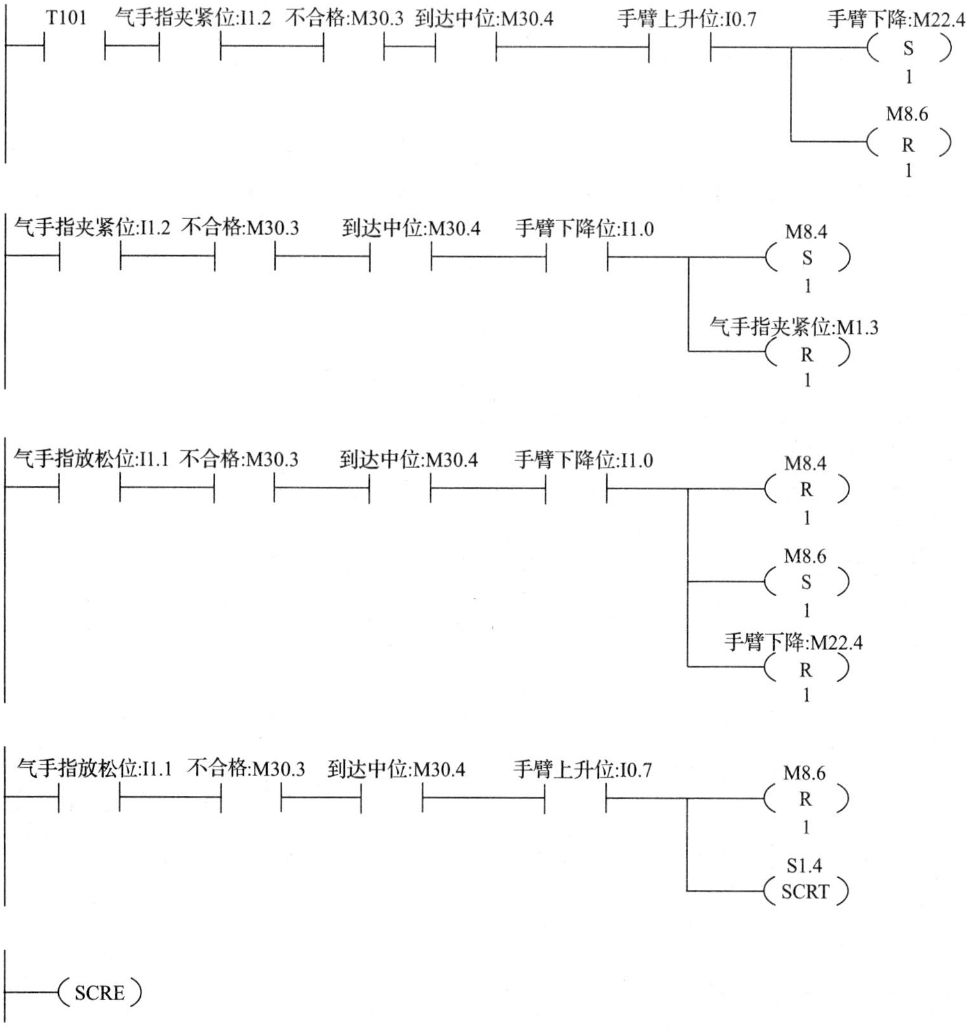

T101
气手指夹紧位:I1.2
不合格:M30.3
到达中位:M30.4
手臂上升位:I0.7
手臂下降:M22.4
S
1
M8.6
R
1
气手指夹紧位:I1.2
不合格:M30.3
到达中位:M30.4
手臂下降位:I1.0
M8.4
S
1
气手指夹紧位:M1.3
R
1
气手指放松位:I1.1
不合格:M30.3
到达中位:M30.4
手臂下降位:I1.0
M8.4
R
1
M8.6
S
1
手臂下降:M22.4
R
1
气手指放松位:I1.1
不合格:M30.3
到达中位:M30.4
手臂上升位:I0.7
M8.6
R
1
S1.4
SCRT
SCRE

图 1—5—18　不合格工件处理程序

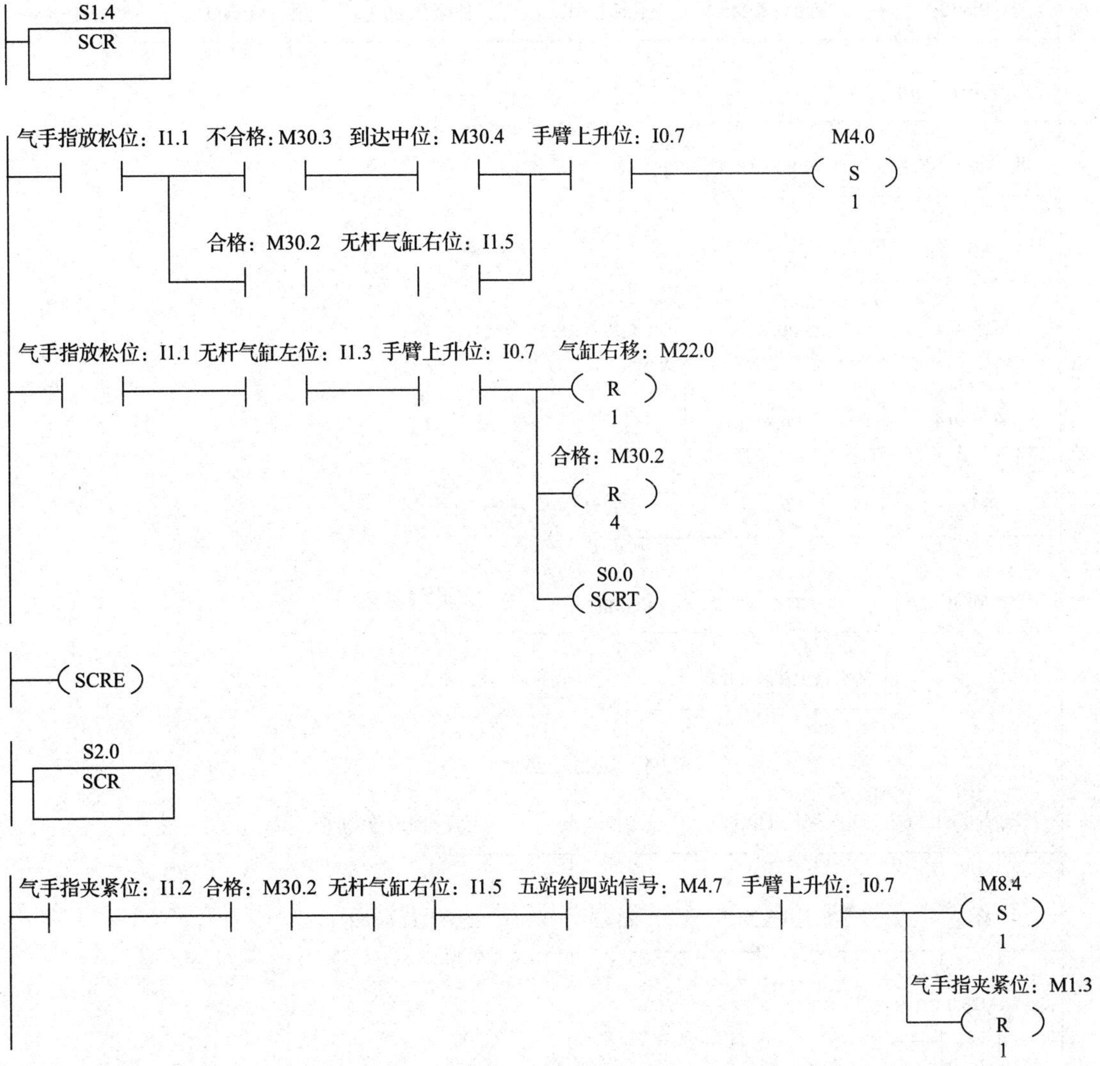

S1.4
SCR

气手指放松位：I1.1 不合格：M30.3 到达中位：M30.4 手臂上升位：I0.7 M4.0
S
1
合格：M30.2 无杆气缸右位：I1.5

气手指放松位：I1.1 无杆气缸左位：I1.3 手臂上升位：I0.7 气缸右移：M22.0
R
1
合格：M30.2
R
4
S0.0
SCRT

SCRE

S2.0
SCR

气手指夹紧位：I1.2 合格：M30.2 无杆气缸右位：I1.5 五站给四站信号：M4.7 手臂上升位：I0.7 M8.4
S
1
气手指夹紧位：M1.3
R
1

图 1—5—19 合格工件处理程序

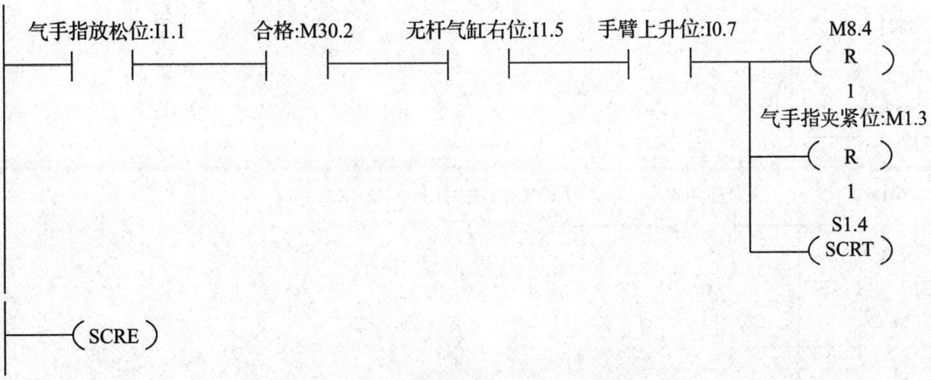

气手指放松位:I1.1 合格:M30.2 无杆气缸右位:I1.5 手臂上升位:I0.7 M8.4
R
1
气手指夹紧位:M1.3
R
1
S1.4
SCRT

SCRE

图 1—5—20 无杆气缸回到初始位程序

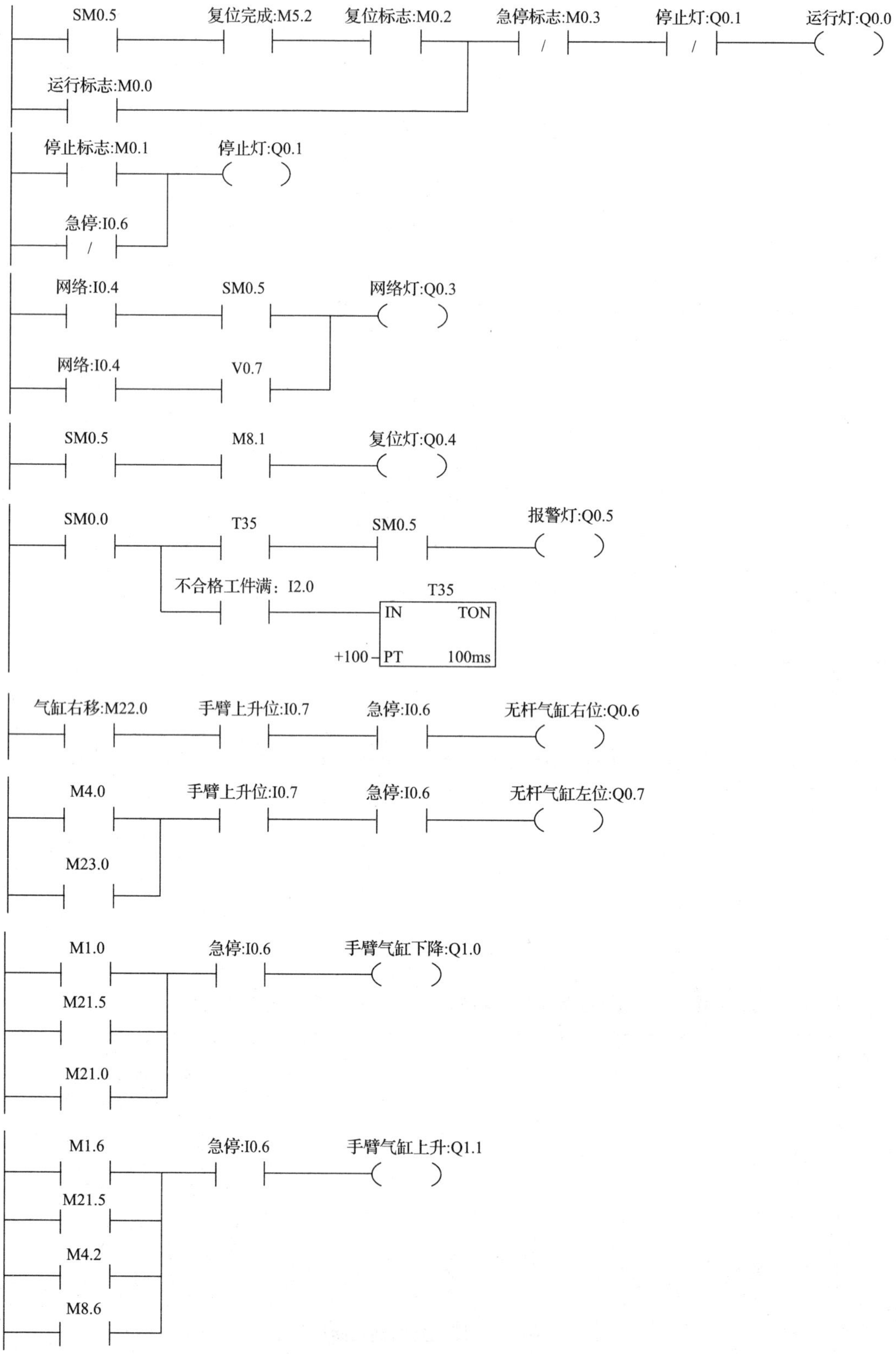

SM0.5 复位完成:M5.2 复位标志:M0.2 急停标志:M0.3 停止灯:Q0.1 运行灯:Q0.0
运行标志:M0.0

停止标志:M0.1 停止灯:Q0.1
急停:I0.6

网络:I0.4 SM0.5 网络灯:Q0.3
网络:I0.4 V0.7

SM0.5 M8.1 复位灯:Q0.4

SM0.0 T35 SM0.5 报警灯:Q0.5
不合格工件满：I2.0 T35
IN TON
+100 PT 100ms

气缸右移:M22.0 手臂上升位:I0.7 急停:I0.6 无杆气缸右位:Q0.6

M4.0 手臂上升位:I0.7 急停:I0.6 无杆气缸左位:Q0.7
M23.0

M1.0 急停:I0.6 手臂气缸下降:Q1.0
M21.5
M21.0

M1.6 急停:I0.6 手臂气缸上升:Q1.1
M21.5
M4.2
M8.6

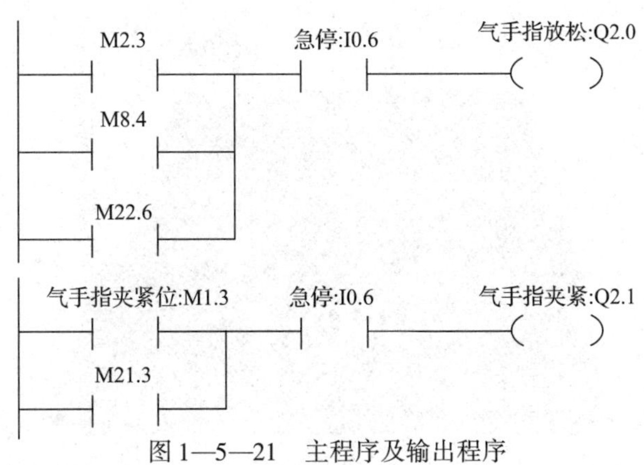

图 1—5—21　主程序及输出程序

任务测评

参考表 1—2—3。

思考与练习

1. 搬运机构由哪几部分组成？
2. 简述搬运机构的正确操作步骤。
3. 简述搬运机构的工作过程。

任务 6　自动化生产线分类存储机构的安装调试

学习目标

1. 熟悉分类存储机构的结构组成。
2. 理解分类存储机构的电气控制原理。
3. 掌握分类存储机构 PLC 控制程序编写方法。
4. 能正确完成分类存储机构的安装和调试。

任务引入

自动分类存储机构具有很高的分拣效率，是提高物流配送效率的一项关键因素，是先进配送中心所必需的设施条件之一。建立自动分类存储机构可以减少人员的使用，减轻员工的劳动强度，提高人员的工作效率。

如图 1—6—1 所示为自动化生产线教学实训设备的分类存储机构。在此系统中，通过传感器的检测、传输带的输送及推料气缸的组合，共同完成整个物品的分拣过程。

本任务要求完成如图 1—6—1 所示的分类存储机构的安装与调试。

图 1—6—1　自动化生产线教学实训设备的分类存储机构

相关知识

一、分类存储机构的结构组成

分类存储机构主要由传输带模块、滑杆分配模块、缓冲模块和检测模块组成。

1．传输带模块

如图 1—6—2 所示，传输带模块为带轮传输形式，由直流 DC 24 V 供电的电动机、传输带、L 形安装支架、挡板、联轴器、左右导向杆、弧形挡板、可支持反复拆装的 3030 型材组成。其运动形式为水平运动，由电动机驱动，平时处于静止状态，一旦接收到上一站发送的指令，本站电动机就立即运行，直到工件被分类完成，电动机停止工作。

2．滑杆分配模块

滑杆分配模块由三组滑槽组成，具体是由工件导入气缸模块、3030 型材、L 形支架、圆形安装盘、调整用的 T 形螺母、端盖、堵座组成的。操作者任意定义滑杆，如 1 号滑杆设定为储藏黑色工件，2 号滑杆设定为储藏红色工件，3 号滑杆设定为储藏银色金属工件，如图 1—6—3 所示。

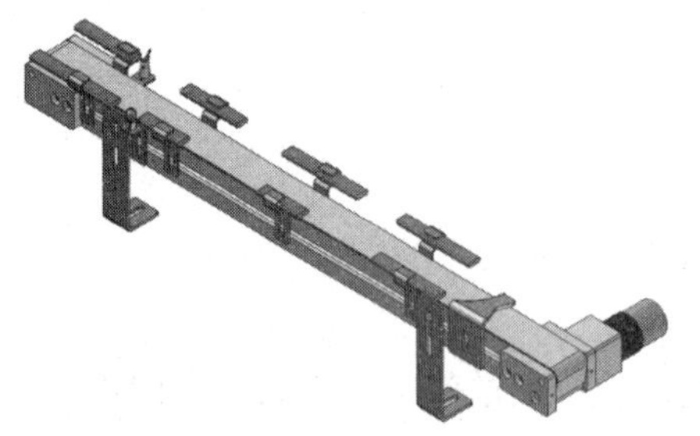

图 1—6—2　传输带模块

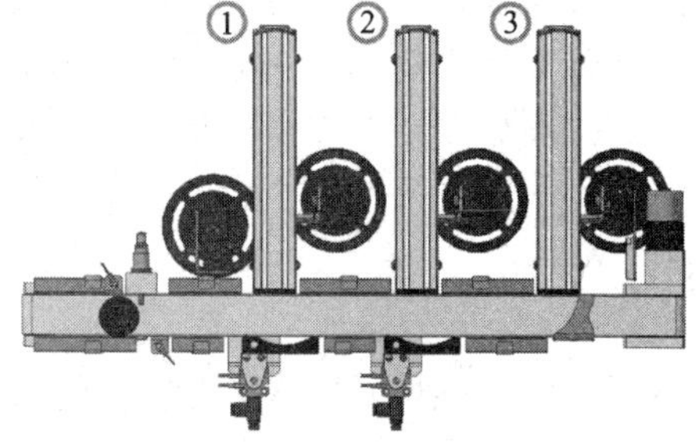

图 1—6—3　滑杆分配不同种类的工件

导入气缸模块由排气调节阀、气缸、导杆、安装板、连接块、安装螺钉组成，它的作用是把传输中的工件推到相应的滑杆中，动作形式为把气缸的直线运动转换为旋转运动。导入气缸模块及气动回路如图 1—6—4 所示。

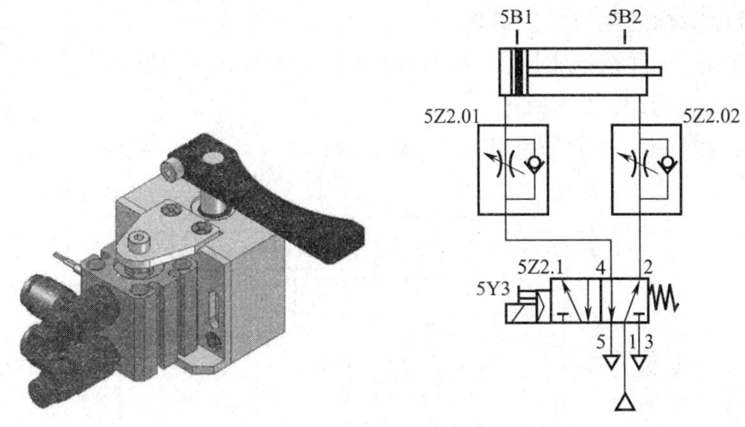

图 1—6—4　导入气缸模块及气动回路

3. 缓冲模块

缓冲模块由传输带的入口端光纤传感器、缓冲气缸、缓冲安装座、安装用螺钉组成，其功能是当上一站传送工件时，使传输带起一个缓冲作用，防止上一道工序没有完成，下一道工序又进行了。缓冲模块及气动回路如图 1—6—5 所示。传输带利用光纤传感器感应进入的工件，如图 1—6—6 所示。

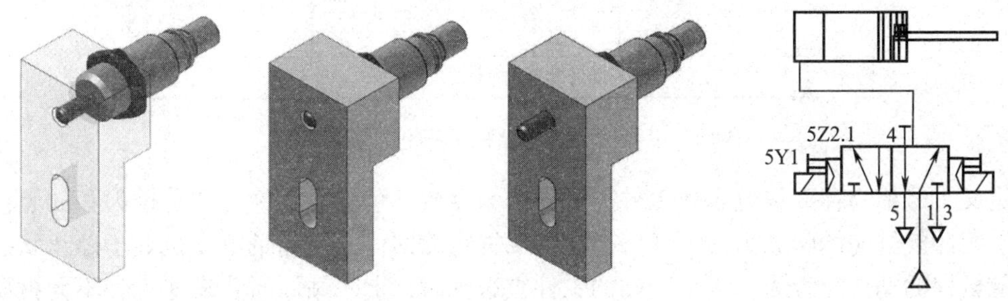

图 1—6—5　缓冲模块及气动回路

4. 检测模块

检测模块由两根型材、圆盘安装座、镜面反射式光电传感器、安装支架、端盖组成。检测模块的功能是检测储藏在滑杆上的工件。当滑杆上的工件存满后，本站就会报警并通知上一站停止输送工件的工作，如图 1—6—7 所示。

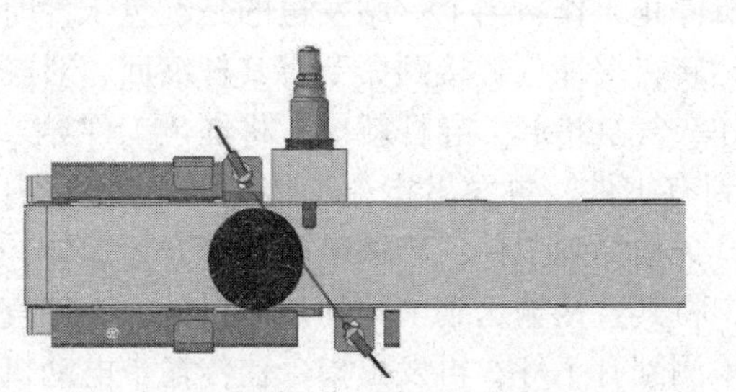

图 1—6—6　光纤传感器感应进入的工件

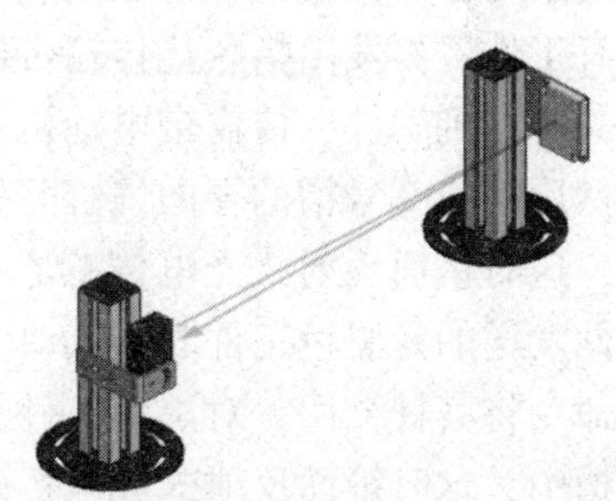

图 1—6—7　镜面反射式光电传感器

二、分类存储机构的电气控制原理

分类存储机构将工件按照不同颜色和材质分别储存到不同的料仓中。

1．分类存储机构 PLC 控制原理

分类存储机构的 PLC 控制原理如图 1—6—8 所示。

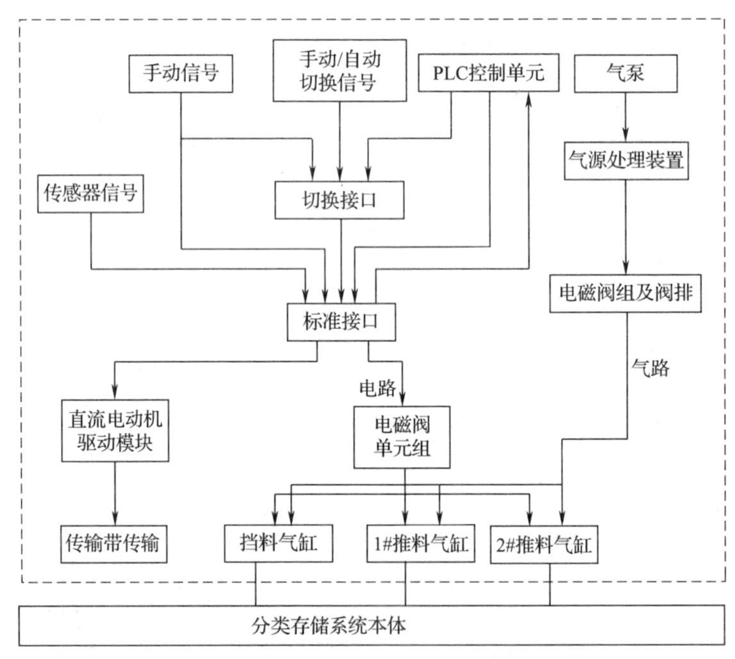

图 1—6—8　分类存储机构的 PLC 控制原理

定义①号槽为存放银色金属工件，②号槽为存放红色塑料工件，③号槽为存放黑色塑料工件。缓冲气缸初始状态为落下状态，导入气缸为缩回位，传输带电动机处于停止状态。分类存储机构的动作流程为：当上一站的工件被送到后，上一站同时要发送三种不同材质、颜色工件的信号给本站。

2．分类存储机构 PLC 控制编程流程

分类存储机构的 PLC 控制编程流程如图 1—6—9 所示。

当上一站发送银色金属工件时，入口光电传感器检测到工件，传输带电动机开始运转，缓冲气缸接到命令将其杆缩回，对银色金属工件放行，然后对应①号槽的导向气缸开始工作，气缸抬起，导杆就位，将银色金属工件导入到①号滑槽中，这时镜面反射式光电传感器检测到有工件，再发出指令让传输带电动机停止工作；当上一站发送的是红色工件时，入口光电开关检测到工件，传输带电动机开始运转，缓冲气缸接到命令将其杆缩回，对红色工件放行，然后对应②号槽的导向气缸开始工作，气缸抬起，导杆就位，将红色工件导入到②号滑槽中，这时镜面反射式光电传感器检测到有工件，再发出指令让传输带电动机停止工作；当上一站发送的是黑色工件时，入口光电开关检测到工件，传输带电动机开始运转，缓冲气缸接到命令将其杆缩回，对黑色工件放行，将其直接输送到末端的弧形口处，工件直接滑落到③号槽中，这时镜面反射式光电传感器检测到有工件，再发出指令让传输带电动机停止工作。直到再接到同样的命令，让分类存储单元周而复始循环下去。

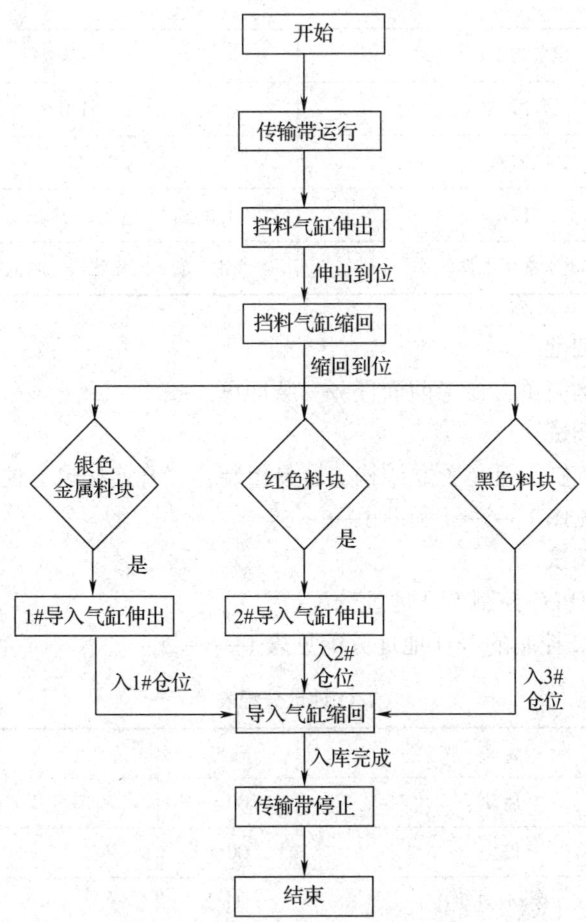

图1—6—9 分类存储机构的PLC控制编程流程

任务实施

一、任务准备

实施本任务所需要的实训设备及工具材料见表1—6—1。

表1—6—1 分类存储机构实训设备及工具材料

序号	设备与工具	型号规格	数量
1	自动化生产线实训设备	DL－MPS500A型自动化生产线	1套
2	镜面反射式光电传感器	DC 24 V、PNP信号	1只
3	光纤传感器	DC 24 V、PNP信号	1只
4	磁性开关	CS1－3	2只
5	导向气缸	气动设备	2只

续表

序号	设备与工具	型号规格	数量
6	缓冲气缸	杆形	1只
7	电磁阀	DC 24 V	3只
8	导线	红色1.0 mm^2、蓝色1.0 mm^2、黑色0.3 mm^2	若干
9	电工常用工具	剥线钳、旋具、压线钳、测电笔、万用表等	1套

二、机械安装与调试

本单元机构的结构简单，参考前面任务安装即可。

三、气路安装与调试

本站只用了3个气缸，且是独立结构，容易组装，气管连接也方便，安装和调试不再赘述。气路连接图可参见图1—6—4和图1—6—5。

四、电路安装与调试

1. 分类存储机构PLC控制I/O地址分配

分类存储机构PLC控制的I/O地址分配见表1—6—2。

表1—6—2　　I/O地址分配表

输入	含义	输出	含义
I0.0	启动	Q0.0	启动灯
I0.1	停止	Q0.1	停止灯
I0.2	手动/自动	Q0.2	功能灯
I0.3	功能	Q0.3	网络灯
I0.4	网络	Q0.4	复位灯
I0.5	复位	Q0.5	报警灯
I0.6	急停	Q0.6	缓冲气缸伸出电磁阀
I0.7	1#导入气缸落下	Q0.7	缓冲气缸缩回电磁阀
I1.0	1#导入气缸抬起	Q1.0	1#导入气缸电磁阀
I1.1	2#导入气缸落下	Q1.1	2#导入气缸电磁阀
I1.2	2#导入气缸抬起	Q2.0	传输带输送电动机中间继电器KA
I1.3	入口检测光纤传感器		
I1.4	入库镜面反射式光电传感器		

2. 分类存储机构PLC控制电路及安装

分类存储机构PLC控制电路接线图如图1—6—10所示。分类存储机构PLC控制电路的安装方法参考前面的任务。

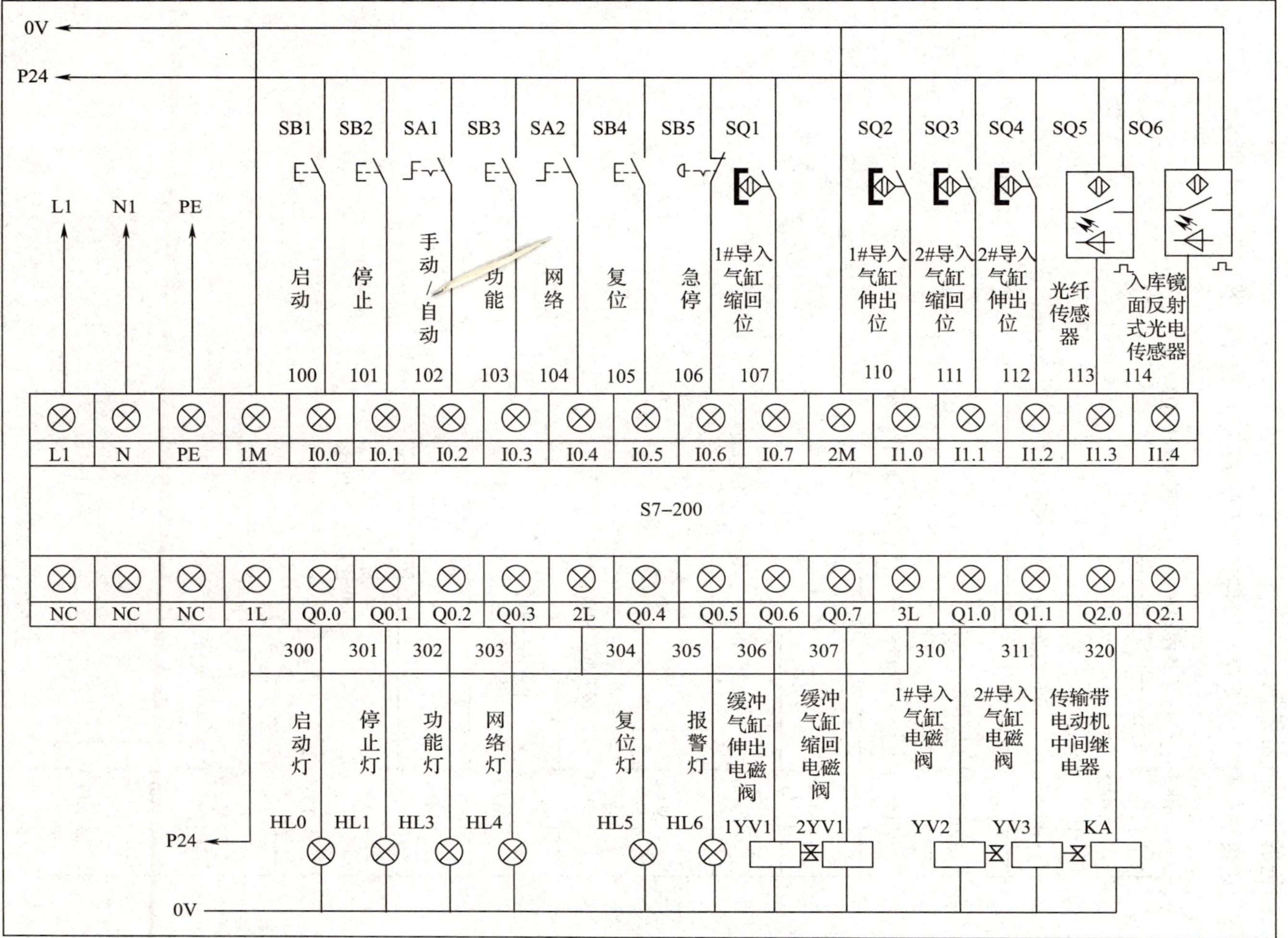

图1—6—10 分类存储机构PLC控制电路接线

3．分类存储机构的 PLC 控制程序编写

缓冲气缸在前进状态下感应工件，制动器缩回开始工作，传输带启动，缓冲气缸缩回，工件按预设的顺序被转换气缸储存到相应的滑槽内。当滑杆上工件进入工作槽中，传输带停止运行，前进的导入气缸缩回。

工件到达传输带后，分类存储机构各执行件的 PLC 程序如图 1—6—11 所示。

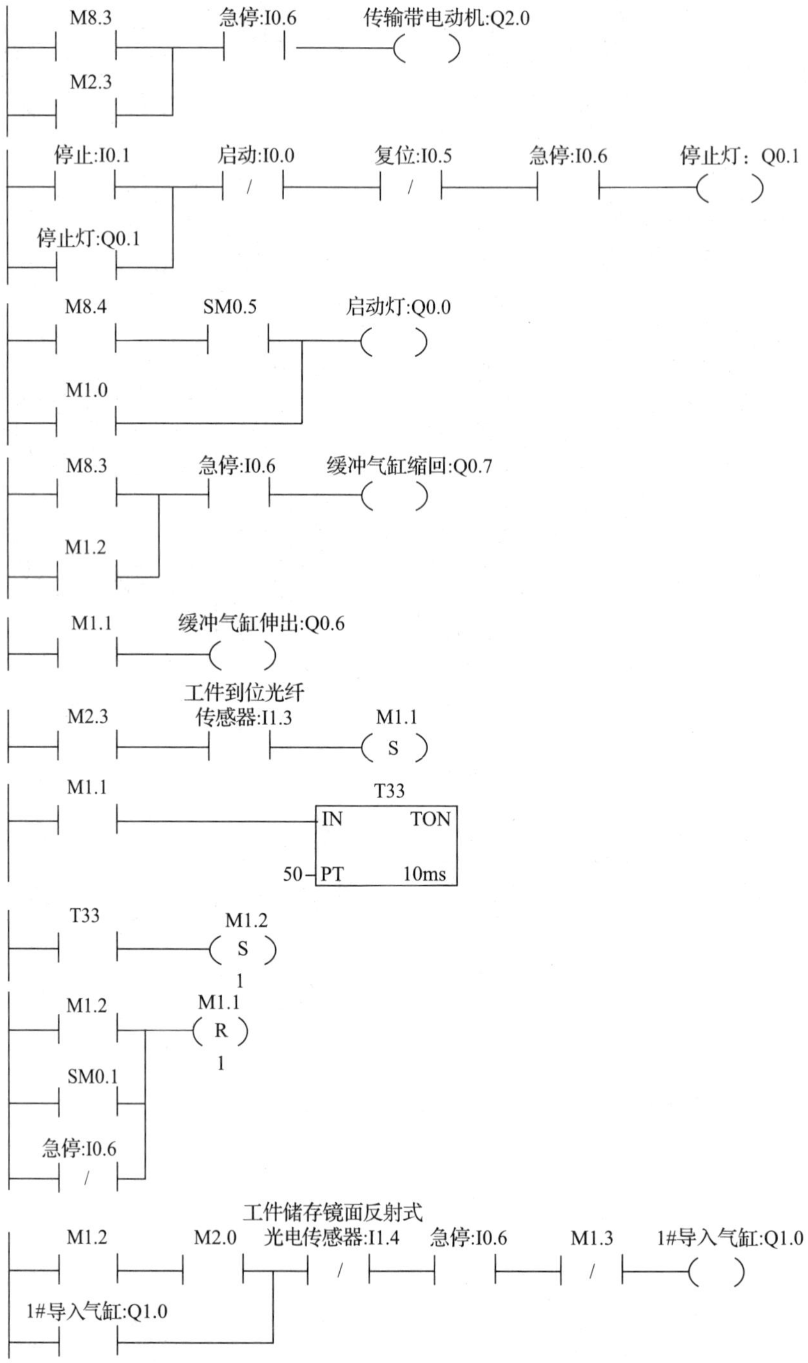

M8.3 急停:I0.6 传输带电动机:Q2.0
M2.3

停止:I0.1 启动:I0.0 / 复位:I0.5 / 急停:I0.6 停止灯：Q0.1
停止灯:Q0.1

M8.4 SM0.5 启动灯:Q0.0
M1.0

M8.3 急停:I0.6 缓冲气缸缩回:Q0.7
M1.2

M1.1 缓冲气缸伸出:Q0.6

M2.3 工件到位光纤传感器:I1.3 M1.1 (S)

M1.1 T33 IN TON 50-PT 10ms

T33 M1.2 (S) 1

M1.2 M1.1 (R) 1
SM0.1
急停:I0.6 /

M1.2 M2.0 工件储存镜面反射式光电传感器:I1.4 / 急停:I0.6 M1.3 / 1#导入气缸:Q1.0
1#导入气缸:Q1.0

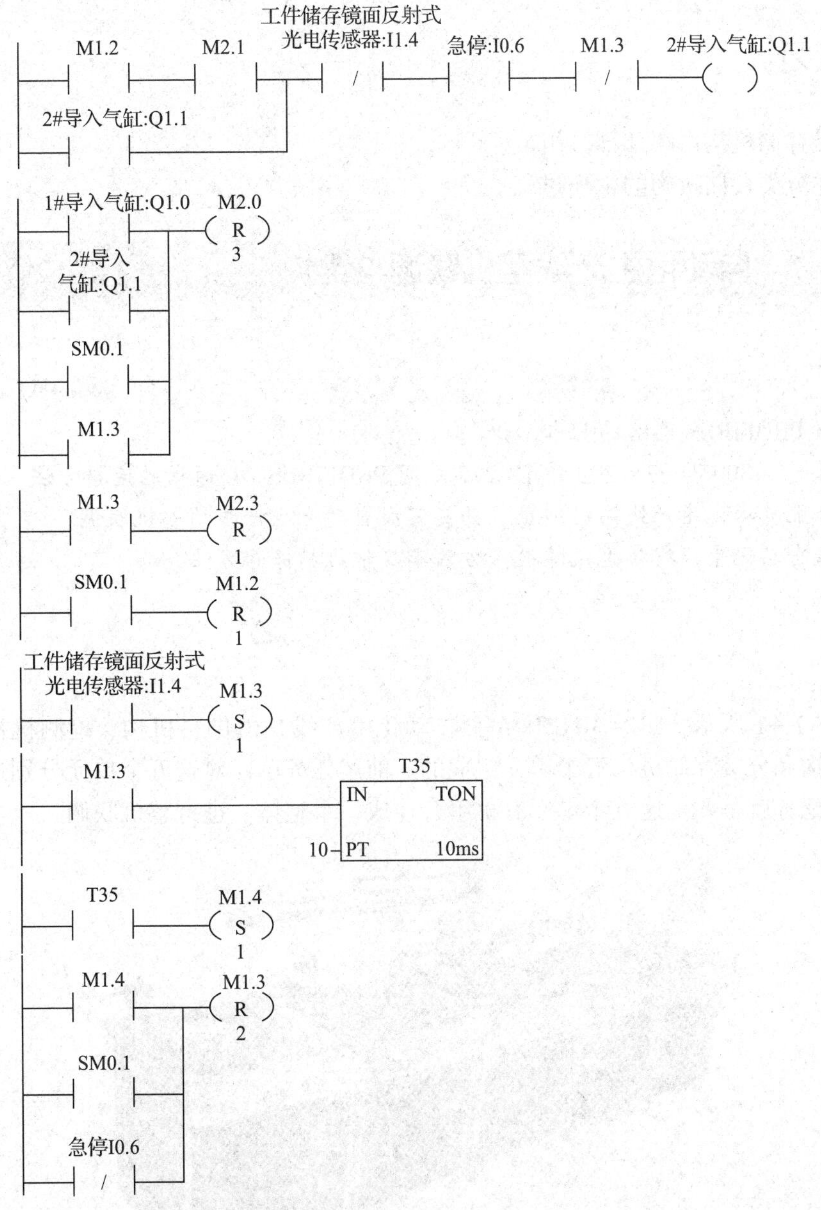

图 1—6—11　分类存储机构各执行件的 PLC 控制程序

4．分类存储机构程序调试

当程序编写完成并下载到 PLC 中后，将 PLC 的拨码开关打至“STOP”挡，然后对各信号点进行检测，看 PLC 能否读取信息，与地址表是否一一对应，准确无误后，再将 PLC 的拨码开关打至“RUN”挡，按照如图 1—1—6 所示的流程进行操作，运行过程如图 1—6—9 所示。

任务测评

参考表 1—2—3。

思考与练习

1. 分类存储机构由哪几部分组成?
2. 简述分类存储机构的工作过程。

任务7　自动化生产线整机联调与维护

学习目标

1. 了解 PROFIBUS 网络的基本知识。
2. 掌握 S7 – 300 与 S7 – 200 的 EM277 之间 PROFIBUS DP 通信的连接方法。
3. 会分配自动化生产线网络地址，并能完成自动化生产线的整机联调。
4. 掌握自动化生产线常见故障检修方法和日常维护保养方法。

任务引入

如图 1—7—1 所示，DL – MPS500A 型自动化生产线是由供料机构、检测机构、加工机构、搬运机构和分类存储机构五个单元组成的。前述任务已经对这五个单元分别进行了安装和调试，本任务就是要把这五个单元有机组合连成一个整体，进行整机联调。

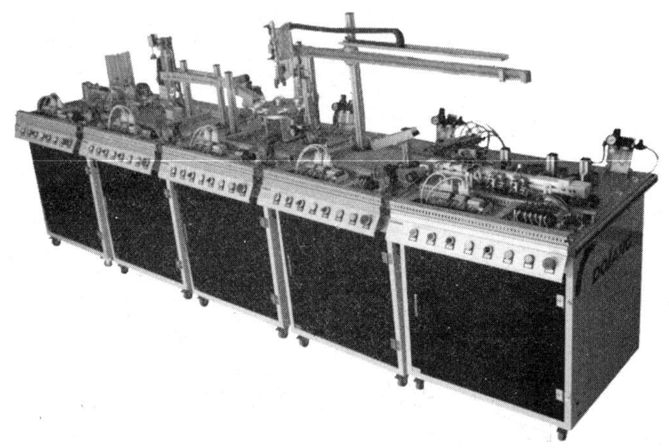

图 1—7—1　DL – MPS500A 型自动化生产线整机联调实物图

相关知识

一、DL – MPS500A 型自动化生产线的工作原理

DL – MPS500A 型自动化生产线共分为五个单元，每个单元的作用都不同，但最终目的都是保证自动化生产线按工艺要求顺畅平稳地完成工作。

供料机构作为自动化生产线的第一站，是最为关键的一站，并且将其作为主站来控制，所有的数据交换、运行状态、系统的稳定性与其密不可分。

供料机构按顺序提供不同材质、颜色的毛坯工件，然后通过气动马达（摆缸）将工件吸住，运送到第二站（检测机构）的托盘中，继而检测机构对发送过来的工件进行材质、颜色以及工件高、中、低的判断。中等高度的为合格工件，高的和低的为不合格工件，不合格工件在本站处理。合格工件又分为红色、黑色、银色金属三种，然后检测机构把这三个数据传递到下一站（加工机构）进行加工。

加工机构对工件的工位进行一系列的移位处理后到达加工工位，对毛坯工件进行模拟钻孔加工的动作，加工完成后对其进行加工深度的检测，这时又按加工深度分为良品和次品，所以，加工机构要往下一站传递四种数据信息，分别是次品、良品红、良品黑、良品银色金属。

当搬运机构收到抓取信号后，对工件进行搬运，分两种情况完成工作，如果是次品工件，则通过无杆气缸带动气手指将工件移动到中间位置，把它放入次品滑槽中；如果是良品工件，则把它搬运到分类存储机构的传输带入口处，同时发送红、黑、银三个数据给下一站。

当分类存储站收到工件，并且知道是红色工件时，将其导入到②号滑槽中；如果是黑色工件，则将其导入到③号滑槽中；如果是银色金属工件，则将其导入到①号滑槽中。

DL－MPS500A 自动化生产线采用了 PROFIBUS 控制技术，实现了五个单元之间的网络通信，进而使生产线按照供料、检测、加工、搬运、分类存储的程序自动工作，连续稳定地生产出符合技术要求的特定产品。

二、PROFIBUS 控制技术

PROFIBUS（Process Field Bus，过程现场总线）是一种国际化、开放式、不依赖于设备生产商的现场总线标准。PROFIBUS 传送速度可在 9.6 k～12 M Baud 范围内选择，且当总线系统启动时，所有连接到总线上的装置应该被设成相同的速度。PROFIBUS 是一种用于工厂自动化车间级监控和现场设备层数据通信与控制的现场总线技术，可实现现场设备层到车间级监控的分散式数字控制和现场通信网络，从而为实现工厂综合自动化和现场设备智能化提供了可行的解决方案。因此，PROFIBUS 适用于制造业自动化、流程工业自动化和楼宇、交通电力等其他领域自动化。

1. PROFIBUS 的基本性质

PROFIBUS 规定了串行现场总线系统的技术和功能特性。通过这个系统，从底层（传感器执行器级）到中层（单元级）的分布式、数字现场可编程控制器都可以联网。PROFIBUS 分为主站和从站。

（1）主站

主站具有总线中数据流的控制权。只要它拥有访问总线权（令牌），主站就可以在没有外部请求的情况下发送信息。在 PROFIBUS 协议中，主站也被称作主动节点。

（2）从站

从站是简单的输入输出设备。典型的从站为传感器、执行器以及变频器。从站也可为智能从站，如 S7－300/400 带集成口的 CPU 等。从站不会拥有总线访问的授权。从站只能确认收到的信息或者在主站的请求下发送信息。从站也被称作被动节点。

(3) 传输方法

符合美国 EIA 标准 RS485 的闭合电路传输，是制造工程、建筑服务管理系统和动力工程的基本标准。它采用铜导体的双绞线，也可采用光纤。

(4) 传输速率

PROFIBUS 总线的传输速率为 9.6 kbit/s ~ 12 Mbit/s。网段总线长度与传输速率的关系见表 1—7—1。

表 1—7—1　　网段总线长度与传输速率的关系

传输速率（kbit/s）	9.6 ~ 187.5	500	1 500	3 000 ~ 12 000
总线长度（m）	1 000	400	200	100

2. PROFIBUS 现场应用类型

PROFIBUS 提供了三种通信协议类型：FMS、DP 和 PA。

(1) PROFIBUS - FMS

用于现场通用通信任务的 FMS 接口（DIN 19245 T. 2）。

(2) PROFIBUS - DP

用于与分布式 I/O 进行高速通信。

(3) PROFIBUS - PA

用于执行规定现场设备特性的 PA 设备，它使用扩展的 PROFIBUS - DP 协议进行数据传输。

3. 利用 PROFIBUS　DP 进行的通信

PROFIBUS - DP 是为了实现在传感器—执行器级快速数据交换而设计的。在这里，中央控制装置（如可编程序控制器）通过一种快速的串行接口与分布式输入和输出设备通信。中央控制装置与这些装置的通信一般是循环发生的。

中央控制器（主站）从从站读取输入信息并将输出信息写到从站。

单主站或者多主站系统可以由 PROFIBUS - DP 来实现，这使得系统配置异常方便。一条总线最多可以连接 126 个设备（主站或从站）。

(1) 系统配置

系统配置的规范包含一系列的站点、I/O 地址的分配、输入输出数据的完整性、诊断信息的格式以及总线参数。

(2) 设备类型

1) DP1 类主站。这是一种在给定的信息循环中与分布式站点（DP 从站）交换信息的中央控制器。典型的设备有可编程序控制器（PLC）、微型计算机数值控制（CNC）或计算机（PC）等。

2) DP2 类主站。这一类装置包括编程器、组态装置和诊断装置，如上位机。这些设备在 DP 系统初始化时用来生成系统配置。

3) DP 从站。一台 DP 从站是一种对过程读和写信息的输入输出装置（传感器/执行器），如分布式 I/O、ET200、变频器等。

在 DL - MPS500A 型自动化生产线中采用 DP1 类主站，即 CPU313 作为主站，EM277 作为从站。

4. S7－300 与 S7－200 的 EM277 之间的 PROFIBUS DP 通信连接

通过 DP 电缆连接 S7－200PLC 和 S7－300PLC，实现 S7－200PLC 和 S7－300PLC 的 DP 通信。

S7－300 与 S7－200 通过 EM277 进行 PROFIBUS DP 通信，需要在 STEP7 中进行 S7－300 站组态，在 S7－200 系统中不需要对通信进行组态和编程，只需将要进行通信的数据整理存放在存储区，与 S7－300 的组态 EM277 从站的硬件 I/O 地址相对应即可。打开 S7－300 的编程软件，然后插入一个 S7－300 的站点，如图 1—7—2 所示。

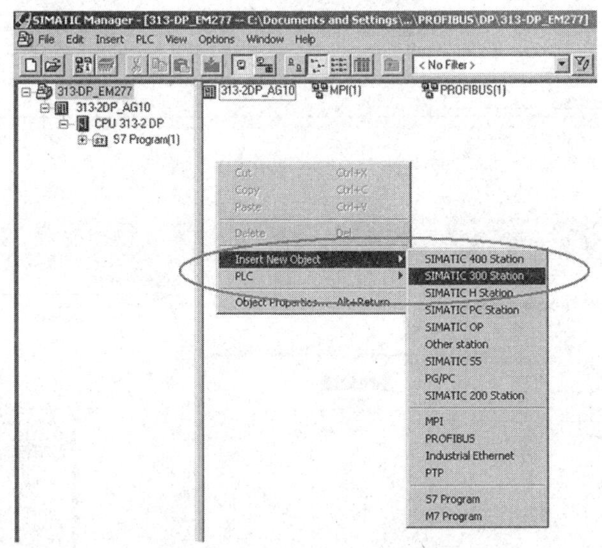

图 1—7—2 插入 S7－300 站点

选中 STEP7 的硬件组态窗口中的菜单 Option→Install New GSD，导入 SIEM089D. GSD 文件，安装 EM277 从站配置文件，如图 1—7—3 所示。

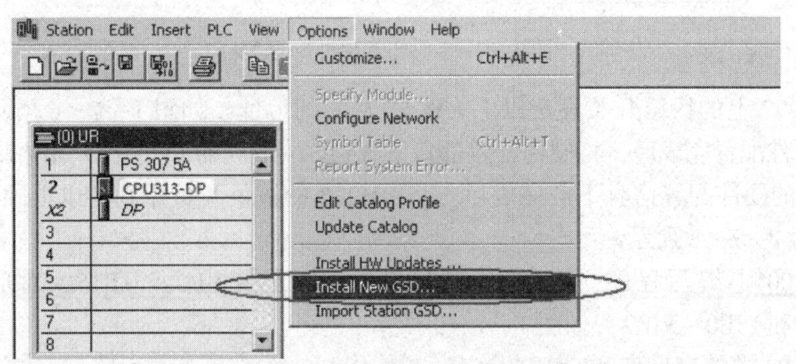

图 1—7—3 安装 EM277 从站配置文件

在 SIMATIC 文件夹中有 EM277 的 GSD 文件，选择进行安装，如图 1—7—4 所示。

导入 GSD 文件后，在右侧的设备选择列表中找到 EM277 从站，即 PROFIBUS DP→Additional Field Devices→PLC→SIMATIC→EM277，并且根据通信字节数选择一种通信方式，本例中选择了 8 字节入/8 字节出的方式，如图 1—7—5 所示。

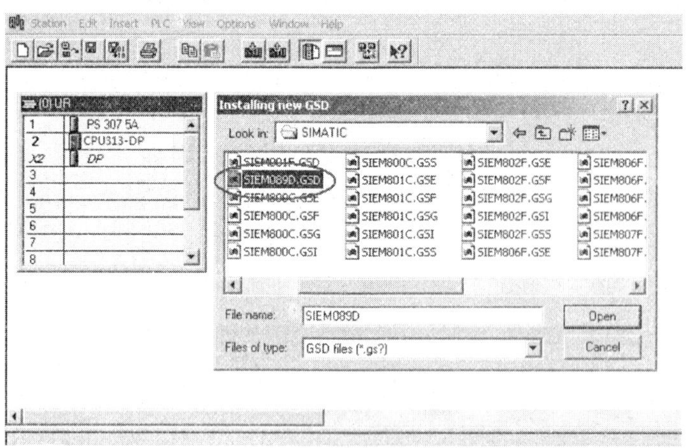

图 1—7—4 安装 GSD 文件

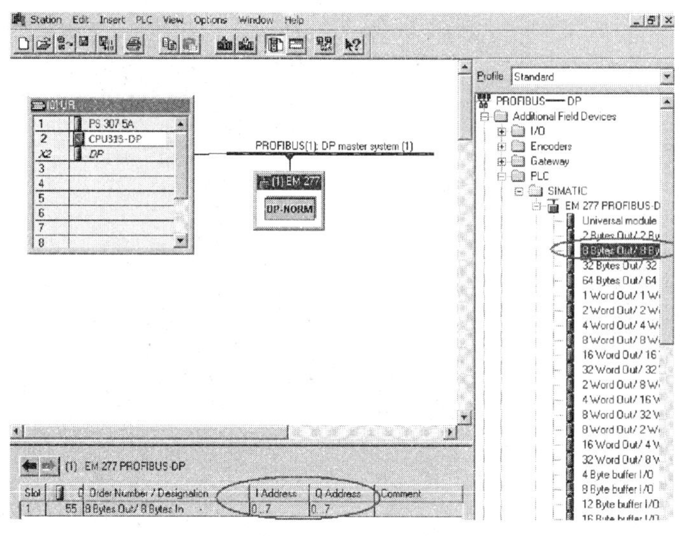

图 1—7—5 组态 EM277 从站

根据 EM277 上的拨位开关设定以上 EM277 从站的地址，如图 1—7—6 所示。

系统的硬件配置完成后，将硬件配置信息下载到 S7－300 的 PLC 中，如图 1—7—7 所示。

S7－300 的硬件配置信息下载完成后，将 EM277 的拨位开关拨到与以上硬件组态的设定值一致，如图 1—7—8 所示。

在 S7－200 中编写程序，将进行交换的数据存放在 VB0～VB15，对应 S7－300 的 PQB0～PQB7 和 PIB0～PIB7，如图 1—7—9 所示。

打开 STEP7 中的变量表和 STEP7 Micro WIN V4.0 的状态表进行监控，它们的数据交换结果如图 1—7—10 所示。

注意

VB0～VB7 是 S7－300 写到 S7－200 的数据，VB8～VB15 是 S7－300 从 S7－200 读取的值。EM277 上拨位开关的位置一定要和 S7－300 中组态的地址值一致。

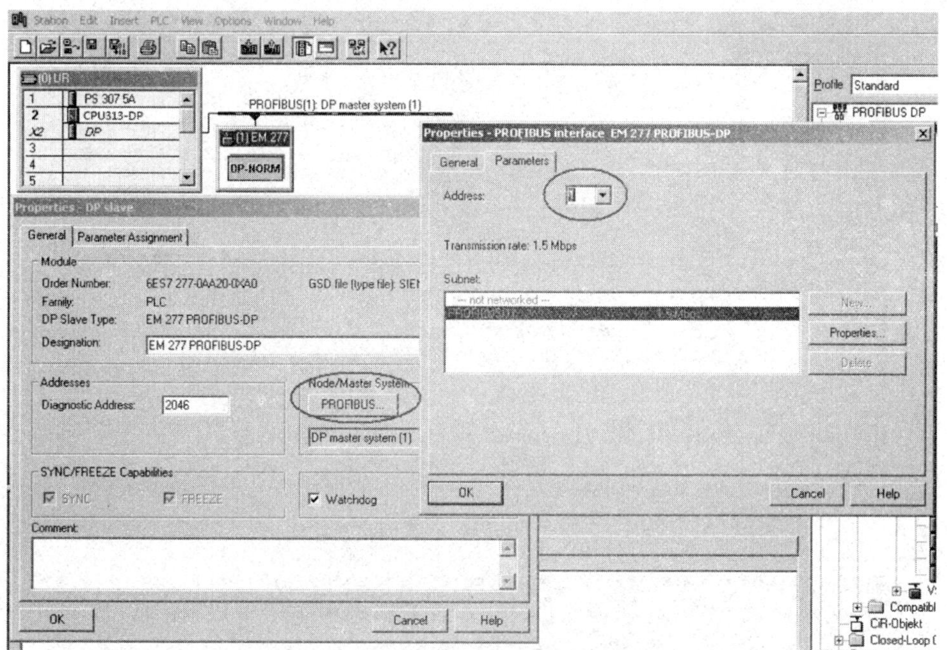

图 1—7—6　软件设定 EM277 从站地址

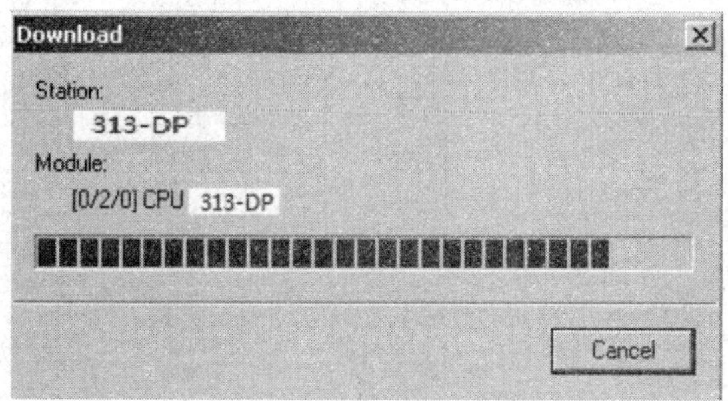

图 1—7—7　下载硬件组态到 CPU313

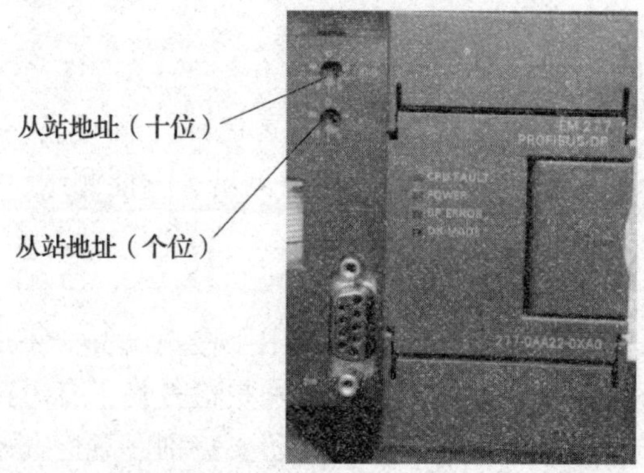

图 1—7—8　设定 EM277 从站地址

Table Edit Insert PLC Variable View Options Window Help

	Address	Symbol	Symbol comment	Displ	Status value	Modify value
1	PQB 0	"S7200_VB0"	S7300_DO_PQB0-PQB7 = S7200_VB_0-7	HEX		B#16#00
2	PQB 1	"S7200_VB1"		HEX		B#16#01
3	PQB 2	"S7200_VB2"		HEX		B#16#02
4	PQB 3	"S7200_VB3"		HEX		B#16#03
5	PQB 4	"S7200_VB4"		HEX		B#16#04
6	PQB 5	"S7200_VB5"		HEX		B#16#05
7	PQB 6	"S7200_VB6"		HEX		B#16#06
8	PQB 7	"S7200_VB7"		HEX		B#16#07
9	PIB 0	"S7200_VB8"	S7300_DO_PQB0-PQB7 = S7200_VB_8-15	HEX	B#16#08	
10	PIB 1	"S7200_VB9"		HEX	B#16#09	
11	PIB 2	"S7200_VB10"		HEX	B#16#0A	
12	PIB 3	"S7200_VB11"		HEX	B#16#0B	
13	PIB 4	"S7200_VB12"		HEX	B#16#0C	
14	PIB 5	"S7200_VB13"		HEX	B#16#0D	
15	PIB 6	"S7200_VB14"		HEX	B#16#0E	
16	PIB 7	"S7200_VB15"		HEX	B#16#0F	
17						

图 1—7—9 300PLC 中数据交换结果

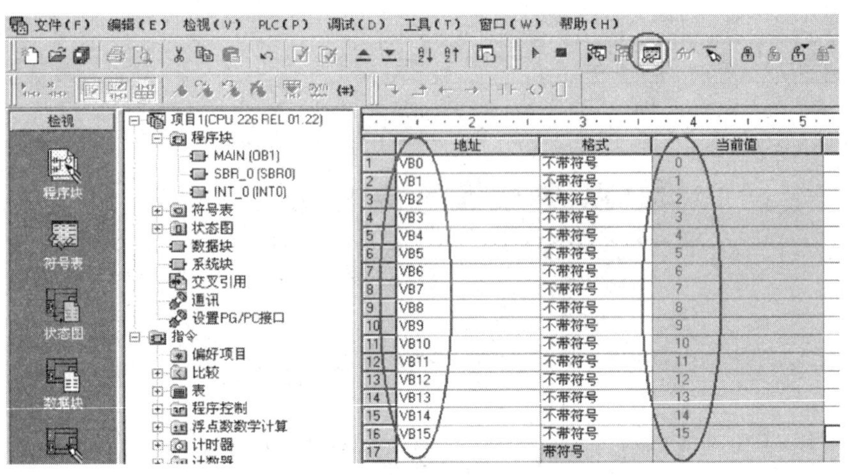

	地址	格式	当前值
1	VB0	不带符号	0
2	VB1	不带符号	1
3	VB2	不带符号	2
4	VB3	不带符号	3
5	VB4	不带符号	4
6	VB5	不带符号	5
7	VB6	不带符号	6
8	VB7	不带符号	7
9	VB8	不带符号	8
10	VB9	不带符号	9
11	VB10	不带符号	10
12	VB11	不带符号	11
13	VB12	不带符号	12
14	VB13	不带符号	13
15	VB14	不带符号	14
16	VB15	不带符号	15
17		带符号	

图 1—7—10 200PLC 中数据交换结果

三、自动化生产线的调试方法

1. 自动化生产线的调试步骤

自动化生产线的调试工作一般在现场设备安装完成（即设备基本具备通电条件）后开始。系统调试工作一般分为设备/系统检查、单点测试、功能测试、仿真联调、轻负载联调、全负载调试及验收。

（1）设备/系统检查

对已完成安装的设备或系统进行检查，主要用于检查设备安装是否正确、稳固，接线是否牢固等；同时检查设备接线是否存在错误，特别是检查是否有短接或漏接现象。所有检查按照电路原理图进行操作，防止发生漏项；同时还要特别注意检查系统的接地是否正确。

（2）单点测试

单点测试也称为打点，即在屏蔽 PLC 内部程序后，对设备进行上电，然后通过强制置位/复位等操作，对系统的输入/输出进行测试，以确保所有 I/O 点的功能均正常（包括所有数字量和模拟量点）。

（3）功能测试

逐步解开对 PLC 程序的屏蔽，对系统的功能进行逐项测试，通过仿真现场的操作环境和条件，验证每个自动化程序功能块的逻辑是否正确。例如，测试启动电动机的启动、停止和紧急停止的条件。

（4）仿真联调

在不对自动化系统加载真实载荷的情况下，对系统进行联调（如钢材酸洗线的酸洗槽中不注入酸液，而用水替代）。仿真联调着重测试系统的自动化联动、手动功能操作、报警及紧急停止功能。

（5）轻负载联调

对自动化系统控制的生产线进行低负荷调试，验证系统在真实条件下的工作能力。

（6）全负载调试及验收

使系统工作在设计的满负荷之下，以测试系统的生产能力；同时开始对系统进行验收，并对使用方的工作人员开展培训工作。

2. 自动化生产线主要部件的调试方法

（1）气缸的调试和故障分析

1）气缸动作的手动测试。各气缸的初始位置是指气缸在没有送电和送气的情况下的原始状态，也就是不工作的状态。打开气源处理装置，给气缸送气。

首先目测各气缸的动作，在没有按手动按钮的情况下（每个电磁阀线圈旁有一个“一”字螺形手动按钮），如果发现气缸伸出，表明气管插反了，交换一下气管就可以了。然后按气缸对应的电磁阀的手动按钮检查各气缸相应的动作是否正常，气流量是否能满足工作的需要。如果不能，调节气流螺钉，进气管的气流量要柔和些，回气量相对要大、动作要快。

2）气缸动作的自动测试。将气缸对应的电磁阀线圈通电（本设备用的是 DC 24 V 电源），红端子接电源 +24 V，蓝端子接电源 0 V。

单向电磁阀通电试验：线圈得电后，气缸按规定的方向动作；失电后，气缸回到初始位置，表明气缸受控，气路连接正确，电气接线正确，气缸是好的，电磁阀也是好的。

双向电磁阀通电试验：以气手指为例，当进气管方向处的电磁阀得电后，气手指夹紧，电磁阀失电后气手指保持原来的工作状态，也就是夹紧状态。当回气管方向的电磁阀得电后，气手指松开，电磁阀失电后气手指保持松开状态。

3）气缸和电磁阀的故障分析。当气缸动作不稳定，行程不正常时，主要查看以下几个方面的原因：

①气管是否漏气：气管调速接头安装处是否漏气，如果漏气则用扳手或气管专用工具将它拧紧；连接气管处气管是否漏气，如果漏气拔下来剪下一块重新插紧；气管是否漏气，如果气管漏气应更换气管，重新插上新的气管；气流量调速螺钉是否松开，如果没有，则适当松开调速接头。

②气缸是否良好：如果气流量正常，气管没接错，电磁阀工作正常，阀体打开，阀体处有气流通过，这时表明气缸有问题，应更换气缸。

③电磁阀是否正常：线圈通电后指示灯会亮，并且会听到“啪”的一声响，表明电磁阀线圈能正常工作，如果此时气源已打开，气缸却不动作，而气缸又是好的，则表明电磁阀阀体有问题，应更换阀体。

（2）传感器的调试和故障分析

1）与气缸无关的传感器的调试。先调容易调试的传感器，后调难度大的，这样可以提高工作效率。检查传感器的安装和接线正确无误后，送电调试。

灵敏度的调试：一般每种传感器上都有一个可调开关，用来调试传感器灵敏度，以达到检测目标物的快速反应速度。用一字旋具，最好采用塑料的旋具调试，逆时针方向调是降低灵敏度，顺时针方向调是增强灵敏度，一般以感应到检测物为基准。此时放不同材质的工件去感应，如果 PLC 能采集到信号，且工件不会损坏传感器，说明调试良好；如果没放工件 PLC 就能采集到信号，说明灵敏度太高，需调低灵敏度，直到合格为止。

检测距离的调整：一般就是安装高度的调整。

2）磁性开关的调试。磁性开关主要用来检测气缸中的磁性材质，对于磁性开关的调试主要是调其安装位置。在磁性开关接线无误后送电，不要开气阀，当气缸处于初始状态时，这时如果原位的磁性开关灯亮，表示安装位置良好；如果灯不亮，应前后或左右调整其安装位置，直到 PLC 采集到信号为止。

气缸推料位置处磁性开关的调整方法：一是采用气源和电磁阀配合调试，开启气源给电磁阀送电让气缸动作，将气缸推出到目标位置，保持送电，这时看推料位置处的磁性开关灯是否变亮，如果变亮，说明安装良好；如果灯不亮，应前后或左右调试其安装位置，直到灯亮为止。二是只关闭气源，手动将气缸拉出或缩回，查看磁性开关的灯亮与灭。

3）传感器的故障分析。一般来说，传感器不工作有以下几种情况：电源线接错；信号线接错；安装位置不准确；工作状态不清；型号弄错，分不清是 NPN 型还是 PNP 型；传感器内部损坏等。

（3）可编程序控制器的调试和故障分析

PLC 接线正确无误后，系统上电，将程序下载到 PLC 中，逐步调试，测试每一段程序的工作是否正常，如果动作正确再调试下一段程序的工作流程，直到全部调通为止。可编程序控制器的故障分析：一看连线，二看电源，三看输入输出对应的信号线。

四、DL－MPS500A 型自动化生产线的典型故障分析

1. 典型硬件故障

（1）通信模块故障

1）通信地址不小心被修改，导致站与站之间的数据无法进行交换所产生的信息混乱故障。

2）EM277 发出黄灯报警，硬件线路出现问题而产生本站数据无法正确执行，设备不运转故障。

维修措施：恢复以前的通信地址；更换或维修 EM277 模块。

（2）通信线故障

1）PROFIBUS－DP 电缆剥皮时破坏铜层，通信状态不佳，长期处于非稳定状态，信号时好时坏所产生的故障。

2）DP 头故障，一般会出现 DP 上的拨码开关由于人为因素经常动来动去，导致开关位置不准的故障。

维修措施：剪掉一小块电缆头，重新剥皮，重新接线；更换 DP 头。

2．操作不当故障

（1）维修保养不当

设备长期无人看管，处于闲置状态，上面落满灰尘，导致各站信号采集不到位；机械位置改变、螺钉松动、电磁阀、电动机等不能正常工作所导致的设备不能正常运行。

维修措施：有专人看管，每天至少让设备运行 1 ~ 2 遍，对设备进行日常的清理整顿，制定相应的管理措施。

（2）操作不当

手动/自动位置错位；单站/网络位置错位；不按操作流程执行所导致的设备不能正常运行。

维修措施：按照工作流程操作。

3．参数设备错误

有些参数如传感器检测距离、压力开关值的调整、直流电动机的运行速度均出现不同程度的改变。

维修措施：调用备用数据，恢复出厂值；联系厂家维修。

4．程序故障

修改不正确的程序，与相应的工作流程配套协调。

5．自动化生产线的维修案例

故障描述：DL－MP3500A 型全自动生产线开机后，总控站无法控制远程分站。

故障检测与分析：

第一步，对各分站进行手动或自动操作，结果发现各分站无论是将转换开关打至手动模式还是自动模式均能正常工作，说明各分站没有问题。

第二步，检查各站的通信总线和通信模块，看是否连接正常，经检查均正常。

第三步，检查总控站的操作按钮开关，发现 PLC 能读取信号，PLC 也有动作输出。

第四步，拆开总控台，打开配电箱，发现总控台的通信总线脱落，将通信总线重新接好，重新开机操作，发现设备恢复正常。

任务实施

一、任务准备

实施本任务所需要的实训设备及工具材料见表 1—7—2。

表 1—7—2　　实训设备及工具材料

序号	设备与工具	规格	数量
1	DL－MPS500A 型自动化生产线供料机构	安装完成后的实训装置	1 站
2	DL－MPS500A 型自动化生产线检测机构	安装完成后的实训装置	1 站

续表

序号	设备与工具	规格	数量
3	DL－MPS500A 型自动化生产线加工机构	安装完成后的实训装置	1 站
4	DL－MPS500A 型自动化生产线搬运机构	安装完成后的实训装置	1 站
5	DL－MPS500A 型自动化生产线分类存储机构	安装完成后的实训装置	1 站
6	数据线	PLC 连接到编程计算机的通信线	1 根
7	PROFIBUS－DP 线（含 DP 接头）	PLC 之间的通信电缆	5 根
8	连接板	站与站之间的连接板	10 套
9	电工常用工具	剥线钳、旋具、压线钳、测电笔、万用表等	1 套

二、自动生产线各单元联机安装

1. 机械组装

将自动生产线各单元设备按顺序排成一条直线，每两台设备之间用安装固定板固定后，将固定板上的螺母拧紧，并固定每台设备的脚轮。将设备与设备之间的间隙降到最小，以免引起工件在传递过程中的不到位，如图 1—7—11 所示。

图 1—7—11　拧紧每两台设备之间固定板上的螺母

2. 气路连接

用三通接头将气泵的出气管、第一台设备的气源处理装置的进气端以及第二台设备的三通接头连接起来，按照此方法连接另外几台设备的气路。气管接头要连接正确并保证连接紧密，如图 1—7—12 所示。

图 1—7—12　气路连接

3. 电路连接（网络连接）

（1）通信线的连接

通信线的连接方法如图 1—7—13 所示。

只有第一台和第五台上的 DP 接头只含一根紫色电缆，其余各站都含有一进一出的两根紫色电缆。将 DP 接头从控制柜的孔中穿过，将对应的头连接到相应 PLC 的 DP 接口上。

（2）PROFIBUS－DP 接头终端电阻拨码开关设置

将第一台设备和最后一台设备的 PROFIBUS－DP 接头终端电阻拨码开关打至“ON”挡，如图 1—7—14 所示。

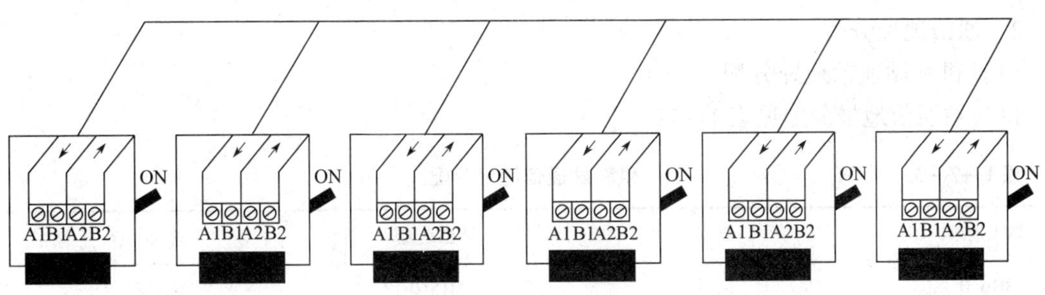

图 1—7—13　通信线的连接方法

三、自动生产线硬件组态及程序编写

1. 硬件组态

插入 CPU300 后，再在右侧的设备选择列表中找到 EM277 从站，即 PROFIBUS DP→Additional Field Devices→PLC→SIMATIC→EM277，并且根据通信字节数，选择一种通信方式。本例中选择了 8 字节入/8 字节出的方式，如图 1—7—5 所示。

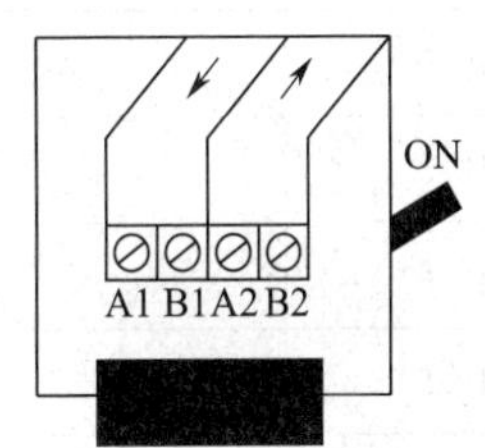

图 1—7—14　PROFIBUS－DP 接头终端电阻拨码开关设置

根据 EM277 上的拨位开关设定以上 EM277 从站的地址，如图 1—7—6 所示。

将 5 个从站 PLC 依次连接完成后，如图 1—7—15 所示。

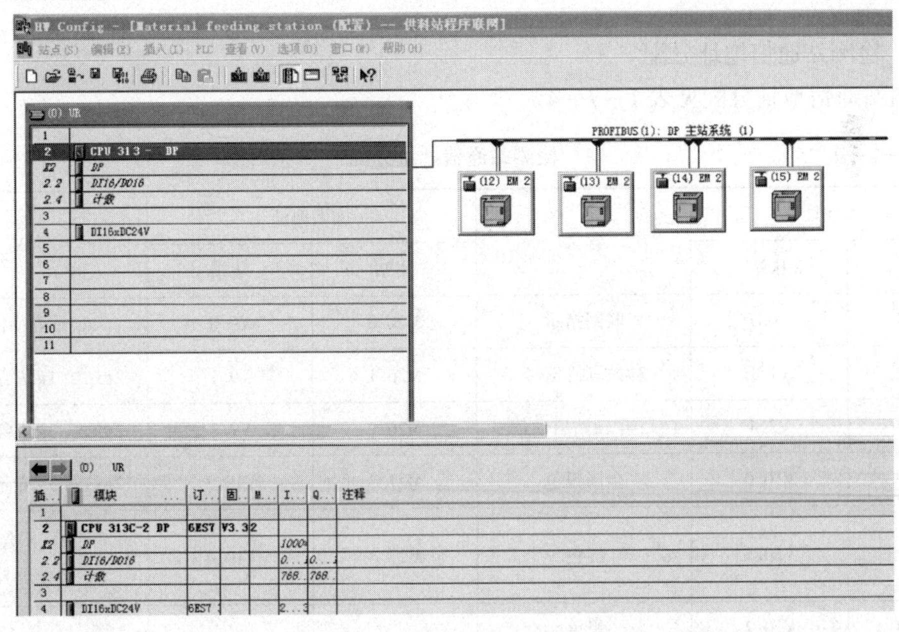

图 1—7—15　依次组态各从站 EM277

系统的硬件配置完成后，将硬件配置信息下载到 S7－300 中，如图 1—7—7 所示。

S7－300 的硬件配置信息下载完成后，将 EM277 的拨位开关拨到与以上硬件组态的设定值一致，在 S7 - 300 中编写程序将数据进行交换分配。

2．通信地址分配

(1) 供料站通信地址分配

供料站通信地址分配见表 1—7—3。

表 1—7—3　　供料站通信地址分配

写入地址	含义	读出地址	含义
M10. 0	启动	M15. 0	启动灯
M10. 1	停止	M15. 1	停止灯
M10. 2	报警	M15. 2	报警灯
M10. 3	网络	M15. 3	网络灯
M10. 4	复位	M15. 4	复位灯
M10. 5	急停	M15. 5	急停灯
M11. 0	2#站等待信号		
M11. 1	3#站等待信号		
M11. 2	4#站等待信号		
M11. 3	5#站等待信号		

(2) 检测站通信地址分配

检测站通信地址分配见表 1—7—4。

表 1—7—4　　检测站通信地址分配

写入地址		含义	读出地址		含义
主站	从站		主站	从站	
M20. 7	V0. 7	联网指示	M26. 0	V9. 0	2#站等待信号
M21. 1	V1. 1	3#站等待信号	M26. 1	V9. 1	2#站给 1#站清零信号
M22. 4	V2. 4	1#站给 2#站启动信号	M26. 2	V9. 2	2#站给 3#站启动信号
M27. 0	V10. 0	金属银色	M27. 3	V10. 3	2#站给 3#站合格信号
M27. 1	V10. 1	红色	M27. 4	V10. 4	2#站不合格（本地处理）信号
M27. 2	V10. 2	黑色			

(3) 加工站通信地址分配

加工站通信地址分配见表 1—7—5。

表 1—7—5 加工站通信地址分配

写入地址		含义	读出地址		含义
主站	从站		主站	从站	
M30. 7	V0. 7	联网指示	M36. 0	V9. 0	3#站等待信号
M31. 2	V1. 2	4#站等待信号	M36. 1	V9. 1	工件到达抓取位
M32. 3	V2. 3	2#站给 3#站启动信号	M36. 2	V9. 2	3#站给 4#站启动信号
M32. 4	V2. 4	4#站给 3#站清零信号	M36. 3	V9. 3	3#站给 2#站清零信号
M32. 5	V2. 5	1#站没有工件信号	M36. 4	V9. 4	3#站给 4#站合格信号
M37. 0	V10. 0	金属银色	M36. 5	V9. 5	3#站给 4#站不合格信号
M37. 1	V10. 1	红色			
M37. 2	V10. 2	黑色			

(4) 搬运站通信地址分配

搬运站通信地址分配见表 1—7—6。

表 1—7—6 搬运站通信地址分配

写入地址		含义	读出地址		含义
主站	从站		主站	从站	
M40. 7	V0. 7	联网指示	M46. 0	V9. 0	4#站等待信号
M41. 3	V1. 3	5#站等待信号	M46. 1	V9. 1	4#站给 5#站启动信号
M42. 3	V2. 3	3#站给 4#站启动信号	M46. 2	V9. 2	4#站给 3#站清零信号
M42. 4	V2. 4	5#站给 4#站清零信号	M46. 3	V9. 3	4#站完成合格信号
M42. 5	V2. 5	3#站给 4#站合格信号	M46. 5	V9. 5	4#站等待合格信号
M42. 7	V2. 7	5#站给 4#站放料信号			
M47. 0	V10. 0	金属银色			
M47. 1	V10. 1	红色			
M47. 2	V10. 2	黑色			

(5) 分类存储站通信地址分配

分类存储站通信地址分配见表 1—7—7。

表 1—7—7 分类存储站通信地址分配

写入地址		含义	读出地址		含义
主站	从站		主站	从站	
M50. 7	V0. 7	联网指示	M56. 0	V9. 0	5#站等待信号
M52. 0	V2. 0	4#站给 5#站 金属银色工件	M56. 1	V9. 1	5#站给 4#站清空信号

续表

写入地址		含义	读出地址		含义
主站	从站		主站	从站	
M52. 1	V2. 1	4#站给 5#站红色工件			
M52. 2	V2. 2	4#站给 5#站黑色工件			
M52. 3	V2. 3	4#站给 5#站工作信号			

3. 程序编写

为了方便修改及查找，程序分为主程序、从站通信程序和控制程序等。

主程序和控制程序见各站的程序，这里不再重复说明，下面介绍通信程序的编写方法。2#从站通信程序处理如图 1—7—16 所示。

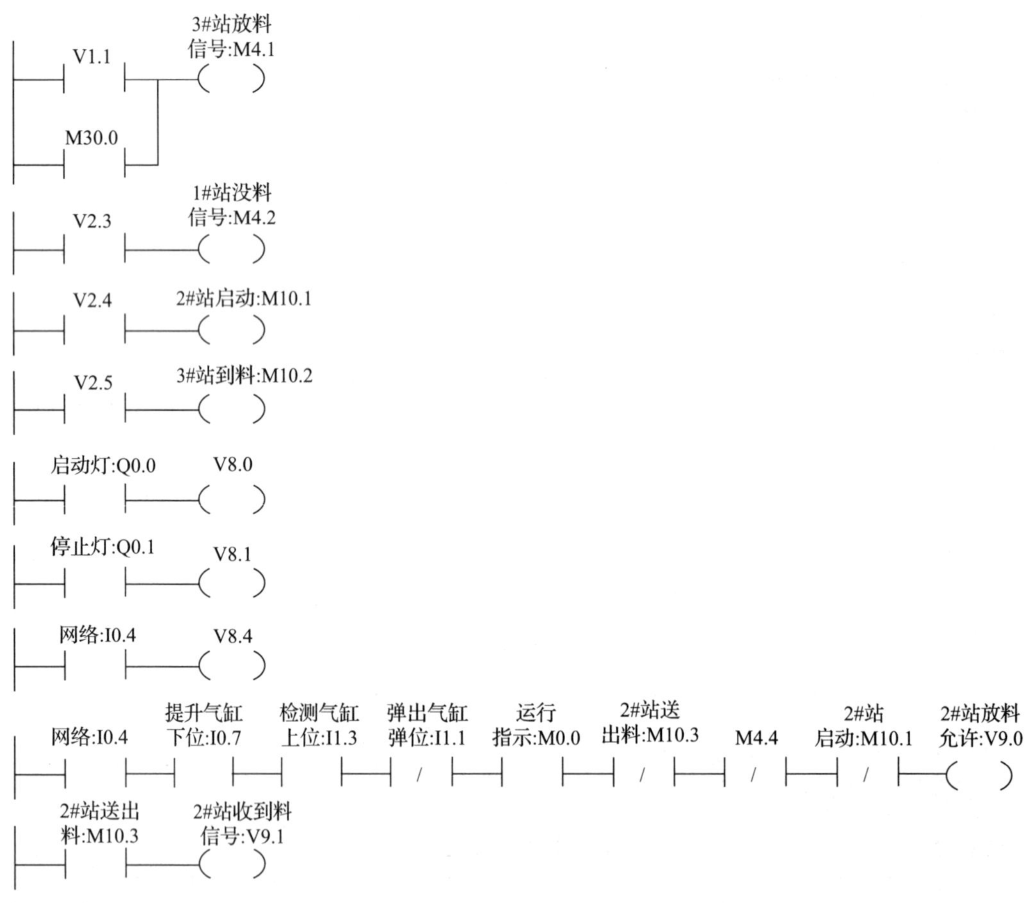

图 1—7—16　2#从站通信程序处理

3#从站通信程序处理如图 1—7—17 所示。

4#从站通信程序处理如图 1—7—18 所示。

5#从站通信程序处理如图 1—7—19 所示。

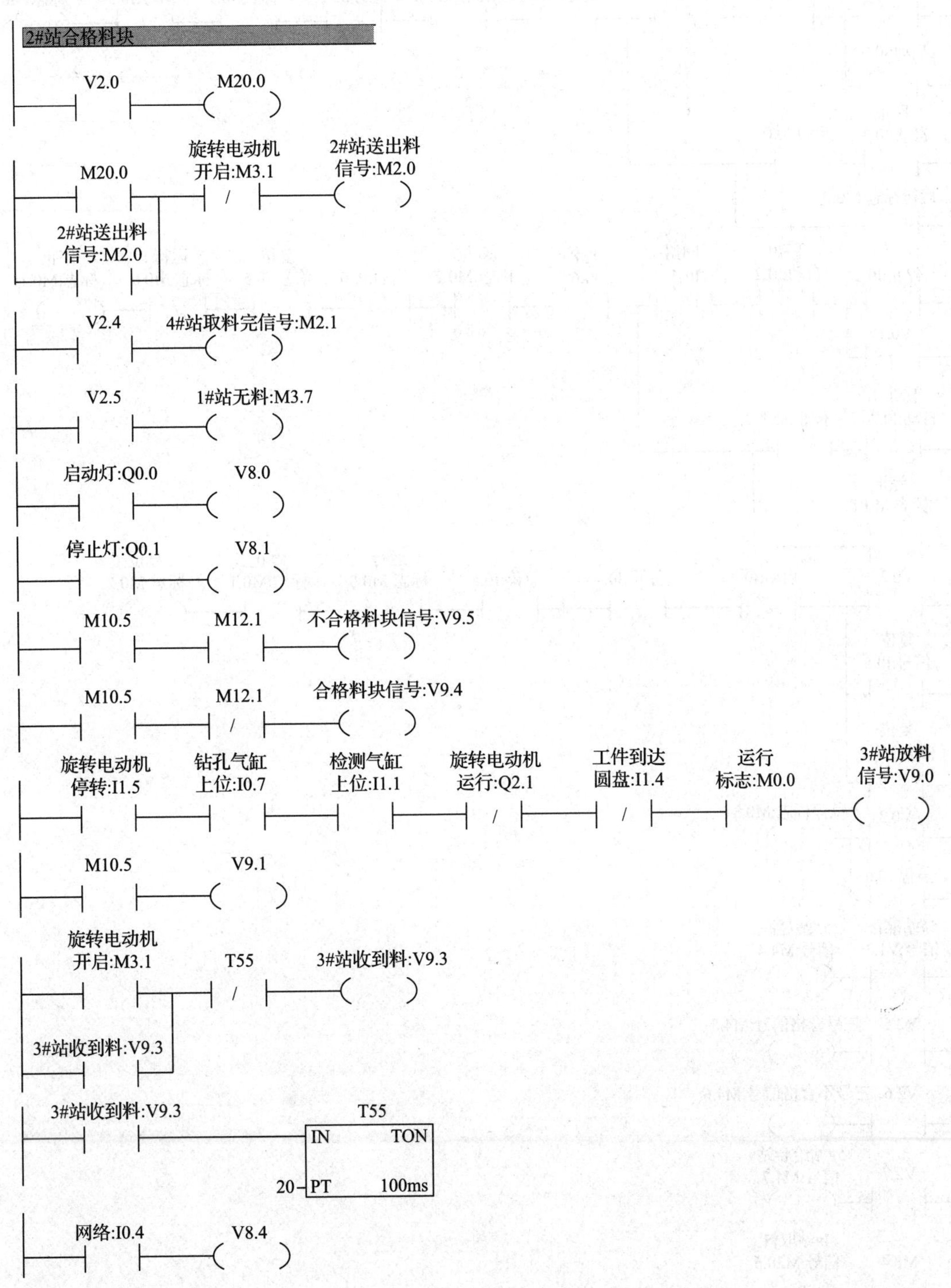

图 1—7—17　3#从站通信程序处理

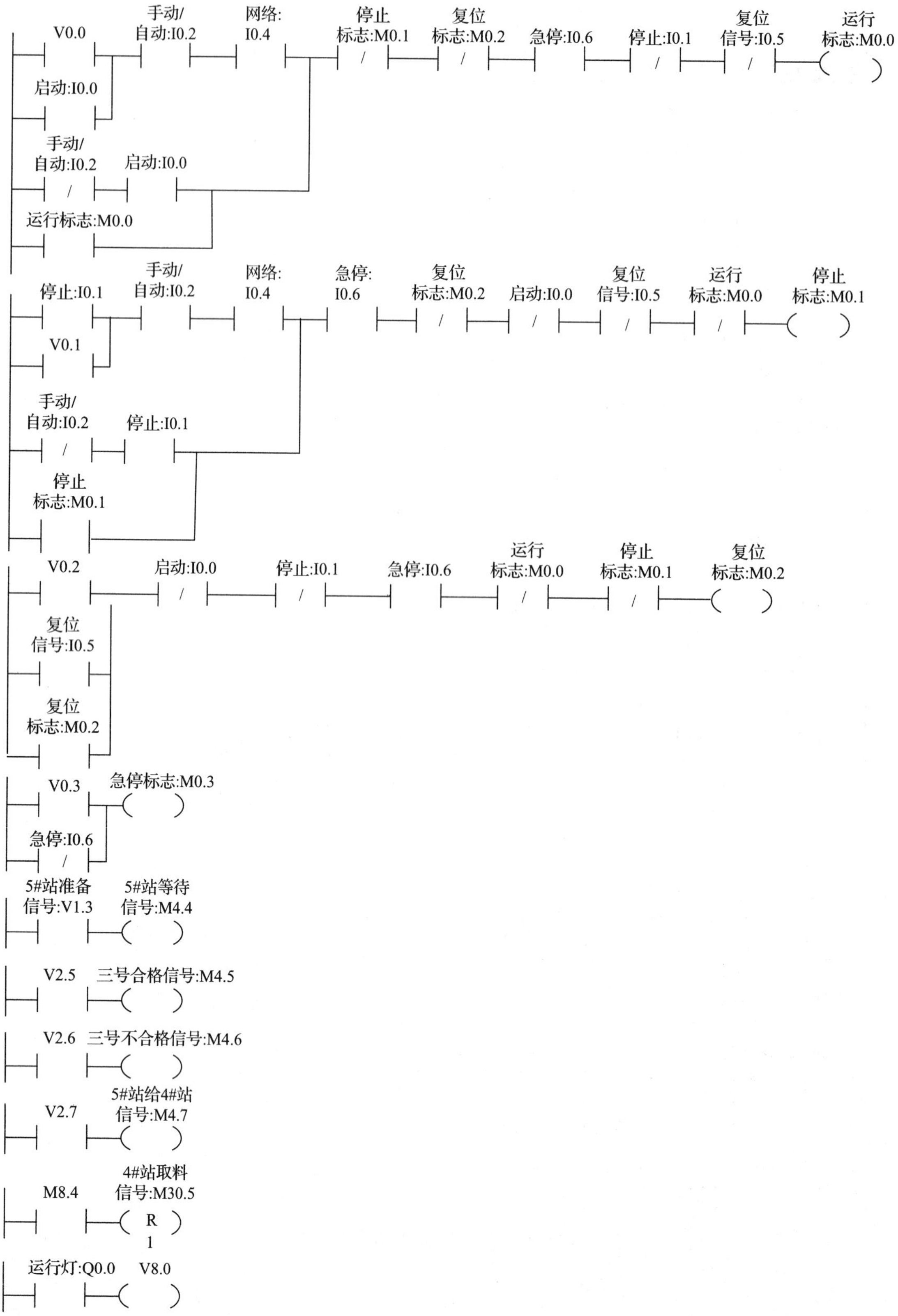

V0.0 手动/自动:I0.2 网络:I0.4 停止标志:M0.1 复位标志:M0.2 急停:I0.6 停止:I0.1 复位信号:I0.5 运行标志:M0.0
启动:I0.0
手动/自动:I0.2 启动:I0.0
运行标志:M0.0

停止:I0.1 手动/自动:I0.2 网络:I0.4 急停:I0.6 复位标志:M0.2 启动:I0.0 复位信号:I0.5 运行标志:M0.0 停止标志:M0.1
V0.1
手动/自动:I0.2 停止:I0.1
停止标志:M0.1

V0.2 启动:I0.0 停止:I0.1 急停:I0.6 运行标志:M0.0 停止标志:M0.1 复位标志:M0.2
复位信号:I0.5
复位标志:M0.2

V0.3 急停标志:M0.3
急停:I0.6

5#站准备信号:V1.3 5#站等待信号:M4.4

V2.5 三号合格信号:M4.5

V2.6 三号不合格信号:M4.6

V2.7 5#站给4#站信号:M4.7

M8.4 4#站取料信号:M30.5
R
1

运行灯:Q0.0 V8.0

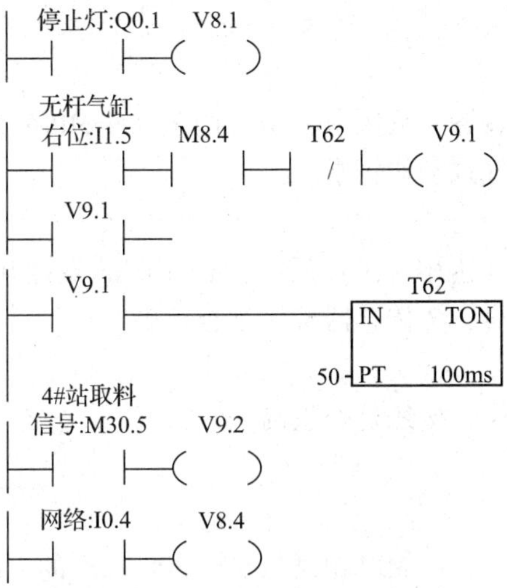

停止灯:Q0.1
V8.1
无杆气缸
右位:I1.5
M8.4
T62
V9.1
V9.1
V9.1
T62
IN
TON
50
PT
100ms
4#站取料
信号:M30.5
V9.2
网络:I0.4
V8.4

图 1—7—18 4#从站通信程序处理

M1.3
装载完成信号:V9.1
1#气缸缩回
位:I0.7
2#气缸缩回
位:I1.1
启动灯:
Q0.0
2#气缸伸出
位:I1.2
急停:I0.6
本站准备
就绪:V9.0
启动灯:Q0.0
运行灯:V8.0
停止灯:Q0.1
停止灯:V8.1
网络:I0.4
网络灯:V8.4
红色记忆
银色:V2.0
V2.2
V2.1
M2.1
S
1
黑色记忆
V2.1
银色:V2.0
V2.2
M2.2
S
1
工件装载开始信号
开始装载信号:V2.3
M2.3
S
1

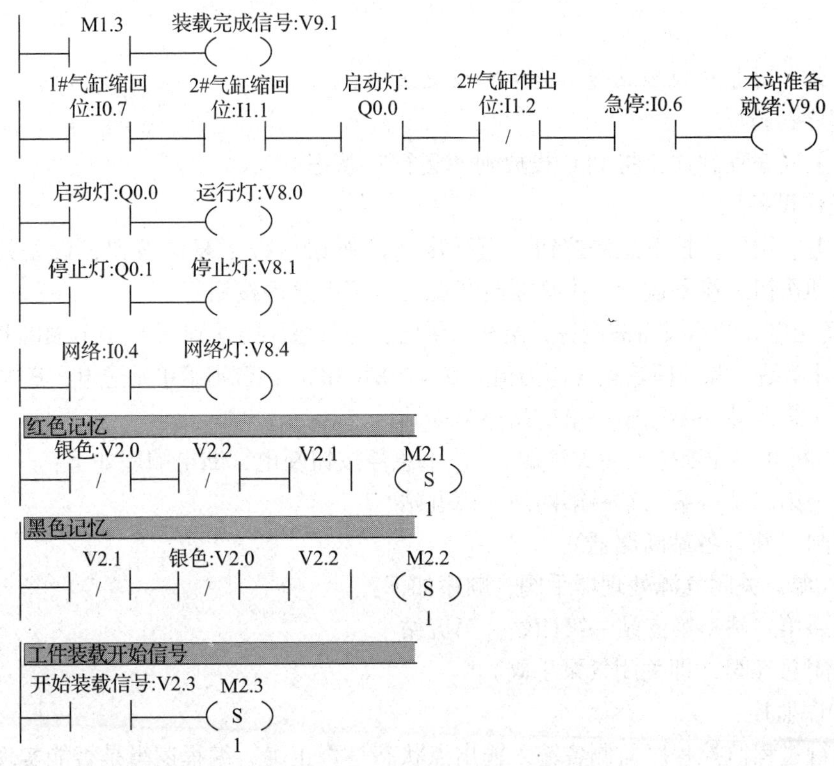

图 1—7—19 5#从站通信程序处理

四、自动化生产线整机调试

1. 通电前设备检查

各开关、按钮、传感器等电气元件是否符合要求，接线是否有虚接、漏接现象，用万用表测试主电源和控制回路电源是否有短路现象。确认气路连接无误、气缸气管无漏接现象后方可送电检查。

2. 通电检查

(1) 气路检查

检查气源是否引入实训装置，且压力表是否调至0.4 MPa；检查气路是否接错；手动操作电磁阀，调节流量阀，使气缸动作正常。

(2) 传感器检查

气缸到位、电动机运行到达相应工位后，检查相应的磁性开关是否动作；工件到位后，检查相应的传感器是否有信号，各传感器接线是否正确。

(3) 按钮检查

动作按钮和触头是否动作，接线是否正确。

3. 设备调试

(1) 程序下载

将已编好的程序编译后，通过MPI电缆（S7－300 PLC的下载线，用于连接PLC与计算机）或者PC/PPI电缆（S7－200 PLC的下载线）将事先编好的程序下载到PLC中。

注意

通信参数（通信口地址及传输速率）设置正确。

(2) 程序运行

通过开关或编程软件，将PLC投放到“运行”状态。

(3) 操作设备

设备送电、送气。按下急停按钮，当弹出急停按钮后按下复位按钮，设备处于准备状态。按下启动按钮，设备运行。出现紧急情况时，按下急停按钮。

1）设备送电。开启设备总电源，给气泵供电，当气泵压力达到0.4～0.6 MPa时，打开气泵气阀，打开单站气源处理装置（压力值为0.4～0.6 MPa），合闸给单站送电，送电顺序如下：

第五站→第四站→第三站→第二站→第一站

2）设备断电（先断电，后关气源）。按下急停按钮断电，断电顺序如下：

第一站→第二站→第三站→第四站→第五站

然后关闸（断开各站断路器）。

3）关气源。关闭气源处理器手阀，顺序如下：

第一站→第二站→第三站→第四站→第五站

然后关闭总气阀（即关闭气泵手阀）。

(4) 程序监控

设备运行过程监控程序监测各输入输出点状态是否正确，编程逻辑是否能实现控制。

(5) 修改程序

在监控过程中，如发现控制不能满足要求，可修改程序，直至符合要求。

4. 通电调试过程中的故障分析

(1) 设备动作不到位

可能存在机械位置配合不准确；传感器出现故障、安装不正确或未调整好，触头不动作；气缸卡或气路不通等。

（2）程序故障

程序语法不正确编译不了程序；程序上传、下载错误（严重错误）；程序控制逻辑不正确。

（3）操作错误

DP 地址设定错误，设备无法通信，设备无法正常运行；设备没有供气，气路不通，气阀无法工作；设备未在网络和自动模式下工作，导致设备不能正常工作。

任务测评

对任务实施的完成情况进行检查，并将结果填入表 1—7—8。

表 1—7—8　　评分标准

序号	主要内容	考核要求	评分标准	配分	扣分	得分
1	机械调试	各机构机械位置配合准确	（1）两台设备连接不牢，每处扣 2 分 （2）机械位置不准确、不到位，每处扣 2 分	20		
2	电路、气路调试	各机构电路、气路信号准确	（1）气管漏气，每处扣 2 分 （2）气缸不能正常工作，每处扣 3 分 （3）信号接线错误，每处扣 2 分	20		
3	网络调试	网络通信组态和网络程序编写	（1）网络组态不正确，扣 10 分 （2）通信地址分配和波特率设置不正确，扣 20 分 （3）网络程序编写不正确，扣 30 分	60		
4	安全文明生产		违反安全文明生产规定，扣 5～10 分			
开始时间：			结束时间：		成绩	
学生姓名：			教师签名：			年　月　日

思考与练习

1. PROFIBUS－DP 通信有哪几种形式？
2. 练习通信组态，控制从站为 5 台、6 台、7 台的情况。
3. EM277－DP 模块有什么作用？
4. 如何制作 DP 通信电缆？
5. 叙述自动化生产线的调试工作步骤。
6. 自动化生产线常见的有哪几类故障？在工业现场如何处理自动化生产线常见故障？

课题二 数控机床的电气装调与维修

数控机床是采用数字控制技术的机床，它是一种技术密集度和自动化程度都很高的机电一体化加工设备，广泛应用于制造业的各个领域。由于数控机床在运行使用中不可避免地会产生各种故障，而其投资又比普通机床高得多，因此，降低数控机床故障率，缩短故障修复时间，提高机床利用率显得尤为重要。下面以数控机床为例，通过3个任务的学习来初步掌握数控机床的安装调试与维修技术。

任务1 数控机床基本操作

学习目标

1. 熟悉FANUC数控系统的基本组成。
2. 掌握FANUC数控系统面板按键的功能。
3. 掌握简单数控程序的输入、编辑、修改。

任务引入

随着工业化的不断发展，制造业自动化程度的不断提高，数控机床在制造加工业中的使用越来越普遍，逐渐取代普通车床。如图2—1—1所示为CAK4085di型卧式数控机床实物。

图2—1—1 CAK4085di型卧式数控机床

要学会数控机床常见电气故障的维修，先要掌握数控系统的基本操作。国外著名的数控系统有日本 FANUC、德国 SIEMENS 等；国内有华中数控、广州数控等。本任务以国内应用广泛的 FANUC 0i 数控系统为例，介绍数控系统的组成及相关操作。

相关知识

一、数控机床的组成

数控机床一般由计算机数控（Computer Numerical Control，CNC）系统、输入/输出设备、伺服单元、驱动装置、测量装置及机床本体等组成，如图 2—1—2 所示。

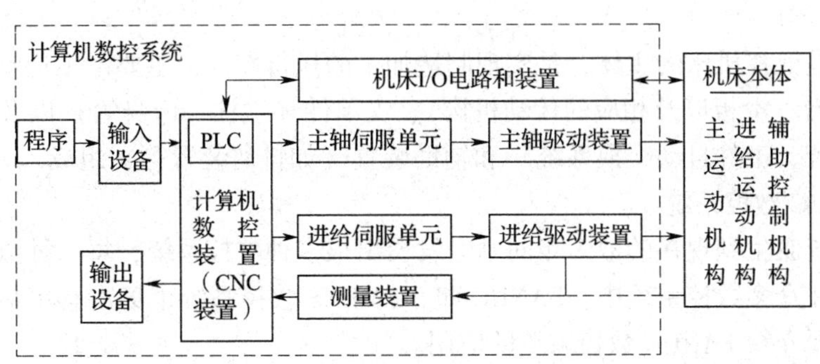

图 2—1—2　数控机床的组成

1. CNC 系统

（1）CNC 装置

组成：计算机系统、位置控制板、PLC 接口板、通信接口板、特殊功能模块以及相应的控制软件。

作用：根据输入的零件加工程序进行相应的处理（如运动轨迹处理、机床输入/输出处理等），然后输出控制命令到相应的执行部件（伺服单元、驱动装置和 PLC 等），所有这些工作都是由 CNC 装置内硬件和软件协调配合，合理组织，使整个系统有条不紊地进行工作的。CNC 装置是 CNC 系统的核心。

（2）可编程序控制器

PLC（Programmable Logic Controller）用于完成与逻辑运算有关顺序动作的 I/O 控制，它由硬件和软件组成。

作用：接收 CNC 装置的 M、S、T 指令，对其进行译码并转换成对应的控制信号，控制辅助装置完成机床相应的开关动作；接收操作面板和机床侧的 I/O 信号，送给 CNC 装置，经其处理后，输出指令控制 CNC 系统的工作状态和机床的动作。

（3）接口

与上位机的通信接口（串行通信 + 网络通信）、与各种输入/输出设备接口、与机床侧信号往来的 I/O 接口。

2. 输入/输出设备

输入/输出设备是 CNC 系统与外部设备进行交互的装置。交互的信息通常是零件加工程序，即将编制好的记录在控制介质上的零件加工程序输入 CNC 系统，或将调试好的零件加工程序通过输出设备存放或记录在相应的控制介质上。

3. 伺服单元、驱动装置和测量装置

伺服单元有主轴伺服驱动装置和进给伺服驱动装置，相应的驱动装置有主轴电动机和进给电动机。

测量装置有位置和速度测量装置，以实现进给伺服系统的闭环控制。

伺服单元、驱动装置和测量装置的作用是保证灵敏、准确地跟踪 CNC 装置指令。其中，进给运动指令用于实现零件加工的成形运动（速度和位置控制），主轴运动指令用于实现零件加工的切削运动（速度控制）。

4. 机床本体

机床本体是数控机床的主体，是实现制造加工的执行部件，主要由主运动部件、进给运动部件（工作台、滑板以及相应的传动机构）、支承件（立柱、床身等）以及特殊装置（刀具自动交换系统、工件自动交换系统）和辅助装置（如排屑装置等）组成。

二、FANUC 数控系统

从数控系统诞生到现在的数十年间已经发展出很多种数控系统，每一种数控系统都有自己的优缺点。在众多数控系统中，FANUC 和 SIEMENS 数控系统市场占有率最高，应用最为普遍。本书主要介绍 FANUC 数控系统的应用。

1. FANUC 数控系统组成

通用型 FANUC 数控系统（即非 Open CNC），其 CNC 系统平台及软件完全由 FANUC 公司开发，没有 Windows 界面，硬件采用 F－Bus（FANUC 总线）。配备 FANUC 数控系统的电气控制系统一般由 CNC、伺服及主轴驱动、内置式 PMC（Programmable Machine Control）和 I/O 电路以及外围开关组成。

CNC 系统是数控机床的大脑和控制中枢，它主要包括以下几个部分：

（1）CPU

CPU 即中央处理器，负责整个系统的运算、中断控制等。

（2）存储器 F－ROM、S－RAM、D－RAM

其中 F－ROM（Flash Read Only Memory，快速可改写只读存储器）存放着 FANUC 公司的系统软件，包括插补控制软件、数字伺服软件、PMC 控制软件、PMC 应用程序（梯形图）、网络通信软件（以太网及 RS232C、DNC 等控制软件）、图形显示软件等。S－RAM（Static Random Access Memory，静态随机存储器）存放着机床厂及用户数据，包括系统参数（包括数字伺服参数）、加工程序、用户宏程序、PMC 参数、刀具补偿及工件坐标补偿数据、螺距误差补偿数据。D－RAM（Dynamic Random Access Memory，动态随机存储器）作为工作存储器，在控制系统中起缓存作用。

（3）数字伺服轴控制卡

目前数控技术广泛采用全数字伺服交流同步电动机控制技术。全数字伺服的运算以及脉宽调制已经以软件的形式安装入 CNC 系统内（写入 F－ROM 中），支承伺服软件运算的硬件环境由 DSP（Digital Signal Process，数字信号处理器）以及周边电路组成，这就是所谓的“轴控制卡”。

（4）主板

主板包含 CPU 外围电路、I/O Link（串行输入/输出转换电路）、数字主轴电路、模拟主轴电路、RS232C 数据输入/输出电路、MDI（手动数据输入）接口电路、High Speed Skip（高速跳转）信号接口电路、闪存卡接口电路等。

（5）显示控制卡

显示控制卡含有子 CPU 以及字符图形处理电路。

2. FANUC 0i 数控系统总面板

FANUC 0i - TD 数控机床总面板主要由 LCD 显示器、MDI 键盘和机床操作面板组成，如图 2—1—3 和图 2—1—4 所示。其中图 2—1—3 左半部分是 LCD 显示器及操作软键，右半部分为 MDI 键盘（含有数字键、地址键、功能键以及光标移动键）。

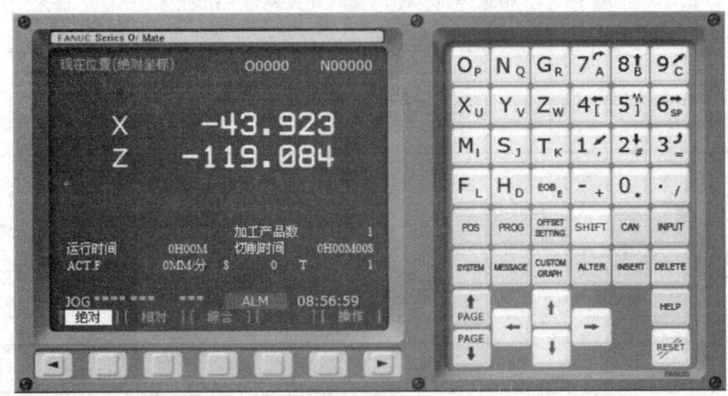

图 2—1—3　FANUC 0i - TD 数控机床 LCD 显示器和 MDI 键盘

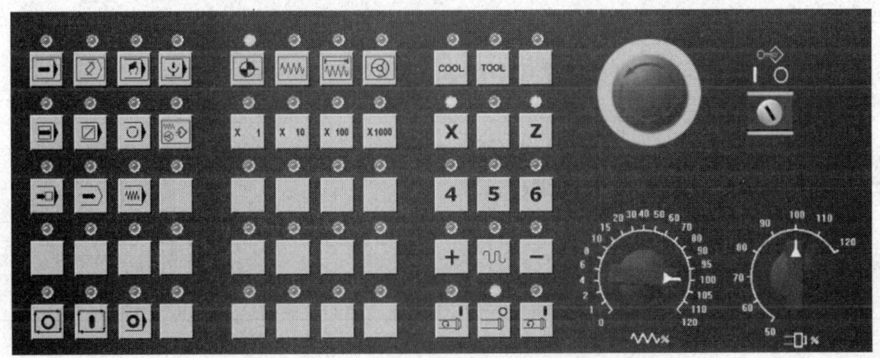

图 2—1—4　FANUC 0i - TD 数控机床操作面板

（1）编辑键

编辑键见表 2—1—1。

表 2—1—1　　编辑键

键图标	键名称	功　　能
ALERT	替代键	用输入的数据替代光标所在的数据

续表

键图标	键名称	功　能
 DELETE	删除键	删除光标所在的数据、删除一个数控程序或者删除全部数控程序
 INSERT	插入键	把输入域内的数据插入当前光标之后的位置
 CAN	取消键	删除输入域内的数据
 EOB E	回车换行键	结束一行程序的输入并且换行
 SHIFT	上挡键	用于输入上挡功能键

（2）页面切换键

页面切换键见表 2—1—2。

表 2—1—2　　页面切换键

键图标	功　能
 PROG	数控程序显示与编辑页面
 POS	位置显示页面，位置显示有三种方式，用 PAGE 按钮选择
 OFFSET SETTING	参数输入页面，按第一次进入坐标系设置页面，按第二次进入刀具补偿参数页面。进入不同的页面以后，用 PAGE 按钮切换
 HELP	系统帮助页面
 CUSTOM GRAPH	图形参数设置页面
 MESSAGE	信息页面，如“报警”
 SYSTEM	系统参数页面
 RESET	复位键

续表

键图标	功　能
 PAGE ↑	向上翻页
 PAGE ↓	向下翻页
 ↑	向上移动光标
↓	向下移动光标
 ←	向左移动光标
 →	向右移动光标

(3) 输入键

INPUT：输入键，把输入域内的数据输入参数页面或者输入一个外部的数控程序。

(4) 工作方式键

工作方式键见表2—1—3。

表2—1—3　　工作方式键

键图标	功　能
	AUTO：进入自动加工模式
	EDIT：用于直接通过操作面板输入数控程序和编辑程序
	MDI：手动数据输入
	INC：增量进给
	手轮方式移动机床台面或刀具
	JOG：手动方式，手动连续移动机床台面或者刀具

续表

键图标	功　　能
	DNC 位置：在用 RS232 电缆线连接 PC 机和数控机床时，选择数控程序文件传输
	REF：回参考点

(5) 数控程序运行控制开关键

数控程序运行控制开关键见表 2—1—4。

表 2—1—4　　数控程序运行控制开关键

键图标	功　　能
	程序运行开始：模式选择旋钮在“AUTO”和“MDI”位置时按下有效，其余时间按下无效
	程序运行停止：在数控程序运行中，按下此按钮停止程序运行

(6) 机床主轴手动控制开关键

机床主轴手动控制开关键见表 2—1—5。

表 2—1—5　　机床主轴手动控制开关键

键图标	功　　能
	手动开机床主轴，正转
	手动开机床主轴，反转
	手动关机床主轴

(7) 手动移动机床台面按钮

手动移动机床台面按钮如图 2—1—5 所示。

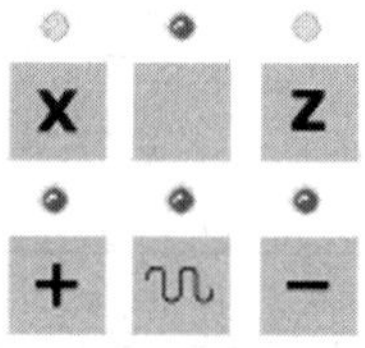

图 2—1—5　手动移动机床台面按钮

(8) 单步进给量控制旋钮

单步进给量控制旋钮见表2—1—6。

表2—1—6　　单步进给量控制旋钮

键图标	功　能
X 1	×1为0.001 mm
X 10	×10为0.01 mm
X 100	×100为0.1 mm
X1000	×1000为1 mm

(9) 调节旋钮

调节旋钮见表2—1—7。

表2—1—7　　调节旋钮

键图标	功　能
	进给速度（F）：调节数控程序运行中的进给速度，调节范围为0～150%
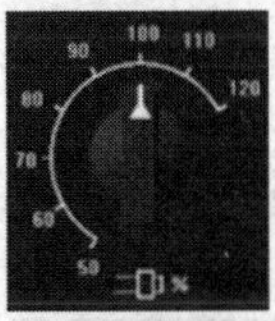	主轴速度调节旋钮：调节主轴速度，速度调节范围为0～120%
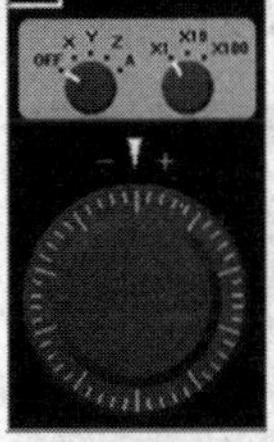	手脉（手摇脉冲发生器，又称电子手轮）：把光标置于手轮上，按鼠标右键，手轮顺时针转，机床往正方向移动；按鼠标左键，手轮逆时针转，机床往负方向移动

(10) 开关键

开关键见表2—1—8。

表 2—1—8　　开关键

键图标	功　能
	单步执行开关：每按一次执行一条数控指令
	程序段跳读：自动方式下按下此键，跳过程序段开头带有“/”的程序
	程序停止：自动方式下，遇有 M00 程序停止
	机床空转：按下此键，各轴以固定的速度运动
	手动示教
COOL	切削液开关：按下此键，切削液开
TOOL	在刀库中选刀：按下此键，在刀库中选刀
	程序编辑开关：置于“ON”位置，可编程序
	程序重启动：由于刀具破损等原因自动停止后，程序可以从指定的程序段重新启动
	程序锁开关：按下此键，机床各轴被锁住

三、数控机床操作步骤

1．开机

开机的步骤如下：合上数控机床电气柜总开关，机床正常送电。接通操作面板电按钮，给数控系统通电。如果机床启动一切正常，LCD 显示屏显示如图 2—1—6 所示的画面。

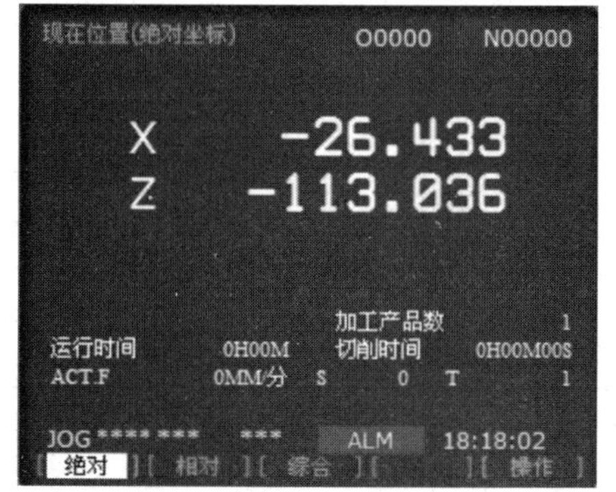

图 2—1—6　LCD 显示画面

2．返回参考点操作

正常开机后，首先应完成返回参考点操作。因为机床断电后就失去对各坐标轴位置的记忆，所以接通电源后，必须让各坐标轴返回参考点。

机床返回参考点后，要通过手动操作（JOG）方式，分别按下“方向键”中 X 轴负向键和 Z 轴负向键，使刀具回到换刀位置附近。

3．车床手动操作

通过数控机床面板的手动操作，可以完成主轴旋转、进给运动、刀架转位、切削液开/关等动作，检查机床状态，保证机床正常工作。

4．输入工件加工程序

选择编辑方式（EDIT）和功能键（PROG）进入加工程序编辑画面，按照系统要求完成加工程序的输入，并检查输入的程序是否正确无误。

5．刀具和工件装夹

根据加工要求，合理选择加工刀具。安装刀具时，要注意刀具伸出刀架的长度。选择合适的夹具，完成工件的装夹，并用百分表等进行找正。

6．对刀

手动选择各刀具，用试切法或对刀仪测量各刀的刀补，并置入程序规定的刀补单位，根据加工程序的需要，用 G50 或 G54 设定工件坐标系。

7．程序校验

程序校验的方法常用的有机床锁紧和机床空运行两种。

（1）选择自动运行模式，按下机床锁紧和单步运行按钮，再按下循环启动按钮，这样可以逐步检查编辑输入的程序是否正确无误。

（2）程序校验还可以在机床空运行状态下进行，但检查的内容与机床锁紧方式是有区别的。机床锁紧运行主要用于检查程序编制是否正确，程序有无编写格式错误等；而机床空运行主要用于检查刀具轨迹是否与要求相符。

8．首件试切

程序校验无误后，装夹好工件，选自动方式，选择适当的进给率和快速倍率，按循环启动键，开始自动加工。首件试切时应选较低的快速倍率，并利用单步运行功能，可以减少程序和对刀错误引发的故障。

9．工件加工

首件加工完成后测量各加工部位尺寸，修改各刀具的刀补值，然后加工第二件，确认无误后恢复 100% 快速倍率，加工全部工件。

四、简单程序的输入、编辑、修改

数控程序可以通过记事本或写字板等编辑软件输入并保存为文本格式（＊.txt 格式）文件，也可直接用 FANUC 0i 系统的 MDI 键盘输入。

1．导入数控程序

（1）单击操作面板上的编辑键，编辑状态指示灯变亮，此时已进入编辑状态。单击 MDI 键盘上的 PROG，LCD 画面转入编辑页面。再按菜单软键【操作】，在出现的下级子菜单中按软键▶，按菜单软键【READ】，转入如图 2—1—7

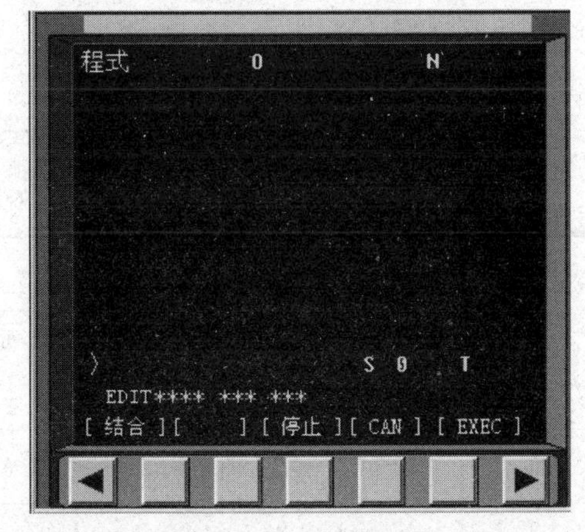

图 2—1—7 编辑画面

所示界面。

（2）单击 MDI 键盘上的数字/字母键，输入“O×”（×为任意不超过四位的数字），按软键【EXEC】；单击菜单“机床/DNC 传送”，在弹出的对话框中选择所需的 NC 程序，如图 2—1—8 所示。

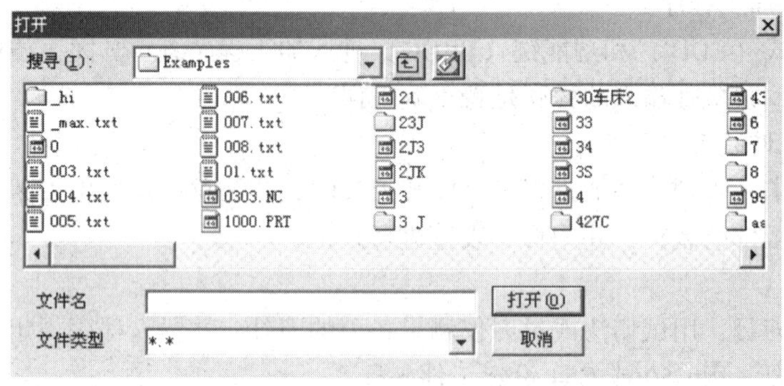

图 2—1—8　单击菜单“机床/DNC 传送”后弹出的对话框

（3）按“打开”确认，则数控程序被导入并显示在 LCD 画面上，如图 2—1—9 所示。

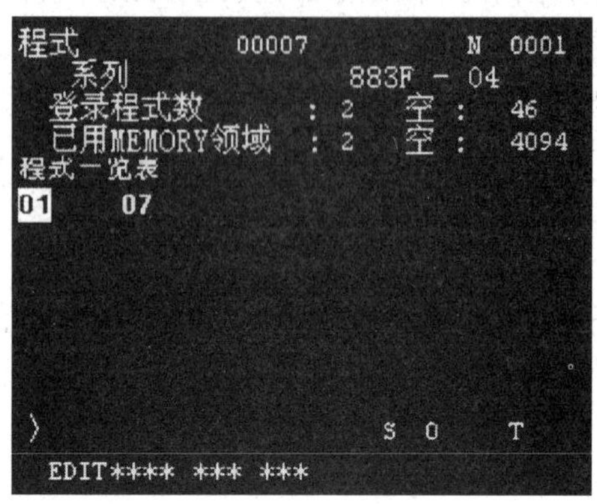

图 2—1—9　LCD 画面

2. 数控程序管理

（1）显示数控程序目录

显示数控程序目录的步骤见表 2—1—9。

表 2—1—9　　显示数控程序目录的步骤

步骤	操作内容
1	经过导入数控程序操作后，单击操作面板上的编辑键，编辑状态指示灯变亮，此时已进入编辑状态
2	单击 MDI 键盘上的 PROG，LCD 画面转入编辑页面
3	按菜单软键【LIB】，经过 DNC 传送的数控程序目录名列表显示在 LCD 画面上

(2) 删除一个数控程序

删除一个数控程序的步骤见表 2—1—10。

表 2—1—10　　删除一个数控程序的步骤

步骤	操作内容
1	将 MODE 旋钮置于“EDIT”挡
2	在 MDI 键盘上按 PROG 键，进入编辑页面，按 7/O 键输入字母“O”
3	按数字键键入要删除程序的号码：××××
4	按 DELETE 键，程序即被删除

(3) 新建一个数控程序

新建一个数控程序的步骤见表 2—1—11。

表 2—1—11　　新建一个数控程序的步骤

步骤	操作内容
1	将 MODE 旋钮置于“EDIT”挡
2	在 MDI 键盘上按 PROG 键，进入编辑页面，按 7/O 键输入字母“O”
3	按数字键键入程序号。按 DELETE 键，若所输入的程序号已存在，将此程序设置为当前程序，否则新建此程序

注：MDI 键盘上的数字/字母键，第一次按下时输入的是字母，以后再按下时均为数字。若要再次输入字母，须先将输入域中已有的内容显示在 LCD 画面上（按 INSERT 键，可将输入域中的内容显示在 LCD 画面上）。

(4) 删除全部数控程序

删除全部数控程序的步骤见表 2—1—12。

表 2—1—12　　删除全部数控程序的步骤

步骤	操作内容
1	将 MODE 旋钮置于“EDIT”挡
2	在 MDI 键盘上按 PRGRM 键，进入编辑页面，按 7/O 键输入字母“O”；按 -/M 键输入“-”
3	按 9/G 键键入“9999”；按 DELETE 键

3. 编辑程序方法

将 MODE 旋钮置于“EDIT”挡，在 MDI 键盘上按 PRGRM 键，进入编辑页面，选定一个数控程序后，此程序显示在 LCD 界面上，可对数控程序进行编辑操作。数控程序的编辑内容和操作方法见表 2—1—13。

表 2—1—13　　数控程序的编辑内容和操作方法

编辑内容	操作方法
移动光标	按 PAGE ↓ 或 ↑ 翻页，按 CURSOR ↓ 或 ↑ 移动光标
插入字符	先将光标移到所需位置，单击 MDI 键盘上的数字/字母键，将代码输入到输入域中，按 INSRT 键，把输入域的内容插入光标所在代码的后面
删除输入域中的数据	按 CAN 键删除输入域中的数据
删除字符	先将光标移到所需删除字符的位置，按 DELET 键，删除光标所在的代码
查找	输入需要搜索的字母或代码；按 CURSOR ↓ 开始在当前数控程序中光标所在位置后搜索（代码可以是一个字母或一个完整的代码，如“N0010”“M”等）。如果此数控程序中有所搜索的代码，则光标停留在找到的代码处；如果此数控程序中光标所在位置后没有所搜索的代码，则光标停留在原位
替换	先将光标移到所需替换字符的位置，将替换成的字符通过 MDI 键盘输入到输入域中，按 ALTER 键，将输入域的内容替代光标所在的代码

五、手动方式操作机床运行

1. 回参考点

回参考点的操作方法见表 2—1—14。

表 2—1—14　　回参考点的操作方法

步骤	操作内容
1	将 MODE 旋钮置于 位置
2	选择轴 X Z
3	按住 X 或 Z 按钮，即回参考点

2. 手动移动机床

手动移动机床的方法有以下三种：

(1) 连续移动

连续移动用于机床台面较长距离的移动，其操作步骤见表 2—1—15。

表 2—1—15　　连续移动机床的操作步骤

步骤	操作内容
1	将 MODE 旋钮置于“JOG”位置
2	选择轴 X 或 Z 键
3	按方向按钮 + 或 − 键（控制机床的移动方向）移动，松开后停止移动

（2）点动（ ）

点动用于微量调整，可用在对基准的操作中，见表 2—1—16。

表 2—1—16　　点动移动机床的操作步骤

步骤	操作内容
1	将 MODE 旋钮置于 位置
2	选择单步进给量 X 1 X 10 X 100 X1000
3	选择轴 X 或 Z
4	每按一次，机床台面移动一步

（3）手脉（ ）

手脉可用于微量调整。在实际生产中，使用手脉让操作者容易调整位置，见表 2—1—17。

表 2—1—17　　手脉移动机床的操作步骤

步骤	操作内容
1	将 MODE 旋钮置于 位置
2	选择轴 X 或 Z
3	选择单步进给量 X 1 X 10 X 100 X1000
4	转动手轮，机床台面移动 

3. 开、关主轴

开、关主轴的步骤见表 2—1—18。

表 2—1—18 开、关主轴的步骤

步骤	操作内容
1	将 MODE 旋钮置于“JOG” 位置
2	按 按钮，启动主轴
3	按 按钮，停止主轴

六、程序方式操作机床运行

1. 试运行程序

试运行程序时，机床和刀具不切削零件，仅运行程序，其步骤见表 2—1—19。

表 2—1—19 试运行程序的步骤

步骤	操作内容
1	导入数控程序或自行编写一段程序
2	将 MODE 旋钮置于机床锁 位置
3	按 按钮，程序开始执行

2. 自动/连续方式

自动/连续方式实现步骤见表 2—1—20。

表 2—1—20 自动/连续方式实现步骤

步骤	操作内容
1	导入数控程序或自行编写一段程序
2	将 MODE 旋钮置于“AUTO” 位置
3	按 按钮，程序开始执行

3. 单步运行程序

置单步开关 于“ON”位置，数控程序运行过程中，每按一次 执行一条指令。

任务实施

一、任务准备

实施本任务所需要的实训设备及工具材料见表 2—1—21。

表 2—1—21　　实训设备及工具材料

序号	设备与工具	规格	数量
1	数控机床示教机	FANUC 数控系统	1 台
2	数控系统说明书		1 本
3	数控系统维修说明书		1 本
4	数控机床使用说明书		1 本
5	电工工具		1 套
6	扳手		1 套

二、在指导教师的示范操作和指导下，对数控机床进行手动基本操作

1. 识别数控机床主要组成部件，熟悉 MDI 键盘及数控机床操作面板各功能键的作用。
2. 按操作要求对数控机床进行通电开机操作。
3. 按操作要求对数控机床进行回零操作。
4. 进行数控程序的输入、编辑基本操作训练，输入 O0001 程序。

```
O0001;
G92 X70.0 Z150.0;
S630 M03;
G90 G00 X20.0 Z88.0 M08;
G01 Z78.0 F100;
G02 Z64.0 R12.0;
G01 Z60.0;
G04 X2.0;
G01 X24.0;
G03 X44.0 Z50.0 R10.0;
G01 Z20.0;
    X55.0;
G00 X70.0 Z150.0 M09;
    M05;
    M30;
```

5. 采用手动方式、手脉方式操作车床，控制车床进给轴移动。
6. 采用程序方式操作车床。

操作提示

任务实施过程中应遵守以下安全文明生产规定：

（1）进入实训场地前，穿戴好劳动保护用品，列队有序进入场地。

（2）学生进入实训场地后，应严格遵循安全操作规程。

（3）未经指导教师许可，严禁乱动或操作数控机床。

（4）分组操作过程中，围观人数不宜超过6人，防止发生人身安全事故。
（5）实训场所严禁打闹。
（6）带电工作时，应严格遵守带电操作规程，以防触电。
（7）任务结束后，断电，收拾工具，打扫卫生。

任务测评

对任务实施的完成情况进行检查，并将结果填入表2—1—22。

表2—1—22　　评分标准

序号	主要内容	考核要求	评分标准	配分	扣分	得分
1	认识数控机床部件	识别数控机床部件，熟悉数控机床MDI键盘及操作面板功能键作用	（1）不能识别数控机床部件，扣10分 （2）不熟悉数控机床MDI键盘及操作面板功能键作用，扣10分	20		
2	开机	按操作步骤规范、正常开机	（1）不能正常开机，扣10分 （2）能开机但有步骤错误，每处扣5分	20		
3	程序编辑修改	通过MDI的方式输入完整的数控程序，并且进行程序修改	（1）不会进行简单程序的编制，扣10分 （2）不会输入数控程序，扣10分 （3）不会运行数控程序，扣10分	30		
4	机床手动操作	通过机床控制面板按钮控制机床主轴及进给运动	（1）不会主轴控制操作，扣10分 （2）不会进给轴控制操作，扣10分 （3）不会手动控制操作，扣10分	30		
5	安全文明生产		违反安全文明生产规定，扣5～10分			
开始时间		结束时间		成绩		
学生姓名		考评员	（签字）　年　月　日			

思考与练习

1. 什么是数控系统？常见的数控系统有哪些品牌？
2. 数控机床主要由哪几部分组成？
3. FANUC CNC系统主要包含哪几个部分？
4. 简述数控机床正确的通电开机步骤。

任务2　数控机床电气控制系统的装调

学习目标

1. 掌握数控机床电气控制系统的安装方法与步骤。
2. 掌握数控机床数控系统的调试方法与步骤。

任务引入

电气控制系统是数控机床的重要组成部分之一，而数控系统则是数控机床电气控制系统的组成核心。如图2—2—1所示是FANUC 0i Mate－D数控系统的硬件配置图。FANUC 0i Mate－D数控系统可控制3个进给轴和1个伺服主轴（或变频主轴），它包括基本控制单元、伺服放大器、伺服电动机和外置I/O模块。

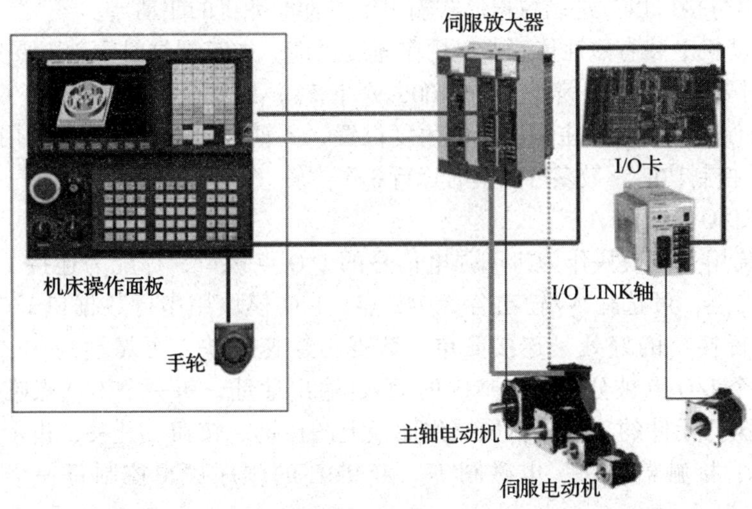

图2—2—1　FANUC 0i Mate－D数控系统的硬件配置图

本任务要求完成配置FANUC 0i Mate－D数控系统的数控机床电气控制系统的装调。

相关知识

一、FANUC 0i Mate－D数控系统的硬件组成

1. 显示单元

系统的显示器可用8.4 in或10.4 in彩色LCD（液晶显示器），用光缆与LCD连接，还可选用触摸屏显示器。在显示器的右面或下面有MDI键盘，横置、竖置均可，用于操作CNC系统。

2. 进给伺服

通过 FANUC 的 FSSB，使用一根光缆将数控系统和多个进给伺服放大器（βi 或 αi 系列）连接起来。进给伺服电动机使用 βis/αis 系列交流伺服电动机。0i - TD 最多可接 4 个进给轴电动机（0i Mate - TD 最多可接 3 个）。伺服放大器有单轴型和多轴型。放大器本身是逆变器和功率放大器，位置控制部分在 CNC 单元内。βi 系列的放大器是伺服电动机和主轴电动机一体化的驱动器，体积小、结构紧凑，价格实惠。

伺服电动机上装有脉冲编码器，βis 电动机为 130 000 脉冲/转；αis 电动机标配为 1 000 000 脉冲/转（当 CNC 有纳米插补功能时，需配 16 000 000 脉冲/转的）。编码器既用作速度反馈，又用作位置反馈。用圆编码器作为位置反馈的系统称为半闭环控制。系统还支持使用直线尺的全闭环控制。位置检测器可用增量式或绝对式。

3. 主轴控制

主轴电动机控制有两种接口，一种接口是模拟接口，即 CNC 根据编程的主轴速度值输出 0 ~ 10 V 模拟电压，因此可使用市售的变频器及相配的主轴电动机；另一种接口是串行接口，串行接口只能用 FANUC 主轴驱动器和主轴电动机（用 βi 或 αi 系列），CNC 将主轴电动机的转速数值通过串行接口以二进制数据形式输出给主轴电动机的驱动器。

FANUC 主轴电动机上装有磁性传感器，用作速度反馈。加工螺纹时主轴上要装 αi 位置编码器，C 轴控制时要装 BZi（分辨率为 360 000 脉冲/转）或 CZi（分辨率为 3 600 000 脉冲/转）编码器，以便精确地检测主轴回转的角度位置。主轴定向或定位时也需用位置编码器。0i - D 有多主轴控制功能，最多可以同时运行 3 个主轴。

4. 机床强电的 I/O 点接口

0i Mate - D 系统用 I/O 模块作为机床强电信号的 I/O 点接口，标配为连接 1 024 个输入点和 1 024 个输出点，可选输入/输出各 2 048 点。I/O 模块用串行数据口 I/O LINK 与 CNC 单元连接。串行接口的好处是连接简单，数据传输速度快，可靠性高。I/O 模块与 CNC 连接后，每一个 I/O 点被分配一个唯一的输入/输出地址，每一个 I/O 点唯一连接一个机床的强电控制执行元件的工作点，如操作面板上的按键、按钮、开关、指示灯或强电柜中的继电器触头、接触器触头、电磁阀等。由 PMC 的顺序逻辑控制每一个 I/O 点的通断。

5. I/O LINK βi 伺服

可以通过 I/O LINK 接口连接 βi 系列伺服放大器驱动的 βis 系列电动机，用于驱动外部机械（如换刀、交换工作台、上下料装置）。一个 βi 系列伺服放大器占用 128 个 I/O 点，最多可以连接 8 个支持 I/O LINK 的 βi 系列伺服放大器。

6. 数据输入/输出口

(1) 以太网口

在 0i - D 主板上安装（嵌入）的有以太网插板、Data Server（数据服务器）板和 PCMCIA 网卡，可根据使用情况选择。0i - D 标配的（主板上嵌入的）是 100 Base 的以太网电路。

0i - Mate D 只可使用 PCMCIA 卡，一般用于使用 FANUC LADDER - Ⅲ 调试机床的梯形图程序；或在模具加工时使用 SERVO GUIDE 调试机床的加工运行特性和机床的动态精度。

以下功能需要使用快速以太网板：DNC 运行；CNC 画面显示（计算机与 CNC 单元经网线连接后在计算机上使用 CSD 软件显示 CNC 的画面）；机床远程诊断功能；CNC 主动消息通知功能。

以太网的使用相当简单，用户只需准备装在计算机上的通信软件或专用的功能软件，并设定计算机和 CNC 的通信地址，在计算机侧以太网连接的属性中进行 Internet 协议（TCP/IP）设定，在 CNC 侧 LCD 显示器上有网址设定的专门画面。

（2）现场网络口

现场网络用于将 CNC 系统（CNC 机床）与多台外部机械或专用设备连成加工单元，常用于现代化的柔性加工线，如汽车行业的发动机、变速器等大规模流水加工生产线。现场网络处理的信息多是 I/O 开关点信号，信号点数多，要求传输速度快（有些需实时处理），传送距离长，必须可靠。0i－D 可配的现场网络有 FL－net（日本常用）、PROFIBUS－DP（欧洲常用）和 Device－Net（美国常用）。FL－net 是日本电气制造商协会标准，在联网的各设备之间交换数据。新的 FL－net 集成了以太网功能，所以传输速度高。PROFIBUS（主/从）是欧洲标准，传输速度为 12 Mbps。

（3）RS－232C 口

经 RS－232C 可与计算机或 Handy File（3 in 磁盘驱动器）等设备连接，用于在 CNC 与外设间传送数据。

（4）PCMCIA 口

在 PCMCIA 口中插入 ATA 卡，ATA 卡有两种：一种是上面介绍的以太网卡，另一种是存储卡。0i－D 的存储卡比 0i－C 的体积更小，容量更大（可达 2 GB）。使用这些卡可以在 CNC 系统和计算机之间传送各种数据（如程序、参数、刀补量、宏变量、PMC 数据等）和进行 DNC 加工。目前大多数用户已经熟悉了使用 PCMCIA 存储卡或以太网与外界进行数据交换或 DNC 加工，这样做的好处是传送速度比 RS－232C 口快，可靠性也高。用 RS－232 C 口时，在一般工厂环境下常用波特率为 4 800 Baud/s，传送距离一般只有数米，太长则会使字符传输错误或数据丢失。用 PCMCIA 口，即可避免此种问题。

（5）数据服务器

数据服务器是一块板，其上有以太网电路和大容量闪存卡接口，用于安装闪存卡，其容量可达 2 GB。因此它常被用于大容量程序的 DNC 加工，如复杂模具的加工，其每个程序段编程的移动距离非常短，程序相当长，且要求的加工速度快。用数据服务器上的以太网可以高速、批量地从主计算机中不时地获得加工程序存于闪存卡中，再连续地执行。

二、FANUC 0i Mate－D 数控系统的硬件连接

1．总体连接框图

总体连接框图如图 2—2—2 所示。

2．接口

FANUC 0i Mate－D 数控系统接口实物图如图 2—2—3 所示。

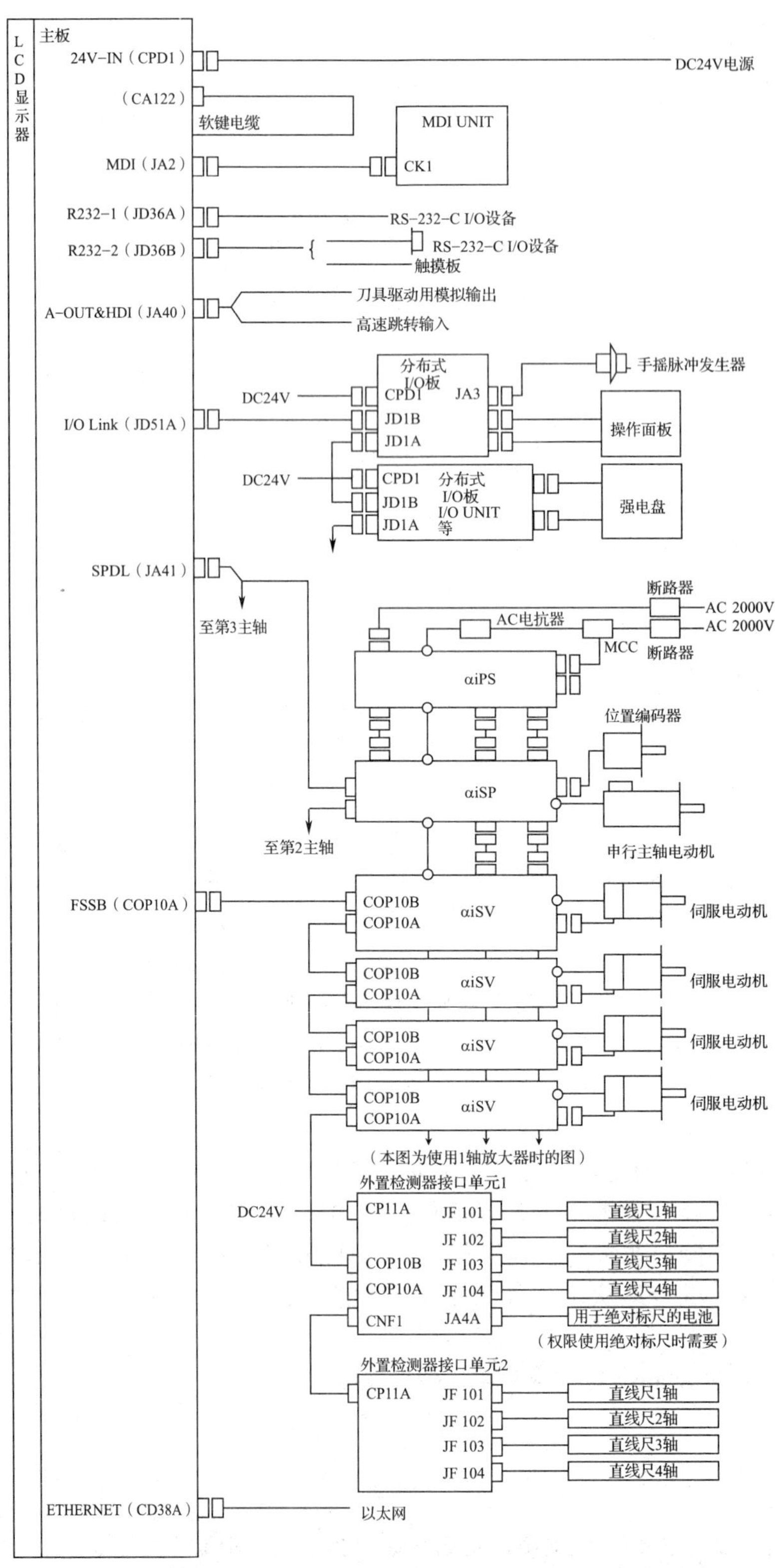

图 2—2—2　FANUC 0i Mate－D 数控系统的硬件总体连接框图

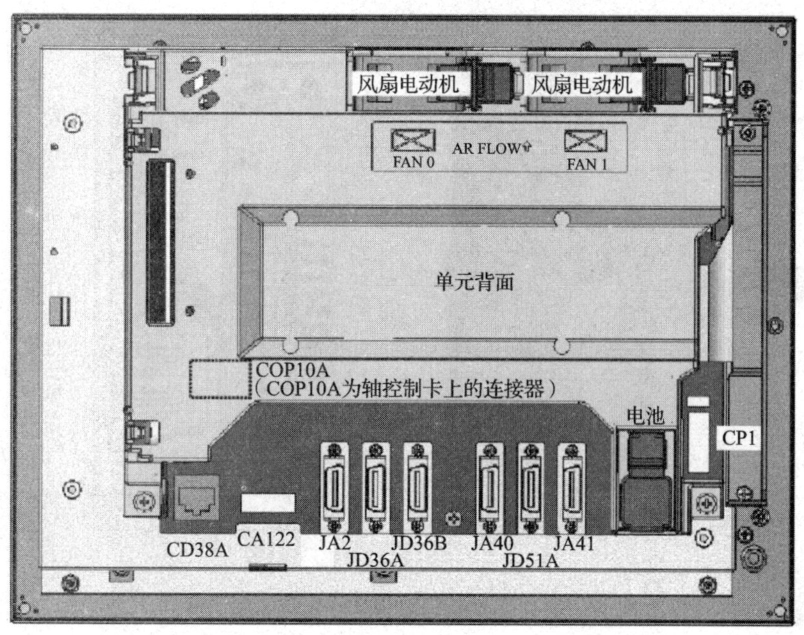

图 2—2—3　FANUC 0i Mate - D 数控系统接口实物图

系统接口的功能见表 2—2—1。

表 2—2—1　　FANUC 0i Mate - D 数控系统接口功能

端口号	用　途
COP10A	伺服 FSSB 总线接口，此口为光缆口
CD38A	以太网接口
CA122	系统软键信号接口
JA2	系统 MDI 键盘接口
JD36A/JD36B	RS - 232C 串行接口 1/2
JA40	模拟主轴信号接口/高速跳转信号接口
JD51A	I/O LINK 总线接口
JA41	串行主轴接口/主轴独立编码器接口
CP1	系统电源输入（DC 24 V）

3. 连接方法

FANUC 伺服控制系统的连接，无论是 αi 或 βi 的伺服，在外围连接电路都具有很多类似的地方，大致分为光缆连接、控制电源连接、主电源连接、急停信号连接、MCC 连接、主轴指令连接（指串行主轴，模拟主轴接在变频器中）、伺服电动机主电源连接、伺服电动机编码器连接。以 FANUC βi SVM20 伺服驱动器为例来说明，如图 2—2—4 所示。

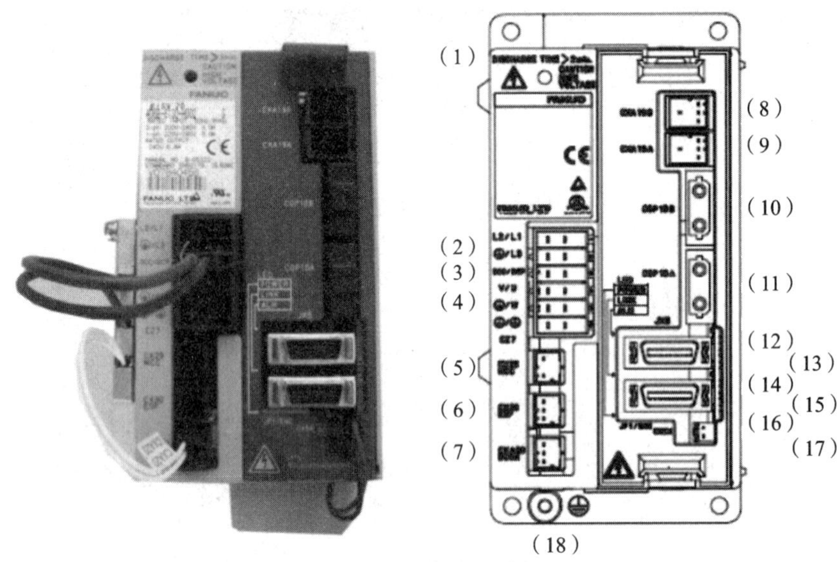

图 2—2—4　FANUC βi SVM20 伺服驱动器接口

FANUC βi SVM20 伺服驱动器接口功能见表 2—2—2。

表 2—2—2　　FANUC βi SVM20 伺服驱动器接口功能

脚号	名称	作用
1	DC LINK charge LED	直流链路放电 LED
2	CZ7－1，CZ7－2	三相电源输入接口
3	CZ7－3	放电电阻接口
4	CZ7－4，CZ7－5，CZ7－6	电动机电源接口
5	CX29	主电源 MCC 控制信号接口
6	CX30	急停信号接口
7	CXA20	再生电阻接口（报警用）
8	CXA19B	24V 电源输入
9	CXA19A	24V 电源输入
10	COP10B	伺服 FSSB I/F
11	COP10A	伺服 FSSB I/F
12	ALM	伺服报警状态显示 LED
13	JX5	测试接口

续表

脚号	名称	作用
14	LINK	FSSB 通信状态显示 LED
15	JF1	脉冲编码器
16	POWER	控制状态显示 LED
17	CX5X	绝对脉冲编码器电池
18	⏚	地线

（1）光缆（FSSB 总线）连接

CNC 控制单元侧插座 COP10A－1、COP10A－2 与伺服放大器之间只用一根光缆（FSSB 总线）连接，与控制轴数无关。在控制单元侧，COP10A 插头安装在主板的伺服卡上，光缆从控制单元侧的 COP10A 连接到伺服放大器的 COP10B。伺服放大器之间采用级联方式，同样遵循从 A 到 B 的规律（即 COP10A 为总线输出，COP10B 为总线输入），如图 2—2—5 所示。需要注意的是，光缆在任何情况下不能硬折，以免损坏。

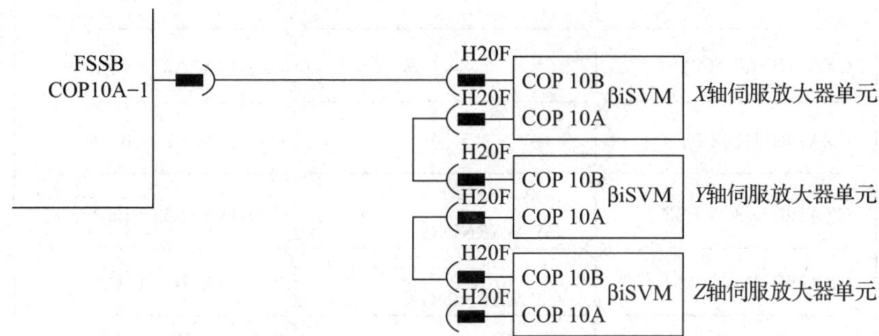

图 2—2—5　控制单元侧 COP10A 连接到伺服放大器的 COP10B

如图 2—2—6 所示是 FSSB 总线光缆实际连接图。

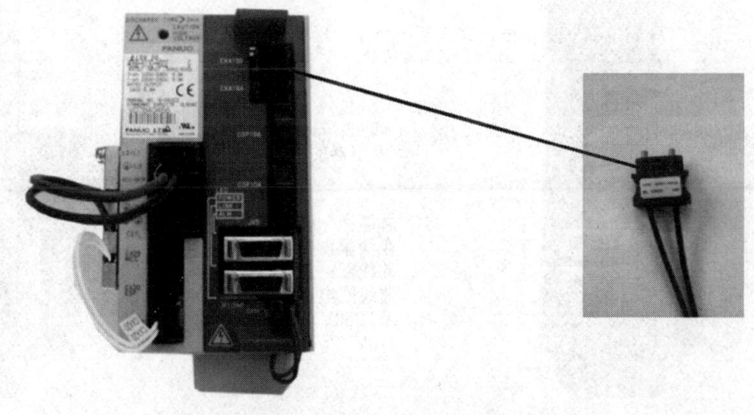

图 2—2—6　FSSB 总线光缆实际连接图

(2) 控制电源连接

控制电源采用 DC 24 V 电源，主要用于伺服控制电路的电源供电。在上电顺序中，推荐优先系统通电，如图 2—2—7 和图 2—2—8 所示。

(3) 主电源连接

主电源用于伺服电动机动力电源的变换，其连接如图 2—2—9 所示。

(4) 急停与 MCC 连接

急停与 MCC 连接主要用于对伺服主电源的控制与伺服放大器的保护，如发生报警、急停等情况下能够切断伺服放大器主电源，如图 2—2—10 和图 2—2—11 所示。

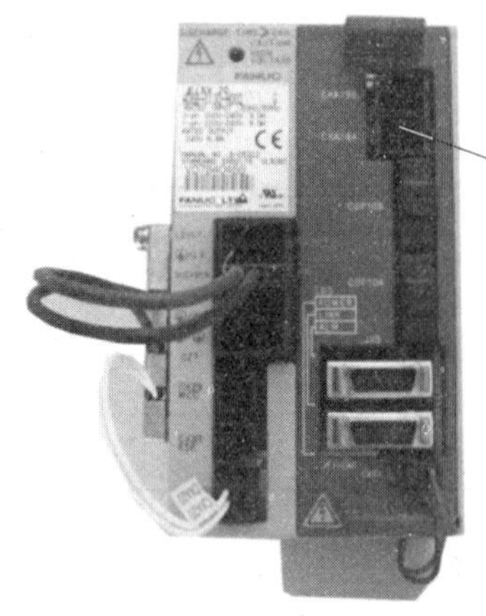

图 2—2—7　24 V 控制电源连接图

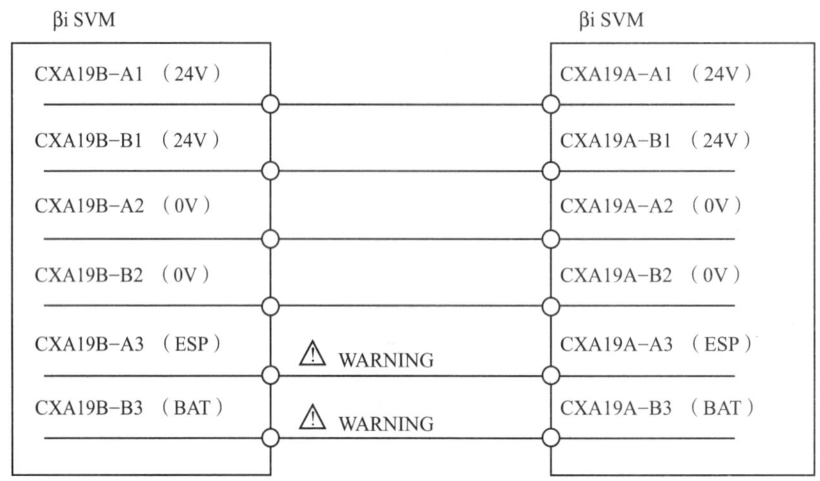

图 2—2—8　伺服放大器之间的控制电源连接

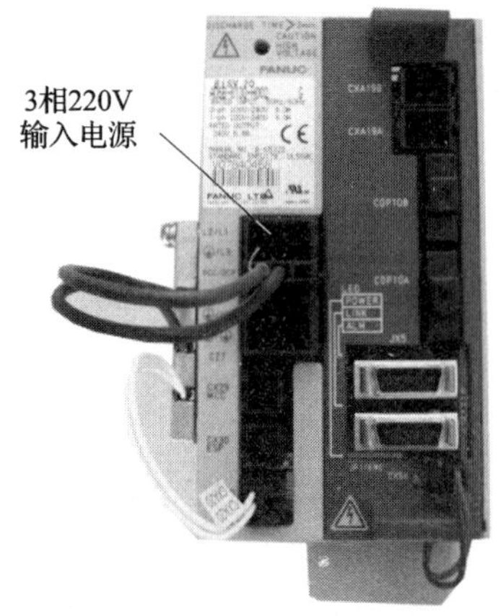

图 2—2—9　主电源连接

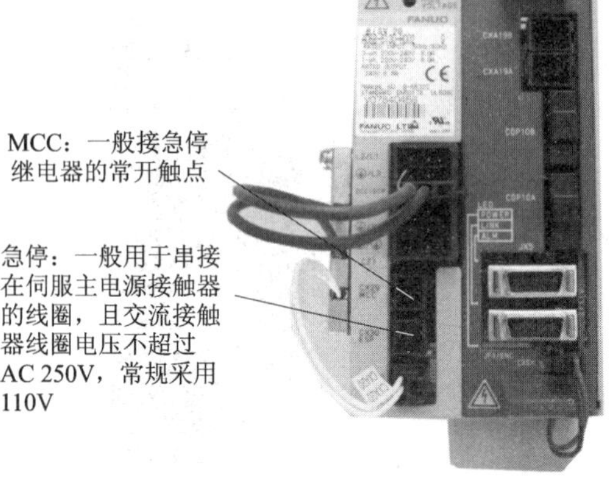

图 2—2—10　急停与 MCC 连接

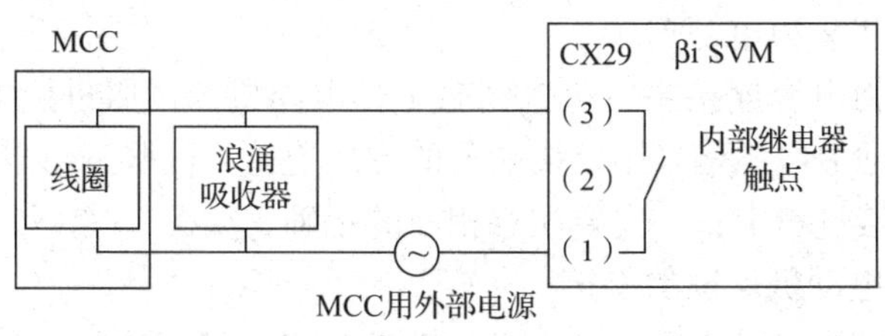

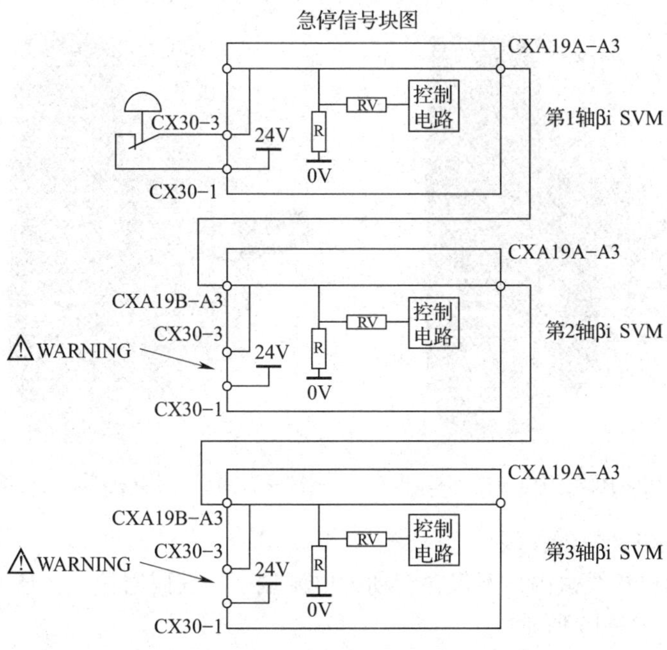

图 2—2—11　急停与 MCC 多轴连接电路图

（5）主轴指令信号连接

主轴控制采用两种类型，分别是模拟主轴与串行主轴。模拟主轴的控制对象是系统，JA40 口输出 0 ~ ±10 V 的电压给变频器，从而控制主轴电动机的转速，如图 2—2—12 所示。

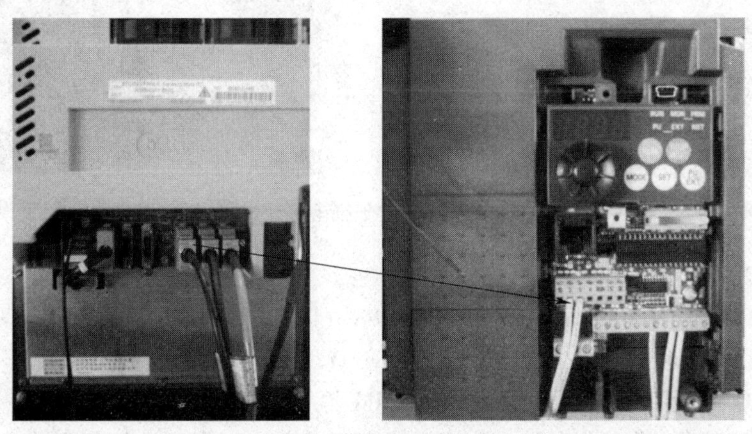

图 2—2—12　主轴指令信号的连接

（6）伺服电动机动力电源连接

伺服电动机动力电源连接主要包含伺服主轴电动机与伺服进给电动机的动力电源连接。伺服主轴电动机的动力电源是采用接线端子的方式连接，伺服进给电动机的动力电源是采用接插件连接。在连接过程中，一定要注意相序的正确，如图 2—2—13 所示。

（7）伺服进给电动机反馈的连接

伺服进给电动机的编码器反馈接口 JF1 如图 2—2—14 所示。

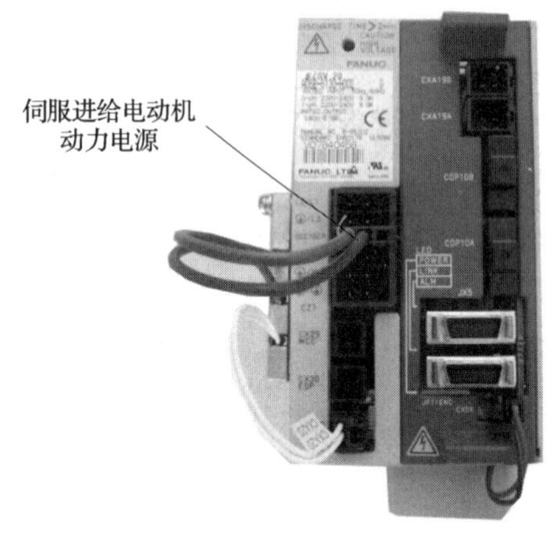

图 2—2—13　伺服电动机动力电源的连接

伺服进给电动机
编码器反馈接口

图 2—2—14　伺服进给电动机编码器反馈接口 JF1

（8）伺服主轴电动机的接线

伺服主轴电动机接线盒内，不仅含有动力电源端子、编码器接口，还有伺服主轴电动机风扇接口，如图 2—2—15 所示。

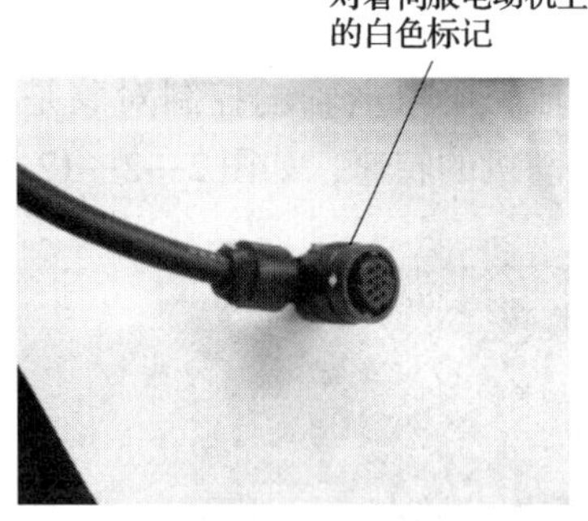

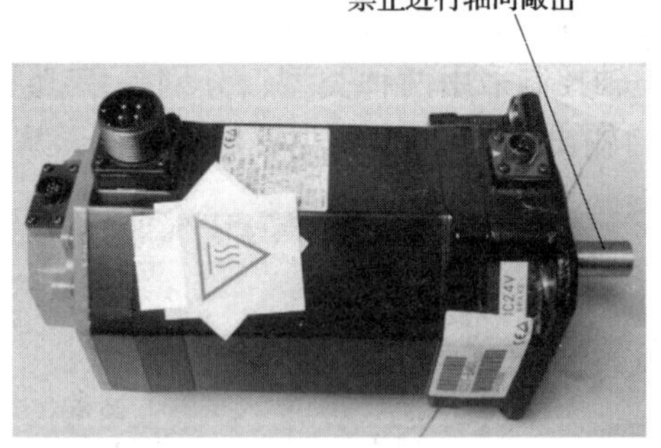

图 2—2—15　伺服主轴电动机的接线

4. I/O LINK 连接

FANUC 0i－D/0i－Mate D 系统中的 JD51A（0i－C 系统为 JD1A）接口位于主板上。I/O 分为内置 I/O 板和通过 I/O LINK 连接的 I/O 卡或单元（包括机床操作面板用的 I/O 卡、分布式 I/O 单元、手摇脉冲发生器、PMM 等）。FANUC I/O LINK 是一个串行接口，将 CNC、单元控制器、分布式 I/O、机床操作面板或 Power Mate 连接起来并在各设备间高速传送 I/O 信号。当连接多个设备时，FANUC I/O LINK 将一个设备作为主单元，其他设备作为子单元。作为主单元的 FANUC 0i/0i Mate 系列控制单元与作为子单元的分布式 I/O 相连接。子单元的输入信号每隔一定周期送到主单元，主单元的输出信号也每隔一定周期送至子单元。子单元分为若干组，一个 I/O LINK 最多可连接 16 组子单元。根据单元的类型以及 I/O 点数的不同，I/O LINK 有多种连接方式。通过可编程序控制器（PMC）可以对 I/O 信号的分配和地址进行设定，用来连接 I/O LINK。I/O 点数最多可达 1 024 个输入点和 1 024 个输出点。

FANUC 的 PMC 地址分配大致如下：

X——MT 输入 PMC 的信号，如接近开关、急停信号等。

Y——PMC 输出到 MT 的信号。

F——CNC 输入 PMC 的信号，是固定的地址。

G——PMC 输出到 CNC 的信号，是固定的地址。

R、T、C、K、D、A——PMC 程序使用的内部地址。

I/O LINK 的两个插座 JD1A 和 JD1B，对所有具有 I/O LINK 功能的单元来说是通用的。在各个单元连接中，电缆总是从一个单元的 JD1A 连接到下一个单元的 JD1B，再从这个单元的 JD1A 连接到另一个单元的 JD1B，当连接到最后一个单元时，虽然最后一个单元的 JD1A 是空着的，但也无须连接终端插头。

经由 FANUC I/O LINK 连接的子单元在连接电源时，需注意：

（1）开机时，子单元的 +24 V 电源应在 CNC 之前或与 CNC 同时上电。

（2）关机时，子单元的 +24 V 电源应在 CNC 之后或与 CNC 同时断电。

（3）经由同一个 I/O LINK 连接的各单元，应保证同时关断，即一个子单元关断，其余单元也应关断。

（4）在满足上述要求的基础上，还应满足各个单元自己的规定和要求。

FANUC 的 PMC 是通过专用的 I/O LINK 与系统进行通信的，PMC 在进行 I/O 信号控制的同时，还可以实现手轮与 I/O LINK 轴的控制，但外围的连接却很简单，且很有规律，同样是遵循从 A 到 B，系统侧的 JD51A 接到 I/O 模块的 JD1B，JDB1 连接 CNC 端，JD1A 接到下个 I/O 模块，JA3 连接手轮，如图 2—2—16 所示。

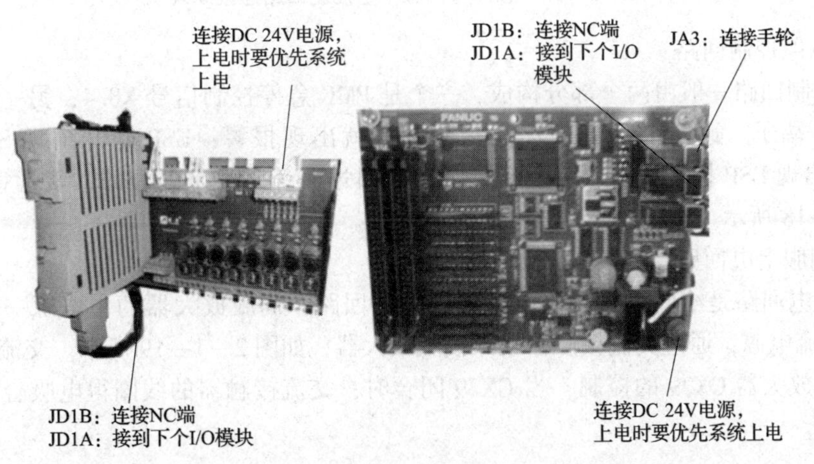

图 2—2—16　I/O LINK 的连接

5. 急停与伺服上电控制回路的连接

当 FSSB 总线与 I/O LINK 的连接完成后，还需要对急停回路与伺服上电回路进行连接才能构成一个简单的数控机床控制回路，如图 2—2—17 所示。

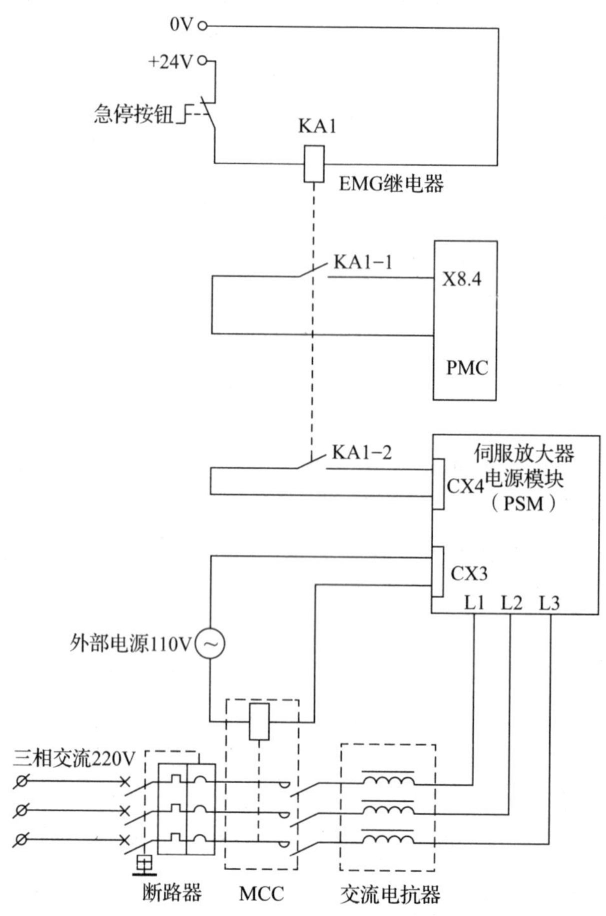

图 2—2—17　急停与伺服上电控制回路连接原理图

(1) 急停控制回路

急停控制回路一般由两个部分构成，一个是 PMC 急停控制信号 X8.4，另一个是伺服放大器的 ESP 端子。这两个部分中任意一个断开就出现报警，ESP 断开出现 SV401 报警，X8.4 断开出现 ESP 报警。但这两个部分全部是通过一个元件来处理的，就是急停继电器，如图 2—2—18 所示。

(2) 伺服上电回路

伺服上电回路是给伺服放大器主电源供电的回路，伺服放大器的主电源一般采用三相 220 V 的交流电源，通过交流接触器接入伺服放大器，如图 2—1—19 所示。交流接触器的线圈受到伺服放大器 CX29 的控制，当 CX29 闭合时，交流接触器的线圈得电吸合，给放大器通入主电源。

图 2—2—18　急停继电器

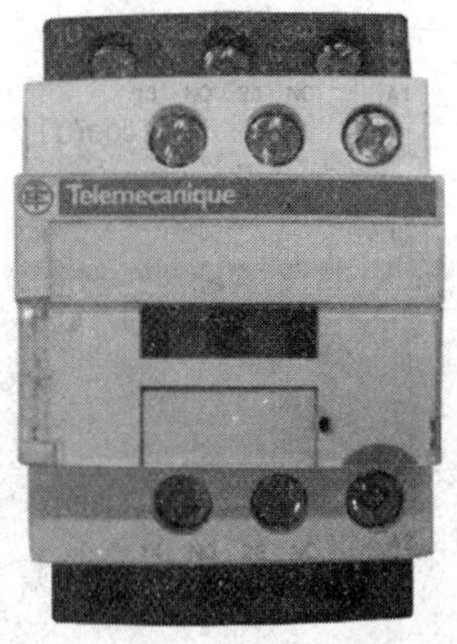

图 2—2—19　交流接触器

三、FANUC 0i Mate－D 数控系统的调试

1. 数控系统参数的全清

FANUC 0i Mate－D 数控系统是利用 IPL 监控器中的菜单进行系统参数的清空。

（1）进入 IPL 监控器画面

IPL 监控器通过如下操作而启动：

1）同时按下 MDI 功能键【.】和【－】，接通电源。

2）出现 IPL 监控器画面及“IPL MENU”（IPL 菜单），如图 2—2—20 所示。

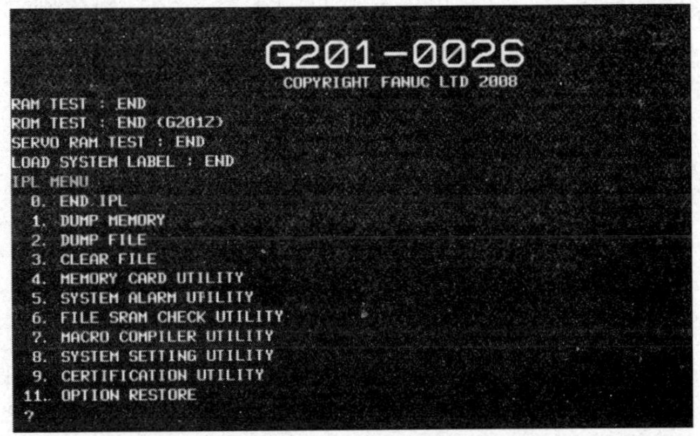

图 2—2—20　IPL 监控器画面

注意

IPL 监控器画面中部分菜单项的含义如下：

0：IPL 监控器的结束——选择此项，则结束 IPL 监控器，启动 CNC。

3：个别文件的清除——选择此项，则可清除个别文件。

5：系统报警信息的输出。

（2）参数的全清

从上述“IPL MENU”菜单中选择“3”，则出现如图 2—2—21 所示的显示画面。在此画面中选择某项菜单，则将清除所选中的个别文件，进行格式化处理。

1）在如图2—2—21所示的菜单中选择要操作的项。如要清空系统参数，则用MDI键盘键入“1”→按【INPUT】键；则显示器上会出现“CLEAR FILE NUMBER?（NO=0，YES=1）”的提问。

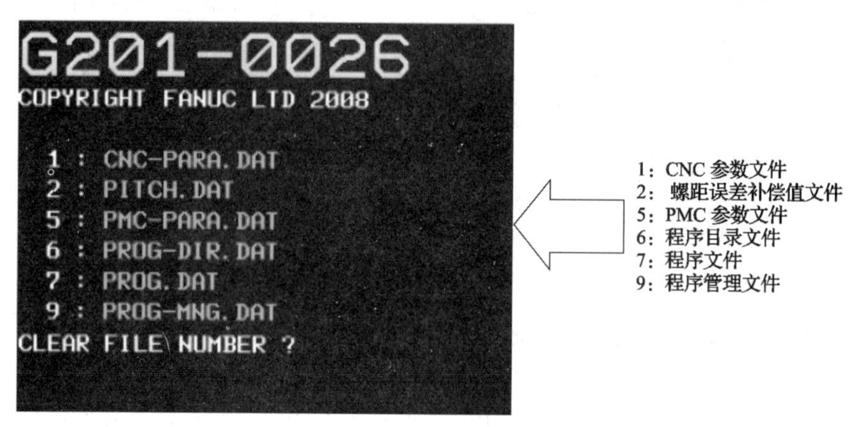

图2—2—21　个别文件的清除画面

2）如果想清空参数则键入“1”。

3）如果不想清空参数，则键入“0”，表示中止操作。

4）若要继续清除其他文件时，重复第1）~3）步骤的操作。

5）若想结束操作并返回上一级菜单画面（见图2—2—20）时，则键入“0”。也可以直接断电再重新上电，以便于检查系统参数是否全清。

注意

如果参数全部清空，则上电后的数控系统显示器上将出现大量的报警信息，说明参数全清成功。

2. 数控系统参数设置

数控系统正常运行的重要条件是必须保证各种参数的正确设定，不正确的参数设置与更改可能造成严重的后果。因此，必须理解参数的功能，熟悉设定值，详细内容参考《数控系统说明书》。

（1）显示参数的操作

1）按MDI面板上的【SYSTEM】功能键数次，或者按【SYSTEM】功能键一次，再按【参数】软键，选择参数画面，如图2—2—22所示。

2）参数画面由多页组成，可用光标移动键或翻页键，寻找相应的参数画面，也可由键盘输入要显示的参数号，然后按下【号搜索】软键，显示指定参数所在的页面，此时光标位于指定参数的位置。

（2）用MDI设定参数

1）在操作面板上选择MDI方式或急停状态。

2）按下【OFFSET】功能键，再按【设定】软键，可显示“设定”画面的第一页。

3）将光标移动到“写参数”处，按【操作】软键，进入下一级画面。

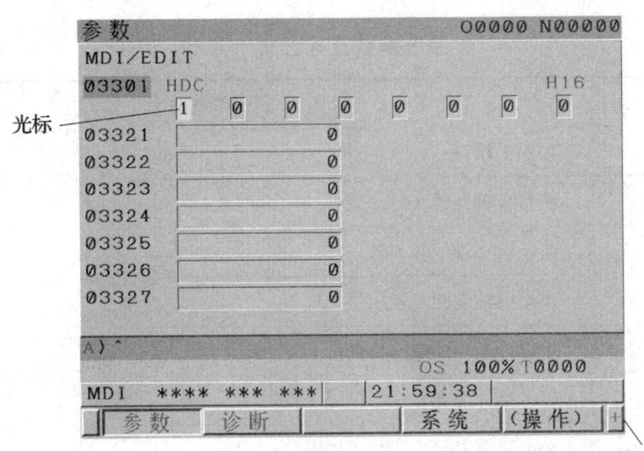

图 2—2—22　参数画面

4）按【NO：1】软键或输入“1”，再按【输入】软键，将“写参数”设定为“1”，此时参数处于可以写入状态，同时 CNC 产生“SW0100 参数写入开关处于打开”报警，这时若同时按下【RESET】键和【CAN】键，可解除 SW0100 报警。

5）按【SYSTEM】功能键，再按【参数】软键，进入参数画面。找到需要设定的参数画面，将光标置于需要设定的参数上。

6）输入设定值，按【INPUT】键，则输入的数据将被设置到光标指定的参数中。

7）参数设定完毕，需要将“写参数”设置为“0”，即禁止参数设定，防止参数被无意中更改。

注意

有时在参数设定中会出现报警“PW0000 必需关断电源”，此时需要重新启动数控系统，参数才能生效。

（3）设定显示语言

1）本系统可使用 CF 存储卡来存储和恢复机床数据。

2）按下【SYSTEM】功能键，再按【参数】软键，找到“参数设置”画面。在 MDI 键盘区输入“3281”，按【号搜索】软键，屏幕上显示 3281 号参数。在 MDI 键盘区输入“15”，按【INPUT】键，将 3281 号参数设置为“15”，即设置系统语言为简体中文。此时会出现“PW0000 必需关断电源”报警，按操作面板 NC 电源“停止”按钮，再按 NC 电源“启动”按钮，重启数控系统。在该参数中输入不同的数字就代表着不同的语言（具体语言类型数据请参阅《数控系统说明书》）。

（4）参数设定

通常情况下，在参数设置画面输入参数号再按【号搜索】软键就可以搜索到对应的参数，从而进行参数的修改。

1）系统参数设置。按下【SYSTEM】功能键，再按【参数】软键，找到参数设置画面，在参数设置画面设置下列参数，见表 2—2—3。

表 2—2—3　　系统参数及其含义

参数号	数值	参数说明
20	4	存储卡接口
3003#0	1	使所有轴互锁信号无效
3003#2	1	使各轴互锁信号无效
3003#3	1	使不同轴向的互锁信号无效
3004#5	1	不进行超程信号的检查
3105#0	1	显示实际速度
3105#2	1	显示实际主轴速度和 T 代码
3106#5	1	显示主轴倍率值
3108#7	1	在当前位置显示画面和程序检查画面上显示 JOG 进给速度或者空运行速度
3708#0	1	检测主轴速度到达信号
3716#0	0	模拟主轴
3720	4 096	位置编码器的脉冲数
3730	995	用于主轴速度模拟输出的增益调整的数据
3731	-14	主轴速度模拟输出的偏置电压的补偿量
3741	2 800	与齿轮 1 对应的各主轴的最大转速
7113	100	手轮进给倍率
8131#0	1	使用手轮进给

2）轴设定参数的设置

轴设定参数的设置见表 2—2—4。

表 2—2—4　　轴参数及其含义

参数号	设定值			参数定义
	X 轴	Y 轴	Z 轴	
1006#3	0	0		各轴的移动指令（0：半径指定；1：直径指定）
1020	88	89	90	各轴的程序名称
1022	1	2	3	基本坐标系轴的设定
1023	1	2	3	各轴的伺服轴号
1825	3 000	3 000	3 000	各轴的伺服环增益
1828	20 000	20 000	20 000	每个轴移动中的位置偏差极限值
1829	500	500	500	每个轴停止时的位置偏差极限值
1260	360	360	360	旋转轴转动一周的移动量

续表

参数号	设定值			参数定义
	X 轴	Y 轴	Z 轴	
1320	根据实际位置测定			各轴的存储行程限位 1 的正方向坐标值
1321	根据实际位置测定			各轴的存储行程限位 1 的负方向坐标值
1410	2 000			空运行速度
1420	1 500	1 500	1 500	各轴的快速移动速度
1421	300	300	300	每个轴的快速倍率的 F0 速度
1423	1 500	1 500	1 500	每个轴的 JOG 进给速度
1424	3 000	3 000	3 000	每个轴的手动快速移动速度
1425	300	300	300	每个轴的手动返回参考点的 FL 速度
1620	64	64	64	每个轴的快速移动直线型加/减速的时间常数（T），每个轴的快速移动指数型加/减速的时间常数（T_1）
1622	64	64	64	每个轴的切削进给加/减速时间常数
1624	64	64	64	每个轴的 JOG 进给加/减速时间常数

3）伺服设定参数的设置

显示伺服参数画面的步骤：

①设置参数 3111#0 = 1→系统断电，再上电。

②按 MDI 面板上的【SYSTEM】功能键一次→再按【 + 】软键两次→选择【SV 设定】软键→出现含有伺服参数的画面。

③按表 2—2—5 中的设置值对该画面的参数进行设置。

表 2—2—5　　伺服参数

参数名	X 轴	Z 轴
初始化设定位	00000010	00000010
电动机代码	256	256
AMR（电枢倍增比）	00000000	00000000
指令倍乘比	2（半径）/102（直径）	2
柔性齿轮比 N	1	1
（N/M）M	200	200
方向设定	111	－111
速度反馈脉冲数	8 192	8 192
位置反馈脉冲数	12 500	12 500
参考计数器容量	5 000	5 000

注：在参数设定后，要先断电再上电，以使参数设置生效。上表所列参数为常用参数，仅供参考。

四、FANUC 0i Mate－D 数控系统的 PMC 功能

1．PMC 基本类型与信号

数控机床作为自动化控制设备，所受自动控制可分为两类：

一类是最终实现对各坐标轴运动进行的数字控制。例如，对 CNC 车床 *X* 轴/*Z* 轴、CNC 铣床 *X* 轴/*Y* 轴/*Z* 轴的移动距离，各轴运行的插补、补偿等的控制即为数字控制。

另一类是顺序控制。对数控机床来说，顺序控制是在数控机床运行过程中，以 CNC 内部和机床各行程开关、传感器、按钮、继电器等的开关量信号状态为条件，并按照预先规定的逻辑顺序对诸如主轴的起停/换向、刀具的更换、工件的夹紧/松开、液压/冷却/润滑系统的运行等进行控制。与数字控制比较，顺序控制的信息主要是开关量信号。

常把数控机床分为 CNC 侧和 MT 侧（即机床侧）两大部分。CNC 侧包括 CNC 系统的硬件和软件，与 CNC 系统连接的外围设备如显示器、MDI 面板等。MT 侧则包括机床机械部分及其液压、气压、冷却、润滑、排屑等辅助装置，机床操作面板、继电器线路、机床强电线路等。PMC 处于 CNC 与 MT 之间，对 CNC 和 MT 的输入/输出信号进行处理。MT 侧顺序控制的最终对象随数控机床的类型、结构、辅助装置等的不同而有很大的差别。机床结构越复杂，辅助装置越多，最终受控对象也越多。数控机床信号控制流程如图 2—2—23 所示。

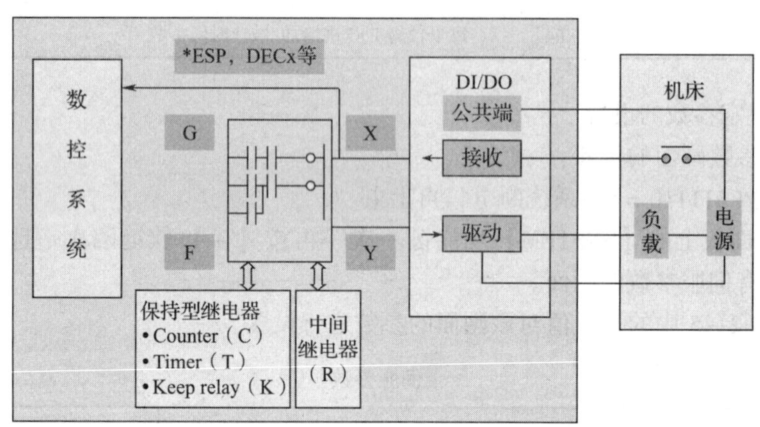

图 2—2—23　数控机床信号控制流程

2．PMC 数据类型

PMC 的数据形式分为二进制形式、BCD 码形式和位型三种。

CNC 和 PMC 间的接口信号为二进制形式。一般来说，PMC 数据也采用二进制形式。

3．程序级别和输入/输出信号处理

PMC 输入/输出信号如图 2—2—24 所示。

第 1 级：程序的开头到 END1 命令之间为第一级程序，系统每 4 ~ 8 ms 执行一次。主要是处理急停、跳转、超程等信号。

第 2 级：END1 命令之后，END2 命令之前的顺序程序为第二级程序。第二级程序通常包括机床操作面板、ATC（自动换刀装置）程序等。

第 3 级：END2 命令和 END3 命令之间的程序为第三级程序。第三级程序主要处理低速响应的信号。

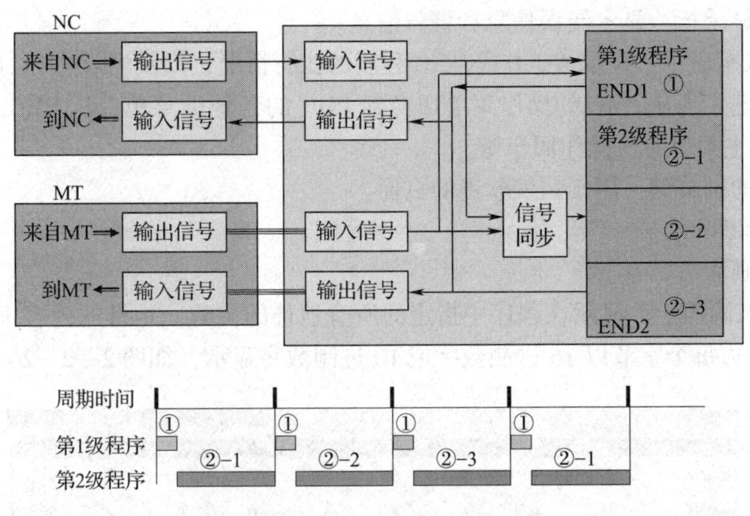

图 2—2—24　PMC 输入/输出信号

4．PMC 画面的操作

PMC 画面基本配置如图 2—2—25 所示。

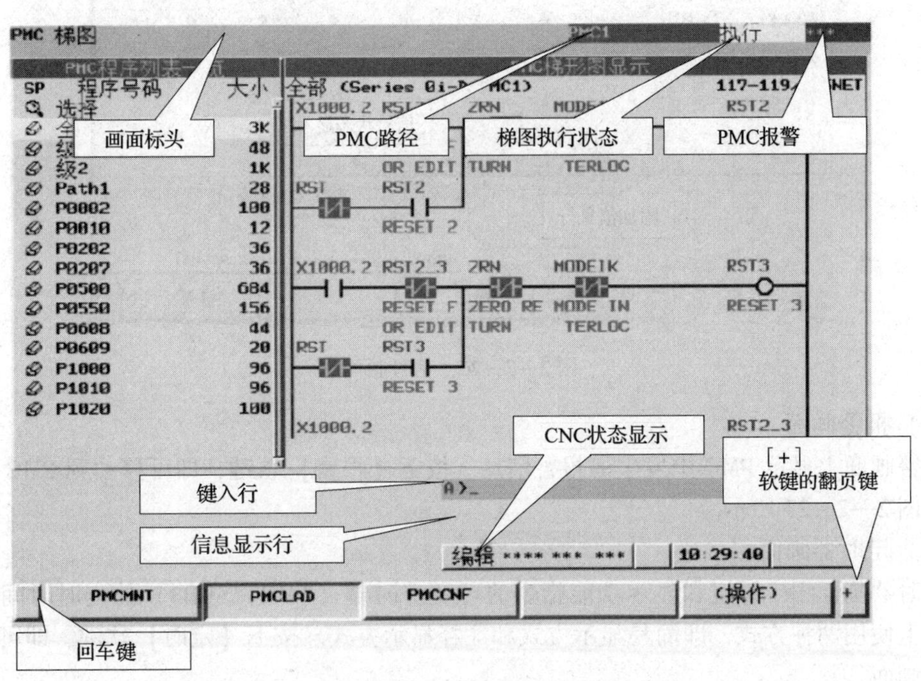

图 2—2—25　PMC 画面基本配置

（1）画面标头：显示 PMC 的各辅助菜单名。

（2）梯形图执行状态：显示梯形图的执行状态。

（3）PMC 报警：显示 PMC 报警的发生情况。

（4）PMC 路径：显示当前所选的 PMC 路径。

（5）键入行：用于数值和字符串输入的键入行。

（6）信息显示行：显示错误信息和警告信息。

（7）NC 状态显示：显示 NC 方式、NC 程序的执行情况，以及当前的 NC 路径号。

（8）回车键：当从 PMC 的操作菜单切换到 PMC 的各辅助菜单，从 PMC 的各辅助菜单切换到 PMC 的主菜单时，操作回车键。

（9）软键的翻页键：用于切换软键的页面。

5. PMC 诊断和维护

（1）信号画面

在信号状态画面上，显示在程序中指定的所有地址的内容。地址的内容以位模式（0 或 1）显示，最右边每个字节以 16 进制数字或 10 进制数字显示，如图 2—2—26 所示。

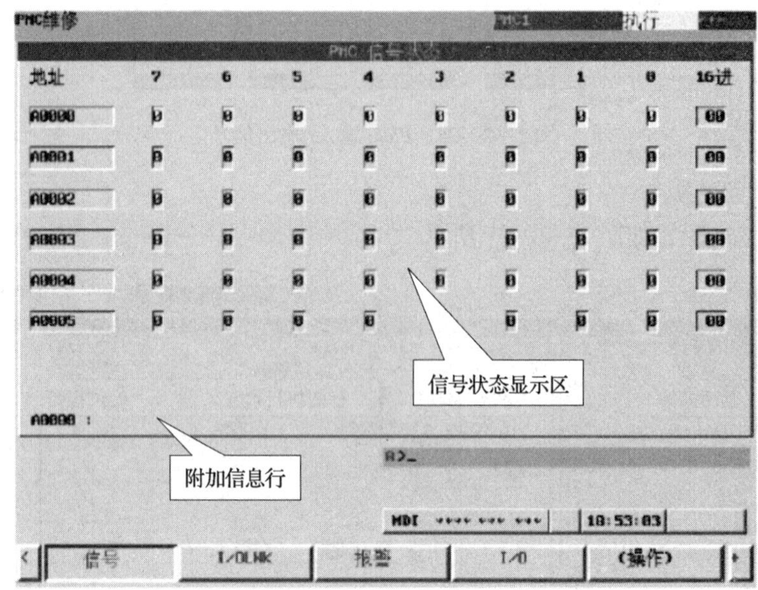

图 2—2—26　信号画面

（2）报警画面

报警画面上显示 PMC 中发生的报警信息。按下【报警】软键，即可移动到 PMC 报警画面，如图 2—2—27 所示。

（3）定时器画面

定时器画面用于设定和显示功能指令的可变定时器（TMR：SUB3）的定时时间。可在本画面上使用两种方式，即简易显示方式和注释显示方式。按下【定时】软键，即可移动到定时器画面。

（4）计数器画面

计数器画面用于设定和显示功能指令的计数器（CTR：SUB5）的计数最大值和现在值。该画面上可以使用简易显示方式和注释显示方式。要移动到计数器画面，需按下【计数器】软键。

（5）K 参数画面

K 参数画面用于设定和显示保持继电器。要移动到保持继电器画面，需按下【K 参数】软键。

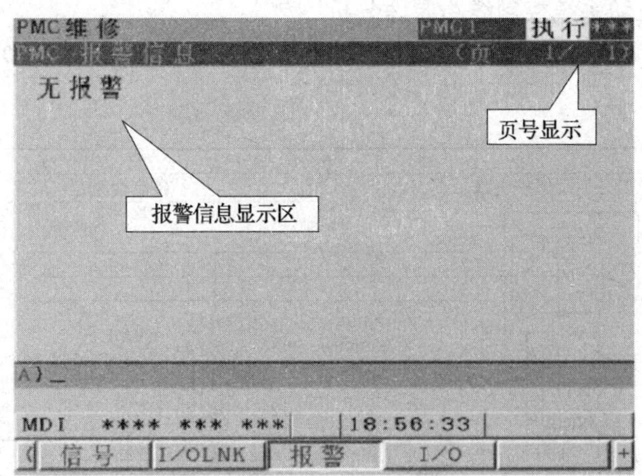

图 2—2—27 报警画面

（6）数据表画面

数据表具有两个画面，即数据表控制数据画面和数据表画面。要移动到数据画面时，需按下【数据】软键。

（7）I/O 画面

要移动到输入/输出画面，需按下【I/O】软键。

6. PLC 监控和编辑

在 PMC 梯形图菜单上显示程序列表、梯形图显示/编辑等与 PMC 梯形图相关的画面。PMC 梯形图菜单上的各画面可以通过按【SYSTEM】键→【PMCLAD】软键的顺序操作来切换。按下【梯形图】软键，顺序程序即动态显示，可进行动作的监控。此外，在编辑画面上，除了可改变顺序程序的继电器和功能指令外，还可以改变顺序程序的运行。

任务实施

一、任务准备

实施本任务所需要的实训设备及工具材料见表 2—2—6。

表 2—2—6　　实训设备及工具材料

序号	设备与工具	规格	数量
1	数控机床示教机	FANUC 数控系统	1 台
2	数控系统说明书		1 本
3	数控系统维修说明书		1 本
4	数控机床使用说明书		1 本
5	电工工具		1 套
6	扳手		1 套

二、变频主轴驱动系统控制线路原理分析

如图 2—2—28 所示为 CAK4085di 型数控机床（FANUC 0i Mate－TD 系统）的主轴电气线路图。

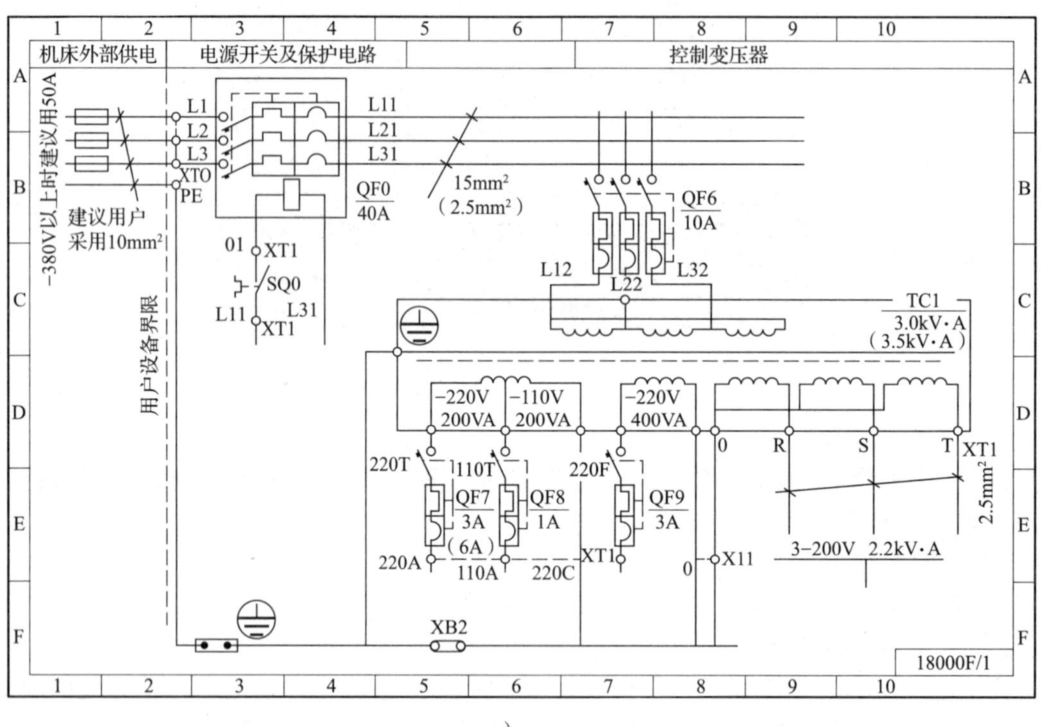

a）

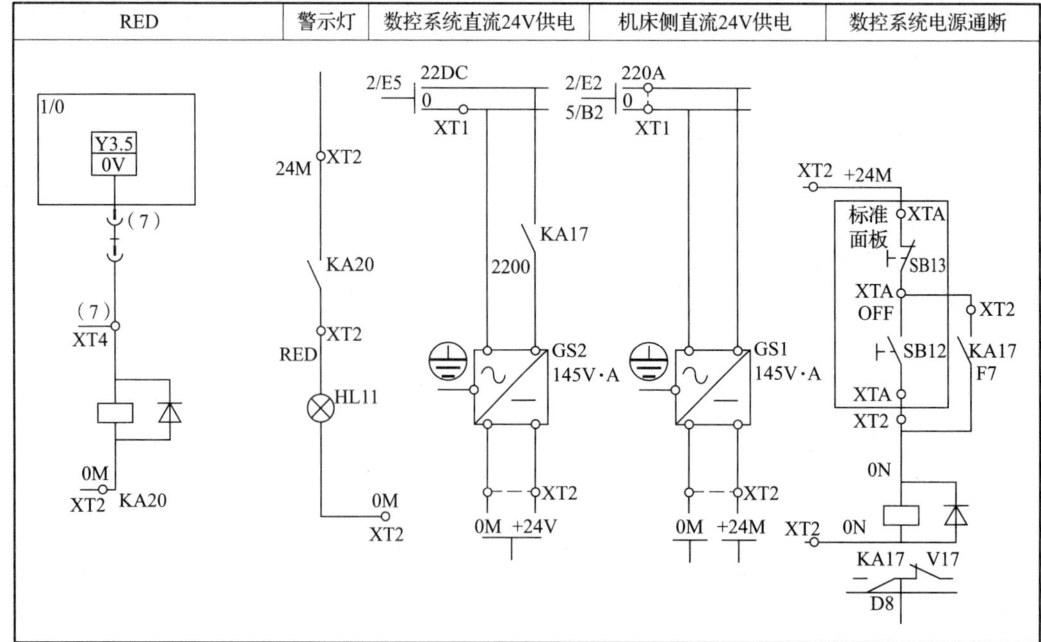

b）

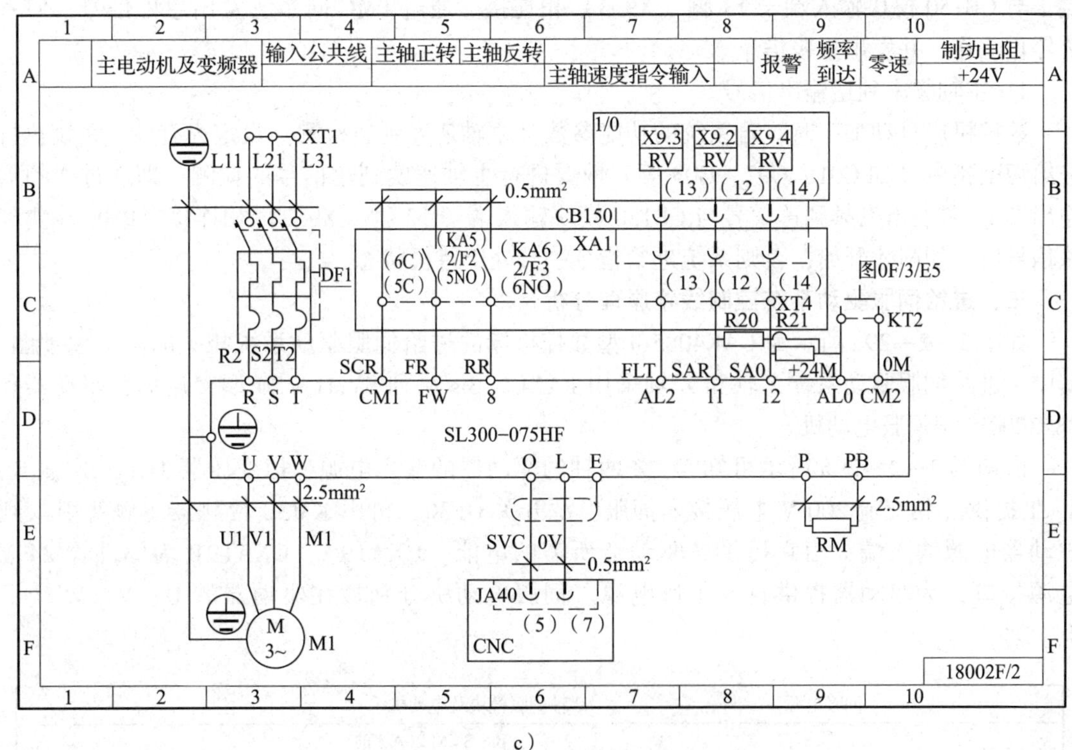

图 2—2—28　CAK4085di 型数控机床的主轴电气线路图

a）总电源控制电路　b）机床侧直流电源控制电路　c）主轴变频器控制电路

1. 主轴正、反转控制信号

如图 2—2—28 所示分别为总电源控制电路、机床侧直流电源控制电路和主轴变频器控制电路。先将 QF0 和 QF1 断路器合上，主轴变频器（日立 SJ300－075HF）得电。再合上 QF6、QF7、QF8 和 QF9 断路器，机床侧 GS1 开关电源 24 V 得电，按下系统电源开关 SB12，继电器 KA17 线圈得电并自锁，KA17 一组常开触头接通 GS2 开关电源 24 V 电压供给系统并启动。系统启动后，通过程序 M03、M04 指令，或者在手动方式下通过按下机床面板上的正转和反转按钮发出主轴正转和反转信号时，数控系统通过 PMC 将信号通过分线盘 I/O 模块来控制 CB150 模块中的 KA5（主轴正转继电器）、KA6（主轴反转继电器）的通断，向变频器发出信号，实现主轴的正反转，此时的主轴速度是由系统存储的 *S* 值与机床主轴倍率开关决定的。

2. 主轴电动机速度控制信号

如图 2—2—28c 所示，在 FANUC 0i Mate－TD 系统中，系统把程序中的 *S* 指令值与主轴倍率的乘积转换成相应的模拟量电压（0～10 V），通过系统主板 JA40 的 7 脚和 5 脚，输送到变频器的模拟量电压频率给定端子 O 与 L 两端，从而实现主轴电动机的速度控制。

3. 变频器故障输出信号

当变频器出现任何故障时，变频器的故障输出端子 AL0 与 AL2 发出主轴故障信号，AL2

端子与 CB150 模块输入端子 13 脚（X9.3）相连接，通过 PMC 向系统发出急停信号，使系统停止工作，并发出报警信息。

4. 主轴频率到达输出信号

数控机床自动加工时，若系统的功能参数（主轴速度到达检测）设定为有效，系统执行进给切削指令（如 G01、G02、G03 等）前要进行主轴速度到达信号的检测，即通过变频器输出端 11 脚发出变频到达信号与 CB150 模块输入端子 12 脚（X9.2）相连接，PMC 检测到该信号后，切削才开始，否则系统进给指令一直处于待机状态。

三、进给伺服驱动系统控制线路原理分析

如图 2—2—29a 所示为 CAK4085di 型数控机床的进给伺服驱动系统相关的电气原理图。其中，进给伺服驱动系统 *X* 轴和 *Z* 轴采用 FANUC βis 系列 SVM1－20 型交流伺服驱动器和 B8/3000iS 型伺服电动机。

由如图 2—2—29a 所示可知 *X*、*Z* 两轴的驱动器的输入电源，由变压器 TC1 二次侧 R、S、T 提供三相交流 200 V 电压接入伺服电源开关 QF30，再由 KM30 接触器主触头引入到驱动器电源输入端，由它提供各驱动器所需的电能。CXA19A、CXA19B 为驱动器 24 V 电源接口，为驱动器提供直流工作电源。伺服电动机分别接在驱动器的 U、V、W 端子上。

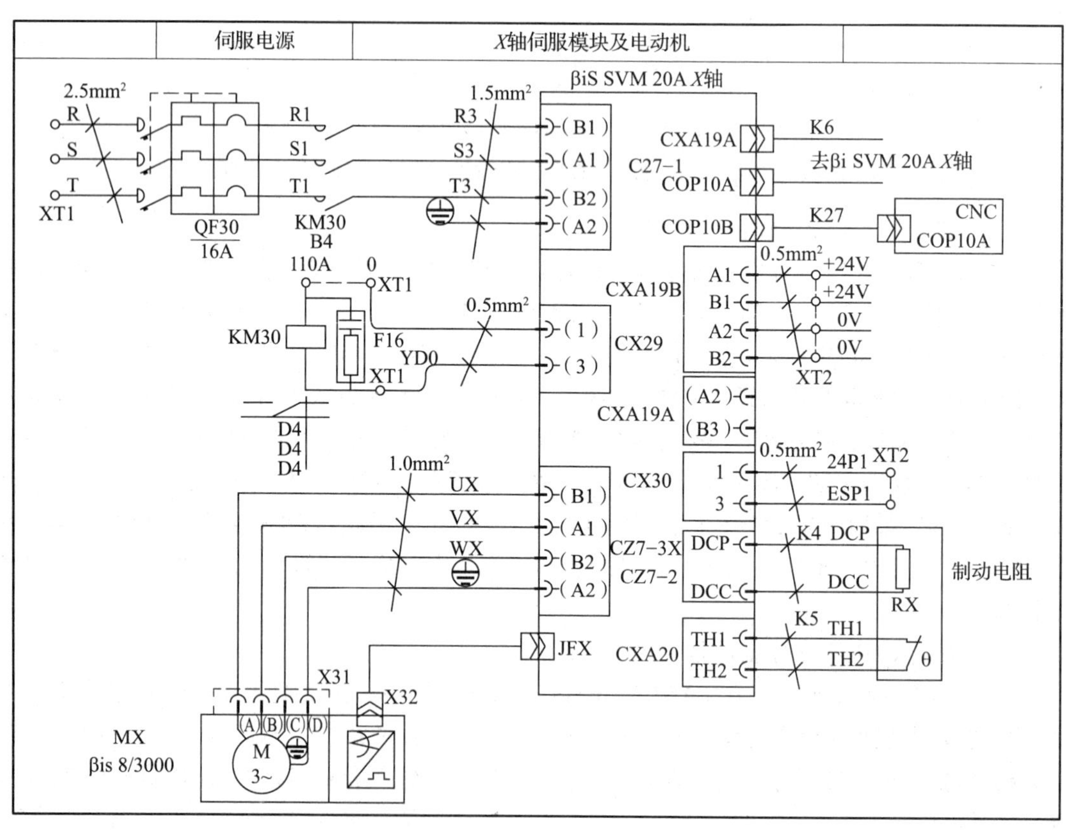

a）

Z轴伺服模块及电动机
βi SVM 20A Z轴
1.5mm²
R3
S3
去KM30
T3
(B1)
(A1)
C27-1
(B2)
(A2)
CXA19B
K6
K27
去βi SVM 20A Z轴
COP10B
CXA19A
(A2)
(B3)
(1)
(3)
CX29
CX30
1
3
1.0mm²
UZ
VZ
WZ
(B1)
(A1)
(B2)
(A2)
CZ7-2
CZ7-3Z
DCP
DCC
K4 DCP
DCC
K5
RZ
制动电阻
CXA20
TH1
TH2
TH1
TH2
θ
JFZ
X33
X34
MZ
βis 8/3000
M
3~
b）

LHB
导轨润滑油低
+X
X轴正超程
−X
X轴负超程
X0
X轴回零
Z0
Z轴回零
+Z
Z轴正超程
−Z
Z轴负超程
1/0
X7.7
X8.2
X8.3
X9.0
X9.1
X8.6
X8.5
RV
CB150
(49)
(27)
(28)
(10)
(11)
(31)
(30)
XA1
XT2
SL1
+LX
−LX
DCX
DCZ
+LZ
−LZ
SL10
SQ3
SQ4
SQ1
SQ2
SQ5
SQ6
+24V
c）

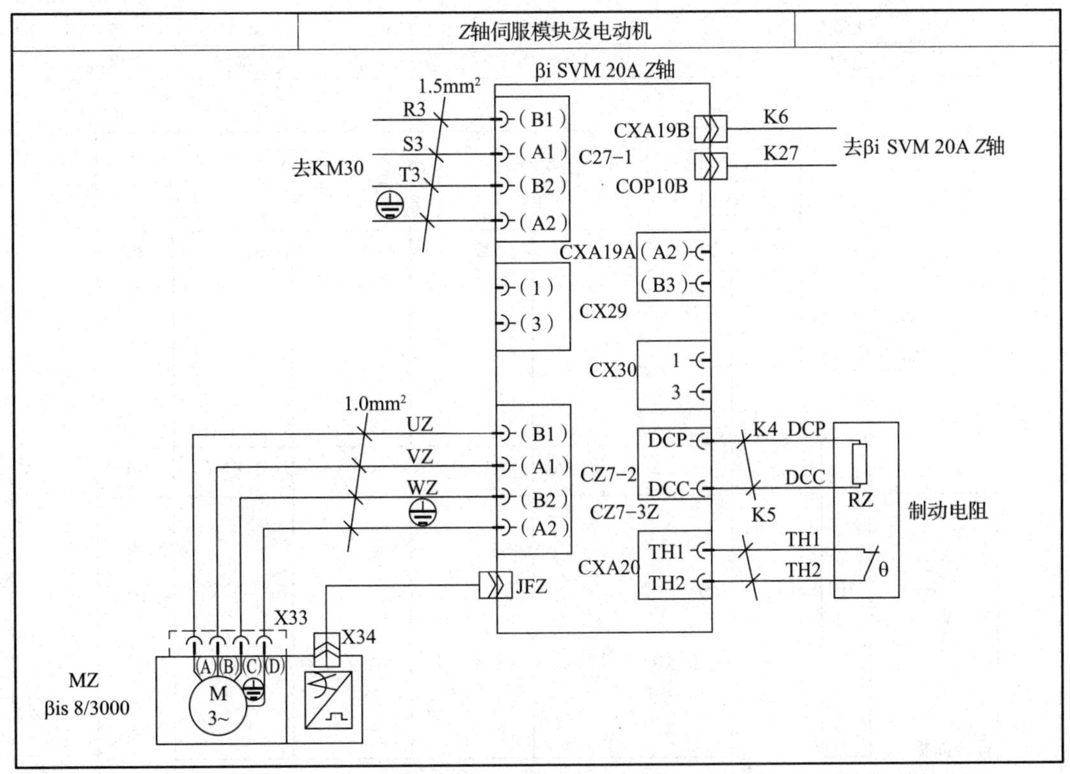

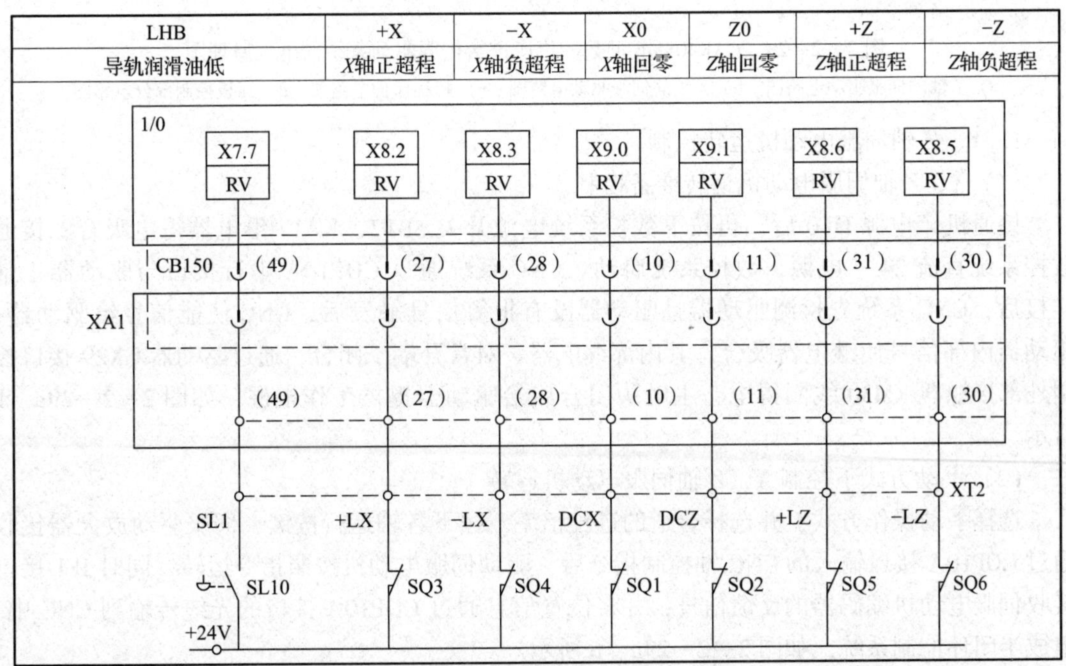

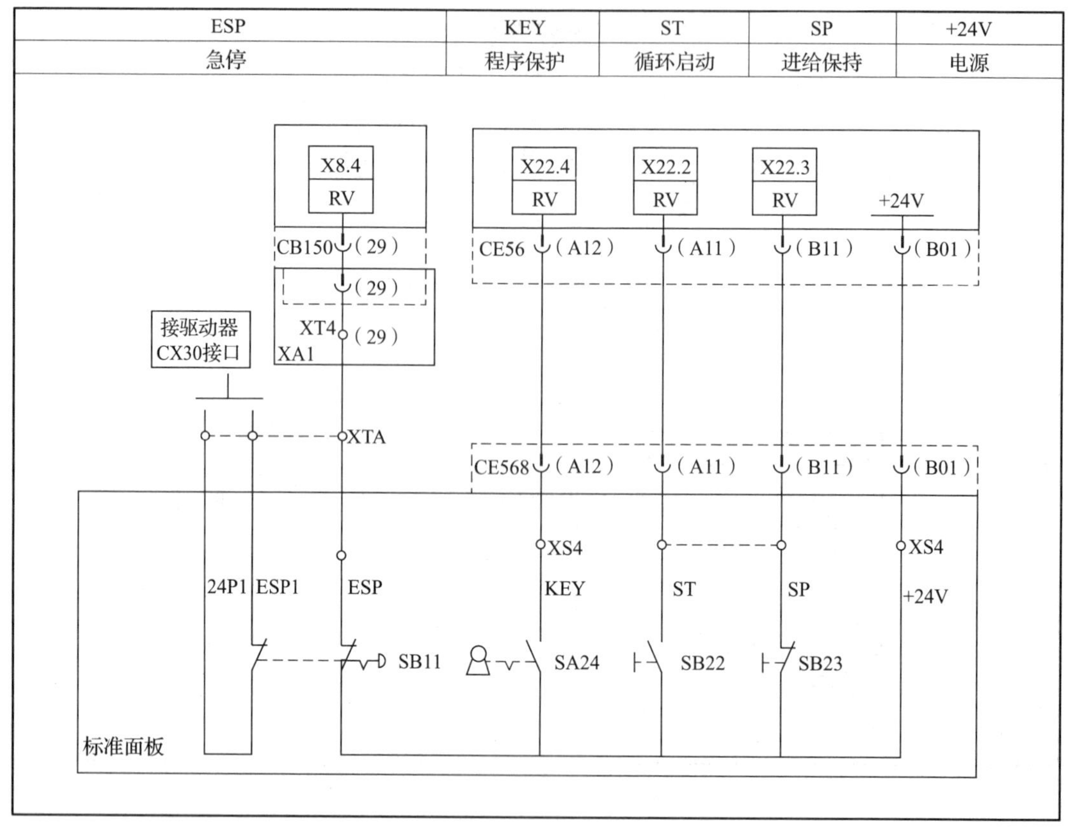

d）

图 2—2—29　CAK4085di 型数控机床进给伺服驱动系统的电气原理图

a）*X* 轴的伺服驱动电路图　b）*Z* 轴的伺服驱动电路图　c）超程保护电路图　d）面板控制部分电路图

1．*X*、*Z* 轴伺服电动机运转控制

（1）*X*、*Z* 轴伺服电动机运转准备控制

接通机床电源 QF0 后，再按下数控系统电源开关 SB12，KA17 继电器得电吸合，接通数控系统直流 24 V 电源，数控系统启动。CNC 系统通过 COP10A 串行接口与驱动器正常连接后，CNC 系统先检测驱动器且驱动器没有报警信号触发后，CNC 使能信号给驱动器，驱动器内部信号使继电器吸合，其内部继电器一对常开端子闭合，通过驱动器 CX29 接口控制外部接触器 KM30 线圈得电，主触头闭合后给驱动器提供工作电源，如图 2—2—29a、b 所示。

（2）手动方式下控制 *X*、*Z* 轴伺服电动机运转

选择手动操作方式，并选择合适的进给倍率。按下各轴运行按键，伺服驱动放大器接收通过 COP10A 接口输入的 CNC 轴控制指令后，驱动伺服电动机按照指令运转，同时 JF1 接口接收伺服电动机编码器的反馈信号，并将位置信息通过 COP10A 接口的光缆传输到 CNC 中，组成半闭环控制系统，如图 2—2—29a、b 所示。

2．进给运动的限位保护控制

由图 2—2—29c 可知，在机床的 *X* 轴和 *Z* 轴正负方向上都安装了相应的超程限位开关。

X 轴正超程开关 SQ3 接 I/O 端子 X8.2；*X* 轴负超程开关 SQ4 接 I/O 端子 X8.3；*Z* 轴正超程开关接 I/O 端子 X8.6；*Z* 轴负超程开关接 I/O 端子 X8.5。在操作过程中，由于某种原因（操作失误、编程数据错误、伺服故障等）使机床的某行程开关被压动，数控系统立即进入急停状态，发出相应的超程报警信号并停止刀架的移动。此时沿着超程轴反方向移动，进入安全区，急停状态才能解除。

注意

（1）数控系统都存在软限位功能（存储行程限位），伺服轴的移动位置不得超出由参数 PRM1320、PRM1321 设定的安全区域。

（2）只有当机床上电后执行手动返回参考点时，建立起机床坐标系，软限位功能才有效。

（3）开关挡块的位置可以由操作者调节，硬限位开关应定期检查其有效性，防止出现意外。

3. 系统急停控制

在机床运行过程中，如果发生意外需要紧急停止，可按下图 2—2—29d 中的急停按钮 SB11，则驱动器 CX30 所接急停开关断开，驱动器报警；同时也切断了系统中的 X8.4 的急停输入信号，系统显示为急停报警，从而使整个系统启动失败，伺服电动机停止运转。故障排除后，可重新启动。

四、数控机床电气控制系统的安装与调试

1. 系统通电前的线路检查

（1）用万用表交流电压挡测量 AC 200 V 是否正常：断开各变压器二次侧，用万用表交流电压挡测量各二次电压是否正常，如正常将电路恢复。

（2）用万用表直流电压挡测量开关电源输出电压（DC 24 V）是否正常：断开 DC 24 V 输出端，给开关电源供电，用万用表直流电压挡测量其电压，如正常即可进行下一步。

（3）断开电源，用万用表电阻挡测量各电源输出端对地是否短路。

（4）按图样要求将电路恢复。

注意

应按如下顺序接通各单元的电源或全部同时接通：

（1）机床的电源（AC 200 V）。

（2）伺服放大器的控制电源（AC 200 V）。

（3）I/O 设备，显示器的电源，CNC 控制单元的电源（DC 24 V）。

应按如下顺序关断各单元的电源或全部同时关断：

（1）I/O 设备，显示器的电源，CNC 控制单元的电源（DC 24 V）。

（2）伺服放大器的控制电源（AC 200 V）。

（3）机床的电源（AC 200 V）。

2. 系统电源的连接

（1）NC 控制单元电源的连接

在系统基本单元的 CP1 插头上接入 DC 24 V 的电源，NC 系统就会启动，有画面显示。

（2）伺服模块电源的连接

在伺服模块的 CXA19A 插头上接入 DC 24 V 电压，伺服模块接通控制电源，正常启动，通过光缆与 CNC 通信。

在各个伺服模块的 L1、L2、L3 端子上同时接入交流 200 V 的电压，伺服模块的动力电源接通。

（3）I/O 模块电源的连接

在 I/O 模块的 CPD1 插头上接入 DC 24 V 的电源，I/O 模块启动，通过 I/O LINK 与 CNC 通信。

3. 系统与外围 I/O 设备的连接

（1）系统基本单元的 JD51A 插头通过 I/O LINK 电缆连接到外置 I/O 模块。I/O LINK 是一个串行接口，将 CNC、单元控制器、分布式 I/O、机床操作面板等连接起来，并在各设备间高速传输 I/O 信号（位数据）。

（2）手轮连接到 I/O 模块上的 JA3 插头上（最多接 3 个手轮）。

4. 系统与变频主轴的连接

（1）系统基本单元的 JA40 插头连接到变频器的转速指令输入口（如果是伺服主轴，基本单元的 JA41 插头连接到主轴驱动的 JA7B 插头）。在变频器 R、S、T 端子上接入 220/380 V 电压，STF、STR 端子上接入正、反转信号，U、V、W 端子上接入主轴电动机动力线。

（2）主轴位置编码器连接在系统基本单元的 JA41 插头上。

5. 系统与伺服放大器的连接

（1）系统基本单元的 COP10A 插头通过 FSSB 光缆连接到伺服单元的 COP10B。

（2）伺服单元的 CX30 插头上接入急停信号。

（3）伺服单元的 CX29 插头上接入控制驱动主电源的接触器线圈。

注意

所有的电气连接必须在断电的条件下操作，连接完成后必须认真检查并经指导老师确认正确后方可进行下一步操作。

五、数控系统的参数设置与调试

1. 系统基本参数设定

系统基本参数设定可通过参数设定支援画面进行操作。参数设定支援画面是以下述目的进行参数设定和调整的画面。

（1）通过在机床启动时汇总需要进行最低限度设定的参数并予以显示，便于机床执行启动操作。

（2）通过简单显示伺服调整画面、主轴调整画面、加工参数调整画面，更便于进行机床的调整。

参数设定支援画面显示方法的操作步骤：按下功能键【SYSTEM】后，按继续菜单键【+】数次，显示软键【PRM 设定】，按下软键【PRM 设定】，即出现参数设定支援画面，如图 2—2—30 所示。

2. 伺服设定

(1) 准备

在急停状态下，进入参数设定支援画面，按下软键【(操作)】，将光标移动至“伺服设定”处，按下软键【选择】，出现参数设定画面。此后的参数设定就在该画面进行，如图2—2—31所示。

参数设定支援　O0000 N00000

菜单　1. 起刀　轴设定
FSSB(AMP)
FSSB(轴)
伺服设定
伺服参数
伺服增益调整
高精度设定
主轴设定
辅助功能
2. 调整　伺服调整
主轴调整

A)^
S　0 T0000
MDI　**** *** ***　14:47:38
FSSB　PRM设　(操作)

图2—2—30　参数设定支援画面

伺服设定　O0002 N00100

		X 轴	Y 轴
①	初始化设定位	00000010	00000010
②	电机代码	256	256
	AMR	00000000	00000000
③	指令倍乘比	2	2
④	柔性齿轮比	1	1
⑤	(N/M)　M	100	100
	方向设定	-111	111
⑥	速度反馈脉冲数	8192	8192
⑦	位置反馈脉冲数	12500	12500
⑧	参考计数器容量	10000	10000

A)^
S　0 T0000
RMT　**** *** ***　17:33:29
菜单　切换

图2—2—31　伺服设定画面

(2) 初始化设定

开始初始化设定，将伺服设定画面的第①项至第⑧项都设定完后，执行CNC电源的OFF/ON操作。

3. 伺服参数的初始设定

在急停状态下，进入参数设定支援画面，按下软键【(操作)】，将光标移动至“伺服参数”处，按下软键【选择】，出现参数设定画面。此后的参数设定就在该画面进行，如图2—2—32所示。

4. 与主轴相关的CNC参数的初始设定

(1) 模拟主轴初始设定步骤

在急停状态下，进入参数设定支援画面，按下软键【(操作)】，将光标移动至“主轴设定”处，按下软键【选择】，出现参数设定画面。此后的参数设定就在该画面进行，如图2—2—33所示。

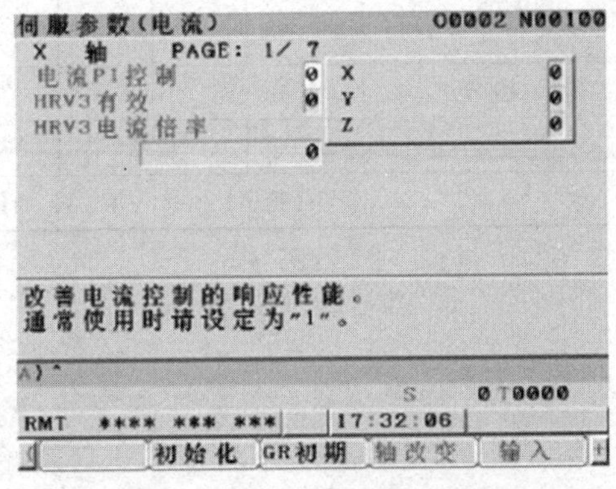

图2—2—32　伺服参数设定画面

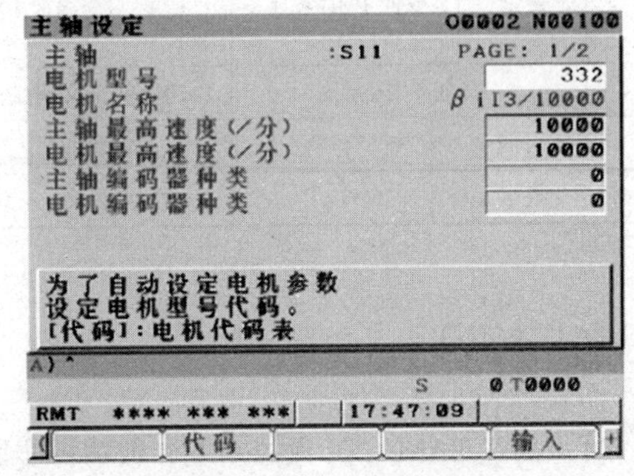

图2—2—33　主轴设定画面

与 FANUC 0i Mate－D 系统模拟主轴控制相关的部分参数如下，可以逐一设定。

3717：各主轴的主轴放大器号设定为 1。

3720：位置编码器的脉冲数。

3730：主轴速度模拟输出的增益调整，调试时设定为 1 000。

3735：主轴电动机的最低钳制速度。

3736：主轴电动机的最高钳制速度。

3741～3744：主轴电动机一挡到四挡的最大速度。

3772：主轴的上限转速。

8133#5：是否使用主轴串行输出。

（2）使用模拟主轴的注意事项

模拟主轴不转的几种可能：

1）在 PMC 中主轴急停、主轴停止信号或主轴倍率没有处理。

2）参数中没有设置主轴选择参数或主轴的速度没有设定。

3）当参数 No. 1802#2 CTS 误设时，将没有模拟输出。

4）参数 No. 3708#0 SAR 模拟主轴没有此信号。误设，主轴无输出（JA8A 5/7 脚）。

任务测评

对任务实施的完成情况进行检查，并将结果填入表 2—2—7。

表 2—2—7　　评分标准

序号	主要内容	考核要求	评分标准	配分	扣分	得分
1	控制系统安装调试	正确安装调试控制系统	（1）接线错误，每处扣 5 分 （2）系统电源的通断顺序不正确，每错一步扣 5 分	50		
2	参数设定	正确设定参数	（1）不会将参数清零，扣 5 分 （2）参数设定步骤不正确，扣 5 分 （3）参数设定不正确，扣 10 分	30		
3	PMC 设定	会查看 PMC 画面，修改 PMC 程序	（1）不会查看 PMC 画面，扣 10 分 （2）不会修改 PMC 程序，扣 10 分	20		
4	安全文明生产		违反安全文明生产规定，扣 5～10 分			
开始时间		结束时间		成绩		
学生姓名		考评员	（签字）　年　月　日			

思考与练习

1. 简述 FANUC 0i 数控系统参数清零步骤。
2. 简述 FANUC 0i 数控系统参数设定步骤。

3. 简述 FANUC 0i 数控系统伺服参数设定步骤。
4. 简述 FANUC 0i 数控系统 PMC 的功能。

任务3 数控机床电气故障检修

学习目标

1. 掌握 CNC 系统常见故障现象及排除方法。
2. 掌握进给伺服系统常见故障现象及排除方法。
3. 掌握主轴系统常见故障现象及排除方法。

任务引入

数控机床是高技术密集型产品，它的可靠运行直接关系到整个设备运行正常与否。当数控机床电气控制系统发生故障时，首先根据故障现象来综合判断故障发生的部位，初步确定是硬件故障还是软件故障，然后通过必要的检测与实验，达到确认和最终排除故障的目的。

本任务主要是根据数控机床 CNC 系统、主轴系统及进给伺服系统等常见故障现象，学会分析和排除数控机床常见的电气故障。

相关知识

一、数控机床电气故障的维修原则和诊断方法

1. 数控机床电气故障的维修原则

(1) 先外部后内部

数控机床是机械、液压、电气一体化的机床，故其故障的发生必然要从机械、液压、电气这三个方面综合反映出来。数控机床的检修要求维修人员掌握先外部后内部的原则，即当数控机床发生故障后，维修人员应先采用望、闻、听、问等方法，由外向内逐一进行检查。

例如，数控机床的行程开关、按钮开关、液压气动元件以及印制电路板插头座、边缘插接件与外部或相互之间的连接部位、电控柜插座或端子排这些机电设备之间的连接部位，其接触不良造成信号传递失灵是产生数控机床故障的重要因素。此外，由于工业环境中温度、湿度变化较大，油污或粉尘对元件及印制电路板的污染，机械的振动等，对于信号传送通道的插接件都将产生严重影响。在检修中应重视这些因素，首先检查这些部位就可以迅速排除较多的故障。另外，尽量避免随意地启封、拆卸，不适当的大拆大卸往往会扩大故障，使机床受损，丧失精度，降低性能。

(2) 先机械后电气

数控机床是一种自动化程度高、技术复杂的先进机械加工设备。机械故障一般较易察觉，而数控系统故障的诊断则难度要大些。先机械后电气就是先检查机械部分是否正常，行

程开关是否灵活，气动、液压部分是否存在阻塞现象等。因为数控机床的故障中有很大部分是由机械动作失灵引起的，所以，在故障检修之前，首先注意排除机械性的故障，往往可以达到事半功倍的效果。

（3）先静后动

维修人员本身要做到先静后动，不可盲目动手，应先询问机床操作人员故障发生的过程及状态，阅读机床说明书、图样资料后，方可动手查找处理故障。其次，对有故障的机床也要本着先静后动的原则，先在机床断电的静止状态，通过观察测试、分析，确认为非恶性循环性故障，或非破坏性故障后，方可给机床通电，在运行工况下，进行动态观察、检验和测试，查找故障；然而对恶性的破坏性故障，必须先行处理排除危险后，方可通电，在运行工况下进行动态诊断。

（4）先公用后专用

公用性的问题往往影响全局，而专用性的问题只影响局部。如机床的几个进给轴都不能运动，这时应先检查和排除各轴公用的 CNC、PLC、电源、液压等部分的故障，然后再设法排除某轴的局部问题。又如电网或主电源故障是全局性的，因此一般应先检查电源部分，看看断路器或熔断器是否正常，直流电压输出是否正常。总之，只有先解决影响一大片的主要矛盾，局部、次要的矛盾才有可能迎刃而解。

（5）先简单后复杂

当多种故障互相交织掩盖、一时无从下手时，应先解决简单的问题，后解决复杂的问题。常常在解决简单问题的过程中，难度大的问题也可能变得容易，或者在排除容易故障时受到启发，对复杂故障的认识更为清晰，从而也有了解决办法。

（6）先一般后特殊

在排除某一故障时，要先考虑最常见的可能原因，然后再分析很少发生的特殊原因。例如，一台 FANUC-0T 数控机床 Z 轴回零不准，常是减速挡块位置走动所造成，一旦出现这一故障，应先检查该挡块位置，在排除这一常见的可能故障之后，再检查脉冲编码器、位置控制等环节。

2. 数控机床电气故障的诊断方法

（1）常规检查法

常规检查法是指依靠人的五官等感觉器官并借助一些简单的仪器来寻找机床故障的原因。这种方法在维修中是常用的，也是最先采用的，维修中应本着先外后内、先机械后电气、先静后动、先公用后专用、先简单后复杂及先一般后特殊的维修原则。

常规检查的主要内容有电源及接口电路，接线、电缆与接插器件，接地与屏蔽装置，机床数据参数等。

（2）参数检查法

参数检查法是在显示器上调用参数设置画面，利用检查参数来判定故障的类型、确定诊断与排除故障的方法。数控机床参数是经一系列的试验和调整而获得的，是保证机床正常运行的重要参数。其参数通常存放在由电池保持供电的 RAM 中，一旦电池电压不足，或系统长期不通电，或外部干扰都会使参数丢失或发生紊乱，将导致机床不能正常工作，此时可调出机床参数进行检查、修改或传送。

注意

以下情况可先采用参数检查法：长期闲置不用的机床；多种报警同时存在；调试后使用的机床出现报警停机；长期运行老机床的各种超差故障、伺服电动机温升、高频振动与噪声；新工序、新材料或加工条件改变后出现故障；无缘无故出现的不正常现象。

（3）同类交换法

同类交换法是对疑点部分用与其型号、功能完全相同的印制电路板、模块、集成电路和其他零部件进行互相交换，观察故障转移情况，以快速确定故障部位。

注意

采用同类交换法检测故障时需注意：交换前必须断电，并检查有无其他危险；不要损坏其他部分电路与部件；控制板和编码器等交换后，还要注意参数或程序的更改。

（4）自诊断功能法

自诊断功能法是在硬件模块、功能部件上各状态测试点（在系统设计制造时设置的）和相应诊断软件的支持下，利用数控系统中计算机的运算处理能力，实时监测系统的运行状态，并在预知系统故障或系统性能、系统运行品质劣变时，及时自动发出报警信息的方法。

注意

数控系统的自诊断显示形式主要有软件报警和硬件报警，可借助维修手册获得故障原因与故障的大致部位：软件报警主要是显示器上显示的报警号和报警信息；硬件报警主要是伺服单元与模块等印制电路板上的指示灯、数码管与报警灯。

（5）原理分析法

根据电气连接图与控制原理图，从逻辑上分析各点的逻辑电平和特征参数，从系统各部件的工作原理进行分析和判断，确定故障部位的维修方法。这种方法的运用要求维修人员对整个系统和每个部件的工作原理、信号流程都有清楚、较深的理解，才可能对故障部位进行准确定位。

原理分析法的步骤：1）根据故障现象进行原理分析，并勾画出故障范围；2）根据手册信息，检测怀疑部分相关I/O接口的逻辑状态；3）逻辑状态对比；4）测量比较确定的故障器件；5）故障排除并试车。

（6）功能程序测试法

功能程序测试法是一种脱机诊断法。针对所修系统的G、M、S、T、F功能，编制一个试验程序，并在故障诊断时空运行这个程序，检查系统功能执行与运行轨迹情况，可快速确定哪个功能不良或失效。

注意

在以下场合中可使用功能程序测试法：加工出废品，又无法确定是CNC系统功能故障还是编程问题或是操作不当时；CNC系统出现随机性或偶发性故障，无法确定CNC系统稳定性时，可进行连续性循环功能程序测试；长期闲置不用的机床重新使用初期或维修后机床出现报警故障，参数检查法未能奏效，并且又怀疑是 CNC 系统功能不良时。

总之，数控机床的故障诊断方法有很多种，它们各有特点。除了上面介绍的几种外，还有测量比较法、敲击诊断法、升降温法、隔离法等方法。在实际应用中，应该根据实际情况现场分析，准确判断问题，用最有效、最省事的方法把故障排除，以减少停机时间。

二、CNC 系统故障诊断与维修

1. CNC 故障诊断的基本方法和步骤

当数控机床发生故障时，在绝大多数情况下 CNC 都能显示报警号与报警信息。根据 CNC 报警显示进行故障的维修处理，是 CNC 系统故障诊断与维修的基本方法之一。

CNC 系统故障诊断与维修的基本步骤：

（1）确认报警号。

（2）根据 CNC 所显示的报警号，大致确定故障部位。

（3）分析发生故障可能的原因。

（4）进行相应的维修处理。

2. CNC 报警的分类

根据报警显示形式不同，FANUC 0i Mate－D 可以分为报警号显示报警与文本提示报警。前者既有报警号，还有相应的文本提示信息，CNC 的绝大部分报警属于此类情况；后者只显示提示文本，一般在 PMC 程序编辑与数据 I/O 时出现。

根据报警设计者的不同，FANUC 0i－D 的报警可以分为系统报警和外围报警。前者是 CNC 厂家设计，所有 FANUC 0i－D 通用；后者为机床生产厂家所设计，不同结构类型的机床就会有不同的外部故障错误代码和报警信息。由于机床的外围报警只能用于特定的机床，所以，当出现此类报警时，操作者需根据机床生产厂家所提供的使用说明书进行维修与处理。

CNC 报警分类见表 2—3—1。

表 2—3—1　　CNC 报警分类

报警号	缩写	内容	备注
000～253	PROGRAM. EDIT	编辑/操作错误	P/S 报警
300～309	APC	绝对位置编码器故障	APC 报警
360～387	SPC	串行编码器故障	SPC 报警
400～468	SV－1	伺服驱动器报警 1	SV 报警
500～515	OVT	超程报警	
600～613	SV－2	伺服驱动器报警 1	SV 报警
700～704	OH	过热报警	
740～742	RIGID	TAP	
749～784	SPINDLE	主轴报警	
900～976	SYSTEM	系统报警	CNC 系统报警
1000～1999	PMC	ALM	取决于机床生产厂家的设计
2000～2999	PMC	ALM	
3000～3999	MACRO	PRO	

续表

报警号	缩写	内容	备注
5010 ~ 5453	PROGRAM. EDIT	编辑/操作错误	P/S 报警
7000 ~		串行主轴报警	
ER01 ~ ER99		PMC 报警	
WN02 ~ WN48		PMC 程序或控制软件报警	
PC000 ~ PC200		PMC 系统报警	
—		PMC 用户程序出错文本提示	
—		数据 I/O 错误文本提示	

3. CNC 系统软件故障检测与维修

(1) 系统软件的配置

以 FANUC 系统为例，系统软件包括三部分：

1) 数控系统生产厂家研制的启动芯片、基本系统程序、加工循环、测量循环等。

2) 由机床厂家编制的针对具体机床所用的 CNC 机床数据、PLC 机床程序、PLC 机床数据、PLC 报警文本。

3) 由机床用户编制的加工主程序、加工子程序、刀具补偿参数、零点偏置参数、R 参数等组成。

(2) 软件故障发生的原因

1) 误操作。在调试用户程序或修改机床参数时，操作者删除或更改了软件内容或参数，从而造成软件故障。

2) 供电电池电压不足。为 RAM 供电的电池经过长时间的使用后，电池电压降低到监测电压以下，或在停电情况下拔下为 RAM 供电的电池、电池电路断路或短路、电池电路接触不良等都会造成 RAM 得不到维持电压，从而使系统丢失软件和参数。

(3) 软件故障的排除方法

1) 对于软件丢失或参数变化造成的运行异常、程序中断、停机故障，可采取对数据程序更改或清除重新再输入来恢复系统的正常工作。

2) 对于程序运行或数据处理中发生中断而造成的停机故障，可采用硬件复位或关掉数控机床总电源开关，然后再重新开机的方法排除。

3) CNC 复位、PLC 复位能使后继操作重新开始，而不会破坏有关软件和正常处理的结果，以消除报警。也可采用清除法，但对 CNC、PLC 采用清除法时，可能会使数据全部丢失，应注意保护不想清除的数据。

4) 开关系统电源是清除软件故障的常用方法，但在出现故障报警或开关机之前一定要将报警的内容记录下来，以便排除故障。

①电源接通时的检查。在 CNC 电源接通后，内部操作系统先进行的是 CNC 硬件安装与故障方面的检查，如果检查到硬件安装存在问题或硬件本身故障，将自动停止，并出现如图 2—3—1 所示的硬件故障显示页面。另外，在电源接通过程中还可以显示如图 2—3—2 和图 2—3—3 所示的模块设定与软件配置界面。

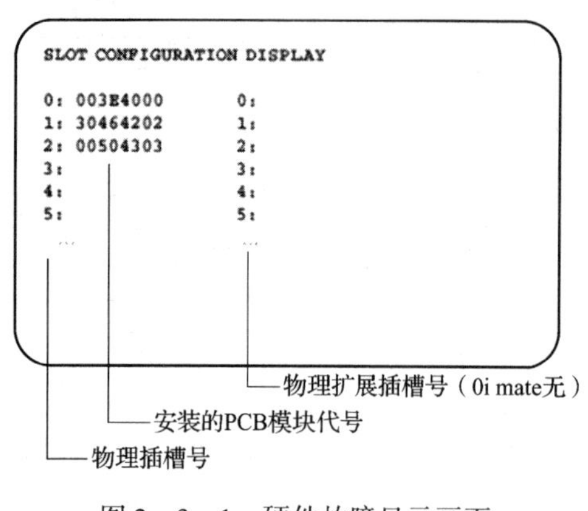

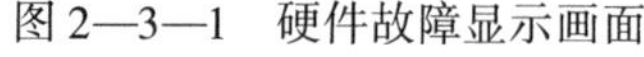

图 2—3—1　硬件故障显示画面

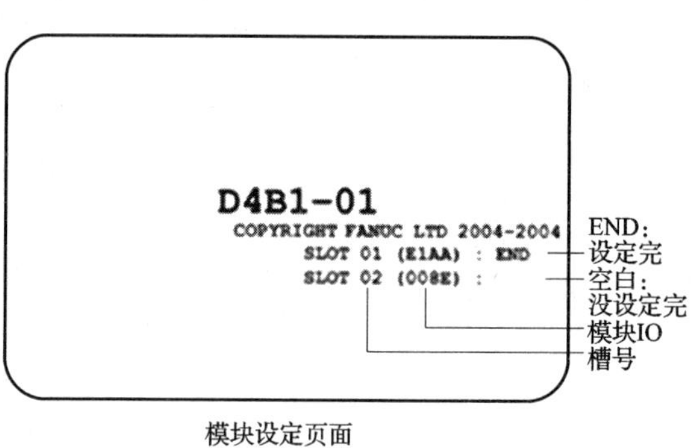

图 2—3—2　模块设定画面

②正常启动后检查。系统正常启动后，系统显示如图 2—3—4 和图 2—3—5 所示插槽和 CNC 软件画面。

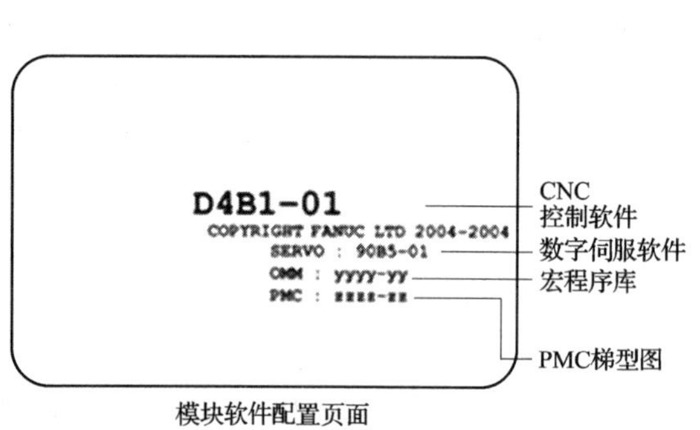

图 2—3—3　模块软件配置画面

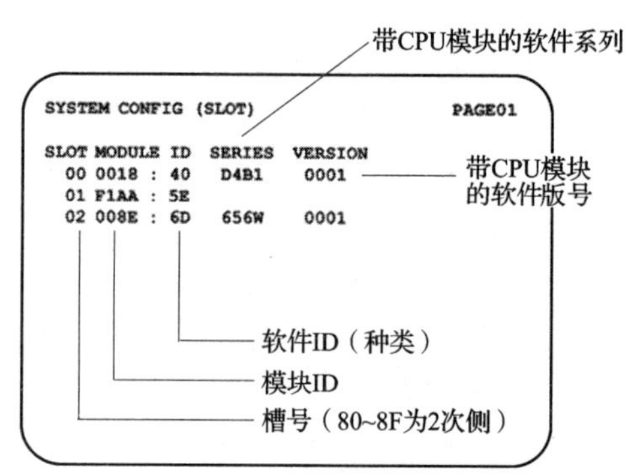

图 2—3—4　插槽显示页面

③CNC 基本工作状态的显示，如图 2—3—6 所示。

显示信息包括机床工作方式、运行状态、时间显示、辅助功能执行状态、程序编辑状态等。

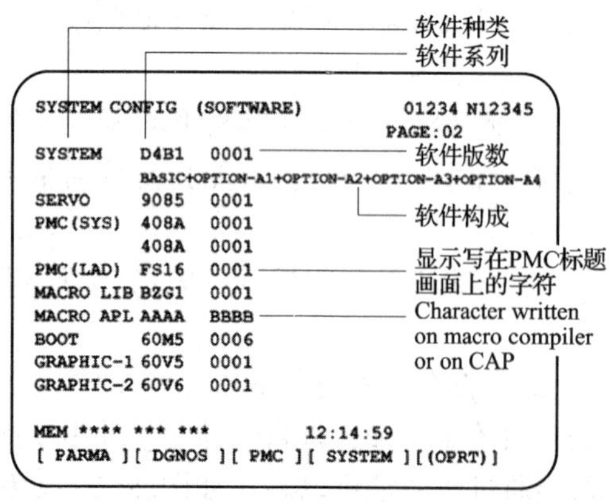

图 2—3—5　CNC 软件显示页面

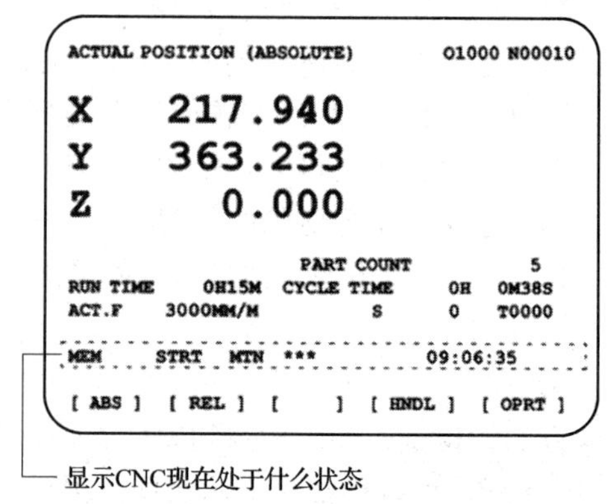

图 2—3—6　CNC 基本工作状态的显示

4. CNC 系统硬件故障诊断与维修

主板工作状态指示如图 2—3—7 所示。报警 LED 及指示灯 ST4 ~ ST1 状态的含义见表 2—3—2 和表 2—3—3。

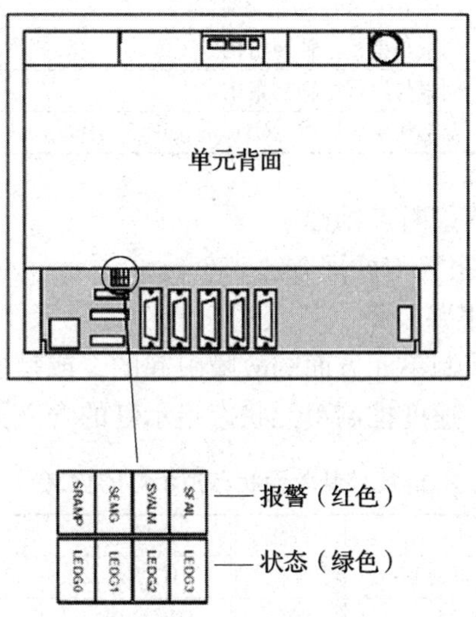

图 2—3—7 主板工作状态指示

表 2—3—2 **报警 LED 的含义**

报警 LED	报警指示灯的含义
SVLAM	伺服报警
SEMG	CNC 内部硬件报警
SFAIL	CNC 内部软件报警，引导系统 BOOT 出错
SRAMP	RAM 校验出错

表 2—3—3 **指示灯 ST4 ~ ST1 状态的含义**

指示灯 ST4 ~ ST1 的状态（■亮 □暗）	报警指示灯的含义
□□□□	电源关闭
■■■■	电源接通，BOOT 执行中
□■■■	CNC 启动中
■□■■	CNC 配置中
□□■■	CNC 配置完成，进行 CNC 网络总线初始化
■■□■	CNC 总线初始化完成
□■□■	PMC 初始化完成
■□□■	CNC 硬件配置完成

续表

指示灯 ST4～ST1 的状态（■亮　□暗）	报警指示灯的含义
□□□■	PMC 用户程序初始化完成
□■■□	伺服与串行主轴初始化
■■■□	伺服与串行主轴初始化完成
■□□□	全部初始化完成，CNC 进入正常工作状态

三、进给伺服系统的故障诊断与维修

1. 进给伺服系统的常见报警与处理方法

（1）进给伺服系统出错报警故障

这类故障大都是由速度控制单元方面的故障引起的，或是主控制印制电路板与位置控制或伺服信号有关部分的故障。速度控制单元状态指示灯的含义见表 2—3—4。

表 2—3—4　　速度控制单元状态指示灯的含义

代号	含义	备注	代号	含义	备注
BRK	驱动器主回路熔断器跳闸	红色	TGLS	转速太高	红色
HCAL	驱动器过电流报警	红色	DCAL	直流母线过电压报警	红色
HVAL	驱动器过电压报警	红色	PRAY	位置控制准备好	绿色
OVC	驱动器过载报警	红色	VRDY	速度控制单元准备好	绿色
LVAL	驱动器欠电压报警	红色			

（2）检测元件或检测信号方面引起的故障

例如，某数控机床显示“主轴编码器断线”，引起的原因有：

1）动力线断线。如果伺服电源刚接通，尚未接到任何指令时，就发生这种报警，则由于断线而造成故障的可能性最大。

2）伺服单元印制电路板设定错误，如将检测元件脉冲编码器设定成了测速发电机等。

3）没有速度反馈电压或时有时无，这可用显示其测量速度反馈信号来判断，这类故障除检测元件本身存在故障外，大多数是连接不良或接通不良引起的。

4）由于光电隔离板或中间的某些电路板上劣质元器件引起。当有时开机运行相当长一段时间后，出现“主轴编码器断线”，这时重新开机，故障可能会自动消除。

（3）参数被破坏报警

参数被破坏报警内容、发生情况、可能原因和处理措施见表 2—3—5。

表 2—3—5　　参数被破坏报警

报警内容	报警发生情况	可能原因	处理措施
参数破坏	在接通控制电源时发生	正在设定参数时电源断开	进行用户参数初始化后重新输入参数
		正在写入参数时电源断开	
		超出参数的写入次数	更换伺服驱动器
		伺服驱动 EEPROM 以及外围电路故障	更换伺服驱动器
参数设定异常	在接通控制电源时发生	装入了设定不适当的参数	执行用户参数初始化处理

(4) 主电路检测部分异常报警

主电路检测部分异常报警内容、发生情况、可能原因和处理措施见表2—3—6。

表2—3—6 主电路检测部分异常报警

报警内容	报警发生情况	可能原因	处理措施
主电路检测部分异常	在接通控制电源时或者运行过程中发生	控制电源不稳定	将电源恢复正常
		伺服驱动器故障	更换伺服驱动器

(5) 超速报警

超速报警内容、发生情况、可能原因和处理措施见表2—3—7。

表2—3—7 超速报警

报警内容	报警发生情况	可能原因	处理措施
超速	接通控制电源时发生	电路板故障	更换伺服驱动器
		电动机编码器故障	更换编码器
	电动机运转过程中发生	速度标定设定不合适	重新设定速度参数
		速度指令过大	使速度指令减到规定范围
		电动机编码器信号线故障	重新布线
		电动机编码器故障	更换编码器
	电动机启动时发生	超调过大	重设伺服跳闸使启动特性曲线变缓
		负载惯量过大	伺服负载惯量减到规定范围

(6) 限位动作报警

限位动作报警发生状况、可能原因和处理措施见表2—3—8。

表2—3—8 限位动作报警

报警发生状况	可能原因	处理措施
限位开关动作	控制轴超程	参照机床说明书进行超程解除
	限位开关开路	依次检查限位电路，处理电路开路故障

(7) 过热报警

过热报警具体表现、可能原因和处理措施见表2—3—9。

表2—3—9 过热报警

	过热具体表现	可能原因	处理措施
过热报警	过热继电器动作	机床切削条件苛刻	重新考虑切削参数，改善切削条件
		机床摩擦力矩过大	改善机床润滑条件
	热控开关动作	伺服电动机内部短路	更换伺服电动机

续表

	过热具体表现	过热原因	处理措施
过热报警	热控开关动作	电动机制动器不良	更换制动器
		电动机永久磁钢去磁或脱落	更换电动机
	电动机过热	驱动器参数增益不当	重新设置相应参数
		驱动器与电动机配合不当	重新考虑配合条件
		电动机轴承故障	更换轴承
		驱动器故障	更换驱动器

(8) 电动机过载报警

电动机过载报警内容、发生情况、可能原因和处理措施见表 2—3—10。

表 2—3—10　　电动机过载报警

报警内容	报警发生情况	可能原因	处理措施
电动机过载报警	在接通控制电源时发生	伺服单元故障	更换伺服单元
	在伺服 ON 时发生	电动机配线异常	修正电动机配线
		编码器配线异常	修正编码器配线
		编码器有故障	更换编码器
		伺服单元故障	更换伺服单元
	在输入指令时伺服电动机不转的情况下发生	电动机配线异常	修正电动机配线
		编码器配线异常	修正编码器配线
		启动转矩超过最大转矩或者负载有冲击现象；电动机振动或抖动	重新考虑负载条件、运行条件或者电动机容量
		伺服单元故障	更换伺服单元
	在通常运行时发生	有效转矩超过额定转矩或者启动转矩大幅度超过额定转矩	重新考虑负载条件、运行条件或者电动机容量
		伺服单元存储盘温度高	将工作温度下调
		伺服单元故障	更换伺服单元

(9) 伺服单元过电流报警

伺服单元过电流报警内容、发生情况、可能原因和处理措施见表 2—3—11。

表 2—3—11　　伺服单元过电流报警

报警内容	报警发生情况	可能原因	处理措施
过电流	在接通控制电源时发生	伺服驱动器电路板与热开关连接不良	更换驱动器
		伺服驱动器电路板故障	

续表

报警内容	报警发生情况		可能原因	处理措施
过电流	在接通主电路电源时或者在电动机运行过程中产生过电流	接线错误	U、V、W与地线连接错误	检查配线，正确连接
			地线接在其他端子上	
			电动机U、V、W与地线短路	修正或更换电动机主电路用线
			电动机U、V、W之间短路	
			再生电阻配线错误	检查配线，正确连接
			驱动器U、V、W与地线短路	更换驱动器
			驱动器故障	
			伺服电动机U、V、W与地线短路	更换伺服单元
			伺服电动机U、V、W之间短路	
		其他原因	因负载转动惯量过大	更换驱动器
			位置速度指令发生剧烈变化	重新评估指令值
			负载是否过大	重新考虑负载条件，运行条件
			伺服驱动器的安装方法不正确	伺服驱动器温度降到55℃以下

(10) 伺服单元过电压报警

伺服单元过电压报警内容、发生情况、可能原因和处理措施见表2—3—12。

表2—3—12　　伺服单元过电压报警

报警内容	报警发生情况	可能原因	处理措施
过电压	在接通控制电源时发生	伺服驱动器电路板故障	更换伺服驱动器
	在接通主电源时发生	AC电源电压过大	将AC电压调到正常范围
		伺服驱动器故障	更换伺服驱动器
	在正常运行时发生	使用转速高，负载转动惯量大	检查并调整负载条件、运行条件
		内部或外接的再生放电电路故障	建议更换伺服驱动器
		伺服驱动器故障	更换伺服驱动器
	在伺服电动机减速时发生	使用转速高，负载转动惯量大	检查并调整负载条件、运行条件
		加减速时间过小，在降速过程中引起过电压	调整加减速时间常数

(11) 伺服单元欠电压报警

伺服单元欠电压报警内容、发生情况、可能原因和处理措施见表2—3—13。

表 2—3—13　　伺服单元欠电压报警

报警内容	报警发生情况	可能原因	处理措施
电压不足	在接通控制电源时发生	伺服驱动器电路板故障	更换伺服驱动器
		电源容量太小	更换容量大的驱动电源
	在接通主电路电源时发生	AC 电源电压过低	将 AC 电源电压调到正常范围
		伺服驱动器的熔丝熔断	更换熔丝
		冲击电流限制电阻断线，冲击电流限制电阻过载	更换伺服驱动器
		伺服 ON 信号提前有效	检查外部使能电路是否短路
		伺服驱动器故障	更换伺服驱动器
	在通常运行时发生	AC 电源电压低	将 AC 电源电压调到正常范围
		发生瞬时停电	通过报警复位重新开始运行
		电动机主电路用电缆短路	修正或更换电动机主电路电缆
		伺服电动机短路	更换伺服电动机
		伺服驱动器故障	更换伺服驱动器
		整流器件损坏	建议更换伺服驱动器

（12）位置偏差过大报警

位置偏差过大报警内容、发生情况、可能原因和处理措施见表 2—3—14。

表 2—3—14　　位置偏差过大报警

报警内容	报警发生情况	可能原因	处理措施
位置偏差过大	在接通控制电源时发生	位置偏差参数设得过小	重新设定正确参数
		伺服单元电路板故障	更换伺服单元
	在高速旋转时发生	伺服电动机 U、V、W 配线不正确	修正电动机配线
		伺服单元电路板故障	更换伺服单元
	在发出位置指令时电动机不旋转的情况下发生	伺服电动机 U、V、W 配线不正确	修正电动机配线
		伺服单元电路板故障	更换伺服单元
	动作正常，但在长指令时发生	位置指令的增益调整不良	上调速度环增益、位置环增益
		伺服单元的增益频率过高	缓慢降低位置指令频率，加入平滑功能，重新评估电子齿轮比
		负载条件与电动机规格不符	重新评估负载或电动机容量

（13）编码器出错报警

编码器出错报警内容、发生情况、可能原因和处理措施见表 2—3—15。

表 2—3—15　　编码器出错报警

报警内容	报警发生情况	可能原因	处理措施
编码器出错	编码器电池报警	电池连接不良或未连接	正确连接电池
		电池电压低于规定值	更换电池，重新启动
		伺服单元故障	更换伺服单元
	编码器故障	无 A 相和 B 相脉冲	建议更换脉冲编码器
		引线电缆短路或损坏而引起通信错误	
	客观条件	接地、屏蔽不良	处理好接地

2. 伺服位置反馈装置故障诊断方法

FANUC 数控系统既可以用于半闭环工作，又可以用于全闭环工作。半闭环位置检测为伺服电动机尾部的光电编码器，全闭环位置检测来自机床上直线光栅尺等直线位移检测器件。

数控系统伺服反馈常见故障是断线故障，断线报警根据产生的原因不同，分为硬件断线报警和软件断线报警。

例：某立式加工中心，数控系统采用 FANUC 0i－MC 系统，伺服电动机为 αi12/3000，外加直线光栅构成全闭环，在使用过程中产生 Z 轴 445#报警，系统停止工作。

（1）故障报警过程

当数控系统设计和调试为全闭环位置控制方式，数控系统除实时检测编码器是否有断线报警外，还实时对半闭环检测的位置数据与分离式直线位置检测反馈的脉冲数进行偏差计算，若超过参数 NO. 2064 设置值，就会产生 445#报警。

（2）故障产生原因

根据直线位置检测反馈工作过程，故障可能是由于直线位置检测器件断线或插座没有插好产生的；直线位置反馈装置的电源电压偏低或没有；位置反馈检测器件本身故障；光栅适配器故障等，闭环位置检测器件是通过光栅适配器进入伺服位置控制回路的。

3. 伺服进给装置故障诊断方法

伺服进给装置常见故障及诊断方法如下：

（1）超程

有软件超程、硬件超程和急停保护三种。

（2）过载

当进给运动的负载过大、频繁正反向运动，以及进给传动润滑状态和过载检测电路不良时，都会引起过载报警。

（3）窜动

在进给时出现窜动现象，可能原因是测速信号不稳定；速度控制信号不稳定或受到干扰；接线端子接触不良。当窜动发生在正向运动与反向运动的换向瞬间时，一般是由于进给传动链的反向间隙或伺服系统增益过大所致。

（4）爬行

发生在启动加速段或低速进给段时，一般是进给传动链的润滑状态不良、伺服系统增益过低以及外加负载过大等因素所致。

（5）振动

分析机床振动周期是否与进给速度有关。

（6）伺服电动机不转

数控系统至进给单元除了速度控制信号外，还有使能控制信号，使能信号是进给动作的前提。

（7）位置误差

当伺服运动超过允许的误差范围时，数控系统就会产生位置误差过大报警，包括跟随误差、轮廓误差和定位误差等。主要原因是系统设定的允差范围过小；伺服系统增益设置不当；位置检测装置污染；进给传动链累积误差过大；主轴箱垂直运动时平衡装置不稳。

四、变频主轴系统的故障诊断与维修

1. 通用变频器常用报警及保护

为了保证驱动器的安全、可靠运行，在主轴伺服系统出现故障和异常情况时，设置了较多的保护功能，这些保护功能与主轴驱动器的故障检测与维修密切相关。当驱动器出现故障时，可以根据保护功能的情况，分析故障原因。

（1）接地保护

在伺服驱动器的输出线路以及主轴内部等出现对地短路时，可以通过快速熔断器切断电源，对驱动器进行保护。

（2）过载保护

当驱动器负载超过额定值时，安装在内部的热开关或主回路的热继电器将动作，对过载进行保护。

（3）速度偏差过大报警

当主轴的速度由于某种原因偏离了指定速度且达到一定的误差后，将发出报警，并进行保护。

（4）瞬时过电流报警

当驱动器中由于内部短路，输出短路等原因产生异常的大电流时，驱动器将发出报警并进行保护。

（5）速度检测回路断线或短路报警

当测速发电机出现回路断线或短路时，驱动器将发出报警并进行保护。

（6）速度超过报警

当检测出的主轴转速超过额定值的115%，驱动器将发出报警并进行保护。

（7）励磁监控

如果主轴励磁电流过低或无励磁电流，为防止飞车，驱动器将发出报警并进行保护。

（8）短路保护

当主回路发生短路时，驱动器可以通过相应的快速熔断器进行保护。

（9）相序报警

当三相输入电压源相序不正确或缺相时，驱动器将发出报警。

驱动出现保护性的故障时（也称报警），先通过驱动器自身的指示灯以报警的形式反映出内容，具体说明见表 2—3—16。

表 2—3—16　　　　驱动器报警说明

报警名称	报警时 LED 显示	动作内容
对地短路	对地短路故障	检测到变频器输出电路对地短路时动作（一般为≫30 kW）。而当≪22 kW 变频器发生对地短路时，作为对电流保护动作。此功能只是保护变频器。为保护人身和防止火警事故等应采取另外的漏电保护继电器或漏电断路器等进行保护
过电压	加速时过电压	由于再生电流增加，使主电路直流电压达到过电压检出值（有些变频器为 DC 800 V）时，保护动作。但是，如果由变频器输入侧错误地输入控制电路电压值时，将不能显示报警
	减速时过电流	
	恒速时过电流	
欠电压	欠电压	电源电压降低等使主电路直流电压低至欠电压检出值（DC 400 V）以下时，保护功能动作。注意：当电压低至不能维持变频器控制电路电压值时，将不显示报警
电源缺相	电源缺相	连接的三相输入电源 L1/R、L2/S、L3/T 中任何一相缺少时，有的变频器能在三相电压不平衡状态下运行，但可能造成某些器件（如主电路整流二极管和主滤波电容器）损坏，这种情况下，变频器会报警和停止运行
过热	散热片过热	如内部的冷却风扇发生故障，则散热片温度上升，产生保护动作
	变频器内部过热	如变频器内通风散热不良等，则其内部温度上升，产生保护动作
	制动电阻过热	当产生制动电阻且使用频率过高时，会使其温度上升，为防止制动电阻烧损（有时会有“啪”的爆响声），保护动作
外部报警	外部报警	当控制电路端子连接控制单元、制动电阻、外部热继电器等外部设备的报警常闭节点时，按这些节点的信号动作
过载	电动机过负载	当电动机所拖动的负载过大，使通过电子热继电器的电流超过设定值时，按反时限性保护动作
	变频机过负载	此报警一般为变频器主电路半导体元件的温度保护，按变频器输出电流超过过载额定值时保护动作
通信错误	RS 通信错误	当通信时出错，则保护动作

2. 通用变频器常见故障及处理

通用变频器常见故障及处理见表 2—3—17。

表 2—3—17　　　　通用变频器常见故障及处理

故障现象	发生时的工作状况	处理方法
电动机不转	变频器输出端子 U、V、W 不能提供电源	检查电源是否已提供给端子
		检查运行命令是否有效
		检查 RS（复位）功能或自由运行停车功能是否处于开启状态
	负载过重	检查电动机负载是否太重
	任选远程操作器被使用	确保其操作设定正确

续表

故障现象	发生时的工作状况	处理方法
电动机反转	输出端子 U/T1、V/T2 和W/T3 的连接不正确	使得电动机的相许与端子连接相对应，通常来说，正转（FWD）=U-V-W，反转（REV）=U-W-V
	电动机正反转的相序与 U/T1、V/T2 和 W/T3 不对应	
	控制端子（FW）和（RV）连线不正确	端子（FW）用于正转，（RV）用于反转
电动机转速不能到达	如果使用模拟输入，电流或电压为“O”或“OI”	检查连线
		检查电位器或信号发生器
	负载太重	减少负载
		重负载激活了过载限定（根据需要不要此过载输出）
转动不稳定	负载波动过大	增加电动机容量（变频器及电动机）
	电源不稳定	解决电源问题
	该现象只是出现在某一特定频率下	稍微改变输出频率，使用调频设定将此有问题的频率跳过
过流	加速中过流	检查电动机是否短路或局部短路，输出线绝缘是否良好
		延长加速时间
		变频器配置不合理，增大变频器容量
		降低转矩提升设定值
	恒速中过流	检查电动机是否短路或局部短路，输出线绝缘是否良好
		检查电动机是否堵转，机械负载是否有突变
		检查变频器容量是否太小，增大变频器容量
		检查电网电压是否有突变
	减速中或停车时过流	检查输出连线绝缘是否良好，电动机是否有短路现象
		延长减速时间
		更换容量较大的变频器
		直流制动量太大，减少直流制动量
		机械故障，送厂维修
短路	对地短路	检查电动机连线是否有短路
		检查输出线绝缘是否良好
		送修
过压	停车中过压	延长减速时间，或加装刹车电阻；改善电网电压，检查是否有突变电压产生
	加速中过压	
	恒速中过压	
	减速中过压	

续表

故障现象	发生时的工作状况	处理方法
低压		检查输入电压是否正常
		检查负载是否有突变
		检查是否缺相
变频器过热		检查风扇是否堵转，散热片是否有异物
		检查环境温度是否正常
		检查通风空间是否足够，空气是否能对流
变频器过载	连续超负载 150% 1 min 以上	检查变频器容量是否配小，如果配小需要加大容量
		检查机械负载是否有卡死现象
		V/F 曲线设定不良，重新设定
电动机过载	连续超负载 150% 1 min 以上	检查机械负载是否有突变
		电动机配用太小
		电动机发热绝缘变差
		检查电压是否波动较大
		检查是否存在缺相
		机械负载增大
电动机过转矩		检查机械负载是否有波动
		检查电动机配置是否偏小

说明：

(1) 电源电压过高

变频器一般允许电源电压向上波动的范围是 +10%，超过此范围时，就进行保护。

(2) 降速过快

如果将减速时间设定得太短，在生产制动过程中，制动电阻来不及将能量放掉，导致直流回路电压过高，形成高电压。

(3) 电源电压低于额定值电压 10%。

(4) 过电流可分为非短路性过电流和短路性过电流

非短路性过电流可能发生在严重过载或增加过快时；短路性过电流可能发生在负载侧短路或负载侧接地时。另外，如果变频器逆变桥同一桥臂的上下两晶体管同时导通，会形成直通。因为变频器在运行时，同一桥臂的上下两晶体管总是处于交替接通状态，在交替导通的过程中，必须保证只有在一只晶体管完全截止后，另一只晶体管才能开始导通。如果由于某种原因，如环境温度过高等，使器件参数发生漂移，就可能导致直通。

3. 通用变频器故障维修实例

【例 1】 变频器出现过电压报警的维修。

故障现象：配套某系统的数控机床，主轴驱动采用三菱公司的 E540 变频器，在加工过程中，变频器出现过压报警。

分析与处理过程：仔细观察机床故障产生的过程，发现故障总是在主轴启动、制动时发生，因此，可以初步确定故障的产生与变频器的加/减速时间设定有关。当加/减速时间设定不当时，如主启/制动频繁或时间设定太短，变频器的加/减速无法在规定时间内完成，则通常容易产生过电压报警。

修改变频器参数，适当增加加/减速时间后，故障消除。

【例2】 安川变频器主轴在换刀时出现旋转的故障维修。

故障现象：配套某系统的数控机床，开机时发现，当机床进行换刀动作时，主轴也随之转动。

分析与处理过程：由于该机床采用的是安川变频器控制主轴，主轴转速是通过系统输出的模拟电压控制的。根据以往经验，安川变频器对于输入信号的干扰比较敏感，因此初步确认故障原因与线路有关。

为了确认，再次检查机床的主轴驱动器、刀架控制的原理图与实际接线，可以判定在线路连接、控制上两者相互独立，不存在相互影响。

进一步检查变频器的输入模拟量屏蔽电缆布线与屏蔽线连接，发现该电缆的布线位置与屏蔽线连接均不合理，将电缆重新布线并对屏蔽线进行重新连接后，故障消失。

任务实施

一、任务准备

实施本任务所需要的实训设备及工具材料见表2—3—18。

表2—3—18　　实训设备及工具材料表

序号	设备与工具	规格	数量
1	数控机床示教机	FANUC 数控系统	1台
2	数控系统说明书		1本
3	数控系统维修说明书		1本
4	数控机床使用说明书		1本
5	电工工具		1套
6	扳手		1套

二、CNC系统故障示范检修

1．检修实例1

故障现象：CAK4085di型数控机床（FANUC 0i Mate－TD系统），当系统通电运行后，出现OH0700报警信息。

操作提示

在实际维修中，当机床出现故障时，应先向操作者询问机床的故障情况，例如：询问故障发生在什么时候？发生了几次？是因何种操作引起的？发生了什么现象？待了解故障的基本现象后，再按照以下步骤进行检修。检修前应悬挂“机床维修中，请勿靠近”等警示牌。

检修流程：

（1）机床通电前外部电器检查

实际维修工作中，机床通电前，应先进行外部电器检查，观察机床外部电器是否有损坏、散热风扇转动是否灵活、接线是否有松动现象，周围环境温度是否过高等。

（2）通电试车，进一步观察故障现象

根据操作说明书进行通电试车，并结合相关信息，深入仔细地观察，发现机床运行一段时间后才出现 OH0700 报警。通过观察把故障现象详细地记录在故障维修记录单中，见表 2—3—19。

表 2—3—19　　数控机床故障维修记录单

<table>
<tr><td>维修时间</td><td colspan="2"></td><td>维修人员</td><td></td></tr>
<tr><td>设备名称</td><td colspan="2">数控机床</td><td>设备型号</td><td></td></tr>
<tr><td>故障现象</td><td colspan="4"></td></tr>
<tr><td rowspan="5">诊断与维修</td><td>可能故障部位</td><td>是否正常</td><td>排除方法</td><td>维修用零配件</td></tr>
<tr><td></td><td></td><td></td><td></td></tr>
<tr><td></td><td></td><td></td><td></td></tr>
<tr><td></td><td></td><td></td><td></td></tr>
<tr><td></td><td></td><td></td><td></td></tr>
<tr><td>维修小结</td><td colspan="4"></td></tr>
<tr><td>维修后试运行
确认维修结果</td><td colspan="4"></td></tr>
</table>

（3）根据故障现象，进行原因分析，确定故障范围

查阅维修手册（或通过分析）可知，OH0700 报警故障是控制单元过热报警。数控机床出现控制单元过热报警的原因可能是控制单元散热风扇坏、周围环境温度大于 45℃、主板温度检测装置失效等。详细分析故障原因，并把故障原因记录在故障维修记录单中。

（4）根据故障分析范围，正确检修

根据分析的故障原因，采取正确的检修方法进行检测。检修过程中应把故障排除方法和故障点详细记录在故障维修记录单中。

（5）故障修复，并通电试车。

（6）检修完毕，切断电源，清扫场地。

2. 检修实例 2

故障现象：FANUC 0i Mate－TD 系统通电后 LCD 上没有任何显示。

故障分析与处理：当系统通电后 LCD 上没有任何显示以及停留在显示“LOADING GRAPHICSYSTEM”（加载图形系统）的情形。出现此故障时，可以通过查阅 FANUC 0i Mate－TD 维修手册来进一步分析和确定故障，其分析流程如图 2—3—8 所示。

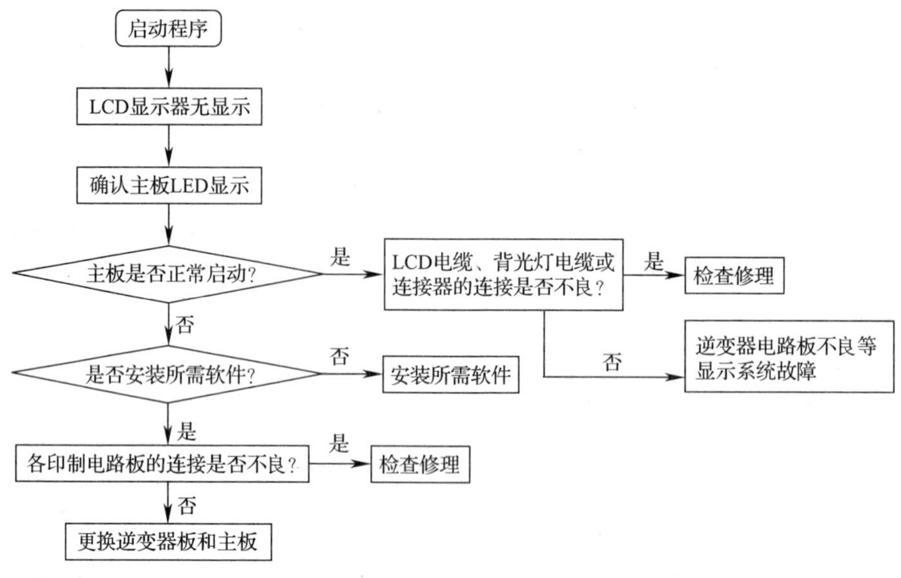

图 2—3—8　LCD 无显示故障分析流程

三、变频主轴系统故障示范检修

1. 变频器报警引起系统急停报警

机床通电后，在手动方式下，按下主轴启动按钮，CNC 系统出现急停报警，通过查看确定是变频器出现报警而引起系统急停报警。当变频器系统出现故障时，先要观察变频器指示屏中出现的故障代码，根据故障代码的含义对变频器本身的硬件故障及参数设置进行检查、维修。如果变频器主轴驱动系统出现故障时，变频器无故障代码显示，此时，重点检查参数的设置或变频器外围控制信号，其故障检修流程如图 2—3—9 所示。

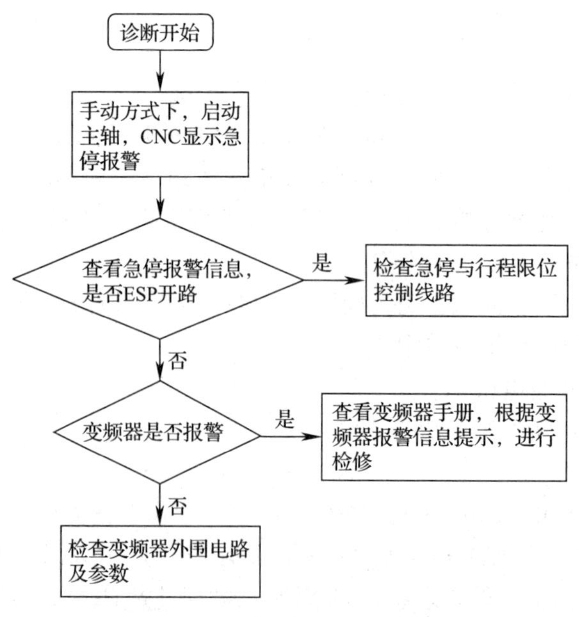

图 2—3—9　系统急停报警的故障检修流程

例如，CAK4085di 数控机床（FANUC 0i Mate－TD 系统）通电后，在手动方式下按下主轴启动按钮，变频器发生 E03 报警，从而引起系统出现急停报警。

故障分析与诊断如下：

（1）根据故障现象，确定故障范围

接通 CAK4085di 数控机床电源后，在手动方式下，按下主轴启动按钮，主轴在启动时，CNC 系统出现急停报警。通过进一步的分析和检查，发现机床启动时变频器也发生 E03 报警，从而确定是由变频器发生报警而引起系统报警的。根据所学的知识和查阅变频器手册可知，变频器 E03 报警属于加速过流。引起 E03 报警的原因通常是电网电压异常、变频器加速时间太短、负载过重、变频器本身有故障等。通过上述原因分析，确定故障范围，并把故障原因详细记录在故障维修记录单中。

（2）根据故障分析，正确进行检修

根据分析的故障原因，参考变频器说明书中的故障对策处理及图 2—3—9 所示检修流程图，分别对输入电源、变频器参数、负载情况和变频器本身等逐一进行检查与排除，并把故障排除方法和故障点记录在故障维修记录单中。

2．主轴电动机不能启动

故障分析与诊断：机床通电后，在手动方式下，按下主轴启动按钮，主轴电动机不运转。出现此故障时，可以参考表 2—3—17 所列的相关内容，并通过查阅机床使用说明书，参考电路原理图来进一步分析和确定故障，其故障检修流程如图 2—3—10 所示。

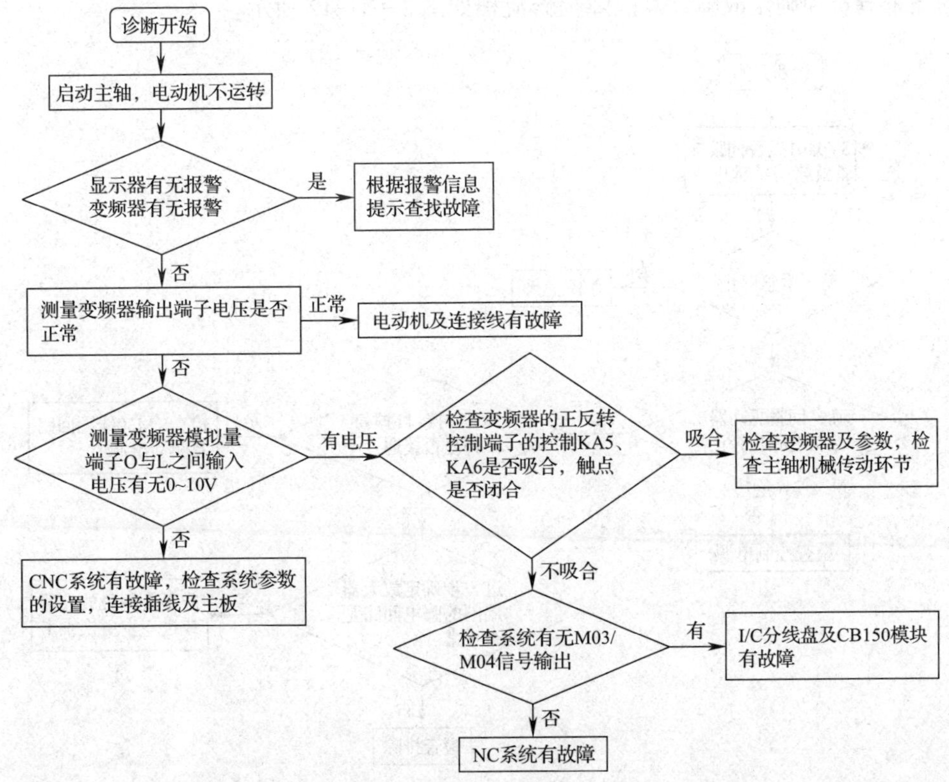

图 2—3—10　主轴电动机不能启动运行的故障检修流程

3．主轴速度不能调整

故障分析与诊断：机床通电后，在手动方式下，按下主轴启动按钮，当系统主轴速度指令改变时，变频器主轴出现速度不能调整或者转速差较大故障。当出现此故障时，可以参考表2—3—17的内容，并结合相关资料分析，确定出故障检修流程，如图2—3—11所示。

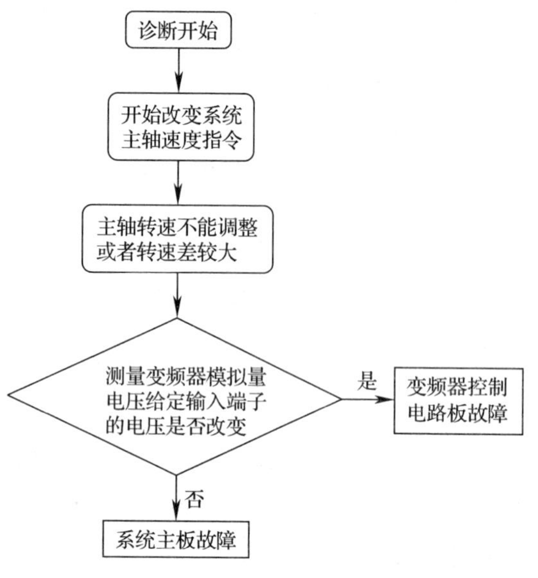

图2—3—11　主轴速度不能调整故障检修流程

四、进给伺服系统故障示范检修

以CAK4085di型数控机床（FANUC 0i Mate－TD系统）为例，介绍进给伺服驱动系统的故障检修基本流程。

1．检修实例1

故障现象：系统出现SV0401（伺服准备就绪信号断开）报警。

故障分析与处理：机床通电后，系统启动过程中伺服放大器伺服准备就绪信号（VRDY）尚未被置于ON时，或在运行过程中被置于OFF时发生SV0401报警提示。出现此故障时，可以通过查阅机床使用说明书，并参考电路原理图来分析和确定故障，其故障检修流程如图2—3—12所示。

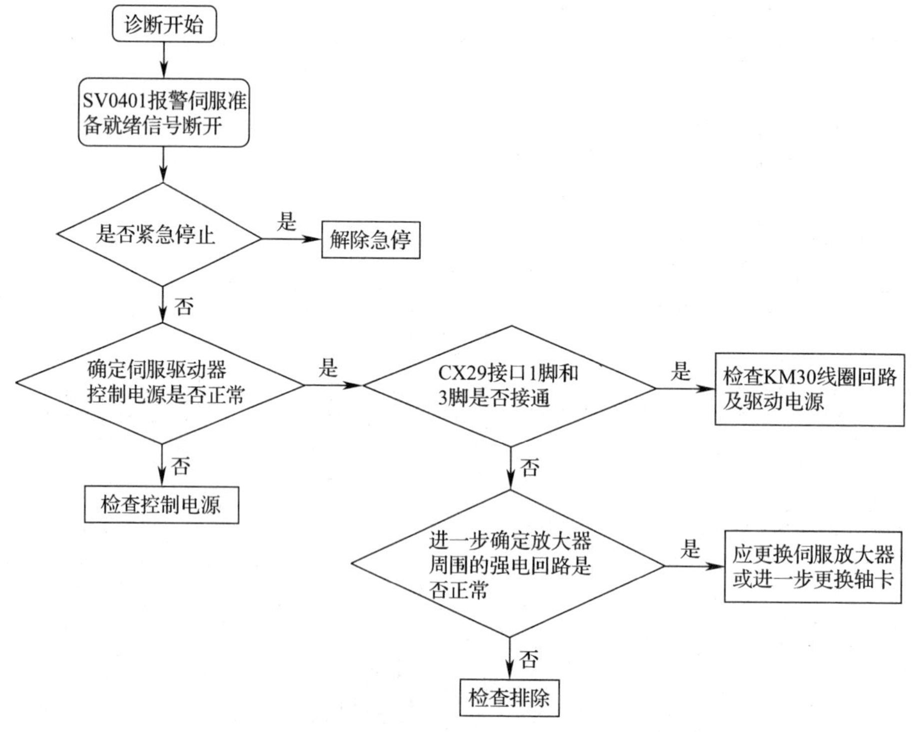

图2—3—12　SV0401报警故障检修流程

2. 检修实例 2

故障现象：系统出现 PS0090 报警（返回参考点位置异常）。

故障分析与处理：机床通电后，进行返回参考点操作时，系统出现 PS0090 报警提示。通过查阅维修手册，可知此故障是在没有满足“位置误差量（DGN. 300）以 128 个脉冲以上的速度返回参考点方向进给轴时，接收 1 次以上每转信号”条件的状态下，进行了返回参考点操作。根据原理分析，确定故障分析与检修流程，如图 2—3—13 所示。

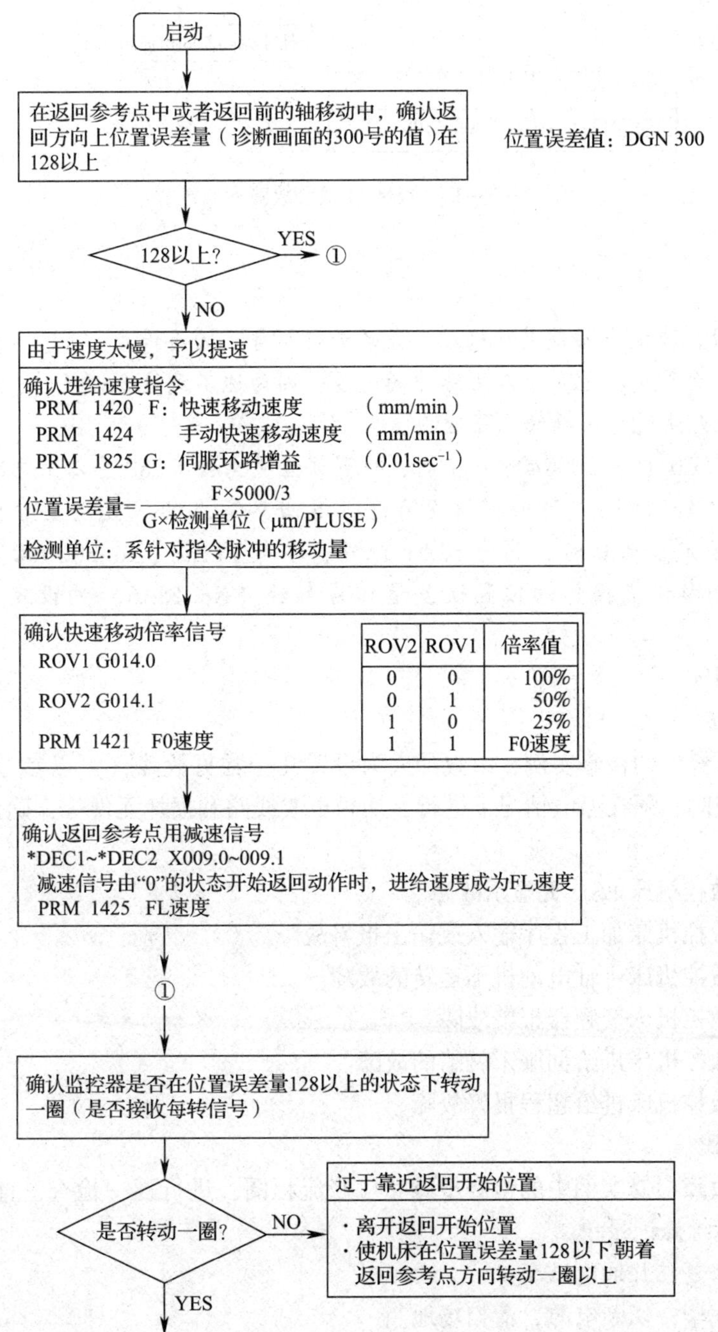

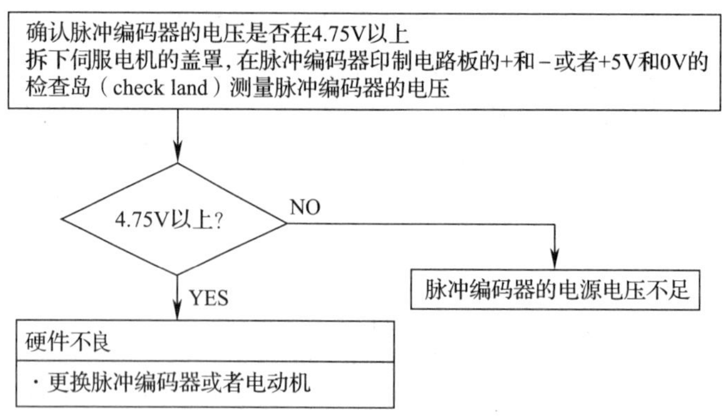

图 2—3—13　PS0090 报警故障检修流程

操作提示

（1）在更换脉冲编码器或电动机后，务必进行参考点的再设定。

（2）位置误差量需要 128 个以上脉冲的速度，因为达不到这个速度时，电动机的每转信号有误差，可能无法进行正确的位置检测。

（3）参数 PLC0（No. 2000#0）=1 时，位置误差量需要 1 280 个以上脉冲的速度。

（4）参数（No. 1836）作为可被视为进行返回参考点的位置误差量，可设定为 128 以下的数值［设定值为 0 时视其为 128。此外，参数 PLC0（No. 2000#0）=1 时，将视为可以进行返回参考点操作的位置误差量作为参数（No. 1836）的设定值的 10 倍值处理］。

五、检修训练

1. 设置故障

参考示范检修中的检修实例，由教师人为设置几个常见故障（可以参考如下 6 个方面，注意：设置故障时必须在停电情况下进行，切忌更改线路和损坏元件等，确保人身和设备安全）。

（1）设置数控机床 LCD 无显示故障。

（2）设置数控机床加工程序输入或输出报警故障。

（3）设置数控机床主轴电动机不运转的故障。

（4）设置数控机床变频器报警故障。

（5）设置数控机床进给伺服未就绪的故障。

（6）设置数控机床进给超程报警故障。

2. 检修步骤

（1）参考故障检修实例中的检修步骤和检修流程图，进行逐一检查，直到找到故障点，并详细填写故障维修记录单。

（2）故障修复，并通电试车。

（3）检修完毕，切断电源，清扫场地。

操作提示

1）操作时应切断机床电源，排除故障时应注意断电、验电，确保安全。

2）应在指导教师的监督下进行程序及参数传输，并确保设备正常，其中拔下传输电缆操作应在断电情况下进行。

任务测评

对任务实施的完成情况进行检查，并将结果填入表 2—3—20。

表 2—3—20　　评分标准

序号	主要内容	考核要求	评分标准	配分	扣分	得分
1	CNC 系统故障排除	对于常见的CNC 系统硬件故障、软件故障，能正确识别、分析、排除	（1）不能识别故障，扣 5 分 （2）不会分析故障，扣 5 分 （3）不能排除相关故障，扣 20 分	40		
2	主轴故障排除	通过万用表等工具能正确识别、分析、排除	（1）不能识别故障，扣 5 分 （2）不会分析故障，扣 5 分 （3）不能排除相关故障，扣 20 分	30		
3	伺服故障排除	通过万用表等工具能正确识别、分析、排除	（1）不能识别故障，扣 5 分 （2）不会分析故障，扣 5 分 （3）不能排除相关故障，扣 20 分	30		
4	安全文明生产		违反安全文明生产规定，扣 5～10 分			
开始时间		结束时间		成绩		
学生姓名		考评员	（签字）　年　月　日			

思考与练习

1. 数控机床电气故障的维修原则是什么？
2. CNC 系统故障报警类型有哪些？
3. 简要分析数控机床主轴电动机不转的原因。
4. 简述进给伺服电动机不转的原因。

课题三　电梯的安装调试与维修

任务1　认识和操作电梯

学习目标

1. 熟悉电梯的结构及主要部件的功能。
2. 掌握电梯的基本工作原理。
3. 掌握电梯的基本操作知识，并会操作电梯。

任务引入

如今高层建筑越来越多，电梯作为快捷的垂直交通工具，给人们的出行、工作和生活带来了便利。电梯有垂直升降电梯和台阶式电梯（俗称自动扶梯）。垂直升降电梯具有一个轿厢，运行在至少两列垂直或倾斜角小于15°的刚性导轨之间。自动扶梯是踏步板装在履带上循环运行的阶梯，用于向上或向下倾斜运送乘客。本课题所讲的电梯为垂直升降电梯。如图3—1—1 所示为 SX－702 型四层模拟电梯及电气控制柜实物。本任务主要是认识电梯的结构及主要部件，并正确进行电梯的基本操作。

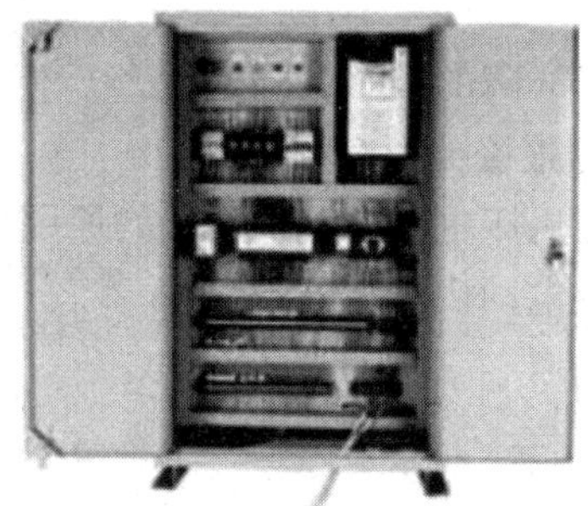

图 3—1—1　SX－702 型四层模拟电梯及电气控制柜实物

相关知识

一、电梯分类

1. 按用途分类

（1）乘客电梯

乘客电梯以运送乘客为主，兼以运送重量和体积适宜的日用对象，适用于高层住宅、办公大楼、宾馆或饭店等客流量较大的公共场合。为提高运行效率，其运行速度较快。

（2）载货电梯

载货电梯以运送货物为主，并能运送随行装卸货物的人员。由于其运送额定重量大，一般运行速度较慢，以节省设备投资和电能消耗。

（3）客货两用电梯

客货两用电梯主要用作运送乘客，也可运送货物。其用于企业和宾馆饭店的服务部门。

（4）病床电梯

病床电梯用于医疗单位运送病人和医疗救护器械。

（5）杂物电梯

杂物电梯是用于运送小件物品的电梯，最大载重量为500 kg。

（6）特种电梯

特种电梯包括汽车电梯、船舶电梯等其他特种用途的电梯。

2. 按拖动电动机类型分类

（1）交流电梯

交流电梯是指采用交流电动机拖动的电梯。交流电梯又分为单/双速拖动式（采用改变电动机极对数的方法调速）、调压拖动式（通过改变电动机电源电压的方法调速）、调频调压拖动式（采取同时改变电动机电源电压和频率的方法调速）。

（2）直流电梯

直流电梯是指采用直流电动机拖动的电梯。由于其调速方便，加减速特性好，曾被广泛采用。但随着电子技术的发展，直流拖动式电梯正被更节能的交流调速拖动式电梯代替。

3. 按驱动方式分类

（1）钢丝绳驱动式电梯

钢丝绳驱动式电梯可分为摩擦曳引式和卷筒强制式两种。前一种安全性和可靠性都较好，被广泛采用。

（2）液压驱动式电梯

液压驱动式电梯历史较长，可分为柱塞直顶式和柱塞侧置式。优点是机房设置部位较为灵活，运行平稳，采用直顶式时可不用轿厢安全钳，底坑地面的强度可大大减小，顶层高度限制较宽。但其缺点是工作高度受柱塞长度限制，运行高度较低。在采用液压油作为工作介质时，还必须充分考虑防火安全的要求。

（3）齿轮齿条驱动式电梯

齿轮齿条驱动式电梯通过两对齿轮齿条的啮合来运行，运行振动、噪声均较大。该种电梯一般无须设置机房，由轿厢自备动力机构，控制简单，适用于流动性较大的建筑工地，目前已划入建筑升降机类。

（4）链条链轮驱动式电梯

链条链轮驱动式电梯是一种强制驱动式电梯，因链条自重较大，所以提升高度不能过高，运行速度也因链条链轮传动性能局限而较低。但它在用于企业升降物料的作业中时，有着传动可靠、维护方便、坚固耐用的优点。

（5）其他驱动方式电梯

其他驱动方式电梯有气压式、直线电动机直接驱动式、螺旋驱动式等。

4. 按控制方式分类

（1）轿内手柄开关控制的电梯

这种形式的电梯由电梯司机转动手柄位置（开断/闭合）来控制电梯运行或停止。其要求轿厢上装玻璃窗口，便于司机判断层数，进而操纵手柄开关。这种电梯多用于货梯。

（2）按钮控制的电梯

这种电梯的运行由轿厢内操纵盘上的选层按钮或层站呼梯按钮来控制。某层站乘客将呼梯按钮按下，电梯就启动运行去应答。在电梯运行过程中如果有其他层站呼梯按钮按下，控制系统只能把信号记存下来，不能去应答，而且也不能把电梯截住，直到电梯完成前应答运行层站之后才能应答其他层站呼梯信号。这是一种具备简单控制功能的电梯，有自平层功能，有轿内按钮控制、轿外按钮控制及轿内和轿外按钮控制三种形式。

（3）信号控制的电梯

信号控制的电梯能把各层站呼梯信号集合起来，将与电梯运行方向一致的呼梯信号按先后顺序排列好，依次应答接运乘客。电梯运行取决于电梯司机操纵，而电梯在任何层站停靠由轿厢操纵盘上的选层按钮信号和层站呼梯按钮信号控制。电梯往复运行一周可以应答所有呼梯信号。这是一种自动控制程度较高的电梯，除了具有自动平层和自动开门功能外，还有轿厢命令登记、厅外召唤登记、自动停层、顺向截停和自动换向等功能，通常用于有司机客梯或客货两用电梯。

（4）集选控制的电梯

集选控制的电梯在信号控制的基础上把呼梯信号集合起来进行有选择的应答。该电梯为无司机操纵式。在电梯运行过程中，可以应答同一方向所有层站呼梯信号和按照操纵盘上的选层按钮信号停靠。电梯运行一周后，若无呼梯信号就停靠在基站（底站）待命。为适应这种控制特点，电梯在各层站停靠时间可以调整，轿门设有安全触板或其他近门保护装置，轿厢设有过载保护装置等。

（5）两台并联集选控制的电梯

这种电梯共用一套呼梯信号系统，把两台规格相同的集选电梯并联起来控制。电梯设有基站，一般以大楼的底层作为基站，在基站的下面也可有地下室。无乘客使用电梯时，经常有一台电梯停靠在基站待命称为基梯；另一台电梯则停靠在行程中间预先选定的层站，称为自由梯。当基站有乘客使用电梯并启动后，自由梯即刻启动前往基站充当基梯待命。当有除基站外其他层站呼梯时，自由梯就近先行应答，并在运行过程中应答与其运行方向相同的所有呼梯信号。如果自由梯运行时出现与其运行方向相反的呼梯信号，则在基站待命的电梯就启动前往应答。先完成应答任务的电梯就近返回基站或中间选下的层站待命。

也有三台并联集选组成的电梯，其中有两台作为基梯，一台为自由梯。其运行原则与两台并联集选控制电梯相同。

（6）梯群控制

电梯机群自动程序控制系统简称群控。在客流量大、具有多台电梯的高层建筑物中，把电梯分为若干组，每组四至六台电梯，将几台电梯控制连在一起，分区域进行有程序或无程序综合统一控制，对乘客需要电梯情况进行自动分析后，选派最适宜的电梯及时应答呼梯信号。

群控是用微计算机控制和统一调度多台集中并列的电梯，它使多台电梯集中排列，共用厅外召唤按钮，按规定程序集中调度和控制。其程序控制分为四程序和六程序，前者将一天中客流情况分成四种，如上行高峰状态运行，下、上行平衡状态运行，下行高峰状态运行及杂散状态运行，并分别规定相应的运行控制方式。

二、电梯的基本结构

尽管电梯的品种繁多，但目前使用的电梯绝大多数采用电力拖动和钢丝绳曳引式结构。从电梯空间位置使用看，电梯由四个部分组成：机房、井道、轿厢（运载乘客或货物的空间）、层站（乘客或货物出入轿厢的地点）。如图 3—1—2 所示是电梯的基本结构剖视直观图，各部件作用见表 3—1—1。

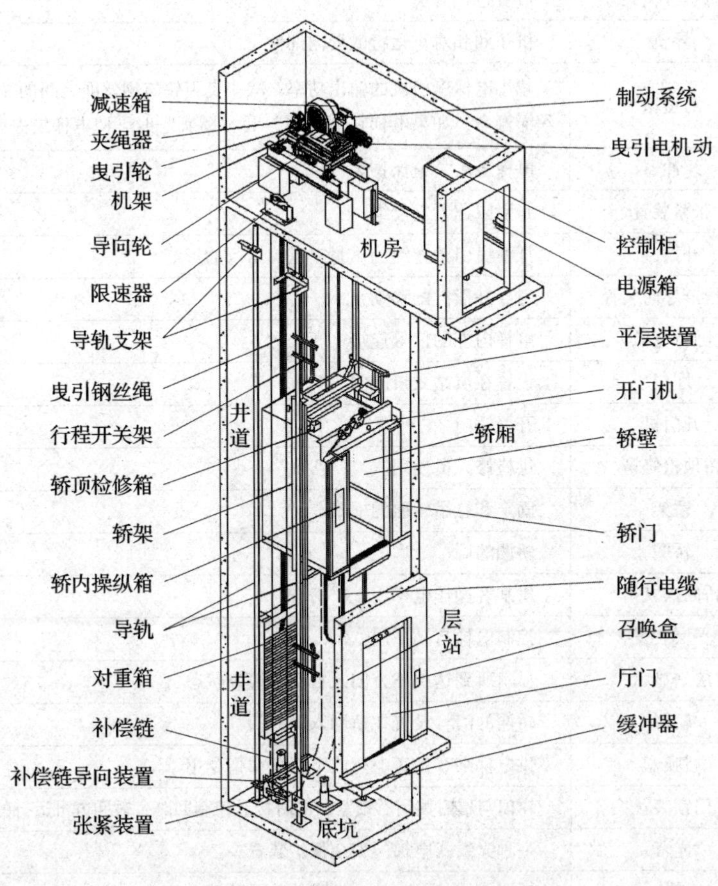

图 3—1—2　电梯基本结构剖视直观图

表 3—1—1　　电梯各部件的作用

位置	部件名称	部件作用
机房	减速箱	通过蜗轮蜗杆对电动机的速度进行调节
	夹绳器	夹紧钢丝绳的装置
	曳引电动机	电梯轿厢升降的主拖动机械
	曳引轮	嵌挂钢丝绳
	机架	放置曳引电动机
	导向轮	分开轿厢与对重的间距，使曳引绳经曳引轮再导向对重装置或轿厢一侧而设置的绳轮
	限速器	安全保护装置
	制动系统	安全装置，起保护作用
	电源箱	给电梯提供电源
	控制柜	电气装置和信号控制中心
井道	导轨支架	固定在井道壁或横梁上，起支撑和固定导轨的作用
	曳引钢丝绳	承受电梯全部悬挂力量
	行程开关架	放置行程开关
	导轨	供轿厢和对重运行的导向部件
	对重箱	减小电梯曳引机的输出功率；减小曳引轮与钢丝绳之间的摩擦曳引力，延长钢丝绳寿命；如果电梯在“冲顶”和“蹲底”时，使电梯失去曳引条件
	缓冲器	电梯最后一道保护装置
	张紧装置	张紧限速器钢丝绳
	补偿链	抵消曳引钢丝绳的重量对电梯运行的影响
	补偿链导向装置	引导补偿链的移动
	随行电缆	电梯内外的信号连接
轿厢	厅门	设置在层站入口的门
	开门机	开关轿门
	轿顶检修箱	供检修人员使用
	轿架	固定和悬吊轿厢的框架
	轿壁	轿厢的墙
	轿内操纵箱	供乘客操作电梯用
	平层装置	控制电梯自动平层
	层站显示	显示所到达层站方向及自动、检修状态
层站	轿门	轿厢的门，设置在轿厢入口的门
	召唤盒	供电梯乘客发送上行或下行呼梯指令用
	门锁装置	轿门与层门关闭后锁紧，同时接通控制回路，轿厢方可运行的机电联锁安全装置
	光幕	一种光线式电梯门安全保护装置
	地坎	轿厢或层门入口处，带槽的金属踏板

从各构件部分的功能上看，电梯可分为八大组成部分：曳引系统、导向系统、轿厢、门系统、重量平衡系统、电力拖动系统、电气控制系统和安全保护系统。其功能及主要构件与装置见表 3—1—2。

表 3—1—2　　电梯八大组成系统的功能及主要构件与装置

组成系统	功能	主要构件与装置
曳引系统	输出与传递动力，驱动电梯运行	曳引机、钢丝绳、导向轮、反绳轮等
导向系统	限制轿厢和对重的活动自由度，使轿厢和对重只能沿着导轨做上、下运动	轿厢的导轨、对重的导轨及其导轨架
轿厢	用以运送乘客或货物的组件	轿厢架和轿厢体
门系统	乘客或货物的进出口，运行时层门、轿门必须封闭，到站时才能打开	轿厢门、层门、开门机、联动机构、门锁等
重量平衡系统	相对平衡轿厢重量以及补偿高层电梯中曳引绳长度的影响	对重和补偿装置等
电力拖动系统	提供动力，对电梯实行速度控制	曳引电动机、供电系统、速度反馈装置、电动机测速装置等
电气控制系统	对电梯的运行实施操纵和控制	操纵装置、位置显示装置、控制柜、平层装置、选层器等
安全保护系统	保证电梯安全运行，防止一切危及人身安全的事故发生	限速器、安全钳、缓冲器和端站保护装置、供电系统错断相保护装置、超越上/下极限工作位置的保护装置、层门锁与轿门电气联锁装置等

三、电梯的基本工作原理

电梯是机械、电气紧密结合的大型机电产品，主要由机房、井道、轿厢、门系统和电气控制系统组成。井道中安装有导轨，轿厢和对重由曳引钢丝绳连接，曳引钢丝绳挂在曳引轮上，曳引轮由曳引电动机拖动。轿厢和对重都装有各自的导靴，导靴卡在导轨上。曳引轮运转带动轿厢和对重沿各自导轨做上下相对运动，轿厢上升，对重下降。这样可通过控制曳引电动机来控制轿厢的启动、加速、运行、减速、平层停车，实现对电梯运行的控制。

四、电梯的基本操作知识

1. 电梯运行前的检查

电梯运行前的检查步骤和内容见表 3—1—3。

表 3—1—3　　电梯运行前的检查步骤和内容

步骤	项目	操作内容
1	开启电梯	使用电梯电气锁钥匙将电梯置于运行状态
		按下基站厅外召唤按钮，开启厅门和轿门，检查轿厢是否在本层

续表

步骤	项目	操作内容
2	外观检查	进入轿厢，打开控制盒
		将电梯置于专用运行状态
		检查轿厢内的设施是否齐全完好以及电梯的清洁情况。依次按下所有召唤按钮，确认各按钮能点亮
		按下关门按钮，开关门两次，检查门的动作是否灵活
		在门关闭的过程中，确认光幕功能可靠
		将电梯置于自动运行状态，确认门可自动关闭
3	运行检查	检查每一层的厅门开关情况及平层状态
		将电梯置于自动、无司机状态，运行一次，确认运行状态良好

2. 消防状态操作

消防状态操作步骤和内容见表 3—1—4。

表 3—1—4　　消防状态操作步骤和内容

步骤	项目	操作内容
1	将电梯转换至消防运行状态	将安全指示牌放在轿厢电梯门口
		用旋具打开厅外消防控制按钮盒
		将“消防开关”置于“ON”状态
2	运行至某层	进入电梯，按住楼层召唤按钮，使电梯向上运行至某层
		同时按住关门按钮至电梯门完全关闭
		进入电梯，按住楼层召唤按钮，使电梯向下运行至某层
		同时按住关门按钮至电梯门完全关闭
3	消防状态恢复	电梯返回一层
		将“消防开关”置于“OFF”状态
		恢复厅外消防控制按钮盒并拿走指示牌

3. 专用状态操作

专用状态操作步骤和内容见表 3—1—5。

表 3—1—5　　专用状态操作步骤和内容

步骤	项目	操作内容
1	进入轿厢，使电梯进入专用运行状态	在进入轿厢前要查看轿厢是否在本层
		将安全指示牌放在轿厢电梯门口
		进入轿厢，打开控制盒
		将“专用运行”置于“ON”状态

续表

步骤	项目	操作内容
2	运行至某层	按下楼层召唤按钮，使其点亮；按住关门按钮
		电梯门完全关闭，电梯向上运行
		按下楼层召唤按钮，使其点亮；按住关门按钮
		电梯门完全关闭，电梯向下运行
3	状态恢复	将“专用运行”置于“OFF”状态
		观察电梯是否恢复自动状态后，拿走指示牌方可离开

4. 有司机状态操作

有司机状态操作步骤和内容见表3—1—6。

表3—1—6　有司机状态操作步骤和内容

步骤	项目	操作内容
1	进入轿厢，使电梯进入司机运行状态	在进入轿厢前要查看轿厢是否在本层
		将安全指示牌放在轿厢电梯门口
		将“司机运行”置于“ON”状态
2	运行至某层	按下楼层召唤按钮，使其点亮
		按住关门按钮，至电梯门完全关闭，电梯运行
3	恢复正常	将“司机运行”置于“OFF”状态
		观察电梯正常运行后，拿走指示牌方可离开

任务实施

一、任务准备

实施本任务所需要的实训设备及工具材料见表3—1—7。

表3—1—7　电梯实训设备及工具材料

序号	名称	型号规格
1	实训教学模拟电梯	SX－702型或其他型号
2	模拟电梯使用说明书	

二、认识电梯的结构及主要部件

SX－702型模拟电梯是为实训教学而设计的。它是四层电梯，其控制系统全计算机化，可编程，电动机驱动采用进口变频调速器，功能与真实的变频调速电梯相同，具有全集选功能，能平层、自动关门、响应轿内外呼梯信号。选用的可编程序控制器是日本三菱系列的FXIN－60MR机型，变频器选用三菱FR－A540型，开关门机构采用直流门机构。

SX－702型模拟电梯的结构如图3—1—3所示。该模拟电梯主要由以下十部分组成。

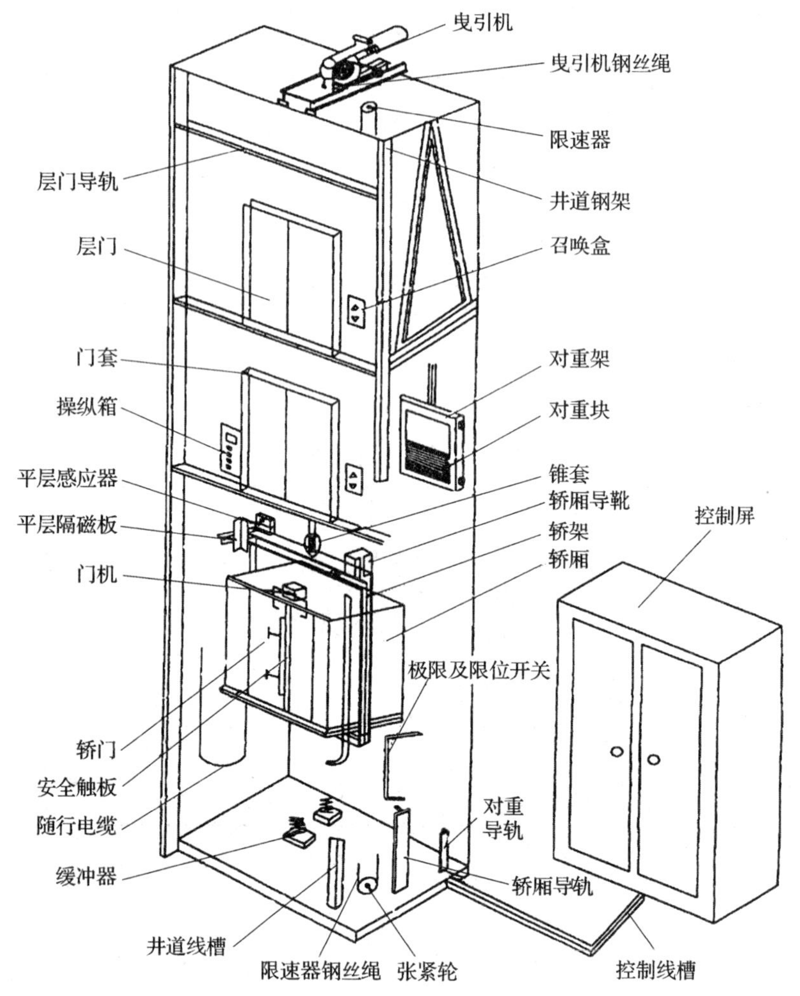

图 3—1—3　SX－702 型模拟电梯结构

1. 井道框架

井道框架是钢架结构，相当于电梯附着的建筑物，为电梯提供支撑，固定导轨。

2. 曳引机

曳引机位于框架顶部，是电梯的动力装置，安装在两条承重梁上，主要由以下几部分组成：

（1）电动机

三相笼型感应电动机采用变频变压（VVVF）驱动方式，电梯启动时，变频器使定子电流频率从极低频率开始按控制要求上升到额定频率时，使转速相应从额定转速开始平滑地下降到零，实现电梯平层，保证了电梯运行平稳，模拟真实电梯良好的舒适感。

（2）制动器

制动器只有在电梯通电运转时松闸，当电梯停止时制动并保持轿厢位置不变，工作电压为 DC 110 V。

（3）减速器

减速器采用蜗轮蜗杆式，具有高密度、高效率、低噪声的特点。

（4）绳槽

绳槽为半圆槽，提供钢丝绳与绳轮之间的摩擦力。

3. 控制屏

控制屏由以下几部分组成：

（1）可编程序控制器（PLC）

PLC 控制电梯的运行状态，根据内选信号，对电梯的位置进行逻辑判断，然后给出运行指令，使电梯实现应答呼梯信号，顺向截停、反向保留信号，自动关门等功能。

（2）变频器

变频器根据 PLC 给出的指令，对电动机的电源频率、电压进行调制，使电动机运行平稳。

（3）安全及门锁回路

安全及门锁回路由继电器回路组成，急停、门锁开关的通断决定安全及门锁回路的正常与否，以便 PLC 判断电梯是否处于安全状态。

4. 导轨

导轨分别有轿厢导轨和对重导轨，保证轿厢及对重做垂直运动。

5. 轿厢

轿厢由曳引钢丝绳悬挂，通过曳引机另一端连接对重，在导轨上运行。轿厢装备自动化，门上装有联锁开关，当门关闭后电梯才能运行。门上还有安全触板，当关门过程中碰到障碍物时，轿门马上开启。

6. 对重

对重与轿厢连接，作用是平衡轿厢的重量。

7. 层门

层门上有门锁开关，当层门关闭后，电梯才能启动。

8. 操纵箱

操纵箱设在框架正面左侧，是模拟乘客在轿厢内选层的信号输入设备，包括：

（1）数字显层器。七段数码管显示轿厢所在楼层。

（2）“1”“2”“3”“4”轿内指令按钮。

（3）开/关门按钮。

（4）方向指示灯。其用于指示电梯运行方向。

（5）电源锁。其为开/关电梯电源，即首层外呼梯盒。

9. 减速信号系统

减速信号系统由永磁感应器构成，提供轿厢停层位置信号。

10. 终端保护感应器

终端保护感应器提供电梯运行终端信号，电梯超过它时，安全回路及电源被切断，保证电梯不超出终端。

三、操作电梯

1. 正常使用操作程序

（1）接通三相电源。

（2）打开呼梯盒上的电源锁，这时应有楼层显示。电梯能自动关门，应答外呼信号，在操纵箱上选择楼层后，必须关好门才能运行。

（3）厅外呼梯。电梯能自动响应信号，顺向停车，反向的在完成上一个指令后自动应答。

（4）泊梯。电梯停靠在基站关好门后，把呼梯盒的电源锁匙拨至“关”，则电梯电源被切断，电梯停止工作。

2. 维修点动运行操作

把控制屏中的检修开关（MK）拨至“维修”，这时电梯仅做点动运行，但安全回路及门锁仍然有效，按“上行”或“下行”按钮，电梯做点动上或下运行。此操作用于电梯维修，或实验终端限位功能。

用点动操作将电梯平层后，将检修开关（MK）拨至“正常”，电梯将恢复正常运转。

任务测评

对任务实施的完成情况进行检查，并将结果填入表3—1—8。

表3—1—8 评分标准

序号	考核内容	考核要求	评分标准	配分	扣分	得分
1	认识电梯的结构及主要部件	正确认识电梯的结构及主要部件，并简述其功能	（1）不能认识电梯的结构及主要部件，每处扣2分 （2）电梯主要部件的功能叙述不准确，每处扣2分	50		
2	操作电梯	步骤正确，操作完整准确	（1）步骤不正确，每处扣2分 （2）操作不完整，有遗漏，每处扣2分 （3）操作不准确，不到位，每处扣2分	50		
3	安全文明生产		违反安全文明生产规定，扣5～10分			
开始时间：			结束时间：	成绩		
学生姓名：			教师签名：　　年　月　日			

思考与练习

1. 从电梯空间位置使用看，电梯由哪四个部分组成？
2. 从电梯各构件部分的功能上看，电梯可分为哪八个组成部分？
3. 简述电梯安全保护系统的主要部件名称及功能。
4. 电梯的基本工作原理是什么？

任务2　电梯机械系统的安装

学习目标

1. 熟悉电梯机械系统的结构。
2. 掌握电梯机械系统的安装工艺流程。
3. 会安装电梯的机械系统。

任务引入

电梯由机械系统和电气系统两大部分组成。机械部分是电梯的骨架，电气部分则用于拖动和控制，两者有机地合为一体，以保证电梯可靠、安全地运行。其中，机械系统由曳引系统（驱动系统）、导向系统、轿箱、门系统、重量平衡系统、机械安全保护系统组成。本任务将按工艺要求完成电梯机械系统的安装。

相关知识

一、电梯的机械系统

1. 曳引系统

电梯曳引系统的作用是输出动力和传递动力，它由曳引机、导向轮、反绳轮、曳引绳组成。

曳引式电梯曳引驱动关系如图3—2—1所示。安装在机房的电动机与减速箱、制动器等组成曳引机，是曳引驱动的动力装置。曳引钢丝绳通过曳引轮一端连接轿厢，另一端连接对重装置。为使井道中的轿厢与对重各自沿井道中的导轨运行而不相蹭，曳引机上放置一导向轮使二者分开。轿厢与对重装置的重力使曳引钢丝绳压紧在曳引轮槽内产生摩擦力。这样，电动机带动曳引轮转动，驱动钢丝绳，拖动轿厢和对重做相对运动，即轿厢上升，对重下降；对重上升，轿厢下降。于是，轿厢在井道中沿导轨上、下往复运行，电梯执行垂直运送任务。

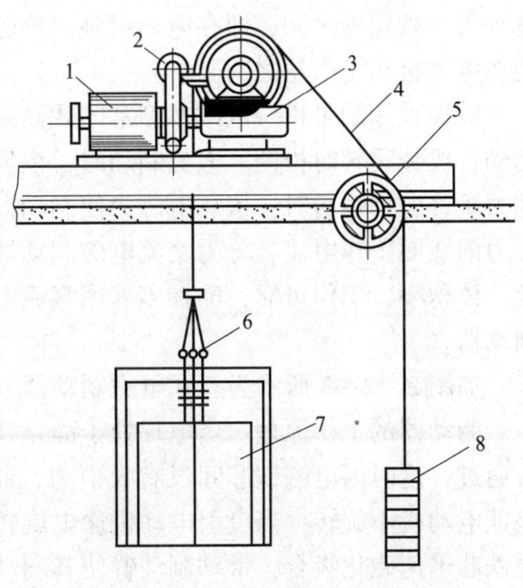

图3—2—1　曳引式电梯曳引驱动关系

1—电动机　2—制动器　3—减速器
4—曳引绳　5—导向轮　6—绳头组合
7—轿厢　8—对重

（1）曳引机

曳引机又称主机，是电梯的动力源，它由电动机、制动器、联轴器、减速箱、曳引轮等组成。导向轮一般装在机架或机架下的承重梁上。盘车手轮有的固定在电动机轴上，也有的平时挂在附近墙上，使用时再套在电动机轴上。

现有的曳引机按有无减速箱分为有齿曳引机（曳引机的电动机动力通过减速箱传到曳引轮上）和无齿曳引机（电动机的动力不通过减速箱而直接传动到曳引轮上）。低速和快速电梯一般采用有齿曳引机，如图 3—2—2 所示。高速电梯普遍采用无齿曳引机。

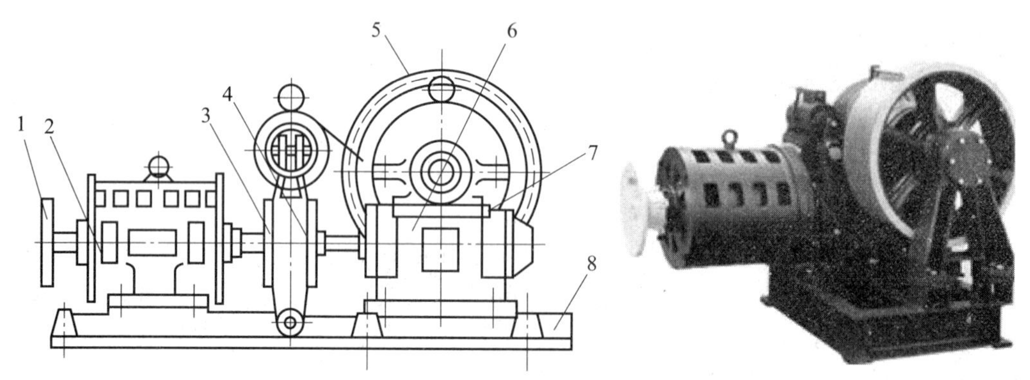

图 3—2—2　有齿曳引机

1—手轮　2—电动机　3—制动轮　4—电磁制动器　5—曳引轮　6—减速器　7—垫片　8—底座

1）电动机。电梯用电动机一般采用交流电动机和直流电动机。交流电动机一般使用在有齿曳引机上，小功率的交流单速电动机用于杂物电梯，交流双速电动机用于普通载货电梯，大功率的单速电动机采用调频调压调速技术用于载货电梯和乘客电梯。直流电动机一般使用在无齿曳引机上，多在快速电梯上使用。

2）制动器。制动器对主动转轴起制动作用，能使工作中的电动机停止运行。它安装在电动机与减速器之间，即在电动机轴与蜗轮轴相连的制动轮处（如是无齿曳引机，制动器安装在电动机与曳引轮之间）。

电梯采用的是机—电摩擦型常闭式制动器。所谓常闭式制动器，指机械不工作时制动器制动，机械运转时松闸。电梯制动时，依靠机械力的作用，使制动带与制动轮摩擦而产生制动力矩；电梯运行时，依靠电磁力使制动器松闸，因此又称电磁制动器。根据制动器产生电磁力的线圈工作电流，分为交流电磁制动器和直流电磁制动器。由于直流电磁制动器制动平稳，体积小，工作可靠，电梯多采用直流电磁制动器，这种制动器的全称是常闭式直流电磁制动器。

如图 3—2—3 所示为立式电磁制动器，是具有两个制动闸瓦的外抱式制动器。

制动器的工作原理：当电梯处于静止状态时，曳引电动机、电磁制动器的线圈中均无电流通过，这时因电磁铁芯间没有吸引力，制动瓦块在制动弹簧压力作用下，将制动轮抱紧，保证电动机不旋转；当曳引电动机通电旋转的瞬间，制动电磁铁中的线圈同时通上电流，电磁铁芯迅速磁化吸合，带动制动臂使其制动弹簧受作用力，制动瓦块张开，与制动轮完全脱离，电梯得以运行；当电梯轿厢到达所需停站时，曳引电动机失电、制动电磁铁中的线圈也同时失电，电磁铁芯中的磁力迅速消失，铁芯在制动弹簧的作用下通过制动臂复位，使制动瓦块再次将制动轮抱住，电梯停止工作。

a）

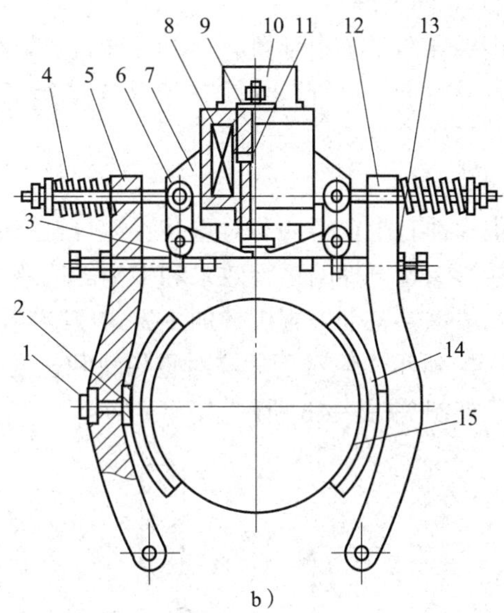

b）

图 3—2—3　立式电磁制动器

a）外形　b）结构

1—连接螺钉　2—球头面　3—转臂　4—制动弹簧　5—拉杆　6—销钉　7—电磁铁座　8—线圈　9—动铁芯　10—罩盖　11—顶杆　12—制动臂　13—顶杆螺栓　14—闸瓦块　15—制动带

3）减速箱。有齿曳引机减速箱一般都采用一级蜗轮蜗杆传动。另外还可采用斜齿轮传动和行星齿轮传动。

4）联轴器。联轴器位于曳引电动机轴端与减速器蜗杆轴端的会合处，是连接曳引电动机轴与减速器蜗杆轴的装置，用以传递由一根轴延续到另一根轴上的扭矩，也是制动器装置的制动轮。

电动机轴与减速器蜗杆轴是在同一轴线上，当电动机旋转时带动蜗杆轴也旋转，但是两者是两个不同的部件，需要用合适的方法把它们连接在同一轴线上，保持一定要求的同轴度。

5）曳引轮。曳引轮是曳引机上的绳轮，也称曳引绳轮或驱绳轮，是电梯传递曳引动力的装置，利用曳引钢丝绳与曳引轮缘上绳槽的摩擦力传递动力，其装在减速器中的蜗轮轴上。如是无齿曳引机，曳引轮装在制动器的旁侧，与电动机轴、制动器轴在同一轴线上。

（2）导向轮和反绳轮

导向轮、反绳轮是用于改变曳引绳运行位置或运行方向的。其槽与曳引绳的摩擦力应尽量小些，以减少机械损失。导向轮一般使用在 1:1 曳引传动方式上，2:1 或 3:1 曳引传动方式一般不使用导向轮，而使用反绳轮，其绳头在机房上。

（3）曳引绳

曳引绳和绳头组合是连接轿厢和对重的组件。电梯专用钢丝曳引绳连接轿厢和对重，并靠曳引机驱动使轿厢升降。它承载着轿厢、对重装置、额定载重量等重量的总和。曳引机在机房穿绕曳引轮、导向轮，一端连接轿厢，另一端连接对重装置（曳引比 1:1）。

2. 导向系统

电梯导向系统由导轨、导靴、导轨支架组成，其作用是限定轿厢和对重分别沿各自的两列刚性导轨上下运行。导轨支架是连接建筑物与导轨的组件，导靴是固定在轿厢或对重上面，在导轨上滑动或滚动的组件。

（1）导轨

电梯都有限定轿厢和对重装置运行轨迹的两组 4 列导轨。导轨加工生产和安装质量的好坏直接影响着电梯的运行效果和乘坐舒适感。

一般钢导轨常采用机械加工方式或冷轧加工方式制作。电梯中大量使用的 T 形导轨如图 3—2—4a 所示。但对于货梯对重导轨和速度为 1 m/s 以下的客梯对重导轨，一般多采用 L 形导轨，如图 3—2—4b 所示。

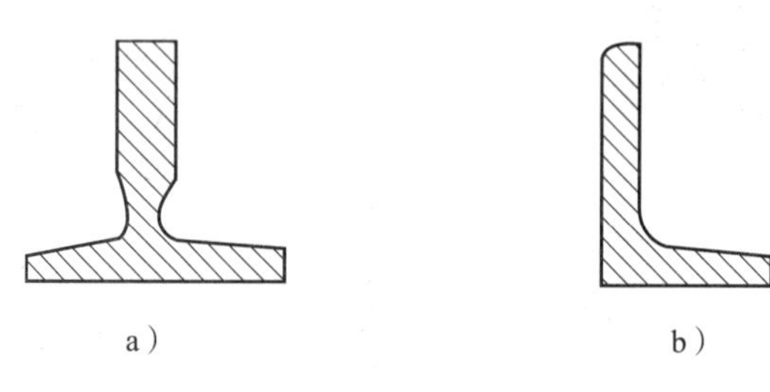

图 3—2—4　导轨的形状

a）T 形导轨　b）L 形导轨

（2）导靴

每台电梯的轿厢架和对重架的上下四个角各装一只导靴，它是确保轿厢和对重装置沿着轿厢导轨和对重导轨上下运行的重要机件，也是保持轿厢踏板与层门踏板、轿厢体与对重装置在井道内的相对位置处于恒定位置关系的装置。导靴按其在导轨工作面上的运动方式，可分为滑动导靴和滚动导靴。其中滑动导靴有固定滑动导靴和弹性滑动导靴。

如图 3—2—5 所示为固定滑动导靴，主要由靴衬和靴座组成。

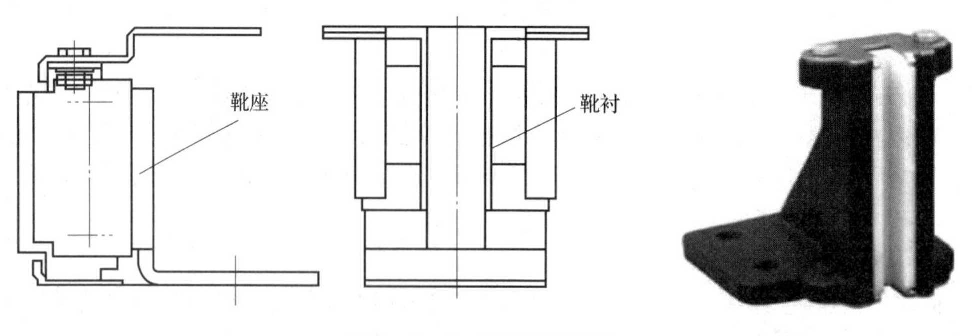

图 3—2—5　固定滑动导靴

如图 3—2—6 所示为弹性滑动导靴，主要由靴座、靴头、靴衬、靴轴、压缩弹簧或橡胶、调节套筒或调节螺母组成。

如图 3—2—7 所示为滚动导靴，主要由滚轮、弹簧、轴承、轮臂、底座等组成，一般用在高速电梯上。

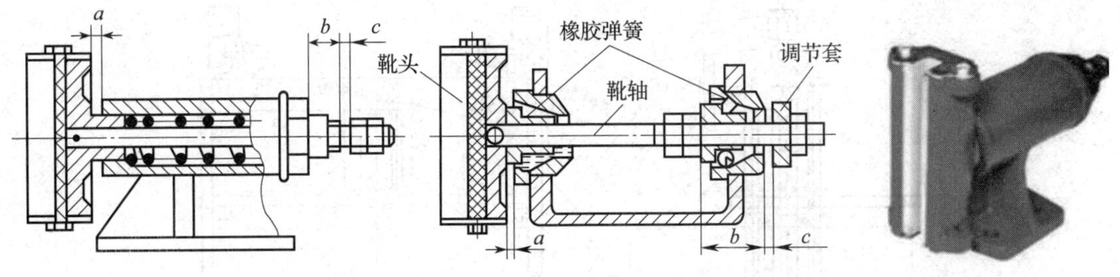

图 3—2—6　弹性滑动导靴

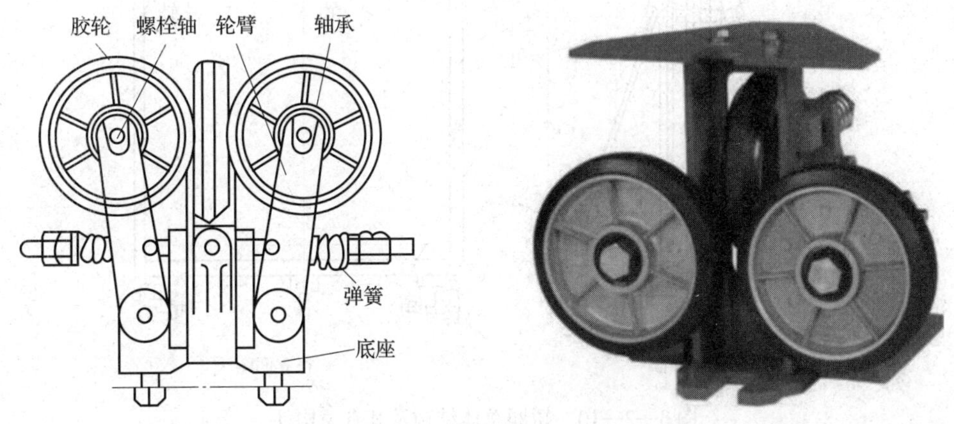

图 3—2—7　滚动导靴

（3）导轨架

导轨架作为导轨的支撑件，被安装在井道壁上。它固定了导轨的空间位置，并承受来自导轨的各种作用力。按相关标准和规范的规定，每根导轨至少应该设置两个导轨架，而且两个导轨架之间的垂直距离不得大于 2.5 m。近年来常见的可调式轿厢导轨架的结构如图 3—2—8 所示，常见的可调式对重导轨架的结构如图 3—2—9 所示。

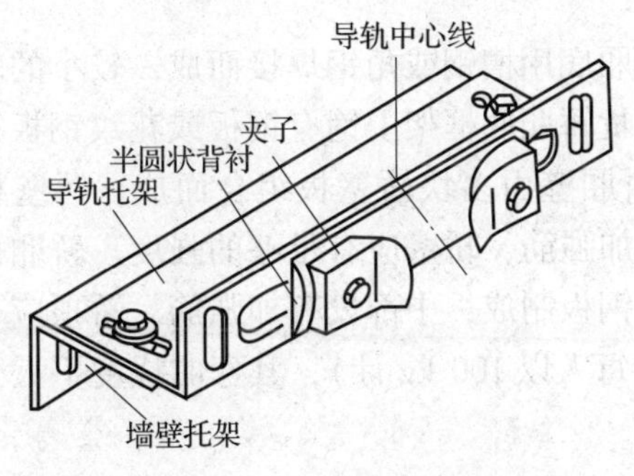

图 3—2—8　可调式轿厢导轨架结构

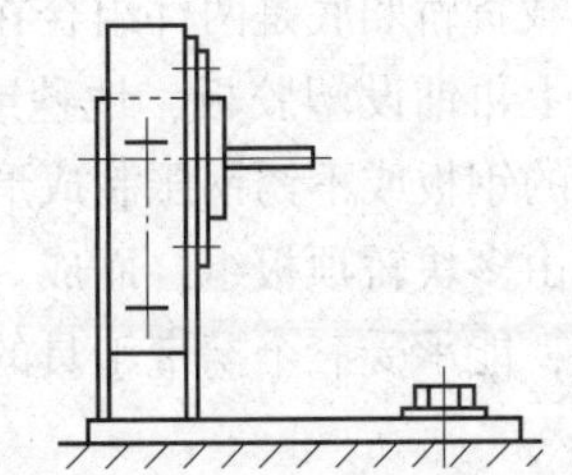

图 3—2—9　可调式对重导轨架结构

3. 轿箱

电梯的轿厢是用于运送乘客和货物的电梯可见组件，主要由轿厢架和轿厢体两大部分组成。轿厢总体结构如图 3—2—10 所示。

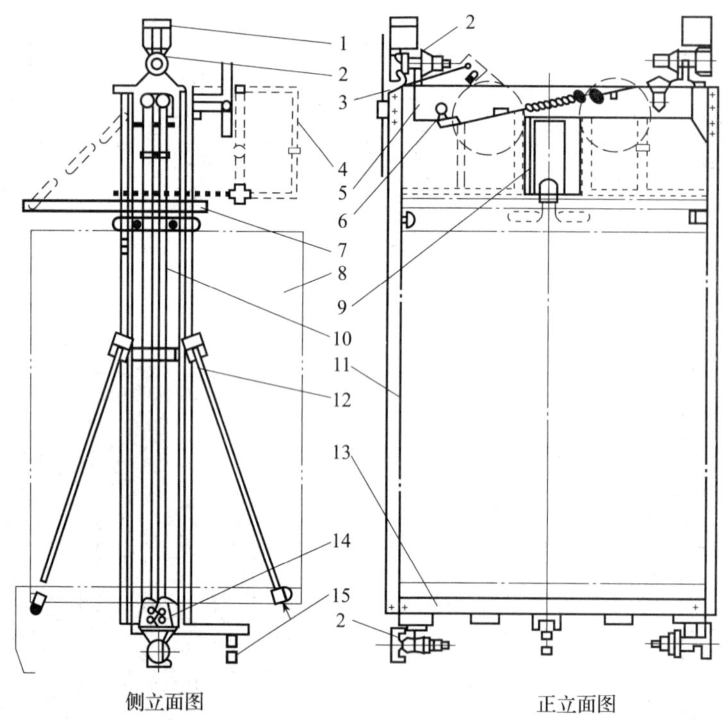

图 3—2—10　轿厢总体结构及其有关构件

1—导轨加油壶　2—导靴　3—轿顶检修箱　4—轿顶安全栅栏　5—轿架上梁　6—安全钳传动机构　7—开门机架　8—轿厢　9—风扇架　10—安全钳拉条　11—轿架立柱　12—轿架拉条　13—轿架底梁　14—安全钳嘴　15—补偿链

（1）轿厢架

轿厢架是承载轿厢体和额定载重量的组件，由底梁、立柱、上梁、拉杆等组成。底梁和上梁一般用槽钢或钢板压制成的槽形件制成；立柱一般用角钢、槽钢或钢板压制成的槽形件制成；拉杆用圆钢制作。

（2）轿厢体

轿厢体由轿厢底、轿厢壁、轿厢顶组成。轿厢底用槽钢或角钢焊接而成，较小的轿厢底是单体的，载货轿厢底是两件组合在一起的。载货轿厢底框架上铺有钢板或花纹钢板；乘客电梯在钢板上再铺设塑胶板、地毯或大理石。轿厢壁由多块轿壁板组合而成。轿壁板用厚 1～1.5 mm 的钢板或不锈钢压制成形，中部设有加强筋，轿壁应有足够的强度。轿厢顶与轿厢壁一样，由多块轿顶板组合而成。轿顶板用薄钢板制成，中部设有加强筋，轿顶应有更高的强度要求，能承受三个携带工具的检修人员（每人以 100 kg 计），其弯曲挠度不大于跨度的 1/1 000。

（3）其他设施

轿厢上还设有其他装置：电梯超载装置、电梯操纵箱、轿厢吊顶、轿厢内照明、轿厢通风设备、停电轿内照明装置、轿内与机房或工作间的通信装置等。

4. 门系统

电梯门系统由轿门（也称轿厢门）、层门（也称厅门）和开关门机构（俗称电梯门机）

组成。轿门与轿厢随动，是主动门。层门由轿门带动运行，所以是被动门。电梯门机是一个负责开、关电梯门的机构，当其接收到电梯开、关门的信号，就通过自带的控制系统控制开门电动机，将电动机产生的力矩转变为一个特定方向的力，打开或关闭电梯门。另外，层门还装有电气、机械联锁装置的门锁，只有轿门、层门完全关闭，电梯才能运行。电梯门系统是电梯的必备装置，电梯出现的故障及事故80%以上都发生在门系统上，是电梯监督检验和安全监察的重点。

（1）轿门和层门

轿门和层门都是为了防止人员和物品坠入井道，或者轿内乘客和物品与井道相撞而发生危险，设置供司机、乘用人员和货物出入的门。轿门和层门都是电梯重要的安全保护设施。轿门是在轿厢靠近层门的一侧设置；层门是在各层楼的停靠站，通向井道的入口处设置。

电梯门按其开门方向主要分为中分式和旁开式。中分式门是由中间分开。门开启时，左右门扇分别向左右移动，直到门全部打开。关门时，门扇向中间合拢，直到门扇闭合。常见的中分式多为两扇式，多用在客梯上。大型货梯采用四扇式，即左右各两扇门从中间分，每一侧的两扇门的开闭同旁开式相同。

双扇旁开式门又称为双折式门。门扇折叠在一起，门开启时，门扇由门的一侧移动到另一侧；关门时，门扇由门的一侧移回到另一侧。旁开式门又分左开式门和右开式门，人面朝外立于轿厢内，门扇向左开称为左开式门，向右开的则称为右开式门。旁开式门多用在货梯上。

电梯门一般均由门套、门扇、门滑轮、门靴、门地坎、门导轨架等组成，如图3—2—11所示。轿门和层门都由门滑轮悬挂在门的导轨（或导槽）上，下部通过门滑块与门地坎相配合。

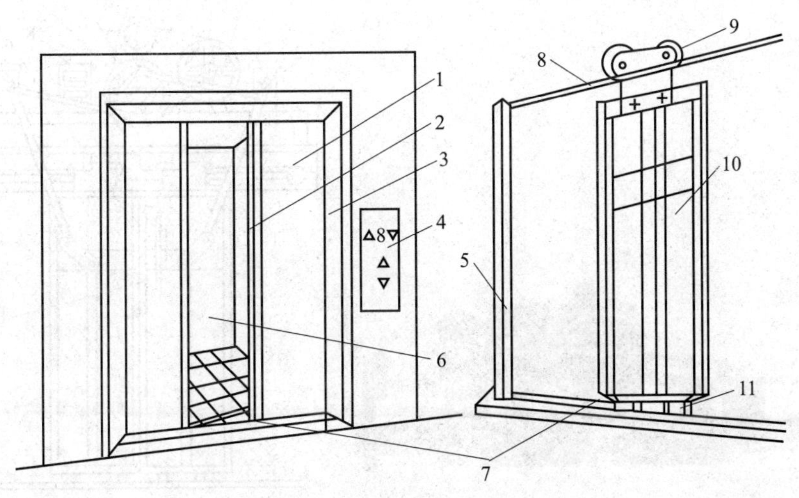

图3—2—11　电梯门的结构

1—厅门　2—轿门　3—门套　4—召唤盒　5—门立柱　6—轿厢　7—门地坎（门滑槽）　8—门导轨架　9—门滑轮　10—门扇　11—门滑块

轿门门扇一般用1～1.5 mm厚的钢板制成，并设有加强筋，以使其有足够的强度。门扇的背面常作消声处理，以减少开关门过程中由于振动所引起的噪声。门导轨用扁钢制成，对门扇起导向作用。轿门导轨架安装在轿厢顶部前沿，层门导轨架安装在层门门框上部。门滑轮安装在门扇上部，每个门扇装有两只。通过门滑轮，把门扇吊在门导轨上。门地坎是进出的踏板，门地坎、门靴与门导轨、门滑轮配合，使门的上、下两端均受导向和限位。门在运动时，门靴顺着门地坎滑槽滑动。有了门靴，门扇在正常外力作用下就不会倒向井道。

（2）电梯门机

电梯门机有手动式和自动式两种。采用手动开关门的情况已经很少，只在个别货梯中还采用手动开关门。自动门机是使电梯门（轿门和层门）自动开启或关闭的装置（层门的开闭是由轿门通过门刀带动的），它装设在轿门的上方及轿门的连接处。除了能自动开、关轿门，还应具有自动调速的功能，以避免在起端与终端发生冲击。根据使用要求，一般关门的平均速度要低于开门平均速度，这样可以防止关门时将人夹住，而且电梯门还设有安全触板。另外，为了防止关门对人体的冲击，有必要对门速实行限制。

电梯门开关的动力来源是门电动机。按照所采用门电动机的类型，电梯门机经历了直流门机、交流异步变频门机（以下简称变频门机）、永磁同步门机的发展。

1）直流门机的工作原理。以如图 3—2—12 所示的双臂中分式门的直流门机为例，这种门机以直流电动机为动力，以两级三角带传动减速，经第二级的大带轮作为曲柄轮。连杆 3 的一端铰接在曲柄轮 6 上，另一端与摇杆 2 铰接。摇杆 2 的上端铰接在机座框架上，下端与门连杆 1 铰接，门连杆 1 则与左门铰接。当曲柄轮 6 逆时针转动 180°，左右摇杆同时推动左右门扇，完成一次开门行程；然后，曲柄轮 6 再顺时针转动 180°，就能使左右门扇同时合拢，完成一次关门行程。

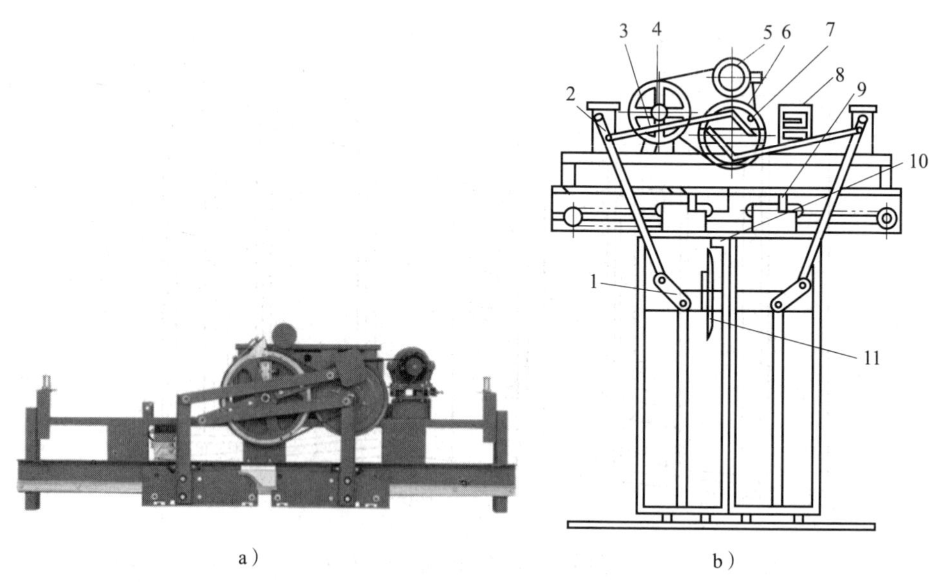

a）　　b）

图 3—2—12　双臂中分式门的直流门机

a）实物图　b）示意图

1—门连杆　2—摇杆　3—连杆　4—带轮　5—直流电动机　6—曲柄轮

7—行程开关　8—电阻箱　9—强迫锁紧装置　10—自动门锁　11—门刀

电梯门在开关的过程中，速度是变化的，且关门的平均速度低于开门的平均速度。这种门机采用直流电动机电枢串电阻降压调速。曲柄轮 6 背面的开关架上装有行程开关（常为 5 个：开门方向 2 个，关门方向 3 个），在曲柄轮转动时依次动作行程开关，使电动机接上或断开电阻箱中的电阻，以此改变电动机电枢电压，使其转速符合门速要求。

由于直流门机电动机体积大，结构复杂，故障率高，逐渐淡出市场。

2）变频门机的工作原理。变频门机的机械系统分为轿门侧机械部分和厅门侧机械部分。轿门和厅门通过系合装置的机械部件连接在一起，电动机拖动轿门运动，轿门通过系合装置带动层门一起运动。层门侧机械部分除没有电动机及其减速机构外，其余和轿门侧机械部分相似。中分式变频门机轿门侧机械部分的结构如图 3—2—13 所示。

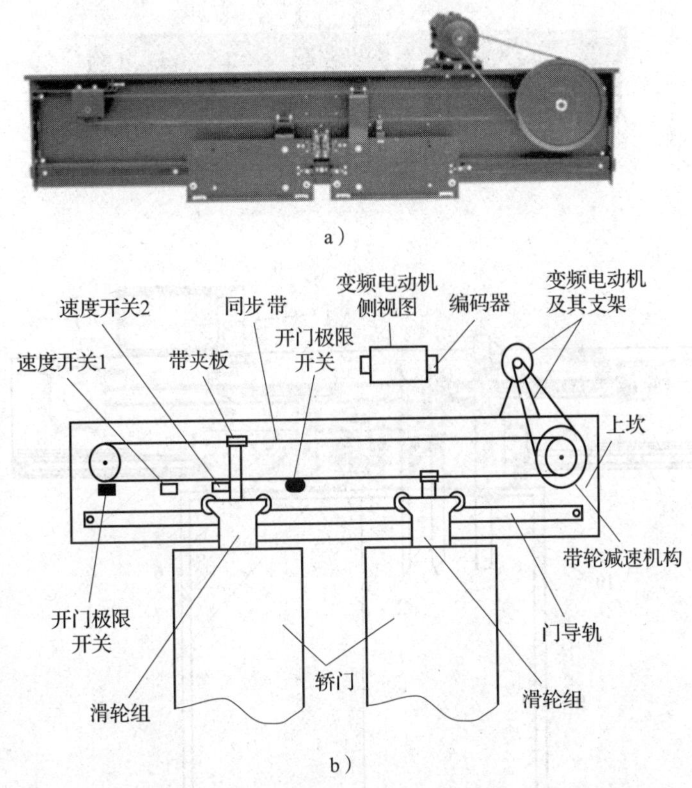

图 3—2—13　中分式变频门机轿门侧机械部分的结构

a）实物图　b）示意图

从图 3—2—13 可看出，轿门侧机械结构由轿门和轿门上坎两大部分组成，上坎上分布着各种部件。其中两组滑轮连接轿门与上坎，将轿门吊挂在上坎导轨上，滑轮组的带夹板卡住带，使得带可以拖动滑轮组在导轨上运动，从而拖动轿门运动。上坎上的开门极限开关和关门极限开关，用于检测轿门是否运动到开门或关门极限位置。电动机尾部的编码器和上坎上的速度开关视不同的运动控制方式选择配置。在使用编码器控制方式时，电动机尾部安装有编码器，但上坎上不安装速度开关。在这种控制方式下，通过编码器既能检测轿门位置，又能检测轿门速度，因此可以使用位置和速度闭环控制。在使用速度开关控制方式时，电动机不带编码器，其依据上坎的速度开关来检测速度切换点。在这种控制方式下，没有位置检测，也没有速度检测，因此只能使用位置和速度开环控制，但是会导致控制精度相对变差，门机运动过程的平滑性不太好，所以多使用编码器控制方式。

由变频电动机带动带轮，与带轮同轴的齿轮带动同步带，使连接在同步带上的门扇做水平运动。由于采用了变频电动机和同步带，不但省去了复杂的减速和调速装置，使结构简单化，而且开关平稳，噪声小，还减少能耗，因此变频门机是目前使用量最大的门机。

3）永磁同步门机的工作原理。如图3—2—14所示是近年来应用更为广泛的永磁同步门机结构。

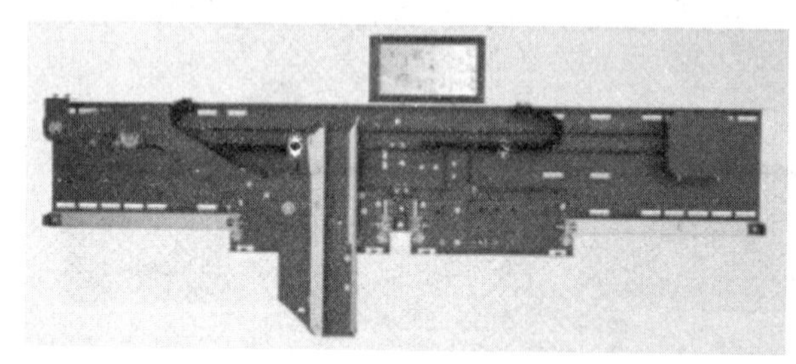

a）

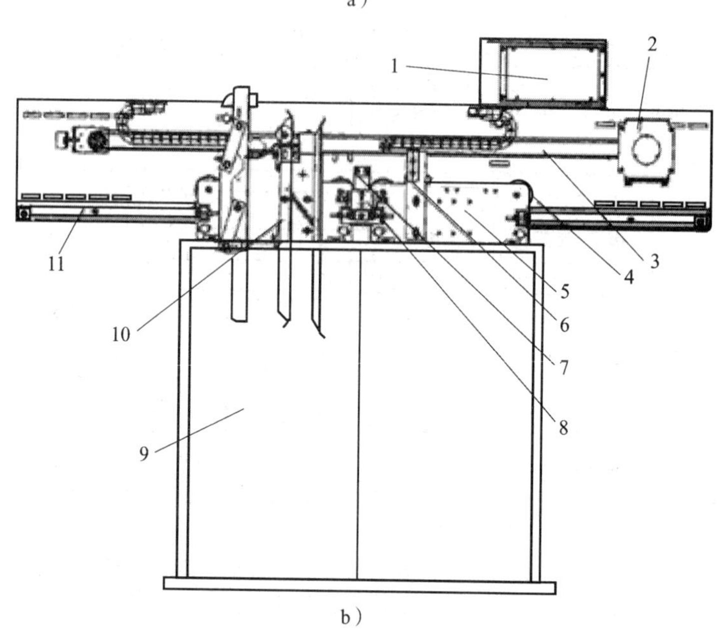

b）

图3—2—14　永磁同步门机结构

a）实物图　b）示意图

1—门机控制器　2—永磁同步电动机　3—同步带　4—挂板轮　5—门挂板　6—同步带连接组件
7—关门到达开关　8—关门到位电气安全开关　9—轿门门板　10—防扒异步门刀　11—门导轨

永磁同步门机采用了永磁同步电动机驱动、无级调速变频控制的驱动系统。轿门侧机械结构由轿门门板9、同步带3、门挂板5、防扒异步门刀10等部件组成。当永磁同步电动机2逆时针旋转时，电动机轴上安装的同步带轮带动同步带3运动，同步带3通过同步带连接组件6与门挂板5连接，带动门挂板5运动，实现轿门门板9做开门运动。防扒异步门刀10与门挂板 5 直接连接、同步运动，从而带动层门门锁上的门球移动使得轿门与层门一起做水平开门运动。关门过程类似，不再赘述。

采用永磁同步电动机取代交流异步电动机，由于永磁同步电动机具有在低频、低压、低速情况下输出足够大的转矩，又可以再甩掉门机系统中的一级带轮减速机构（图 3—2—13 中的带轮减速机构），系统的中间环节更少，结构更简单，质量更轻，运行更平稳，可靠性更高，安装调试维修更方便。永磁同步门机将逐步取代直流门机和交流异步变频门机，在电梯市场占主导作用。

上述内容主要介绍了电梯门系统中开关门机构的几种类型，并着重介绍了轿门的启闭原理，下面介绍层门启闭机构的原理。如图 3—2—15 所示是层门启闭机构。当轿厢停在层站时，门刀就卡在门锁轮两边。当轿门开启时，门刀先压动上面的开锁轮使门锁开启，然后通过门锁带动右门扇向右开启，同时通过传动钢丝绳使左门扇也同步向左侧开启。

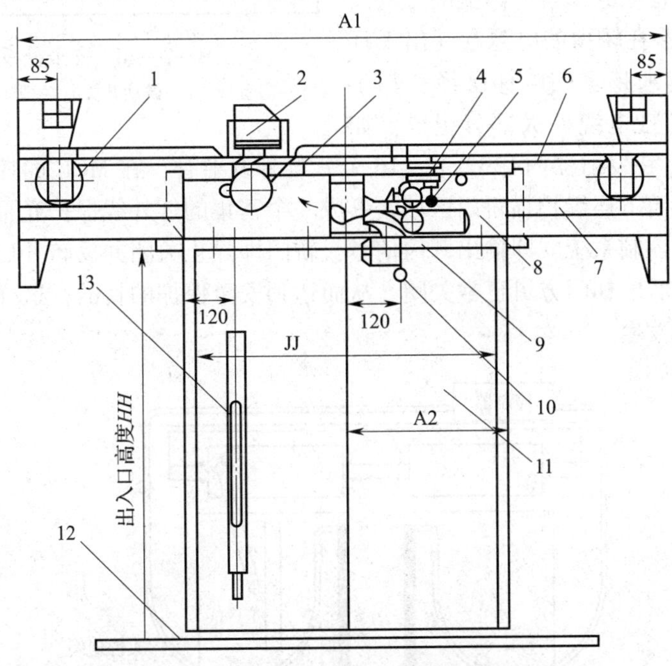

图 3—2—15　层门启闭机构

1—滑轮　2—安全触头　3、5—钢丝绳连接扣　4—门锁轮　6—传动钢丝绳　7—门滑轨　8—门吊板　9—门锁　10—手工开门顶杆　11—层门　12—层门地坎　13—自动关门重锤

（3）电梯的关门防撞装置

为避免关门过程中撞击乘客或货物，都会在电梯轿门背面装设不同结构形式的关门防撞装置。电梯的关门防撞装置有接触式和非接触式两种，下面介绍两种常见的关门防撞装置。

1）安全触板防撞装置。安全触板防撞装置是一种接触式安全防护装置，由门触板、控制杆和微动开关组成，其结构如图 3—2—16 所示。

两块铝制的门触板由控制杆连接悬挂在轿门开口边缘，当轿门完全开启时门触板与轿门扇端面对齐，但在关门过程中条状门触板开始向关门方向伸出一定距离（大约 30 mm）。当关门时若有人或物在门的行程中，则人或物先碰到的将是凸出门扇的触板。当触板被推入门扇时，控制杆就会转动，上控制杆凸轮压下微动开关触头，切断电梯电气控制系统中的关门电路，并接通开门电路，进而控制电梯停止关门，并立即开门。一般中分式门安全触板在双侧安装。旁开式门安全触板在单侧安装，且装在快门上。

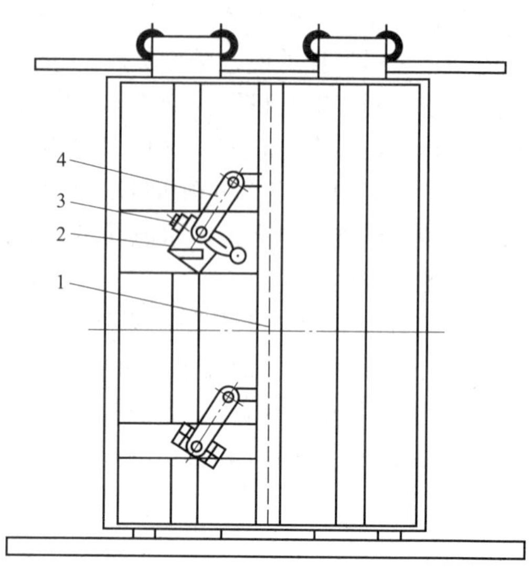

图 3—2—16　安全触板防撞装置

1—门触板　2—微动开关　3—限位螺钉　4—控制杆

2）红外线光幕防撞装置。红外线光幕防撞装置是利用光电感应原理制成的一种非接触式防撞装置，由安装在电梯轿门两侧的红外发射器和接收器、安装在轿顶的电源盒（出于环保和节能需要，越来越多的电梯已经省却了电源盒）及专用柔性电缆四大部分组成，如图 3—2—17 所示。在发射器内有 32 个（16 个）红外发射管，在 MCU 的控制下，发射接收管依次打开，自上而下连续扫描轿门区域，形成一个密集的红外线保护光幕。当其中任何一束光线被阻挡时，控制系统立即输出开门信号，轿门即停止关闭并反转开启，直至乘客或阻挡物离开警戒区域后电梯门方可正常关闭，从而达到安全保护的目的，这样可避免电梯撞击乘客或货物事故的发生。

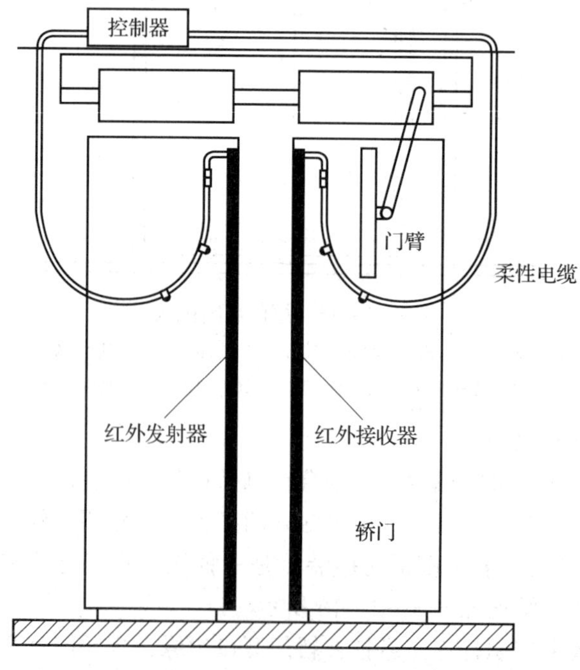

图 3—2—17　红外线光幕防撞装置

为了进一步提高安全保护性能，还可以采用红外线光幕和安全触板相结合的防撞装置。另外，除了红外线光幕防撞装置，还有超声波监控装置、电磁感应式保护装置等非接触式防撞装置，此处不再赘述。

（4）门锁装置

门锁装置一般位于厅门内侧，在门关闭后，将门锁紧，同时接通门电联锁电路，门电联锁电路接通后电梯方能启动运行。除特殊需要外，严防从厅门外侧打开厅门的机电联锁装置。因此，门锁装置是电梯的一种安全设施。

门锁装置是机电联锁装置，层门上门锁的启闭由轿门通过门刀来带动门。层门是被动门，轿门是主动门，因此层门的开闭是由轿门上的门刀插入（夹住）层门锁滚轮，使锁臂脱钩后跟着轿门一起运动。如图 3—2—18 所示是目前使用较多的一种自动门锁结构。

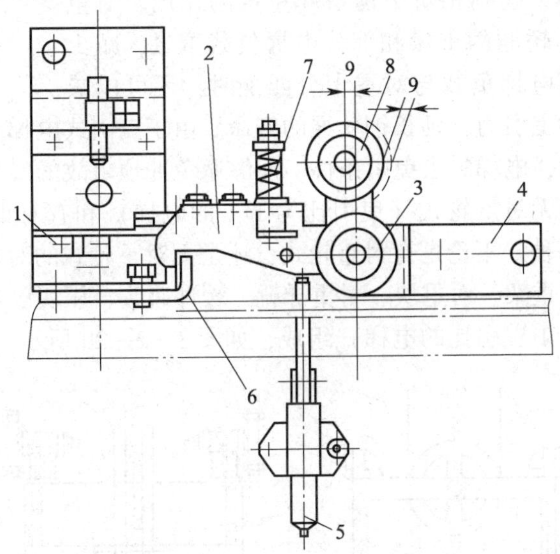

图 3—2—18　SL 型门锁结构

1—触头开关　2—锁钩　3—滚轮　4—底座　5—外推杆　6—钩挡　7—压紧弹簧　8—开锁门轮　9—解锁行程

锁钩的啮合深度（钩住的尺寸）十分关键，标准要求在啮合深度不小于 7 mm 时，电气触头才能接通，电梯才能启动运行。锁钩锁紧的力是由施力元件（即压紧弹簧）和锁钩的重力供给的。

门锁的电气触头是验证锁紧状态的重要安全装置，要求与机械锁紧元件（锁钩）之间的连接是直接和不会误动作的，而且当触头粘连时，也能可靠断开。现在一般使用的是簧片式或插头式电气安全触头，普通的行程开关和微动开关是不允许用的。

除了锁紧状态要有电气安全触头来验证外，轿门和层门的关闭状态也应有电气安全触头来验证。当门关到位后，电气安全触头才能接通，电梯才能运行。验证门关闭的电气触头也是重要的安全装置。该触头应符合规定的安全触头要求，不能使用一般的行程开关和微动开关。

5．重量平衡系统

重量平衡系统是使对重与轿厢达到相对平衡，在电梯工作中使轿厢与对重间的重量差保持在某一个限额之内，保证电梯的曳引传动平稳、正常。

重量平衡系统由对重装置和重量补偿装置两部分组成，原理如图 3—2—19 所示。

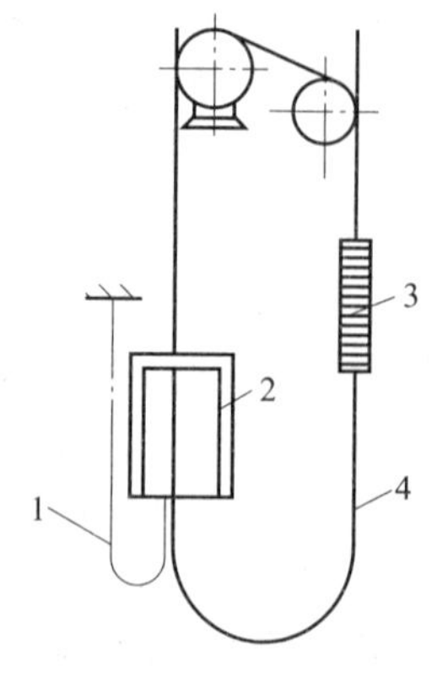

图 3—2—19 重量平衡系统

1—随行电缆 2—轿厢

3—对重 4—补偿链

对重装置起到相对平衡轿厢重量的作用，它与轿厢相对悬挂在曳引绳的另一端。补偿装置的作用：当电梯运行的高度超过 30 m 时，由于曳引钢丝绳和电缆的自重，使得曳引轮的曳引力和电动机的负载发生变化，补偿装置可弥补轿厢两侧重量不平稳，这就是保证轿厢侧与对重侧重量比在电梯运行过程中不变的方法。

（1）对重装置

对重装置是曳引驱动电梯特有的装置，它通过曳引绳经曳引绳轮与轿厢连成一体，起到相对平衡轿厢重量的作用。对重可以平衡（相对平衡）轿厢的重量和部分电梯负载重量，减少电动机功率的损耗。当电梯负载与对重十分匹配时，还可以减小钢丝绳与绳轮之间的曳引力，延长钢丝绳的寿命。由于曳引式电梯有对重装置，如果轿厢或对重撞在缓冲器上后，电梯失去曳引条件，能够避免冲顶事故的发生。

对重装置一般分为无对重轮式（曳引比为 1∶1 的电梯）和有对重轮（反绳轮）式（曳引比为 2∶1 的电梯）两种。不论是有对重轮式，还是无对重轮式的对重装置，其结构组成是基本相同的，一般由对重架、对重块、对重导靴、缓冲碰头、压块以及与轿厢相连的曳引钢丝绳和对重绳轮（指 2∶1 曳引比的电梯）组成，如图 3—2—20 所示。

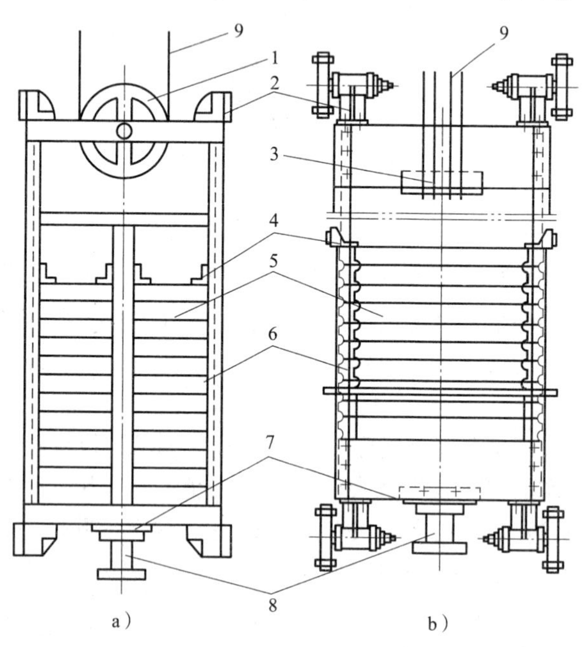

图 3—2—20 对重装置

a）有绳轮对重装置 b）无绳轮对重装置

1—对重绳轮 2—对重导靴 3—对重绳头板 4—压块 5—对重块 6—对重架

7—对重调整垫 8—缓冲碰头 9—曳引钢丝绳

对重相对于轿厢悬挂在曳引钢丝绳的另一侧，起到相对平衡轿厢的作用。因为轿厢的载重量是变化的，因此不可能两侧的重量都相等而处于完全平衡状态。一般情况下，只有轿厢的载重量达到50%的额定载重量时，对重一侧和轿厢一侧才处于完全平衡状态，这时的载重额称为电梯的平衡点。这时由于曳引绳两端的静荷重相等，使电梯处于最佳的工作状态。但是在电梯运行中的大多数情况下，曳引绳两端的荷重是不相等的，是变化的。因此对重的作用只能起到相对平衡。

在电梯运行中，对重的相对平衡作用在电梯升降过程中不断变化。当轿厢位于最低层时，曳引绳本身存在的重量大部分都集中在轿厢侧；相反，当轿厢位于顶层时，曳引绳的自身重量大部分作用在对重侧，还有电梯上控制电缆的自重，也都使轿厢和对重两侧的平衡发生变化，也就是轿厢一侧的重量 Q 与对重一侧的重量 W 的比例 Q/W 在电梯运行中是变化的。尤其当电梯的提升高度超过 30 m 时，两侧的平衡变化就更大，因而必须增设平衡补偿装置来减弱其变化。

（2）平衡补偿装置

平衡补偿装置（见图 3—2—19 中的补偿链条，也可以是补偿绳或补偿缆）悬挂在轿厢和对重的底面。在电梯升降时，其长度的变化正好与曳引绳长度变化对重相反。当轿厢位于最高层时，曳引绳大部分位于对重侧，而补偿链条大部分位于轿厢侧；而当轿厢位于最低层时，情况与上述正好相反，这样轿厢一侧和对重一侧就起到了平衡的补偿作用，保证了对重起到相对平衡的作用。

6．机械安全保护系统

电梯的安全保护系统包括机械安全保护系统和电气安全保护系统。电梯的机械安全保护系统除前面已讲述的制动器、厅门、轿门、安全触板、门锁装置外，还有轿顶安全栅栏、轿顶安全窗、底坑防护栏、限速器、安全钳、缓冲器等。轿厢运行中超过额定速度一定程度时，限速器装置开始动作，夹住限速器安全钳连动绳，安全钳装置在限速器带动下，卡住导轨，保持轿厢不下落，同时切断控制回路电源。由于安全钳没有动作或超载等原因，轿厢发生下滑时，缓冲器装置将防止轿厢猛烈地撞击井道底部。

下面对较为复杂且重要的限速器、安全钳、缓冲器三种机械安全保护装置做一简介。

（1）限速器

限速器和安全钳组合在一起称为限速装置。限速器安装在电梯机房内曳引机的一侧。限速器的绳轮垂直于井道中轿厢的侧面。绳轮上的钢丝绳下放到井道，与轿厢上横梁安全钳连杆相连接，再通过井道底坑的涨绳轮，返回到限速器绳轮上。这样，电梯限速器的绳轮就随轿厢运动而转动。安全钳安装在轿厢架的底梁上，底梁两端各装一副，其位置在导靴之上，随着轿厢沿导轨运动。安全钳楔块由连杆、拉杆、弹簧等传动机构与轿厢上的限速器钢丝绳连接。如果由于机械或电气原因而出现故障，当轿厢超过额定速度的115%运行处于危险状态时，限速器就发生动作。首先，通过限速器上的电气开关切断运行电路，使电梯失去动力；与此同时，限速器的卡块卡住限速轮。这时，连接限速器钢丝绳的拉杆被上提，连杆系统通过拉杆带动安全钳楔块动作，楔进安全钳钳体与导轨之间，使轿厢急停，并通过连杆机构上的电气开关切断控制电路电源，完全停止轿厢运动。限速器和安全钳的动作原理如图 3—2—21 所示。

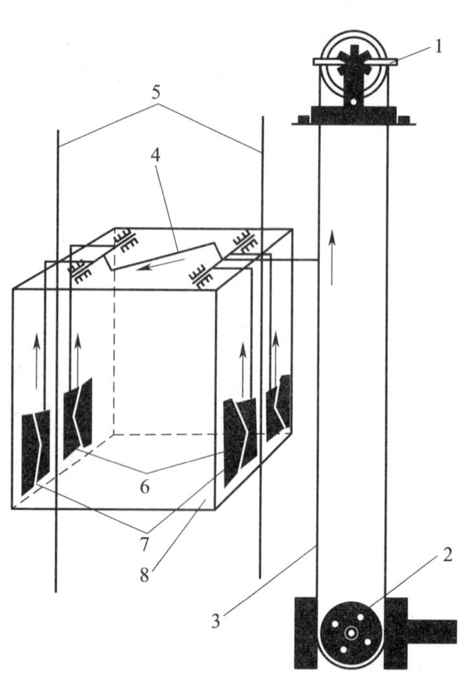

图 3—2—21　限速器和安全钳的动作原理

1—限速器　2—限速器张紧装置　3—限速器钢丝绳　4—连杆机构　5—轿厢导轨　6—楔块　7—钳体　8—轿厢

目前使用较多的电梯限速器主要有摆锤式和离心式两类，其各自具有相应的特点和适用范围，具体见表 3—2—1。选用限速器时要根据电梯的额定速度而定，对于额定速度不大于 0.63 m/s 的电梯，采用刚性夹持式限速器，配用瞬时式安全钳；额定速度大于 0.63 m/s 的电梯，采用弹性夹持式限速器，配用渐进式安全钳。

表 3—2—1　　　　常用电梯限速器的特点和适用范围

种类			适用速度	安全钳	使用特点
摆锤式	下摆杆凸轮棘爪式		1 m/s 以下	瞬时式	结构简单，制造维护方便，缺乏可靠的夹绳装置，多用于低速电梯
	上摆杆凸轮棘爪式				
离心式	甩块式	刚性夹持式	1 m/s 以下	渐进式	夹持力不可调，工作时对钢丝绳损伤较大
		弹性夹持式	1 m/s 以上	渐进式	工作时对钢丝绳损伤小，多用于快速梯
	甩球式（多为弹性夹持式）		各种速度	渐进式	结构简单可靠，反应灵敏，用于快、高速电梯，但已经逐步淘汰

为保证电梯的运行安全，限速器和安全钳必须在电梯上行或下行超速时都能起作用。现代电梯解决的办法有采用双向限速器配用双向安全钳、在对重侧同时使用安全钳和在机房或轿顶加装超速夹绳器三种。

双向限速器是新一代电梯安全部件之一，与现有限速器系统的最大区别就在于仅用一台限速器实现电梯双向测速，双向分别动作，与双向安全钳联动就可完成对上、下行轿厢的双向限速制停。

双向限速器结构如图 3—2—22 所示。根据双向限速器正视方向视图（见图 3—2—22b），电梯正常运行时，限速器绳轮 3 在限速器绳 2 的驱动下，绕限速器绳轮转轴 13 旋转（顺、逆时针），装于绳轮 3 上的两件离心锤 5 再通过离心锤联动拉杆 6 铰接，并在离心锤回位接头 10 和离心锤回位弹簧 11 的作用下，被压向最接近旋转中心位置并旋转。当电梯出现超速状况后，限速器绳轮 3 超速，离心锤 5 受到离心力的作用（由离心锤联动拉杆协同动作），克服离心锤回位弹簧 11 的张力向远离旋转中心方向甩开，导致离心锤 5 绕离心锤转轴 9 做顺时针转动，同时推动触发锁舌 7 绕触发锁舌转轴 8 做顺时针转动。根据双向限速器后视方向视图（见图 3—2—22c），触发锁舌 7 在离心锤 5 的推动下，克服触发锁舌扭簧 18 的张力，绕触发锁舌转轴 8 做逆时针转动，并随即解除对制动块 15 的滞卡。制动块 15 在制动块扭簧 16 的作用下，绕制动块转轴 17 做逆时针转动，与制动块制为一体的制动块销轴 14 倒向处在静止状态的花盘 21，并卡入花盘外圆周上开设的 6 个凹槽中的一个，花盘 21 被限速器绳轮带动绕限速器绳轮转轴 13 旋转。与花盘 21 制成一体的花盘销轴 19 驱动套装在其上的左、右夹绳臂与夹块（件号 4、12），可分别独立绕夹绳臂转轴 20 压向限速器绳轮 3，夹紧限速器绳轮 3 上缠绕的限速器绳 2，实现对限速器绳 2 的制动。电梯上、下行驶时限速器绳轮转向相反，上行超速和下行超速则分别触动左侧或右侧的夹绳臂与夹块，独立夹绳制动，并驱动双向安全钳动作，即实现双向限速功能。

a）

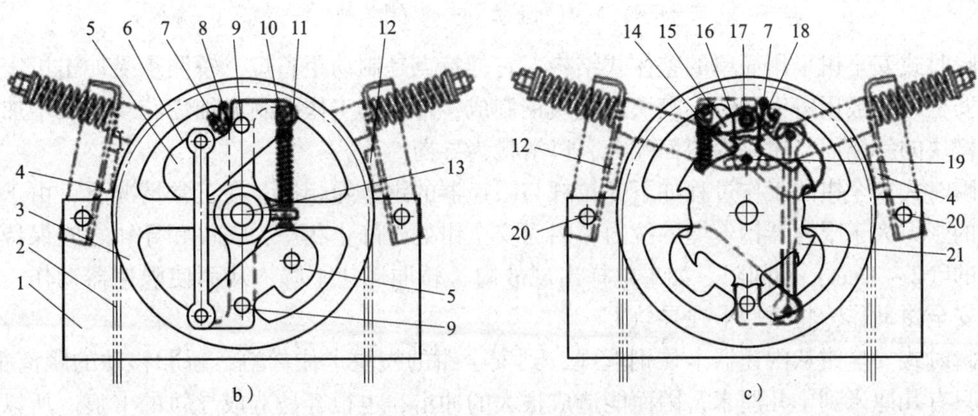

b）　c）

图 3—2—22　双向限速器结构

a）实物图　b）正视方向　c）后视方向

1—限速器体　2—限速器绳　3—限速器绳轮　4—左夹绳臂与夹块　5—离心锤　6—离心锤联动拉杆　7—触发锁舌　8—触发锁舌转轴　9—离心锤转轴　10—离心锤回位接头　11—离心锤回位弹簧　12—右夹绳臂与夹块　13—限速器绳轮转轴　14—制动块销轴　15—制动块　16—制动块扭簧　17—制动块转轴　18—触发锁舌扭簧　19—花盘销轴　20—夹绳臂转轴　21—花盘

(2) 安全钳

安全钳是一种使轿厢（或对重）停止运动的机械装置，它与操纵机构组成超速保护装置。凡是由钢丝绳或链条悬挂的电梯轿厢均应设置安全钳。当底坑下有人能进入的空间时，对重也可设安全钳。安全钳一般都安装在轿架的底梁上，成对地同时作用在导轨上。

安全钳和限速器必须联合动作才能起作用。安全钳的作用就是把轿厢或对重夹持在导轨上，使其停止运动的操纵机构是一组连杆系统，限速器通过连杆机构操纵安全钳。

每根导轨都对应一组安全装置。因而轿厢或对重均有两组。安全钳一般设在轿厢架下的横梁上，也有的设在轿厢架上的横梁上，并成对地同时作用在导轨上。

安全钳按照结构可分为瞬时式安全钳和渐进式安全钳（又称滑移动作安全钳）两种。

1）瞬时式安全钳。当限速器采用甩锤式时，与其配套的是瞬时式安全钳，如图 3—2—23 所示。

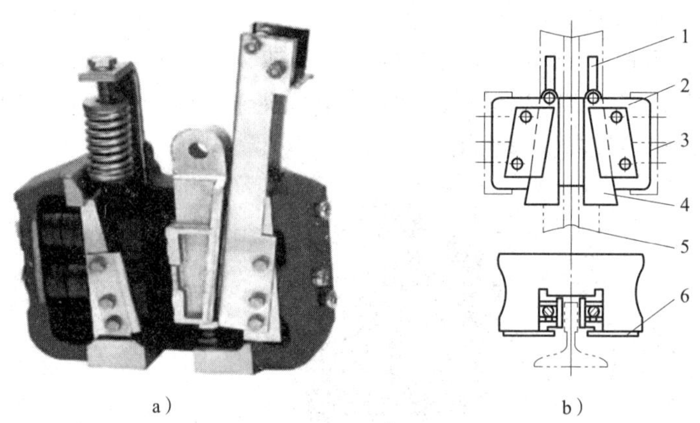

图 3—2—23　瞬时式安全钳

a）实物　b）结构图

1—拉杆　2—安全钳座　3—轿厢下梁　4—楔（钳）块　5—导轮　6—盖板

瞬时式安全钳采用简单的整体式结构，它的特点是制动距离短，轿厢承受冲击厉害。瞬时式安全钳一般用铸钢制造。楔块用优质钢制成，常将其工作面制成细齿花纹，以增加摩擦力。楔块的斜侧面与钳座内斜面配合，以滑槽为导向。

瞬时式安全钳的工作过程如下：拉杆与限速器的钢丝绳相连。在正常情况下，由于拉杆弹簧的张力大于限速器钢丝绳的拉力，因而安全钳处于静止状态，楔块和导轨之间保持一个恒定的（2～3 cm）的间隙。如果电梯出现故障，轿厢迅速下降，从而使限速器动作，继而操纵安全钳动作，将轿厢卡在导轨上。

瞬时式安全钳从限速器卡住钢丝绳，到安全钳的楔块卡住导轨，轿厢移动的距离很短，一般只有几厘米到十几厘米，因而能造成很大的冲击，也很容易造成导轨的卡痕。所以，这种安全钳只能用在低速电梯上。

2）渐进式安全钳。与甩球式限速器配套的安全钳是渐进式安全钳，如图 3—2—24 所示。

渐进式安全钳的工作原理与瞬时式安全钳大体相同。不过这种安全钳装有弹性元件，能使制动力限制在一定的范围内，并使轿厢在制停时有一段滑移距离，从而避免了因轿厢急停而引起的强烈振动。

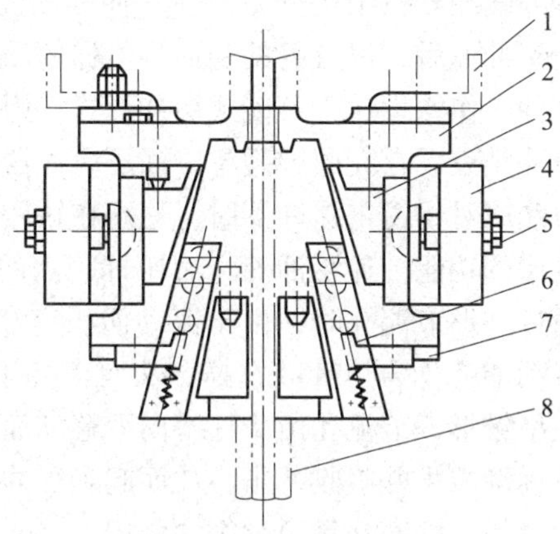

图 3—2—24 渐进式安全钳

1—轿厢架下梁 2—壳体 3—塞铁 4—安全垫头 5—调整箍 6—滚筒器 7—楔块 8—导轨

渐进式安全钳有一个重要的组成部分，就是滚筒器内装有滚柱。当限速器卡住钢丝绳时，停止移动的楔块与继续下落的滚柱之间产生滚动摩擦。由于楔块、滚筒器、塞铁、安全垫头、外壳的形状及装配关系等结构上的原因，轿厢向下滑移一定距离后，塞铁、安全垫头、滚筒器和楔块等从两个方面向导轨挤靠，很快就把轿厢卡在导轨上，制止轿厢的继续下滑。

3）双向安全钳。双向安全钳是一种既可以进行轿厢上行超速保护，也可以进行轿厢下行超速保护的安全钳，如图 3—2—25 所示。

图 3—2—25 双向安全钳

双向安全钳装置是在轿架两侧安装上行安全钳和下行安全钳，并通过限速器及提拉机构使安全钳动作夹持导轨，从而使轿厢具有上、下行超速保护的装置。双向安全钳装置由调整机构、提拉机构、杠杆及联动机构和上、下行安全钳等组成。上、下行安全钳各由一套相互独立的杠杆及联动机构控制，由一套提拉机构连接。通过上、下两套调整机构使整个装置处于稳定状态，不会由于轿厢的抖动而使安全钳误动作。双向安全钳需要双向限速器来操纵。当电梯上（下）行超速时，使与双向安全钳装置相连的双向限速器动作，通过双向限速器的钢丝绳拉动提拉机构下（上）移动，使控制上（下）行的杠杆及联动机构动作，从而使上（下）行安全钳动作。

(3) 缓冲器

缓冲器是电梯最后一道安全保护装置。当电梯失控撞向底坑时，巨大的冲击能将造成严重后果。要避免发生事故，就必须吸收和消耗电梯的能量，使其安全减速停止在底坑。缓冲器同样对电梯的冲顶起保护作用。当轿厢冲向楼顶时，对重缓冲器使轿厢避免冲击楼顶。当缓冲器动作时，要触动安装在缓冲器上的不可自动复位的电开关，一旦缓冲器被触动，必须由维护人员手动复位电开关后，电梯才能运行。

电梯的缓冲器按结构分为弹簧缓冲器和油压缓冲器两种，如图3—2—26所示。弹簧缓冲器在受到冲击后，以自身的变形将电梯的动能转化为弹性势能，使电梯得到缓冲。弹簧缓冲器的这种工作原理属于蓄能式缓冲形式，因此又被称为蓄能式缓冲器。弹簧缓冲器的工作特点是缓冲结束后存在回弹现象。油压缓冲器又称为耗能式缓冲器。在液压缸腔内充满液压油，当轿厢或对重撞击缓冲器时，柱塞在轿厢或对重的重力作用下向下运动，压缩油缸内的油，将电梯的功能传递给油液，液压缸腔内的油压增大，使油通过环形节流孔喷向柱塞腔。在油液通过环形节流孔时，由于流动面积突然缩小，形成涡流，使液体内的质点相互撞击、摩擦，将动能转化为热量散发掉，从而消耗了电梯的动能，使电梯以一定的减速度停止下来。主柱呈锥形，节流孔由于柱塞向下移动而逐渐减小，使油进入柱塞的阻力加大，下降速度降低，逐渐减小并吸收冲击，从而起到缓冲作用。当轿厢或对重离开缓冲器时，施加于柱塞上的力消失，柱塞在复位弹簧的作用下，向上复位，油重新流回液压缸内，柱塞回复到原始位置。油压缓冲器具有缓冲平稳的优点，在条件相同的情况下，油压缓冲器所需的行程比弹簧缓冲器少一半，因此能用于快速电梯和高速电梯。

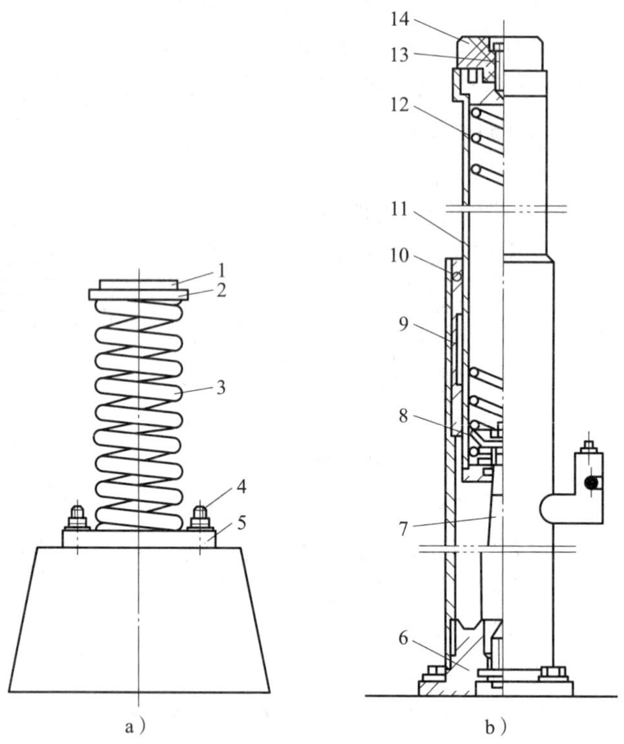

图3—2—26 缓冲器结构图

a）弹簧缓冲器 b）油压缓冲器

1—缓冲橡皮 2—缓冲头 3—缓冲弹簧 4—地脚螺栓 5—缓冲弹簧座 6—液压缸座 7—油孔立柱 8—挡油圈 9—液压缸 10—密封盖 11—柱塞 12—复位弹簧 13—通气孔螺栓 14—橡皮缓冲垫

二、电梯施工基本安全操作事项

1. 电梯安装人员接到安装任务单，必须会同有关人员勘查施工现场，根据任务单的要求和实际情况，拟定切实可行的安全措施，且实施后方可进入工地施工。

2. 施工现场的材料和物品必须存放整齐，堆垛稳固，防止倒塌。场地必须保持清洁、通行无障碍物。

3. 施工操作人员的个体防护，必须使用符合规定的劳动防护用品，且按照劳动防护用品使用规则和防护要求正确合理使用。集体备用的防护用品应由专人保管，定期检查，使其保持完好状态。

4. 电梯层门拆除或安装前，必须在层门门框外设置安全护栏，并悬挂醒目的标识，如“门已拆除，严禁入内”或“严禁入内，谨防坠落”等通告。在层门口未设置阻挡的障碍物之前，必须由专人守护，防止有人进入。

5. 施工操作人员进出轿厢、轿顶时，必须思想集中，看清楚其停靠的位置，然后方可用正确稳妥的方法出入。严禁在轿厢未停妥或层门刚开启就匆忙出入，造成下坠事故。

6. 在运转的绳轮两旁清洗钢丝绳，必须用长柄刷子操作，开慢车进行清洗。并且要注意电梯轿厢的运行方向，在清洗对重方向的钢丝绳时，应开上升车；在清洗轿厢方向的钢丝绳时，应开下降车。

7. 在修理拆装曳引机组、轿厢、对重、导轨和调换钢丝绳时，严禁冒险或违章操作，必须由施工负责人统一指挥，使用安全可靠的设备、工具，做好人员力量的配备组织工作。

8. 在施工过程中，严禁操作人员站立在电梯层门、轿门的骑跨处，以防触动按钮或手柄开关，电梯轿厢位移发生事故。骑跨处是指电梯的移动部分与静止部分之间，如轿门地坎和层门地坎之间，分隔井道用的工字钢（槽钢）和轿顶之间等。

9. 在施工过程中，操作人员若需要离开轿厢时，必须切断电源，关闭层门、轿门，并悬挂“禁止使用”警告牌，以防他人启用电梯。

10. 电梯在调试过程中，必须由专业人员统一指挥，严禁载客。

三、电梯常用工具设备安全操作事项

1. 施工操作人员应使手用工具经常处于良好状态，如锤子或大锤的手柄有松动，则必须在使用前更换新手柄，且装配紧固，以防锤头滑脱伤人；又如凿子或样冲的顶部要经常修整，避免出现“蘑菇状”的碎片伤人。

2. 登高操作使用扒脚梯、竹梯，单梯的梯脚应包扎防滑橡皮，使用前必须检查确认坚固可靠方可使用，使用扒脚梯扒开角度应在35°～45°，中间必须有绳索将梯子两面拉牢。单梯使用时，应由他人监护，扶住梯脚或在上部用绳索扎紧，登梯操作者应尽可能使用安全带，以防坠落。扶梯监护者需要戴安全帽，以防物体打击，严禁两人同时攀登一部梯子。

3. 各种移动电气设备要经常检查，必须保证绝缘强度符合规定要求，且有良好的安全接地措施。引线必须采用三芯（单相）、四芯（三相）坚韧橡皮线或塑料护套软线，截面积至少0.5 mm^2，长度不得超过5 m。使用掌上型电动工具，操作时要戴绝缘手套或脚垫绝缘橡皮。

四、电梯井道作业安全操作事项

1. 施工人员进入井道作业必须戴安全帽，登高操作应系安全带，工具应放入工具袋内，大的工具应用保险绳扎牢，妥善放置。

2. 搭设脚手架时，委托单位必须向搭建单位详细说明安全技术要求，搭建完工后，必

须进行验收。脚手架不符合安全规定时严禁施工。脚手架如果需要增设跳板，必须用18#以上的铁丝将跳板两端与脚手架捆扎牢固。木板厚度应在50 mm以上，严禁使用劣质、强度不符合要求的木材。在施工过程中应经常检查脚手架的使用状况，发现有不安全的隐患，应立即停止施工采取有效措施。脚手架的承载荷重应大于250 kg/m^2，脚手架上不准堆放工件或杂物，以防物体坠落伤人。拆除脚手架时，必须由上向下进行，如果需要拆除部分脚手架，待拆除后，对保存的部分脚手架，必须加固，确认安全方可再施工。

3. 在井道内施工使用的照明行灯应有足够的亮度，其电压必须采用36 V的低电压。

4. 安装导轨及轿厢架等部件，因劳动强度大，必须合理组织安排人力，且做好安全防护措施，由专人负责统一指挥。

5. 进入地坑施工时，轿厢内应有专人看管，并切断轿厢内电源，轿门和层门应开启。

6. 在轿顶进行维修、保养、调试时，必须做到轿厢内有检修人员或具有熟练操作技能的电梯驾驶员配合，并听从轿顶上检修人员的指挥；检修人员应集中思想，密切注意周围环境的变化，下达正确的口令；当驾驶人员离开轿厢时，必须切断电源，关闭轿门、层门，并悬挂“有人工作、禁止使用”的警告牌；轿顶设置检修操纵箱的应尽量使用，轿厢内人员必须集中思想，注意配合；无轿顶检修操纵箱的应使用检修开关，使电梯处于检修状态。电梯在将达到最高层站前，要注意观察，随时准备采取紧急措施；当导轨加油时应在最高层站的前半层处停车；多部并列的电梯施工时，必须注意左右电梯轿厢上下运行情况，严禁将手、脚伸至正在运行的电梯井道内。

7. 施工人员在安装、维修机械设备或金属结构部件时，必须严格遵守机械加工的安全操作规程。

五、电梯吊装作业安全操作事项

1. 吊装作业是运用各种起重吊运工具、设备或借助人力的搬运，将物体从地面起吊或推举到空中，再放到预定的位置和方向的过程，必须由专人指挥。指挥者应经过专业培训，持有安全操作岗位证书。

2. 在吊装前，必须充分估计被吊对象的重量，选用相应的吊装工具设备；使用吊装的工具设备，必须仔细检查，确认完好，方可使用。

3. 准确选择悬挂手动链条葫芦的位置，使其具有承受吊装负荷的足够强度，施工人员必须站立在安全的位置进行操作；使用链条葫芦时，若拉动不灵活，必须查明原因，采取措施后方可进行操作。

4. 在吊装过程中，井道或场地的吊装区域位于被吊重物的下面（地坑），不得有人从事其他工作或行走。

5. 吊装使用的吊钩应使用带有安全销的吊钩，避免重物脱钩，如果吊钩不带安全销，必须采取其他防护措施。

6. 在起吊轿厢时，应用强度足够的保险钢丝绳将起吊后的轿厢进行保险，确认无危险后，方可放松链条葫芦；在起吊有补偿绳及衬轮的轿厢时，不能超过补偿绳和衬轮的允许高度。

7. 钢丝绳轧头的规格必须与钢丝绳匹配，轧头的压板应装在钢丝绳受力的一边。钢丝绳轧头只允许将两根同规格的钢丝绳扎在一起，严禁扎三根或不同规格的钢丝绳。

8. 吊装机器，应使机器底座处于水平位置平稳起吊。抬、扛重物应注意用力方向及用力的协调一致性，防止滑杠脱手伤人。

9. 顶撑对重时，应选用较大直径的钢管或大规格的木材，严禁使用劣质材料，操作时支撑要稳妥，不可歪斜，并要做好保险措施。

10. 放置对重块时，应用手动链条葫芦等设备吊装；当用人力放置对重块时，应由二人共同配合，防止对重块坠落伤人。

11. 拆除旧电梯时，严禁先拆限速器、安全钳。在条件可能的情况下应搭设脚手架。如果没有脚手架，必须待有可靠的安全措施落实后，方可拆卸，并注意操作时互相协调配合。

12. 施工人员在进行吊装、起重操作时，必须严格遵守高空作业和起重作业的安全操作规程。

六、电梯预防火灾安全操作事项

1. 施工场所各种易燃物品（汽油、煤油、柴油）应有严格的领用制度，工作完毕，剩余的易燃物品必须妥善保管，存放在安全的地方。在使用易燃物品时，必须加强环境通风，降低空气中爆炸性混合气体的浓度，并且严格禁止吸烟或使用明火。

2. 施工场所使用焊接、切割和喷灯的明火作业时，必须严格遵守岗位安全操作规程。凡需动用明火作业时，必须执行动火审批制度，未经批准不得擅自动用明火。

3. 施工中有明火作业时，必须在施工前做好防火措施，设置足够数量的灭火器材，如干粉、二氧化碳、1211 灭火器和干黄砂桶等。严禁使用水和泡沫灭火器。

4. 火焰作业点必须与氧气、乙炔气容器以及木材、油类等物质保持 10 m 以上的距离，并用挡板屏隔离。对易爆物质，与火焰作业点必须保持 20 m 以上的距离。

5. 应使用煤油喷灯，严禁使用汽油，以防发生爆燃；使用时应经常检查灯壶内的油量不可少于 1/4，以防灯壳过热发生爆燃；使用时应注意火不可反射至灯的本体，以防发生危险；严禁任意旋动安全阀调节螺钉，安全阀应保持清洁，防止阻塞失灵，造成事故；若发现喷灯底部外凸，应立即停止使用，重新更换。

6. 施工场所有明火作业时，应有专人值班负责安全监督，施工完毕后应仔细检查现场情况，消除火苗隐患。

任务实施

一、任务准备

实施本任务所需要的实训设备及工具材料见表 3—2—2 至表 3—2—7。

表 3—2—2　　电梯实训常用工具材料

序号	名称	规格
1	钢丝钳	200 mm
2	尖嘴钳	160 mm
3	斜口钳	160 mm

续表

序号	名称	规格
4	梅花扳手	8 mm × 10 mm、10 mm × 12 mm、12 mm × 14 mm、14 mm × 17 mm、16 mm × 18 mm、17 mm × 19 mm
5	套筒扳手	8 ~ 46
6	活扳手	150 mm、200 mm、250 mm、300 mm
7	一字旋具	50 ~ 300 mm
8	十字旋具	75 ~ 200 mm
9	开口扳手	8 ~ 46 mm
10	线锤	100 ~ 150 g、5 ~ 10 kg

表 3—2—3　　电梯实训常用钳工工具材料

序号	名称	规格
1	台虎钳	2 号
2	钢锯	300 mm
3	锉刀	各类型的，粗、中、细的
4	钳工铁锤	1 磅、2 磅、5 磅
5	划规	150 mm、250 mm
6	中心冲	
7	攻螺纹扳手	M3 ~ M16
8	线坠	
9	台钻	
10	手提砂轮机	100 ~ 150 mm

表 3—2—4　　电梯实训常用电工工具材料

序号	名称	规格
1	手电筒	
2	验电器	
3	电烙铁	40 W
4	吸锡器	18 g
5	剥线钳	

续表

序号	名称	规格
6	电工刀	
7	万用表	
8	接线板	
9	充电式照明灯	
10	手提行灯	36 V（带护翼）
11	电源变压器	220 V/36 V
12	钻嘴	2 ~ 16 mm
13	冲击钻	
14	冲击钻头	8 ~ 24 mm
15	角磨机	
16	打磨机	
17	电焊机	
18	手电钻	配开孔器

表 3—2—5　　电梯实训常用土木工具材料

序号	名称	规格
1	木工锤	0. 5 kg、0. 75 kg
2	手锯	600 mm
3	钻子（凿墙洞）	
4	抹子（抹泥砂浆）	
5	吊线锤	0. 5、10、15、20 kg
6	棉纱	
7	钢丝	

表 3—2—6　　电梯实训常用测量工具材料

序号	名称	规格
1	钢直尺	150 mm、300 mm
2	钢卷尺	3 m
3	塞尺	0. 02 ~ 1 mm

续表

序号	名称	规格
4	弯尺	200～500 mm
5	游标卡尺	150～300 mm
6	直尺水平仪	300～500 mm

表 3—2—7　　电梯实训常用起重工具材料

序号	名称	规格
1	索具套环	0.6、0.8
2	索具卸扣	
3	钢缆扎头	1.4、2.1
4	手拉葫芦	
5	起重滑轮	3 t、5 t
6	卷扬机	2 t
7	千斤顶	500 kg
8	麻绳	

二、样板架的制作与安置

样板架是电梯安装工程中根据电梯轿厢、对重、导轨等部件的实际相关尺寸所制作的足尺放样样板，是电梯由上向下悬挂各种安装铅垂线的依据和出发点，保证安装过程中相关部件定位的准确性。因此对样板架的制作必须尺寸准确、结构牢固。

1. 制作样板架

制作样板架的木材应干燥、不易变形、四面刨平、互成直角，其断面尺寸可参照表 3—2—8 的规定。如图 3—2—27 所示为样板架平面图，如图 3—2—28a 所示为对重导轨安装图，如图 3—2—28b 所示为轿厢导轨安装图。

表 3—2—8　　样板架断面尺寸

提升高度（m）	厚（mm）	宽（mm）
≤20	40	80
20～40	50	100

注：提升高度在超高情况下应将木料厚度和宽度相应增加，或与安装施工部门磋商，选取其他材料制作。

样板架上应标出轿厢架中心线、门中心线、门口净宽线、导轨中心线，各线的位置偏差应不超过 0.3 mm。在样板架放铅垂线的各点处，用薄锯条锯个斜口，其旁钉一钢钉，作为悬挂固定铅垂线之用，如图 3—2—29 所示。

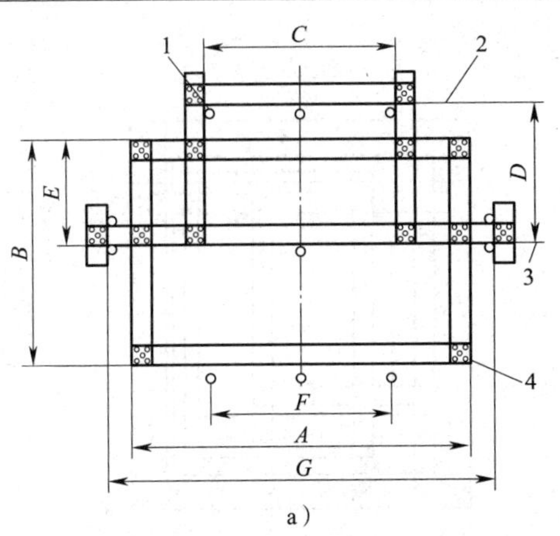

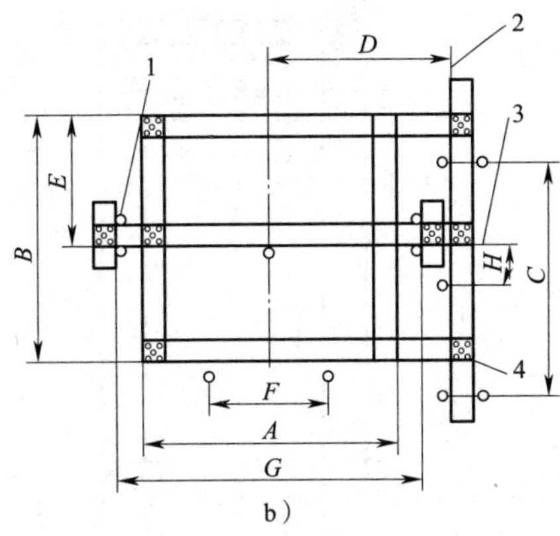

图 3—2—27　样板架平面图

a）对重在轿厢后面放置　b）对重在轿厢侧面放置

A—轿厢宽　*B*—轿厢深　*C*—对重导轨距离　*D*—轿厢架中心线的距离　*E*—轿厢架中心线至轿底后沿的距离

F—开门净宽　*G*—轿厢导轨架距离　*H*—轿厢与对重偏心距离

1—铅垂线　2—对重中心线　3—轿厢架中心线　4—连接钢钉

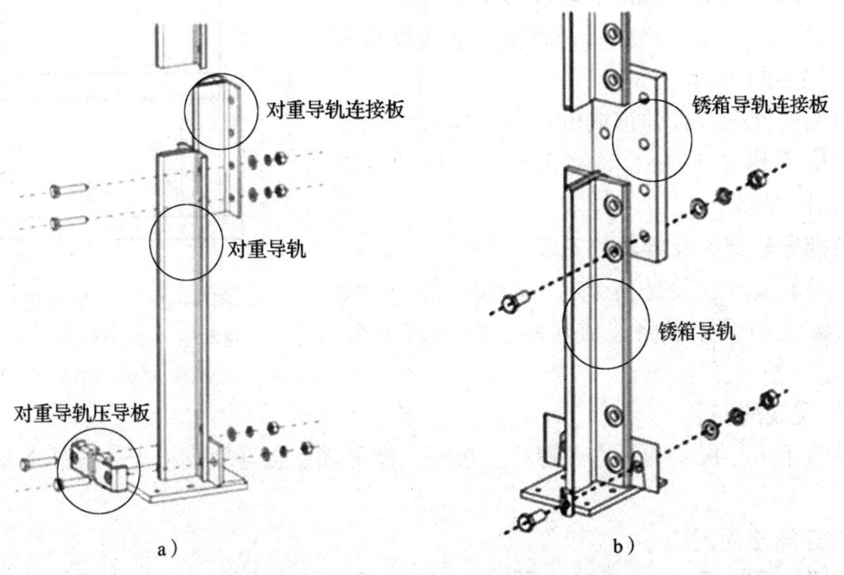

图 3—2—28　对重导轨和轿厢导轨安装图

a）对重导轨安装图　b）轿厢导轨安装图

2．安置样板架和悬挂铅垂线

安置样板架：在机房楼板下面 500 ~ 600 mm 的井道墙上，水平地凿四个 150 mm × 150 mm 孔洞，用两根截面大于 100 mm × 100 mm 刨平的木梁，两端放入墙孔内，用水平仪校正水平后固定。如图 3—2—30 所示为样板架安置图。

在样板架上标记悬挂铅垂的位置，用 0.4 ~ 0.5 mm 直径钢丝挂上 10 ~ 20 kg 的重锤放于底坑，待铅垂线张紧稳定后，根据各层层门，校正样板架的正确位置后钉固在木梁上。

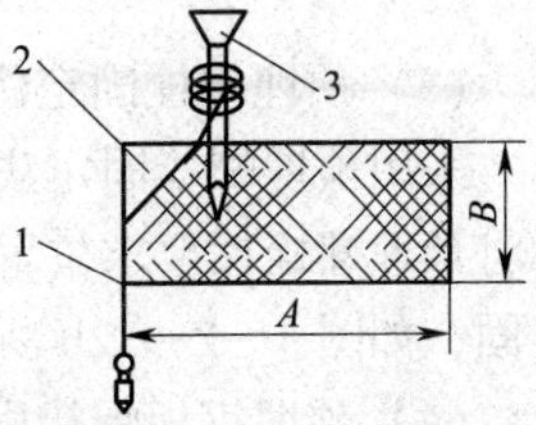

图 3—2—29　铅垂线悬挂

A—木条宽　*B*—木条厚

1—铅垂线　2—锯口　3—铁钉

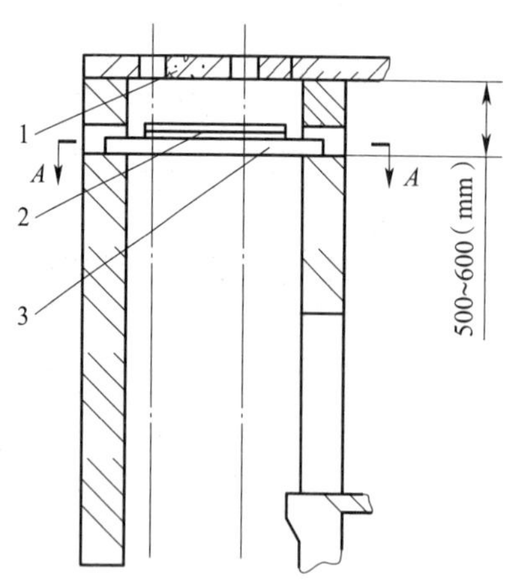

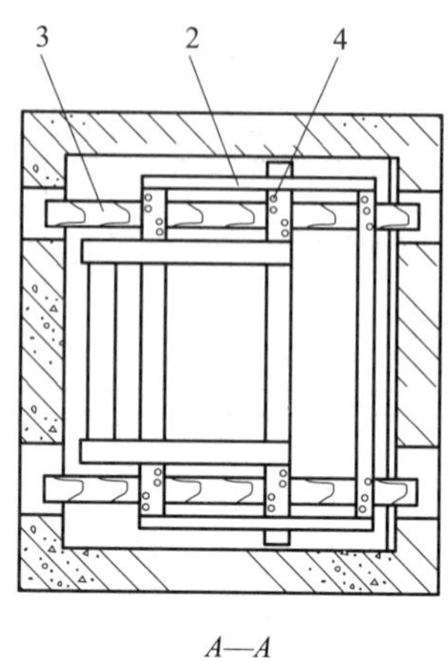

图 3—2—30　样板架安置图

1—机房楼板　2—样板架　3—木梁　4—固定样板架钢钉

固定铅垂线：在底坑距地面 800 ~ 1 000 mm 高处，固定一个与顶部样板架相似的底坑样板架，样板架安置符合要求后，用 U 形钉将铅垂线钉固于底坑样板架上，如图 3—2—31 所示。

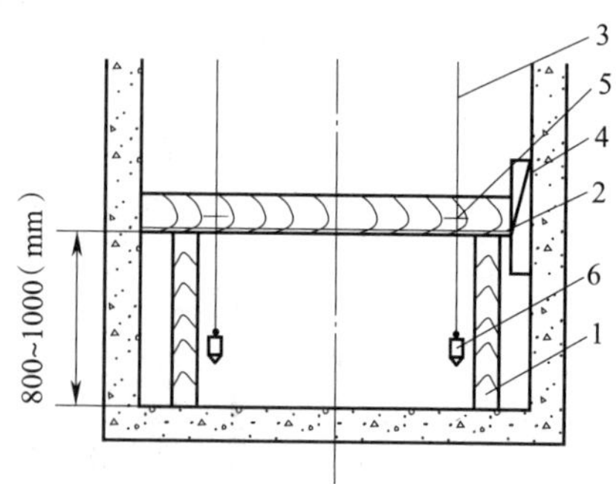

图 3—2—31　底坑样板架

1—撑木　2—底坑样板架　3—铅垂线

4—木楔　5—U 形钉　6—重锤

样板架的安置应符合井道内的实际内净尺寸来安置，水平度应不超过 5 mm，顶底部样板架间的水平偏移应不超过 1 mm。

三、电梯导轨支架及导轨的安装

导轨与导轨支架安装是整个电梯安装中的一个重要环节。安装上的误差必将造成轿厢运行中的噪声、振动与冲击。

1. 导轨支架的安装

一般导轨用压导板、圆头方颈螺栓、垫圈、螺母固定在导轨支架上，导轨支架与井道墙固定。

（1）对穿螺栓固定法

当井道墙厚度小于 150 mm 时，可用冲击钻或手锤，在井道壁上钻出所需大小的孔，用螺栓通过穿孔将支架固定，如图 3—2—32a 所示。固定时在井道壁背面放置一块厚钢板垫片。

（2）预埋螺栓固定法

采用预埋螺栓固定法时，要求在土建时井道墙上留有预留孔，或者在安装时先凿孔，然后将预埋螺栓按要求位置固定好，埋入深度不小于 120 mm，最后用较高标号的混凝土浇灌牢固，如图 3—2—32b 所示。

（3）预埋钢板焊接固定法

预埋钢板焊接固定法适用于混凝土井道墙。在土建时，按要求预埋入带有钢筋弯脚的钢板，安装时，将导轨支架焊接在钢板上即可，如图 3—2—32c 所示。

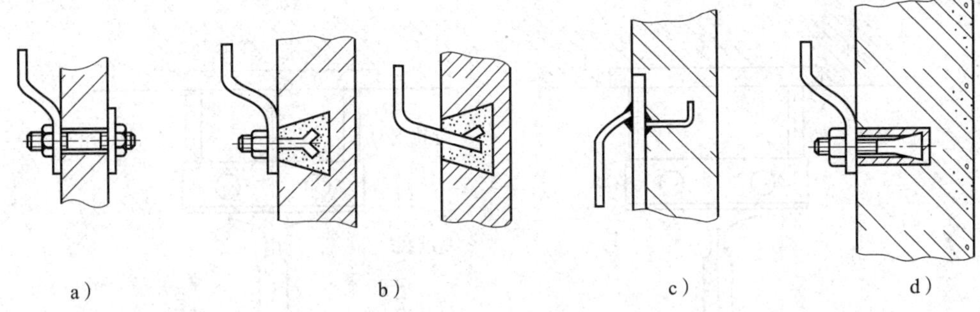

图 3—2—32　导轨支架安装

a）对穿螺栓固定法　b）预埋螺栓固定法　c）预埋钢板焊接固定法　d）膨胀螺栓固定法

（4）膨胀螺栓固定法

膨胀螺栓固定法适用于混凝土或实心砖墙墙体的井道。安装时，用冲击钻或墙冲在井道墙上钻一与膨胀螺栓规格相匹配的孔，放入膨胀螺栓将支架固定即可，如图 3—2—32d 所示。

导轨架全部固定好后，采用埋入式稳固，使灌注的水泥砂浆完全凝固，并经全面检查校正后，可吊装导轨。轿厢导轨和对重导轨应分别吊装。

导轨架经稳固和调整校正后，应符合下列要求：

1）任何类别和长度的导轨架，其不水平度应不大于 5 mm，导轨架端面 $a<1$ mm，如图 3—2—33 所示。

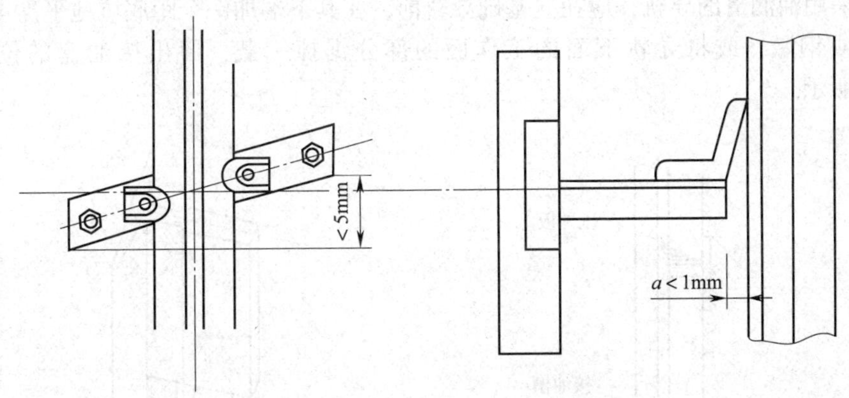

图 3—2—33　导轨支架安装要求

2）采用焊接式稳固导轨架时，预埋钢板应与井壁的钢筋焊接牢固。

3）由于井壁偏差或导轨架高度误差，允许在校正时用宽度等于导轨架的钢板调整井壁与导轨架之间的间隙。当调整钢板的厚度超过 10 mm 时，应与导轨架焊成一体。

4）浇灌预埋钢板、预埋螺栓、对穿螺栓的水泥必须在 400#以上。

2. 导轨的安装

（1）基准线与导轨的安装位置如图 3—2—34a 所示；若采用自升法安装，其位置关系如图 3—2—34b 所示。

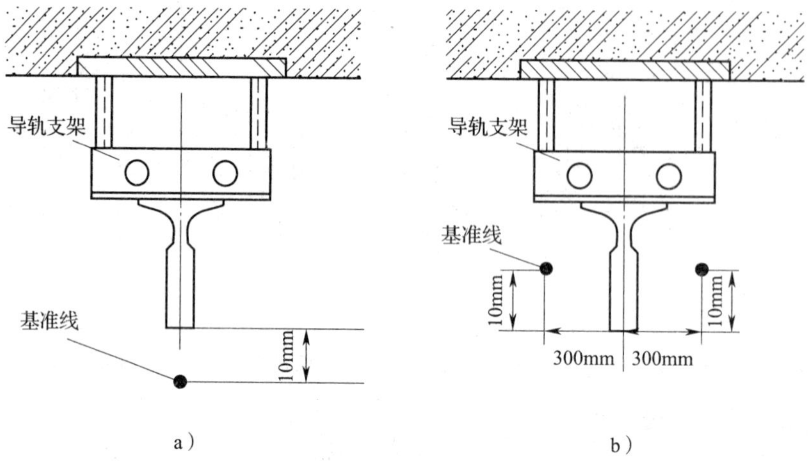

图 3—2—34　脚手架施工和自升法施工

a）脚手架施工　b）自升法施工

（2）检查导轨的直线度≤1%，单根导轨全长偏差≤0.7 mm，不符合要求的应要求厂家更换或自行调直。

（3）导轨端部榫头、连接部位的加工面应无毛刺、尘渣、油污等，以保证安装精度的要求。

（4）导轨接头不宜在同一水平面上，应按厂家图样要求施工。

（5）采用油润滑的导轨，应在立基础导轨前，在其下端加一个距底坑地平高 40 ~ 60 mm 的水泥墩或钢墩，或将导轨下面的工作面的部分锯掉一截，留出接油盒的位置，如图 3—2—35 所示。

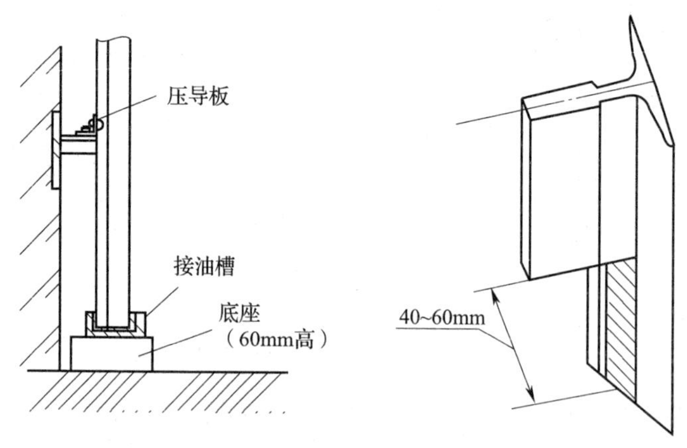

图 3—2—35　用油润滑导轨安装图

（6）导轨应用压导板固定在导轨支架上，不应焊接或用螺栓直接连接；每根导轨必须有两个导轨架；导轨最高端与井道顶距离为 50 ~ 100 mm，如图 3—2—36 所示。

（7）提升导轨用卷扬机安装在顶层门口，井道顶上挂一滑轮。卷扬机安装位置如图 3—2—37 所示。

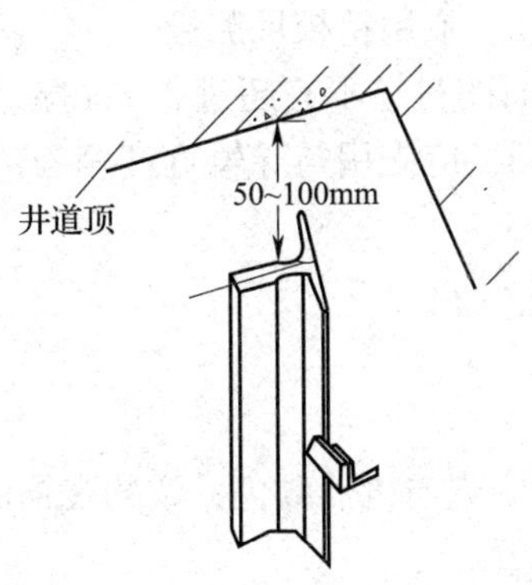

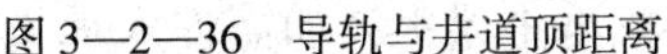

图 3—2—36 导轨与井道顶距离

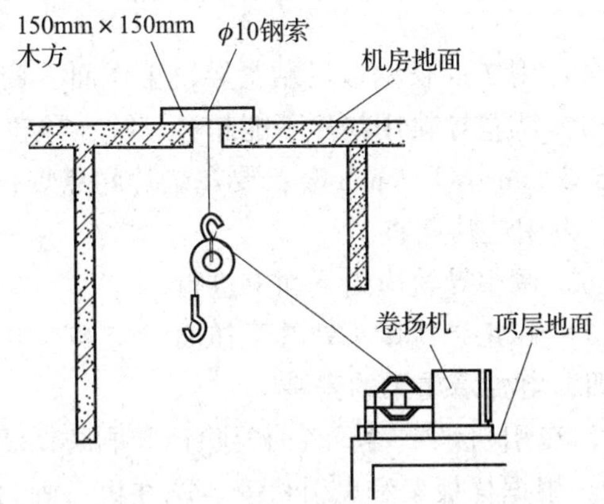

图 3—2—37 卷扬机安装位置

(8) 吊装导轨时应用 U 形卡固定住压导板，吊钩应采用可旋转式，以消除导轨在提升过程中的转动，旋转式吊钩可采用推力轴承自行制作。如图 3—2—38 所示为旋转式吊钩。

(9) 若采用人力吊装，尼龙绳直径应≥16 mm。

(10) 导轨的凸榫头应朝上，便于清除榫头上的灰渣，确保接头处的缝隙符合规范要求。如图 3—2—39 所示为导轨接头。

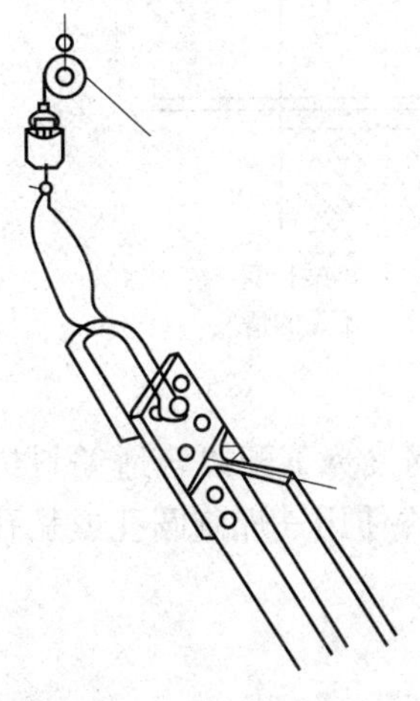

图 3—2—38 旋转式吊钩

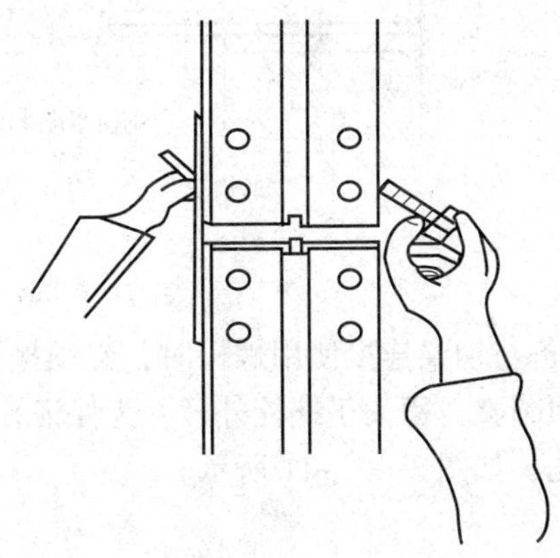

图 3—2—39 导轨接头

(11) 调整导轨时，为了保证调整精度，要在导轨支架处及相邻的两导轨支架中间的导轨处设置测量点。

(12) 电梯导轨严禁焊接，不允许用气焊切割。

3. 调整导轨

(1) 将验道尺固定于两导轨平行部位（导轨架部位），拧紧固定螺栓。

(2) 用钢板尺检查导轨端面与基线的间距和中心距离，如不符合要求，应调整导轨前后距离和中心距离，以符合精度要求。

（3）绷紧验导尺之间用于测量扭曲度的连线并固定，校正导轨使该线与扭曲度刻线吻合。

（4）用 2 m 长钢板尺贴紧导轨工作面，校验导轨间距 L，或用精校尺测量。

（5）调整导轨用垫片不能超过三片，导轨架和导轨背面的衬垫不宜超过 3 mm 厚。垫片厚大于 3 mm 小于 7 mm 时，要在垫片间点焊；若超过 7 mm，应先用与导轨宽度相当的钢板垫入，再用垫片调整。

（6）调整导轨应由下而上进行。

（7）修正导轨接头处的工作面。

四、电梯承重梁的安装

1. 曳引机承重梁安装前要除锈并刷防锈漆，交工前再刷成与机器颜色一致的装饰漆。

2. 根据样板架和曳引机安装图在机房画出承重钢梁位置。

3. 安装曳引机承重钢梁，其两端必须放于井道承重墙或承重梁上，如需埋入承重墙内，其搭接长度应超过墙中心 20 mm，且应不小于 75 mm，如图 3—2—40 所示。在曳引机承重钢梁与承重墙（或梁）之间，垫一块面积大于钢梁接触面、厚度不小于 16 mm 的钢板，并找平、垫实，如果机房楼板是承重楼板，承重钢梁或配套曳引机可直接安装在混凝土机墩上。

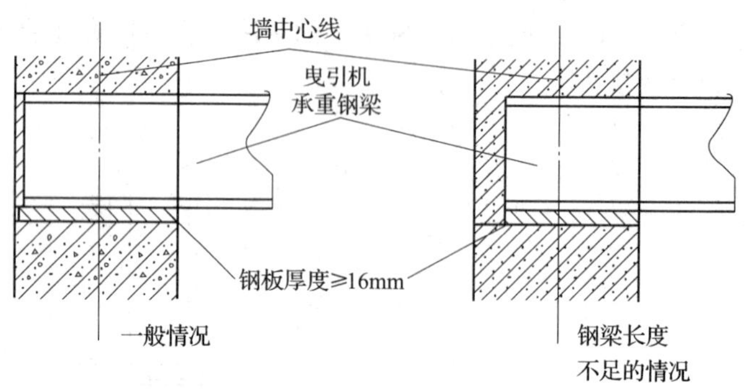

图 3—2—40　曳引机承重梁

4. 设备与钢梁连接使用螺栓时，必须按钢梁规格在钢梁翼下配以合适偏斜垫圈。钢梁上开孔必须圆整，稍大于螺栓外径，为保证孔规矩，不允许使用气焊割圆孔或长孔，应用磁力电钻钻孔，如图 3—2—41 所示。

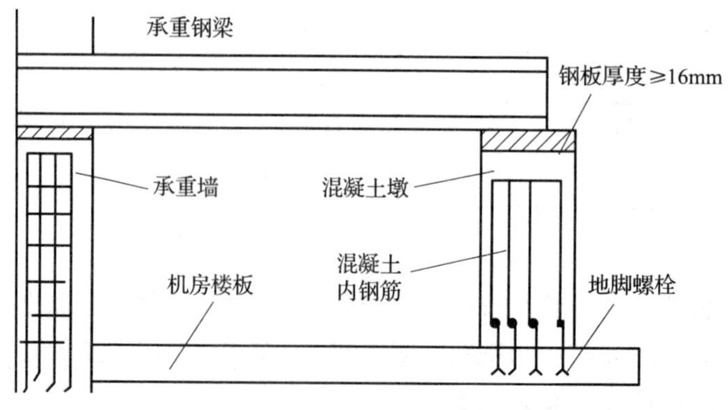

图 3—2—41　钢梁连接螺栓

5．承重梁的安装方法

（1）钢梁安装在混凝土墩上时，混凝土墩内必须按设计要求加钢筋，钢筋通过地脚螺钉和楼板相连。混凝土墩上设有厚度不小于 16 mm 的钢板，如图 3—2—42 所示。

（2）采用型钢架起钢梁的方法，如图 3—2—43 所示。如型钢垫起高度不合适，或不宜采用型钢时，可采用现场制作金属钢架架设钢梁的方法，如图 3—2—44 所示。

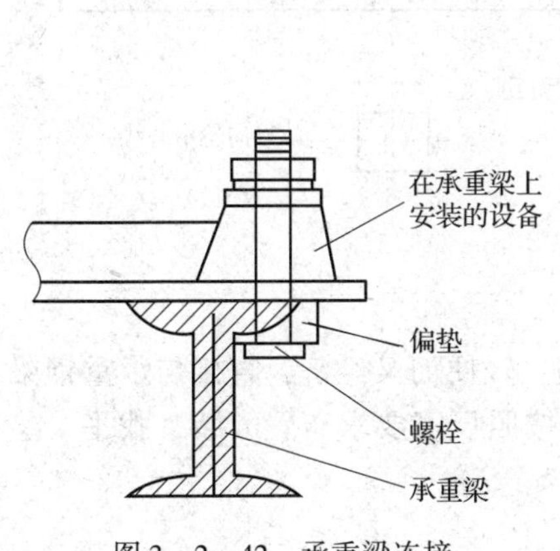

图 3—2—42 承重梁连接

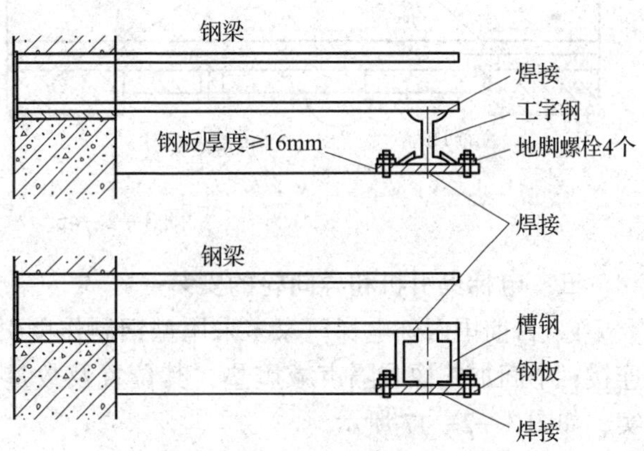

图 3—2—43 采用型钢架起承重梁

6．承重梁直接安装在机房楼板上的方法，首先根据回馈到机房地平上的基准线，确定轿厢与对重的中心连线，然后按照安装图所给出的尺寸确定钢梁安装位置，导向轮伸到井道时应复核顶层高度是否符合验收规范的要求，如图 3—2—45 所示。

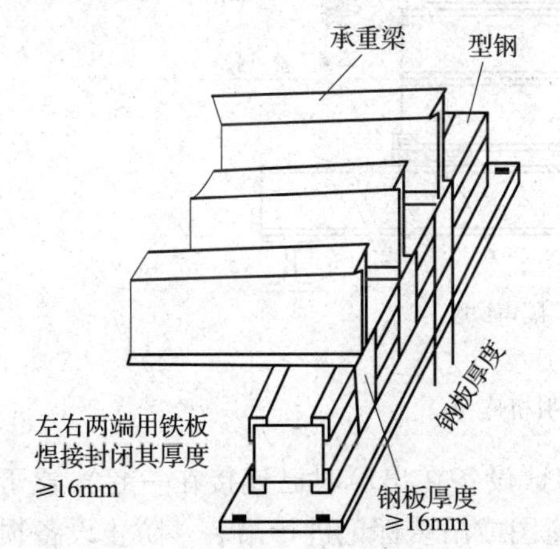

图 3—2—44 现场制作金属钢架架设承重梁

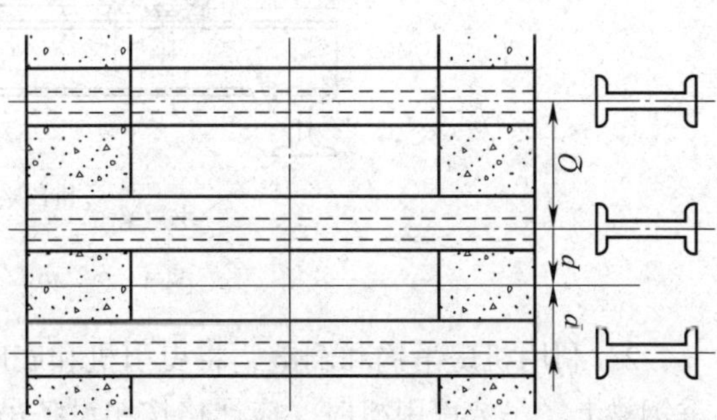

图 3—2—45 直接安装在机房楼板上承重梁

7．曳引机承重钢梁安装找平找正后，用电焊的方法将承重梁和垫铁焊牢。承重梁在墙内的一端及在地面上坦露的一端用混凝土灌实、抹平，如图 3—2—46 所示。

8．凡是浇灌混凝土内属于隐蔽工程的部件，在浇灌混凝土之前要经质检人员与业主签字确认后，才能进行下一道工序。

9．在安装过程中，应始终使承重钢梁上下翼缘和腹板同时受垂直方向的弯曲载荷，而不允许其侧向受水平方向的弯曲载荷，以免产生变形。

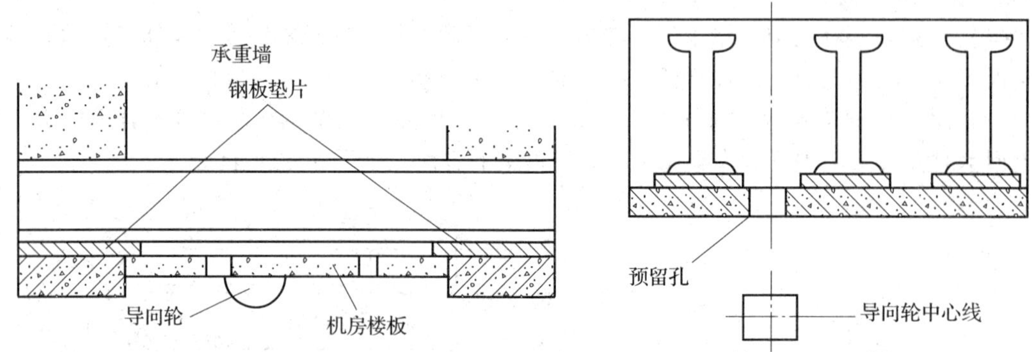

图 3—2—46　承重梁固定

五、电梯曳引机和导向轮的安装

1．目前国内外电梯厂家多采用型钢制作曳引机底座，轻便而又经济，直接与承重钢梁连接，中间加垫橡胶隔声减震垫，其位置及数量应严格按照厂家要求布置安装，找平、垫实，如图 3—2—47 所示。

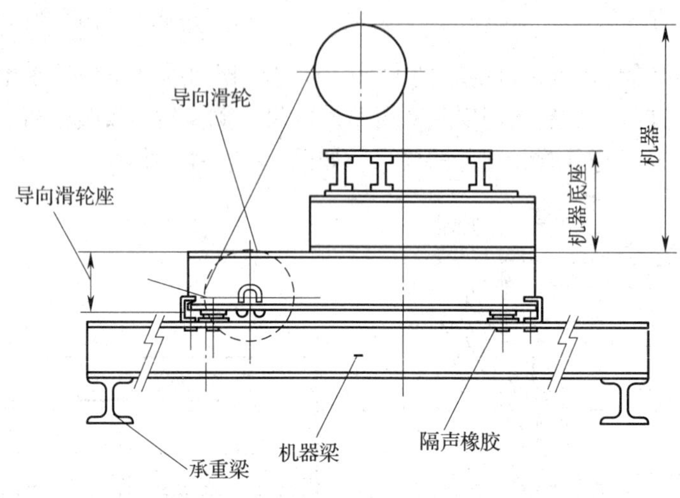

图 3—2—47　常见曳引机底座

2．利用机房吊钩和倒链，将曳引机和底座（多数设备在出厂时已连接在一起）置于承重钢梁上。吊装曳引机时，应严格按照设备吊装示意图或吊装标记进行吊装，防止设备损坏或发生人身安全事故，吊装钢丝绳应定位于设备底座最下部的吊装孔内，尤其注意不要吊在电动机和减速器外壳的吊环上，如图 3—2—48 所示。

3．在曳引轮及导向轮的绳槽处悬挂铅垂线，通过样板架或放线图确定曳引机的整体位置，保证与轿厢中心和对重中心的尺寸要求，在曳引轮挂绳承重后，检测调整曳引机的水平度和曳引轮、导向轮的垂直度及端面平行度。

4．曳引机安装好后，还应将盘车轮的升降方向标于手轮上。将松闸工具挂于墙壁上，张贴松闸说明。将房顶吊耳承载能力标在房顶吊耳旁。放好灭火器，在机房门上写好“机房重地，闲人免进”的字样。

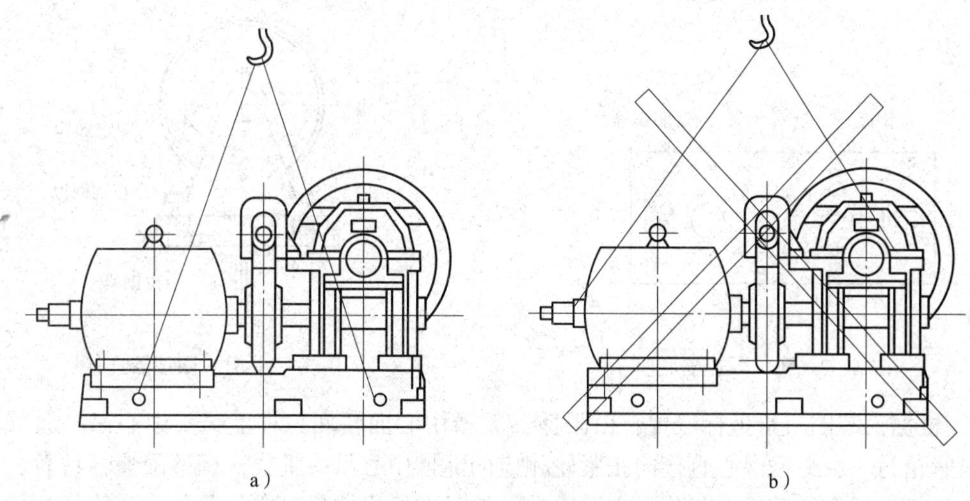

图 3—2—48　曳引机起吊方式

a）曳引机组正确的起吊方式　b）曳引机组错误的起吊方式

六、电梯限速器安装

限速器的安装要求位置准确，绳轮端面垂直度偏差不大于 0.5 mm，固定牢固、动作方向正确，动作灵敏可靠，并标出动作方向。此时电工开始进行全部机房的电器、电线管、线槽、电缆、电源的安装接线工作。如果随行电缆是直通机房的，也要将轿厢端垂入井道，机房端固定牢固。

1. 限速器应装在井道顶部的楼板上，如预留孔不合适，在剔楼板时应注意防止破坏楼板强度，剔孔不可过大，并应在楼板上用厚度不小于 12 mm 的钢板制作一个底座，如图 3—2—49 所示，将限速器和底座用螺栓固定。如楼板厚度小于 120 mm，应在楼板下再加一块钢板，采用穿钉螺栓固定，如图 3—2—50 所示。限速器也可通过在其底座加设一块钢板作为基础钢板，固定在承重钢梁上，再将基础钢板与限速器底座用螺栓固定。该钢板与承重钢梁可用螺栓或焊接定位，如图 3—2—51 所示。

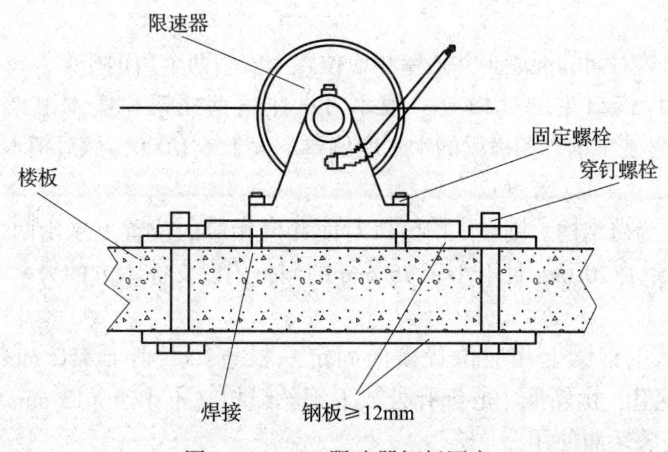

图 3—2—49　限速器钢板固定

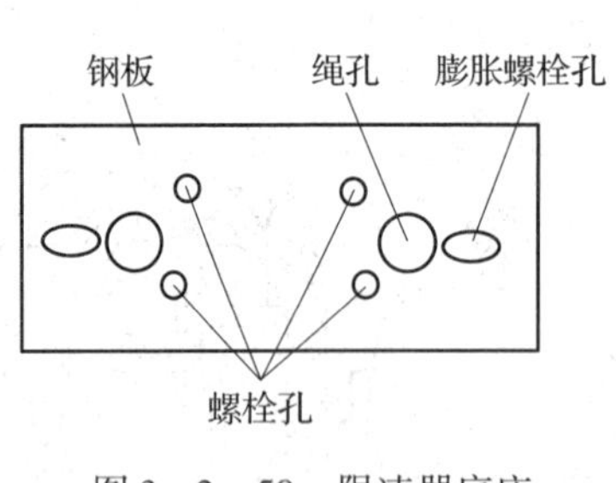

图 3—2—50　限速器底座

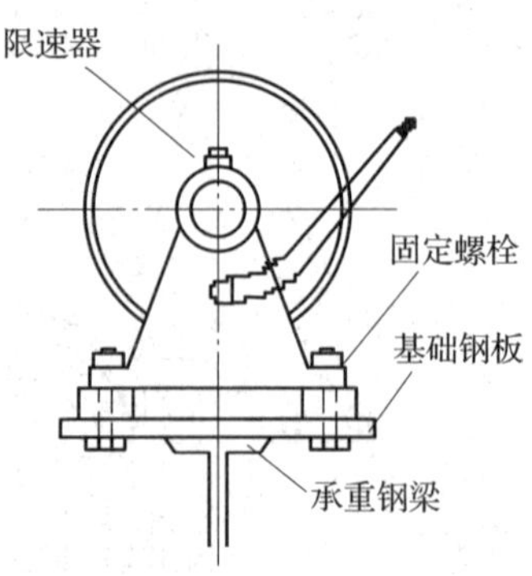

图 3—2—51　限速器连接

2. 根据安装图所给坐标位置，由限速器轮槽中心向轿厢拉杆上绳头中心吊一垂线，同时由限速轮另一边绳槽中心直接向张紧轮相应的绳槽中心吊一垂线，调整限速器位置，使上述两对中心在相应的垂线上，位置即可确定。然后在机房楼板对应位置打上膨胀螺栓，将限速器就位，再一次进行调整，使限速器位置和底座的水平度都符合要求，最后将膨胀螺栓紧固。

3. 限速器轮的垂直误差不得大于 0.5 mm，可在限速器底面与底座间加垫片进行调整。

4. 限速器就位后，绳孔要求穿导管（钢管）固定，并高出楼板 50 mm，同时找正后，钢丝绳和导管的内壁均应有 5 mm 以上间隙。

5. 限速器上应标明与安全钳动作相应的旋转方向。

6. 限速器在任何情况下，都应是可接近的。若限速器装于井道内，则应能从井道外面接近它。

7. 查验限速器铭牌上的动作速度是否与设备要求相符。

8. 限速器的整定值已由厂家调整好，现场施工不能调整。若机件有损坏或运行不正常，需送到厂家检验调整，或者换新。

七、电梯轿厢和对重的安装

电梯轿厢的安装工作常采取在搭有脚手架的电梯井道的顶层端站处进行。

1. 准备工作

（1）在顶层门口对面的混凝土井道壁相应位置上安装两个角钢托架，每个托架用 3 个 M16 膨胀螺栓固定。在厅门口牛腿处横放一根木方，在角钢托架和横木上架设两根 200 mm × 200 mm 木方或 20 号工字钢。两横梁的水平度偏差不大于 2/1 000，然后把木方端部固定，如图 3—2—52 所示。

（2）若井道壁为砖结构，则在厅门门口对面井壁相应的位置上剔出两个与木方大小相适应，深度超过墙体中心 20 mm 且不小于 75 mm 的洞，用以支撑木方的另一端，如图 3—2—53 所示。

（3）在机房承重钢梁上相应位置横向固定一根直径不小于 450 mm 的圆钢或规格为 75 mm × 4 mm 的钢管，由轿厢中心绳孔处放下钢丝绳扣（不小于 ϕ13 mm），并挂一个 3 t 的倒链葫芦，以备安装轿厢使用。

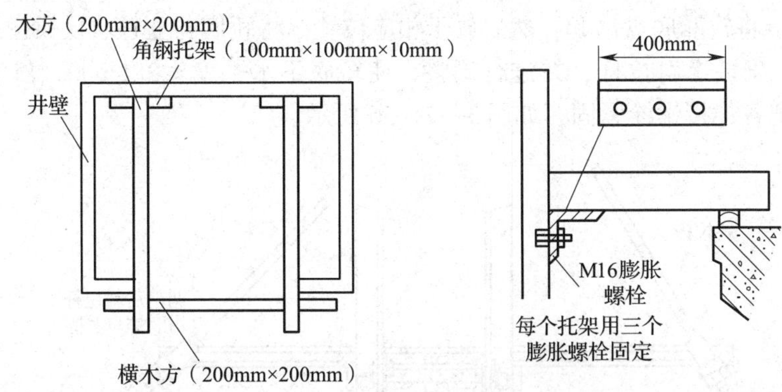

图 3—2—52　架设木方或工字钢

2. 安装底梁

（1）将底梁放在架设好的木方或工字钢上，调整安全钳口与导轨面间隙，如图 3—2—54 所示。如电梯厂图样有具体规定尺寸，要按图样要求调整，同时调整底梁的水平度，使其横向、纵向不水平度均≤1/1 000。

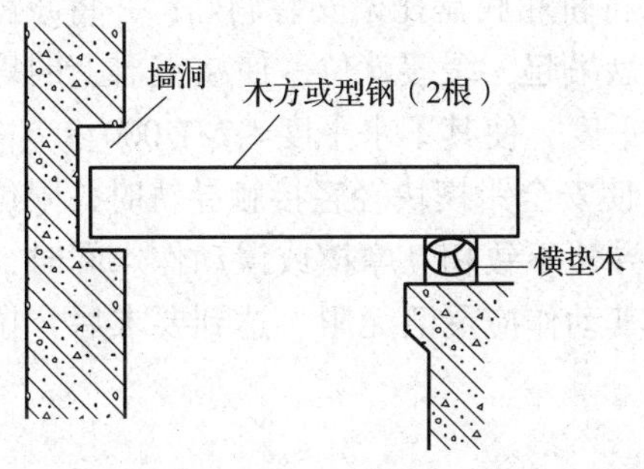

图 3—2—53　砖结构架设木方或工字钢

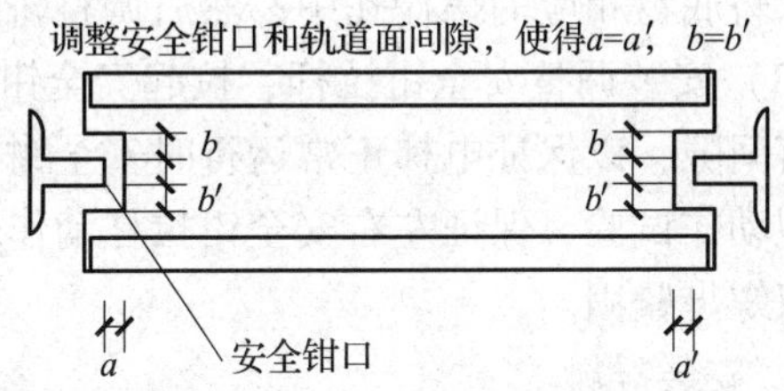

图 3—2—54　调整底梁

（2）安装安全钳楔块，楔齿距导轨侧工作面的距离调整到 3 ~ 4 mm（安装说明书有明确规定者按产品要求执行），且 4 个楔块距导轨侧工作面间隙应一致，然后用厚垫片塞于导轨侧面与楔块之间，使其固定，如图 3—2—55 所示。

3. 安装轿厢立柱

将轿厢立柱与底梁连接，连接后使立柱垂直，其不垂直度在总高上≤1.5 mm，不得有扭曲，若达不到要求应用垫片进行调整，也可在安装上梁后调整。

4. 安装上梁

用倒链将上梁吊起与立柱相连接，装上所有的连接螺栓。调整上梁的横向、纵向水平度，使不水平度≤1/2 000，同时再次校正立柱，保证不垂直度不大于 1.5 mm。装配完的轿厢框架不应有扭曲应力存在，然后分别紧固螺栓。

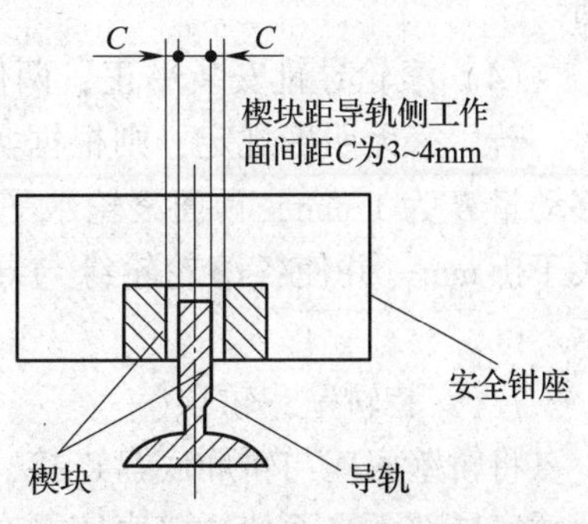

图 3—2—55　安装安全钳楔块

5．安装轿底

（1）用倒链将轿厢底盘吊起，然后放于相应位置。将轿底与立柱、底梁用螺栓连接但不用把螺栓拧紧。安装上斜拉杆，并进行调整，使轿底不水平度≤2/1 000，然后将斜拉杆用双螺母锁紧，把各连接螺栓紧固，如图 3—2—56 所示。

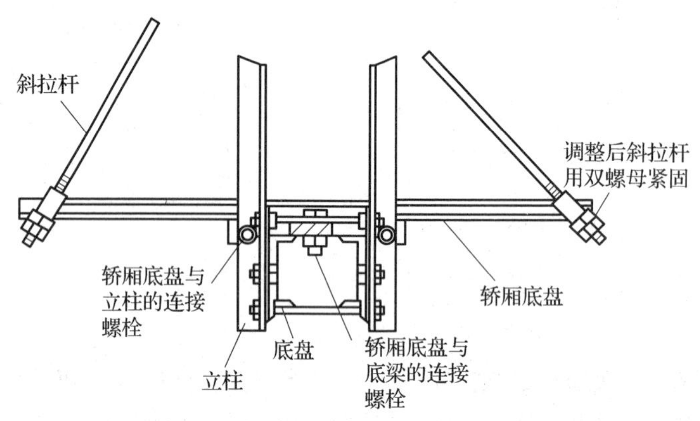

图 3—2—56　轿底调整

（2）若轿底结构为活动结构时，先按上述要求将轿厢底盘托架安装调好，并将减震器及称重装置安装在轿厢底盘托架上，用倒链将轿厢底盘吊起，缓缓就位，使减震器上的螺栓逐个插入轿底盘相应的螺栓孔中，然后调整轿底的水平度，使其不水平度≤2/1 000。

（3）安装调整安全钳拉杆，拉起安全钳拉杆，使安全钳楔块轻轻接触导轨时，限位螺栓应略有间隙，以保证电梯正常运行时安全钳楔块与导轨不致相互摩擦或误动作。同时，应进行模拟动作试验，保证左右安全钳拉杆动作同步，其动作应灵活无阻。达到要求后，拉杆顶部用双螺母紧固。

6．安装导靴

（1）安装导靴时，要求上、下导靴中心与安全钳中心三点在同一条垂线上，不能有歪斜偏扭现象，如图 3—2—57 所示。

（2）固定式导靴要调整其间隙，使其间隙一致，内衬与导轨两工作侧面间隙各为 0. 5 ~ 1 mm，与导轨端面间隙两侧之和为 1 ~2. 5 mm。

（3）弹性导靴应随电梯的额定载重量不同而调整，使其内部弹簧受力相同，保持轿厢平衡。

（4）滚轮导靴安装平正，两侧滚轮对导轨的初压力应相同，压缩尺寸按制造厂规定调整。若厂家无明确规定，则根据实际情况调整各滚轮的限位螺栓，使侧面方向两滚轮的水平移动量 B 为 1 mm，顶面滚轮水平移动量 A 为 2 mm。允许导轨顶面与滚轮外圆间保持间隙不大于 1 mm，并使各滚轮轮缘与导轨工作面相互平行无歪斜和均匀接触，如图 3—2—58 所示。

7．安装轿壁、轿顶

将轿壁底座与轿厢底盘连接，连接螺栓要加弹簧垫圈，以防止因电梯的振动而松动。若因轿底局部不平而使轿壁底座下有缝隙时，要在缝隙处加调整垫片垫实。安装轿壁可逐扇安装，也可根据情况将几扇先拼在一起再安装。安装轿壁应先安装轿壁与井道间隙最小的一

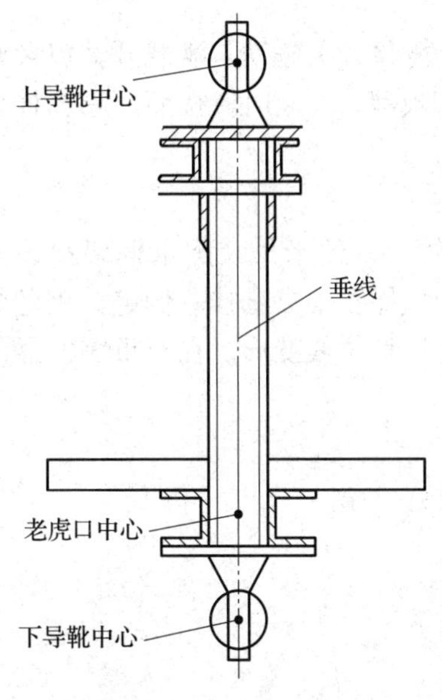

图 3—2—57　导靴中心线

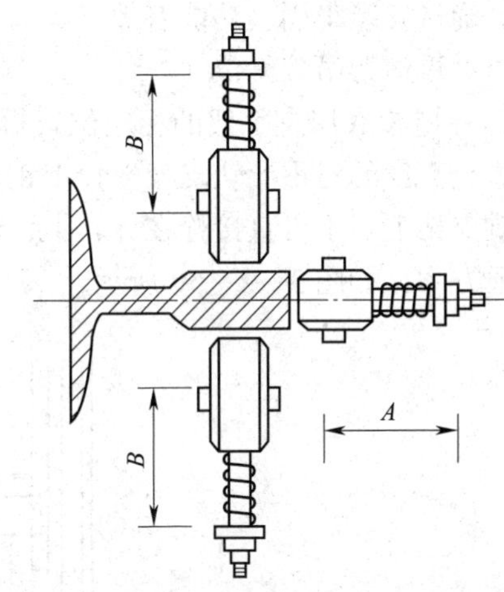

图 3—2—58　固定式导靴调整

侧，再依次安装其他各侧轿壁。待轿壁全部装完后，紧固轿壁间及轿底间的固定螺栓，同时将各轿壁板间的镶条与轿顶接触的胶垫整平。轿壁和轿顶间穿好的螺栓先不要紧固，待调整轿壁垂直度满足不大于 1/1 000 时再加以紧固。安装完的轿壁、轿顶，要求接缝紧密、间隙一致、嵌条整齐，轿厢内壁应平整一致，各部位螺栓垫圈必须齐全，紧固牢靠，无晃动歪斜。

一般电梯的轿顶分为若干块独立的框架结构进行拼装，也可做成整体结构，但无论采用哪种形式，都应安装牢固，不要忘记安装衬垫及减震材料。先将轿顶组装好用倒链悬挂在轿厢架上梁下方，做临时固定，待轿壁全部装好后再将轿顶放下，按图样设计要求与轿壁定位固定。客梯轿顶通常还有装饰结构，用于安装装饰板及照明灯。对于粘贴物应仔细检查是否松脱活动。轿顶接线盒、线槽、电线管、安全保护开关等，要按厂家安装图安装，若无安装图则根据便于安装和维修的原则进行布置。

8. 安装轿门装置及开门机构

轿门安装基本与厅门安装相同，要保证门扇的垂直度和运动自如。安全触板安装后要进行调整，使之垂直。轿门全部打开后安全触板端面和轿门端面应在同一垂直平面上，安全触板的动作应灵活，功能可靠，其碰接力不大于 5 N。在关门行程 1/3 之后，阻止关门的力不应超过 150 N。

安装、调整开门机构和传动机构，使门在启闭过程中有合理的速度变化，而又能在起止端不发生冲击，并符合厂家的有关设计要求。若厂家无明确规定则按其传动灵活、功能可靠的原则进行调整。一般开关门的平均速度为 0.3 m/s，关门时限为 3.0 ~ 5.0 s，开门时限为 2.5 ~ 4.0 s。

在安装轿门扇和开门机构后，安装开门刀。开门刀端面和侧面的垂直偏差全长应均不大于 0.5 mm，并且达到厂家规定的尺寸位置要求。

9. 安装轿厢其他附属装置

轿厢的其他附属装置包括轿顶护栏、平层传感器、限位开关碰铁、满载开关以及轿厢内的扶手、装饰镜、灯具、风扇、应急灯、到站钟、踢脚板等。安装时应按照厂家图样要求准确安装，确认安装牢固，功能有效。

10. 对重框架吊装就位

（1）在电梯底层脚手架的相应位置拆除局部脚手管，以便于吊装配重框架和装入配重块。在适当高度的对重导轨支架上拴上钢丝绳扣，在钢丝绳扣中央悬挂一倒链。钢丝绳扣应拴在导轨支架上，不可直接拴在导轨上，以免导轨受力后移位或变形。在对重缓冲器的两侧各支一根方木，如图 3—2—59 所示。

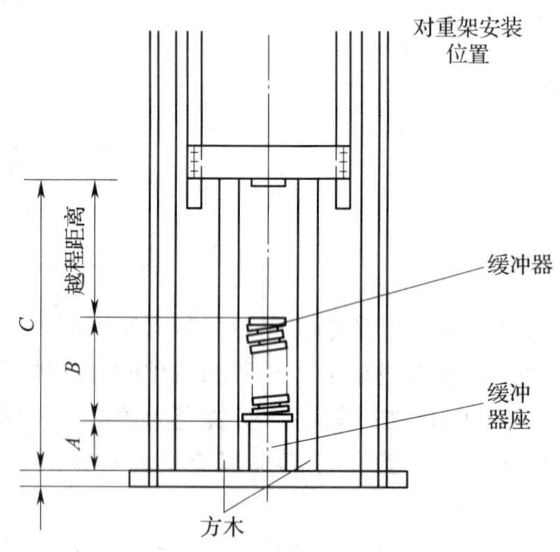

图 3—2—59 对重缓冲器安装方木

撑木高度 $C = A + B +$ 越程距离，其中 A 为缓冲器底座高度，B 为缓冲器高度。越程距离见表 3—2—9。

表 3—2—9　越程距离

电梯额定速度（m/s）	缓冲器形式	越程距离（mm）
0.5～1.0	弹簧	200～350
1.5～2.5	液压	150～400

（2）若导靴为弹簧式或固定式，要将同一侧的两个导靴拆下；若导靴为滚轮式的，要将四个导靴都拆下。将对重框运至井道，用钢丝绳扣将对重绳头板和倒链勾连在一起，操作倒链将对重框吊起到预定高度。对于一侧装有弹簧式或固定式导靴的对重框架，移动对重框架使其导靴与该侧导轨吻合并保持接触，然后放松倒链，使对重框架平稳牢固地安放在事先支好的方木上。未装导靴的框架两侧面与导轨端面距离应相等。

11. 对重导靴安装调整

固定式导靴安装时要保证内衬与导轨端面间隙上、下一致，若达不到要求应用垫片进行调整。在安装弹簧式导靴前将调整螺母紧到最大限度，使导靴和导靴架之间没有间隙，这样便于安装。若导靴滑块内衬上、下与导轨端面间隙不一致，则在导靴座和对重框架间用垫片进行调整，调整方法与固定式导靴相同。滚轮式导靴安装要平整，两侧滚轮对导轨的初压力应相等，压缩尺寸应符合制造厂家的规定。如无规定则根据使用情况调整压力适中，正面滚轮与道面压紧，轮中心对准导轨中心。

12. 安放对重块并固定

（1）装入对重块的数量应由下列公式决定：块数 = [轿厢自重 + 额定载荷 ×（0.4 ~ 0.5）- 对重框架重] ÷ 每块配重的重量。这只是一个估算值，具体数量应在做完平衡载荷试验后确定。装入配重块后应按厂家要求装上对重块压紧装置，并上紧螺母，防止对重块在电梯运行时发出撞击声。

（2）如果有滑轮固定在对重装置上，应设置有效装置以避免伤害人体、悬挂绳松弛时脱离绳槽、绳与绳槽之间落入杂物。这些装置的结构应不妨碍对滑轮的检查维护。对重装置如设有安全钳，应在对重装置未进入井道前，将有关安全钳的部件装妥。对重在底坑的安全栅栏的底部距底坑地面的距离应为0.5 m，安全栅栏的顶部距底坑地面距离应为2.5 m，一般用扁铁制作。在同一井道有多台电梯时，应设安全护栅隔离，其高度从轿厢或对重行程的最低点延伸至底坑地面以上2.5 m。如两部电梯部件水平间距小于0.3 m时，则护栅应贯穿整个井道。

八、厅门安装

1. 稳装地坎

（1）当导轨安装调整完毕，以样板架上悬放的厅门安装基准线和导轨确定厅门位置。

（2）地坎牛腿采用混凝土结构时，将地脚爪装配在地坎上，用32.5级及其以上水泥砂浆固定在各层牛腿上。灌注混凝土时，应捣实无空鼓，同时注意地坎水平度和与基准线的对应关系。地坎安装完毕应高于最终楼板装修地面2 ~ 5 mm，并与地平面抹成斜坡，防止液体流入井道，如图3—2—60所示。

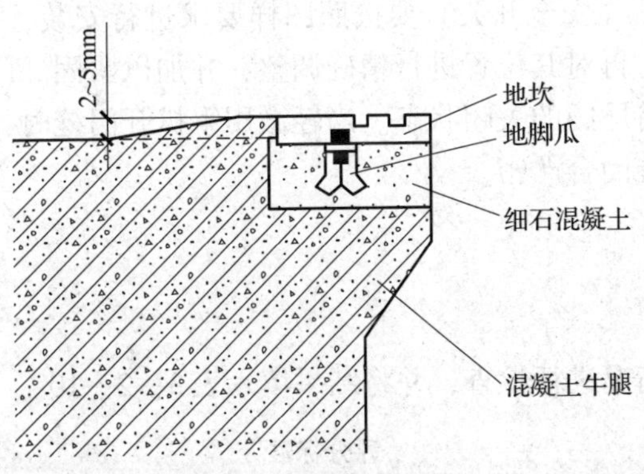

图3—2—60　稳装地坎

2. 安装立柱、门头、门套

（1）等待灌注地坎的水泥完全干结后，安装门立柱、门头。要保证门立柱与墙体连接可靠，有预埋铁的可直接将连接件焊接于其上；无预埋铁的应利用膨胀螺栓、角钢等替代。

（2）要保证门立柱垂直度和门头的水平度。如侧开门，两根滑道上端面应在同一水平面上，并用线坠检查上滑道与地坎滑槽两垂面水平距离和两者之间的平行度。

（3）安装厅门门套时，应先将上门套与两侧门套连接成整体后，与地坎连接，然后用线坠校正垂直度，固定于厅门口的墙壁上。钢门套安装调整后，用细钢筋将门套内筋与墙内钢筋焊接固定，加固用钢筋应为具有一定松弛度的弓形，防止焊接时变形影响门套位置的保持。为防止浇灌混凝土或门口装修时影响门套位置，可在门套相关部位加木楔支撑或设置挡板，待混凝土固结后再拆除，如图 3—2—61 所示。

3. 安装门扇、调整厅门

（1）先将门底滑块、门滑轮装在门扇上，然后将门扇挂到门滑道上。在门扇与地坎间垫上适当支撑物，用专用垫片调整门滑轮架与门扇的位置，达到安装要求后，用连接螺栓加以紧固，如图 3—2—62 所示。

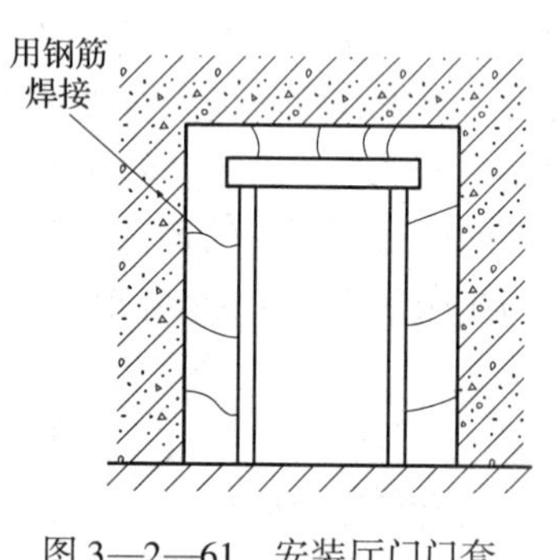

图 3—2—61　安装厅门门套

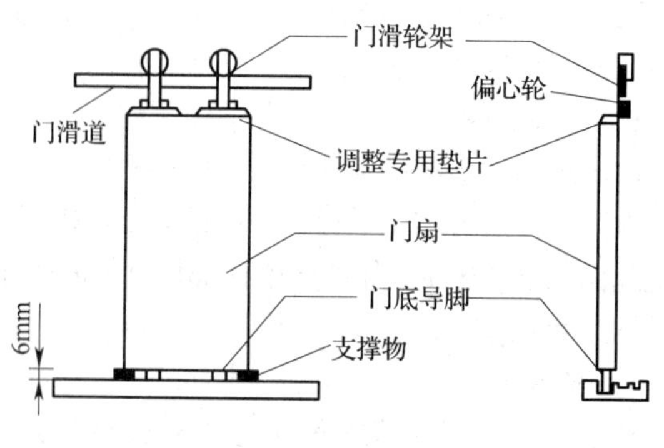

图 3—2—62　安装门扇

（2）撤掉门下所垫支撑物，进行门滑行试验，应保证门扇运动轻快自如，无剐蹭、摩擦、冲击、跳动现象，并用线坠检查门扇垂直度，如不符合要求，重复以上调整步骤。

4. 锁具、其他零部件的安装

机械门锁、电气门锁（安全开关）要按照图样要求进行安装，保证灵活有效，无撞击、无位移。待慢车试验时，再对其位置进行精确调整，并加以紧固。门扇安装完后，应立即将强迫关门装置装上，保持厅门的关闭状态。当轻微用手扒开门缝时，在无外力作用下，强迫关门装置应能自动使门扇闭合严密。

任务测评

对任务实施的完成情况进行检查，并将结果填入表 3—2—10。

表 3—2—10　　　　**评分标准**

序号	项目	考核内容	考核要求	配分	扣分	得分
1	电梯曳引系统	承重梁安装位置	符合生产厂家的技术文件规定	1		
		曳引轮安装位置	位置偏差：前面（向着对重）方向不超过 ±2 mm；左右不超过 ±1 mm；且垂直度不大于 0.5 mm	3		
		曳引轮与导向（复绕）轮的相对位置偏差	平行度偏差不大于 ±1 mm	1		

续表

序号	项目	考核内容	考核要求	配分	扣分	得分
1	电梯曳引系统	曳引轮、飞轮色标	外侧轮缘应涂黄色漆	1		
		曳引轮（飞轮）的转向标志	应与轿厢升降方向对应	1		
		驱动主机的润滑	油杯、油标齐全，油位适度，需润滑部位可靠润滑，除轴伸出端外，其余部位无漏油	2		
		曳引（悬挂）绳的平层标志	在绳中画出轿厢在各层的平层标记，并将相关的识别图表挂在机房易观察的墙上	2		
		曳引绳张力的相互差值	各绳张力与平均值差值不大于5%	2		
		曳引钢丝绳绳头制作	巴氏合金浇注密实，一次性与锥套浇平，并能观察到绳股的弯曲，弯曲度符合要求	2		
		制动器	动作灵活可靠，制动时闸瓦紧贴；松闸时，闸瓦同步分离，且间隙四角处的平均值两侧各不大于0.7 mm；松闸扳手涂红色漆，并挂在易接近的墙上，需对其施加持续的力才能保持松闸	2		
		紧急救援操作装置	动作可靠；操作说明置于易见处；可拆装置须置于机房门入口附近易接近处	1		
		曳引（悬挂）绳在楼板孔洞中	与孔洞周边间隙为20～40 mm；孔洞周边台阶高度≥50 mm	2		
2	电梯导向系统	两列导轨顶面间的距离偏差	轿厢导轨（mm）为0～+2；对重导轨（mm）为0～+3	2		
		导轨支架安装	两支架间距（mm）为≤2 500；不水平度（mm）为≤1.5	2		
		每列导轨工作面与安装基准线每5 m偏差值	轿厢导轨和设有安全钳的对重导轨≤0.6 mm；不设安全钳的对重导轨≤1.0 mm	2		
		轿厢导轨和设有安全钳的对重导轨工作面接头处	不应有连续缝隙；接头台阶（mm）为≤0.05	2		
		不设安全钳对重导轨工作面接头处	接头缝隙（mm）为≤1.0；接头台阶（mm）为≤0.15	2		
		接头处修光长度（mm）	甲：≥500；乙、丙：≥200	2		
		顶端导轨架距导轨顶端的距离（mm）	≤500	2		

续表

序号	项目	考核内容	考核要求	配分	扣分	得分
2	电梯导向系统	导轨	刚性结构：轿厢导轨顶面与两导靴内表面间隙之和不大于2.5 mm 弹性结构：导轨顶面与两导靴滑块无间隙，导靴弹簧的伸缩范围不大于4 mm 滚轮导靴：滚轮对导轨不歪斜，整个轮缘宽度与导轨工作面均匀接触	6		
3	电梯轿厢系统	轿顶反绳轮	设防护罩和挡绳装置；润滑良好；铅垂度≤1 mm	3		
		轿顶防护	当轿顶外侧边缘至井壁距离 >0.3 m时，须设置牢靠的防护栏及警告标识；站立净面积≥0.12 m^2（短边≥0.25 m）；当对重完全压缩缓冲器时，轿顶应满足的防护空间为：井道顶的最低部件与固定在轿顶上的最高部件的垂直间距为（m）≥0.3 +0.035 v^2，轿顶上方应有一个不小于0.5 m×0.6 m×0.8 m的矩形空间	3		
		轿厢护脚板	装设于轿厢的地坎上；宽度 = 层站入口净宽；垂直段高度≥0.75 m；垂直段以下倾斜向下延伸（斜面与水平面夹角应大于60°）	4		
		轿厢底盘	水平度偏差≤2%	1		
		轿内扶手	当在轿厢底面起1.1 m高的范围内采用玻璃轿壁时，须在距轿厢底面0.9 ~1.1 m高度处装设扶手；扶手须独立可靠固定，与玻璃无关	2		
		轿厢限位（极限）开关碰铁	固定可靠，铅垂度偏差≤3 mm	2		
		轿厢壁板、轿架立柱、轿门、门刀	安装位置偏差应符合生产厂家的技术文件要求	4		
		轿厢导靴	各种形式的导靴安装应符合生产厂家的技术文件要求	1		
4	电梯门系统	层门	地坎水平度≤2/1 000；高出装修地面2 ~5 mm；地坎到轿厢地坎间距（mm）：0 ~ +3 且≤35	3		
		层门强迫关门装置	必须动作正常	3		
		水平滑动门关门开始1/3行程之后，阻止关门的力	水平滑动门关门开始1/3行程之后，阻止关门的力≤150 N	2		
		层门锁钩在证实锁紧的电气安全装置动作之前，锁紧元件的最小啮合长度	层门锁钩在证实锁紧的电气安全装置动作之前，锁紧元件的最小啮合长度≥7 mm	2		

续表

序号	项目	考核内容	考核要求	配分	扣分	得分
4	电梯门系统	门刀与层门地坎，门锁滚轮与轿厢地坎间隙	门刀与层门地坎，门锁滚轮与轿厢地坎间隙为5～10 mm	3		
		层门指示灯、盒及各显示装置	其面板与墙面贴实，横竖端正，且操作正确，显示无误	5		
		（中分式）开关门时间（s）	开门宽度 $B\leqslant800$ mm：≤3.2 800 mm < $B\leqslant1\,000$ mm：≤4.0 1 000 mm < $B\leqslant1\,100$ mm：≤4.3 1 100 mm < $B\leqslant1\,300$ mm：≤4.9	2		
5	电梯重量平衡系统	对重	当对重（平衡重）架有反绳轮，反绳轮应设置防护装置和挡绳装置；润滑良好；铅垂度≤1 mm	3		
		对重块安装	对重块应可靠固定，不松脱	1		
		对重装置与轿厢间距	对重装置与轿厢间距≥50 mm	1		
		对重导靴	各种形式的导靴安装应符合生产厂家的技术文件要求	1		
		曳引（悬挂）绳、限速器绳、补偿绳的产品质量、外观质量及养护	应符合《电梯用钢丝绳》（GB 8903—2005）的规定；表面应擦洗干净，没有杂质，并消除内应力；无死弯、打结、扭曲、断丝、松股、锈蚀；涂钢丝绳脂防锈	3		
		绳头组合	安全可靠，且每一绳头须装设防松脱装置	1		
		曳引（悬挂）绳、补偿绳张力偏差（%）	每根绳张力与平均张力的偏差≤5%	2		
		补偿装置（绳、链、缆等）	端部固定可靠；补偿绳的张紧轮设防护装置；补偿链环无开焊，自然悬挂消除扭力，在井道内无碰撞或摩擦，有消声措施	3		
		随行电缆	严禁打结和波浪扭曲，端部固定可靠；避免与其他部件交叉，运行顺畅，无卡阻、干涉；轿厢压缩缓冲器时，不得与底坑地面和轿厢底边接触；中线箱、电缆支架的安装位置应正确，轿底支架与井道支架应平行；电缆在井底时，与缓冲器保持一定距离	5		
6	安全文明生产		违反安全文明生产规定，扣5～10分			
开始时间：			结束时间：	成绩		
学生姓名：			教师签名：		年 月 日	

思考与练习

1. 电梯机械系统由哪几部分组成?
2. 电梯上机械安全装置主要有哪些?它们分别起什么作用?
3. 进入井道施工时必须佩戴哪些防护用品?
4. 进入轿顶作业时应注意哪些事项?
5. 脚手架上如需增加跳板，应该注意什么?
6. 电梯导轨架在井道壁上的固定方法有哪些?有什么要求?

任务3 电梯电气系统的安装与调试

学习目标

1. 熟悉电梯电气系统的组成。
2. 掌握电梯电气系统的工作原理。
3. 掌握电梯电气系统的安装与调试工艺。
4. 会安装和调试电梯的电气系统。

任务引入

电梯的电气系统是电梯的两大组成系统之一。电梯的电气系统又包括电力拖动系统和电气控制系统两大部分。其中电力拖动系统为电梯提供动力，实施电梯的速度控制；电气控制系统对电梯的运行实施操纵和控制。电梯的电力拖动系统决定着电梯的整机性能和节能效果，电梯的电气控制系统则决定着电梯的自动化程度和使用效率。

本任务就是要完成电梯电气系统的安装与调试。

相关知识

一、电梯电气系统的结构

电梯电气系统包括电力拖动系统和电气控制系统两大部分。

1. 电力拖动系统

电力拖动系统是电气部分的核心。曳引式电梯轿厢的上下、启动、加速、匀速运行、减速、平层停车等动作，完全由曳引电动机拖动系统完成。拖动系统的优劣直接影响着电梯启停时的加速和减速性能、平层精度、乘坐舒适感等指标。

电梯的电力拖动系统分为直流电动机拖动系统、交流电动机拖动系统和永磁同步电动机拖动系统，其特点及用途见表3—3—1。

表 3—3—1　　电梯的电力拖动系统特点及用途

种类	特点及用途
直流拖动系统	直流电动机具有调速性能好、调速范围大的特点。因此具有速度快、舒适感好、平层准确度高的优点 电梯上常用的有两种系统：一是发电动机构成的晶闸管励磁发电机—电动机系统；二是晶闸管直接供电的晶闸管—电动机系统
交流变级调速系统	该系统大多采用开环方式控制、线路简单、造价较低，因此被广泛应用在电梯上，但由于乘坐舒适感较差，一般只用于额定速度不大于 1 m/s 的电梯
交流调压调速系统	该系统采用晶闸管闭环调速控制方式，使得所控制的电梯乘坐舒适感好，平层准确度高，明显优于交流双速电梯，多用于速度 2.5 m/s 以下的电梯（也可用于更高速度）
变频变压调速系统	该系统通过改变电动机进线段的电压和电源频率来调节电动机转速，此类电梯速度可达 12.5 m/s，其调速性能已达到直流电动机的水平，且具有节能、效率高、驱动控制设备体积小、重量轻和乘坐舒适感好等优点
永磁同步电动机拖动系统	永磁同步电动机拖动是近几年发展起来的新型拖动方式。永磁同步电动机的磁极是由永磁材料产生的。其与有齿轮的交流电动机相比，由于取消了如蜗轮蜗杆、行星齿轮等减速机构，传动系统的电动机和曳引轮同轴，使得曳引机结构简单而紧凑，易于小型化、轻量化，目前广泛应用于小机房电梯，特别是无机房电梯上

2. 电气控制系统

电梯电气控制系统主要是指对电梯曳引电动机的启动、减速、停止、运行方向、选层停车、层楼显示、层站召唤、轿厢内指令、安全保护等信号进行处理和管理及对开关门电动机控制的系统。电气控制系统的功能与性能直接决定着电梯的自动化程度和运行性能。电气控制系统的类型除传统的继电器控制外，PLC 控制和计算机控制的电梯产品已成为主流。

目前大部分生产厂家普遍选用通用变频器 + PLC，或通用变频器 + 计算机（32 bit 微处理器），并配套低压电气组成电气系统。对于一些大的品牌生产企业，电梯的电气系统均采用专用变频器，它采用 IGBT（大功率绝缘栅极晶体管）、GTR（大功率晶体管）和 IPM（智能控制）模块，并选用 16 bit 或 32 bit 微处理器，具有很强的通信能力，扩展性强，可不断完善升级，故障显示代码内容广泛，方便维修。

二、SX－702 型模拟电梯的电气控制要求及组成

1. 模拟电梯的电气控制要求

（1）三相笼型异步电动机由变频器控制其正反转、启动加速过程、减速过程、平层或断电时使电磁抱闸器制动，以确保电梯运行平稳。

（2）电梯由安装在各楼层厅门口的上升和下降呼叫按钮进行呼叫操纵，根据呼叫内容和轿厢位置进行逻辑判断，最后确定电梯运行方向。电梯上升途中只响应上升呼叫，下降途中只响应下降呼叫，任何反方向的呼叫均无效。例如，电梯停在一层，在三层轿厢外呼叫时，必须按三层上升呼叫按钮，电梯才响应呼叫（从一层运行到三层），按三层下降呼叫按钮无效；反之，若电梯停在四层，在三层轿厢外呼叫时，必须按三层下降呼叫按钮，电梯才响应呼叫（从四层运行到三层），按三层上升呼叫按钮无效，依次类推。

（3）电梯停靠在某一层时，轿厢和各层门厅的显示器显示该楼层的楼层数。电梯在上升运行时，显示上升指示和要到达的楼层数；电梯在下降运行时，显示下降指示和要到达的楼层数。

（4）各层厅门有上、下呼叫按钮各一个，按下按钮，按钮内的指示灯亮。当上升到达该层时，对应的向上指示灯灭；当下降到达该层时，对应的向下指示灯灭。

（5）轿厢内有1、2、3、4选层按钮，按下时，对应的按钮内的指示灯亮，当电梯到达某一层时，对应该层的选层按钮指示灯灭。另外轿厢内有开关门按钮，按下时，按钮内的指示灯亮，当开关门到位时，对应按钮内的指示灯灭。

（6）电梯在正常运行时，有开关量和数字量两种控制方式。在开关量控制时，电梯的减速信号由电磁感应器获取，平层信号由双稳态开关获取；而在数字量控制时，电梯到达某层，由数字编码器输入给PLC内计数器，进行数字判断来实现停靠。

（7）电梯在检修状态下，有慢上、慢下进行点动控制。

（8）电梯的开关门必须有门联锁和轿厢门联锁保护。门打开，照明灯亮，风扇启动；门闭合，照明灯灭，风扇停转。超载门自动打开。

（9）为安全起见，当安全钳动作、底坑绳断、缺相、热继电器动作、急停开关按下、停层叫停开关动作、上限位开关动作、下限位开关动作、基站锁关闭，都必须立即切断电源。

2. 模拟电梯的电气控制组成

模拟电梯的电气控制系统一般由电源、安全及门锁回路、PLC的输入信号与输出信号组成，如图3—3—1所示。模拟电梯的电力拖动系统（即主电路及变频器控制电路）见后面介绍。

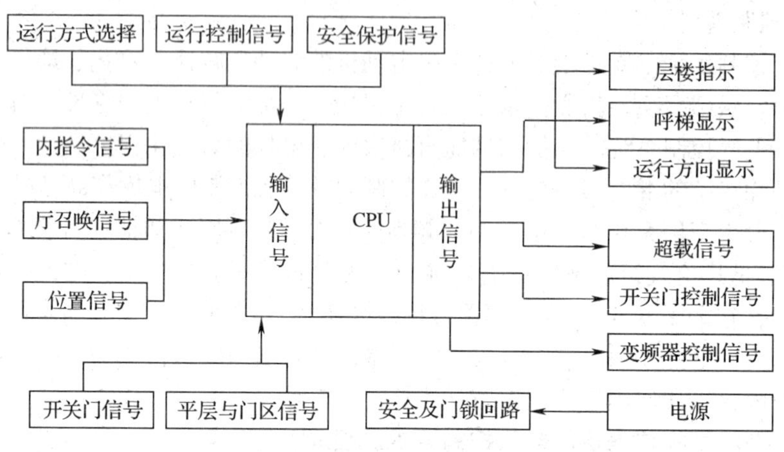

图3—3—1　模拟电梯的电气控制组成框图

电源部分有交流380 V、交流220 V、直流110 V、直流24 V四种。

电梯的运行方式选择由正常/检修、数字量/开关量等组成。运行控制信号由减速信号、检修状态下的点动上行、点动下行、变频器的输入信号、数字量控制时的旋转编码器输入信号等组成。安全保护信号由电压继电器、门联锁继电器、安全触板信号、超载信号、上限位信号、下限位信号、上强减速信号、下强减速信号等组成。电梯的运行条件信号有内指令信号、厅召唤信号、位置信号等。另外电梯的输入信号还包括开关门信号、平层与门区信号。

电梯的输出信号有指示信号（包括层楼指示、呼梯显示、运行方向显示）、超载信号、开关门控制信号，还有输出到变频器输入端的正转信号、反转信号、高速信号、低速信号等。

三相异步电动机由变频器去控制其正反转以及加速过程和减速过程。电动机的运行平稳是根据 PLC 给出的指令，对电动机的电源频率、电压进行调制来实现的。电动机的制动由电磁抱闸器实现。与电动机同轴安装了旋转编码器，电动机每转动一圈，编码器发出一个脉冲信号给 PLC，从而实现数字量的控制。

三、SX－702 型模拟电梯的电气工作原理

1. PLC 控制输入/输出地址分配和接线图

（1）PLC 输入/输出地址分配

三菱 FX_{1N}－60MR 型 PLC 各输入/输出地址的具体分配见表 3—3—2 和表 3—3—3。

表 3—3—2　输入地址分配表

输入点	名称	输入点	名称
X0	编码器	X15	关门按钮 AG
X1	门驱双稳态开关 PU	X16	超载开关 CH
X2	减速感应器 1PG	X20	向下按钮/内选一层按钮 TD/1AS
X3	上强迫减速感应器 GU	X21	内选二层按钮 2AS
X4	下强迫减速感应器 GD	X22	内选三层按钮 3AS
X5	安全电压继电器 DYJ	X23	向上按钮/内选四层按钮 TU/4AS
X6	门联锁继电器 MSJ	X24	一层上召按钮 1SA
X7	检修开关 MK	X25	二层上召按钮 2SA
X10	上限位感应器 SW	X26	三层上召按钮 3SA
X11	下限位感应器 XW	X27	二层下召按钮 2XA
X12	变频器运行监视 RUN	X30	三层下召按钮 3XA
X13	开门继电器常开触头 KMJ	X31	四层下召按钮 4XA
X14	安全触板开关/开门按钮 KAB/AK	X37	数字量/开关量转换开关 HK

表 3—3—3　输出地址分配表

输出点	名称	输出点	名称
Y0	电源接触器 QC	Y14	二层上召记忆灯（2G－304）
Y1	四层选层指示灯（4R－304）	Y15	二层下召记忆灯（2C－304）
Y2	三层上召记忆灯（3G－304）	Y16	三层下召记忆灯（3C－304）
Y3	四层下召记忆灯（4G－304）	Y17	一楼楼层显示继电器 A
Y4	J4 至变频器 RH 端	Y20	二楼楼层显示继电器 B
Y5	J5 至变频器 RL 端	Y21	三楼楼层显示继电器 C
Y6	J6 至变频器 STF 正转启动端（上行）	Y22	四楼楼层显示继电器 D
Y7	J7 至变频器 STR 反转启动端（下行）	Y23	上行指示灯 KDS
Y10	一层选层指示灯（1R－304）	Y24	下行指示灯 KDX
Y11	二层选层指示灯（2R－304）	Y25	超载蜂鸣器 CHD
Y12	三层选层指示灯（3R－304）	Y26	开门接触器 KMJ
Y13	一层上召记忆灯（1G－304）	Y27	关门接触器 GMJ

（2）PLC 输入/输出接线图

模拟电梯采用三菱 FX_{1N}－60MR 型可编程序控制器，具体输入输出接线图如图 3—3—2 所示。

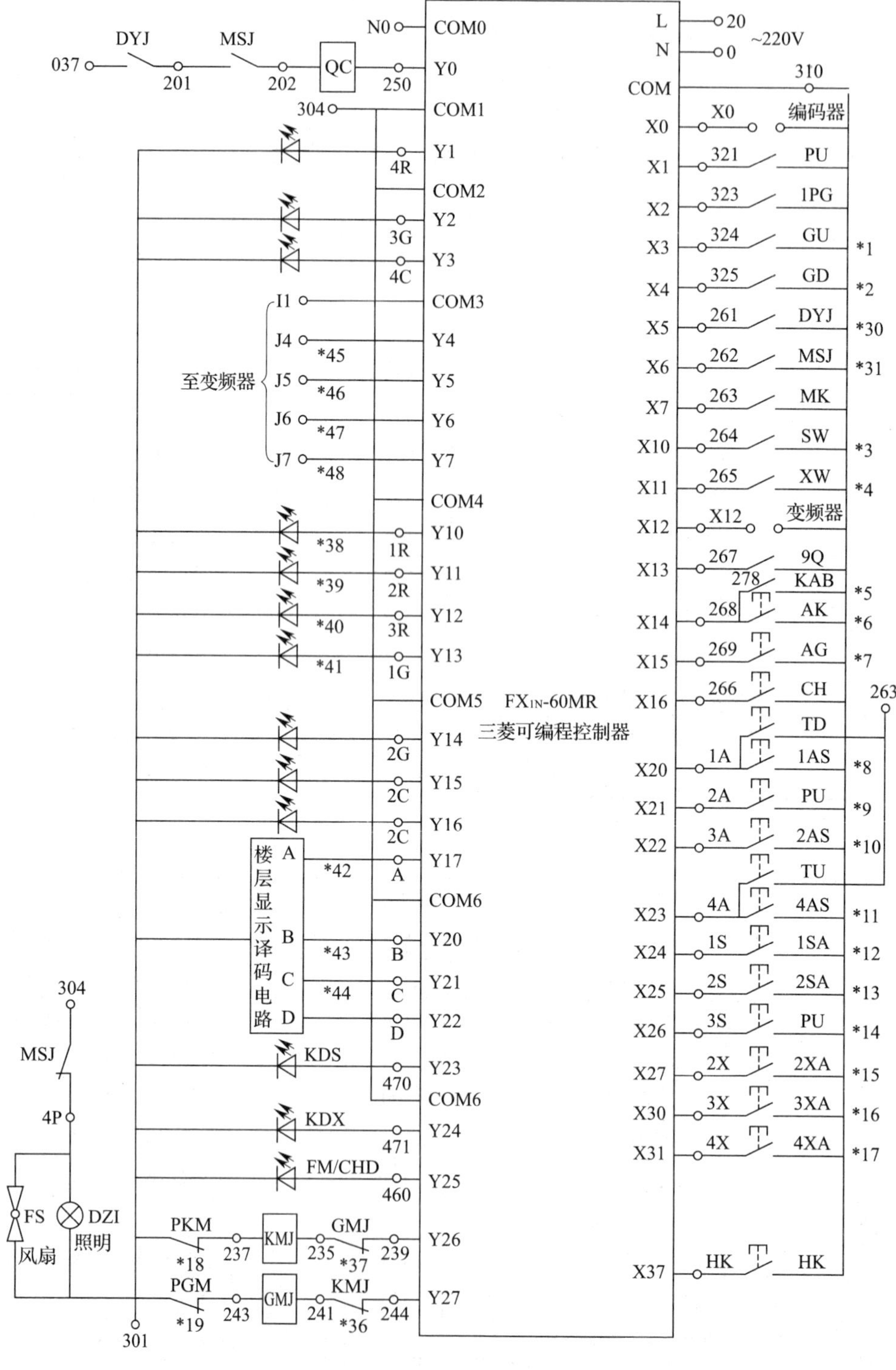

图 3—3—2　模拟电梯 PLC 控制输入输出接线图

（3）电气元件明细表

模拟电梯电气元件明细见表 3—3—4。

表 3—3—4　　模拟电梯电气元件明细表

序号	代号	名称及规格	配装位置	数量
1	PLC	三菱可编程序控制器 FX_{1N} –60MR	控制柜	1
2	KMJ/GMJ	开门/关门继电器 MY4 DC 24 V	控制柜	2
3	DYJ	电压继电器 MY4 DC 24 V	控制柜	1
4	MSJ	门联锁继电器 MY4 DC 24 V	控制柜	1
5	FU1 ~ FU3	熔断器	控制柜	3
6	QC	主接触器	控制柜	1
7	GH	电源接触器 CJ –20AC 220 V	控制柜	1
8	1AS ~4AS	轿厢内选指令按钮（1 –4 层）	轿内	4
9	1R ~4R	选层指令灯（1 –4 层）	轿内	4
10	AK/AG	开门/关门按钮	轿内	2
11	TU/TD	向上/向下按钮	检修箱	2
12	QF1、QF2	自动低压断路器	控制柜	2
13	FM/CHD	蜂鸣器/超载指示灯 DC 24 V	轿内	1
14	KSD/KXD	上/下行指令灯 DC 24 V	轿内	2
15	SMJ/MK	检修开关	控制柜	1
16	SB（KAB）	安全触板开关	轿厢	1
17	SAQ	安全钳开关	轿厢	1
18	SQF	轿门联锁开关	轿厢	1
19	*1 ~ *48	故障点	控制柜后板	48
20	1PU	门驱双稳态开关	轿顶	1
21	GU/GD	上/下强迫减速感应器	井道	2
22	DZ1	轿厢照明灯	轿顶	1
23	FS	轿厢风扇	轿厢	1
24	CH	超载开关	轿底	1
25	M1	门电动机（直流电动机）	自动门机	1
26	PKM/PGM	开门/关门到位开关	自动门机	2
27	SG	关门减速开关 LX028	自动门机	1
28	M	交流异步电动机	机房	1
29	DZ	抱闸线圈 DC 110 V	机房	1

续表

序号	代号	名称及规格	配装位置	数量
30	SW/XW	上/下限位感应器	井道	2
31	SDS	底坑断绳开关	井道	1
32	SJK/XJK	上/下限位开关	井道	2
33	1G～3G	上召记忆灯 DC 24 V	井道	3
34	1SA～3SA	上召按钮	井道	3
35	2C～4C	下召记忆灯 DC 24 V	井道	3
36	2XA～4XA	下召按钮	井道	3
37	ST1～ST4	厅门联锁触头	井道	4
38	1YK	基站钥匙开关	井道	1
39	Y1～Y4	减速永磁感应器	井道	4
40	1PG	减速感应器	井道	1
41	HK	开关量/数字量转换开关	控制柜	1
42	D1	DC 110V 硅整流桥	控制柜	1
43	D2	DC 24V 硅整流桥	控制柜	1
44	SJU	电柜急停开关	控制柜	1
45	KDX	断相与相序保护继电器	控制柜	1

2. 层楼指示电路

(1) 控制方式的转换

模拟电梯通过开关量/数字量转换开关（HK）可进行两种控制方式的转换：开关量与数字量的转换。

开关量控制：电梯由井道内的电磁感应器和双稳态开关分别提供减速和平层信号。

数字量控制：用旋转编码器提供数字脉冲，再经由 PLC（可编程序控制器）计数运算处理信号，得出轿厢的位置，从而发出减速、平层信号。采用这种技术后可以省去井道内许多开关，提高电梯的稳定性，减少故障。

本模拟电梯 PLC 内存储了两套程序，通过开关量/数字量转换开关（HK）可自由切换，HK 转换开关对应 PLC 的 X37 输入继电器。当转换开关置于开关量控制时，X37＝0，井道内开关提供指令，数字量信号被封锁；当转换开关置于数字量控制时，X37＝1，由旋转编码器提供的脉冲数作为 PLC 处理的信号，同时开关信号被封锁。

(2) 轿厢位置信号的采取

在开关量控制时，轿厢位置信号的检测使用磁感应器方法获取，即在井道内每一层楼装一组感应继电器，再在轿顶安装与其相对应的隔磁板。当轿厢运行到每一层楼时，隔磁板即插入感应器内，层楼感应器的触头 1PG 动作，脉冲信号输入到 PLC 的 X2，由 PLC 进行判断。若是目的层，则去控制电梯换速；否则电梯继续运行。电梯的平层由门驱双稳态开关PU进行控制。当电梯到达需停靠的目的层时，该层对应的双稳态开关PU动作的信号给PLC的X1，从而控制电梯的平层。电梯平层位置的调节通过调节双稳态开关的位置来实现。感应继电器的作用有两个，一是指示层站，使人们看到轿厢所处层站；二是参与选层定向，是电梯判定运行方向的主要因素之一，在电梯到达目的层站时，还能使电梯换速。

在数字量控制时，感应继电器和双稳态开关失去作用，而由装在与电动机同轴的旋转编码器进行控制。当电动机转动一周时，旋转编码器就发出一个脉冲给PLC的X0，作为高速计数器C235的输入信号，通过C235对每一层楼的数字量的设置，来达到控制停层的目的。

（3）轿厢位置信号和数字量/开关量信号控制梯形图

轿厢位置信号和数字量/开关量信号控制梯形图如图3—3—3所示。

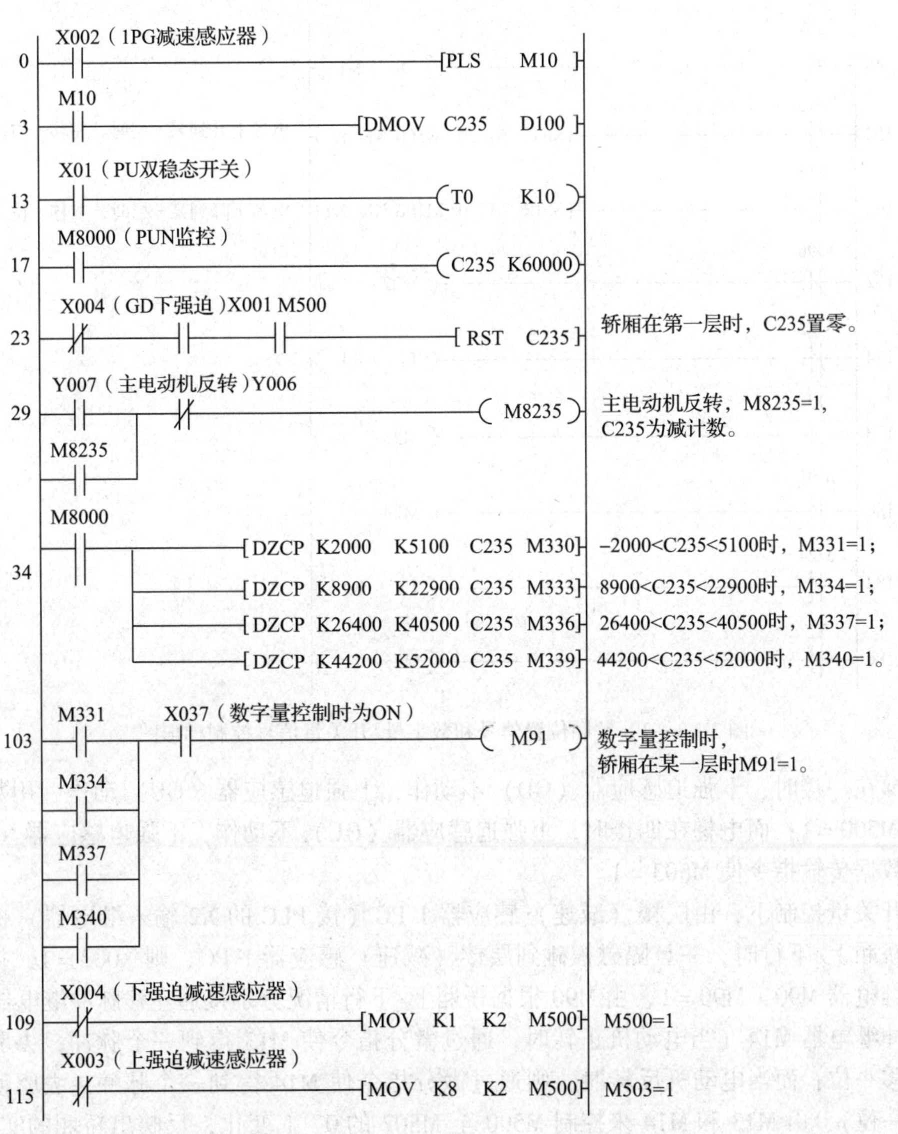

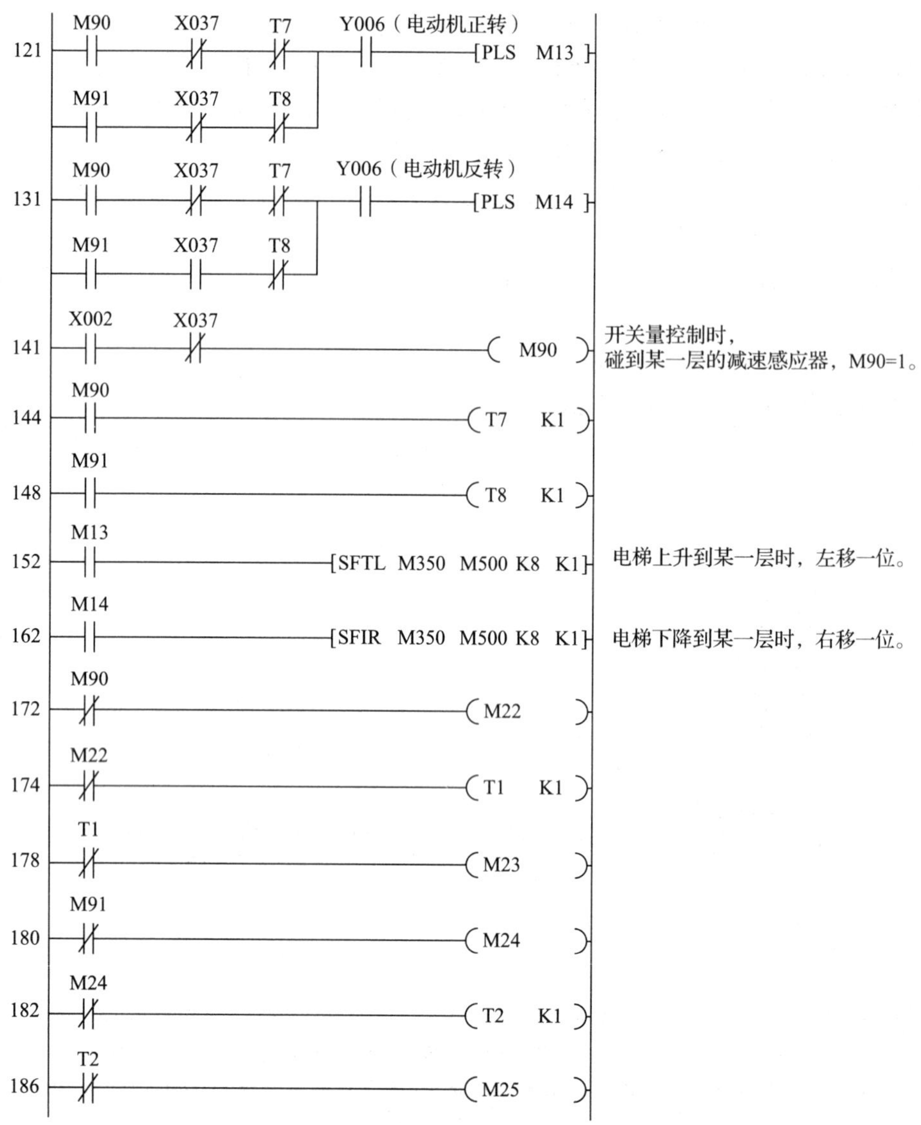

图 3—3—3　轿厢位置信号和数字量/开关量信号控制梯形图

电梯在一楼时，下强迫感应器（GD）不动作，上强迫感应器（GU）动作，用数据传输指令使 M500 = 1；而电梯在四楼时，上强迫感应器（GU）不动作，下强迫感应器（GD）动作，用数据传输指令使 M503 = 1。

在开关量控制下，由层楼（减速）感应器 1 PG（接 PLC 的 X2 输入继电器）提供层楼信号。轿厢上/下行时，一旦隔磁板碰到层楼（减速）感应器 1 PG，则 X002 = 1，接通开关量层楼继电器 M90，M90 = 1，由 M90 根据轿厢上/下行情况分别接通左移脉冲继电器 M13 和右移脉冲继电器 M14（当电动机正转时，通过微分指令使 M13 得到一个脉冲，去驱使移位指令左移一位；而当电动机反转时，则通过微分指令使 M14 得到一个脉冲，去驱使移位指令右移一位），由 M13 和 M14 来控制 M500 至 M507 的 0、1 变化，反映出轿厢的实际位置，即得到：当轿厢在1楼时，M500为1；当轿厢在2楼时，M501为1；当轿厢在3楼时，M502为1；当轿厢在4楼时，M503为1。M500～M503分别控制层楼输出继电器Y17～Y22，再通过输出继电器Y17～Y22的常开触头接入显示板译码器，使LED数码管显示1、2、3、4楼层，如图3—3—4和图3—3—2所示。这样，借助PLC内部的辅助继电器完成开关量控制时电梯楼层的识别和判断。

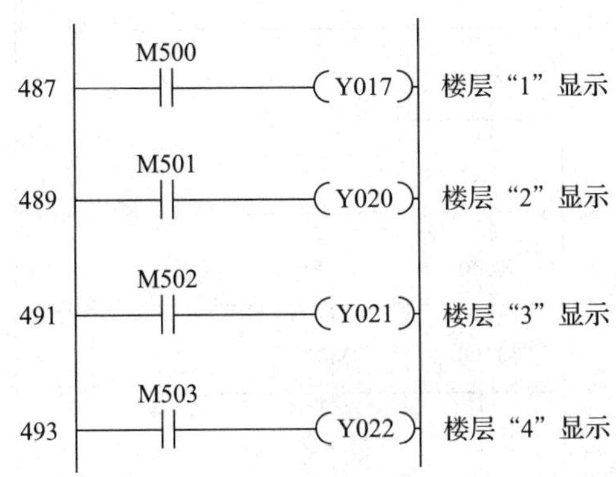

图3—3—4　M500～M503分别控制层楼输出继电器Y17～Y22

在数字量控制（X037＝1）时，层楼信号由高速计数器C235提供。电梯上/下行过程中，C235中的数值分别进行增计数和减计数，高速计数脉冲由编码器X0提供。当层楼发生变化时通过区间比较指令接通数字量层楼继电器M91，由M91根据轿厢上/下行情况分别接通左移脉冲继电器M13和右移脉冲继电器M14，余下控制与开关量控制相同。具体地说，当电动机正转（电梯上升）时，C235为增计数；电动机反转（电梯下降）时，M8235＝1，C235为减计数。当电梯在一楼时，将C235置零；电梯在四楼时，将C235置数为60 000。运用了区间比较指令DZCP，编码器的脉冲通过X000作为计数器C235的输入端，当计数器C235为－2 000～5 100时，电梯在一楼，M331＝1；当计数器C235为8 900～22 900时，电梯在二楼，M334＝1；当计数器C235为26 400～40 500时，电梯在三楼，M337＝1；当计数器C235为44 200～52 000时，电梯在四楼，M340＝1；当电梯到达某一层时，M91＝1。当电动机正转时，通过微分指令使M13得到一个脉冲，去驱使移位指令左移一位；而当电动机反转时，则通过微分指令使M14得到一个脉冲，去驱使移位指令右移一位。从而得到：当电梯在一楼时，M500＝1；当电梯在二楼时，M501＝1；当电梯在三楼时，M502＝1；当电梯在四楼时，M503＝1。这样，借助PLC内部的辅助继电器完成数字量控制时电梯楼层的识别和判断。

3．轿厢内指令电路和厅召唤信号电路

（1）轿厢内指令电路

轿厢内指令电路的作用是将轿厢内指令信号记忆并指示，当电梯响应后自动将其消除。

模拟电梯轿厢内指令电路梯形图如图3—3—5所示。在安全电压继电器（DYJ）接通（X005＝1）的情况下执行如下子程序：按下相应楼层指令按钮，相应楼层记忆继电器接通并自锁，同时点亮楼层记忆灯。一旦轿厢经过该楼层，相应楼层继电器接通，断开该楼层记忆继电器并使记忆指示灯灭掉。

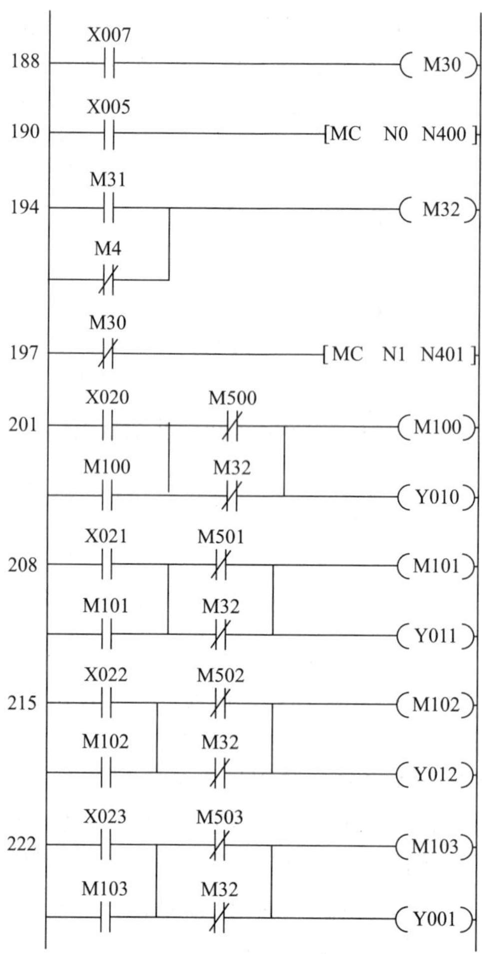

X020 向下/内选一层（TD/1AS） X021 内选二层（2AS） X022 内选三层（3AS）X023 内选四层（4AS）

M100 一层选层 M101 二层选层 M102 三层选层 M103 四层选层 M32 轿厢在门厅有呼梯信号

M500 轿厢在一层时为 ON M501 轿厢在二层时为 ON M502 轿厢在三层时为 ON M503 轿厢在四层时为 ON

Y010 一层选层指示灯 Y011 二层选层指示灯 Y012 三层选层指示灯 Y001 四层选层指示灯

图 3—3—5 轿厢内指令电路梯形图

M30 为检修开关。当电梯处于检修状态时，不执行 MC N1 段程序。M32 为轿厢在门厅且有呼梯信号时为 ON。

内选层信号的登记方式：当内选一层，X020 = 1，电梯只要不在一楼，M100 = 1，一层选层指示灯亮，Y10 = 1；依次类推，当内选二层，X21 = 1，电梯只要不在二楼，M101 = 1，二层选层指示灯亮，Y11 = 1；当内选三层，X22 = 1，电梯只要不在三楼，M102 = 1，三层选层指示灯亮，Y12 = 1；当内选四层，X23 = 1，电梯只要不在四楼，M103 = 1，四层选层指示灯亮，Y1 = 1。

内选层信号的消号是靠辅助继电器 M100、M101、M102、M103 来实现的。例如当二层选层信号亮时，电梯到达二楼门厅停靠，因 M501 = 1，M32 = 1，故 M101 为 OFF，Y11 为

OFF，则二层指示灯灭，内选信号被消号。

（2）厅召唤信号电路

厅召唤信号电路的作用是将厅外召唤信号记忆并指示，当电梯响应后自动将其消除。由于除两个端站外，其他各层均有两个厅召唤（上召、下召）按钮，而且厅召唤的响应是顺向响应。为此在厅召唤回路中加入了方向监视继电器 M33 和 M34。门厅有上召和下召两种信号。电梯在上行时，只响应上召信号，在相应的楼层停靠，该层的上召指示灯灭；对于下召信号只进行登记，不响应。反之，当电梯在下行时，只响应下召信号，在相应的楼层停靠，该层的下召指示灯灭；对于上召信号只进行登记，不响应。

厅召唤信号梯形图如图 3—3—6 所示。与指令回路一样，召唤回路也只有在安全电压继电器接通的情况下才执行。按下上召或下召按钮，接通相应楼层的上召或下召继电器并自锁，相应楼层的上召或下召记忆指示灯点亮。电梯通过 M33 与 M34 实现顺向响应，逆向保留。例如，三楼有上召信号，X026 =1，M112 =1 且自锁，三楼上召记忆灯 Y2 亮；二楼有下召信号，X27 =1，M121 =1 且自锁，二楼下召记忆灯 Y15 亮；如果这时电梯在上行，M70 为 ON。因为电梯在门厅且有呼梯信号时，M32 为 ON，这时，M34 为 ON，M33 为 OFF。当电梯到达二楼时，虽然 M501 为 ON，但因 M33 为 OFF，所以二楼下召信号仍然亮，电梯不响应继续上行；当电梯到达三楼时，因 M502 为 ON，M34 为 ON，所以，三楼上召记忆灯灭，电梯响应停靠。

4．安全及门锁回路

安全及门锁回路接线及原理图如图 3—3—7 所示。

（1）安全保护回路

如图 3—3—7 所示，在安全电压继电器 DYJ 线圈回路中有电梯急停开关 SJR、相序保护继电器 KDX 触头、热继电器 JR 触头、底坑断绳开关 SDS、安全钳开关 SAQ、轿厢安全窗限位开关 SJN 等。只有当安全电压继电器回路中的所有开关接通的情况下，安全电压继电器 DYJ 线圈得电，电梯才有运行的可能。

1）急停开关 SJU。SJU 为安装在控制盘内供操作者使用的紧急停止开关。电梯运行时，一旦遇到紧急情况或在检修时，安装维修调试人员上轿顶或下地坑都应关断此开关，切断电梯控制电源，保证人员安全。

2）安全钳动作保护 SAQ。轿厢超速下降，引起安全钳动作，其联锁开关 SAQ 断开，使控制回路断电。

3）断绳开关 SDS。为防止安全钢丝绳松脱断裂，在底坑张绳轮上设有断绳开关 SDS。一旦限速钢丝绳松动或断裂，此开关被下落的张紧装置撞开，切断控制回路电源，电梯停止运行。

4）安全窗限位开关 SJN。为防止电梯因停电或故障突然停止在两层楼之间，使乘客被困，而在轿顶留个天窗，供司机、维修人员上轿顶采取应急救护措施，解救被困乘客。在窗口装有盖板，盖板下安装一个压合限位开关 SJN。一旦天窗被打开，电梯的控制电源被切断，以保证司机和维修人员的安全。

5）断相与错相保护继电器 KDX。用断相与错相保护继电器防止电梯电源的断相和错相，以保证电梯设备和人身安全。在电源断相或错相状态下，控制回路断电。

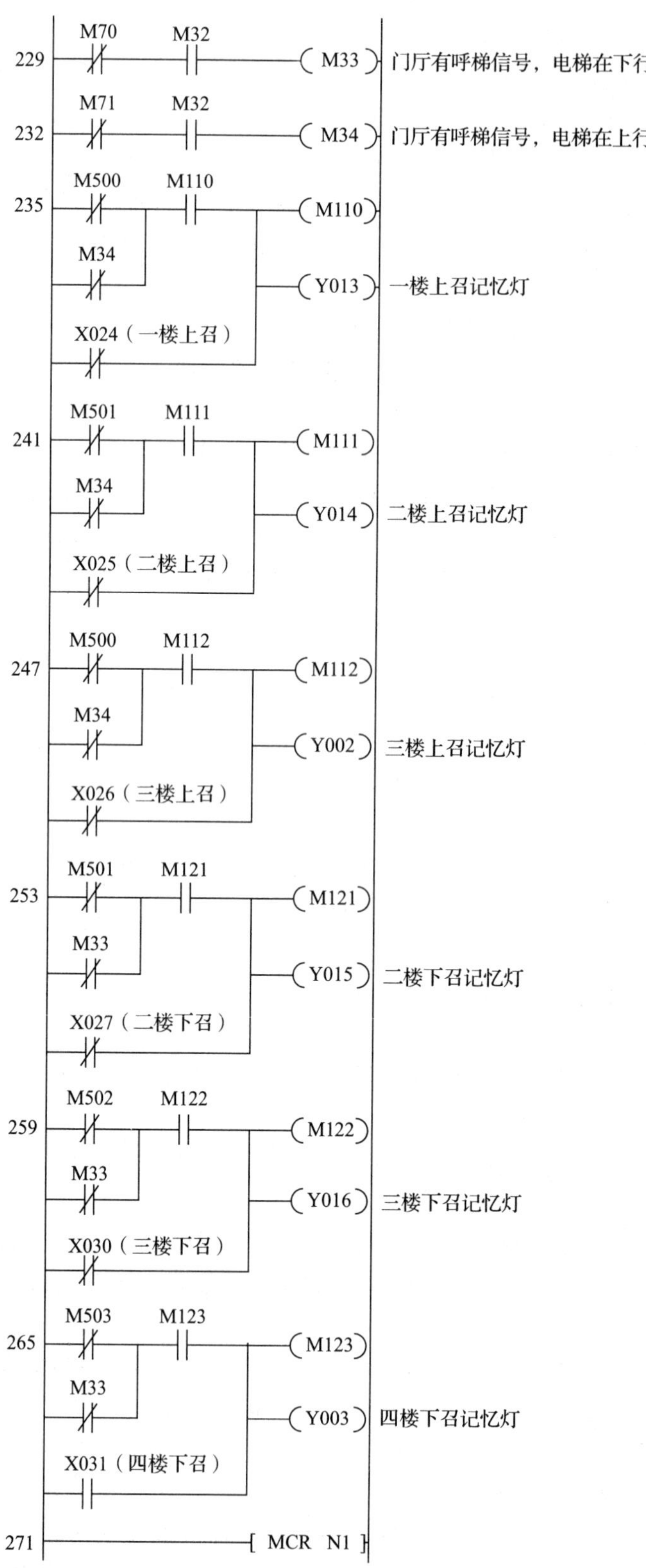

图 3—3—6　厅召唤信号梯形图

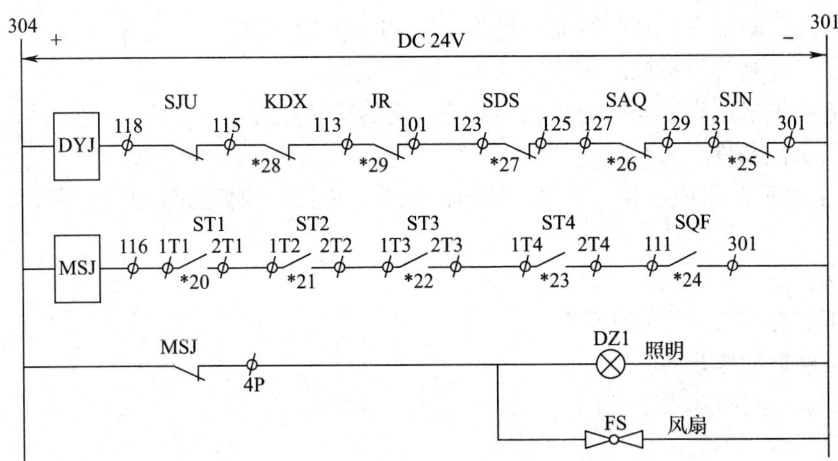

图 3—3—7 安全及门锁回路接线及原理图

DYJ—安全电压继电器 SJU—电柜急停开关 KDX—断相与错相保护继电器 JR—热继电器 SDS—底坑断绳开关 SAQ—安全钳开关 SJN—安全窗限位开关 MSJ—门联锁继电器 ST1—第一层厅门联锁触头 ST2—第二层厅门联锁触头 ST3—第三层厅门联锁触头 ST4—第四层厅门联锁触头 SQF—轿门联锁开关

6）电动机过载保护 JR。采用热继电器作为过载保护装置，当电动机过载时，热继电器 JR 动作，切断控制回路电源。

一般电梯都有以上各种电气开关保护装置，将它们串联接进电压继电器 DYJ 的线圈回路中，把电压继电器 DYJ 的触头再接进 PLC 的 X5，去切断电梯控制回路电源。

（2）门联锁回路

电梯的门有两种：一种是轿门，即轿厢的门。轿门是主动的，它由专门的门电动机拖动，实现门的开/关。另一种门是厅门（层门），即各层门厅的门。厅门是被动门，不能自行开/关，只能由轿门带动实现开/关。一般情况下，当轿厢到达某层停车后，轿厢门上带有门刀，会自动插入厅门的门锁中，使门锁打开。厅门在轿门的带动下实现开/关，因而电梯若没有到达该层，其厅门便处于锁闭状态，不能打开，这是安全保障的要求。为此，由各厅门和轿门的门锁电气限位开关的常开触头（ST1、ST2、ST3、ST4）以及轿厢门关闭触头（SQF）串联后，作为门锁继电器 MSJ 的信号，再将 MSJ 触头接进 PLC 的 X6。只在当厅门、轿门全部关闭的情况下，门锁继电器 MSJ 动作（X6 为 ON）后，电梯才可正常运行，否则不能运行。

（3）风扇、照明线路

当所有的门关闭后，MSJ 得电，照明灯熄灭，风扇停转。而一旦门锁开关有一个断开，则 MSJ 断电，其常闭触头闭合，使得照明灯点亮，风扇转动。

5. 电梯的开/关门控制

为了保证安全，电梯运行时，必须关闭好全部厅门、轿门，否则电梯将不能启动运行。

（1）开/关门控制的安全要求

1）自动开/关门机构随轿厢移动，一般装在轿顶。除能带动轿门的开启、关闭外，还应通过机械方法使厅门同步启闭。

2）当厅轿门全部关闭，响应的厅门、轿门开关接通后，电梯的控制电源方可接通。

3）门的开关应平稳，开门时间一般为2.4～4 s，关门时间一般为3～5 s。

4）自动门控制与门系统的调整应简单，便于维修。

5）门电动机采用直流伺服电动机，具有一定的堵转能力。

（2）开/关门条件

除了上下班钥匙在基站开、关门，轿内按钮开、关门，检修时按钮开、关门，还有以下开门条件：

1）平层开门。

2）停车状态，按开门按钮开门。

3）安全触板动作开门。

4）正常运行时换速平层开门。

5）超载开门，不关门。

6）关门指令关门时，如果有开门指令，则开门，不关门。

（3）电梯的开/关门减速线路

电梯开/关门PLC控制的输入与输出线路图如图3—3—8所示。

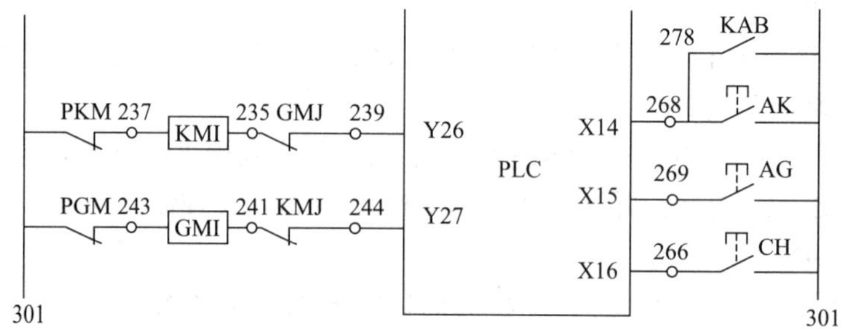

图3—3—8　电梯开/关门PLC控制的输入与输出线路图

电梯开门时，PLC的输出继电器Y26为ON，开门继电器KMJ线圈得电，直流电动机M1正转开门，如图3—3—9所示。当开门到位时，限位开关PKM动作，直流电动机M1停转。

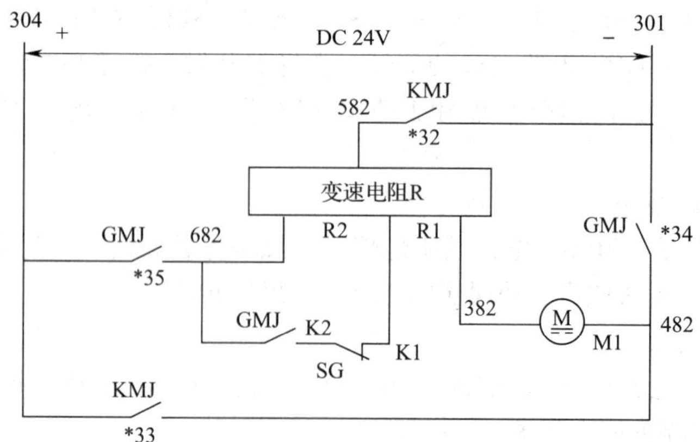

图3—3—9　电梯开/关门减速原理图

电梯关门时，PLC 的输出继电器 Y27 为 ON，关门继电器 GMJ 线圈得电，直流电动机 M1 反转关门。当关门一段时间，SG 动作，电动机减速，碰到限位开关 PGM，直流电动机 M1 停转。开、关门是相互联锁控制的，通过 KMJ 和 GMJ 的常闭触头来实现，如图 3—3—8 所示。

（4）电梯开/关门控制梯形图

模拟电梯的开/关门电路梯形图如图 3—3—10 所示。M37 为召唤开门继电器，当电梯停在某层，正好有乘客在该层呼梯时实现自动开门。T6 为电梯停站开门时间，即电梯平层停车后自动开门，当到达 T6 的设置时间 4 s 后自动关门。T3 为电梯关门时间，当电梯关门时超过 T3 设置的时间 5 s，轿门还没有合上（轿门被卡住）时实现自动开门。M3 为关门超时继电器，在电梯正常运行过程中，电梯的自动开/关门由 M44 和 M45 来控制。

在轿门前面两旁各安装可伸缩的安全触板。在关门过程中，如乘客或货物碰到触板，KAB 动作，使门停止关闭，自动开启。将安全触板开关 KAB 的触头或开门按钮 AK 的触头都接进 PLC 的 X14，使 PLC 的输出继电器 Y26 为 ON，如图 3—3—10 所示，从而使开门继电器 KMJ 动作，门开启，开门到位，开门限位开关 PKM 动作，使 KMJ 断电，如图 3—3—8 所示。

当电梯轿厢超过额定负荷时，将装在称重装置上的微动开关（即超载保护开关 CH）压住，这个超载信号接进 PLC 的 X16，使 PLC 的输出继电器 Y26 为 ON，如图 3—3—10 所示，从而使开门线路接通。必须降低负载使 CH 断开，电梯才能正常运行。

6．选向电路和选层电路

（1）选向电路

选向电路的作用是根据目前电梯的位置和轿厢内指令、厅召唤情况，决定电梯的运行方向是向上还是向下。

电梯方向的选择，实际就是将轿厢内指令和厅召唤的位置与电梯实际位置相比较，若前者在电梯实际位置以上，电梯则选择向上；相反，则选择向下。方向的实现，首先由层楼继电器形成选向链，然后将每层的轿厢内指令和厅召唤相应接入。模拟电梯选向电路梯形图如图 3—3—11 所示。由 M500 ~ M503 层楼继电器形成选向链，将每层轿厢内指令（M100 ~ M103）和上厅召唤（M110 ~ M112）、下厅召唤（M121 ~ M123）对应接入。

电梯在上行时不响应下召信号是靠 M71 的互锁触头实现的。同样，电梯在下行时不响应上召信号是靠 M70 的互锁触头实现的。电梯上行时，依靠 M500→M501→M502→M503 常闭触头的排列顺序来实现电梯上行时依次停靠有呼梯信号的某一层。同样电梯下行时依靠 M503→M502→M501→M500 常闭触头的排列顺序来实现电梯下行时依次停靠有呼梯信号的某一层。

另外，若电梯工作在检修方式，则 M30 接通，使用向上或向下按钮（或 4 层指令按钮和 1 层指令按钮）可以使电梯以检修的速度向上或向下运行。

上/下行显示是通过输出继电器 Y23 和 Y24 的常开触头接入显示板的发光二极管来实现的，如图 3—3—2 所示。

（2）选层电路

电梯运行中，会在有些楼层停，在有些楼层不停，是由选层电路决定的。选层意味着要减速准备平层停车。电梯的选层分轿厢内指令选层和厅召唤选层，即因某层有厅召唤指令或

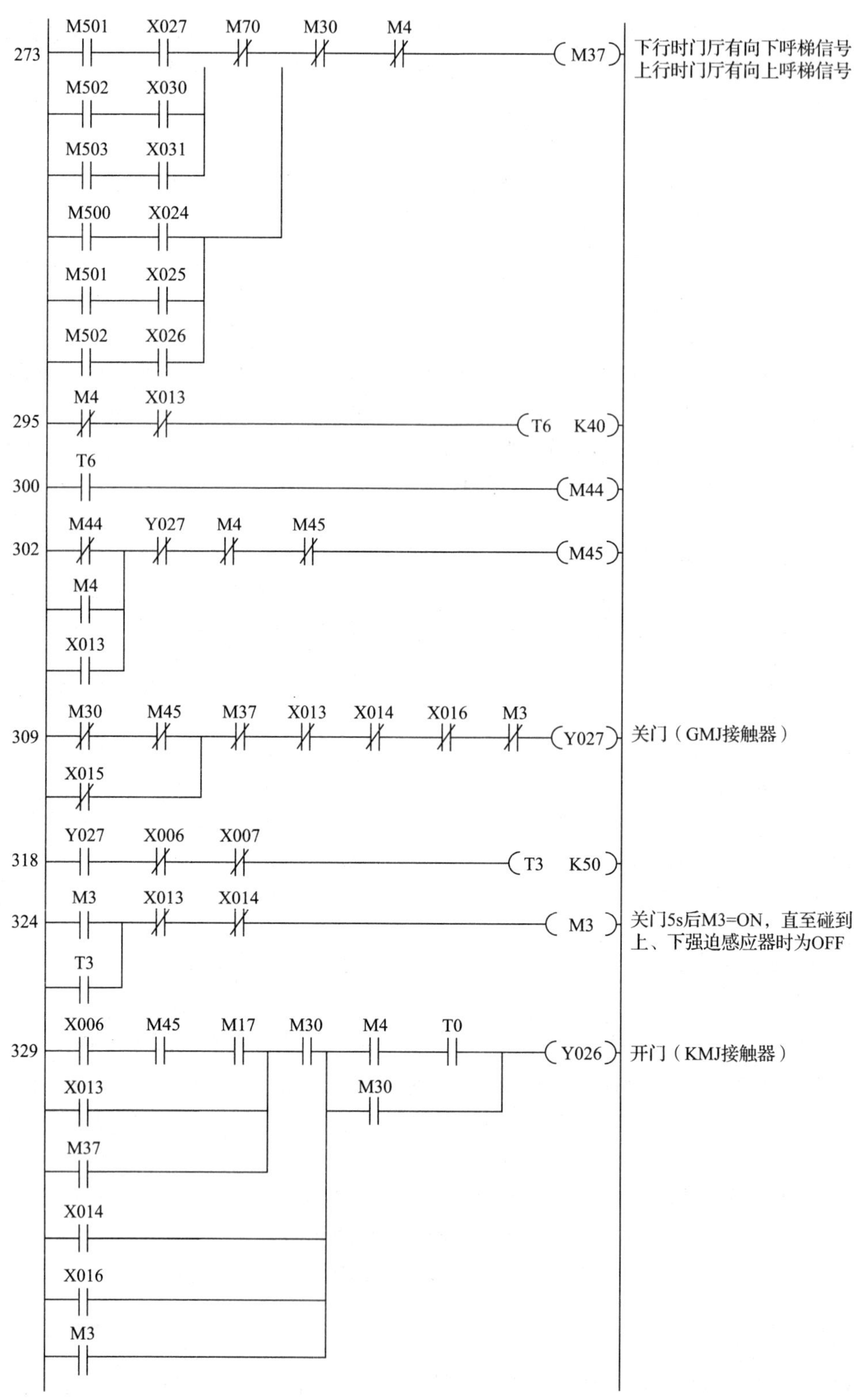

图 3—3—10 模拟电梯开/关门电路梯形图

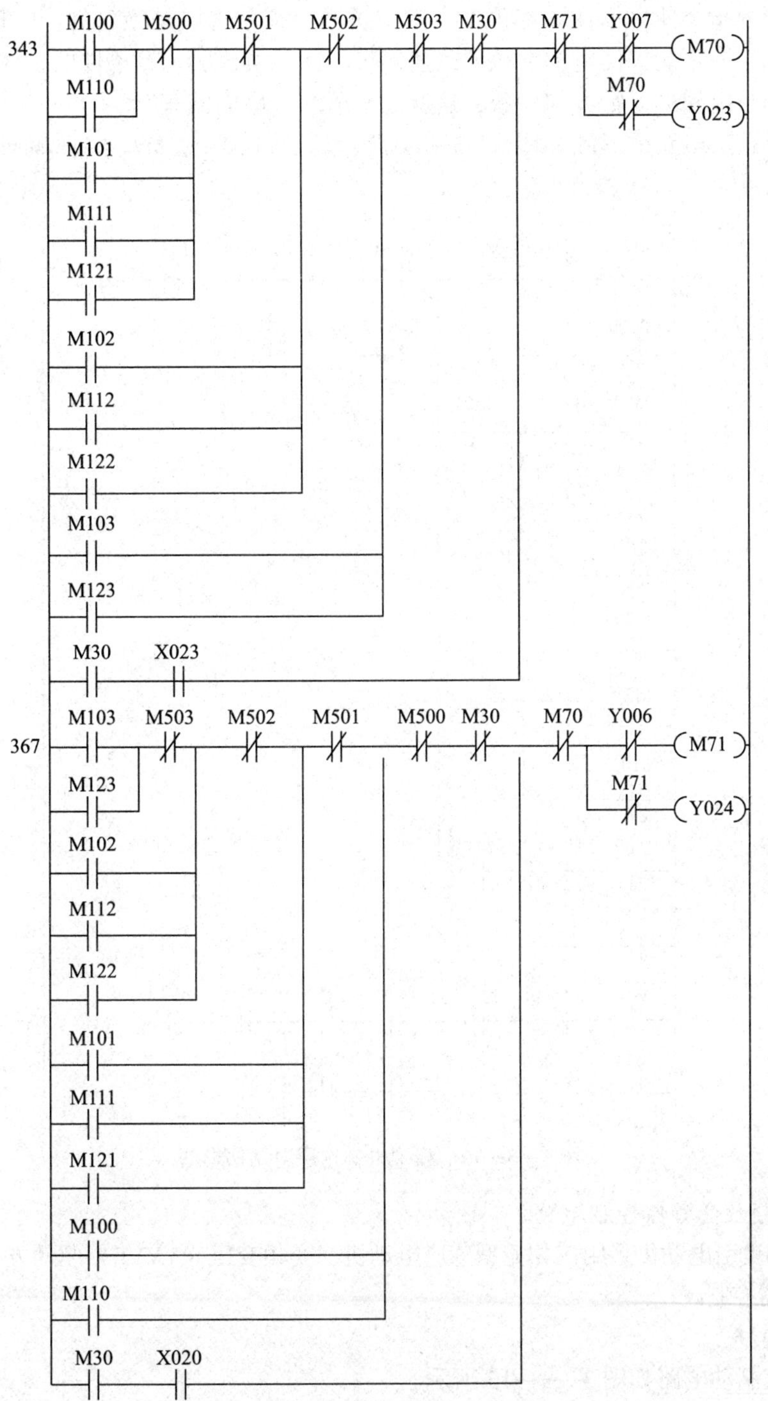

图 3—3—11　模拟电梯选向电路梯形图

M100——一层内选　M110——一楼上召　M101—二层内选　M111—二楼上召　M121—二楼下召　M102—三层内选　M112—三楼上召　M122—三楼下召　M103—四层内选　M123—四楼下召　M30—检修时　X20——一层内选/向下按钮　M500—接触在一楼　M501—接触在二楼　M502—接触在三楼　M503—接触在四楼　Y006—主电动机正转　Y024—下行指示灯　M70—上行　M71—下行

有该层的轿厢内指令使电梯在该层停车。其中轿厢内指令选层是绝对的：电梯正常运行中，轿厢内指令选层一定能够使电梯在该层减速停车。厅召唤选层是有条件的：厅召唤选层必须满足同向，即与电梯的运行方向一致，这就是所谓的“顺向截车”。

模拟电梯选层电路梯形图如图 3—3—12 所示，通过 M70、M71 实现顺向截车。在检修状态下，选层继电器 M31 被断开。

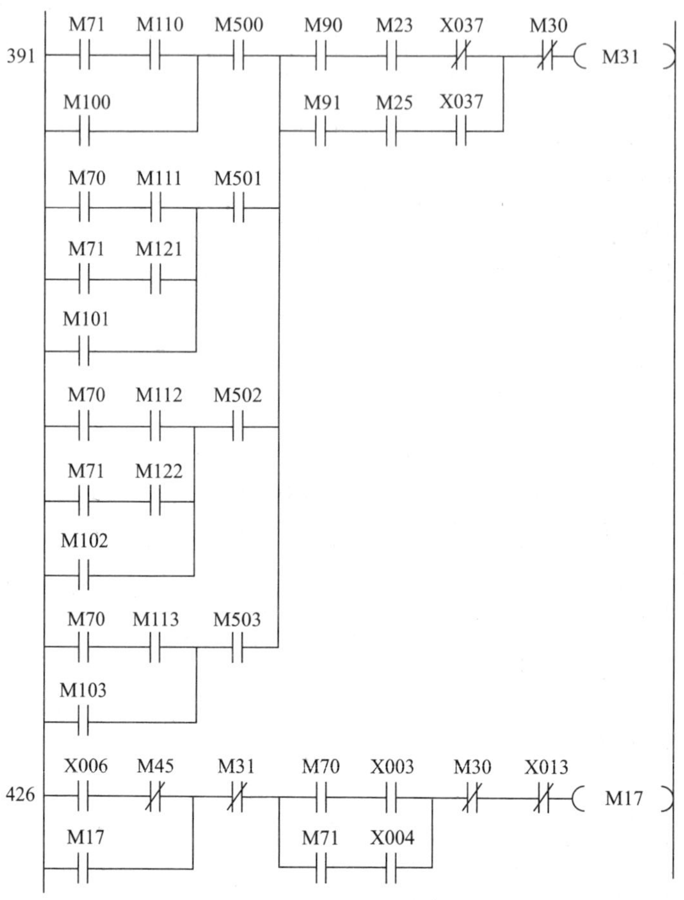

图 3—3—12　模拟电梯选层电路梯形图

7. 主电路及变频器控制电路

模拟电梯曳引电动机采用三相笼型感应电动机，变频变压（VVVF）驱动方式，三菱 FR－A540 型变频器控制。

（1）主电路

主电路及制动电路如图 3—3—13 所示。

电梯需上行还是下行由 PLC 经过逻辑判断，给输出继电器 Y6 或 Y7 提供信号，再传输到变频器的 STF（正转启动）或 STR（反转启动）端，来控制电动机是正转还是反转。接触器 QC 得电，电动机启动时，电磁抱闸器 DZ 动作，松开抱闸装置。

电梯加速、运行、减速、平层停车的控制要求是由 PLC 根据运行状况，发出信号给输出继电器 Y4 或 Y5，传输到变频器的 RH（高速）或 RL（低速）端，来控制电动机的转速的。

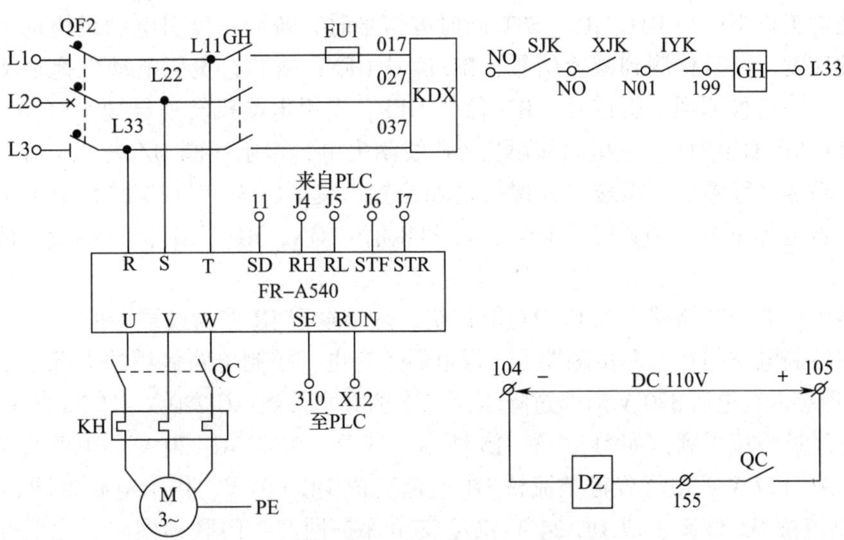

图 3—3—13 主电路及制动电路

GH—电源接触器 QC—主接触器 QF2—低压断路器 JR—热继电器

FU1—熔断器 SJK—上限位开关 XJK—下限位开关 1YK—基站钥匙开关

DZ—电磁抱闸线圈

而 RH、RL 的速度是由变频器的参数设定的，RH、RL 输入端信号与曳引电动机速度的关系如图 3—3—14 所示。另外，为保证电梯的运行平稳，在电梯启动时的加速时间和平层时的减速时间也是由变频器的参数来设定的。例如，该模拟教学用的电梯，因其楼层之间的间距较短，其参数的设定如下：Pr4 = 5 Hz（RH = ON），Pr6 = 24 Hz（RL = ON），Pr25 = 44 Hz（RH = ON，RL = ON），Pr7 = 1.8 s（加速时间为 1.8 s），Pr8 = 1.4 s（减速时间为 1.4 s），Pr79 = 3（组合/PU 操作模式 1），Pr72 = 12（PWM 载波频率为 12 kHz）。

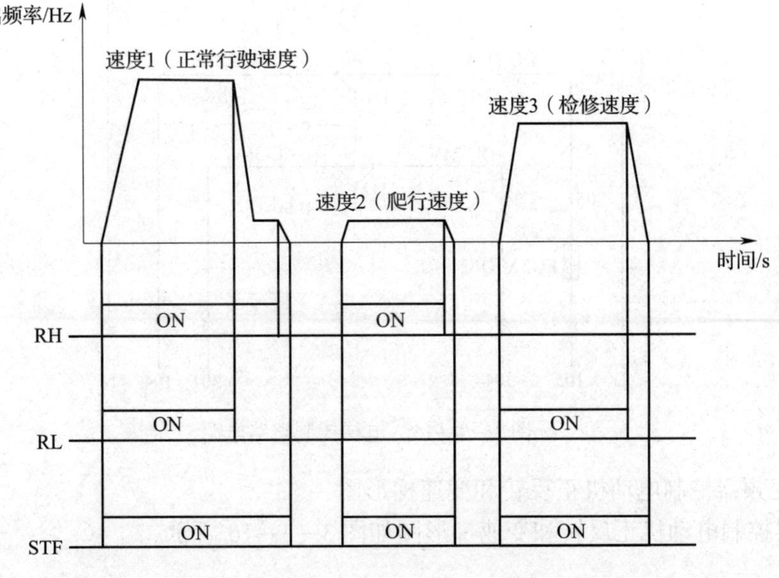

图 3—3—14 RH、RL 输入端信号与曳引电动机速度的关系

电梯正常工作下，当 RH、RL、STF 同时有信号时，轿厢在曳引电动机拖动下直接加速至正常行驶速度。一旦检测到减速信号，RL 信号 OFF，轿厢在曳引电动机拖动下迅速减速至爬行速度。一旦检测到平层信号，RH 信号 OFF，曳引电动机转速迅速下降至零，STF 信号 OFF，PLC Y0 输出为 0，主电路接触器 QC 线圈失电，抱闸线圈 DZ 失电，对电动机进行抱闸制动，轿厢平稳停至所需楼层并保持轿厢位置不变。图 3—3—14 中只给出了电梯上行时的曲线，若电梯下行，STF 信号 OFF，则 STR 信号 ON，RH、RL 信号不变，曲线移至 X 轴下方。

主电路中，低压断路器 QF2 作为短路保护，热继电器 JR 作为过载保护。

电梯的控制电路须在电源接触器 GH 得电后才有电。控制电路使用的电源是由单相变压器 BK 一次侧接入线电压 380 V 后经过降压，二次侧分别得到 AC 220 V、AC 127 V、AC 36 V 的电压，再经过整流得到，如图 3—3—15 所示。其中二次侧 AC 220 V 的电源直接供给 PLC 的电源端；AC 127 V 的电源经硅整流桥 D1 整流变成 DC 110 V，供给电磁抱闸器线圈；AC 36 V 经硅整流桥 D2 整流变成 DC 24 V 供给安全保护回路、门联锁回路、照明/风扇回路、电梯开/关门减速回路、记忆指示灯以及译码板的直流电源。在 GH 控制回路中，有上、下极限开关 SJK、XJK，此开关安装在井道上、下端站，轿厢超越平层 100 ~ 150 mm 处，若撞弓撞住此开关，电源接触器 GH 便被切断，使电梯立即抱闸制动。另外还有基站钥匙开关 1 YK。只有当 SJK、XJK、1 YK 的触头闭合时，电源接触器 GH 才能得电，如图 3—3—13 所示，电梯才能正常运行。

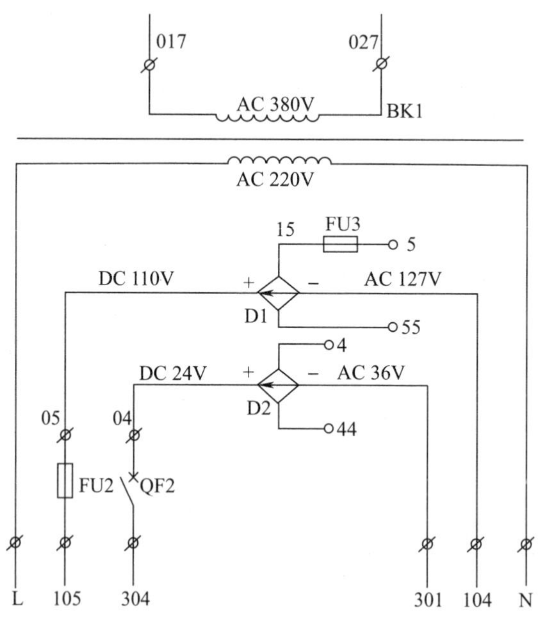

图 3—3—15　电梯控制电路电源

（2）变频器控制电动机正反转和变速梯形图

变频器控制电动机正反转和变速梯形图如图 3—3—16 所示。

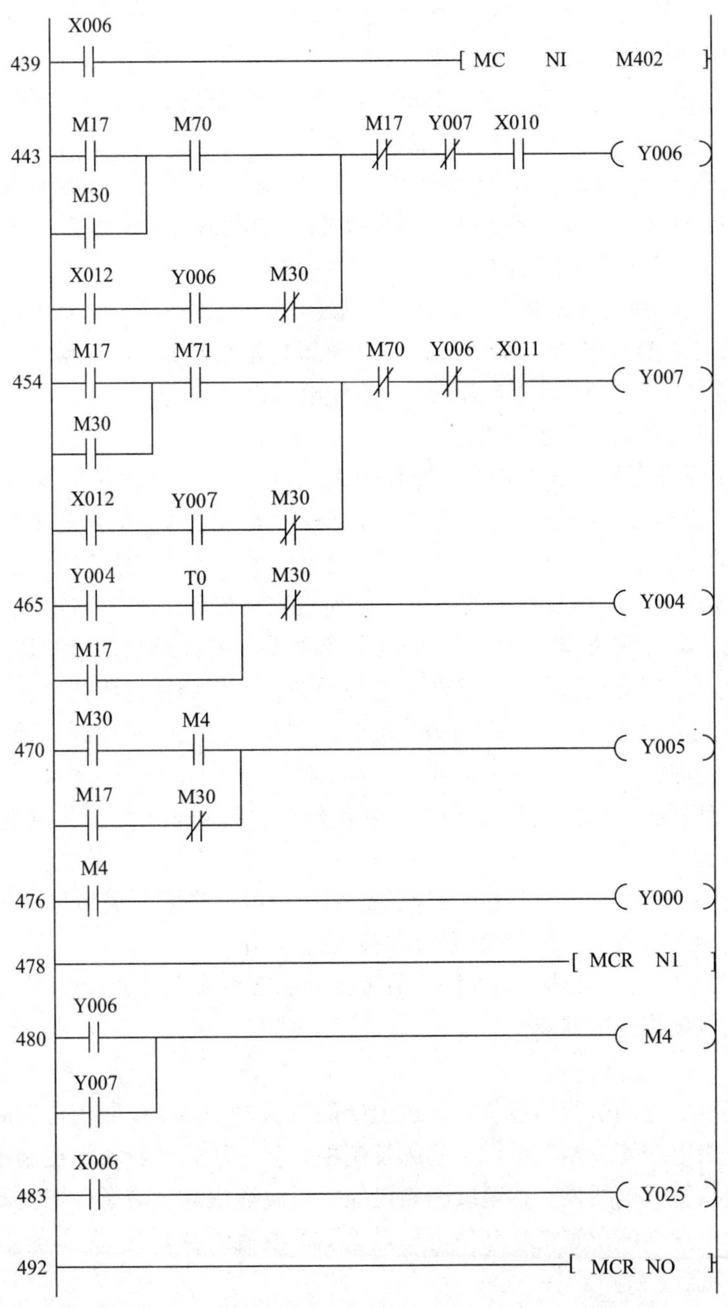

图3—3—16 变频器控制电动机正反转和变速梯形图

在正常运行时，由运行启动继电器 M17 提供启动信号，一旦运行启动继电器 M17 为 ON，RH 信号（Y004）为 ON、RL 信号（Y005）为 ON、STF 信号（Y006）或 STR 信号（Y007）为 ON（由选向继电器 M70 或 M71 决定），则当选层继电器 M31 动作（由楼层感应器 1 PU 动作得到信号，通过选层电路判断使其动作，见图 3—3—12），即电梯得到减速信号时，M17 断电使 RL 信号为 OFF，曳引电动机迅速减速至爬引速度，电梯轿厢低速爬引，轿厢继续运行至平层区域，门驱双稳态继电器 PU 动作，输入继电器 X1 接通，延时 1 s（T0 的延时时间），RH 信号为 OFF，曳引电动机迅速减速至零，STF 信号（Y006）或 STR 信号（Y007）为 OFF，电梯平层停车，同时 Y000 为 OFF，主电路接触器 QC 线圈失电，抱闸线圈 DZ 失电，对电梯进行抱闸制动，保持轿厢位置不变。

上、下强迫换速开关 GU、GD 安装在井道上、下端站，距上、下层层楼感应开关 50 ~ 100 mm 处，将 GU 和 GD 触头接进 PLC 的 X3 和 X4。当电梯轿厢超越端站不能减速时，撞弓先撞住此强迫开关，使电梯减速停靠，如图 3—3—12 所示。

上、下限位开关 SW、XW 是在井道上、下端站轿厢超过平层 50 ~ 100 mm 处安装的限位开关，开关接点接进 PLC 的 X10 和 X11。当电梯超越平层仍继续上行时，此开关被撞弓撞开，使 PLC 的输出继电器 Y6 和 Y7 为 OFF，迫使电梯停止运行。

四、电梯安装工用电安全操作事项

1. 施工人员必须严格遵守电工安全操作规程。

2. 在进入机房检修时必须先切断电源，并悬挂“有人工作，切勿合闸”警示牌。

3. 在机房通车，清理控制屏开关时，不得使用金属工具，应用绝缘工具进行操作。

4. 施工中如需临时控制线操纵电梯时，必须做到所使用的按钮装置有急停开关和电源开关；所设置的临时控制线应保持完好，不允许有接头，并能承受足够的拉力，具有足够的长度；在使用临时控制线的过程中，应注意盘放整齐，不得用铁钉或铁丝扎紧固定临时控制线，并避免触及锐利物体的边缘，以防损伤临时控制线；使用临时控制线操纵轿厢上、下运行时，必须谨慎，注意安全。

5. 施工中使用临时灯具照明时，灯具应有用绝缘材料制成的灯罩，避免灯泡接触物体，其电压不得超过 36 V。

6. 电气设备未经验电，一律视为有电，必须使用绝缘良好、灵敏可靠的工具和测量仪表检查。禁止使用失灵或未经按期校验的测量用具。

7. 电气开关跳闸后，必须查明原因，故障排除后方可合上开关。

五、电梯电气装置施工要点

1. 控制柜（屏）安装

控制柜跟随曳引电动机，一般位于井道上端的机房内。确定控制柜位置时，应便于操作和维修，便于进出电线管、槽的敷设。稳固控制柜时，一般先用砖块把控制柜垫到需要的高度，然后敷设电线管或电线槽，待电线槽敷设完后再浇灌混凝土墩子，把控制柜固定在混凝土墩子上。每台电梯均应设置能切断该电梯最大负荷电流的主开关。

2. 中间接线盒（箱）安装

中间接线盒用膨胀螺栓固定于墙壁上。中间接线盒设在梯井内，其高度按下式确定：

高度（最底层层门地坎至中间接线盒的距离）= 1/2 电梯正常提升高度 + 150 cm + 20 cm

若中间接线盒设在夹层或机房内，其高度（盒底）距夹层或机房地面不低于 30 cm。中间接线盒水平位置要根据随行电缆既不能碰轨道支架又不能碰层门地坎的要求来确定。若梯井较小，轿门地坎和中间接线盒在水平位置上的距离较近时，要统筹计划，其间距不得小于 4 cm。

3. 配管、配线槽安装

根据随机技术文档中电气安装管路和接线图的要求，控制柜至极限开关、曳引电动机、制动器线圈、层楼指示器或选层器、限位开关、干簧管换速传感器、井道中间接线箱、井道内各层站分接线箱、各层站分接线箱至各层站召唤箱、指层灯箱、层门电联锁等均需敷设电线槽或电线管。

在电梯安装过程中，常采用电线槽和金属软管、电线管和金属软管或电线槽和电线管以及金属软管三种不同混合方式敷设的电气控制线路。敷设主干线时采用电线槽或电线管，由主干电线槽或电线管至各电气部件则采用金属软管。在一般情况下，常在层门两侧的井道壁各敷设一路主干电线槽或电线管，由控制柜至井道中间接线箱、分接线箱、召唤箱、指层灯箱、层门电联锁开关、限位开关、换速传感器等分别敷设。机房配管除图样规定沿墙敷设明管外，均要敷设暗管，梯井允许敷设明管。电线管的规格要根据敷设导线的数量决定。管子焊接界面要齐，不能有缝隙或错口。如果焊工不能保证管内焊缝处不出现焊瘤，或者在安装位置允许的条件下，最好采用加套管焊。机房配线槽除设计选定的厚线槽外，均应沿墙、梁或梯板下面敷设。

4. 导线敷设

穿线前将钢管或线槽内清扫干净，不得有积水或污物，应根据管路的长度留出适当余量进行断线。穿线时应注意不要损伤线皮及扭结，并留出适当备用线。导线要按布线图敷设，电梯的供电电源必须单独敷设，并应由建筑物配电间直接送至机房。动力和控制线路宜分别敷设。微小信号及电子线路应按产品要求单独敷设或采取抗干扰措施。若在同一线槽中敷设，其间要加隔板。在进行截面积 6 mm^2 以下铜线连接时，按冷压技术进行操作，也可本身自缠不少于 5 圈，缠绕后刷锡。多股导线（10 mm^2 及以上）与电气设备连接时，应使用连接卡或接线鼻子。使用连接卡时，多股铜线应先刷锡。接头先用橡胶布包严，再用绝缘胶布包好放在盒内。设备及盘柜压线前应将导线沿接线端子方向整理成束，然后用小线或尼龙卡子绑扎，以方便故障检查。导线终端应设方向套或标记牌，并注明该线路编号。导线压接要严实，不能有松脱、虚接现象。接地保护线宜采用黄绿相间的绝缘导线。敷设于电线管内的导线总截面积应不超过电线管内截面积的 40%，敷设于电线槽内的导线总截面积应不超过电线槽内截面积的 60%。

5. 极限开关、限位开关、端站强迫减速装置

限位开关包括上第一、二限位开关和下第一、二限位开关，共四只限位开关。四只限位开关按安装平面布置的要求，和极限开关的上、下滚轮组共同装在井道内两端站轿厢导轨的一个方位上。经安装调整校正后，两者滚轮的外边缘应在同一垂直线，使打板能可靠地碰打两者的滚轮，确保限位开关和极限开关均能灵活可靠地动作。端站强迫减速装置安装时，应根据安装平面图的要求，把开关箱固定在轿厢顶上，碰打开关箱滚轮的两副打板安装在井道内两站的轿厢导轨上。轿厢上、下运动时，开关箱的滚轮左或右碰打上、下打板，强迫电梯到上、下端站时提前一定距离自动将快速运行切换为慢速运行。经调整校正后，上、下两副打板中心应对准开关箱的滚轮中心，滚轮按预定距离碰打上、下打板，通过连杆推动开关箱内的两套接点组，按预定距离可靠地断开预定的控制电路。

6. 层楼指示器、选层器安装

安装机械选层器时应按电梯安装平面布置图的要求，正确确定位置，并用砖块把选层器向上垫至要求的高度，然后从钢带主动轮两侧的轮缘中心处放下两根铅垂线，并使铅垂线对准轿厢和对重装置卡带机件的中心。校正校平后穿好稳固选层器的地脚螺栓，制作混凝土基础范本并浇筑混凝土，把选层器固定在混凝土墩子上，待混凝土凝固后可以挂装钢带。层楼指示器和选层器的调整校正工作可以在电梯安装工作基本结束后在电梯慢速运行状态下进行。

7. 召唤箱、指层灯箱、干簧管换速平层装置安装

根据电梯安装平面布置图的要求，把各层站的召唤箱和指层灯箱稳定安装在各层站层门外。一般情况下，指层灯箱装在层门正上方，距离门框 0.25 ~ 0.30 m 处，召唤箱装在层门右侧，距离门框 0.2 ~ 0.3 m 处，距离地面约 1.3 m 处。也有把指层灯箱和召唤箱合并为一个部件装在层门侧面的。指层灯箱和召唤箱经安装调整校正校平后，面板应垂直水平，并凸出墙壁 2 ~ 3 mm。

8. 底坑检修盒安装

用膨胀螺栓将底坑检修盒固定在距线槽或接线盒较近、操作方便、不影响电梯运行的井壁上。检修盒电线管、线槽之间都要跨接地线。

9. 电梯照明安装

机房照明电源应与电梯电源分开，并应在机房内靠近入口处设置照明开关。电梯机房内应有足够的照明，其地面照度应不低于 200 lx。轿厢照明和通风电路的电源可由相应的主开关进线侧获得，并在相应的主开关旁设置电源开关进行控制。

10. 电气控制系统的保护接地或接零

接地和接零都具有当电气设备的绝缘损坏，造成设备的外壳带电时，防止人体碰触外壳而发生触电伤亡事故的作用。布置保护线时，凡是可能引起间接触电的装置都应将其外壳与 PE 线或 PEN 线连接。供电电源进入总电源开关后，将 PEN 线分成 N 线和 PE 线分别引至控制柜的 N 分线板和 PE 分线板，两极之间不连通。PE 线与各装置外壳连接，为了确保 PE 线安全可靠，在电源进线处采取重复接地措施。

六、电梯调试的基本原则

1. 要充分了解电梯的控制功能，理解电气系统原理

只有充分了解电梯的控制功能和理解电气系统原理，才能明确所要调试的内容，并使调试工作在相关理论指导下进行，以便缩短调试周期，达到满意的效果。

2. 必须以安全为前提进行调试

在调试过程中，必须确保人身安全与设备安全。首先要确保电梯设备接地可靠，保护装置正常，然后根据电梯的类型、控制的功能和电气系统的构成，制定以安全为前提的详细调试步骤，明确各环节调试内容和调试方法。

3. 要按由局部到整体、由空载到负载、由静态到动态的原则进行调试

电梯是复杂的系统，各环节之间联系紧密。调试时，必须先保证局部工作正常，再进行整体调试，同时要先进行静态调试，后进行动态调试。

任务实施

一、任务准备

实施本任务所需要的实训设备及工具材料参见表3—2—2至表3—2—7。

二、电梯电气系统的安装

1. 机房电气装置的安装

（1）控制柜的安装

控制柜的作用是通过对外来信号输入并分析后，指挥电梯的运行和停止。控制柜通常分为有触头式和有/无触头式两大类。有触头式的主回路和信号回路全部采用接触器、继电器控制；有/无触头式的主回路一般采用接触器控制，而信号回路均采用半导体无触头组件控制。

控制柜由制造厂组装调试后与其他机件一起装箱运至安装工地，在现场只需做整体安装即可。安装时应按图样规定的位置施工。如无规定，应根据机房面积、形式进行合理安排，必须符合操作维修方便、巡视安全的原则，且应满足以下要求：

1）门、窗与控制柜正面距离不小于600 mm。

2）控制柜的维修侧与墙的距离不小于600 mm。

3）控制柜与机房内机械设备距离不小于500 mm。

（2）电源开关的安装

在机房中，电梯的供电电源应由专用的开关单独控制。每台电梯应分设动力开关和单相照明电源开关。控制轿厢电路电源的开关和控制机房、井道以及底坑电路电源的开关应分别设置，各自具有独立保护装置。同一机房中有多台电梯时，各台电梯的主电源开关应分开标识。各开关容量应能切断电梯正常使用情况的最大电流，但该开关不应切断下列供电电路：轿厢照明和通风，机房和滑轮间照明，机房内电源插座，轿顶与底坑的电源插座，电梯井道照明，报警装置。

电梯主开关应安装于机房进门处随手可操作的位置，但应避免雨水和长时间日照。为便于线路维修，单相电源开关一般安装在动力开关旁边，且安装牢固。

2. 井道电气装置的安装

井道内的主要电气装置有电线管、接线盒、接线箱、电线槽、各种限位开关、井道传感器、底坑电梯停止开关、固定照明等。

（1）换速开关、限位开关的安装

根据电梯的运行速度可设一只或多只换速开关。限位开关只设一只，起到限制轿厢超越行程的作用。如图3—3—17所示为换速开关、极限开关和限位开关安装图。

（2）极限开关及连动机构的安装

电梯应设有极限开关，并应设置在尽可能接近两端站起作用而无误动作危险的位置上。极限开关应在轿厢或对重接触缓冲器之前起作用，并在缓冲器被压缩期间保持其动作状态。正常的端站换速开关和极限开关必须采用分别控制的装置。常用的极限开关有两种形式：一种为附墙式，如图3—3—18所示；另一种为着地式，直接安装于机房地坪上，如图3—3—19所示。

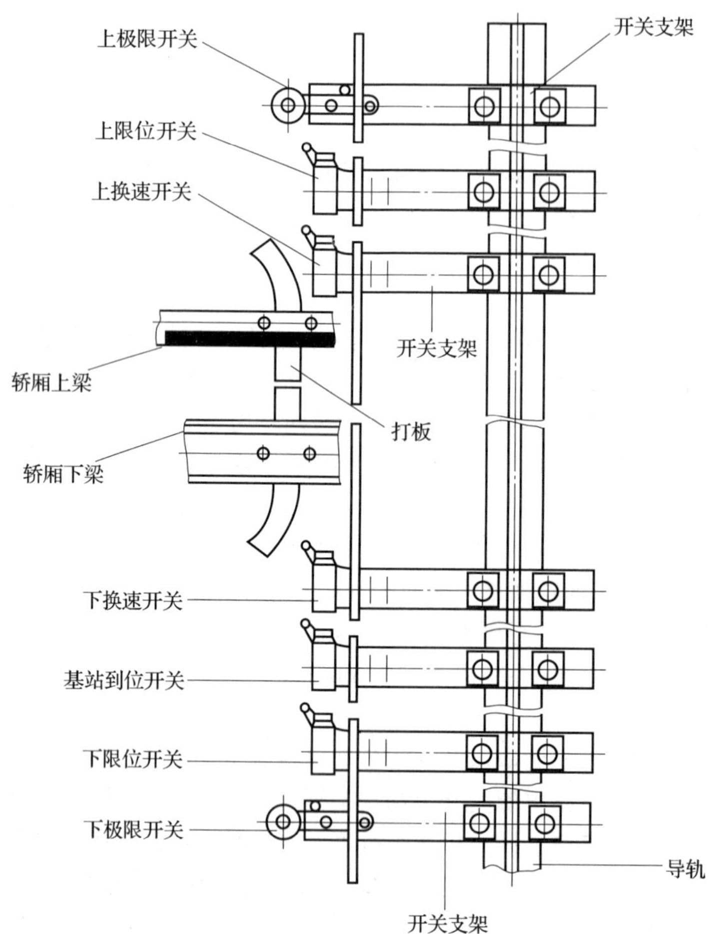

图 3—3—17　换速开关、极限开关和限位开关安装图

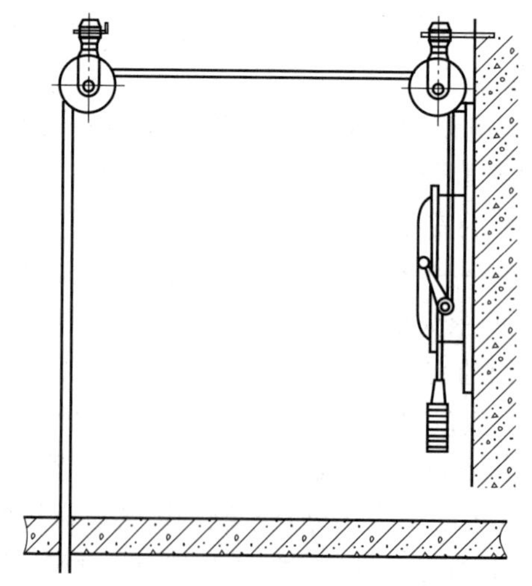

图 3—3—18　附墙式极限开关

1）附墙式极限开关的安装步骤及要求

①将装有碰轮的支架安装于限位开关支架以外 150 mm 处的轿厢导轨上。限位开关碰轮支架有上、下之分，不可装错，否则不会动作。

②在机房内的相应位置安装好导向滑轮。导向滑轮不应超过两个，其对应轮槽应呈一直线，且转动灵活。导向轮支架横梁采用支撑方式时，横梁应有足够的强度。

③穿导钢丝绳时，先固定于下极限位置，将钢丝绳收紧后再固定在上极限支架上。注意下极限支架处应留适当长度的绳头，便于试车时调节极限开关打脱高度。

④将钢丝绳在极限开关连动轮上顺动作方向绕 2 ~ 3 圈，且不要重叠，吊上重锤，锤底离开机房地坪约为 500 mm。

2）着地式极限开关的安装步骤及要求

①在轿厢侧的井道底坑和机房地坪相同位置处，安装好极限开关的张紧轮及连动轮和开关箱，两轮槽的位置偏差均不大于 5 mm。

②在轿厢相应位置上固定两块打板，打板上钢丝绳孔与两轮槽的位置偏差不大于 5 mm。

③穿导钢丝绳，并用开式索具螺旋扣花螺钉收紧，直到顺向拉动钢丝绳能使极限开关打脱。

④根据极限开关打脱方向，在两端站电梯越程 100 mm 左右的打板位置处，分别设置挡块，使轿厢超越行程后，轿厢上的打板能撞击钢丝绳上的挡块，使钢丝绳产生运动打脱极限开关。

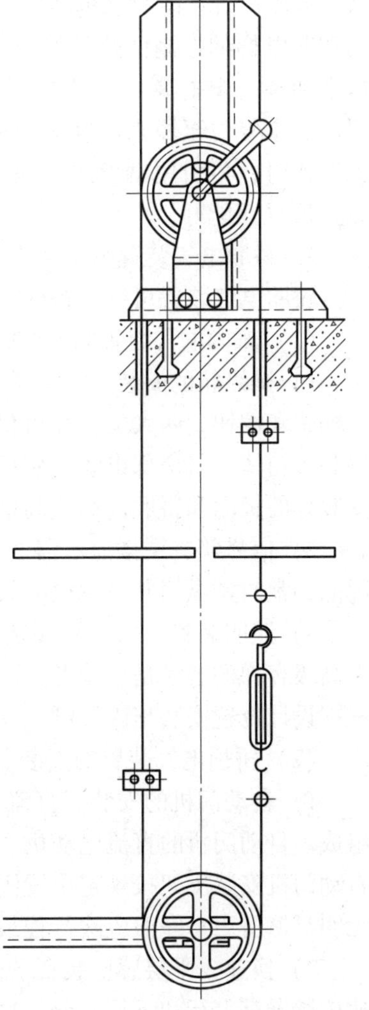

图 3—3—19　着地式极限开关

（3）基站轿厢到位开关的安装

装有自动门机的电梯均应设此开关。到位开关的作用是使轿厢未到基站前，基站的层门钥匙开关不起任何作用。只有轿厢到位后，钥匙开关才能启闭自动门机，带动轿门和层门。基站轿厢到位开关支架安装于轿厢导轨上，位置比限位开关略高一点即可，如图 3—3—17 所示。

（4）底坑急停开关及井道照明设备的安装

1）底坑急停开关是为保证进入底坑的电梯检修人员的安全而设置的。应装在检修人员开启底坑门后就能方便摸到的位置。此开关应为非自动复位式的，即关闭后手放开能保持关闭状态。此时轿厢内应不能再操纵电梯运行。

2）电梯井道内应设置亮度适当的永久性照明装置，供检修电梯及应急救援时使用。照明装置的位置为井道最高点和最低点半米内各装设一盏灯，中间各灯的距离不得超过 7 m。

（5）液压缓冲器复位开关的安装

液压缓冲器复位开关的作用在于监视液压缓冲器动作后是否能恢复到原来位置，如不能恢复至原位置，说明该缓冲器发生故障，对下一次动作的安全性带来威胁。复位开关能自动切断电梯的控制回路，使电梯停止运行。安装时，如缓冲器活塞根部有凹槽时，可在缸体上加装一个抢箍，将复位开关固定在抢箍上，开关微动触头可直接与凹槽接触。当缓冲器活塞未复位至原来高度时，微动触头未进入凹槽，就保持断开状态。如缓冲器活塞根部无凹槽时，可引用钢丝绳来拉动连杆或直接带动开关触头动作。安装后开关动作应灵活可靠，反复性能好。

3. 轿厢电气装置的安装

轿厢电气装置可分为轿内、轿顶和轿底三大部分，其中轿顶电气装置安装工作量最大。

（1）轿内电气装置的安装

1）操纵箱的安装。操纵箱是控制电梯关门、开门、启动、停层、急停等的装置，它有手柄式和按钮式两大类，并可供有/无司机使用。操纵箱安装工艺较简单，要在轿厢相应位置装入箱体，将全部电线接好后盖上面板即可。一般面板都是精制成品，安装时切勿损伤。安装好的板面和轿厢内壁板高低差应保持在0～0.5 mm。

2）信号箱、层楼显示器的安装。信号箱安装于操纵箱上方，是用来显示各层站呼梯情况的，常与操纵箱共享一块面板，故可参照操纵箱安装方法。

3）照明装置、风扇的安装。照明有很多形式，简单的只在轿厢顶上安装两盏日光灯，而高级客梯的装潢是十分考究的，安装时应根据设计要求，安装得既牢靠又美观。风扇只需根据设计位置安装牢固即可。

（2）轿顶电气装置的安装

1）自动门机的安装。直流自动门机一般由直流电动机、传动机构、连动机构和控制箱组成。自动门机的直流电动机、传动机构及控制箱在出厂时都已组合成一体，安装时只需将自动门机安装支架按规定位置固定好。安装后应动作灵活可靠，运行平稳，接近两端点时应无明显撞击声。一般应除行程最后50 mm外，均有安全保护作用。

2）换速、平层感应装置的安装。平层感应装置由两只传感器装在一副支架上组成。换速传感器有上行和下行之分，每个方向的传感器又根据电梯运行速度来设置，一般为1～2只。安装时将传感器支架固定在轿厢架立柱上，然后装上传感器，校正上、下两只传感器的垂直度偏差不大于1/1 000。传感器和感应板安装后应牢固可靠，不得在电梯正常运行时产生摩擦和碰撞。感应板应能上、下、左、右调节，调节后螺栓应可靠锁紧。

3）安全开关的安装。安全开关装在活板门四边任意一侧。当活板门开启大于50 mm时，此开关就自动切断控制回路。

（3）轿底电气装置的安装

有的电梯在轿底设置照明灯，灯的开关位置应设于比较容易触及的位置。有超载装置的活动轿底内有几只限位开关，一般出厂时已安装好，在安装工地只需根据载重量调整其位置即可。

4. 层站电气装置的安装

层站电气装置主要有层楼指示器、按钮箱及层门电锁等。

（1）层楼指示器的安装

常用的层楼指示器由铁盒、灯座、灯泡、遮光罩及面板组成。安装前应先将内部组件用电线接好，待铁盒安装就位后再将内部组件装入，并盖上面板。层楼指示器的安装位置应离地高度为 2.35 m 左右，面板应位于门框中心。安装后水平偏差不大于 3/1 000，面板应紧贴装饰后的墙面。层楼指示器及按钮箱的安装位置如图 3—3—20 所示。

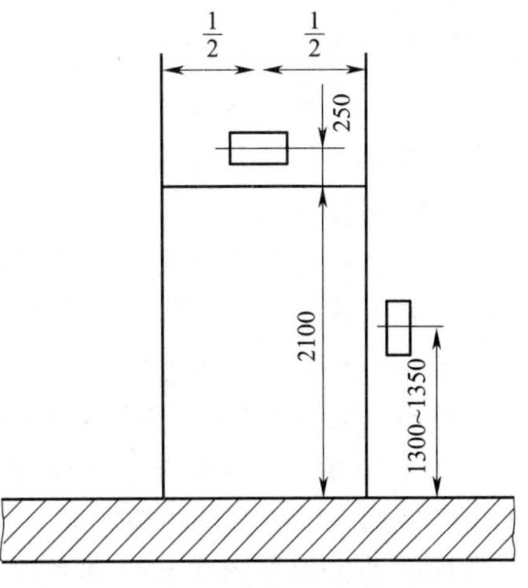

图 3—3—20 层楼指示器及按钮箱的安装位置

（2）按钮箱的安装

按钮箱由铁盒、灯座、按钮和面板组成。安装前应将内部组件用电线接好，待铁盒定位后再装上内部组件，最后盖上面板。按钮箱安装高度为 1.3 ~ 1.35 m，单台旁开门时应安装于层门门框侧面的墙上。按钮箱的安装位置如图 3—3—20 所示。

（3）层门电锁的安装

层门电锁一般与机械锁组装成一体，为机电联锁。它在安装层门时已定好位置，只需检查开关动作是否灵活，触头是否可靠，接触后应留有一定的压缩余量，同时接上导线即可。

5. 电梯供电及控制线路的安装

（1）管路、线槽敷设原则

电梯机房和井道内的电线管、电线槽、接线盒与可移动的轿厢、对重、钢丝绳、软电缆等的距离，在机房内应不小于 50 mm，井道内应不小于 100 mm。井道内严禁使用可燃性材料制成的电线管或电线槽。

1）电线管。在敷设电线管前，应检查电线管外表无破裂、凹瘪和锈蚀，内部应畅通。暗管排列后用混凝土埋没，排列可不考虑整齐，但不应重叠。敷设时尽可能走快捷方式，以减少弯头。当 90°弯头超过 3 个时应设接线盒，以便于穿电线。对于明管，应排列整齐美观，要求横平竖直，水平和垂直偏差均不大于 2‰，全长最大偏差不大于 20 mm。同时应设固定支架，水平管支撑点间距为 1.5 m，竖直管支撑点间距为 2 m。

2）电线槽。安装前应检查电线槽平整，无扭曲，内外均无锈蚀和毛刺。安装后应横平竖直，其水平和垂直偏差均不大于 2‰，全长最大偏差应不大于 20 mm。线槽与线槽的界面应平直，槽盖应齐全，盖好后应平整无翘角。数槽并列安装时，槽盖应便于开启。线槽底脚压板螺栓应稳固，露出线槽盖应不大于 10 mm。

3）软管。常用软管有金属软管与塑料软管。使用的软管应无机械损伤和松散现象。安装应尽量平直，弯曲半径不应小于管子外径的 4 倍。固定点应均匀，间距不大于 1 m。其自由端头长度不大于 100 mm。在与箱、盒、设备连接处，宜采用专用接头。安装在轿厢上时应防止振动和摆动。与机械配合的活动部分，其长度应满足机械部分的活动极限，两端应可靠固定。

4）接线盒。电梯中使用的接线盒可分为总接线盒、中间接线盒、轿顶接线盒、轿底接线盒和层楼分线盒等。总接线盒 1 可安装于机房、隔音层内，或安装在上端站地坎向上 3.5 m的井道壁上。中间接线盒 2 应装于电梯正常提升高度 1/2 加高 1.7 m 的井道壁上，如

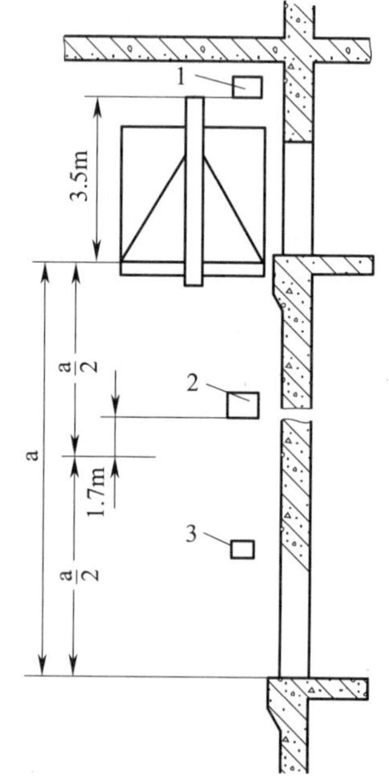

图 3—3—21　接线盒位置图
1—总接线盒　2—中间接线盒
3—轿底接线盒

图 3—3—21 所示。装于靠层门一侧时，水平位置宜在轿厢地坎与安全钳之间。但如电缆直接进入控制屏时，可不设以上两接线盒。轿底接线盒 3 应装在轿厢底面向层门侧较近的型钢支架上。轿顶接线盒应装于靠近操纵箱一侧的金属支架上。层楼分线盒应安装于每层层门靠门锁较近侧的井道内墙上，每一根电线管与层楼显示器管道高度统一。各接线盒安装后应平整、牢固且无变形。

（2）导线选用和敷设原则

电梯电气装置中的配线应使用额定电压不低于 500 V 的铜芯导线。导线（除电缆外）不得直接敷设在建筑物和轿厢上，应使用电线管和电线槽保护。

电梯的动力和控制线宜分别敷设，微小信号及电子线路应按产品要求单独敷设或采用抗干扰措施。各种不同用途的线路尽可能采用不同颜色的导线或明显的标记加以区分。敷设于电线管内的导线总截面积（包括绝缘层）应不超过管子内净截面的 40%。如敷设于电线槽内，则应不超过槽内净面积的 60%。出入电线管或电线槽的导线，应使用专用护口，如无专用护口时，应加有保护措施。导线的两端应有明确的接线编号或标记。安装人员应将此编号或标记的明确含义记录在册，以备查用。

导线在截取长度时应留有适当余量。放线时应使用放线架，以避免导线弯曲，如图 3—3—22所示。穿线时应用铁丝或细钢丝作为导引，边送边接，以送为主。电线管和电线槽内应留有足够的备用线。

（3）悬挂电缆的安装

悬挂电缆分为圆形电缆和扁形电缆，现大多采用扁形电缆。

1）圆电缆的安装方法

①以滚动方式展开电缆，切勿从卷盘的侧边或者从电缆卷中将电缆拉出。

②为了防止电缆悬挂后的扭曲，圆电缆被安装在轿厢侧以前必须要悬挂数小时，电缆下端形成如图 3—3—23 所示形状。

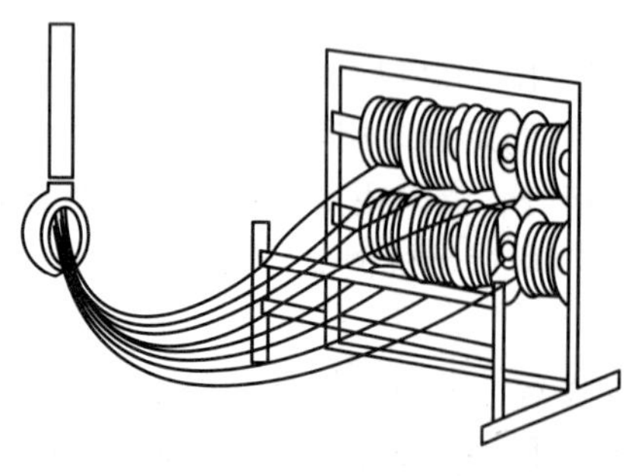
图 3—3—22　放线架放线

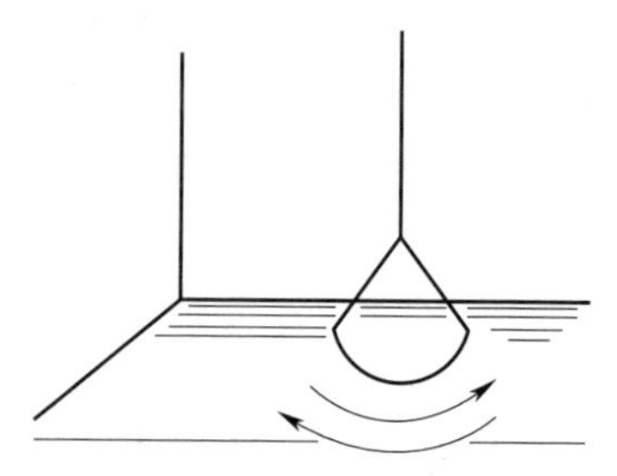
图 3—3—23　电缆形状复原

③井道电缆架安装时应注意避免与限速器、钢丝绳、井道传感器及限位、极限开关等交叉。井道电缆架一般安装在电梯正常提升高度的1/2 加 1 ~ 1.5 m 的井道壁上，以减少电缆运行中的摆动，如图 3—3—24 所示。

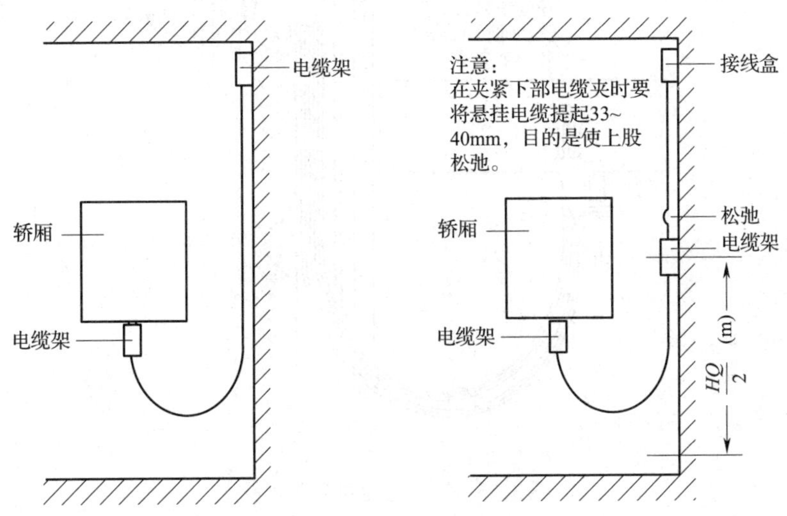

图 3—3—24　电缆悬挂方式

④电缆的固定可参考如图 3—3—25、图 3—3—26 所示的绑扎示意图，绑扎长度为 30 ~ 70 mm。

⑤当有数条电缆时，要保持电缆的活动间距，并沿高度错开约 30 mm，如图 3—3—27 所示。

2）扁形电缆的安装方法

①扁形电缆的固定可采用如图 3—3—27 所示的专用扁电缆夹（一种楔形电缆夹）。

②扁形电缆与井道壁及轿厢底的固定参照如图 3—3—27 所示。

③扁形电缆的其他安装要求与圆形电缆相同。

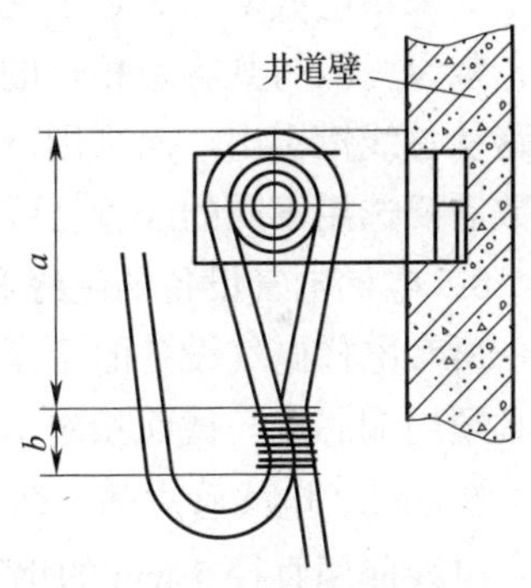

图 3—3—25　井道电缆绑扎

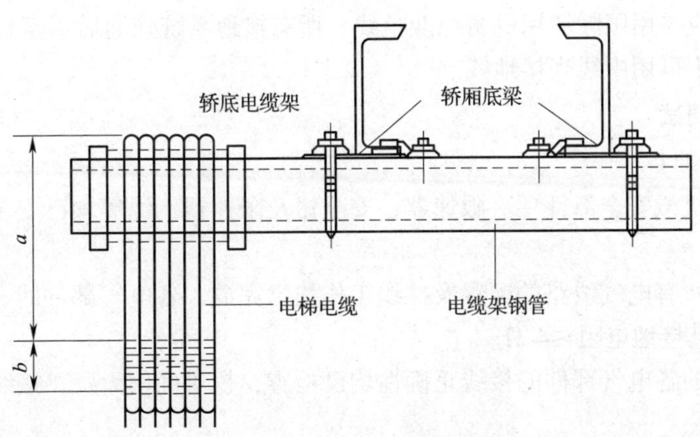

图 3—3—26　轿厢底电缆绑扎

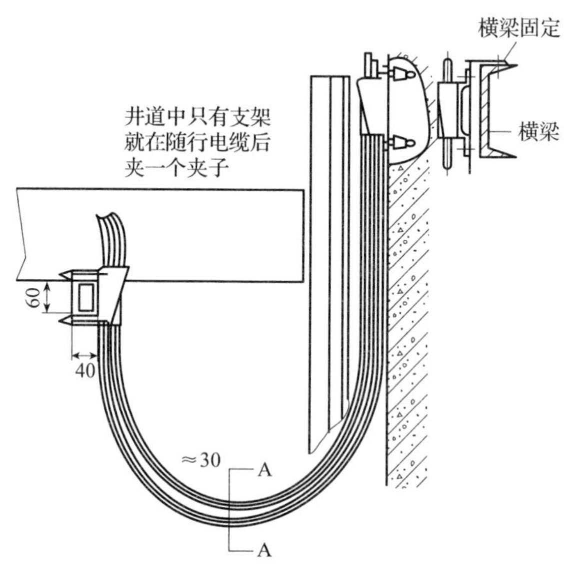

图 3—3—27　电缆间活动间距

（4）管路及线路安装

如采用电线槽作为导线的保护装置，安装较为方便，只需在有相互联系的电气装置之间，敷设一段与其容量相符的电线槽即可。在井道内也只需敷设一根从上到下的总线槽，各分路从总线槽引出。而采用电线管作为保护装置时安装就较为复杂，需要根据导线的粗细及根数需要选用不同的线管，线管适用于短距离导线的保护。

6. 电梯电气设备的绝缘和接地

所有电梯电气设备的金属外壳均应有容易辨识的接地端，接地电阻应不大于 4 Ω。接地线必须用铜芯线，截面积应不小于相线的三分之一，最小截面积应大于 4 mm^2，绝缘线应大于 1.5 mm^2。电线管之间、弯头、束结（外接头）和分线盒之间均应跨接接地线，并应在未穿入电线前用直径 5 mm 的钢筋作为接地跨接线，用电焊焊接。轿厢应有良好接地，如采用电缆芯线作为接地线时，不得少于 2 根，且截面积应大于 1.5 mm^2。接地线应可靠安全，且显而易见，电线应采用国际惯用的黄绿颜色线。所有接地系统连通后引至机房，接至电网引入的接地线，切不可用中线当接地线。

三、电梯的调试

1. 调试前的准备工作

（1）主要的机械安全部件——限速器、安全钳及限速器钢绳等均已安装完毕，且动作有效、可靠。

（2）机房的所有电气线路的配置及接线工作均已完成，各电气部件的金属外壳均有良好的接地装置，且其接地电阻≤4 Ω。

（3）机房内的各电气部件的接线正确性均已检查，校对确信无疑，接线螺栓均已拧紧而无松动现象。

（4）轿厢的所有电气线路（包括轿厢顶、轿内操纵箱、轿厢底）的配置及接线工作均已完成。

(5) 机房内控制屏与轿厢之间的接线正确性均已检查，校对确信无疑，接线螺栓均已拧紧且无松动现象，轿厢中的各电气装置的金属外壳均有良好的接地。

(6) 机房内控制屏、选层器（如有的话）、安全保护开关等与井道内各层楼的召唤按钮箱、门外指示灯、门锁电接点等之间的接线正确性均已检查、校对确信无疑，接线螺栓均已拧紧且无松动现象。

(7) 机房内各电气机械部件、轿厢内的各电气部件、井道各层站的电气部件均处于干燥且无受潮或受水浸湿、浸泡现象。

2. 电梯慢速运行调试

(1) 不挂曳引钢丝绳的通电试验

为确保安全，必须进行这一阶段的工作，其步骤如下：

1) 将原已挂好的曳引钢丝绳按顺序取下，并进行顺序标记。

2) 暂时断开信号指示和开门机电源的熔断保险器。取下各熔断器的熔断芯，而用规格小一些的熔丝临时代替。

3) 在控制屏（柜）的接线端子上用临时线短接门锁电接点回路、限位开关回路及安全保护接点回路和底层（基站）的电梯投入运行开关接点。

4) 合上总电源开关，用万用表检查控制屏中大型接线端子上的三相电源端子的电压是否为 380 V，各相电压是否一致，如电压正常则应观察相位继电器是否工作，如未工作，说明引入控制屏的三相电源线相序不对，应调换其中两根电源线的位置。

5) 用万用表的直流电压挡检查整流器的直流输出电压是否正常，与控制屏上的原设定的极性是否一致，若不一致则应予以更正。

6) 检查和观察安全回路继电器是否已吸合，若未吸合应调整直至令其吸合。

7) 用临时线短接控制屏接线端子的检修开关接点端子，断开由轿厢部分来的有司机或自动运行的接线，这样控制屏上的检修状态继电器应吸合，使电梯处于检修状态。

8) 手按上行方向开车继电器，此时电磁制动器松闸张开，曳引电动机慢速向某一方向旋转，如其转向不是电梯向上运行方向，应调换引入曳引电动机的电源线顺序，使其转向刚好是电梯的上行方向。再手动按下行方向开车继电器，再次检查曳引电动机转向。

9) 按 8) 的操作方法，初步调整曳引电动机上电磁制动器闸瓦与鼓轮间的间隙，使其均匀，并保持在≤0.7 mm。然后测量制动器松开初始的电压与维持松开的电压，并调整其维持松开的经济电阻值，使其维持电压为电源电压的 60% ~70%。

10) 拆除 7) 中的临时线，恢复断开的线路，打开轿厢内操纵箱（或轿顶检修箱）上的检修开关，控制屏上的检修继电器应吸合，如不吸合，应仔细检查直至吸合。

11) 操纵轿内操纵箱上的急停按钮（或轿厢顶检修箱上的急停开关），控制屏中的安全回路继电器应释放，如不起作用应检查控制屏接线端子上的临时短接线是否短接正确。

12) 在轿内操纵箱（或轿顶检修）上操纵向上和向下开车按钮，曳引电动机应转动运行，并且运行方向应正确。如不能令曳引电动机转动，则说明控制屏内的方向辅助继电器未吸合，应仔细检查，直到动作正确为止。

上述各条试验结束后即可进行下面的调试工作。

（2）悬挂曳引钢丝绳后的慢速运行调试

1）按原取下曳引钢丝绳的顺序，按顺序一根一根地把钢丝绳放入曳引轮绳槽内。

2）自上而下拆除井道内的脚手架，并进行井道和导轨的初步清扫工作。

3）用原吊挂轿厢的手拉起重葫芦再把轿厢升高一些，拆除原搁住轿厢的枕木，然后再用手拉葫芦使轿厢下行一段距离，低于最高层的层楼平面 300 ~ 400 mm。到井道底坑拆除对重下的填木。

4）检查和关闭好各个层楼的层门，以防止他人跌入井道内。

5）在轿厢顶的检修箱上操作检修开关，使电梯处于可靠的检修状态。按动轿厢检修箱上的向下开车按钮，电梯即开始慢速向下运行，手松开后，电梯立即停车。继续慢速向下，清扫井道（主要是导轨撑架上、各层门上坎和地坎的垃圾）、轿厢和对重导轨上的灰沙及油污，并同时仔细观察和检查轿厢是否与井道内其他固定部件或建筑设施相碰撞，若有则排除之，这样直到运行至最底层。然后再慢速上下运行数次，进一步清洗轿厢和对重导轨，并用油润滑。

6）以检修速度自上而下逐层安装井道内各层的永磁感应器、平层停车隔磁板（或各层相关的双稳态磁开关的永久圆磁体）及上、下端站的强迫减速开关、方向限位开关和极限开关。然后拆除控制屏接线端子上的临时短接线，使检修运行也处于安全保护之下。

7）不带层门的自动门机调试

①仍令电梯处于检修状态，并使电梯停止于最高层楼平面以下的 15 m 处。

②把控制屏中的开关门电动机回路的熔断器暂用 2A 熔丝钩上，然后拆下开关门电动机轴上带轮上的带。

③在轿内操纵箱上用手按关门和开门按钮，门电动机应正常转动并检查其转向是否与开关门方向一致，如方向错误应调换门电动机的极性（或相序）。

④在③步骤下，手按关门、开门减速开关、限位开关，门电动机应有明显的减速和停止转动。然后用手转动第二级带轮，依靠其上的弧形开关打板顺序碰触减速开关和停止限位开关，门电动机也应减速和停止。

⑤把带挂至门电动机轴上的带轮上，这样在揿按开关门按钮情况下即可使电梯轿门启、闭。根据开关速度调节门电动机回路中调速元件和减速开关的位置，使轿厢门启、闭平稳而无撞击声。并调整关门时间约为 3 s，开门时间小于 2. 5 s。

8）带层门的自动门调试

①装上轿门上的开关门门刀，然后令电梯关好轿厢门后使电梯慢速向上运行，使门刀插入外层门锁的两个橡胶（或尼龙）滚轮中间，然后令电梯关门和开门，进一步调整开关门电动机的速度，直至平稳且无撞击声。

②由钳工调整各层层门在启、闭情况下层门与门立柱间、门扇间的间隙≤6 mm，以及各层机械钩子锁的锁紧程度与电接点的闭合状况。使机械钩子的啮合长度≥7 mm，并使电接点同时可靠接通。待全部调整完毕后，即可拆除控制屏接线端子上的门锁接点勾线，使门锁保护装置起作用。

3. 电梯的快速运行调试

在完成前面慢速运行调试项目后，即可使电梯投入快速运行调试。

在完成所有慢速运行试验的情况下，电梯已处在所有电气安全保护及机械安全保护装置起作用下的运行，因此电梯的快速运行也必将在所有安全保护起作用的情况下进行。

在进行电梯快速运行试验之前，先要将电梯慢速运行至整个行程的中间层楼，以确保电梯运行方向错误时有时间可采取紧急停车措施，并令电梯处于有司机状态，轿厢内装有额定负载的一半重量，轿内不设置司机或其他人员。并在机房内将电梯门关闭后，拆除开门继电器的吸引线圈接线端子，这样在电梯到站后不能开门，以防在快速调试过程中各个层楼的人员进入电梯。

（1）在机房内进行快速运行的调试工作

1）手按向上或向下的开车继电器，电梯即可快速启动，加速直至稳速运行。如若运行方向与要求运行方向不一致，应立即切断总电源，使电梯紧急停车，然后更换曳引电动机进线端的快速运行绕组的相序（交流梯）。

2）当电梯快速启动至稳速后，即可人为地使发出减速信号继电器动作，则电梯立即进入制动减速状态，当进入低速运行状态并进入某层的平层区域内，电梯即自动平层停车。

3）人为使轿内某层的指令继电器吸合，电梯即自动确定运行方向，再手按方向开车继电器，电梯又可快速运行，将运行至有指令信号的某层楼减速制动点时，电梯即自动减速制动，直至自动平层停车。这样重复运行多次，确定电梯的所有各层指令信号的出现均能令电梯正常运行停车。

（2）在轿厢内进行快速运行的调试工作

首先应把开门继电器的吸引圈端子线接入，电梯即可开门，司机或调试人员进入轿厢内。

1）在轿厢内按操纵箱上的指令按钮，电梯即可自动确定电梯运行方向，然后按已定方向开车按钮，电梯自动关门，待门全部闭合，电梯自动启动加速进入稳速运行。在即将接近已定的指令层时，电梯即自动减速制动，自动平层，停车开门。这样连续运行多次，使所有层楼均能正常启动、停车、开门。

2）在上述运行过程中如发现启动、减速、停车的三个阶段有不舒适感觉时，应在机房内将控制屏上的启动、减速环节进行调整，直到满意为止。要提高停车的舒适感除了减低停车前的速度（一般可适当增加制动减速距离）外，还可适当调整电磁制动器的动作间隙和减小其制动力（制动器的压缩弹簧可稍放松些）。

3）在上述运行过程中，应对其平层停车的准确度进行检查，因是平衡负载，其平层停车准确度是较为理想的。但如发现只有某层的准确度不好，其他层均好的话，则调整某层的隔磁铁板（或永久磁体）的位置即可；如发现所有层楼的停层准确度均相差同一数值时，则应调整轿顶上的永磁感应器（或双稳态磁开关）位置。

4）令电梯在空载和满载状况下，上、下运行于所有楼层，如其启动、制动及停车舒适感和各层楼的停层准确度均在标准范围内时，即可认为电梯的快速运行调试工作已全部完成。

4. 电梯的整机性能测试

当电梯的快、慢速运行均正常后，即可进行下列整机性能调试。

（1）静载试验及其调整

1）将电梯置于最低层，切断动力电源，使轿厢的载荷平稳地加至 150% 的额定载重，则除了曳引钢丝绳的伸长以外，曳引电动机不应转动。

2）如转动则说明电磁制动器的弹簧制动力矩不够，应压紧其弹簧。

3）如曳引钢丝绳在曳引轮绳槽内有滑移现象，则说明曳引钢丝绳内的油性太大，致使其与绳槽的摩擦力太小。应清除曳引钢丝绳的油污或调整导向轮的上下位置，使曳引钢丝绳在绳轮上的包角增大，从而增加摩擦力。

（2）超载试验及其调整

1）对于有/无司机两用的集选控制电梯，应在轿厢内载荷达到额定载重的 110% 时，超载装置动作，使电梯既不能关门，又不能开车。如不能起作用，应予以调整（一般可调整轿底机械式称重装置的秤砣位置和开关位置，或电子式称重装置的相应电位器）。

2）规范规定电梯应在断开超载控制电路条件下，在 110% 的额定载荷，通电持续率 40% 情况下到达全行程。范围：启动、制动运行 30 次，电梯应能可靠地启动、运行和停止（平层不计），曳引电动机工作正常。规范规定当轿厢面积不能限制载荷超过额定值时，需做此项试验，历时 10 min，曳引钢丝绳无打滑现象。

（3）电梯停层准确度的测定及其调整

在电梯空载、满载情况下进行此项工作，并将其上行和下行时各层的停层准确度进行测量并做记录。

1）若空载与满载时相差数值较大，并超出标准范围时，则调整应以空载向上运行时各层的停层准确度为正值（即轿厢地坎平面略高于层楼地坎平面）。

2）若满载下行时的停层准确度为负值，即轿厢地坎平面略低于层楼地坎平面，其调整方式见 1）。

（4）两端站强迫减速开关、方向限位开关及极限开关动作位置的调整

1）应使电梯空载向上运行，调整上端站的强迫减速限位开关、方向限位开关及极限开关的动作位置，并使其符合标准范围。

2）应使电梯轿厢满载向下运行，调整其下端站强迫减速限位开关、方向限位开关及极限开关的动作位置，并使其符合标准范围。

（5）机械安全保护系统的试验及其调整

这一部分主要是指限速器和安全钳的联动动作是否可靠。

1）限速器的动作速度已在电梯制造厂出厂时调整好，故只要试验限速器与安全钳的联动性能即可。

2）可令轿厢满载由最高层向下运行（额定速度），人为地推动限速器的卡绳把柄，此时安全钳动作，切断控制电路并把轿厢牢牢地卡在导轨上。

3）如安全钳虽动作，但不能使卡在导轨上或卡导的制停距离超出标准范围，则应在轿厢顶上调整安全钳楔块拉条上的弹簧及拉条的位置。

任务测评

对任务实施的完成情况进行检查，并将结果填入表 3—3—5。

表 3—3—5　　评分标准

序号	项目	考核内容	考核要求	配分	扣分	得分
1	机房电气装置的安装	控制柜	布局合格，固定可靠，基础高出地面 50 ~ 100 mm	2		
			垂直度偏差≤1.5/1 000	1		
			正面距门窗、维修侧距墙≥600 mm，距机械设备≥500 mm	2		
		电源开关	位置在机房入口，各台易识别，容量适当，距地面 1.3 ~ 1.5 m	2		
			不应切断与电梯有关的照明、通风、插座及报警电路	1		
		机房照明	与电梯电源分开，在机房入口处设开关，地面照度≥200 lx	1		
		防护罩壳	在机房内必须防止直接触电。所有外壳防护等级最低为 IP2X	1		
2	井道电气装置的安装	换速、限位、极限开关	位置合理，安装牢固，动作灵活可靠	3		
		基站轿厢到位开关、底坑急停开关	位置合理，安装牢固，动作灵活可靠	2		
		照明设备	电源应由机房照明回路获得，在机房和坑底设置控制开关	1		
			在井道最高和最低处 0.5 m 内各设一灯，并设中间灯，照度≥50 lx	1		
		液压缓冲器复位开关	位置合理，安装牢固，动作灵活可靠	3		
3	轿厢电气装置的安装	轿内电气装置	操纵箱位置合理，安装牢固，操纵灵活，板面和轿厢内壁板高度差应保持在 0 ~ 0.5 mm	1		
			信号箱、层楼显示器位置合理，安装牢固，操纵灵活	4		
			照明、风扇装置安装位置合理，美观牢靠	2		
		轿顶电气装置	自动门机安装位置合理，动作灵活可靠，运行平稳，接近两端点时应无明显撞击声	5		
			换速、平层感应装置安装位置合理，牢固可靠，不得因电梯正常运行时产生摩擦和碰撞	4		
			安全开关安装位置合理，当活板门开启大于 50 mm 时，此开关就自动切断控制回路	2		
		轿底电气装置	照明灯安装位置合理，牢固可靠	1		
			限位开关位置合理，安装牢固，动作灵活可靠	1		

续表

序号	项目	考核内容	考核要求	配分	扣分	得分
4	层站电气装置的安装	层楼显示器	面板应位于门框中心，紧贴墙面，安装牢固平正，应离地高度为2.35 m左右	4		
		按钮箱	面板应位于门框中心，紧贴墙面，安装牢固平正，应离地高度为1.3～1.35 m	4		
		层门电锁	动作灵活，触头可靠	2		
5	电梯供电及控制线路的安装	管路、线槽敷设	电线管应用管卡子固定，间距均匀，符合电气安装标准；与线槽、箱、盒连接处应用锁母锁紧，管口装设护口	2		
			电线槽在机房地面敷设时，其壁厚≥1.5 mm；位置正确，安装牢固，每根线槽应不少于2点固定；接口严密，出线口无毛刺，槽盖齐全平整，便于开启	3		
			金属软管用于不易受机械损伤的分支线路，长度≤2 m；不得损伤和松散，与箱、盒、设备连接处应使用专用接头；应安装平直牢固，固定点间距均匀且应≤1 m；端头及拐弯处固定距离应≤0.3 m，弯曲半径应不小于其外径的4倍；与管、箱、盒应采用专用接地夹连接，保护线应采用≥4 mm² 多股铜线	5		
			距轿厢、钢绳 机房内≥50 mm 井道内≥20 mm	1		
			水平和垂直偏差 机房内≤2‰ 井道内≤5‰ 全长≤50 mm	1		
			均应可靠接地或接零，但线槽、软管不得作为保护线使用	1		
			轿厢顶部电缆应敷设在被固定的金属电线管、槽内	1		
		导线选用和敷设	应使用额定电压不低于500 V的铜芯绝缘导线	1		
			护套电缆和橡套电缆可明敷于井道或机房内，但不得在地面上明敷	1		
			动力线路与控制线路应隔离敷设，抗干扰线路按产品要求敷设	1		
			电缆管、槽内无积水、污垢	1		
			接线编号齐全清晰。保护线端子、电压220 V以上的端子和主电源断开后仍带电超过50 V的端子应有明显标记	2		
			出入电线管、槽的电线应有护口或其他保护措施	1		
			电缆槽拐弯、导线受力处应加绝缘衬垫，垂直部分应可靠固定	1		

续表

<table>
<tr><th>序号</th><th>项目</th><th>考核内容</th><th>考核要求</th><th>配分</th><th>扣分</th><th>得分</th></tr>
<tr><td rowspan="6">5</td><td rowspan="6">电梯供电及控制线路的安装</td><td rowspan="6">导线选用和敷设</td><td>电线管内导线总截面积≤管内净截面积的40%</td><td>1</td><td></td><td></td></tr>
<tr><td>电线槽内导线总截面积≤槽内净截面积的60%</td><td>1</td><td></td><td></td></tr>
<tr><td>配线应绑扎整齐，留备用线，其长度与箱、盒内最长的导线相同</td><td>1</td><td></td><td></td></tr>
<tr><td>线槽内应减少接头，接头冷压端子压接可靠，绝缘良好</td><td>2</td><td></td><td></td></tr>
<tr><td>导线和电缆的保护外皮应完全进入开关和设备的壳体，或应进入一个合适的封闭装置中</td><td>1</td><td></td><td></td></tr>
<tr><td>全部导线接头、连接端子及连接器应设置于屏（距）、箱（盒）内</td><td>2</td><td></td><td></td></tr>
<tr><td rowspan="3">6</td><td rowspan="3">电梯电气设备的绝缘和接地</td><td>绝缘电阻</td><td>导体之间、导体对地之间应＞1 000 Ω/V；动力电路和电气安全装置电路应≥0.5 MΩ/V；控制回路和照明回路应≥0.25 MΩ/V</td><td>3</td><td></td><td></td></tr>
<tr><td>接地</td><td>所有电气设备的外露可导电部分均应可靠接地或接零；保护线和工作零线始终分开，保护线采用黄绿双色绝缘导线；保护干线截面积不得小于电源相线，支线应符合相关标准要求；各接地保护端应易识别，不得串联接地；接地电阻值≤4 Ω；电梯轿厢可利用随行电缆的钢芯或不少于2根芯线接地</td><td>6</td><td></td><td></td></tr>
<tr><td>防腐</td><td>电线槽、电线管、附属构架等均应涂防锈漆或镀锌，无遗漏</td><td>1</td><td></td><td></td></tr>
<tr><td>7</td><td>电梯的调试</td><td>准备工作、慢速/快速调试、整机性能测试</td><td>调试前的准备工作完整充分；调试步骤正确，方法得当，结果成功</td><td>10</td><td></td><td></td></tr>
<tr><td>8</td><td colspan="2">安全文明生产</td><td>违反安全文明生产规定，扣5～10分</td><td></td><td></td><td></td></tr>
<tr><td colspan="3">开始时间：</td><td>结束时间：</td><td colspan="2">成绩</td><td></td></tr>
<tr><td colspan="3">学生姓名：</td><td>教师签名：</td><td colspan="3">年　月　日</td></tr>
</table>

思考与练习

1. 简述电梯的几种电力拖动系统特点及用途。

2. 列举出电梯中5个电气安全装置的名称。

3. 根据本任务中的PLC程序，叙述电梯从1楼驶向4楼过程中，层楼指示电路、选向电路、选层电路、变频器控制电动机运行电路、开/关门电路以及曳引电动机的工作情况。

4. 试分析当数字量/模拟量转换开关（HK）打至数字量状态下时，层楼指示电路、选层电路的工作情况。

5. 简述电梯电源的控制要求。

6. 端站限位开关起什么作用？极限开关的作用是什么？

7. 底坑电梯停止开关起什么作用？应该安装在什么位置？

8. 当电梯超载时，活动轿底式超载安全装置切断什么回路？超载开关一般安装在什么位置？

9. 电梯调试前的准备工作有哪些？

任务4　电梯的电气故障检修

学习目标

1. 了解电梯电气故障检修的基本分析思路。
2. 掌握电梯电气故障的分析和排除方法。
3. 能排除电梯常见电气故障，并会进行电梯的日常维护保养。

任务引入

电梯作为特种设备，其控制环节比较多，自动化程度比较高。电梯故障分为机械故障和电气故障两大类。实际生活中电梯出现的故障多为电气故障，而且绝大多数是电气控制系统故障。电梯的制造质量、配套件质量、安装质量、维护保养质量等是引起电气系统故障的主要原因。电梯如果出现故障停梯待修，或带病运行，不仅会降低电梯的使用价值，严重的甚至会造成安全事故。因此，电梯电气故障的检修具有非常重要的意义。

本任务就是掌握电梯常见电气故障的分析和排除方法，并学会排除电梯常见电气故障。

相关知识

一、电梯的电气故障及形成原因

1. 门系统的故障

层门、轿门关闭是电梯运行的首要条件，门联锁系统一旦出现故障，电梯就不能运行。70% 的电梯故障是由门锁电气元件触头接触不良或调整不当，层门、轿门保养不到位造成的，而 90% 的电梯事故是不合理的短接层门电气线路造成的。

2. 电气元件绝缘引起的故障

电子电气元件绝缘在长期运行后总会由老化、失效、受潮或者其他原因引起绝缘击穿，造成电气系统的断路或短路，引起电梯故障。

3. 继电器、接触器、开关等元件触头断路或短路引起的故障

由继电器、接触器、开关等元件构成的控制电路中，其故障多发生在元件的触头上，如果触头通过大电流或被电弧烧蚀，触头被粘连就会造成短路。如果触头被尘埃阻断或触头的簧片失去弹性就会造成断路，触头的断路或短路都会使电梯的控制环节电路失效，使电梯出

现故障。

4．电磁干扰引起的故障

随着计算机技术的迅猛发展，特别是成本大大降低的微型计算机广泛应用在电梯的控制部分，甚至采用多计算机控制以及串行通信传输呼梯信号等，驱动部分采用变频变压（VVVF）调速系统已经成为电梯流行的标准设计。变频门机也取代了原来用电阻调速的直流门机。计算机的广泛应用对其构成的电梯控制系统的可靠性要求越来越高，主要是抗干扰的可靠性。电梯运行中遇到的各种干扰，主要外部因素有温度、湿度、灰尘、振动、冲击、电源电压、电流、频率的波动，逆变器自身产生的高频干扰，操作人员的失误及负载的变化等。在这些干扰的作用下，电梯会产生错误和故障，电梯电磁干扰主要有电源噪声、从输入线侵入的噪声、静电噪声三种形式。针对以上的状况必须采用防干扰措施，防干扰措施自身也应该正确可靠，否则会产生电梯故障。

二、电梯电气故障检修的基本分析思路

电梯电气系统的故障率最高且比较复杂，故障发生点也非常广泛。电梯的电气系统，特别是控制电路，结构复杂，要迅速排除故障，单凭经验是不够的，还要求维修人员必须掌握电气控制电路的工作原理及控制环节的工作过程，明确各个电气元件之间的相互关系及其作用，了解各电气元件的安装位置，只有这样才能准确地判断故障的发生点并迅速予以排除。同时对于电梯的维修保养者，必须掌握电气故障寻迹的技能。

当电梯控制电路发生故障时，首先要问、看、听、闻，做到心中有数。问就是询问操作者或报告故障的人员故障发生时的现象，查询在故障发生前是否做过任何调整或更换元件的工作；看就是观察每一个零件是否正常工作，看控制电路的各种信号指示是否正确，看电气元件外观颜色是否改变等；听就是听电路工作时是否有异声；闻就是闻电路元件是否有异常气味。在完成上述工作后，便可采用常用的电气故障检测方法来查找电气控制电路的故障。

电气控制系统故障有时比较复杂，目前国内在用电梯有许多采用 PLC 控制或计算机控制，软、硬件交叉在一起，遇到故障首先不要紧张，排除故障时坚持先易后难、先外后内、综合考虑、有所联想。电梯运行中比较多的故障是由开关接点接触不良引起的，所以判断故障时应根据故障及控制柜内指示灯显示的情况，先对外部线路、电源部分进行检查，即先检查门触头、安全回路、交直流电源等，只要熟悉电路，顺藤摸瓜，很快即可解决。

有些故障不像继电器线路那么简单直观，PLC 电梯的许多保护环节都隐含在它的软、硬件系统中，其故障和原因正如结果和条件是严格对应的，找故障时有秩序地对它们之间的关系进行联想和预测，逐一排除疑点直至故障完全排除。

另外，电梯的电气控制系统结构复杂而又分散，要想迅速排除电气系统的故障，维修人员应做到：

（1）掌握电梯电气控制系统的电气原理图、接线图、安装位置图。

（2）熟悉电梯的启动、加速、满速运行、到站提前换速、平层、开门等全部控制过程。

（3）掌握各电气元件间的控制关系，继电器、接触器接点的作用。

（4）了解各电气元件的安装位置和机电间的配合关系。

维修人员还要不断分析、研究和总结经验，做到准确判断故障发生点，并迅速排除故障。

三、电梯电气故障检修的一般方法

当电梯控制电路发生故障时，维保人员应首先询问操作者或报告故障的人员故障发生时的

现象，查询在故障发生前是否做过任何调整或更换元件的工作；观察每一个零件是否正常工作，控制电梯的各种信号指示是否正确，电气元件外观颜色是否改变，电路工作时是否有异响，电路元件是否有异常气味。在完成上述工作后，便可采用下列方法查找电气控制电路的故障。

1．程序检查法

电梯是按一定程序运行的，每次运行都要经过选层、定向、关门、启动、运行、换速、平层、开门的循环过程，其中每一步称作一个工作环节，实现每一个工作环节，都有一个对应的控制电路。程序检查法就是确认故障具体出现在哪个控制环节上，这样排除故障的方向便明确了，有针对性了，这对排除故障很重要。这种方法不仅适用于有触头的电气控制装置，也适用于无触头控制系统，如 PLC 控制系统或单片机控制系统。

2．静态电阻测量法

静态电阻测量法是在断电情况下，用万用表电阻挡测量电路的阻值是否正常，因为任何一个电子元件都是由一个 PN 结构成的，它的正反向电阻值是不同的，任何一个电气元件都有一定的阻值，连接着电气元件的线路或开关，电阻值不是等于零就是无穷大，因而测量其电阻值大小是否符合规定要求便可以判断好坏。检查一个电子电路有无故障也可用这个方法，而且比较安全。

3．电位测量法

上述方法无法确定故障部位时，可在通电情况下测量各个电子或电气元件两端电位，因为在正常工作情况下，电流闭环电路上各点电位是一定的，所谓各点电位就是指电气元件上各个点对地的电位是不同的，而且有一定大小的要求，电流是从高电位流向低电位，顺电流方向测量电气元件上的电位大小应符合这个规律，通过用万用表测量控制电路上有关点的电位是否符合规定值，就可判断故障所在点，然后再判断是什么原因引起电流值变化的，是电源不正确，还是电路有断路情况，还是元件损坏造成的。

4．短路法

控制环节电路都是由开关或继电器、接触器触头组合而成的。当怀疑某些触头有故障时，可以用导线把该触头短接，此时通电若故障消失，则证明判断正确，说明该电气元件已坏。但是要牢记，当做完故障点试验后应立即拆除短接线，不允许用短接线代替开关或触头。短路法主要用来查找电气逻辑关系电路的断点，当然有时测量电子电路故障也可用此法。

5．断路法

控制电路还可能出现一些特殊故障，如电梯在没有内选或外呼指示时就停层等。这说明电路中某些触头被短接了，查找这类故障的最好办法是断路法，就是把怀疑产生故障的触头断开，如果故障消失了，说明判断正确，断路法主要用于与逻辑关系的故障点。

6．替代法

根据上述方法，发现故障出于某点或某块电路板，此时可把认为有问题的元件或电路板取下，用新的或确认无故障的元件或电路板代替，如果故障消失则认为判断正确。反之，则需要继续查找，往往维修人员对易损的元件或重要的电路板都备有备用件，一旦有故障马上换上一块就解决了问题，故障件带回来再慢慢查找修复，这也是一种快速排除故障的方法。

7．电梯特点法

虽然电梯的原理大致相同，但由于生产厂家不同、型号不同，电梯也存在差异。在电梯正常工作时，应多做记录，如哪些指示灯闪烁、哪些长亮，各个继电器的通断情况等，都应记录，对照原理图比较分析。电梯故障时，与记录进行对照，再按上述方法进行排查，便很容易发现各故障点的所在。在实际工作中生产厂家故障码也只是参考，一味地依照厂家的故障码检修电梯，有时会多走一些弯路。

四、SX－702 型模拟电梯故障功能板介绍

为了方便电梯教学实训和电梯排故考评，SX－702 型模拟电梯人为设置了共 48 个电气故障点，以 48 个开关（每个开关均有正常和故障两个状态）的形式集中于电气控制柜背面的故障功能板上，如图 3—4—1 所示。

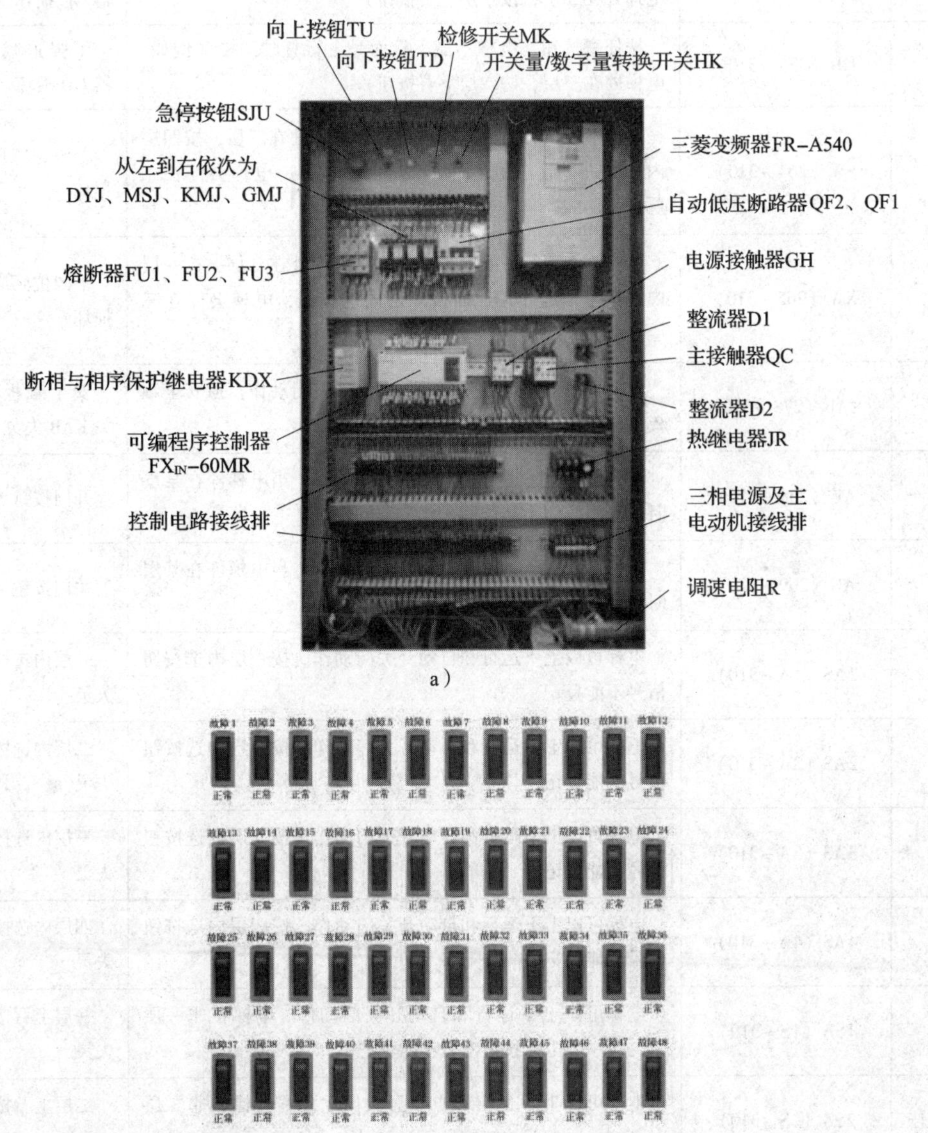

图 3—4—1　SX－702 型模拟电梯电气控制柜及背面故障功能板

a）电气控制柜实物图　b）电气控制柜背面故障功能板

表3—4—1至表3—4—3列出了48个电气故障点的故障现象和故障原因，如图3—4—2所示为判断分析模拟电梯电气故障点的基本路径。

1. 感应器故障

感应器故障见表3—4—1。

表3—4—1　　感应器故障

故障号	故障点	故障现象	故障原因
*1	GU（324－310）	按任意按钮，电梯不能上行而是下行直驶一楼（例如，电梯处在二层，按三层上召按钮）	上强迫减速感应器GU损坏
*2	GD（325－310）	按任意按钮，电梯不能下行而是上行直驶四楼（例如，电梯处在三层，按二层下召按钮）	下强迫减速感应器GD损坏
*3	SW（264－310）	电梯不能上行而能下行（例如，电梯处在三层，按四层内选按钮不起作用，而按二层内选按钮，电梯会停在二层）	上限位感应器SW损坏
*4	XW（265－310）	电梯不能下行而能上行（例如，电梯处在二层，按一层内选按钮不起作用，而按三层内选按钮，电梯会停在三层）	下限位感应器XW损坏
*5	KAB（278－310）	电梯可以上下运行和自动、手动开关门动作。但安全触板不起作用	安全触板微动开关KAB失灵
*6	AK（268－310）	电梯可以上下运行和自动开关门动作。当电梯停在某层时按开门按钮不起作用	开门按钮AK失灵
*7	AG（269－310）	电梯可以上下运行和自动开关门动作。当电梯停在某层时自动开门后按关门按钮不起作用	关门按钮AG失灵
*8	1AS（1A－310）	电梯可以上下运行和自动开关门动作。按一层内选按钮信号不能登记	一层内选按钮1AS失灵
*9	2AS（2A－310）	电梯可以上下运行和自动开关门动作。按二层内选按钮信号不能登记	二层内选按钮2AS失灵
*10	3AS（3A－310）	电梯可以上下运行和自动开关门动作。按三层内选按钮信号不能登记	三层内选按钮3AS失灵
*11	4AS（4A－310）	电梯可以上下运行和自动开关门动作。按四层内选按钮信号不能登记	四层内选按钮4AS失灵
*12	1SA（1S－310）	电梯可以上下运行和自动开关门动作。电梯在非一层时，按一层上召按钮信号不能登记	一层上召按钮1SA失灵
*13	2SA（2S－310）	电梯可以上下运行和自动开关门动作。电梯在非二层时，按二层上召按钮信号不能登记	二层上召按钮2SA失灵
*14	3SA（3S－310）	电梯可以上下运行和自动开关门动作。电梯在非三层时，按三层上召按钮信号不能登记	三层上召按钮3SA失灵

续表

故障号	故障点	故障现象	故障原因
*15	2XA（2X-310）	电梯可以上下运行和自动开关门动作。电梯在非二层时，按二层下召按钮信号不能登记	二层下召按钮2XA失灵
*16	3XA（3X-310）	电梯可以上下运行和自动开关门动作。电梯在非三层时，按三层下召按钮信号不能登记	三层下召按钮3XA失灵
*17	4XA（4X-310）	电梯可以上下运行和自动开关门动作。电梯在非四层时，按四层下召按钮信号不能登记	四层下召按钮4XA失灵
*18	PKM（237-301）	电梯可以上下运行。但平层后不能开门，开门继电器KMJ不能吸合，二极管不亮	开门到位限位开关PKM损坏
*19	PGM（243-301）	电梯可以上下运行。但平层自动开门后不能关门，关门继电器GMJ不能吸合，二极管不亮	关门到位限位开关PGM损坏

2. 触头、开关、按钮故障

触头、开关、按钮故障见表3—4—2。

表3—4—2　　触头、开关、按钮故障

故障号	故障点	故障现象	故障原因
*20	ST1（1T1-2T1）	电梯处于平层位置时，电梯不能上下运行，而且频繁地开关门。非平层位置时，电梯不能上下运行。厅轿门联锁继电器MSJ失电，二极管不亮	一层厅门微动开关ST1故障
*21	ST2（1T2-2T2）		二层厅门微动开关ST2故障
*22	ST3（1T3-2T3）		三层厅门微动开关ST3故障
*23	ST4（1T4-2T4）		四层厅门微动开关ST4故障
*24	SQF（111-301）		轿门微动开关SQF故障
*25	SJN（301-131）	电梯不能进行操作，所有按钮不起作用，只有楼层显示。电压继电器DYJ失电，二极管不亮。安全控制回路有故障	安全窗限位开关SJN故障
*26	SAQ（129-127）		安全钳限位开关SAQ故障
*27	SDS（125-123）		限速器断绳限位开关SDS故障
*28	KDX（115-113）		相序继电器KDX故障
*29	KH（113-101）		热继电器KH故障

续表

故障号	故障点	故障现象	故障原因
*30	DYJ（261－310）	电梯不能进行操作，所有按钮不起作用，只有楼层显示。电压继电器DYJ有电，二极管亮	电压继电器DYJ触头接触不良
*31	MSJ（262－310）	电梯处于平层位置时，电梯不能上下运行，而且频繁地开关门。厅轿门联锁继电器MSJ有电，二极管亮	门联锁继电器MSJ触头接触不良
*32	KMJ（582－301）	电梯可以上下运行。但平层后不能开门，开门继电器KMJ有电，二极管亮。门电动机没电	开门继电器KMJ触头接触不良
*33	KMJ（304－482）	电梯可以上下运行。但平层后不能开门，开门继电器KMJ有电，二极管亮。门电动机没电	开门继电器KMJ触头接触不良
*34	GMJ（482－301）	电梯可以上下运行。但平层自动开门后不能关门，关门继电器GMJ有电，二极管亮	关门继电器GMJ触头接触不良
*35	GMJ（304－682）	电梯可以上下运行。但平层自动开门后不能关门，关门继电器GMJ有电，二极管亮	关门继电器GMJ触头接触不良
*36	KMJ（241－244）	电梯可以上下运行。但平层自动开门后不能关门，关门继电器GMJ不能吸合，二极管不亮	开门继电器KMJ常闭触头接触不良
*37	GMJ（235－239）	电梯可以上下运行。但平层后不能开门，开门继电器KMJ不能吸合，二极管不亮	关门继电器GMJ常闭触头接触不良

3．PLC输出继电器故障

PLC输出继电器故障见表3—4—3。

表3—4—3　　PLC输出继电器故障

故障号	故障点	故障现象	故障原因
*38	Y10（1R－304）	一层内选按钮灯不亮，但电梯能正常上下运行和开关门动作	一层内选按钮灯损坏
*39	Y11（2R－304）	二层内选按钮灯不亮，但电梯能正常上下运行和开关门动作	二层内选按钮灯损坏
*40	Y12（3R－304）	三层内选按钮灯不亮，但电梯能正常上下运行和开关门动作	三层内选按钮灯损坏
*41	Y13（4R－304）	四层内选按钮灯不亮，但电梯能正常上下运行和开关门动作	四层内选按钮灯损坏
*42	Y17（A－304）	电梯能正常上下运行和开关门动作。不能显示一层楼层“1”	一层楼层显示PLC输出回路损坏
*43	Y20（B－304）	电梯能正常上下运行和开关门动作。不能显示二层楼层“2”	二层楼层显示PLC输出回路损坏

续表

故障号	故障点	故障现象	故障原因
*44	Y21（C－304）	电梯能正常上下运行和开关门动作。不能显示三层楼层“3”	三层楼层显示PLC输出回路损坏
*45	Y4（11，J4）	电梯可以上下快速运行，没有慢速，不能平层，不能开门	PLC输出至变频器RH回路故障
*46	Y5（11，J5）	电梯可以上下慢速运行，没有快速，可以平层开关门	PLC输出至变频器RL回路故障
*47	Y6（11，J6）	故障前登记的按钮信号可以运行。故障后按钮信号可以登记，但电梯不能上下运行	PLC输出至变频器STF回路故障
*48	Y7（11，J7）	电梯不能运行	PLC输出至变频器STR回路故障

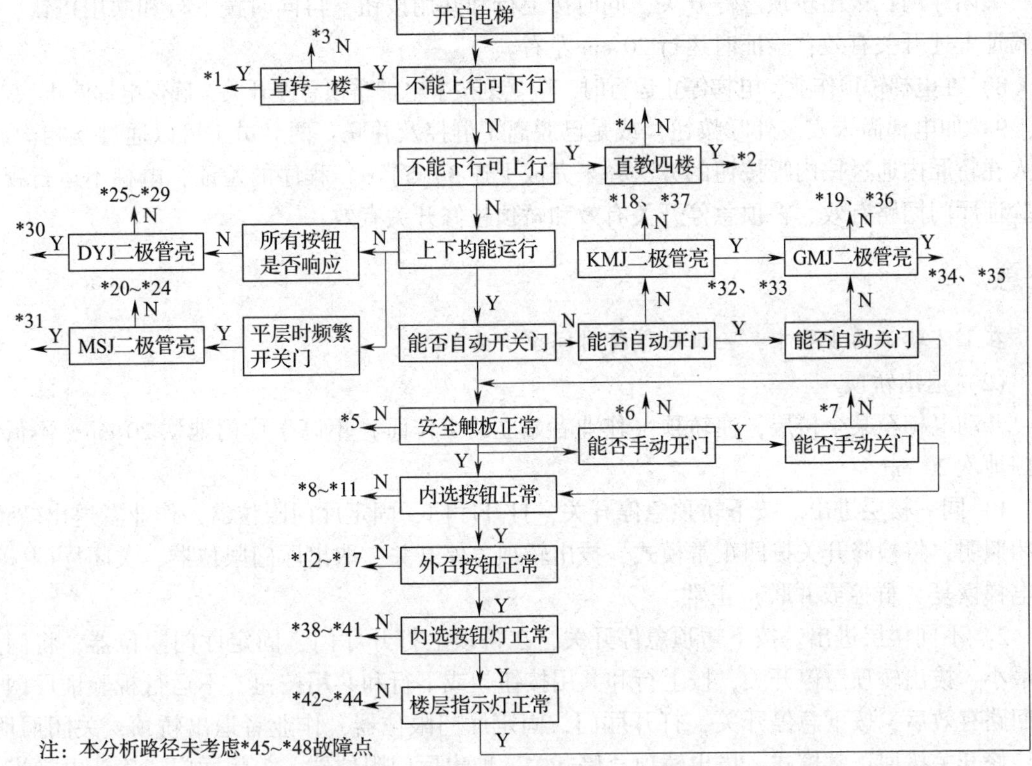

图3—4—2　判断分析模拟电梯电气故障点的基本路径

五、电梯电气检修作业规程

1．进、出轿顶作业程序

（1）进入轿顶

1）必备的工具：厅门钥匙、手电筒、厅门限位器。

2）将安全警示障碍护栏放置在将要进入电梯首层的厅门入口处，将电梯呼至首层，检查是否有乘客搭乘，确保电梯轿厢里没有乘客。将电梯内呼至要上轿顶的楼层，在电梯内分别按下下一层和最底层楼层的内呼按钮，将电梯停到下一楼层或便于上轿顶的位置。

3）使用恰当的进入设备（如三角钥匙），打开厅门，使用厅门限位器将门关至最小，按外呼按钮，观察（大于10 s）轿厢运行情况，不运行视为验证厅门回路有效。

4）观察电梯轿顶距厅门地坎的高度差，应不超过 ±20 cm；如果大于 ±20 cm，重复操作使电梯轿顶与厅门地坎高度差小于 ±20 cm。

5）重新打开厅门，固定厅门限位器，扶靠墙壁并伸手按下轿顶急停开关，关闭厅门，按外呼按钮；观察轿厢运行情况，不运行视验证轿顶急停开关有效（注：轿顶急停开关距轿门上坎边应为750 mm）。

6）重新打开厅门，固定厅门限位器，扶靠墙壁并伸手将轿顶照明打开，检修开关拨至检修位置，然后拔出急停开关，关闭厅门，按外呼按钮，观察轿厢运行情况，不运行视验证轿顶检修开关有效。

7）重新打开厅门，固定厅门限位器，扶靠墙壁并伸手按下急停开关，可以安全进入轿顶，关闭厅门；拔出轿顶急停开关，同时按上行和共用按钮，再同时按下行和共用按钮，分别验证上述开关有效；验证时运行20 cm左右。

8）在电梯轿顶作业、电梯停止运行时，应立刻按下电梯轿顶急停开关，确保电梯停止状态。

9）如电梯尚未安装外呼按钮，或是已脱离了群控及并联，两名员工可以通过互相沟通，一人在轿厢内通过按内呼按钮的方法，来完成上述3）5）6）程序的验证，电梯不运行视分别验证厅门回路有效、轿顶急停开关有效和轿顶检修开关有效。

注意

在上述验证的步骤中，验证的等待时间至少为10 s。

（2）退出轿顶

开动电梯至某个楼层，使轿顶（作业者站立的工作面）不高于厅门地坎20 cm，不低于厅门地坎20 cm。

1）同一楼层进出。按下轿顶急停开关，打开厅门，固定厅门限位器，作业者退出轿顶，关闭照明，将检修开关拨回正常模式，拔出轿顶急停开关，取出厅门限位器，关闭厅门，确认电梯恢复（群控或并联）正常。

2）不同楼层进出。按下轿顶急停开关，在轿顶上打开厅门，固定厅门限位器，将门关至最小，拔出轿顶急停开关，按上行和共用按钮，或下行和共用按钮，不运行视验证厅门安全回路有效后，按下急停开关，打开厅门，固定厅门限位器，作业者退出轿顶，关闭照明，将检修开关拨回正常模式，拔出轿顶急停开关，取出厅门限位器，关闭厅门，确认电梯恢复（群控或并联）正常。

（3）轿顶安全作业要求

1）在轿顶检修运行时，应呼应及确认所有在场人员知道轿厢将会移动，在场人员回应后方可运行轿厢。

2）尽可能在下行方向时移动。

3）尽可能地位于轿顶中间。

4）尽可能地避开轿顶轮的位置。

5）严禁快车状态下轿顶站人。

注意

注意突出部件挂住衣服或双背带安全带；检修观光电梯时，必须使用双背带安全带；注意对重和轿厢的交错运行；注意共用井道中的其他运行设备。

2．进、出电梯底坑作业程序

（1）进电梯底坑

1）上下配合式（A 员工在轿顶，B 员工下底坑）

①必备工具：厅门钥匙、手电筒、厅门限位器。

②A 员工用进入轿顶的程序进入轿顶，以检修速度将电梯开至最底层厅门上坎略高处，按下轿顶急停开关；通知（利用通信工具）在最底层厅门外的 B 员工。

③B 员工得知 A 员工确定信息后，放好厅门安全警示障碍护栏。使用恰当的进入设备（三角钥匙）打开厅门，用厅门限位器将厅门可靠固定在最小的开启位置，通知 A 员工拔出轿顶急停开关，以检修速度运行电梯，不运行视验证厅门回路有效。

④B 员工重新打开厅门，以标准姿势开足厅门，用厅门限位器固定厅门，扶靠墙壁伸手进入井道，打开照明，按下底坑的上急停开关，关门后，通知 A 员工以检修速度运行电梯，不运行视验证底坑的上急停开关有效。

⑤B 员工重新打开厅门，以标准姿势开足厅门，用厅门限位器固定厅门，沿爬梯进入底坑，按下底坑的下急停开关，沿爬梯退出底坑，扶靠墙壁伸手拔出上急停开关，关门后，通知 A 员工以检修速度运行电梯，不运行视验证底坑的下急停开关有效。

⑥B 员工重新打开厅门，以标准姿势开足厅门，用厅门限位器固定厅门，沿爬梯进入底坑，在底坑作业时将厅门关闭，由 A、B 员工上下配合工作。

2）内外配合式（A 员工在候梯厅，B 员工在下底坑）

①必备的工具：厅门钥匙、手电筒、厅门限位器。

②放好厅门安全警示障碍护栏，将电梯呼至最底层，检查是否有搭乘乘客，确保电梯轿厢里无乘客。在电梯内分别按上一层及最高层内呼按钮。

③B 员工让电梯在上行时打开厅门（切勿平层），使用厅门限位器将门关至最小；按外呼按钮，观察（大于 10 s）轿厢运行情况，不运行视验证厅门回路有效。

④B 员工重新打开厅门，以标准姿势开足厅门，用厅门限位器固定厅门，扶靠墙壁打开照明开关，按底坑的上急停开关，关门后，按外呼按钮，观察轿厢运行情况，不运行视验证底坑的上急停开关有效。

⑤B 员工重新打开厅门，以标准姿势开足厅门，用厅门限位器固定厅门，沿爬梯进入底坑，按底坑的下急停开关；沿爬梯退出底坑，扶靠墙壁伸手拔出上急停开关。关门后，按外呼按钮，观察轿厢运行情况，不运行视验证底坑的下急停开关有效。

⑥B 员工重新打开厅门，扶靠墙壁，顺爬梯进入底坑。

⑦A 员工将厅门可靠固定在最小的开启位置，B 员工开始进行底坑工作，A、B 内外呼应。

⑧如电梯尚未安装外呼按钮，或是已脱离了群控及并联，两名员工可以通过互相沟通，一人在轿厢内通过按内呼按钮的方法，来完成上述③④⑤程序的验证，电梯不运行视分别验

证厅门回路有效和底坑的上下急停开关有效。

注意

在上述验证的步骤中，验证的等待时间至少为 10 s。

（2）退出电梯底坑

1）打开厅门，将厅门固定在开启位置。

2）顺爬梯爬出底坑，关闭照明开关，拔出急停开关。

3）关闭厅门。

4）确认电梯恢复正常。

注意

在上述验证中，如发现任何安全回路失效，应立即停止操作，先修复电梯故障。如不能立即修复，则需将电梯断电、上锁、设标识牌。

（3）底坑安全作业要求

1）需一人在轿顶，且确保清楚的应答通话。

2）进入底坑前，放好围栏或警示牌，以防有人跌落。

3）进入底坑时，先打急停开关和井底照明灯，看清井底情况。

4）必须使用爬梯进出底坑。

5）工作时，注意对重、补偿链等运动部件带来的危险，与此类部件保持距离。

6）测试安全回路开关时，轿厢必须以检修方式向上移动。

7）工作完毕后，清除杂物、工具，保持清洁。

8）离开底坑时，确保厅门及井底检修门关好和锁好。

9）严禁自行爬梯开厅门，需由同伴员工为其开厅门。

3. 电梯机房作业规则

（1）始终保持机房入口处清洁畅通。

（2）随时清楚地知道最近的停止开关和主要电路断路器的位置。

（3）在对电梯任何一部分作业前，应先关闭相关电梯的电源，某些故障查找、调试操作除外。

（4）注意在控制系统之间可能存在电路互相连接，在接触带电部位之前应先进行测试。

（5）不可想当然地认为关闭某个安全设备开关后，将要作业的物体就是绝缘的。设计安全开关的目的是使电梯停止运行，而不是为了和所有电路隔开。在接触任何作业物体之前先测试，确保安全操作和关闭主要的断路器。

（6）确保防护装置始终置于固定位置，只有在维修保养时才可移开。

（7）注意机器可能随时意外地启动。

（8）注意旋转部件附近作业时，不应戴手套，收紧衣物以免被卷入而导致伤害。

（9）控制柜与主机高度差大于 500 mm，应在主机附近设高台急停开关，并设置安全警示标志及安全护栏。

（10）注意在移动或使用机房的金属设备时，设备可能带电。

六、电梯日常保养

1. 电梯运行时注意观察整体结构是否是正常振动，曳引电动机是否有异常噪声、漏油，轿厢或对重运行时是否有振动。

2. 检查曳引电动机抱闸能否正常打开，闸瓦与制动鼓之间的间隙应是0.7 mm，且上下一致。

3. 检查各厅门锁动作是否正常，有无卡阻，必要时可在销轴加注少量机油润滑。

4. 检查门机开关门动作是否正常，能否开门到位，必要时可调整摆杆位置，并在销轴加注机油。

5. 电气检查。检查各保险是否烧断，检查各行程开关、感应器是否动作正常，检查各门锁触头是否接合良好。

6. 润滑说明

(1) 曳引机减速箱使用220#齿轮油，每年更换一次。

(2) 轿厢导轨涂抹小量机油。对重导轨涂抹小量机油。

(3) 厅门及轿门导轨涂抹少量机油。

(4) 钢丝绳不能加油润滑。

任务实施

一、任务准备

实施本任务所需要的实训工具参见表3—2—2至表3—2—7。

二、电梯电气故障示范检修实例

SX－702型模拟电梯采用通用变频器＋PLC，并配套低压电气组成电气系统。其中电气控制系统方面主要依靠PLC，完成对电梯的启动、减速、停止、运行方向、选层停车、层楼显示、层站召唤、轿厢内指令、安全保护等信号进行处理和管理及对开关门电动机控制。要排除电梯电气控制系统方面的故障，必须充分理解PLC的控制程序功能。可根据上一任务中所介绍的PLC控制程序，将电梯电气故障分为层楼指示电路故障、安全电压继电器回路故障、门锁继电器回路故障、指令及召唤回路故障、指令记忆电路故障、开/关门电路故障和变频器控制电动机运行线路故障七大类。根据故障现象（在开关量控制方式下），通过程序电路分析，确定故障部位，然后通过万用表测量找出故障点，直至排除故障。

1. 层楼指示电路故障

这类故障造成的现象为电梯运行全部正常，只是在某层层楼指示失灵。

【例1】 电梯可上/下行，轿内指令、厅外召唤全部正常，1、3、4层层楼指示正常，2层层楼显示失效。

故障分析：因1、3、4层层楼指示正常，应能判定译码板工作正常，故障部位应为2层层楼输出继电器的输出线发生故障。PLC层楼继电器输出回路如图3—4—3所示。

检修过程：将电梯开至2楼，观察到2楼输出继电器Y20指示灯亮，断电，用万用表检查Y20输出回路。经测量，发现Y20B端至译码板B端开路。用导线将其短接，通电，层楼指示正常，故障排除。

检修小结：在模拟电梯中，层楼指示电路故障设置了三个，分别为1、2、3层层楼指示失灵。遇到此类故障，只需检查相应输出继电器回路。

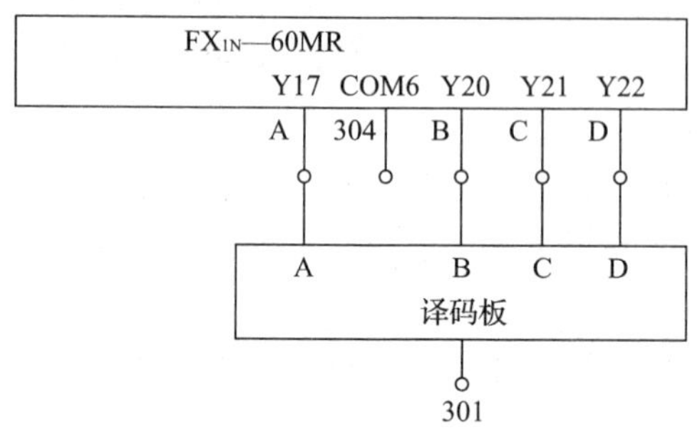

图3—4—3　PLC层楼继电器输出回路

2. 安全电压继电器回路故障

安全电压继电器回路发生故障时的故障现象为电梯不能上/下行，并且轿内指令、厅外召唤按钮失灵。

【例2】 电梯不能上/下行，轿内指令、厅外召唤按钮失灵。

故障分析：分析PLC程序知道，轿内指令、厅外召唤回路正常工作的前提必须是安全电压继电器回路正常，因此应检查安全电压继电器回路。安全电压继电器线圈回路如图3—4—4所示。

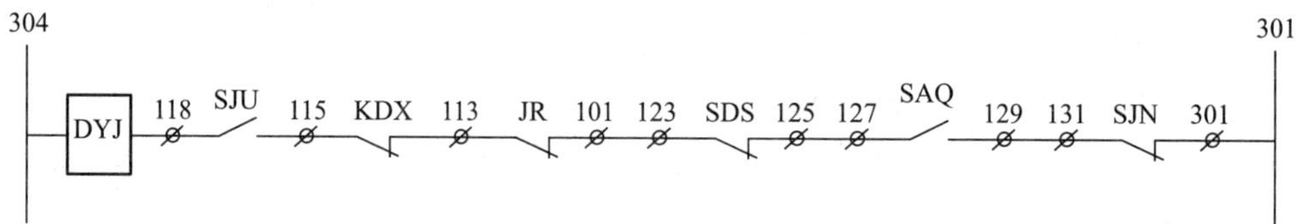

图3—4—4　安全电压继电器线圈回路

检修过程：打开控制柜门，观察电压继电器（DYJ），发现DYJ线圈指示灯不亮。断电，用万用表检查DYJ线圈回路。经测量，发现101至123线段开路。用导线将其短接，通电，DYJ线圈指示灯亮，轿内指令、厅外召唤正常，电梯工作正常，故障排除。

检修小结：在模拟电梯中，安全电压继电器线圈回路中设置了五个故障点。遇到此类故障时，应先检查DYJ线圈回路。

【例3】 故障现象同例2。

故障分析：根据例2分析，应先检查DYJ线圈回路，但发现DYJ线圈指示灯亮，所以DYJ线圈回路正常。根据PLC接线图知道，DYJ常开触头接入PLC的X5输入端。在DYJ线圈回路正常的情况下，应检查X5输入回路。PLC的X5输入回路如图3—4—5所示。

检修过程：打开控制柜门，观察到DYJ线圈指示灯亮，再观察PLC的X5输入继电器指示灯，发现该灯不亮。断电，用万用表检查X5输入继电器回路。经测量，发现DYJ常开触头310端至COM端开路，用导线将其短接，通电，X5输入继电器指示灯亮，轿内指令、厅外召唤正常，电梯工作正常，故障排除。

检修小结：在遇到轿内指令、厅外召唤按钮失效故障时，应先检查 DYJ 线圈回路，然后检查 DYJ 触头回路。在模拟电梯中，DYJ 触头回路设置了一个故障点。

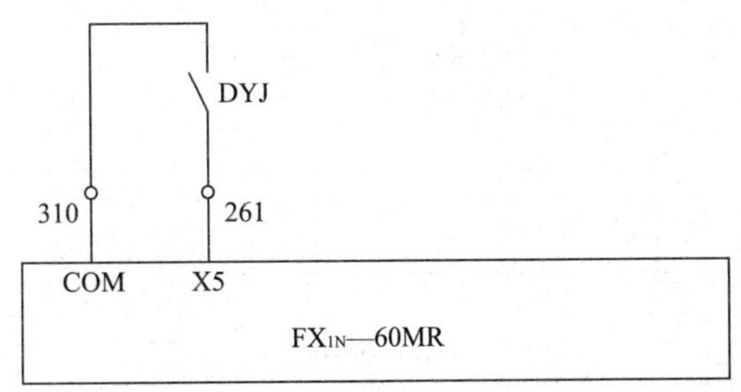

图 3—4—5 PLC 的 X5 输入回路

3. 门锁继电器回路故障

门锁继电器回路发生故障时产生的现象为电梯不能上/下行，轿内指令、厅外召唤能记忆，轿门时开时关。

【例 4】 电梯不能上/下行，轿内指令、厅外召唤能记忆，轿门时开时关。

故障分析：轿内指令、厅外召唤能记忆，说明安全电压继电器回路正常。轿门时开时关，说明开门继电器电路、关门继电器电路及门电动机电路工作正常。对开/关门电路进行分析可以知道，轿门、厅门的关闭，在程序中是用输入继电器 X006 接通来体现的。如果电梯关门动作超过 5 s（T3 定时器的设定时间），即 5 s 中 X006 没有接通，程序中的关门超时，自动开门继电器 M3 接通，电梯实行开门动作。而电梯开门时间超过 4 s（定时器 T6 的设定时间），使 M44 接通，又使 M45 失电，从而使电梯实行关门动作。如此周而复始，电梯轿门时开时关。所以产生以上故障的原因主要是 X006 输入继电器没有接通，而 X006 输入继电器是通过门锁继电器 MSJ 的常开触头来接通的。因此，故障部位是门锁继电器线圈回路和 X006 输入继电器回路。门锁继电器线圈回路如图 3—4—6 所示。

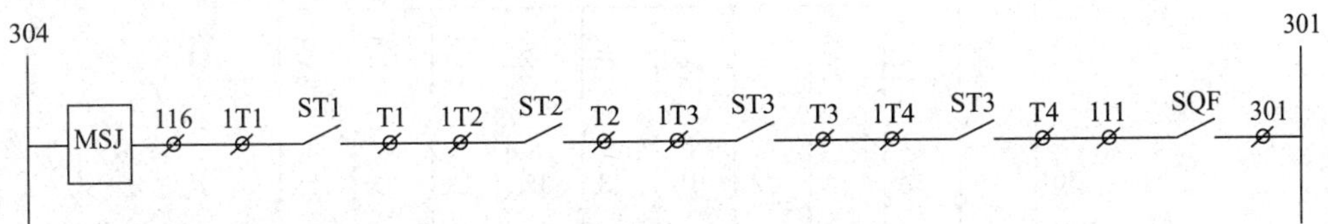

图 3—4—6 门锁继电器线圈回路

检修过程：打开控制柜门，观察门锁继电器 MSJ 线圈指示灯，发现该灯不亮。断电，用万用表检查 MSJ 线圈回路。经测量，发现 T1 至 1T2 开路。用导线将其短接，接通电源，门锁继电器 MSJ 线圈指示灯亮，电梯运行正常，故障排除。

检修小结：在模拟电梯中，门锁继电器线圈回路中共设置了四个故障点。

【例 5】 故障现象同例 4。

故障分析：同例 4。

检修过程：打开控制柜门，观察门锁继电器 MSJ 线圈指示灯，发现该灯亮，说明 MSJ 线圈回路正常。接着观察 X006 输入继电器指示灯，发现该灯不亮，断电，用万用表检查 X006 输入继电器回路。X006 输入继电器回路如图 3—4—7 所示。经测量，发现门锁继电器常开触头的310线开路，用导线将其与COM端接通，接通电源，X006输入继电器指示灯亮，电梯运行正常，故障排除。

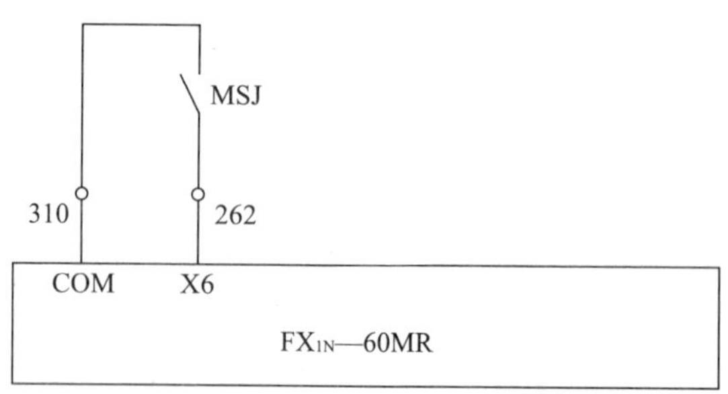

图3—4—7　X006输入继电器回路

检修小结：电梯若产生时开时关的故障现象，应检查X006输入继电器回路和门锁继电器线圈回路。检查时观察MSJ线圈指示灯及X006指示灯，若两个都不亮，应先检查MSJ线圈回路。在模拟电梯的X006输入继电器回路中设置了一个故障点。

4. 指令及召唤回路故障

这部分电路发生故障时的故障现象为电梯能上/下行，能自动平层停车，自动开/关门，只是某一层指令或某一个召唤按钮失灵。

【例6】 电梯能上/下行，召唤呼梯全部正常，2~4层轿内指令功能正常，但1层轿内指令失灵。

故障分析：召唤呼梯全部正常并且部分轿内指令功能正常，说明安全、门锁电路正常。在电梯中每一层轿内指令按钮对应了PLC的一个输入点X，由于只是1层失灵，因此故障部位应为1层轿内指令按钮输入点X20的输入回路。轿内指令及厅外召唤回路PLC接线图如图3—4—8所示。

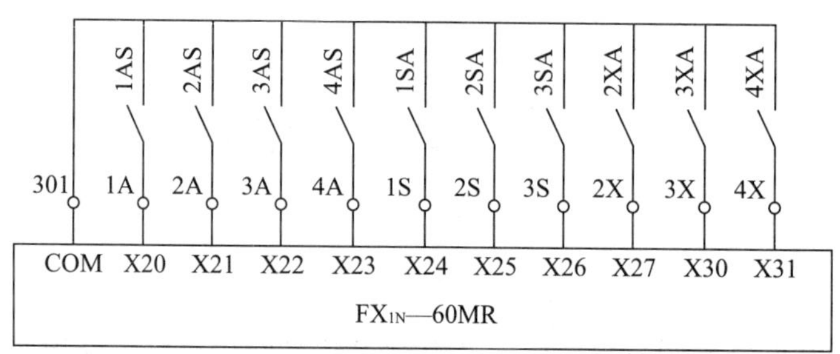

图3—4—8　轿内指令及厅外召唤回路PLC接线图

检修过程：打开控制柜门，按下1层轿内指令按钮，观察PLC的X20输入继电器指示灯，发现该灯不亮。断电，用万用表检查X20输入继电器回路。经测量，发现1AS导线断路，用导线将其短接，接通电源，1层轿内指令功能正常，故障排除。

检修小结：若轿内指令只是某层失效，应检查输入继电器端；若轿内指令几层甚至全部失效，应检查COM端。在模拟电梯中，轿内指令电路故障共设置了三个故障点，分别为1、2、3层轿内指令按钮失灵。

【例7】 电梯能上/下行，轿内指令功能全部正常，厅外召唤按钮除2层向上召唤按钮外全部正常。

故障分析：召唤呼梯全部正常并且部分轿内指令功能正常，说明安全电路和门锁电路正常。在电梯中每个厅外召唤按钮对应了PLC的一个输入点X，由于只是2层向上召唤按钮失灵，因此故障部位应为2层向上召唤按钮输入点X25的输入回路，如图3—4—8所示。

检修过程：打开控制柜门，按下2层厅外上召按钮，观察PLC X25输入继电器指示灯，发现该灯不亮。断电，用万用表检查X25输入继电器回路。经测量，发现2SA导线断路。用导线将其短接，接通电源，2层厅外上召按钮功能正常，故障排除。

检修小结：在模拟电梯中，厅外召唤电路中共设置了四个故障点，分别为1层上召、2层上召、2层下召和3层下召失灵。

5. 指令记忆电路故障

这部分电路发生故障时的故障现象为电梯能上/下行，轿内指令、厅外召唤功能全部正常，只是某一层轿内指令或某一个厅外召唤按钮的记忆指示灯不亮。

【例8】 电梯能上/下行，轿内指令、厅外召唤功能全部正常，但在按下2层轿内指令按钮后，电梯能响应该指令，2层指令记忆指示灯却不亮。

故障分析：在PLC程序中，每一个轿内指令输出继电器或每一个厅外召唤输出继电器旁都并联了一个内部通用继电器，而在PLC程序中参与逻辑运算的是内部通用继电器，输出继电器只用来接通信号记忆灯。根据故障现象，电梯能响应2层轿内指令按钮，但2层指令记忆指示灯不亮，因此故障部位应为2层指令输出继电器电路。记忆指示灯的输出继电器回路如图3—4—9所示。

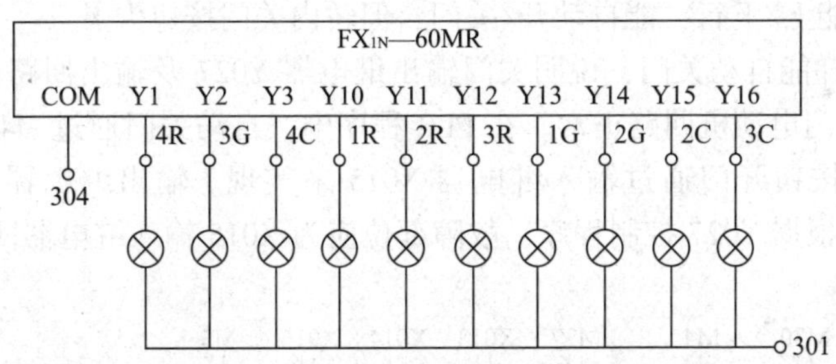

图3—4—9 记忆指示灯的输出继电器回路

检修过程：打开控制柜门，按下2层轿内指令按钮，观察2层指令输出继电器Y11指示灯，发现该灯亮。断电，检查如图3—4—9所示的Y11继电器输出回路。经用万用表测量，发现Y11至指示灯的2R线段开路。用导线将其短接，通电，将电梯驶离2层，按下2层轿内指令按钮，记忆指示灯亮，电梯响应该指令将电梯驶至2层，消去记忆信号，故障排除。

检修小结：若记忆电路发生故障，只需检查对应记忆指示灯的输出继电器回路。必须注意的是，记忆电路故障不能与指令及召唤电路故障混淆。它们的区别在于记忆电路故障能响应轿内指令和厅外召唤，而指令及召唤电路故障不能响应轿内指令和厅外召唤。在模拟电梯的记忆电路中共设置了三个故障点，分别为1、2、3层轿内指令无法记忆。

6. 开/关门电路故障

开/关门电路发生故障产生的现象为电梯开门或关门发生异常。

【例 9】电梯能上/下行，能自动开/关门，轿内开/关门按钮正常，但触板开关失灵。

故障分析：触板开关的作用是在电梯关门过程中，有物体被门夹住时，通过触板使开关动作，使电梯实行开门动作。根据 PLC 原理图可知，触板开关和开门按钮并联共用 PLC 的 X14 输入继电器。PLC 的 X14 输入继电器回路如图 3—4—10 所示。因轿内开门按钮正常，所以故障应为触板开关损坏或引线开路。

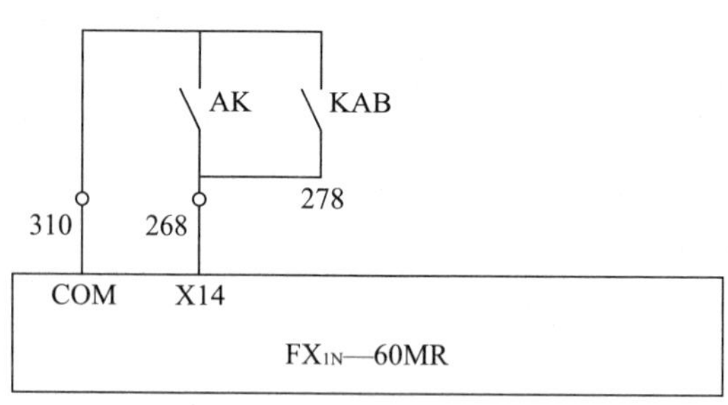

图 3—4—10　PLC 的 X14 输入继电器回路

检修过程：因故障部位相当明确，所以断电后直接用万用表检查触板开关及引线。经测量，发现触板开关一端引线开路。用导线将其短接，接通电源，触板开关功能恢复正常，故障排除。

检修小结：若轿内开门按钮正常，触板开关失灵，只需检查触板开关回路；反之，若触板开关正常，轿内开门按钮失灵，则应检查轿内按钮回路。在模拟电梯中，触板开关回路和轿内开门按钮回路各设置了一个故障点。

【例 10】电梯能上/下行，能自动开/关门，但轿内关门按钮失灵。

故障分析：电梯能自动关门，说明关门输出继电器 Y027 及输出回路正常，即关门继电器 GMJ 线圈回路及门电动机回路正常。在 PLC 程序中，自动关门通过 M45 辅助继电器的常闭触头来实现，而按钮开门通过输入继电器 X015 来实现。输出继电器 Y027 控制程序如图 3—4—11所示。根据 Y027 控制程序，故障部位应为 X015 输入继电器回路。

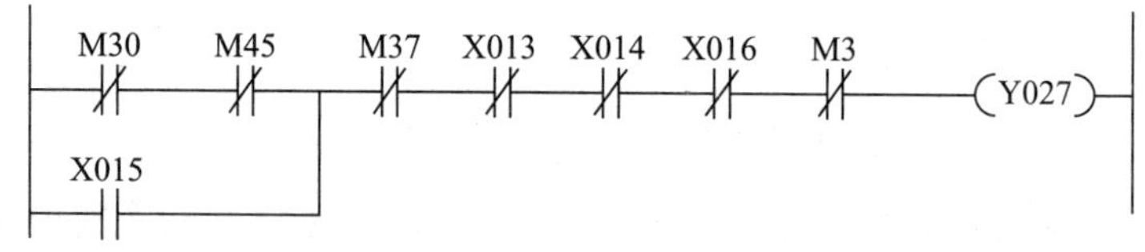

图 3—4—11　输出继电器 Y027 控制程序

检修过程：打开控制柜门，按下关门按钮，观察 X15（即 X015）指示灯，发现该灯不亮。断电，用万用表检查 X15 输入继电器回路，如图 3—4—12 所示。经测量，发现关门按钮 AG 的 310 线段开路。用导线将其短接，接通电源，按下关门按钮，电梯实行关门动作，故障排除。

检修小结：若自动关门正常，轿内关门按钮失灵，应检查 PLC 关门输入继电器 X015 回路。在模拟电梯中，X015 输入继电器回路中设置了一个故障点。

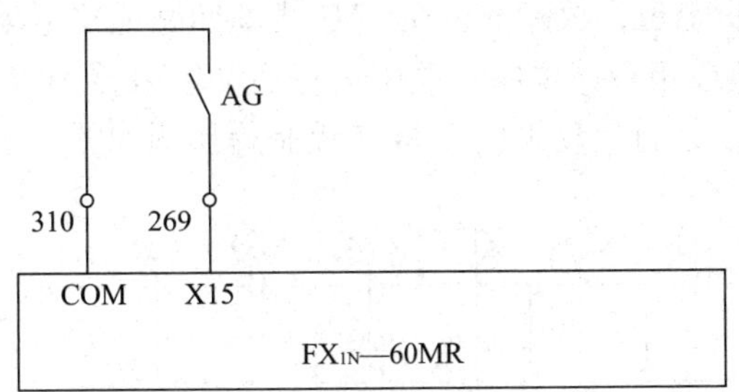

图 3—4—12　X15 输入继电器回路

【例 11】 电梯能上/下行，但电梯平层停车后不能自动开门，按下开门按钮同样无效，一段时间后，电梯能响应其他轿内指令或厅外召唤。

故障分析：电梯能上/下行，说明电梯运行线路正常。电梯平层停车后不能自动开门且按下开门按钮同样无效，根据 PLC 的控制程序，说明开门输出继电器 Y026（即 Y26）输出回路存在故障，即开门继电器 KMJ 线圈回路或门电动机回路存在故障。又因为一段时间后，电梯能响应其他轿内指令或厅外召唤，说明 PLC 程序中 X013（即 X13）输入继电器没有起作用。而 X013 由开门继电器 KMJ 的常开触头进行接通，由此可以确定故障部位为开门继电器 KMJ 线圈回路。开/关门继电器线圈回路如图 3—4—13 所示。

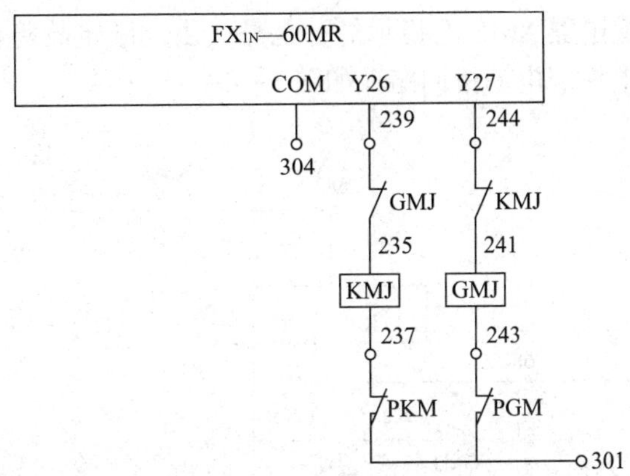

图 3—4—13　开/关门继电器线圈回路

检修过程：打开控制柜门，将电梯开至某层停车后，观察开门输出继电器 Y026（即 Y26）指示灯，发现该灯亮。再观察开门继电器 KMJ 线圈指示灯，不亮。断电，用万用表检查 KMJ 线圈回路。经测量，发现 KMJ 线圈至开门到位开关 PKM 之间导线开路。用导线将其短接，接通电源运行电梯，电梯能实现自动开门，按下开门按钮同样有效，故障排除。

检修小结：碰到此类故障，应着重检查开门继电器 KMJ 线圈回路。在模拟电梯中，KMJ 线圈回路中设置了两个故障点。

【例 12】 电梯能上/下行，但电梯平层停车后不能自动开门，按下开门按钮同样无效，能记忆其他轿内指令或厅外召唤，但不能响应。

故障分析：此故障现象与例 11 相似，因电梯平层停车后不能自动开门，按轿内开门按钮也无效，根据例 11 分析知道，故障部位在 KMJ 线圈回路或门电动机回路。在此现象中由于电梯不能响应其他召唤或指令，说明程序中运行启动继电器 M17 没有接通。而 M17 接通的条件是 X013 必须复位。运行启动继电器 M17 控制梯形图如图 3—4—14 所示。

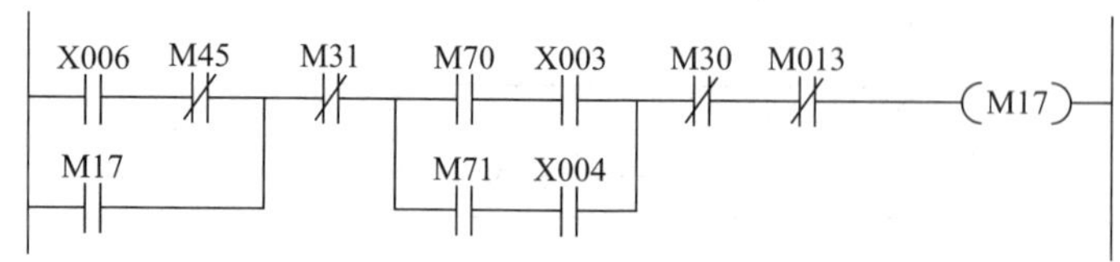

图 3—4—14　运行启动继电器 M17 控制梯形图

X013 由开门继电器 KMJ 常开触头控制，一旦 KMJ 线圈得电，输入继电器 X013 接通，M17 不能接通。开门继电器 KMJ 线圈的断电由开门到位开关 PKM 控制，电梯轿门一旦打开，开门到位开关 PKM 动作，KMJ 线圈断电，X013 输入继电器断电，启动运行继电器 M17 才有通电的可能。

如果开门继电器 KMJ 线圈得电以后，电梯不进行开门动作，则 KMJ 线圈永远也不会断电，电梯永远也无法响应其他指令和召唤。所以在这个故障现象中，KMJ 线圈回路正常，故障部位应该在门电动机电路中。

检修过程：打开控制柜门，观察开门输出继电器 Y026 和开门继电器 KMJ 线圈的指示灯，都亮。再观察输入继电器 X013 的指示灯，也亮，由此断定故障在门电动机电路中。断电，用万用表检查模拟电梯门电动机回路，如图 3—4—15 所示。

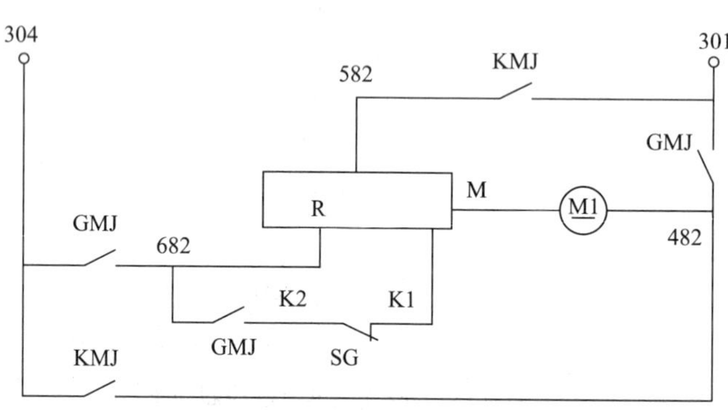

图 3—4—15　模拟电梯门电动机回路

经测量，KMJ 常开触头的 301 线段开路。用导线将该线段接通，接通电源，按下开门按钮，电梯能进行开门动作，也能响应其他指令或召唤，并能进行自动开门动作，则故障排除。

检修小结：电梯产生如上的故障现象，应能断定是门电动机电路发生故障，可直接检查门电动机电路。注意本例与例 11 的区别，例 11 电梯能响应其他指令或召唤，而本例不能响应。具体原因在故障分析中进行了详细分析，请读者自己体会。在模拟电梯中，这种故障在门电动机电路中设置了两个。

【例 13】 电梯能响应每一次轿内指令或厅外召唤，平层停车后能自动开门，但不能自动关门，按下轿内关门按钮同样无效。

故障分析：在电梯中，轿门的开启与关闭是通过门电动机的正转与反转来实现的。轿门的开启通过 Y026 接通开门继电器 KMJ 线圈来实现，轿门的关闭则通过 Y027 接通关门继电器 GMJ 线圈来实现。因电梯不能自动关门，也不能手动关门（按关门按钮），故应能判定故障部位在关门继电器 GMJ 线圈回路或门电动机电路。

检修小结：如果出现上面的故障现象，故障部位应该是在关门继电器 GMJ 的线圈回路或在门电动机电路中。如果 GMJ 线圈回路正常（通过 GMJ 线圈指示灯的亮暗来判断，亮说明 GMJ 线圈回路正常，不亮则说明 GMJ 线圈回路有故障），则检查门电动机电路。在模拟电梯中，GMJ 线圈回路和门电动机电路中分别设置了两个故障点。

7. 变频器控制电动机运行线路故障

变频器控制电梯电动机运行线路发生故障时的现象为电梯运行异常，包括电梯的单向运行、平层不准确、运行速度异常及电梯不能运行等。

【例 14】 电梯只能下行，不能上行，能自动平层，自动开/关门，层楼指示正常。在检修状态下，电梯也只能下行而不能上行。

故障分析：在电梯的控制线路中设置了检修开关，正常运行下检修开关处在关闭状态，这时电梯的运行通过 M17 运行启动继电器来控制。在检修状态下，检修开关状态为 ON，接通 PLC 中的辅助继电器 M30，这时电梯的运行通过 M30 来控制。在故障现象中，无论正常运行还是检修状态，电梯都不能上行。输出继电器 Y006 的控制程序如图 3—4—16 所示。图 3—4—16 中输出继电器 Y006 控制变频器的 STF 端，使曳引电动机正转拖动轿厢上行，不难判断，故障部位应为程序中的输入继电器 X010 的输入回路或输出继电器 Y006 的输出回路。

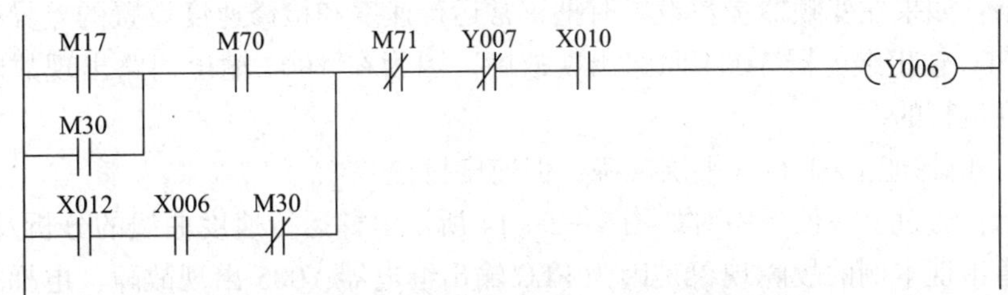

图 3—4—16 输出继电器 Y006 的控制程序

检修过程：打开控制柜门，观察输入继电器 X010 的指示灯，发现该灯不亮。断定 X010 的输入回路有故障。断电，用万用表检查 X010 的输入回路。经检查，发现上极限保护开关（SW）上的 310 线段开路。用导线将其接通，接通电源，X010 指示灯亮，电梯可上行，故障排除。

检修小结：如果电梯正常运行、检修运行都只能单向运行，则故障部位一定在 PLC 输出继电器回路或限位保护电路。在本例中如果按下轿内指令或厅外召唤按钮，使 PLC 中的上选择继电器 M70 动作，然后按下低于轿厢所处楼层的轿内指令或厅外召唤，电梯也应无响应。如果电梯正常运行、检修运行只能上行，应检查 PLC 输出继电器 Y007 的输出回路及下限保护电路，即 PLC 输入继电器 X011 的输入回路。在模拟电梯中，X010 输入回路、X011 输入回路、Y006 输出回路和 Y007 输出回路各设置了一个故障点。

【例 15】 电梯能上/下行，层楼显示正常，但平层不准，也不能自动开门，按下开门按钮同样无效。

故障分析：从上一任务变频器控制电动机的工作原理中知道，电梯运行速度曲线由变频器的 RH、RL、STF 和 STR 决定，即 STF 和 STR 端决定电梯的上行和下行，RH 和 RL 端决定电梯以何种速度运行。如电梯从 1 层驶向 2 层（上行），在正常情况下，PLC 的输出继电器 Y4、Y5、Y6 有输出，即变频器上的 RH、RL、STF 能接收到信号，变频器输出正序电源（假设上行为正序），电源频率从零迅速上升至额定值，同时输出继电器 Y0 为 ON，主电路接触器 QC 线圈得电，抱闸线圈 DZ 得电，曳引电动机松闸迅速加速至额定值，拖动轿厢上行。

通过以上分析可知，电梯的平层是通过门驱双稳态 PU 实现的，或者说电梯的平层是由变频器的 RH 端何时为 OFF 状态决定的。所以产生平层不准的原因是门驱双稳态 PU 移位（使 PLC 输出继电器 Y004 提前动作或滞后动作）或 PLC 输出继电器 Y004 输出回路断线。在本例中，电梯除了平层不准，还有不能开门的故障。通过对 PLC 开门继电器 Y026 控制程序的分析可知，正常运行下电梯的开门必须在平层区域，即 T0 动作的情况下。因此不能开门的原因可能是电梯不是停在平层区域，门驱双稳态 PU 移位基本可以排除。应着重检查 PLC 输出继电器 Y004 的输出回路。

检修过程：仔细观察轿厢的平层位置，发现轿厢没有停在平层区域，验证了上面的分析。打开控制柜门，断电，用万用表检查 PLC 输出继电器 Y004 输出回路。经测量，发现 Y004 上的 J4 线段开路。用导线将其接通，接通电源，运行电梯，轿厢平层正常，既能自动开门，也能手动开门，故障排除。

检修小结：如果在变频器参数设置时把正常运行速度和检修速度设置的差异很大，马上可以得出是 PLC 输出继电器 Y004 回路出现故障。因为在 Y004 输出回路出现故障时，电梯是以检修速度运行的。

【例 16】 电梯能上/下行，平层准确，但速度极慢。

故障分析：通过上一任务中对如图 3—3—14 所示电梯运行速度曲线的分析及例 15 的分析，不难知道出现本例的故障现象是因为 PLC 输出继电器 Y005 出现故障，电梯是在以爬行速度运行。通过对 PLC 程序的分析可知，故障部位只可能是 Y005 的输出回路。

检修过程：打开控制柜门，使电梯运行，观察到输出继电器 Y005 的指示灯亮。断电，用万用表检查 Y005 的输出回路。经测量，发现 Y005 的 J5 线段开路。用导线将其短接，接通电源，电梯运行正常，故障排除。

检修小结：在电梯运行中，这种故障现象是比较特殊的，也是很容易判断的，即变频器上丢失了一路信号，关键是搞清楚丢失的是哪路信号。

【例 17】 电梯不能上/下行，轿内指令、厅外召唤可记忆，手动开/关门正常，在检修状态电梯也不能上/下行。

故障分析：轿内指令、厅外召唤可记忆说明安全电路正常；手动开/关门正常，说明开/关门电路和门电动机电路正常。正常状态、检修状态都不能上/下行，故障部位应在曳引电动机主电路或主电路接触器的线圈回路。

检修过程：打开控制柜门，观察主电路接触器 QC，发现 QC 并没有吸合。再观察 PLC

输出继电器 Y0 的指示灯，发现该灯亮，说明故障在 QC 的线圈回路。断电，用万用表检查主电路接触器 QC 的线圈回路，如图 3—4—17 所示。

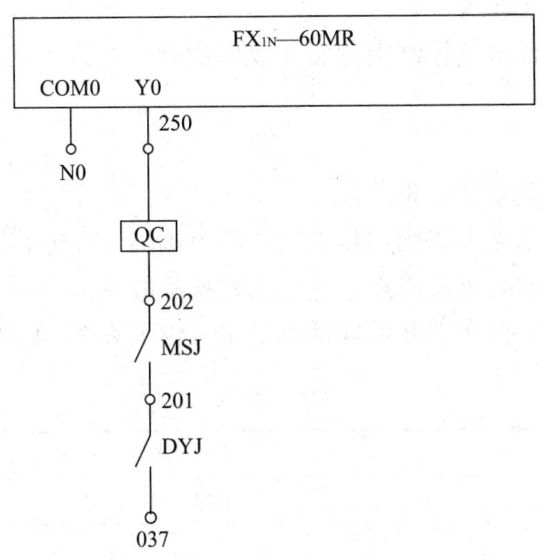

图 3—4—17 主电路接触器 QC 线圈回路

经测量，发现 QC 线圈的 202 线段开路。用导线将其短接，接通电源，电梯运行正常，故障排除。

检修小结：曳引电动机主电路接触器 QC 在动作时会发出比较大的吸合声，所以主电路接触器的好坏可直接通过 QC 的吸合声来判断。在模拟电梯中，QC 回路中设置了两个故障点。

【例 18】 正常工作下，电梯只能下行，任何一次轿内指令或厅外召唤，电梯都逐层平层停车—开门—关门—下行，一直到最底层。在检修状态下，电梯可上/下行。在电梯运行中层楼指示始终显示“4”。

故障分析：在检修状态下，电梯可上/下行，在正常状态下电梯也能下行，说明电梯的曳引电动机主电路、变频器以及 PLC 的运行线路没有故障。在电梯运行中层楼始终显示“4”，根据上一任务中对 PLC 层楼指示电路的分析，出现这种现象有两种可能：一种可能是电梯运行中减速感应器 1PU 没有动作，PLC 的输入继电器 X002 没有得到信号，使层楼继电器 M500 ~ M503 的数据不能移动，层楼指示不能变化；另一种可能是在电梯运行中 PLC 的输入继电器 X003 一直没有动作，使层楼继电器 M503 始终处于接通状态，层楼始终显示“4”。而在本例中电梯能够平层停车，说明减速感应器 1PU 能够动作，PLC 的输入继电器 X002 得到了信号。因此故障部位应该是在 PLC 的输入继电器 X003 回路中。

检修过程：打开控制柜门，将电梯驶离 4 楼，观察 PLC 输入继电器 X003 指示灯，灯亮，说明故障在 X003 的回路中。断电，用万用表检查输入继电器 X003 的输入电路。经测量，发现上强返减速感应器 GU 的 310 线段开路。用导线将其接通，接通电源，电梯运行正常，故障排除。

检修小结：在本例中由于上强返减速感应器 GU 断线造成电梯只能下行，层楼始终显示“4”，如果下强返减速感应器 GD 断线，就会造成电梯只能上行而不能下行，电梯层楼始终显示为“1”，一旦到达 4 楼，层楼显示为“4”。在模拟电梯中，分别在上、下强返减速感应器回路中设置了一个故障点。

三、电梯电气故障检修训练

在 SX－702 型模拟电梯电气控制柜背面的故障功能板上，任意选择两个电气故障点，在规定时间内排除故障。

检修步骤及要求如下：

（1）通电操作电梯，观察故障现象。

（2）根据故障现象，依据电路图初步确定故障范围，并在电路图中标出最小故障范围。

（3）采取适当检查方法查出故障点，并正确地排除故障。

（4）检修完毕进行通电试车，并做好检修记录，填入表 3—4—4 中。

表 3—4—4　　检修记录表

<table>
<tr><td>检修时间</td><td colspan="2"></td><td>检修人员</td><td></td></tr>
<tr><td>设备名称</td><td colspan="2"></td><td>设备型号</td><td></td></tr>
<tr><td>故障现象</td><td colspan="4"></td></tr>
<tr><td>在电路图中标出最小故障范围，并简要记录分析过程</td><td colspan="4"></td></tr>
<tr><td rowspan="3">查找故障点并排除</td><td>故障点</td><td colspan="2">检修步骤</td><td>排除方法</td></tr>
<tr><td></td><td colspan="2"></td><td></td></tr>
<tr><td></td><td colspan="2"></td><td></td></tr>
<tr><td>检修小结</td><td colspan="4"></td></tr>
</table>

注意

1）检修前要认真阅读分析电路图，熟练掌握各个控制环节的原理及作用。

2）工具和仪表的使用应符合使用要求。

3）检修时，严禁扩大故障范围或产生新的故障点。

4）在排除故障的过程中，不得采用更换电气元件、借用触头或改动线路的方法修复故障点。

5）停电要验电，带电检修时，必须有指导教师在现场监护，以确保用电安全。

任务测评

对任务实施的完成情况进行检查，并将结果填入表 3—4—5。

表 3—4—5　　　　评分标准

<table>
<tr><th>序号</th><th>项目</th><th>评分标准</th><th>配分</th><th>扣分</th><th>得分</th></tr>
<tr><td>1</td><td>故障现象</td><td>故障现象判断错误，每个扣 5 分</td><td>10</td><td></td><td></td></tr>
<tr><td>2</td><td>故障范围</td><td>（1）错判故障范围，每个扣 5 分
（2）未缩小到最小故障范围，扣 5 分</td><td>20</td><td></td><td></td></tr>
<tr><td>3</td><td>检修步骤和方法</td><td>（1）仪表和工具使用不正确，每次扣 5 分
（2）检修步骤不正确，每处扣 5 分
（3）检修方法不正确，每处扣 5 分</td><td>30</td><td></td><td></td></tr>
<tr><td>4</td><td>故障排除</td><td>（1）不能查出故障点，每个扣 5 分
（2）不能排除故障，每个扣 10 分
（3）扩大故障或损坏电气元件，扣 10 分</td><td>40</td><td></td><td></td></tr>
<tr><td>5</td><td>安全文明生产</td><td colspan="2">违反安全文明生产规定，扣 5～10 分</td><td></td><td></td></tr>
<tr><td>6</td><td colspan="3">定时 20 min 检修完成两个故障，每超时 5 min 扣 10 分</td><td></td><td></td></tr>
<tr><td colspan="2">开始时间：</td><td colspan="2">结束时间：</td><td>成绩</td><td></td></tr>
<tr><td colspan="2">学生姓名：</td><td colspan="4">教师签名：　　　　年　月　日</td></tr>
</table>

思考与练习

1. 简述电梯电气故障检修的一般方法。

2. 简述进出轿顶的程序。

3. 简述进出底坑的程序。

4. 若 SX－702 型模拟电梯产生如下故障现象，试确定故障部位。

（1）电梯能上/下行，轿内指令正常，召唤基本正常，只有 2 层下召按钮失灵。

（2）正常状态下，电梯只能上行，任何一次指令或召唤都会使电梯逐层平层停车开/关门、上行，直到最高层。检修状态下，电梯可上/下行，电梯在 1、2、3 层层楼显示为“1”，在 4 层层楼显示为“4”。

（3）电梯运行完全正常，但 2 层上召记忆灯不亮。

5. 若 SX－702 型模拟电梯发生如下故障现象，试分析可能产生的故障现象。

（1）1 层厅门开关 ST1 损坏（不能闭合）。

（2）安全电压继电器 DYJ 线圈开路。

（3）开门继电器 KMJ 线圈开路。

（4）关门到位开关 PGM 损坏（开路）。

（5）PLC 输入继电器 X001 的 321 线段开路。

课题四　复杂机床的电气测绘与改造

任务 1　C650 型车床电气控制线路的测绘

学习目标

1. 掌握电气控制原理图中的回路标号方式。
2. 掌握在相对标号法的方式下接线端子编号的基本原则。
3. 能完成 C650 型车床相对标号法的方式下电气控制线路的测绘。

任务引入

如图 4—1—1 所示为 C650 型车床电气控制原理图，它采用的电路标识方法是目前较为普遍的回路标号法。

本任务就是要求将图 4—1—1 所示的 C650 型车床电路采用回路标号法的标识方式改变为相对标号法的标识方式，并绘制出改变以后的电气原理图和测绘用电气接线图。

本任务目的是通过完成用相对标号法绘制 C650 型车床控制原理图和测绘用电气接线图，掌握相对标号法的线路标识方法，为下一个任务学习复杂机械设备电气线路的测绘做准备。掌握相对标号法的标识电路方法和测绘用接线图的绘制方法是开展复杂机械设备电气线路测绘工作的关键。

相关知识

一、电气控制原理图中的回路标号方式

要画出电气接线图，首先要明确现行国家标准对电气控制原理图回路标号的基本规定。目前电气控制原理图的回路标号有两种基本方式，分别是等电位标号法和相对标号法。

1. 等电位标号法

等电位标号法是指在接线端子处只注明它所连接对象在控制回路中的回路编号，不具体指明所连接的设备，它是按等电位原则编制的。在这种回路编号方式中，所有相同标号的线路和导线都是等电位的，即一般把相同标号的导线称为“一根线”。

2. 相对标号法

在相对标号法中，当绘制电气原理图时，每个元件的接线端子上标示的是该元器件自身的文字符号顺序号和端子编号；当绘制电气接线图时，在每个接线端子处标明它所连接对象的编号，表达的是两者之间的相互连接关系，某一元件端子上所连接的导线上标识的含义为

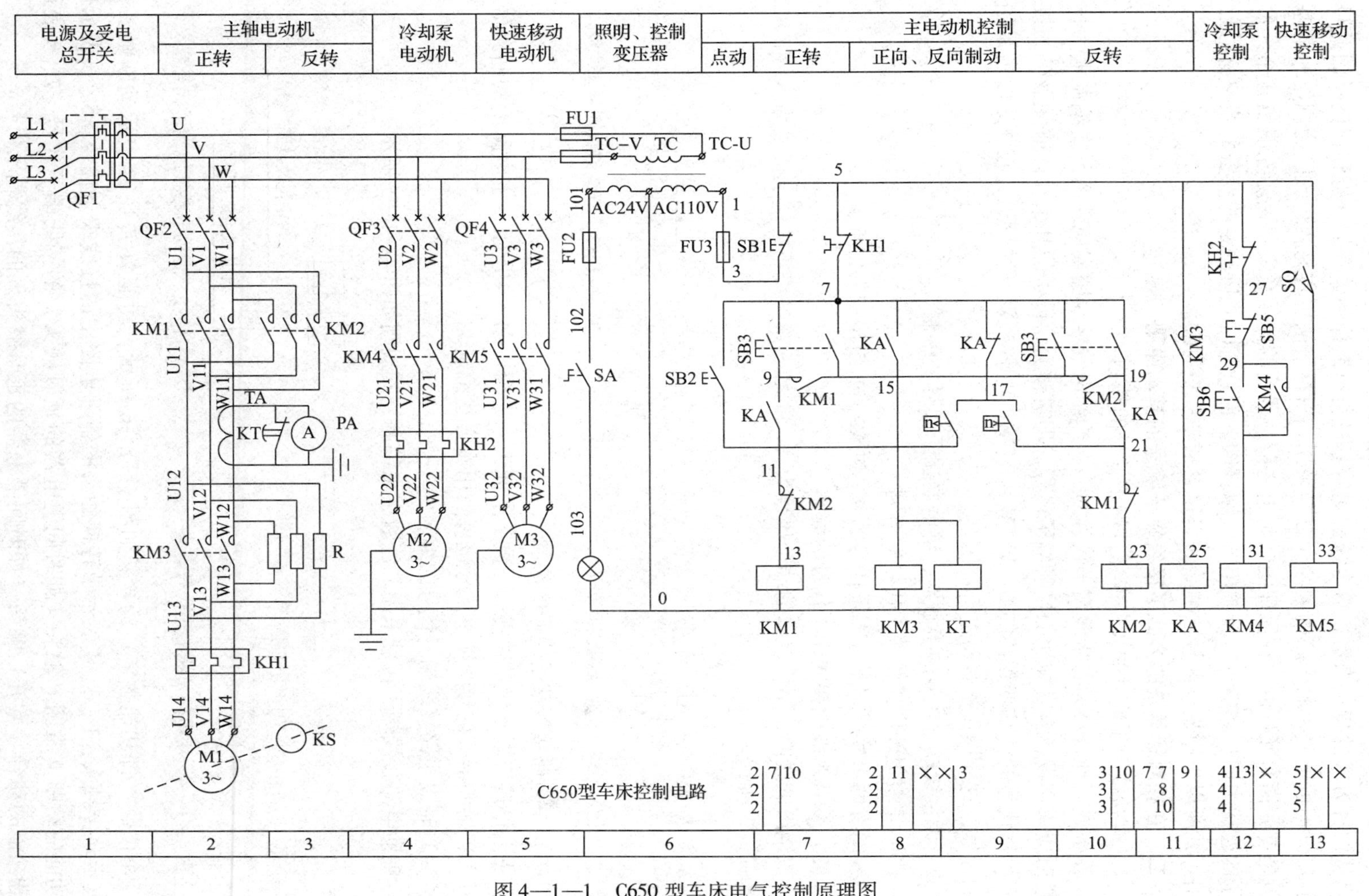

图 4—1—1　C650 型车床电气控制原理图

导线另一端元件端子的标号。

从两种方式的特点来看，等电位法更容易进行电路控制关系的分析和识读，因此目前应用较广。但就电气控制线路的测绘而言，采用相对标号法更容易实现，因为测绘时的基本方式就是首先面对元件的，在原理图未画出之前，线路的标号意义不大。弄清楚各个元件接线端子的连接去向，才能进一步画出电气原理图。而且有时候所测绘的设备的线路标号已经看不清了，所以采用相对标号法测绘时思路更清晰、更有效。

二、在相对标号法的方式下接线端子编号的基本原则

1. 有接线端子代号的设备或元件端子代号的编制

设备或元件自身标有接线端子代号的，在绘制电气接线图或原理图，或编制电气技术用文件时应采用设备自身标注的接线端子代号。即对被测绘设备的某个部件或元器件的接线端已有标称代号的（如变频器的 U、V、W，R、S、T 等接线端子标识），在测绘时就采用其自身的标号，这样操作更容易进行和识别。

2. 无接线端子代号的接触器、继电器端子代号的编制

（1）单绕组线圈接线端子代号的编制

线圈有两个接线端子，端子代号为 A1 和 A2，如图 4—1—2 所示。

（2）双绕组线圈接线端子代号的编制

双绕组的线圈，第一绕组的端子代号为 A1 和 A2，第二绕组的端子代号为 B1 和 B2，如图 4—1—3 所示。

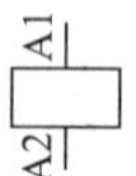

图 4—1—2　单绕组线圈端子

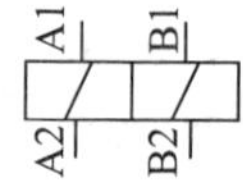

图 4—1—3　双绕组线圈端子

（3）主电路接线端子代号的编制

主电路接线端子代号采用一位数字来标识，如图 4—1—4 所示。主电路中的断路器、隔离开关、熔断器等的接线端子代号也可采用本方法编制。

（4）辅助电路接线端子代号的编制

辅助电路接线端子代号采用二位数字来编制，其规则如图 4—1—5 所示。

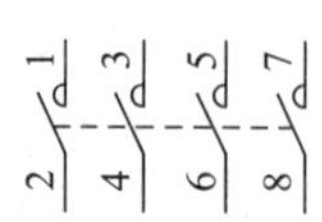

图 4—1—4　主电路接线端子代号意义

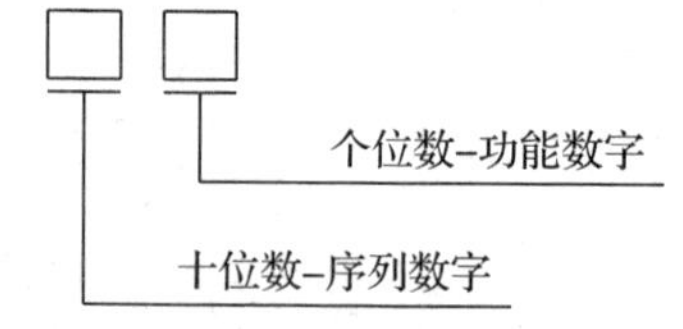

图 4—1—5　辅助电路接线端子代号意义

个位数（即功能数字）的含义如图 4—1—6 所示，功能数字 1、2 表示动断触头，3、4 表示动合触头，1、3、4 表示带转换触头的辅助电路中的接线端子代号，5、6 表示带特殊功能的动断（常闭）触头（如时间继电器的延时触头）的接线端子代号，7、8 表示带特殊功能的动合（常开）触头（如时间继电器的延时触头）的接线端子代号。

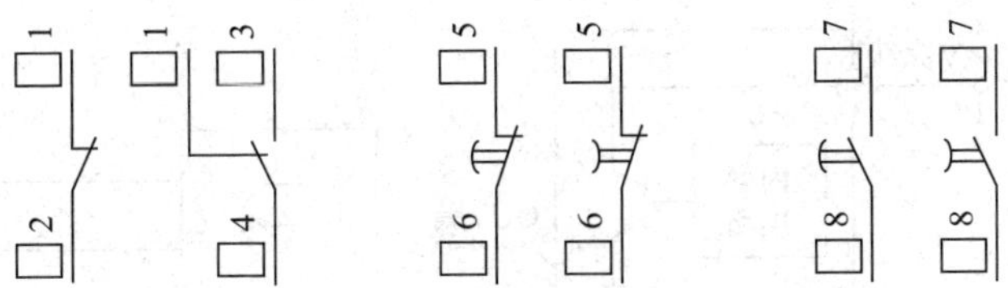

图 4—1—6　辅助电路接线端子的功能数字

十位数（即序列数字）的含义如图 4—1—7 所示，属同一触头的接线端子的序列数字相同，同一元件的所有触头具有不同的序列数字。

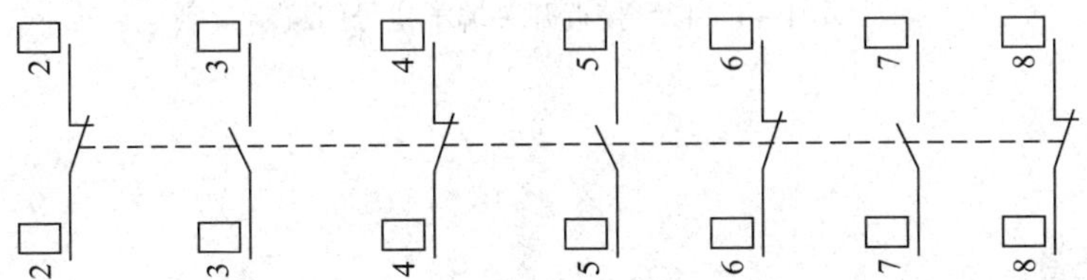

图 4—1—7　辅助电路接线端子的序列数字

辅助电路接线端子代号的编制实例如图 4—1—8 所示。

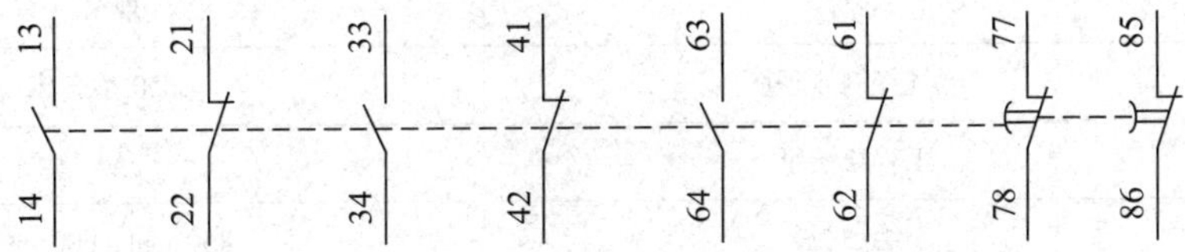

图 4—1—8　辅助电路接线端子代号的编制实例

3. 无接线端子代号的热继电器端子代号的编制

（1）主电路接线端子代号采用一位数字来表示，1、3、5 为起端，2、4、6 为末端，如图 4—1—9 所示。

（2）辅助电路接线端子代号的编制实例如图 4—1—10 所示。

4. 无端子代号的简单元件端子代号的编制

对于无端子代号的简单元件，采用一位数字来表示，如风扇、信号灯等元件。其起端为 1，末端为 2，其代号的编制如图 4—1—11 所示。

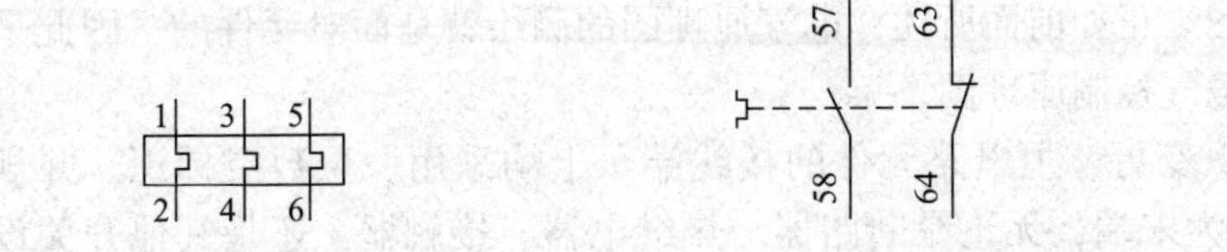

图 4—1—9　主电路接线端子代号示意图

图 4—1—10　辅助电路接线端子代号的编制实例

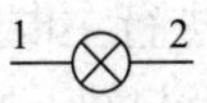

图 4—1—11　简单元件端子代号的编制

对于接近开关等三端元件，也可以采用一位数字按一定顺序进行标识，如图 4—1—12 所示。

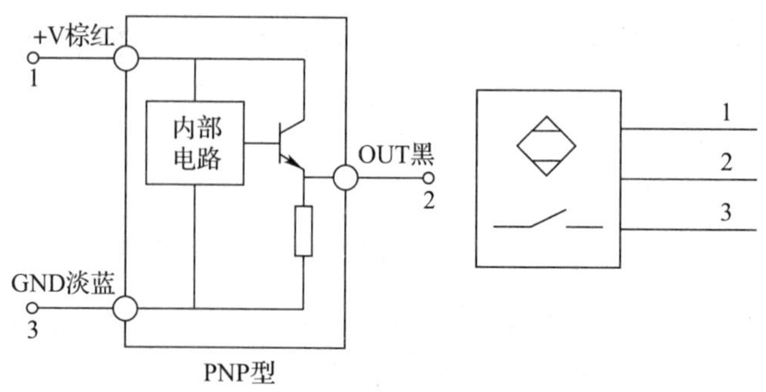

图 4—1—12　接近开关端子代号的编制

任务实施

一、任务准备

实施本任务所需要的实训设备及工具材料见表 4—1—1。

表 4—1—1　实训设备及工具材料

序号	名称	规格
1	电气控制原理图	C650 型车床
2	工程绘图纸	A4
3	绘图板	450 mm × 600 mm

二、绘制相对标号法方式下的电气原理图

1．主电路标号方式的改变

任务引入中给出的 C650 型车床电气控制原理图为等电位标号法绘制的，其主电路图如图 4—1—13 所示。

从图 4—1—13 中可以看到，电路标识只是标在线路上而非元件上，是依据等电位原则标识的，所有开关元件的接线端子上没有任何识别标识，只是经过了一个元件，线路标号就发生改变，因为开关元件的开关状态经过电压元件或电流元件，均会使元件两边的电位发生改变。这种标识方式非常有利于电气控制原理的分析和识读，却不利于在未知原理图的情况下绘制出目标的电气原理图。正如前面所述，电气原理图的测绘就是面对元件的，因此采用相对标号法更有利于绘制电气控制原理图。

首先进行主电路的标识变更。主电路元件的接线端子上均采用一位数字标识，并规定 1、3、5 为起端，2、4、6 为末端，无论是断路器、热继电器、接触器，还是其他开关设备均如此。因此，去掉原来回路上的等电位标识，对每个主元件的接线端子进行重新标识，改变后采用相对标号法标识的主电路图如图 4—1—14 所示。

在这种标识方式下的原理图中，很容易找到某一个元件接线端子的连接去向和连接关系，可以具体到连接目标元件的接线端子的标号，这对于绘制电气原理图是非常方便的。

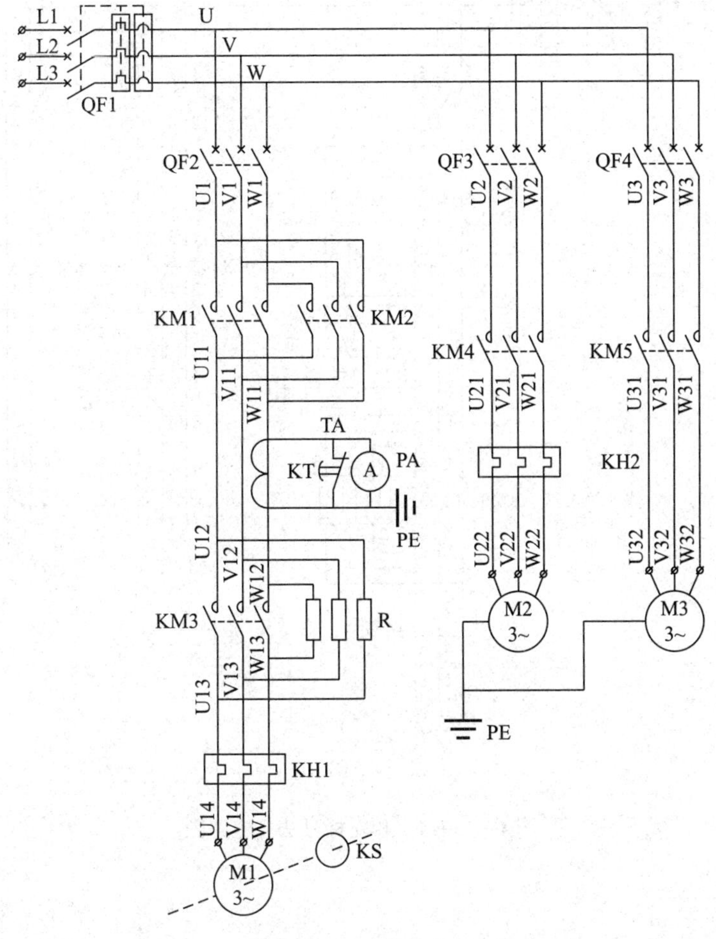

图 4—1—13　等电位标号法绘制的主电路图

2. 控制电路标号方式的改变

相对于主电路，控制电路的目标元件，由于其触头和接线端子较多，可采用两个数字符号进行标识，分别表示序列编号和功能编号。例如，继电器，由于其触头较多，均采用序列编号和功能编号组合进行标识。功能编号一般原则为 1、2 表示常闭触头，3、4 表示常开触头。对于一个触头，其序列编号是一致的，根据触头的多少，序列编号由小到大按顺序分布，如 13、14，表示第一个常开触头；23、24，表示第二个常开触头；21、22，表示第二个常闭触头。

对于端子较少的元件，如熔断器、行程开关等，一般可采用单数字标识方式。

对于按钮开关，一般只用一个常开触头或一个常闭触头时，也可以使用单数字来标识；如果使用的触头不是一个，则需要使用序列编号以便区分。

对于其他端子较多的元件，如控制变压器，其编号方式为从一次到二次，编号数字由小到大排列，且均使用单数字标识。

根据以上原则，其相对标号法的控制回路电路图如图 4—1—15 所示。

采用相对标号法的完整 C650 型车床电气控制原理图如图 4—1—16 所示。

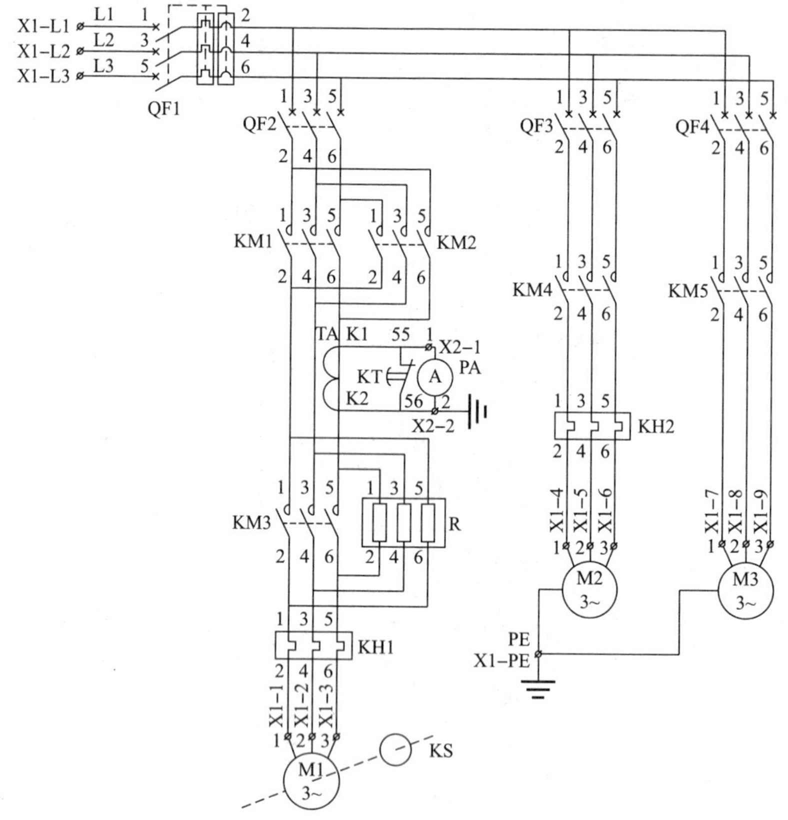

图 4—1—14 相对标号法主电路图

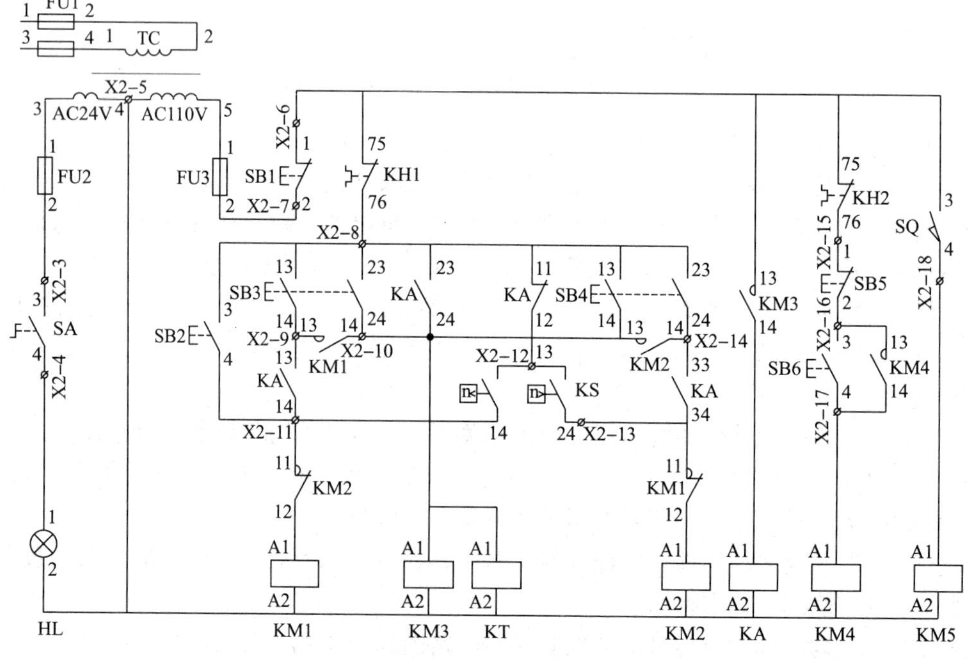

图 4—1—15 相对标号法的控制回路电路图

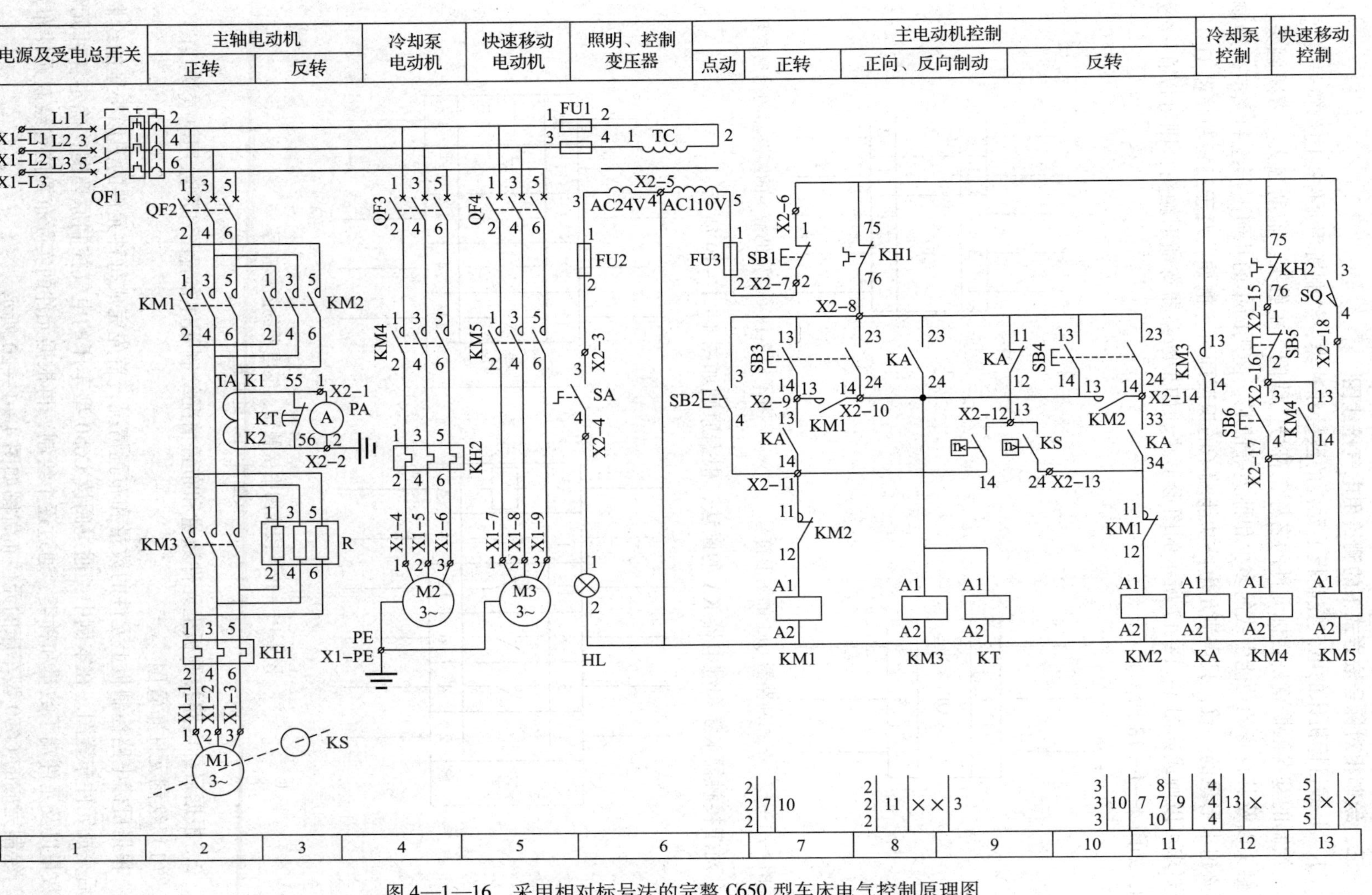

图 4—1—16 采用相对标号法的完整 C650 型车床电气控制原理图

三、绘制相对标号法方式下的测绘用电气接线图

1. 根据目标机床的电气控制板上元件的数量和种类，绘制所用元件的图形符号

绘制的基本依据就是目标元件的名称、符号、线圈、主触头、辅助触头、常闭触头、常开触头以及其自身的功能引线的多少和种类等情况，使用简单的几何图形绘制完成。绘制中不必追求形象的一致，只需满足电路功能端子的识读即可。例如，对于三相断路器 QF1，根据要求可以画成如图 4—1—17 所示的图形形状。如果断路器有辅助触头，则可以在一旁添加，如图 4—1—18 所示。

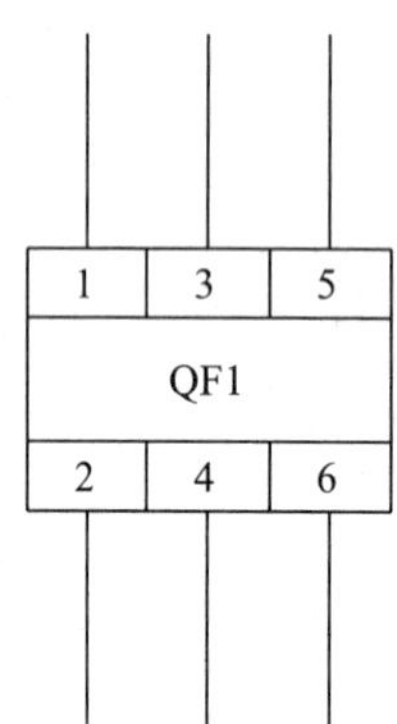

图 4—1—17　三相断路器 QF1 的图形符号

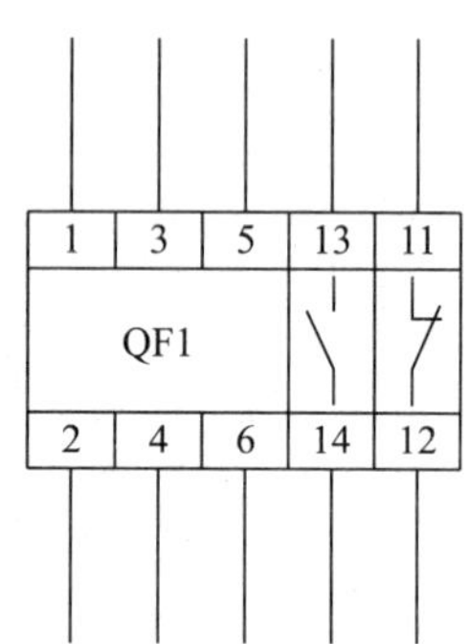

图 4—1—18　有辅助触头的断路器的图形符号

对于接触器 KM 和继电器 KA 的画法，根据原则如图 4—1—19 所示。

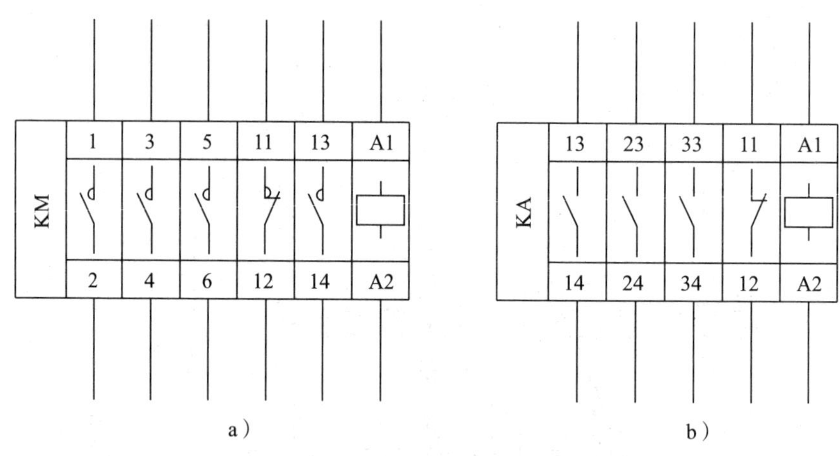

图 4—1—19　接线图中接触器、继电器的图形符号

a）接触器　b）继电器

2. 根据目标电路控制板上元件数量和布置情况绘制元件布置图和测绘用电气接线图

（1）绘制元件布置图

根据目标电路控制板上元件的数量和布置情况，首先完成每种元件的图形符号的绘制，然后完成元件布置图。在本例中，通过阅读 C650 型车床的电气控制原理图，确定各种元件的数量以及元件端子数量和种类，通过逐个绘制，再根据元件的实际布置位置绘制元件布置图，绘制完成的 C650 型车床的元件布置图如图 4—1—20 所示。

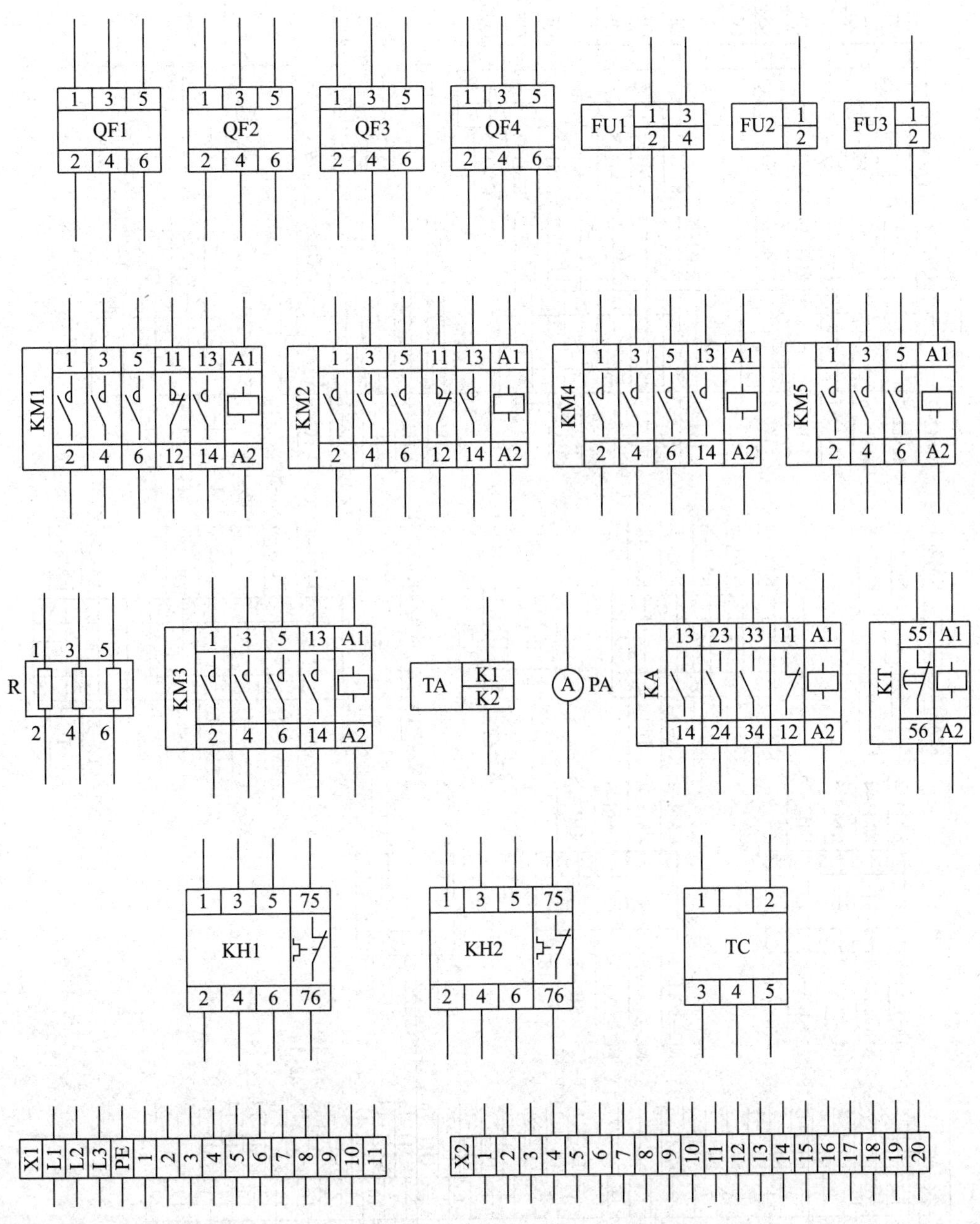

图 4—1—20　C650 型车床的元件布置图

（2）根据原理图绘制测绘用电气接线图

电气接线图的基本功能就是指导接线，要注意给每个元件的端子标注时，是根据其端子的连接去向进行标注的，根据需要可以标出一个去向或多个去向。根据以上要求，绘制完成的 C650 型车床的测绘用电气接线图如图 4—1—21 所示。图 4—1—21 中绘制元件的数量是指控制板上安装的元件种类和数量，对于安装于控制板以外的设备及元件可通过控制板上的接线端子进行连接，画在板外布置区。

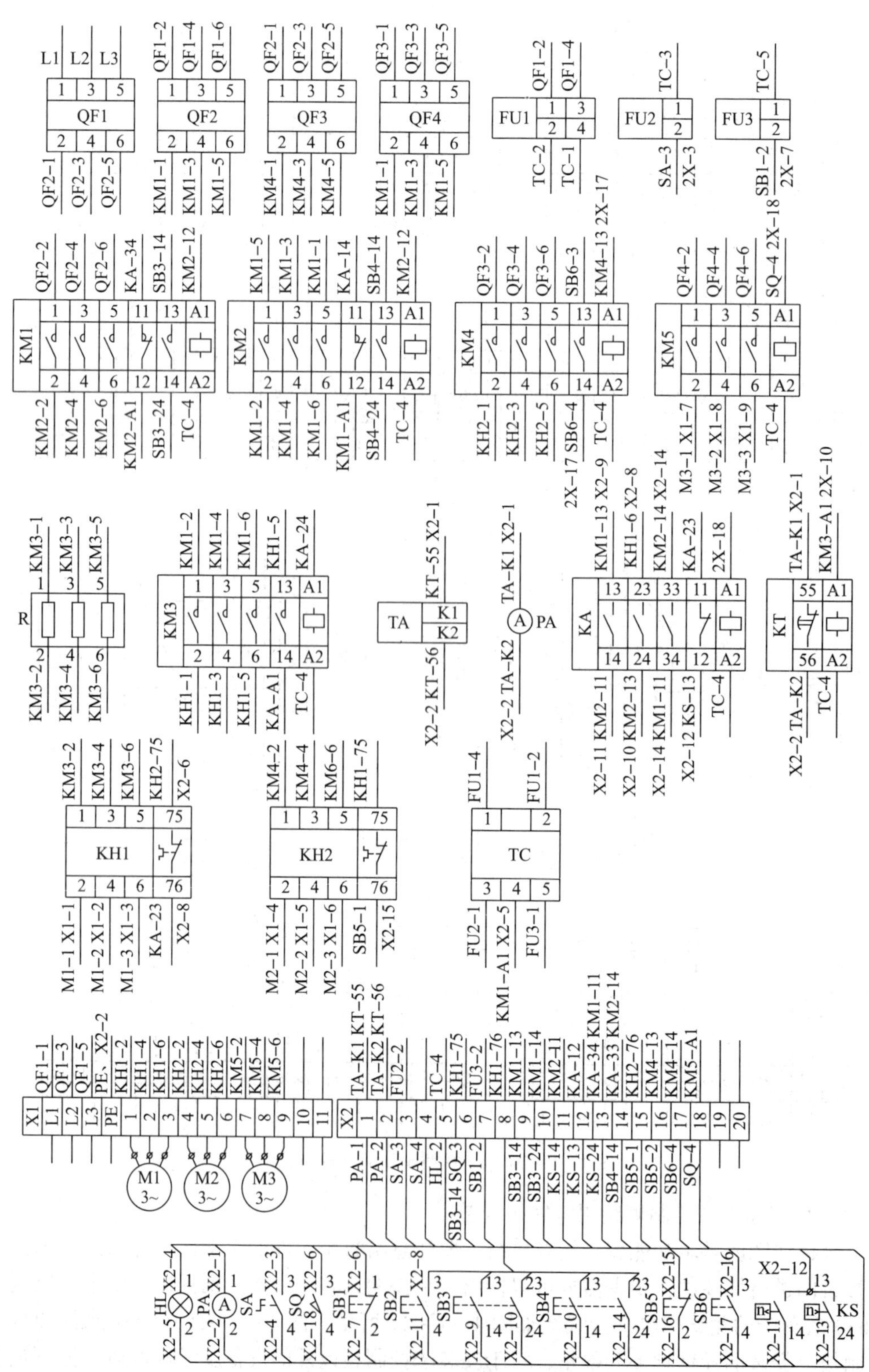

图 4—1—21　C650 型车床的测绘用电气接线图

之所以称为测绘用电气接线图，是因为其功能就是为满足电气线路的测绘使用的，它的绘制依据是已知的电气控制原理图。因此，如果反过来，依托测绘用电气接线图上元件连接关系，则同样完全可以进行它的逆向过程，即完成它的电气控制原理图的绘制，这就是电气测绘的基本工作思路和方法。

任务测评

对任务实施的完成情况进行检查，并将结果填入表4—1—2。

表4—1—2 评分标准

序号	项目	评分标准	配分	扣分	得分
1	绘制相对标号法方式下的电气原理图	（1）主电路标号方式有错误，每处扣1分 （2）控制电路标号方式有错误，每处扣1分	50		
2	绘制相对标号法方式下的测绘用电气接线图	（1）根据目标机床的电气控制板上元件的数量和种类，绘制所用元件的图形符号不正确，每个扣1分 （2）根据目标电路控制板上元件数量和布置情况，测绘元件布置图和测绘用电气接线图不正确，每处扣1分	50		
3	安全文明生产	违反安全文明生产规定，扣5～10分			
开始时间：		结束时间：	成绩		
学生姓名：		教师签名：	年　月　日		

思考与练习

1. 什么是电气回路的等电位标识法和相对标识法？
2. 简述电气元件接线端标识的基本原则和方法。

任务2　大型组合机床电气控制线路的测绘

学习目标

1. 了解复杂机械设备电气控制系统的组成特点。
2. 掌握复杂机械设备的电气测绘方法和步骤。
3. 能完成复杂机械设备电气控制线路的测绘。

任务引入

如图4—2—1所示为生产于20世纪末的某大型组合机床3#控制柜的面板图。该大型组合机床属于轻工机械中对产品进行清洁、干燥的设备，其核心控制部件为PLC，用于实现主要控制逻辑的处理；同时该系统又具有一定规模的继电器、接触器硬线逻辑以及自动化仪表、传感器等与之相配合，其整体电气控制系统颇具代表性，又能体现出的一定的复杂性和先进性。由3#控制柜面板图的布置和内容来看，此组合机床具有自诊断报警、温度记录、温度调节、手动/自动控制等功能，其控制系统具有相当高的复杂性。

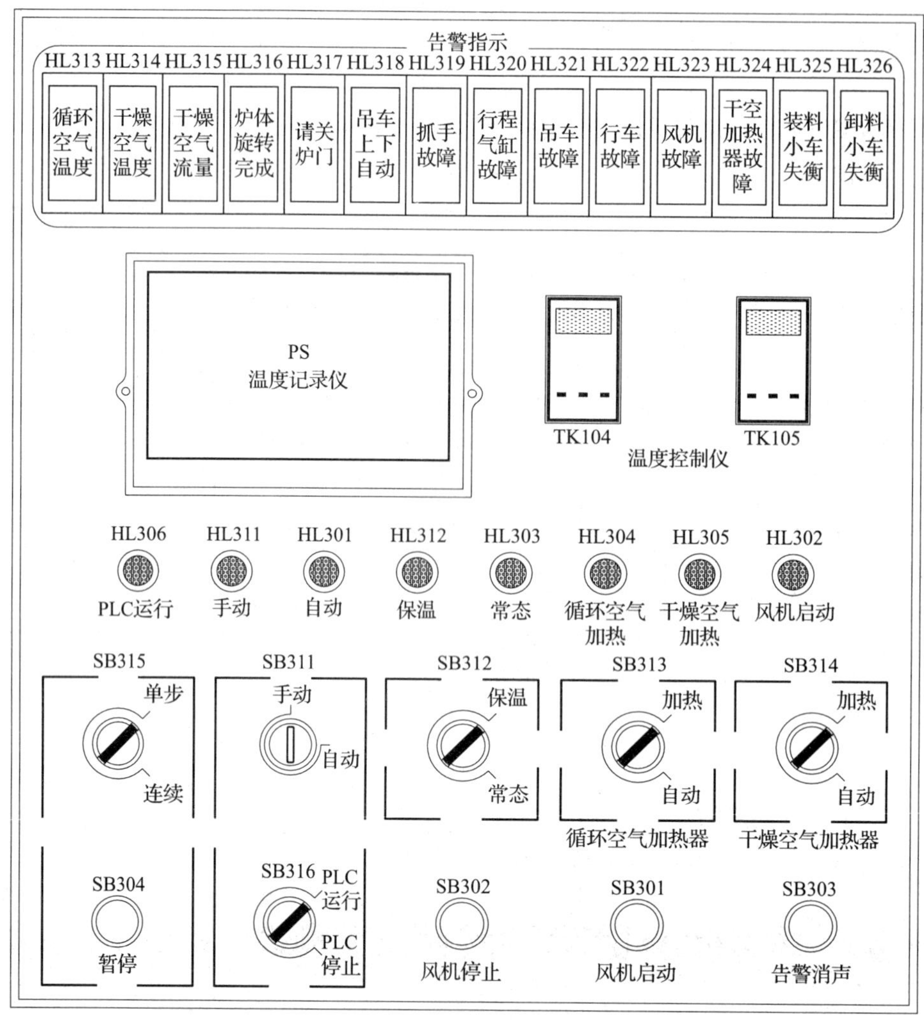

图4—2—1　某大型组合机床3#控制柜面板图

本任务就是完成如图4—2—1所示某大型组合机床3#控制柜的电气测绘。

相关知识

一、复杂机械设备电气控制系统的组成特点

复杂的电气控制系统是由简单的电气控制系统随着控制技术的发展和控制对象的需求而逐渐发展后形成的。复杂的电气控制系统归纳起来一般应具有以下特点：

（1）首先从规模来说总量要大，要由多种控制环节组合而成，且这些环节在控制功能的

要求下，既要相互配合，又要相互制约，而不是过多简单环节的堆积。

(2) 控制动作应比较复杂，控制系统能根据各类可靠的控制信息检测功能。比如位置检测、温度检测、压力检测、状态检测以及数量、长度等参数的变化能做出相应的输出控制动作；具有完善的保护措施和参数、信息显示功能；对控制动作复杂的自动生产线，应要求控制系统具有自诊断与报警功能。

电动机的启动、停止控制就是一个简单环节，但多个这样的环节的简单组合不能构成一个复杂系统。例如，如图4—2—2所示的电路图是某个用于城市排涝的排水泵站的水泵拖动电动机电气控制原理图，共有四台泵，每台泵就是一个开、停控制另加一个热保护，而且每台泵都是单独运行的，相互之间没有其他制约和配合，这样的控制系统就是典型的简单控制环节。

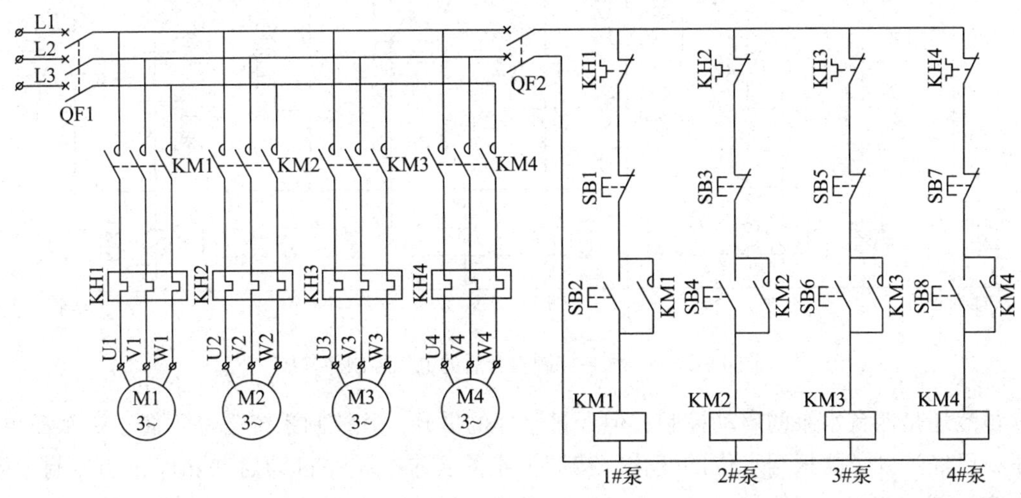

图4—2—2 简单控制环节

如果将其控制功能给予提升，赋予四台水泵自动控制的要求，例如，根据运行的实际需求，水泵的启动分为自动/手动两种控制方式。在自动的方式下，控制系统能够通过检测水位的高低来决定是否自动启动水泵抽水，如图4—2—3所示。

一般在水位控制中需要设置高、低两个水位控制检测点，分别配置两个水位传感器，由两个水位传感器的触头组成“与”逻辑，其中高水位信号是开泵信号，低水位信号为停泵信号。当水位正常时，水位会在高、低水位之间变化甚至低于低水位传感器，则水泵不启动。如果水位上升，只要不升至高水位检测点，仅仅是低水位传感器检测有效，水泵也不启动。如果水位继续升高，升至高水位，并使高水位传感器也有效时，其触头闭合，就会立即启动水泵抽水，从而完成水泵启动的自动控制。启动时可以先启动1#泵，由一台水泵开始排水，同时启动定时器KT1作为启动第二台泵的时间条件。经过一段时间的延时，定时器KT1定时时间到，如果这时跟KT1的定时常开触头“与”逻辑的高水位传感器还仍旧有效，说明水位未得到有效降低，1台泵运行不能满足排水的需求，控制系统马上自动启动2#泵。如果还不能有效降低水位，经过延时，3#、4#泵也会相继启动。当水位开始降低后，先使高水位传感器复位，由于高水位传感器的触头处于自保持状态，所以不停机，继续抽水。直到水位已经降到低水位检测点以下时，使低水位传感器也复位，其触头断开，系统自动停机。整个自动控制中，还能够通过指示灯显示水泵的运行状况。如图 4—2—3 所示是略去主电路部分的水泵控制提升后的电气控制原理图。

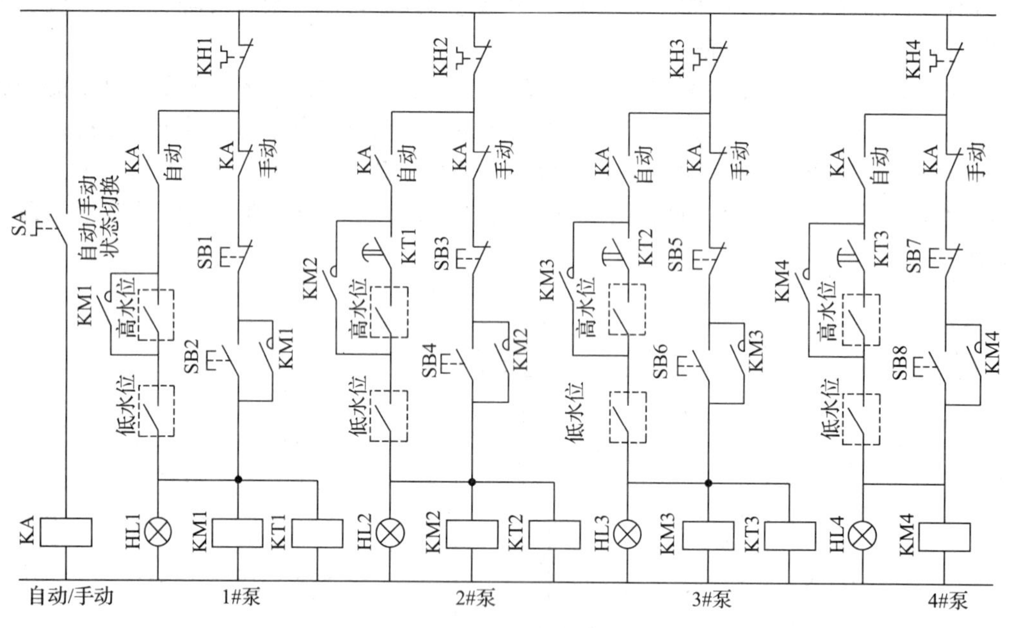

图 4—2—3 水泵控制提升后的电气控制原理图

虽然还是四台水泵的启动控制，但经过这样的提升，其控制系统已经不属于一个简单环节了，已经达到了能根据水位的变化，按照一定的要求，顺序自动启动和停止的控制功能。由于定时器的使用，既能使启动水泵的数量得到控制，还可以防止多台电动机同时启动时对供电系统的冲击，因此，这样一种控制方式的提升也是非常必要和实用的。

如果还是四台水泵的控制，把四台排水泵的使用功能改变一下，变成某个高层住宅的恒压供水控制系统，其电气控制就更为复杂了。在恒压供水工程中比较常见的控制方案多为一拖几模式，即用一台变频器控制多台电动机的运行方式。本例中为四台电动机，所以就以一拖四的控制方式来讨论。控制系统启动时，由变频器先启动 1#泵拖动电动机 M1，在变频器的控制下，M1 从低频开始平稳启动，然后逐渐加速。随着频率的增加，供水压力也随之上升，但如果加速至工频还不能满足压力要求时，则控制系统即刻将 M1 切到工频运行方式，由变频器马上启动 2#泵拖动电动机 M2。依次进行，直到变频器启动至某台泵后可以满足压力要求时，变频器通过该电动机的变频运行方式提供稳定的供水压力。一拖四方式的变频调速恒压供水控制系统主电路图如图 4—2—4 所示。

在这个恒压供水控制案例中，一般要由 PLC 或供水专用控制器进行逻辑处理，通过控制系统与变频器的配合，完成压力参数的判断和各个电动机的运行状态的切换控制。这样一个电气控制系统就应当属于一个复杂的电气控制系统了。

通过以上对四台水泵控制功能的演变，可以对复杂的电气控制系统有一个大概的判断和思考。在工程实践中，每一个复杂控制要求的提出，都应当是基于被控对象的实际运行需要。在电气控制中，所要求的自动化程度和可靠性越高，电气控制就越趋于复杂，同时成本也随之上升。

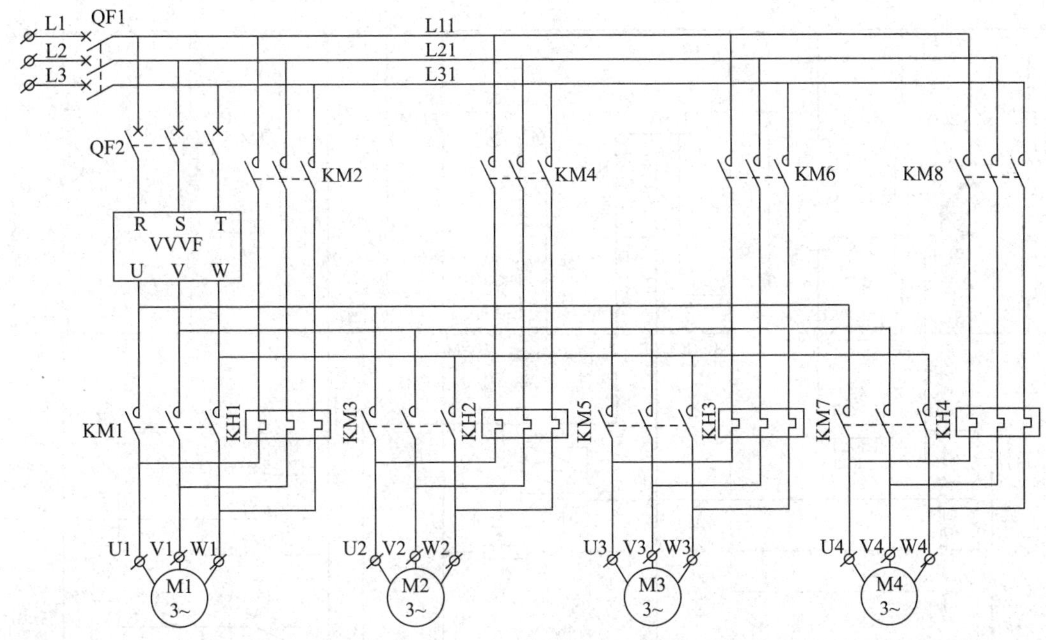

图4—2—4 一拖四方式的变频调速恒压供水控制系统主电路图

如图4—2—5所示是较为经典的A系列龙门刨床电气控制原理图，该系统应当属于复杂控制系统，它设计于20世纪60—70年代，在当时计算机控制技术和大功率固体变流控制技术还没有普遍应用，也能通过继电器逻辑和旋转变流控制技术完成工作台往复运动的自动控制，并可以在运行中自动实现工作台的前进、加速、减速、后退、加速、减速、前进的循环自动控制，并同时在该过程中完成进给动作的自动落刀切削、抬刀返程、自动进给量的控制等复杂动作的控制。其中如图4—2—5a所示为直流控制系统；如图4—2—5b、图4—2—5c所示为交流控制系统部分电路的原理图。

关于A系列龙门刨床的电气控制原理将在下一任务中介绍。

二、复杂机械设备电气测绘的基本分类和基本方法

复杂机械设备的电气测绘是一项非常必要又非常实用的专业技能，也是要成为高级电气维护人员必须掌握的一项技能。它在现阶段电气维护实际工作中的应用越来越多，有时甚至是解决问题的第一步骤和唯一手段。因为要想完成对复杂机械设备电气控制系统的维护，首先要分析出其基本的电气控制原理，然后根据故障表象做出判断。而要完成电气控制原理的分析，就要先有该设备的电气控制原理图。但是在实际工作实践中，有时会遇到因为种种原因而缺乏电气控制原理图和相关资料的情况，这时要想解决问题，就要先进行电气控制线路的测绘。

1. 复杂机械设备电气测绘的基本分类

根据任务的不同，所进行的电气测绘的方式和范围也不尽相同，在实际工作中应根据实际情况做出选择。

电动机放大机1.2kW
他励直流发电机
他励直流电动机
并励励磁直流发电机
电动机组在工作指示灯
后退行程抬刀
抬刀电磁铁控制
直流220V
工作台前进
工作台后退
越位减小
反向平稳
RP1 前进
RP2 后退
电流继电器
分流器

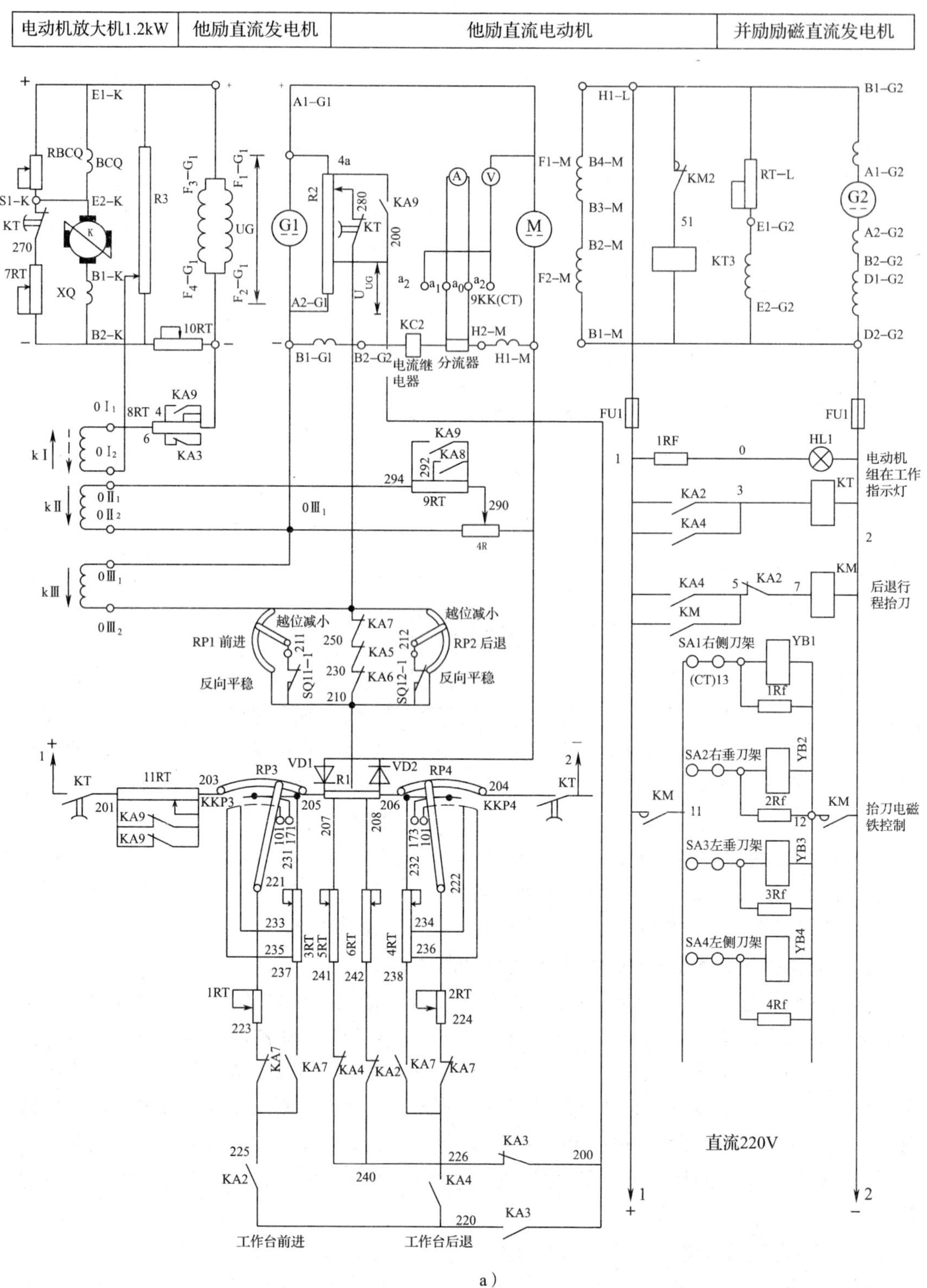

a）

控制变压器
电源接通指示灯
三联机组交流电动机Y－△启动控制
垂直刀架控制
右侧刀架控制
左侧刀架控制
横梁上升控制
横梁下降控制
横梁夹紧
横梁运行指示
TV380V/127V
FU2
HL2
2RF
101
102
700
KM1
KT1
KMY
KM△
KM2
KM4
KM5
KM6
KM7
KM8
KM9
KA1
KA10
KA11
KA12

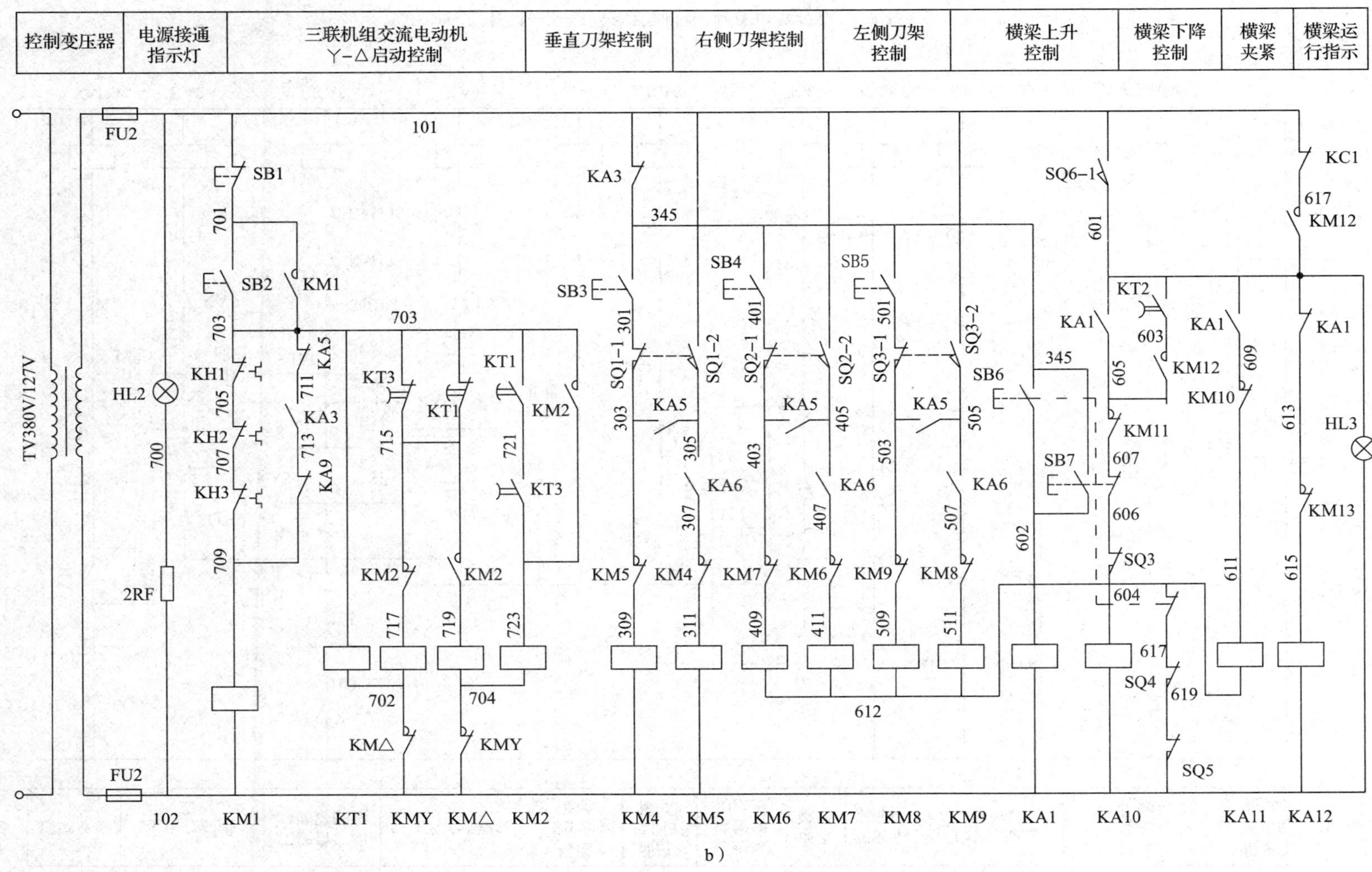

b）

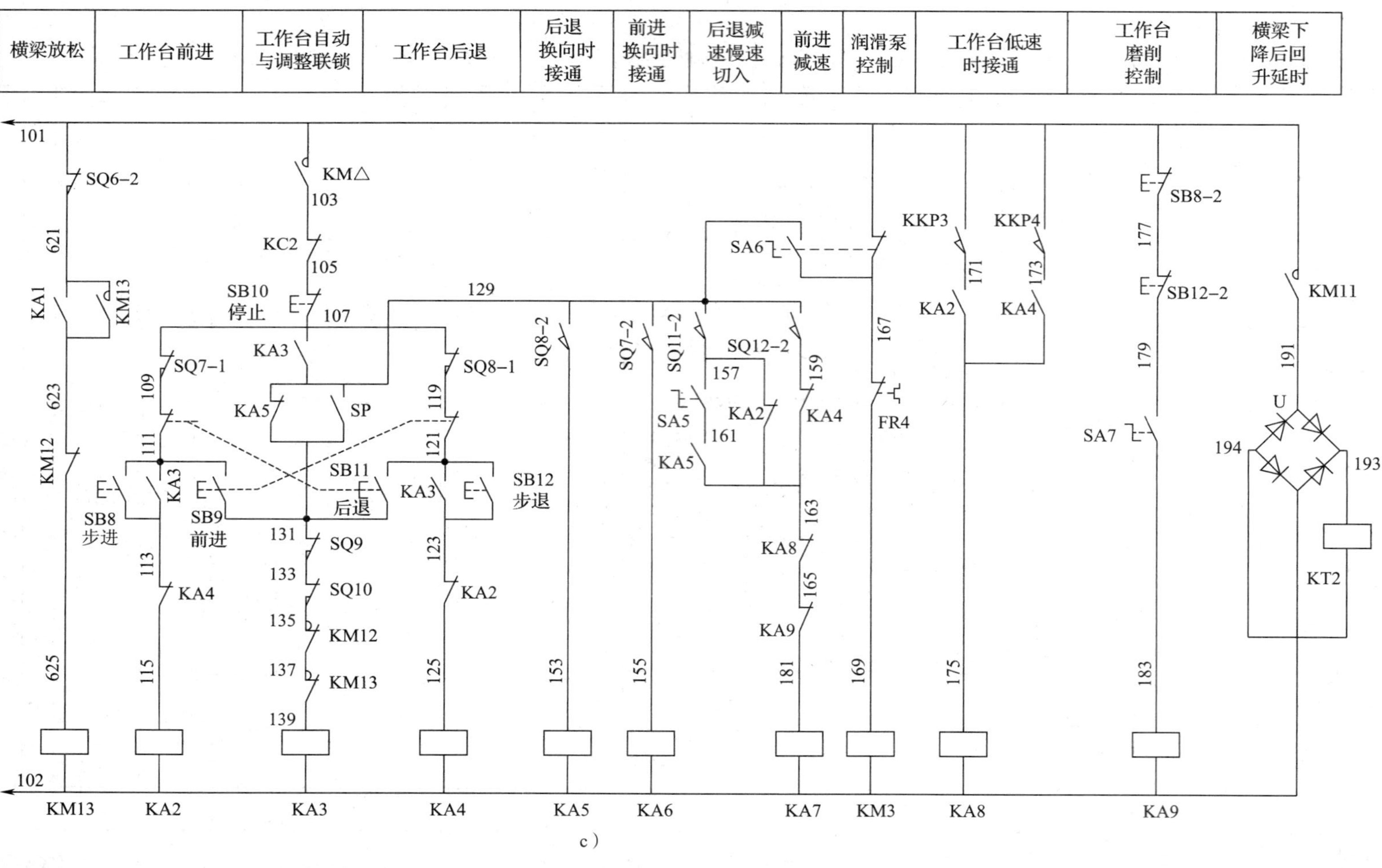

c）

图4—2—5　A系列龙门刨床电气控制原理图

a）直流控制系统　b）交流控制系统一　c）交流控制系统二

（1）整体测绘

为了满足进行电气维护和整理技术资料的需要，对目标设备的整个电气控制系统进行的电气控制系统测绘称为整体测绘。

在电气维护实践中，有时要面对无任何技术资料，且该设备在本企业的地位也比较重要的复杂机械设备。这时，应当赶在设备的基本状态比较完好的情况下，对该设备进行一次全面的电气控制系统测绘，即整体测绘。通过测绘为该设备建立起较为完整的电气技术资料，以应对今后的设备维护工作。

（2）局部测绘

为了满足维护和技术改造的需要，对电气控制系统的局部进行的电气控制测绘称为局部测绘。

在实际维护工作和设备技术改造中，对于某些重要设备出现的技术资料部分缺损或变更后技术资料不准确的情况，或者为了满足设备局部技术改造的需要，要掌握其现有控制原理和与其他环节的连接关系时，通常只是有目的地对某一部分或环节进行测绘，以达到维护和改造的目的。

从实际测绘的需要来看，局部测绘方式在实际工作中用得比较多，全面的整体测绘的情况相对较少。

2. 复杂机械设备电气测绘的基本方法

复杂机械设备电气测绘的基本方法是布置图—接线图—原理图法，首先绘制布置图，再绘制接线图，最后绘制原理图，这也是最常用的电气测绘法，具体步骤如下。

（1）根据被测绘目标设备的电气控制线路的现有状况，首先绘制该设备的各控制部分的电气元件布置图。

（2）通过测量和观察，绘制出该设备的电气测绘接线图。在这个过程中，每个电气元件的接线端子均采用相对标号法进行标识。

（3）根据该设备的电气测绘接线图，通过分析、统计、归纳、汇总等手段绘制出该设备的电气控制原理图。

三、复杂机械设备电气测绘的基本注意事项

1. 要根据设备的实际情况，包括控制方式、元件型号规格等信息，真实地进行记录和绘制，即使认为有诸多不先进或不合理的地方，也应当真实记录。因为这可能是获得该设备原始资料的唯一方法和最后机会，是今后进行维护和技术改造的基本依据和论证材料。应当完全杜绝在测绘时夹杂个人意志和愿望以及不尊重事实的行为，这对于重要设备或进口设备尤为必要。在实践中，必要时可以使用 DV 设备对一些重要环节进行影像资料的采集，以保留宝贵的第一手原始资料。

2. 测绘后要求留有较完整的技术资料，包括电气系统接线图、电气控制原理图、电气控制原理说明书（其中包含重要电气技术参数及调试记录）、电气设备及元件明细表。

3. 测绘完成后要按照设备原来现状，整理好被测绘的电气控制接线和设备出线，全面恢复设备应有的使用功能和运行状态。配合测绘来正确完善缺损和不清晰的电气标识和编号，消除测绘中发现的电气缺陷和隐患，对在恢复与完善中做出的任何修改都要认真做好记录。最后写出测绘总结，履行完手续和程序后，将整理好的完整技术资料一起存档。

4. 对局部测绘完成后不能实施修复和功能恢复的，应及时根据测绘结果提出技术改造的实施方案。

5. 这里所指的电气测绘，一般意义上是指电气设备硬线逻辑的测绘，主要用于指导本单位的设备维护，一般不提倡对电气控制设备的软件部分进行测绘。此外，对印制电路板的测绘，也是只对其外特性和基本控制功能，也就是说，对其输入、输出的控制信号和其要完成的控制功能进行测绘。然后根据测绘的结果，用目前较为先进的原件、组件以及控制方式对其进行重新设计以满足使用要求。一般不要求对 PCB 板的布线进行测绘来绘制原理图，因为有时候根本做不到，如面对多层板或元件信息缺失等。通常这样做的结果往往会事倍功半，有时候即使测绘出了电路原理图，也可能因为某些元件的过时，使得原线路板无法修复。

6. 电气测绘中进行电气测量时应注意的问题

（1）在测量每个元件接线端的导线连接去向时，被测导线的两端应当均处于拆线状态，以保证测量的正确性。

（2）测量时，使用万用表测量导线连接去向时，实际是电阻测量，是通过判断电阻的大小来确定是否是一根线。但由于导线的电阻较小，为保证测量的正确性，测量仪表的挡位必须正确。对于传统指针表，应将电阻挡置于 R×1 挡，并将表进行校零；对于数字万用表应置于 200 Ω 挡，测量时待表笔与导线连接良好并读数稳定后进行读数判断，一般不推荐使用二极管挡，因为可能使该挡电阻值范围较大，影响测量的准确性。

（3）测量时，为提高测量的准确性，万用表的表笔前端最好装设狼牙夹，如表笔不够长，可以使用 0.75 mm^2 以上 BVR 型导线加长过渡。工作时，可以两人配合工作，也可以一个人独自操作。操作时一边测量，一边作图。

（4）整个测绘过程应分片有序地进行，测量完成一根线或一个元件后应马上将其恢复原位，以防引起混乱。

（5）对测绘中遇到的开关元件，一定要准确判断其连接的常开、常闭触头的状态，并且在测量时开关两端的接线均应拆除，必要时可以将开关拆开。

任务实施

一、任务准备

实施本任务所需要的实训设备及工具材料见表 4—2—1。

表 4—2—1　　实训设备及工具材料

序号	名称	规格
1	某大型组合机床	3#控制柜
2	工程绘图纸	A4
3	绘图板	450 mm×600 mm

二、了解被测绘设备的基本组成部分及功能

该设备的主要组成部分见表4—2—2。

表4—2—2　　被测绘设备的主要组成部分

序号	基本组成部分	功能
1	炉体	完成产品清洁、干燥的主体，有两种热空气在炉体内循环，分别是循环空气，用于产品外部干燥；干燥压缩空气，用于产品内管路的清洁、干燥。炉体每半小时旋转一次，此时进行未加工产品的进入和加工完成产品的出炉
2	装料吊车	用于在装料位对未干燥产品进行吊装
3	卸料吊车	用于在卸料位对干燥完成的产品进行吊装
4	行车	往返于上料位、炉门和卸料位，用于运送产品
5	行进气缸	分为炉体旋转行进气缸，用于炉体旋转；装料行进气缸，用于将待加工的产品推向装料吊车，并将空的吊笼从装料吊车上拉下；进出炉行进气缸，用于产品的进炉和出炉；卸料行进气缸，用于将干燥完成的产品从卸料吊车上拉下来，同时将空的吊笼推向卸料吊车
6	循环空气通风机	将加热的空气在炉内循环
7	循环空气加热器	用于加热循环空气
8	干压空气加热器	用于干燥压力空气的加热
9	电气控制柜	该设备共设置6只电气控制柜，其中主控柜为1#、2#、3#柜，4#、5#、6#为现场按钮站。1#柜称为电气柜，装设电气总开关、电压表、电流表、各主要负载的交流接触器等；2#柜称为加热柜，装设循环空气和干压空气加热器的调控设备；3#柜为控制柜，装设PLC、各控制按钮及主令开关、各种仪表、报警显示以及硬线逻辑继电器。1～3#柜放置在设备的旁边，4～6#柜分别放置在各个控制现场。其中4#柜在装料位；5#柜放置在卸料位；6#柜则放在炉门前

三、测量带电情况下的基本电气参数

如果被测绘的设备是可以通电的，在进行测绘的开始应先将能够测量确定的电气参数尽可能详细地记录下来，其中包括电压等级、极性以及各种开关的通断状态等。

注意

带电测量工作应一人测量，一人监护，测量的全程都要求由该设备的操作者予以配合。实际操作时应严肃认真，一丝不苟，以防人身及设备事故的发生。对可以通电动作的部分应验证其动作的功能，包括启动、停止、方向、速度等；对于仪器、仪表应在通电的情况下查看其设定值；对同一种元件在同样通电情况下所显现的不同表象，应做好记录。以上的基本参数是珍贵的第一手资料，一定要认真做好，以便在今后的绘制原理图和设备维护时作为依据。

四、标识电气控制箱内的元件和现场的元件及部件

在做标识时，对原标识清晰、完整的设备，原则上遵循其原标识，只对某些不完整或不

清晰的地方做必要的补充；但对原标识根本看不清，或经过长期的过渡维修原标识已不成体系时，可以进行全面重新标识。如有条件，在做标识前，使用数码相机将现场的原状态进行拍照记录作为第一手资料存档。

注意

在进行此步工作时，应切实确保被测绘设备的电源总开关处于有效关断的状态。如果该设备的电源总开关断点不明显，断电后应验电并悬挂“有人工作，请勿合闸”停电警示牌，或考虑对开关出线实施拆除，以确保整个测绘过程的安全。

五、绘制测绘用电气接线图

绘制目标设备的测绘用电气接线图是完成一个复杂机床电气测绘的关键。而完整的测绘用电气接线图是成功完成电气原理图测绘的先决条件。复杂机床电气接线图的基本标识方式就是采用相对标号法，即面对元件端子的一种绘制标识方式。

下面分步骤对 1 ~ 6#柜的电气布置分别展开整体测绘，其中 1 ~ 3#柜是测绘的重点。

1. 根据现场实物的元件安装状态绘制电气元件布置图

在标识工作结束后，先绘制电气元件的布置图，即把各种元件在控制箱中的相对位置关系用简单的符号绘制在一张图纸上。此图不要求有精确的尺寸和严格比例，但一定要全面，不得遗漏。如图 4—2—6 所示为本例中 1#柜的元件布置图。

在图 4—2—6 中，因篇幅所限，元件位置做了一点调整，其中电源总开关 QF101 的位置基本准确，但画在下面的电压表、电流表及其转换开关装在前门上；SB101、SB102 及分、合闸指示也装在前门上；风扇安装在柜顶部；安全灯在配电盘的上部，其开关 SQ101 装在柜的顶部，其动作由前门碰触，即当在通电的情况下打开柜门时，安全灯点亮示警。

2. 绘制测绘用电气接线图

在图 4—2—6 的基础上，可以进行电气接线图的绘制。从电气设计角度看的话，电气接线图是指导电工装配电气控制箱时配线用的，属于电气配线的工艺图样。有了这张图，配线人员不必去读懂其电气控制原理，只要按照接线图就能完成装配，该图属于电气配线的工艺用图。在电气测绘中的电气接线图是用于绘制电气原理图的，它是完成电气控制原理图测绘的基本工艺过程之一。因此，由于作用的不同，画图的内容和方式也有所不同，所以称为测绘用电气接线图，或简称测绘接线图。

绘制接线图是一项细致而烦琐的工作，操作中应认真细心、一丝不苟。工作中要发扬团结协作的精神，要克服随意性和怕麻烦的思想，这是将来画出正确原理图的根本保证。每一个端子的接线都要准确无误、忠于事实，切忌凭感觉或联想而出现不应有的错误，所谓“差之毫厘，失之千里”的说法来形容此项工作应当是比较贴切的。

如图 4—2—7 所示为绘制完成的 1#柜测绘接线图。图 4—2—7 中，接线端子外连的电动机是考虑到本图是出现在教材上而画上去的，实际的测绘接线图只标注外接目标设备及元件的名称即可，这样更方便读图，目标元件不必画出。例如，在真实的测绘中，在现场可以看到外连的电动机，因此就可以标出端子标号。但教学时有可能不在现场，因此画出电动机，用以表达外连目标部件。

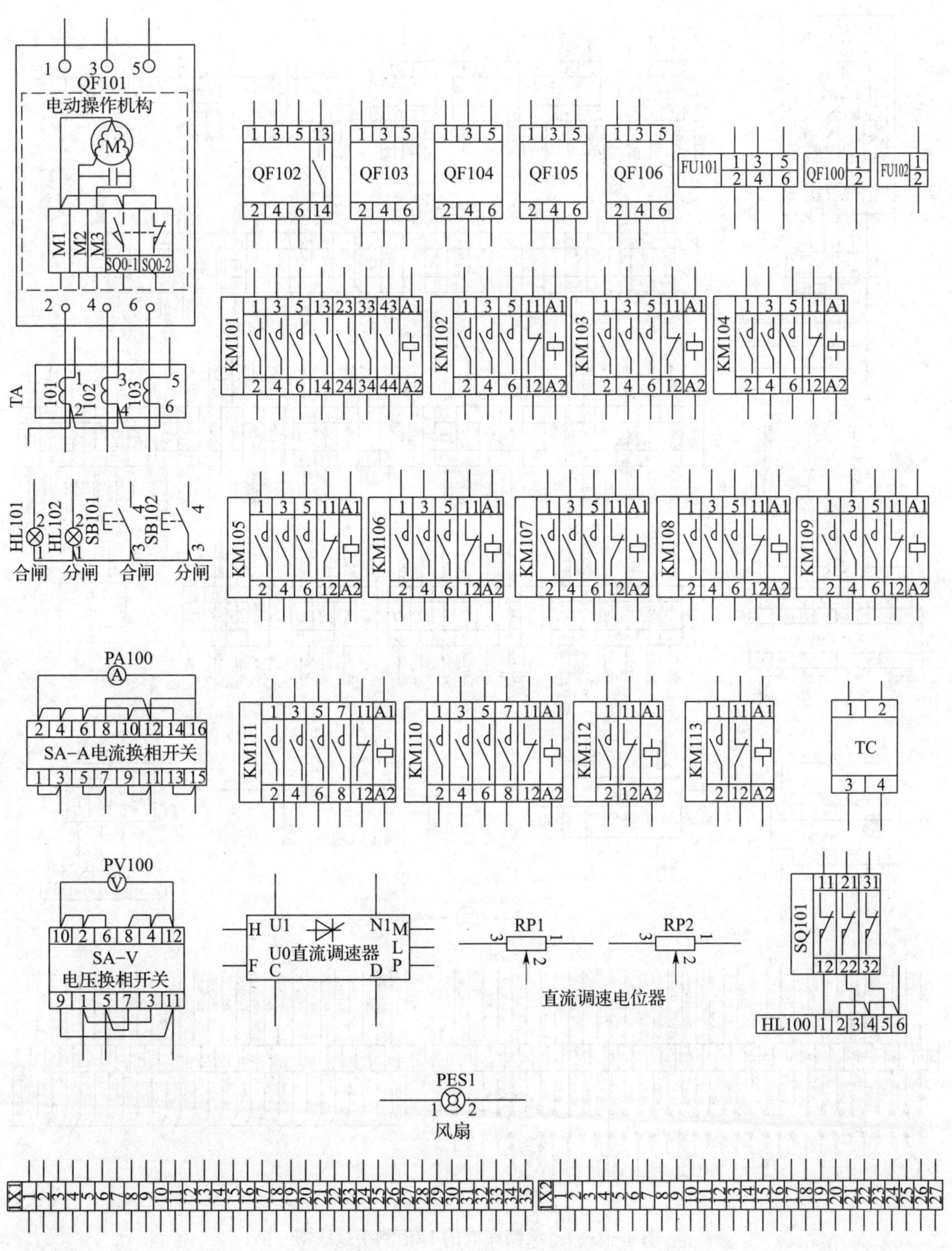

图 4—2—6 1#柜的元件布置图

在绘制 1#柜的测绘接线图时，应当注意各个元件的编号方式，从中体现出在课题四任务 1 相关知识中讲到的原则，其中的直流晶闸管调速器 U0 接线端子的标注方式就是遵循了

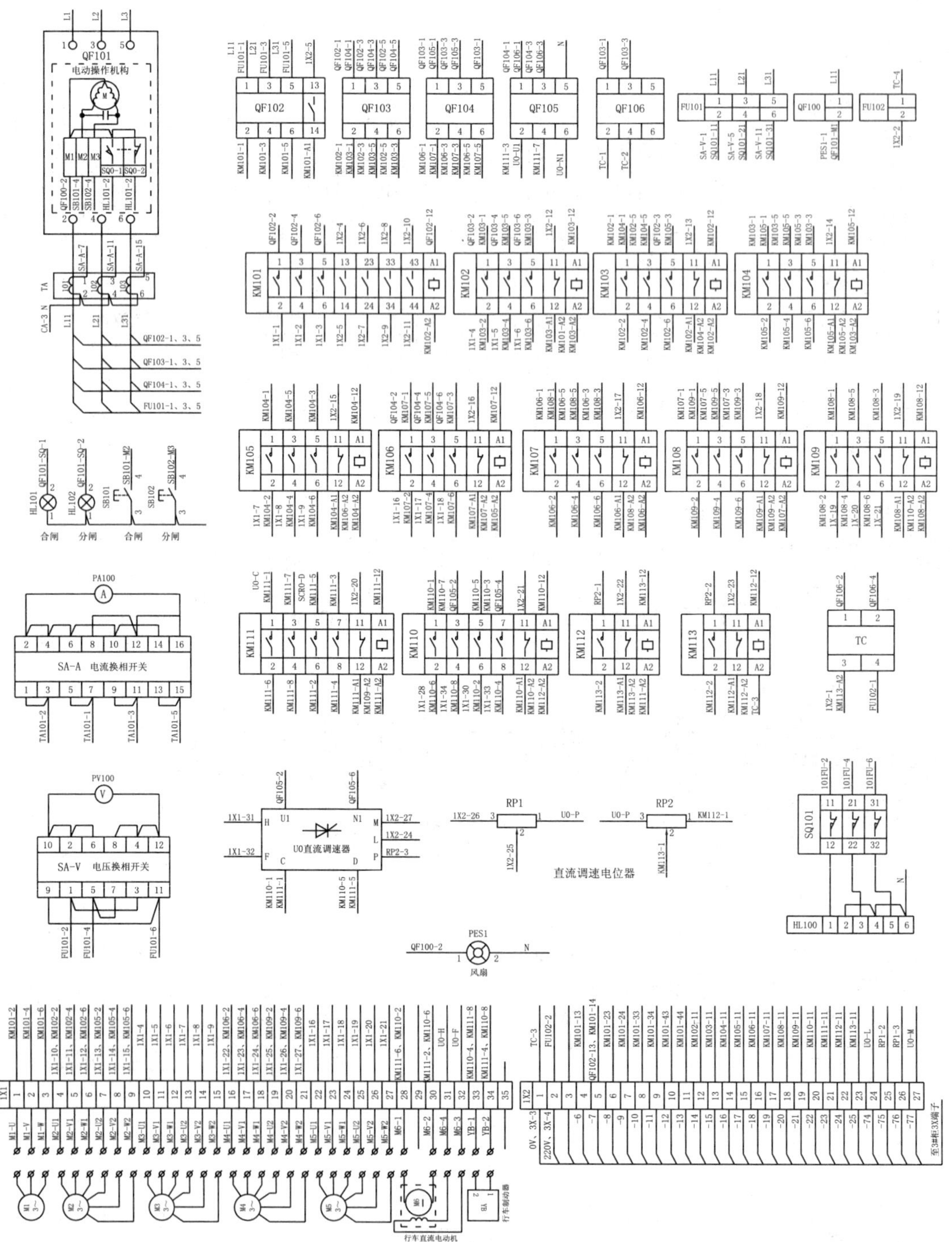

图 4—2—7　绘制完成的 1#柜测绘接线图

设备本身自我标识的接线端子代号。编制电气技术用文件时应采用设备标注的接线端子代号的原则，其他无端子代号的元件分别依照主电路、辅助电路、开/闭点的标号原则进行编号标识。

注意

为了在有限的篇幅内表达更多的内容，本任务的各接线图在作图时，将元件的相互位置关系做了一定的调整，但不影响学习。在今后的实际工作中，测绘接线图应尽量做到相对位置与尺寸的准确性，以方便今后识读。

接下来再以3#柜测绘接线图为例，对测绘接线图的绘制方法进一步说明。3#柜在整个控制系统中被称为控制柜，是该设备电气控制的中心。该设备的主要电气控制逻辑的处理和调控输出都是在这里实现的，因此其内容较多，接线关系复杂，并且与其他控制柜均有电气联系。这里先不用考虑其复杂的控制逻辑是怎样实现的，先行测绘画出该部分的测绘接线图。

首先画出元件布置图，然后只要逐个观察记录和测量每个元件的各个接线端子上接线的连接去向，测绘接线图也不难做出。但由于其控制系统比较复杂，在处理这样的控制柜时，可采取按控制关系将其分割的方式进行，以使得工作更有条理性，也容易实现，这也是实际工作实践中常采用的方法。经过对现场实物的初步观察，3#柜大致由强电继电器逻辑控制部分和由PLC与仪表组成的弱电控制部分两大部分组成。而且弱电控制部分中PLC的接线数量较大，而其他强电和仪表的接线数量与PLC的接线数量相比大约各占其一半。这样，采取将3#柜电气部分大致分为两大部分来绘制。其中PLC部分根据其接线规模和功能，又分为主单元和扩展单元两个单元。据此，对3#柜大致要画三张测绘接线图，即3#柜强电和仪表接线图（见图4—2—8）、3#柜元件布置图和PLC主单元接线图（见图4—2—9）和3#柜PLC扩展单元接线图（见图4—2—10）。然后，参照1#柜的测绘步骤，先画出元件布置图，然后画出测绘接线图。

按照上述方式同样可以测绘出2#柜以及4#、5#、6#柜的电气接线图，如图4—2—11至图4—2—14所示。

六、绘制电气控制原理图

相对于绘制测绘接线图，绘制电气控制原理图更加困难一些。面对一个较为复杂的控制系统，在进行绘制时，一般会以主要控制系统为切入点进行展开。在本例中，应以该设备的电气控制中心3#柜为切入点，以3#柜的电气元件为起始目标元件，随着测绘的进展向其他控制柜延伸。

1. 观察3#柜测绘接线图中的元件情况，确定控制电源的种类和功能

在绘制电气原理图时，一般习惯在上、下两条电源线之间进行，如果有多种电源，也要一并弄清各个电源的种类和功能，然后按序排列。

通过观察3#柜的所有电气接线图，可以发现，其继电器的控制电压有两种，一种是AC 220 V，另一种是DC 24 V，并装有两只直流稳压电源。因此，应先弄清控制电源的基本情况。

本着先易后难的原则，先从AC 220 V电源开始寻找。按一般设计规律来讲，复杂机械设备的控制柜是不能没有控制变压器的，但在3#柜中却没有发现。另外，每个控制柜中都会至少有一组或一只断路器或熔断器作为本柜控制电源的总控制、保护环节。但观察的结果是未在3#柜中发现熔断器，只发现有一些单极断路器。进一步观察发现，QF301从接线关系到元件编号上有电源总开关的特征，其上端接本柜出线端子3X－4，其下端接到了QF303、

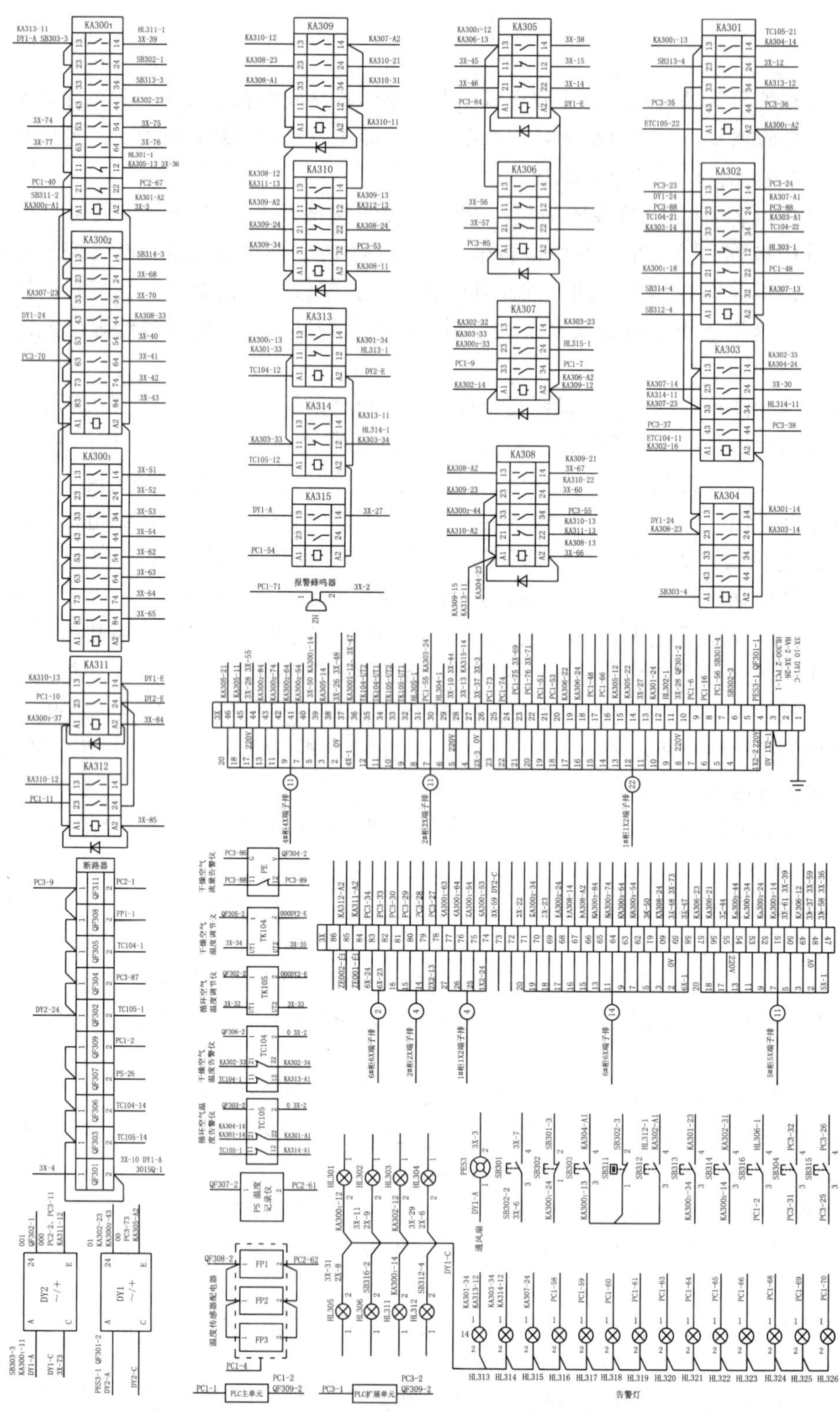

图 4—2—8　3#柜强电和仪表接线图

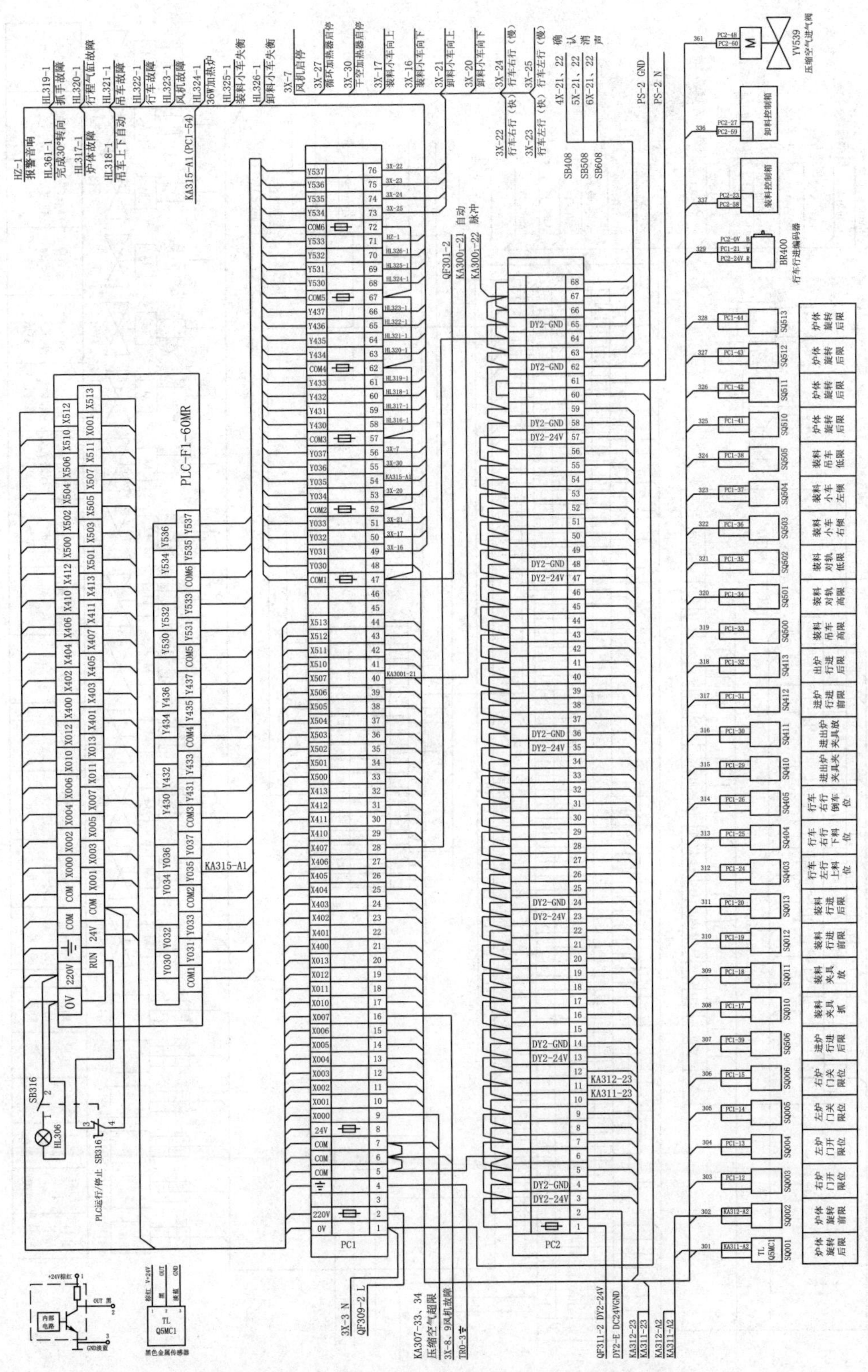

图 4—2—9　3#柜的元件布置图和 PLC 主单元接线图

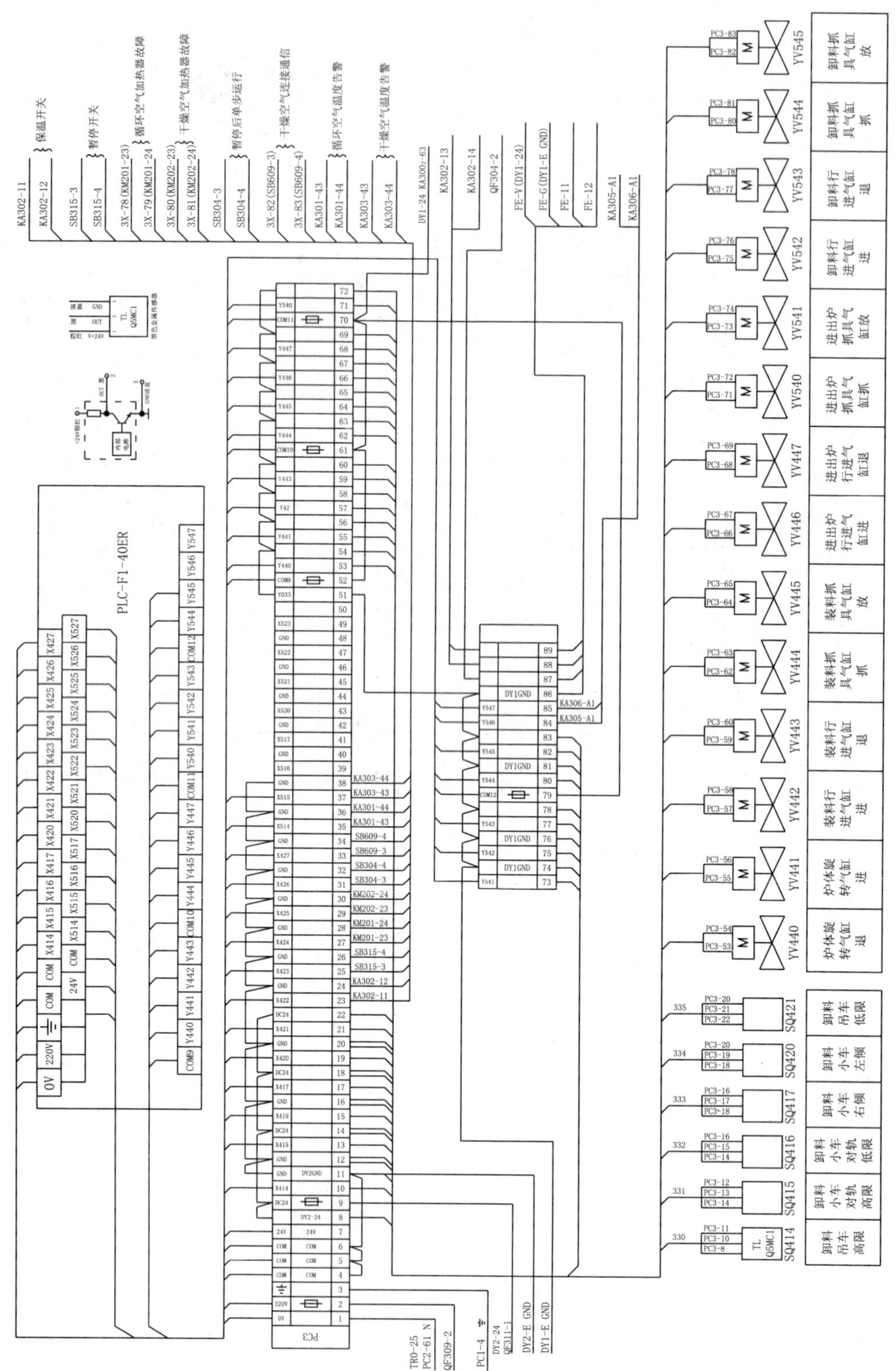

图 4—2—10　3#柜 PLC 扩展单元接线图

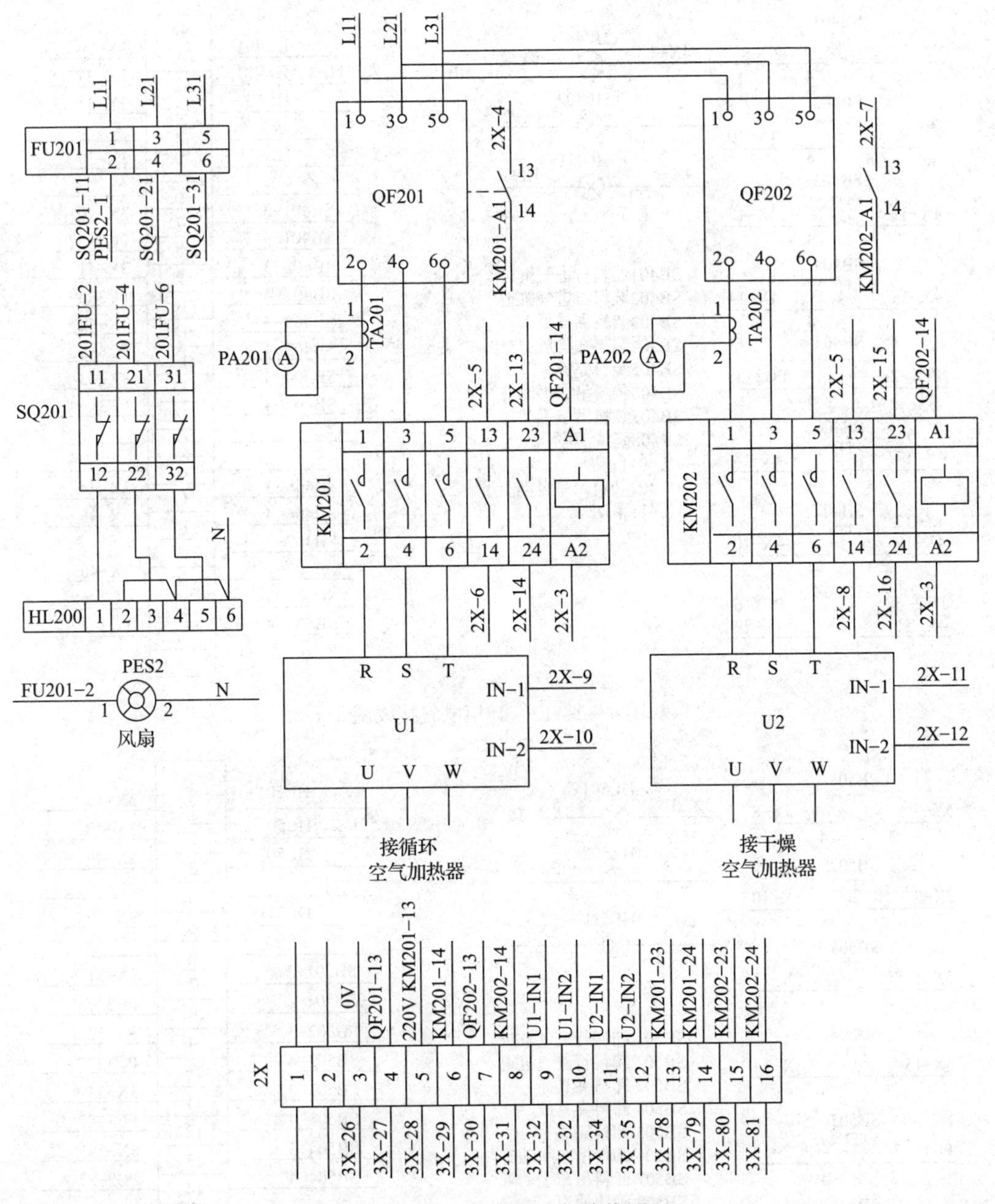

图 4—2—11　2#柜电气接线图

QF306、QF307、QF309 的上端。而 3X－4 外连 1#柜出线端子 1X2－2。查看已经完成的 1#柜的测绘接线图，此端子正是控制变压器 TC 的 AC 220 V 输出端。因此就可得出，3#柜的 AC 220 V 控制电源来自 1#柜。再进一步查看其他断路器的接线关系，QF302、QF304、QF305、QF308、QF311 均接在直流稳压电源 DY2 的输出侧。按照设备本来的标号，AC 220 V 控制电源线路标号分别为 1 号线和 0 号线；DY1 的 +24 V 正极的线路标号为 01 号线，负极为 00 号线；DY2 的 +24 V 正极的线路标号为 001 号线，负极为 000 号线。这样就可以先画出电源部分的电气原理图，如图 4—2—15 所示。

SB401 4X-7 4X-8 3 4
SB402 4X-9 4X-10 3 4
SB403 4X-11 4X-12 3 4
SB404 4X-13 4X-14 3 4
SB405 PC1-23 PC2-58 3 4
SB406 4X-17 4X-18 3 4
SB407 4X-17 4X-19 4X-20 3 4
SB408 PC2-68 4X-21 PC2-67 4X-22 3 4

HL401 4X-1 4X-2 1 2
HL402 4X-3 4X-2 1 2
HL411 4X-5 4X-2 1 2

SB401装料行进气缸进
SB402装料行进气缸退
SB403装料夹具抓
SB404装料夹具放
SB405装料完成
SB406装料吊车手动升
SB407装料吊车手动降
SB408确认消声
HL401自动
HL402装料吊车自动上下
HL411手动

	4X	
HL401-1	1	3X-36
HL402-2、HL411-2、HL401-2	2	3X-37
HL402-1	3	3X-38
	4	
HL411-1	5	3X-39
	6	
SB401-3	7	3X-40
SB401-4	8	PC3-57
SB402-3	9	3X-41
SB402-4	10	PC3-59
SB403-3	11	3X-42
SB403-4	12	PC3-62
SB404-3	13	3X-43
SB404-4	14	PC3-64
	15	
	16	
SB406-3	17	3X-44
SB406-4	18	3X-45
SB407-3	19	
SB407-4	20	3X-46
SB408-3	21	PC2-68
SB408-4	22	PC2-67
	23	

图 4—2—12　4#柜电气接线图

SB501 5X-7 5X-8 3 4
SB502 5X-9 5X-10 3 4
SB503 5X-11 5X-12 3 4
SB504 5X-13 5X-14 3 4
SB505 PC1-27 PC2-59 3 4
SB506 5X-17 5X-18 3 4
SB507 5X-19 5X-17 5X-20 3 4
SB508 PC2-65 5X-21 PC2-66 5X-22 3 4

HL501 5X-1 5X-2 1 2
HL502 5X-3 5X-2 1 2
HL511 5X-5 5X-2 1 2

SB501 卸料行进气缸进
SB502 卸料行进气缸退
SB503 卸料夹具抓
SB504 卸料夹具放
SB505 卸料完成
SB506 卸料吊车手动升
SB507 卸料吊车手动降
SB508 确认消声
HL501 自动
HL502 卸料吊车自动上下
HL511 手动

	5X	
HL501-1	1	3X-47
HL502-2、HL511-2、HL501-2	2	3X-48
HL502-1	3	3X-49
	4	
HL511-1	5	3X-50
	6	
SB501-3	7	3X-51
SB501-4	8	PC3-75
SB502-3	9	3X-52
SB502-4	10	PC3-77
SB503-3	11	3X-53
SB503-4	12	PC3-80
SB504-3	13	3X-54
SB504-4	14	PC3-82
	15	
	16	
SB506-3	17	3X-55
SB506-4	18	3X-56
SB507-3	19	
SB507-4	20	3X-57
SB508-3	21	PC2-68
SB508-4	22	PC2-67
	23	

图 4—2—13　5#柜电气接线图

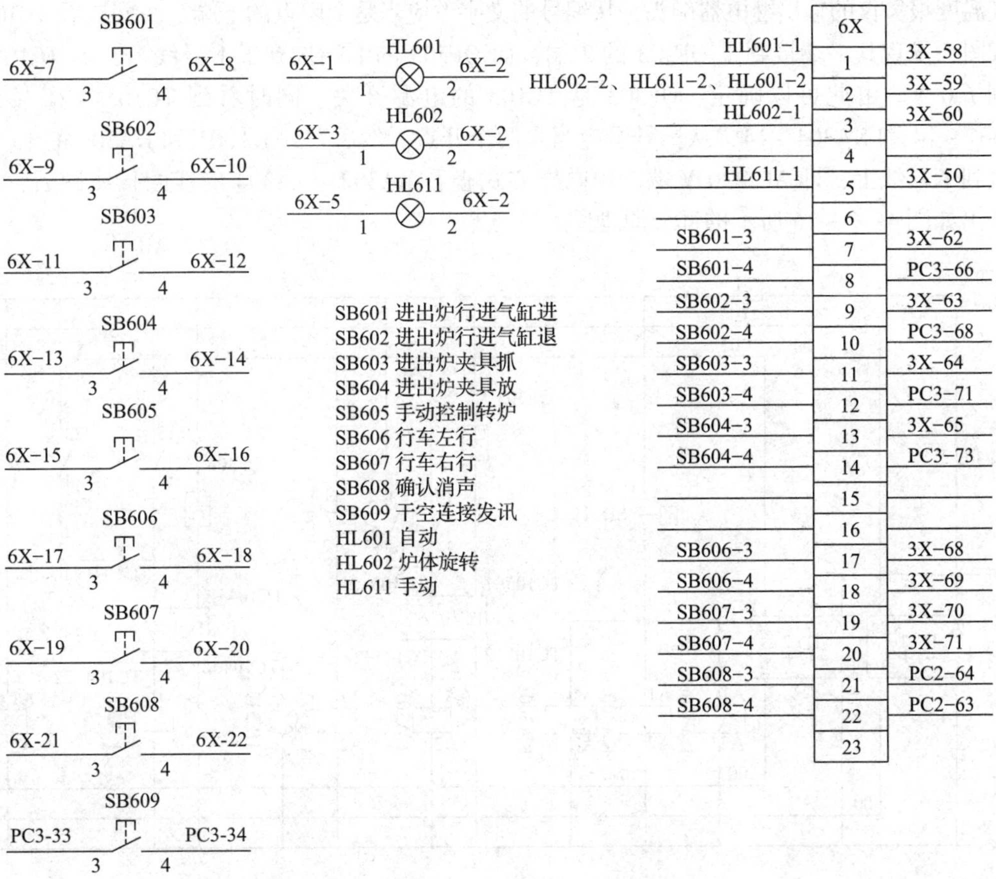

SB601
6X-7 3 — 4 6X-8

SB602
6X-9 3 — 4 6X-10

SB603
6X-11 3 — 4 6X-12

SB604
6X-13 3 — 4 6X-14

SB605
6X-15 3 — 4 6X-16

SB606
6X-17 3 — 4 6X-18

SB607
6X-19 3 — 4 6X-20

SB608
6X-21 3 — 4 6X-22

SB609
PC3-33 3 — 4 PC3-34

HL601
6X-1 1 — 2 6X-2

HL602
6X-3 1 — 2 6X-2

HL611
6X-5 1 — 2 6X-2

SB601 进出炉行进气缸进
SB602 进出炉行进气缸退
SB603 进出炉夹具抓
SB604 进出炉夹具放
SB605 手动控制转炉
SB606 行车左行
SB607 行车右行
SB608 确认消声
SB609 干空连接发讯
HL601 自动
HL602 炉体旋转
HL611 手动

	6X	
HL601-1	1	3X-58
HL602-2、HL611-2、HL601-2	2	3X-59
HL602-1	3	3X-60
	4	
HL611-1	5	3X-50
	6	
SB601-3	7	3X-62
SB601-4	8	PC3-66
SB602-3	9	3X-63
SB602-4	10	PC3-68
SB603-3	11	3X-64
SB603-4	12	PC3-71
SB604-3	13	3X-65
SB604-4	14	PC3-73
	15	
	16	
SB606-3	17	3X-68
SB606-4	18	3X-69
SB607-3	19	3X-70
SB607-4	20	3X-71
SB608-3	21	PC2-64
SB608-4	22	PC2-63
	23	

图 4—2—14　6#柜电气接线图

2. 以目标接触器、继电器的控制线圈为线索进行第二步测绘

首先根据线圈电压的不同，将继电器进行分组，然后分别绘图。

通过对 3#柜继电器的观察，发现 KA300 ~ KA304 线圈电压为 AC 220 V，其余继电器线圈电压为 DC 24 V。

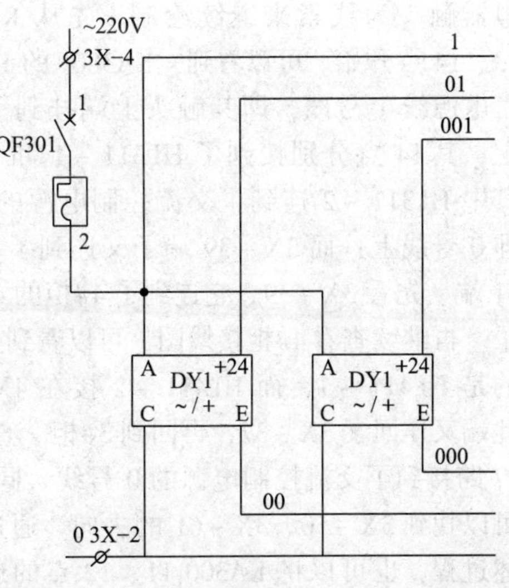

图 4—2—15　3#柜电源部分的电气原理图

先来绘制 AC 220 V 的继电器线圈电路。经测量，KA300 ~ KA304 线圈的所有 A2 端是并联相接的，并且最终连接到了交流控制电源的另一端，其标识为 0 号线。其中，KA300 标号的继电器共三只。按一般规律先将这些线圈画到原理图上，且其 A2 端均接 0 V。接下来，再从 KA300 控制线路开始画起。查看接线图，KA300 的三个 A1 端并联后接 SB311 - 2，而 SB311 - 1 接 DY1 - A，即 1 号线。再看 KA301，其 A1 端接的是 TC105 - 22，是循环

空气温度报警仪的输出继电器触头，从编号的文字看应当是个闭点的下端。一同查看 TC105 的接线图，发现其 1 端接到了 QF303 的 2 端，而 QF303 的 1 端接到了 1 号线上，而 TC105 -2 接到了 0 V。由此可以确定，QF303 是 TC105 的电源开关。同时看到 TC105 -21 接到了 KA301 -14 和 KA304 -14，从标号看应当是两个开点。然后看到 KA301 和 KA304 的 13 端共同接到 1 号线上，即 AC 220 V 端。用同样方式查看 KA302 ~ KA304 的线圈接线图后，就可以画出如图 4—2—16 所示的部分原理图。

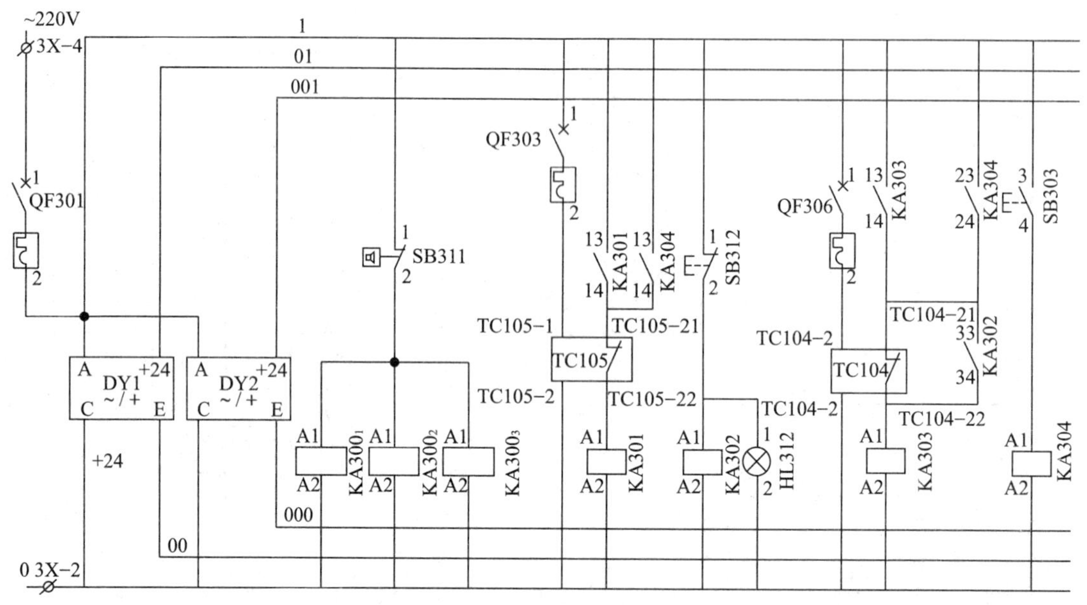

图 4—2—16　3#柜部分原理图（局部 1）

3. 以目标接触器、继电器的触头为线索进行第三步绘制

刚才是以目标继电器的线圈为线索来绘制的，接下来再以已经画出的部分原理图中的继电器触头为线索来继续绘制。先从 $KA300_1$ 的 13、14 点开始。可以看到，$KA300_1$ 的 13 点接到了电源线 1 号线，即其触头上端挂到了电源线上；其 14 点分别接到了 HL311 -1 和 3X -39，其中 HL311 -2 连到了交流控制电源的另一端，即 0 号线上；而 3X -39 端子又连到了 3X -50、61 端。先看 3X -39，它连到了 4#柜的 4X -5 端子。再继续查看 4#柜接线图，可以看到，它连接的是 HL411 -1，而 HL411 -2 接在 4X -2 端，此端又连回了 3X -37，再回到 3#柜。查看 3X -37 跨接到了交流控制电源的 0 号线。同样方式，可以找到 3X -50、3X -61 的去向。通过重复上述过程，也可以将 $KA300_1$ 11、12 点的连接线路测出，其原理图完成后如图 4—2—17 所示。这

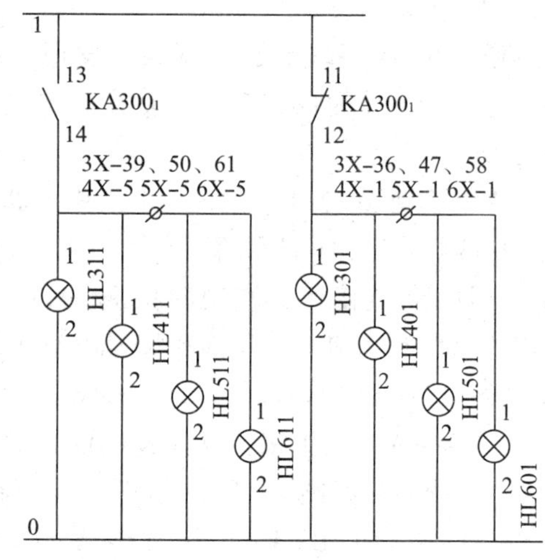

图 4—2—17　3#柜部分原理图（局部 2）

一部分的控制原理是完成了两组不同功能的指示灯状态的互锁控制，通常表示电路的两种工作状态，而且这些灯在3#、4#、5#、6#柜中都有。从第三步的测绘中可以看出多个不同电气柜之间的关联测绘，这是复杂电气控制系统测绘时经常会遇到的。

七、列出电气控制原理图说明和元件明细表

1．控制原理图简要说明

该设备的工作过程如图 4—2—18 所示。在自动工作状态下，一个工作循环的起始时，运料行车在装料位。开始时，由装料吊车将空车降下进行装料，装料完成后，由操作者按动装料完成按钮通知 PLC，由 PLC 发出指令启动装料吊车，将冷料起升到与行车导轨同高处并对轨成功。装料行进气缸、抓手将冷料推向行车左边并回位；此时 PLC 等待炉体旋转定时。当定时时间到后，行车启动右行，行至上料位，将行车右边空位对准炉门并对轨成功。进出炉行进气缸、抓手前进，将炉内热料拉出到行车右边；行车再启动右行，行至下料位并对轨成功，其左边对准炉门。进出炉行进气缸、抓手将冷料推进炉门并回位；行车再启动右行，行至空车位并对轨成功，行车左边空位对准卸料气缸、抓手。卸料行进气缸、抓手将空车推向行车左边；行车开始左行，左行至卸车位并对轨成功，热料对准卸料位，卸料行进气缸、抓手将热料拉下行车，之后，卸料吊车降下到卸料高度，进行人工卸车；行车再次左行至装车位并对轨成功，装料行进气缸、抓手将空车拉下行车装料，并启动装料吊车下降，开始人工装料，然后等待下一个循环。

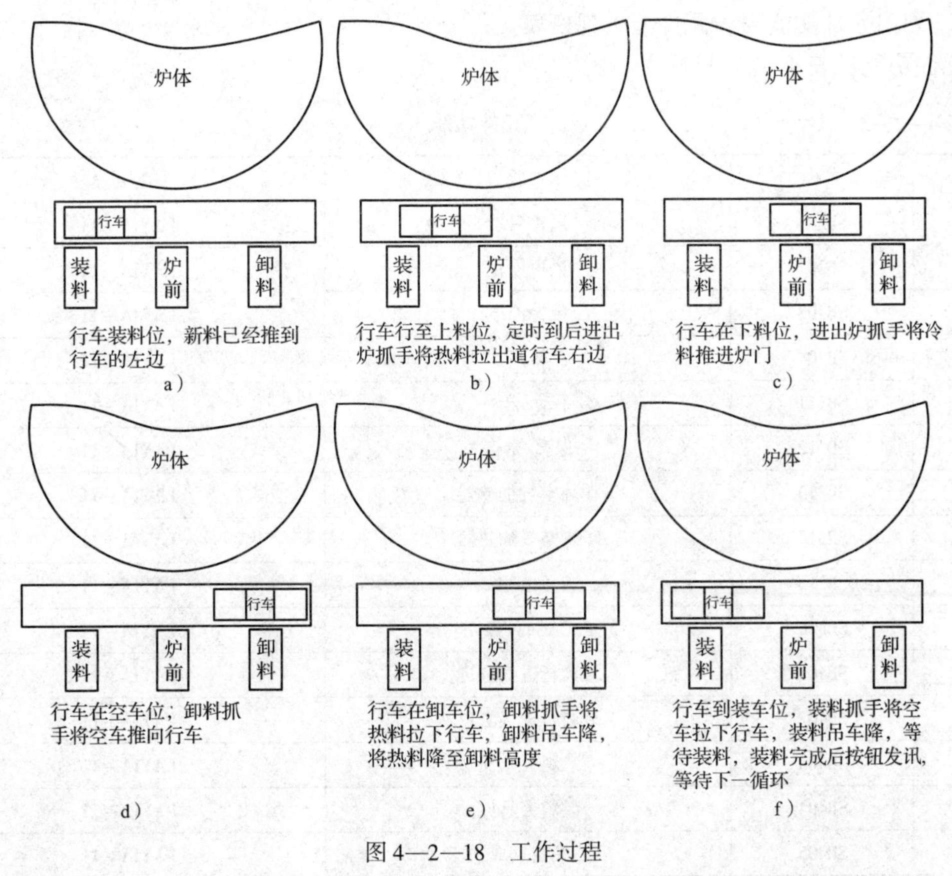

图 4—2—18 工作过程

工作正常时，该设备处于自动状态，此时 KA300 断电，由 PLC 发出定时信号，每 30 min 炉体旋转一次，此时也进行出热料和进冷料一次。系统设有循环空气，干压空气的温度报警和干压空气的流量报警。设备启动时先启动循环空气风机电动机，然后启动循环空气加热器。然后启动干燥压缩空气进气阀，待流量稳定后，启动干压空气加热器。系统经过冷启动后，待炉内温度达到一定值时，启动自动循环和温度报警。

温度报警仪 TC104、105 在初次上电时，可通过其内部触头将报警中间继电器 KA301、KA303 线圈接通。因此时温度还未升到正常值，属设备启动期，报警仪不报警。经延时一段时间，温度升高后，转入正常报警功能。但此时 KA301、KA303 已经得电吸合，表明温度正常。

为了调整方便，系统设置了 PLC 的单步/连续两种运行方式，此功能是由 PLC 的内部控制程序完成的。其原理是使用了三菱 PLC 的步进指令，在单步运行时，其状态并不转移，等待下一条指令。

本系统还设置了一些自诊断报警功能，如行程气缸故障，它是通过一个 PLC 内部的定时器实现的。此定时器与气缸一同启动，如果在规定的时间内气缸行进到位，则报警被屏蔽，否则，就输出行程气缸故障报警。

未讲的电气原理说明，请读者待完成全部原理图后自己分析。该控制系统的温度采样与测控部分在此不再赘述。

2. 列出元件功能表和元件型号规格表

元件功能见表 4—2—3。

表 4—2—3　　元件功能

序号	名称	功能	型号
1	SB301	风机启动	LAYIA－11
2	SB302	风机停止	LAYIA－11
3	SB303	报警消声	LAYIA－11
4	SB304	暂停	LAYIA－11
5	SB311	手动/自动	LAYIA－11
6	SB312	保温/常态	LAYIA－11
7	SB313	循环空气加热器	LAYIA－11
8	SB314	干燥空气加热器	LAYIA－11
9	SB315	单步/连续	LAYIA－11
10	SB316	PLC 运行/停止	LAYIA－11
11	SB401	装料行进气缸进	LAYIA－11
12	SB402	装料行进气缸退	LAYIA－11
13	SB403	装料夹具抓	LAYIA－11
14	SB404	装料夹具放	LAYIA－11
15	SB405	装料完成	LAYIA－11

续表

序号	名称	功能	型号
16	SB406	装料吊车手动升	LAYIA－11
17	SB407	装料吊车手动降	LAYIA－11
18	SB408	确认消声	LAYIA－11
19	SB501	卸料行进气缸进	LAYIA－11
20	SB502	卸料行进气缸退	LAYIA－11
21	SB503	卸料夹具抓	LAYIA－11
22	SB504	卸料夹具放	LAYIA－11
23	SB505	卸料完成	LAYIA－11
24	SB506	卸料吊车手动升	LAYIA－11
25	SB507	卸料吊车手动降	LAYIA－11
26	SB508	确认消声	LAYIA－11
27	SB601	进出炉行进气缸进	LAYIA－11
28	SB602	进出炉行进气缸退	LAYIA－11
29	SB603	进出炉夹具抓	LAYIA－11
30	SB604	进出炉夹具放	LAYIA－11
31	SB605	手动控制转炉	LAYIA－11
32	SB606	行车左行	LAYIA－11
33	SB607	行车右行	LAYIA－11
34	SB608	确认消声	LAYIA－11
35	SB609	干燥空气连接发讯	LAYIA－11
36	HL301	自动	XD8－220（绿）
37	HL302	常态	XD8－220（绿）
38	HL303	保温	XD8－220（绿）
39	HL304	循环空气加热	XD8－220（绿）
40	HL305	干燥空气加热	XD8－220（绿）
41	HL306	PLC 运行	XD8－220（绿）
42	HL311	手动	XD8－220（红）
43	HL312	保温	XD8－220（红）
44	HL313	循环空气温度	ND1 信号灯光字牌/AC 220 V
45	HL314	干燥空气温度	ND1 信号灯光字牌/AC 220 V
46	HL315	干燥空气流量	ND1 信号灯光字牌/AC 220 V
47	HL316	炉体旋转完成	ND1 信号灯光字牌/AC 220 V
48	HL317	请关炉门	ND1 信号灯光字牌/AC 220 V
49	HL318	吊车上下自动	ND1 信号灯光字牌/AC 220 V
50	HL319	抓手故障	ND1 信号灯光字牌/AC 220 V

续表

序号	名称	功能	型号
51	HL320	行程气缸故障	ND1 信号灯光字牌/AC 220 V
52	HL321	吊车故障	ND1 信号灯光字牌/AC 220 V
53	HL322	行车故障	ND1 信号灯光字牌/AC 220 V
54	HL323	风机故障	ND1 信号灯光字牌/AC 220 V
55	HL324	36 kW 加热器故障	ND1 信号灯光字牌/AC 220 V
56	HL325	装料小车失衡	ND1 信号灯光字牌/AC 220 V
57	HL326	卸料小车失衡	ND1 信号灯光字牌/AC 220 V
58	HL401	自动	CJK22 - DP/AC 220 V
59	HL402	装料吊车自动上下	CJK22 - DP/AC 220 V
60	HL411	手动	CJK22 - DP/AC 220 V
61	HL501	自动	CJK22 - DP/AC 220 V
62	HL502	卸料吊车自动上下	CJK22 - DP/AC 220 V
63	HL511	手动	CJK22 - DP/AC 220 V
64	HL601	自动	CJK22 - DP/AC 220 V
65	HL602	炉体旋转	CJK22 - DP/AC 220 V
66	HL611	手动	CJK22 - DP/AC 220 V

元件型号规格见表 4—2—4。

表 4—2—4　　　　元件型号规格

序号	元件代号	名称	规格及型号	单位	数量
1	QF100	塑壳断路器	DZ5 - 25 脱扣电流 10 A	只	1
2	QF101	塑壳断路器	DZ10 - 600/336 脱扣电流 350 A	只	1
3	QF102	塑壳断路器	DZ5 - 20/330 脱扣电流 10 A	只	1
4	QF103	塑壳断路器	DZ5 - 20/330 脱扣电流 6.5 A	只	1
5	QF104	塑壳断路器	DZ5 - 20/330 脱扣电流 6.5 A	只	1
6	QF105	塑壳断路器	DZ5 - 20/330 脱扣电流 4.5 A	只	1
7	QF106	塑壳断路器	DZ5 - 10/330 脱扣电流 4 A	只	1
8	TA101 ~ TA103	电流互感器	LM - 0.5　400/5	只	3
9	CA	电流转换开关	LH2/4	只	1
10	CV	电压转换开关	YH2/3	只	1
11	PA101	电流表	59L19 - A 450 A	只	1
12	PV101	电压表	59L19 - V 450 V	只	1
13	FU101 ~ FU102	熔断器	RL1 - 15　熔芯 4 A	套	6
14	SQ101	行程开关	JW2 - 11 2/3	只	1
15	KM101	交流接触器	B9 - 30 ~ 220 V，带 CA7 - 40E	只	1

续表

序号	元件代号	名称	规格及型号	单位	数量
16	KM102 ~ KM109	交流接触器	B9 – 30 ~ 220 V，带 CA7 – 01E	只	8
17	KM110 ~ KM111	交流接触器	B9 – 40 ~ 220 V，带 CA7 – 01E	只	2
18	KM112 ~ KM113	交流接触器	B9 – 30 – 01 ~ 220 V	只	2
19	TC	控制变压器	BK – 1000 380 V/220 V	只	1
20	SB101	合闸按钮	LAYIA – 11（绿）	只	1
21	SB102	分闸按钮	LAYIA – 11（红）	只	1
22	PES1	风扇	150FZY2 – D	只	1
23	1X1、1X2	接线端子	D1	节	60
24	HL101	合闸指示灯	XD8 – 220（绿）	只	1
25	HL111	分闸指示灯	XD8 – 220（红）	只	1
26	HL100	维修安全灯	40 ~ 60 W 白炽灯（带座）	只	3
27	SCR0	晶闸管调压装置	输出 10 A 220 V	套	1
28	QF201	塑壳断路器	DZ10 – 250/336 脱扣电流 250 A	只	1
29	QF202	塑壳断路器	DZ10 – 100/336 脱扣电流 80 A	只	1
30	KM201	交流接触器	B250 ~ 220 V，带 CA7 – 10E	只	1
31	KM202	交流接触器	B85 ~ 220 V，带 CA7 – 10E	只	1
32	TA201	电流互感器	LM – 0.5　300/5	只	1
33	TA202	电流互感器	LM – 0.5　100/5	只	1
34	PA201	电流表	59L19 – A 350 A	只	1
35	PA202	电流表	59L19 – A 200 A	只	1
36	PES2	风扇	150FZY2 – D	只	1
37	U1	晶闸管调功器	ZJD – 150，输入：3 × 380 V/0 ~ 20 mA	台	1
38	U2	晶闸管调功器	ZJD – 45，输入：3 × 380 V/0 ~ 20 mA	台	1
39	SQ201	行程开关	JW2 – 11 2/3	只	1
40	2X	接线端子	D1	节	20
41	FU201	熔断器	RL1 – 15　熔芯 4 A	套	3
42	QF301	塑壳断路器	DZ5 – 10 脱扣电流 4 A	只	1
43	QF302 ~ QF310	塑壳断路器	DZ5 – 10 脱扣电流 1 A	只	9
44	DY1	直流稳压电源	DFY – 211	台	1
45	DY2	直流稳压电源	DFY – 211	台	1
46	KA3001	中间继电器	3TH82 62 – OA 线圈电压 ~ 220 V	只	1
47	KA3002	中间继电器	3TH82 80 – OA 线圈电压 ~ 220 V	只	1
48	KA3003	中间继电器	3TH82 80 – OA 线圈电压 ~ 220 V	只	1
49	KA301 ~ KA304	中间继电器	JZ02 – 44 线圈电压 ~ 220 V	只	4
50	KA305 ~ KA312	中间继电器	JZ02 – 44 直流 24 V	只	1

续表

序号	元件代号	名称	规格及型号	单位	数量
51	SB301	按钮	LAYIA－11（红）	只	1
52	SB302～SB304	按钮	LAYIA－11（绿）	只	3
53	SB311	钥匙按钮	LAYIA－11Y	只	1
54	SB312～SB316	旋钮	LAYIA－11X	只	5
55	HL301～HL306	指示灯	XD8－220（绿）	只	6
56	HL311～HL312	指示灯	XD8－220（红）	只	2
57	HL313～HL326	指示灯	ND1 信号灯光字牌/AC 220 V	只	14
58	SQ301	行程开关	JW2－11B	只	1
59	HL300	维修安全灯	40～60 W 白炽灯（带座）	只	1
60	FP1～4	配电器	DFP－2300	只	4
61	PE	干燥空气流量报警仪	XSJB	只	1
62	TK104、TK105	温度自动调节仪	CD401F	只	2
63	TC104、TC105	温度报警仪	XST	只	2
64	3X、PC	接线端子	D1	节	420
65	HL401～HL402	指示灯	XD8－220（绿）	只	2
66	HL411	指示灯	XD8－220（红）	只	1
67	SB401～SB408	按钮	LAYIA－11（绿）	只	8
68	4X	接线端子	D1	节	25
69	HL501～HL502	指示灯	XD8－220（绿）	只	2
70	HL511	指示灯	XD8－220（红）	只	1
71	SB501～SB508	按钮	LAYIA－11（绿）	只	8
72	5X	接线端子	D1	节	25
73	HL601～HL602	指示灯	XD8－220（绿）	只	2
74	HL611	指示灯	XD8－220（红）	只	1
75	SB601～SB609	按钮	LAYIA－11（绿）	只	9
76	6X	接线端子	D1	节	25
77	4#、5#、6#柜体	控制柜箱体	JX1003 斜装式	台	3
78	301～335	控制电缆	KVVRP－C－0.75－3	根	35
79	201～202	电力电缆	VV0.6/1.0 kV 3×95	根	2
80	101～103	控制电缆	KVVR－C－1－16	根	3
81	104	控制电缆	KVVR－C－2.5－4	根	1
82	336～338	控制电缆	KVVR－C－0.75－4	根	3
83	339～345	控制电缆	KVVRP－C－0.75－2	根	7
84	346～361	控制电缆	KVVR－C－0.75－2	根	16
85	362～363	控制电缆	KVVR－C－0.75－14	根	3

八、电气测绘的基本方式和一般原则小结

1. 本任务仅列举了几个继电器作为目标元件进行测绘，在实际工作中，可以将整个柜子的所有继电器、接触器、电磁阀等目标元件的线圈一并列出，于各自的电源线之间一起展开，这样做效率会更高。可先以线圈两端为线索，逐个展开测绘。然后再以其触头为线索，逐个进行测绘。先将电气控制原理图的初稿做出，然后再根据控制功能和读图的顺序，将初稿做一定的调整，直到满意为止。如果使用 CAD 制图，这种调整将非常方便。

2. 由于 PLC 系统是由其专用的控制程序来完成控制功能的，所以一般只测绘其输入、输出的外部电路的功能和作用，对于其内部的程序通常是无法进行测绘的。如果能借助计算机和专用编程软件连接 PLC 的数据口读出其程序，测绘将更加完整。但通常是做不到的，因为一般情况下，PLC 控制程序的编程者都会用加密的方式进行保护。另外，对于较大的控制程序，即使将其程序读出，也很难读懂。这是因为从 PLC 中读出的程序是没有注释的，而控制方式和每个编程者的编程思路都有其自身的特点，而且编程时会使用数量较多的中间继电器，对它们的功能和作用在没有注释的情况下，很难读懂。因此，对于 PLC 的控制程序，一般不主张从 PLC 中上传。与其花较多的时间去读懂程序，不如在弄懂控制要求后自己编写，这样做往往会更快捷。但编程时，其原来设置的输入数据的采集方式以及采集点，输出点的控制功能和作用等信息还是要严格遵守和借鉴的。

3. PLC 的输入、输出的测绘方式是不同的。测绘的目的是读图，为了读图方便和避免混乱，一般会将直接连到 PLC 输入点的非手动操作开关（如接近开关等）只画到 PLC 的接线图上。这样，在维护时完全可读懂它所表达的功能。而且接近开关的三个接线端在原理图中出现，也不太方便绘制和读图。其他继电器和手操开关的触头则应画到电气原理图中，以方便读图，因为在原理图中表达控制功能比较清晰、方便。但对于 PLC 的输出点则均应当画到其相关的控制原理图上，因为它的表达方式也与传统开关相同。

例如，在 3#柜 PLC 主单元接线图中（见图 4—2—9），总共使用了 28 只接近开关，其中 26 只直接接到了 PLC 的输入点。对此，只将其画到接线图上即可。例如，在如图 4—2—9 中所示，看到的接近开关 SQ412，其标注的功能为进出炉行进气缸前限，只要知道进出炉行进气缸把冷料推进炉内并到位时，此接近开关输出有效，并将 PLC 的输入点 X412 的输入指示灯点亮即可。但是，对另外的两只未接到 PLC 的接近开关，就必须将其画到电气控制原理图中，以体现其控制作用。其中 SQ001 和 SQ002 就没有接到 PLC 的输入点，而是接到 KA311 和 KA312 的 A2 上了，应当画出它的原理图。在 4#柜中，SB405 的标注功能为装料完成，SB408 的标注功能为确认消声等，它们也都接到了 PLC 的输入端，但它们是手动开关，所以就要画到电气原理图中。同样，5#、6#柜也如此处理。这样做是为了便于读图，因为系统稍微复杂后，在接线图中分析原理是不清晰的，具体可参看如图 4—2—19 中所示对 PLC 输入点的绘图方式。

对 PLC 输出点直接连接的各种开关触头和负载，根据上面的原则，也应画到原理图中。例如，该设备控制方式中分为自动/手动两种方式，对于容量较小的电磁阀就直接接到了 PLC 的输出点上来实现控制要求。为满足系统控制调整等需要，对电磁阀还设计了手动控制开关，这些开关也应当画到其相关的原理图中。

4. 尽管控制用的开关、显示等元件根据用途分布在不同的电气柜中，但绘制电气原理

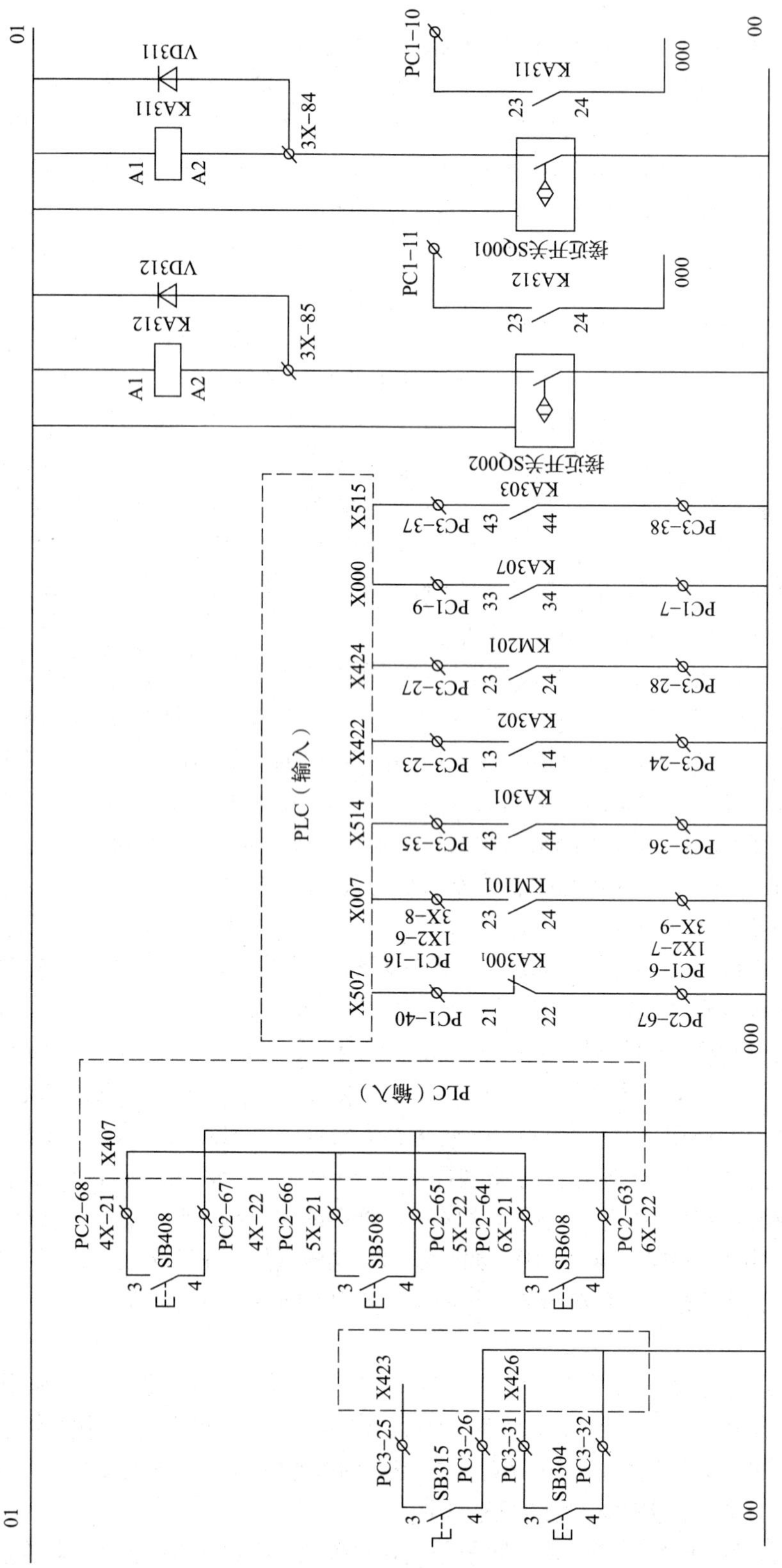

图 4—2—19 3#柜 PLC 输入点的绘图方式（局部 3）

图时，为了读图的方便应当将它们画到一张图上，并在连接处标明连接端子号。

根据上述电气测绘的基本方式和一般原则，经过实际测绘，可以画出如图 4—2—20 所示的 3#柜部分原理图。

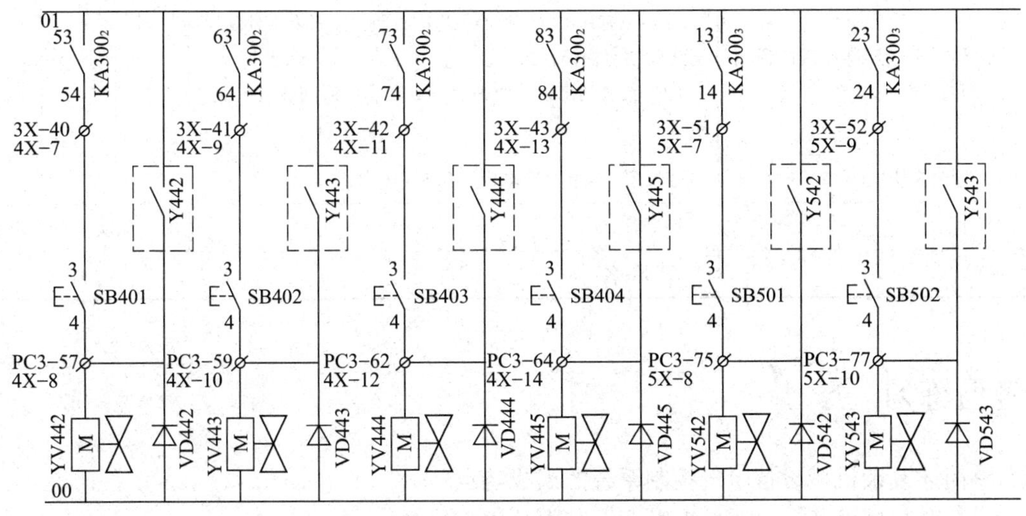

图 4—2—20　3#柜测绘完成的部分原理图（局部 4）

在图 4—2—20 中，虚线框中 Y442 就是 PLC 的输出触头，与其并联的支路就是手动操作开关回路。其中，KA300$_2$ 的 53、54 点在 3#柜内，而 SB401 却在 4#柜中，通过接线端子 3X－40、4X－7 和 PC3－57、4X－8 相连。用这种方式做出的原理图比较容易识读。

对于更多的原理图，在此就不一一举例了，读者可以参照上述方式和原则，根据测绘接线图，将其他电气原理图绘制完成。

任务测评

对任务实施的完成情况进行检查，并将结果填入表 4—2—5。

表 4—2—5　　**评分标准**

序号	项目	评分标准	配分	扣分	得分
1	了解被测绘设备的基本组成部分及功能	（1）不了解被测绘设备的基本组成，扣 5 分 （2）不了解被测绘设备各组成部分的功能，扣 5 分	10		
2	测量带电情况下的基本电气参数	（1）测量方法不正确，扣 5 分 （2）基本电气参数测量结果不正确，扣 5 分	10		
3	标识电气控制箱内的元件和现场的元件及部件	电气控制箱内的元件和现场的元件及部件标识错误，每处扣 1 分	10		
4	绘制测绘用电气接线图	（1）绘制电气元件布置图错误，每处扣 1 分 （2）绘制测绘用电气接线图错误，每处扣 1 分	30		

续表

序号	项目	评分标准	配分	扣分	得分
5	绘制电气控制原理图	绘制电气控制原理图错误，每处扣 1 分	30		
6	列出电气控制原理图说明和元件明细表	（1）没有列出电气控制原理图说明，或者电气控制原理图说明有错误，扣 5 分 （2）没有列出元件明细表，或者元件明细表有错误，扣 5 分	10		
7	安全文明生产	违反安全文明生产规定，扣 5～10 分			
开始时间：		结束时间：	成绩		
学生姓名：		教师签名：	年　月　日		

思考与练习

1. 简述复杂机械设备电气控制系统的组成特点。
2. 复杂机械设备电气测绘有哪两个基本分类方式？
3. 复杂机械设备电气测绘的基本方法是什么？
4. 复杂机械设备电气测绘中进行电气测量时应注意哪些问题？

任务 3　A 系列龙门刨床工作台电气控制系统的改造

学习目标

1. 了解复杂机床电气控制系统改造的一般方法和基本原则。
2. 熟悉 A 系列龙门刨床电气控制系统的组成和工作原理。
3. 能正确制定 A 系列龙门刨床电气控制系统的改造方案。
4. 能完成 A 系列龙门刨床工作台电气控制系统的改造。

任务引入

龙门刨床是制造重型机械设备非常重要的大型机械加工设备，它的加工范围非常广泛，主要用来加工各种平面、斜面、槽，特别适用于加工大型的、狭长的机械零件，如机床的床身、导轨、箱体等。如图 4—3—1 所示为 A 系列龙门刨床实物图。

本任务就是完成 A 系列龙门刨床工作台电气控制系统的改造。

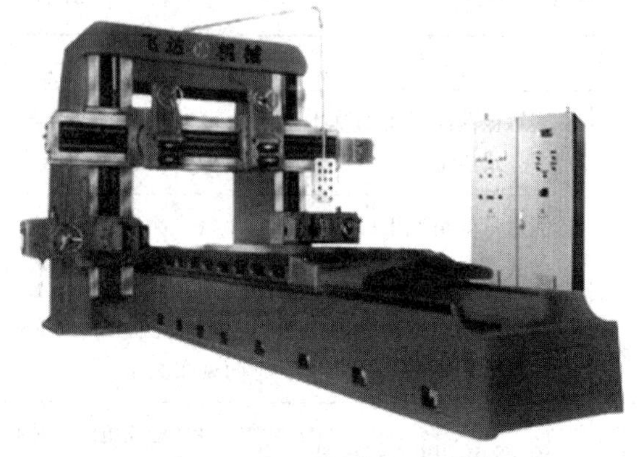

图 4—3—1　A 系列龙门刨床实物图

相关知识

一、复杂机床电气控制系统改造的方法、原则及方案确定

复杂机床在很大程度上是通过其电气控制系统的复杂性来体现的，即大多数的复杂机床除了其本身的机械机构较为复杂外，一定是有一个复杂的电气控制系统，以完成其工作过程的高度自动化和加工过程的高精度。但早期生产的机械设备，如20世纪90年代前生产的机械设备，由于受当时技术条件的限制和观念的影响，其电气控制系统较为落后，一般无法完成高可靠性的自动化控制以及高精度加工，同时其运行效率也很低，有的则属于高耗能。机械设备一般由机械传动系统、液压传动系统和电气控制系统以及其他附件组成，由于电气元件老化较快，一般电气系统的无故障运行期为5～10年，以后即进入故障高发期。而一般设备的机械与液压部件通常可以使用20～25年，且仍能够保持较高的精度、可靠性及稳定性。从价值上讲，机械结构与液压部件的价值也远远大于电气控制系统。因此，用较少的投资对原有设备中的电气控制系统进行技术改造，可使旧设备焕发青春并获得巨大的经济效益。

复杂机床电气控制系统技术改造的另一现实意义在于，复杂机床的电气控制系统一旦进入了故障高发期，电气维护的成本就会大大增加，同时设备的运行效率也会大大降低。这是由于用于复杂机床电气设备维护的备件大都价格昂贵，这也是生产厂家增值服务的一种方式，是普遍现状。与此同时，由于电气控制技术发展更新较快，因此这些价格昂贵的备件也比较容易出现短缺，有的甚至已停止生产。有时候即使购买了价格昂贵的备件暂时解决了问题，但由于系统的其他部分也因老化而进入故障高发期，更换备件并不能从根本上解决问题，也无法保证整台设备长期、连续、稳定地运行。因此，通过对原有的电气控制系统进行技术改造，可以提升原有电气控制系统的技术水平和功能，使其得以通过升级换代，扩展控制系统的功能，提高运行的可靠性和经济性。

因此，进行复杂机床电气控制系统的改造就成为企业提高设备技术装备水平的重要技术手段。

1. 复杂机床电气控制系统改造的一般方法

在实际工作实践中，根据被改造设备的状况以及生产需求的不同，电气控制系统的技术改造分为局部改造和整体改造两种方法。

(1) 电气控制系统的局部改造

当被改造设备整体的电气控制功能基本能满足生产的要求，只是某个控制功能或部件由于技术落后出现了以下不利状况时，可以考虑对该部分控制动作进行局部技术改造。

1）严重高耗能、高噪声的电气控制部件。这是机械设备电气系统改造的第一需求和有效切入点。在现阶段一般不能容忍高耗能和高噪声的运行方式。例如，早期设备中对于大容量的直流调速，普遍采用电动机扩大机旋转变流的调速方式，其致命缺陷就是严重高耗能和高噪声，在现阶段可以使用固体变流或变频调速的方式进行改造。又如，在工厂中普遍使用的风机和泵机设备，也可以采用变频调速的控制方式进行改造。再如，生产于20世纪70年代的螺纹磨床，其机械结构到目前也较为可靠，加工精度也能保证，但其头架直流电动机的

调速却采用的是旋转变流调速方式，因此存在耗电大、噪声大和调节范围小等问题，目前在用的该设备均已经对该项控制进行了电气改造。

2）运行频繁且可靠性不高，造成大量维修量的电气控制部分。这也是电气控制技术改造的第二需求。从电气维护的角度出发，降低设备的电气维修量是电气维护从业者的基本想法。通过对一些运行频繁且可靠性不高，运行中可能会产生大量维修量的电气控制部分进行技术改造，既提高了设备整体的运行效率和技术水平，又降低了维护人员自身的工作量，所以说是一个双赢的结果。如对动作非常频繁而且相对较为复杂的继电器逻辑控制电路，在现阶段可以使用 PLC 控制技术进行改造；对于早期的分立元件的直流调速系统可以利用专用调速模块的合理组合进行技术改造。这些改造方式都可以取得立竿见影的效果，用 PLC 来处理逻辑运算，其故障率几乎为零，可以显著提高控制的可靠性；而目前的固体变流调速装置，由于普遍采用模块化的电路结构，由于其设计先进、制造水平高，所以其运行的故障率大为降低。即便在运行中出现故障，其维护工作多数也是以更换专用板卡为主，有的甚至可以做到基本不动用电烙铁。因此改造完成后设备的运行可靠性可以显著提高，同时维修量和维修难度又可以大幅降低。

3）早期生产的大型设备，在传统控制方式设计模式下，一般会有一个较大的控制屏，用于安装各种传统控制按钮和传统信号灯。这些原件整体可靠性不高，运行中存在操作不方便、容易出现误操作、维修量大、占地面积大等缺点，在一定程度上影响着设备整体的运行效率。在现阶段，使用 PLC、触摸屏等部件的组合进行改造，可以取得非常显著的效果。改造完成后，不但操作的方便性和准确性得以大大提高，而且其信息显示的功能和效果也可以获得明显改观。

4）对于一些进口的复杂设备，其控制系统整体是先进的，但其中的某个环节由于其控制方式和实现方式特殊，而且运行中该环节使用频繁且预期发生故障时很难维修至原来方式时，可以考虑在该环节没有出现严重故障之前，对其进行局部测绘和局部改造，如进口机床上的电动执行器和电磁离合器等。这些部件在运行中，其机械尺寸要求很严格，必须高精度配合；其电压等级也跟国内产品有很大的不同，而且一旦损坏就很可能无法购买。有时候即便可以买到，也可能会出现价格很高或供货不及时的问题。这时，当它们还没有完全损坏时，可以通过对其机械和电气参数的测绘，确定出其机械结构参数和电气控制参数，然后向国内的厂家订货。一旦损坏，就可以用国产备件进行局部的替换改造。

（2）电气控制系统的整体改造

电气控制系统的整体改造适用于当被改造设备整体的机械结构基本处于完好状态，能满足实际生产过程的基本工艺要求和功能，其期望使用寿命还能达到 5 ~ 10 年，并且在本企业中的地位和作用比较重要的复杂设备。当其电气控制系统由于年代久远和技术落后等不能满足设备整体控制要求和节能环保指标要求时，一般可以考虑对该设备进行一次电气控制系统的整体改造。通过这样的技术改造，可以使被改造设备整体科技含量和技术性得到一个质的提升。例如，对早期生产的大型机械设备龙门刨床，完全可以考虑用现代控制技术对其进行控制系统的全面改造。可以使用三相交流异步电动机取代原功率较大的直流电动机，并且可以使用变频调速的方式进行速度调节和方向调节；对于所有继电器逻辑的控制部分，可以使用 PLC 进行处理；对于悬挂按钮站，可以使用计算机通信技术，如 RS485 通信协议技术进行改造，改造后可以使得主控制箱和按钮站之间的连接导线数量大为减少，同时还可以在按钮站上设置信息显示环节，使操作更加方便、清晰。改造完成后，无论是自动化水平和控制的可靠性、操作的便利性还是节能环保指标等都会得到非常大的提升。

在目前工程实践中，局部改造由于比较实用，经常具有很清晰的针对性和必要性，且改造的费用较低，改造的工期也相对较短，通常也能起到较好的效果，而且改造过程对设备整体的控制方式变化比较小，因此成功率较高，所以采用较多。设备的整体改造由于其存在费用高、工期长两个不利因素而受到一定的制约，且改造中对原设备的控制方式改变较大，其改造完成后一般要经历较长时间的整体安装、调试时间，所以其成功率不是非常高，因此采用的比例不是很高。在工程实践中，可以根据企业的实际情况和设备状况，做出合理的选择。

2. 复杂机床电气控制系统改造中所遵循的一般原则

(1) 用于电气控制改造的新技术应当体现先进、合理、实用、适当的理念

首先应保证改造后整体技术水平要有一个显著的提升，应杜绝使用落后和淘汰的技术、设备和材料。技术的进步是进行机械设备电气控制技术改造的基本要求和策略，但所用技术应当合理、实用、适当，不可过分地追求高技术。因为技术含量越高，成本也就越高，而且高技术不一定是适当的技术。改造行为应当符合企业行为的一般原则，既要追求技术进步，又要保证合理的成本和良好的实用性，过分地使用高技术会带来成本的大幅度提高甚至是改造的失败。在技术的实用性上还要考虑设备的可维护性，如果改造完成后，本企业的维修力量无法完成正常维护，每次出现故障都必须找企业以外的力量来进行维护，其运行成本就太高了。

(2) 改造后设备整体的安全性和操作的便利性应得到有效的保证和加强

设备的安全性分为设备的运行安全性和操作安全性。任何对现有、已经形成系列的成熟设备进行的技术改造，都要切实保证改造后其安全性能可靠。如果由于技术的改变和控制方式的改变或强调操作便利性，降低了整体设备运行和操作的安全性，均属于设备改造的大忌。设备过去原有的各种保护功能只能加强，绝不能降低甚至取消。如各种位置极限保护，操作顺序保护，急停操作与多点操作控制，压力、温度、润滑保护等，这些重要的保护和控制如需改变，其功效只能优于原设计，绝不可降低。必要时，在改造方案确定后进行必要的风险评估，特别是对自动化程度较高的设备，这种评估尤为必要。在设备技术改造中应当切记："思进前，要先想好怎么退"。

(3) 改造后设备的操作方式和操作习惯不应当有较大的改变

改造中，尽量不要对原设备的操作方式和操作习惯做较大的改变，最好的改造应当是基本不变。应当使任何使用过该设备的操作者都能较好地适应和掌握，不能造成在改造完成后除了参与改造者，其他真正操作该设备的人员不会用了，更不能因为操作方式和习惯的改变而造成严重操作失误或发生设备事故。

3. 复杂机床电气控制系统改造方案的确定

复杂机床电气控制改造一般主要由设备的使用部门或车间根据设备的现状和本部门的生

产需求，向设备管理部门提出和发起申请；也可以由设备的维护部门根据该设备在维护中出现的突出问题会同设备使用部门共同提出和发起。

设备管理职能部门受理设备改造申请后，负责组织设备使用部门的相关人员和设备改造技术部门的改造实施人员共同商讨和制定改造方案及改造计划。其间，设备管理部门应当组织相关人员深入到生产一线，认真听取被改造设备操作者和管理者的意见和想法，了解被改造设备在生产中要迫切解决的主要问题，并作为制定改造方案的基本参考。改造方案形成后，还应当再返回到第一线，认真征求操作者、管理者的意见和建议，再经过充分的论证和评估，最后确定改造方案。

改造方案确定后，由改造实施部门做出设备改造预算和改造施工工程进度计划，并形成文字报告，其内容包括：

（1）被改造设备现状以及改造方案必要性和可行性评估。

（2）改造费用预算明细表。

（3）改造计划及进度表。

（4）改造实施负责人和任务分项责任人人员组成名单。

由设备管理部门组织设备使用部门和改造实施部门共同签字确认后，报请上级主管部门审批。

改造方案批复后，一式五份，分别送达上级主管部门、设备管理部门、改造实施部门、设备使用部门和档案管理部门。

二、A 系列龙门刨床电气控制系统组成和工作原理

1. A 系列龙门刨床的结构

A 系列龙门刨床的典型结构如图 4—3—2 所示。

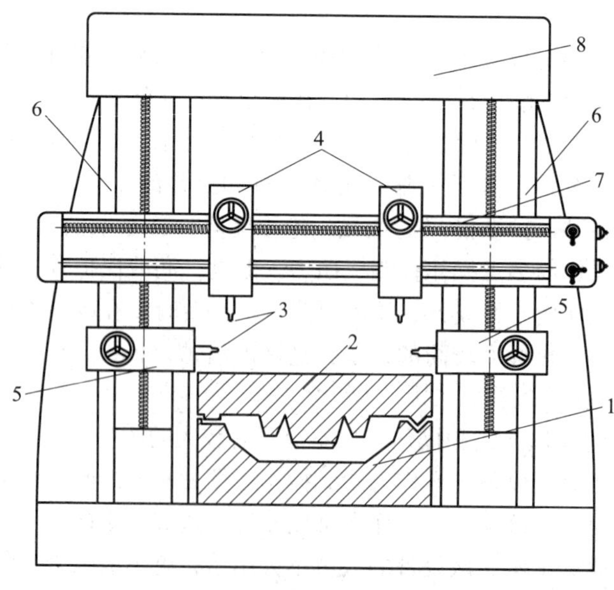

图 4—3—2　A 系列龙门刨床典型结构

1—床身　2—工作台　3—切削刀具　4—垂直刀架　5—水平刀架

6—立柱　7—横梁　8—龙门顶

A 系列龙门刨床的主运动是工作台带动工件做直线往复运动；进给运动是刀架的进刀运动，刀架共有四个，分别为两个水平刀架和两个垂直刀架；辅助运动包括横梁的升、降和夹紧、放松，刀架的快速移动以及抬刀。

A 系列龙门刨床仅在工作行程（工作台做前进运动）进行切削，在返回行程（工作台做后退运动）并不切削。工作台在返回行程中运动速度较高，这样可以减少机床空行程时间，提高生产率。龙门刨床在切削时不进刀，它的进刀是在工作台后退转变为前进时进行的。

A 系列龙门刨床型号有 B1010A、B1012A、B1016A、B2012A、B2016A 等几种。其型号含义如下：

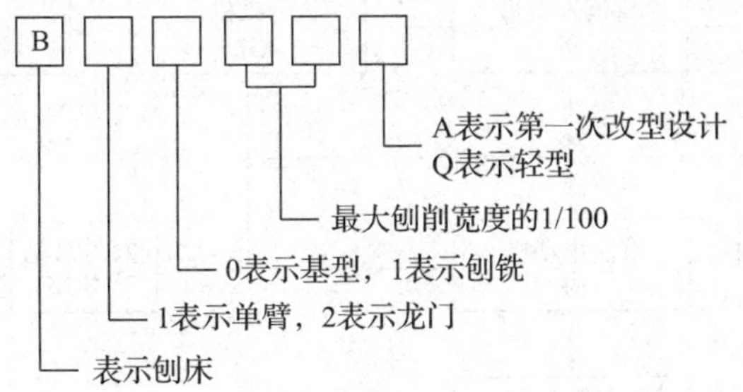

A 系列龙门刨床是 20 世纪 60—70 年代的产品，其调速系统采用旋转变流机组供电的 M－G－M（J－F－D）系统。该系统的旋转变流机组至少包含两台与调速电动机容量相当的旋转电动机，还有一台励磁发电动机，故存在设备多、体积大、费用高、效率低、安装须打地基、运行有噪声、维护不方便等缺点，但是系统的可逆运行很容易实现，且无论在正转还是反转减速时都能够实现回馈制动，因此在当时曾广泛地使用，目前的社会保有量也比较大，至今在许多机械加工类工厂中仍使用着这种系统。

龙门刨床加工的工件质量与工艺要求不同，使用的刀具不同，所需要的速度也不同。龙门刨床对主拖动的要求是很高的，不仅要求有足够大的切削功率和较大的调速范围，而且要求能在自动循环过程中能自动调节速度，因此可以说龙门刨床是电气化程度相当高的机床。

A 系列龙门刨床的主拖动系统采用直流发电动机—直流电动机组无级调速方式，调速机构中有一级齿轮变速的机械变速装置，分为高速、空挡、低速三个独立状态，从而使工作台运动的调节器范围达到 20∶1。工作台在低速挡的运动速度为 6～60 m/min；在高速挡的运动速度为 9～90 m/min。由于该机床要求可进行磨削，因此工作台运动速度最低能够降到 1 m/min。工作台在做前进与后退运动时，速度可由各自的调速手柄单独进行无级调速，无须停车。

2. A 系列龙门刨床的电气控制系统组成

由于其设计年代的因素，A 系列龙门刨床这样一个自动化程度较高的大型机械加工设备，其电气控制采用传统继电器逻辑控制系统，控制功能通过继电器、接触器以及各种主令开关和行程开关等配合实现，可分为交流控制回路和直流控制回路。其直流调速控制系统采用以电动机扩大机作为励磁调节器的直流发电动机—直流电动机组调速系统，即所谓的旋转变流调速方式。

如图 4—3—3 所示为 A 系列龙门刨床电气系统。

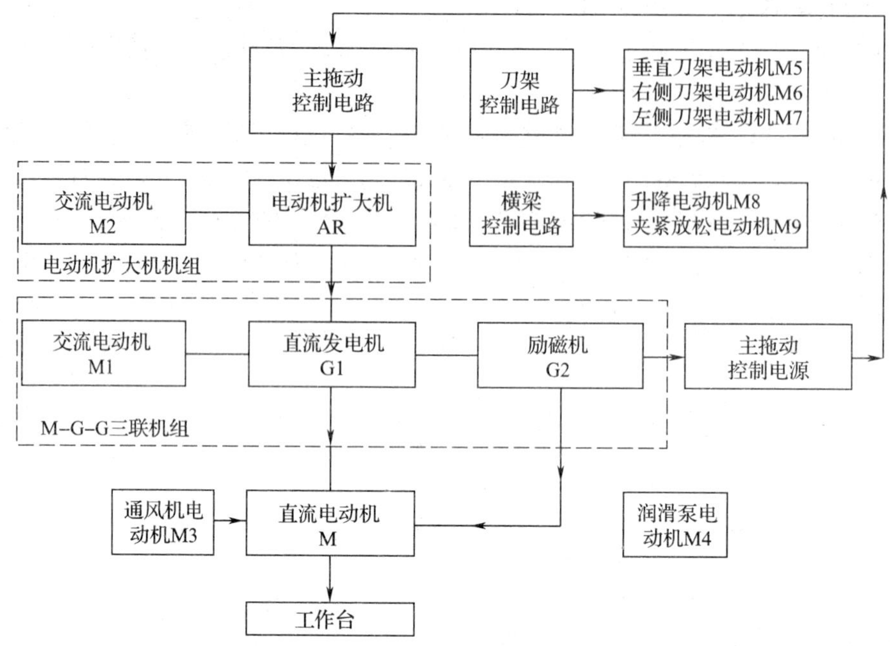

图 4—3—3　A 系列龙门刨床电气系统

该机床的主运动为工作台的往复运动，控制电路能按加工要求自动进行往返循环运动，并在运行中自动完成加速、减速、换向、进给的控制动作。工作台运行速度示意图如图 4—3—4 所示。为了减弱刀具在高速切削中所受的冲击，延长其使用寿命，工作台开始前进时速度较慢，以使刀具慢速切入工件。若刀具所能够承受切削速度与冲击力，则可将操纵台上的转换开关旋转到取消慢速切入的位置。在工作台前进与后退的末尾，工作台能做到自动减速，这样既可使刀具以慢速离开工件，不会造成工件边缘崩裂，又可减弱工作台改变运动方向时对电动机和机械的冲击。拖动系统还能保证工作台平稳而迅速改变运动方向。当机床处于磨削加工时，利用磨削转换开关，可以使工作台工作于磨削加工的低速度运行状态。

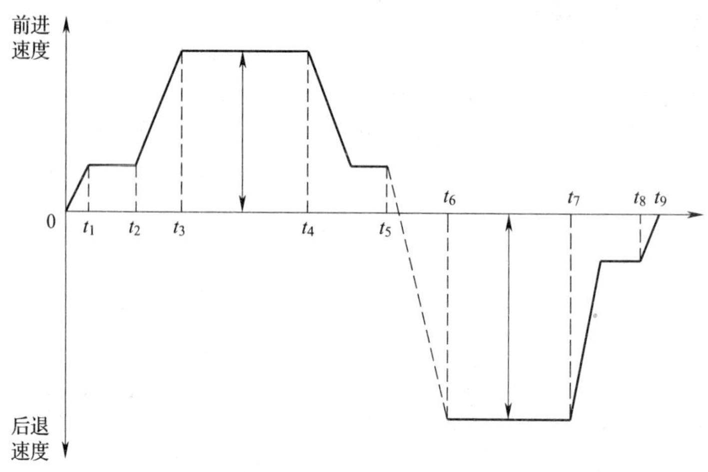

图 4—3—4　工作台运行速度示意图

在图 4—3—4 中，0 ~ t_1为工作台前进启动阶段；t_1 ~ t_2为刀具慢速切入阶段；t_2 ~ t_3为前进加速阶段；t_3 ~ t_4为切削工件的阶段；t_4 ~ t_5为刀具减速退出工件阶段；t_5 ~ t_6为反向制动并加速阶段；t_6 ~ t_7为高速返回阶段；t_7 ~ t_8为后退减速阶段；t_8 ~ t_9为后退反向制动阶段。

3．A 系列型龙门刨床电气控制线路分析

（1）主电动机 M1 的启动控制电路分析

主电动机 M1 是启动龙门刨床时最先启动的部分，主电动机如不能正常启动，则整个设备不能运行。整个电气控制系统由三相 380 V、50 Hz 的交流电源供电。电动机组包括直流发电动机的原动机、电动机放大机的原动机、冷却风机电动机、润滑泵电动机，分别由单独的三相交流异步电动机 M1、M2、M3、M4 拖动，并在设备启动之初按顺序一同完成启动。其中本设备主电动机之一的交流异步电动机 M1 由于容量较大，采用Y-△降压启动。如图 4—3—5 所示为电动机组启动控制电气原理图。

启动前，机组和控制系统应处于就绪状态，图 4—3—5 中断路器 QF、QF1 都在合闸位置，交流电源指示灯 HL2 点亮，表示电源正常，所有接触器或中间继电器均在释放状态。机床的目前状态符合启动条件，最好所有电动机轴的部分都可用手转动，此时就可以启动了。

按下控制箱上的启动按钮 SB2，由于 KH1、KH2、KH3 处于正常的接通状态，接触器 KM1 吸合并自锁（703 - 705），时间继电器 KT1 立刻得电，KMY 也通过 KT3 的闭点和 KT1 的闭点同时得电吸合。接触器 KMY 吸合后，电动机 M1 开始Y启动。随着电动机 M1 的启动旋转，与其同轴的励磁机 G2 就应当开始发电，就有了直流输出。从电路原理图可以看到，G2 开始发电时是靠其定子铁芯的剩磁来发电的，发电后再自励磁。因此，随着启动的进程，M1 速度逐渐升高，G2 的直流输出电压也迅速升高，当升至接近额定值时，使直流控制回路中的时间继电器 KT3 通过 KM2 的常闭触头［（H1 - L）- 51］吸合，其延时闭合常闭触头（705 - 717）打开，同时，其延时断开常开触头（723 - 725）闭合，为接通 KM2，进而使 M1 进行△运行做好准备。此时由于 KT1 时间未到，其常闭触头继续闭合，M1 继续处于星形启动过程。

随着启动的进程，当时间继电器 KT1 延时结束时，它的延时断开常闭触头（705 - 717）断开，接触器 KMY 断电释放，由于由大容量电动机 M1、G1 和 G2 组成三联机组，转动惯量较大，Y释放后仍可以以机械惯性继续旋转。同时 KT1 延时闭合常开触头（705 - 723）闭合，接触器 KM2 吸合。KM2 使用了两个常开触头和两个常闭触头，其中一个常开触头（705 - 725）闭合实现自锁，另一个常开触头（717 - 721）闭合为接触器 KM△通电做准备。接触器 KM2 的常闭触头（717 - 719）断开，可以锁定接触器 KMY不再通电。KM2 的另一个常闭触头［（H1 - D）- 51］断开，可以使直流时间继电器 KT3 释放。经过短暂延时，KT3 的延时断开常开触头（723 - 725）断开；KT3 的延时闭合常闭触头（705 - 717）闭合，经过 KM2 的常开触头（717 - 721）接通 KM△接触器，完成主拖动电动机 M1 的Y-△转换，机组启动完毕。

机组启动完毕后，由励磁机 G2 被 M1 拖动发电向直流电动机 M 提供励磁，同时向直流控制系统提供 DC 220 V 电源。

在本例的Y-△启动中使用了两只定时器，比一般Y-△启动多用了一个，在这里却有着非常明确和重要的作用。定时器 KT1 的功能就是一般Y-△启动的启动时间控制，时间整

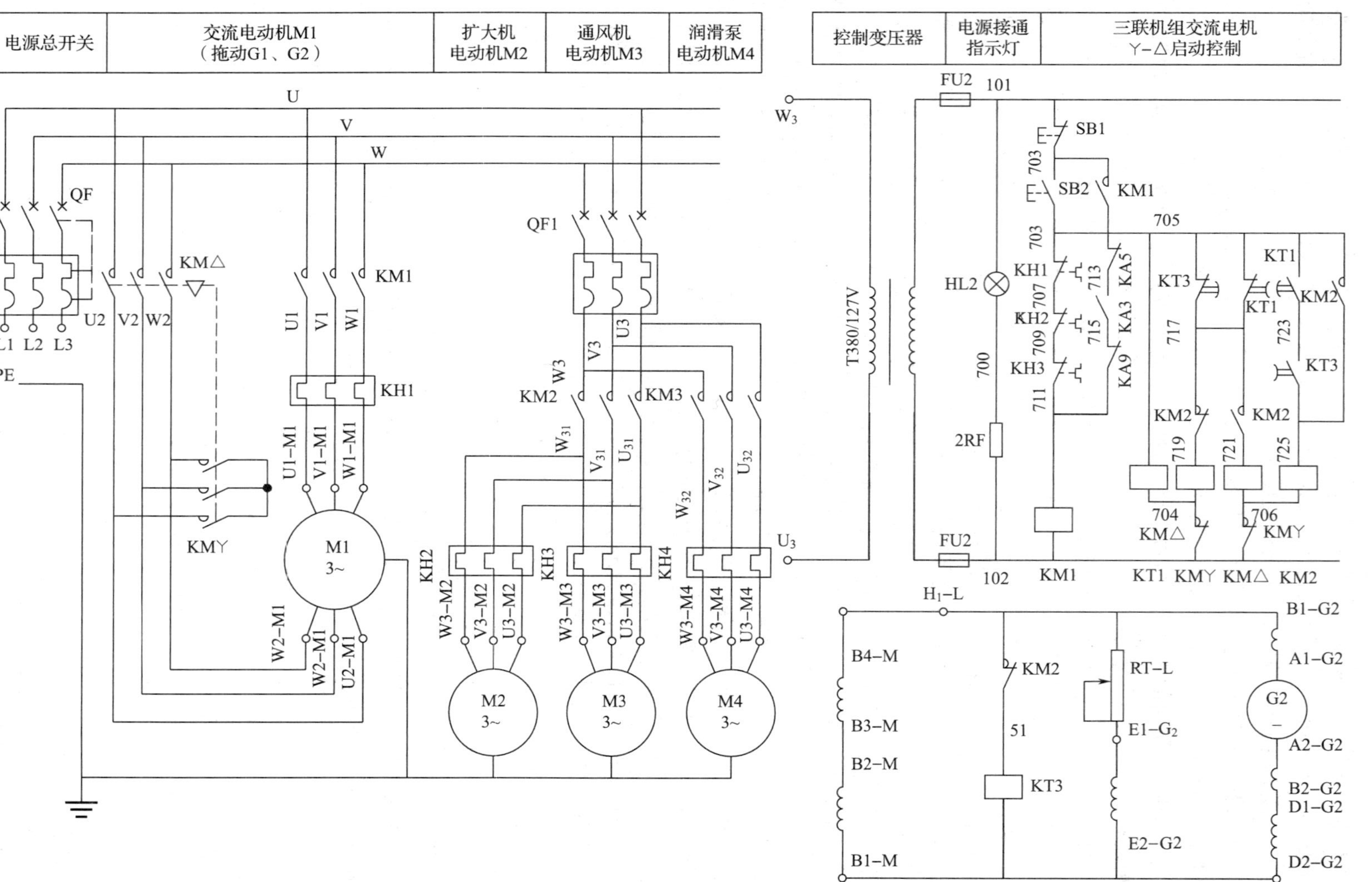

图 4—3—5　电动机组启动控制电气原理图

定范围一般取几秒到十几秒，此处设定为 5 ~ 8 s。KT3 在本控制系统中有两个重要控制功能，第一个功能是用于检测励磁机是否正常发电；第二个功能是为大容量接触器的Y－△切换做短暂延时。在 A 系列龙门刨床的电气控制中，励磁机的正常发电是机床运行的必要条件之一，只有励磁机正常发电时才能保证整个旋转变流调速系统的正常工作。当励磁机正常发电接近额定值时，KT3 的线圈作为电压元件才能动作，其常闭触头打开才能为断开Y做准备，等待 KT1 定时到后，转成△运行。如果励磁机 G2 不能正常发电，则 KT3 一直不动作，KT3 的常闭触头一直闭合，则 M1 会一直（以Y方式）运行以提示错误；使用大容量接触器进行电动机的Y－△启动时，进行接触器的Y－△切换必须在 Y 运行结束后，经过短暂的延时再接成△运行，可以防止接触器触头的弧光短路。KT3 的整定时间为 0.7 s 左右，以满足以上两个重要作用的控制需要。机组启动结束后相关接触器、继电器的状态如下：KM1、KM△、KM2 吸合，KMY、KT3、KT1 释放。由于启动之初 QF2 已经处于闭合状态，则通风机电动机与电动机扩大机拖动电动机伴随着主电动机 M1 的启动也同时启动运行。

如果要停止主电动机组，按下停止按钮 SB1，接触器 KM1、KM△、KM2 均断电释放，主拖动电动机 M1 电源被切断而停机。

在机床自动运行时，如果主拖动电动机 M1、拖动电动机扩大机的电动机 M2、通风机电动机 M3 中的任何一个电动机过载而造成其热继电器动作时，由于继电器 KA5、KA3、KA9（705－711）支路的旁路作用，接触器 KM1 并不立即释放。只有当工作台运行到后退换向位置，其撞块将 SQ8－2 闭合，使 KA5 得电，其常闭触头断开时，KM1 才能失电，主电动机 M1 才可以停止。因此这个 KA5、KA3、KA9（705－711）支路也称为停车位置保护电路，因为龙门刨床在进行刨削加工中不允许在切削时停车，以免损坏刀具和工件，所以这个后退换向位置也称为龙门刨床的标准停车位，本机床的过载保护和润滑保护的保护性停车都是停在这个位置，其中的润滑保护原理在工作台控制原理部分分析。一般操作者在加工过程中需要停下工作台进行检测时，也会等工作台运行到此位置时才可以按下工作台控制的停止按钮。

（2）刀架控制电气原理分析

A 系列龙门刨床装有两个垂直刀架，一个左侧水平刀架和一个右侧水平刀架。这些刀架采用三台交流电动机来拖动，分别为 M5、M6、M7。刀架的控制电路能实现刀架的快速移动和自动进给，而刀架的快速移动、自动进给及刀架运动的方向，由装在刀架进刀箱上的机械手柄来选择。

每次进刀量的调整通过一个被称为超越离合器的机械装置进行设置，利用改变超越离合器拨叉盘上的转子与可调定子的夹角的大小来控制进刀量。夹角大进刀量大，夹角小进刀量就小，进刀量设定后，由一台三相交流异步电动机拖动实现。每次进刀完成后，利用拖动电动机的反转带动拨叉复位，为再次进刀做准备。因此，每次进刀，拖动电动机将做一次正、反转控制动作。

刀架控制动作还有刀架上的刀具配合切削与返程的抬刀与复位控制动作。当工作台前进时刀具进行切削，抬刀线圈不得电，刀架处于复位状态，刀具能够进行切削；工作台高速后退返程时，刀具不进行切削动作，这时抬刀线圈得电，刀架做抬刀动作，使刀具不与工件接触。

交流控制部分完成刀架的移动控制，刀具的抬刀控制则由直流控制部分完成，如图 4—3—6 所示为刀架控制电气原理图。

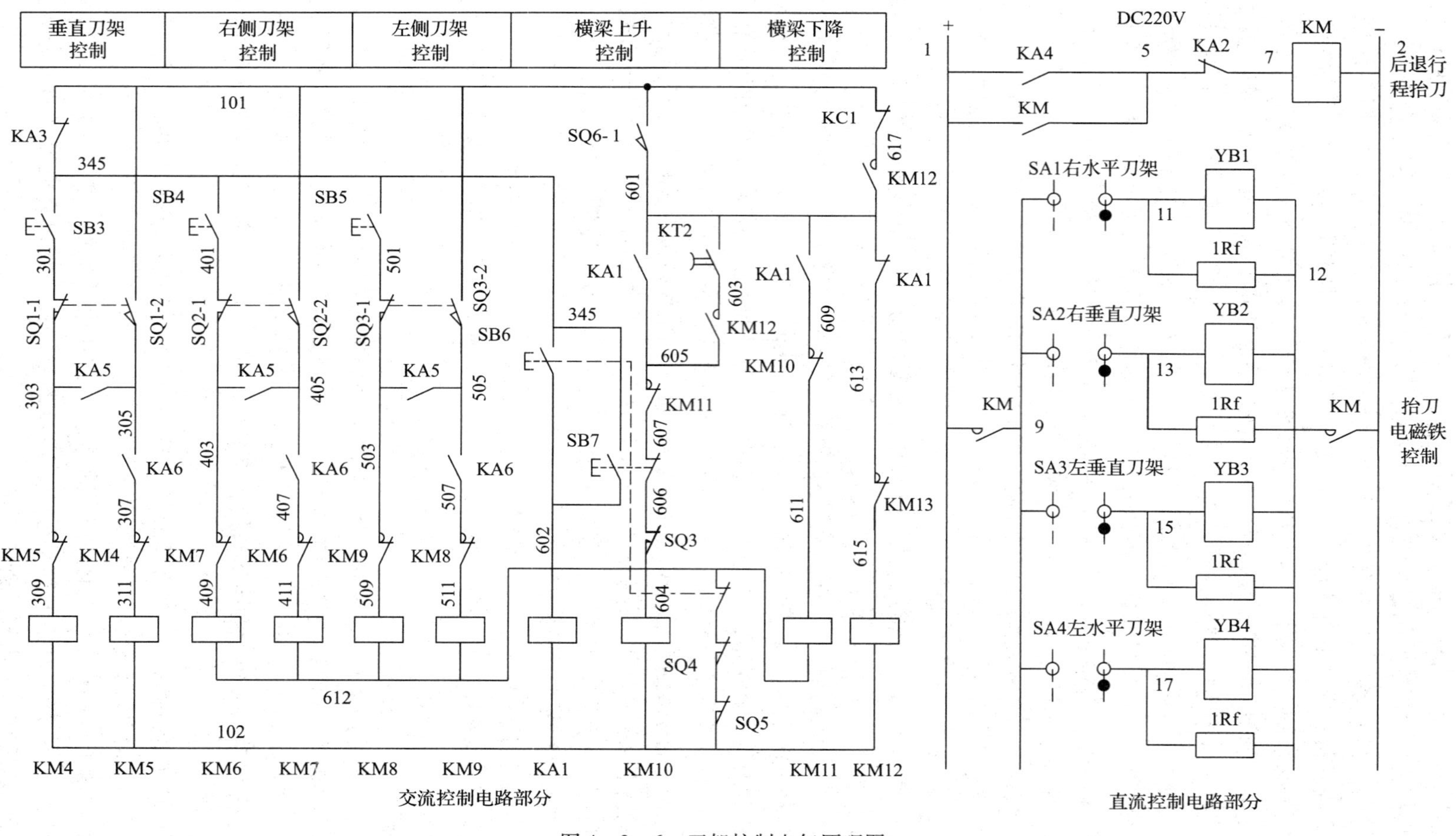

图 4—3—6　刀架控制电气原理图

当需要刀架配合工作台的自动往返实现自动进刀时，将控制刀架移动方式的机械手柄置于工作进给位置，使行程开关 SQ1、SQ2、SQ3 受压，其常闭触头 SQ1－1、SQ2－1、SQ3－1 断开，常开触头 SQ1－2、SQ2－2、SQ3－2 闭合。当需要刀架快速移动时，将机械手柄置于快速移动位置，行程开关 SQ1、SQ2、SQ3 不受压复位，其常闭触头 SQ1－1、SQ2－1、SQ3－1 闭合，常开触头 SQ1－2、SQ2－2、SQ3－2 断开。直流控制电路的转换开关 SA1～SA4 用于选择需要接通的抬刀电磁铁，在返程时将刀架抬起。当工作台工作于自动循环状态时，即手柄置于工作进给位置，SQ（X）－2 的上端直接挂在了控制电源 101 号线上，不受其他条件的限制；快速移动控制时，SQ（X）－1 的上端通过 KA3 的闭点接到 101 号线上，即受 KA3 闭点状态的限制。KA3 为工作台自动控制与调整联锁继电器，工作台自动运行时 KA3 接通。而刀架的快速移动属于刀架的位置调整，所以一定要在工作台自动循环停止的情况下才允许进行。

1）刀架快速移动：以垂直刀架为例，工作台的自动循环必须停止工作，此时工作台自动控制与调整联锁继电器 KA3 处于断电状态，因此其常闭触头 KA3（101－345）闭合。将选择机械手柄置于快速移动位置，所以 SQ1－1 闭合。此时按下点动按钮控制 SB3，接触器 KM4 通电吸合，拖动垂直刀架的电动机 M5 启动，旋转拖动刀架快速移动。当移动至目标位置时，松开按钮 SB3，快速移动结束。快速移动时，M5 只做单方向旋转，其运动的方向靠扳动机械手柄来选择。

2）刀架的自动进给：当选择机械手柄置于自动进给位置，SQ1－2 闭合。由于工作台工作于自动控制状态，KA3 通电，其常闭触头 KA3（101－345）断开。此时按下快速移动按钮 SB3 已经不起作用，实现了自动进给与快速移动的互锁。

刀架的自动进给是与工作台的自动往复循环相互配合实现的，当工作台运行到后退换向时，经撞块碰撞，SQ8－2 闭合，继电器 KA5 得电，其常开触头（303－305）闭合，KM4 得电，垂直刀架电动机 M5 正向旋转，经进刀传动机构实现刀架的自动进给。当工作台在前进之初，其撞块捎回 SQ8 后，SQ8－2 断开，KA5 失电，进刀动作结束。当工作台运行至前进换向时，经撞块碰撞，SQ7－2 闭合，KA6 得电，其常开触头（305－307）闭合，KM5 得电吸合，电动机 M5 反向旋转，使刀架进刀机构复位，为下一次进刀做准备。当工作台在后退之初，其撞块将 SQ7 捎回，SQ7－2 断开，KM5 失电，M5 停止，复位结束。

如图 4—3—7 所示为龙门刨床刨削时的刀架进刀。左、右刀架的控制电路与垂直刀架控制电路工作原理基本相似，不同的是接触器线圈的一端没有直接接到电源的另一端，而是经过行程开关 SQ4、SQ5 的动断触头再接到电源线上。行程开关 SQ4、SQ5 是左、右侧水平刀架与横梁之间的限位开关。当左、右侧刀架向上移动或横梁向下移动时，它们起到限位保护的作用。

3）刀架的抬刀动作：由于刀架抬刀只在工作台后退时进行，因此刀架的抬刀动作使用了工作台后退控制继电器 KA4 的常开触头作为启动条件，工作台后退时，KA4 得电，其常开触头闭合，接通抬刀控制接触器 KM。当后退结束，转为前进时，再由工作台前进控制继电器 KA2 的闭点将 KM 复位。在 KM 得电的情况下，通过选择开关 SA 选中的刀架电磁铁就会得电，从而伴随着工作台的前进、后退，完成刀架的抬刀与复位。

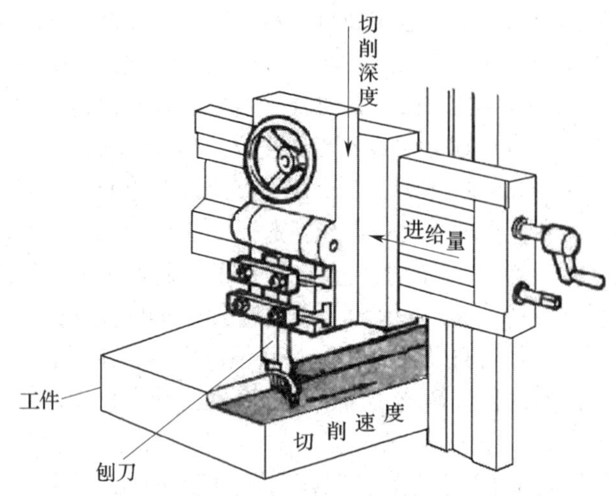

图 4—3—7 龙门刨床刨削时刀架进刀

(3) 横梁控制电路分析

横梁装在立柱上，正常切削时由夹紧机构把横梁夹紧在立柱上形成刚性连接。需要上下移动时，才将横梁从夹紧状态松开，再根据要求使横梁做上、下移动，移动到需要位置时，再将横梁夹紧在立柱上。A 系列龙门刨床用三相交流电动机 M9 拖动夹紧装置实现横梁的夹紧和放松，用另一台三相交流电动机 M8 完成横梁的上、下移动。

横梁上、下移动时必须在工作台停止运行的情况下才能进行。工作台停止运行时，工作台控制电路中的联锁继电器 KA3 断电，其常闭触头 KA3（101－345）闭合，为上升、下降做准备。无论是进行横梁的上升还是下降，控制动作之初都先要接通横梁升、降继电器标志继电器 KA1，而且升降动作均为点动控制方式。如图 4—3—8 所示为横梁控制电气原理图。

当要求横梁上升时，按下悬挂按钮站上的横梁上升控制按钮 SB6，控制电路将自动完成横梁的放松、上升、上升到位后的加紧过程。

1）横梁上升的电气控制原理

①自动完成横梁放松。因为工作台已经停止，KA3 的常闭触头（101－345）闭合，为上升做准备。SQ6 是装在横梁夹紧机构上用于检测横梁夹紧、放松状态的行程开关，夹紧状态时，SQ6 不受压，放松状态受压。此时横梁处于夹紧状态，所以其常开触头 SQ6－1（101－601）断开，其常闭触头 SQ6－2（101－621）闭合。此时，按下横梁上升按钮 SB6，KA1 得电，由图 4—3—8 可以看出，KA1 的三个常开触头中只有 KA1（621－623）能接通电路，因此 KM13 得电吸合并自锁，加紧放松电动机 M9 做放松方向的旋转，横梁逐渐放松，直至放松到位。放松到位后 SQ6 开关受压动作，SQ6－2 断开，KM13 断电，夹紧放松电动机 M9 断电，横梁放松完成。

②横梁上升。继续按着 SB6，横梁放松后，行程开关 SQ6 动作，SQ6－1（101－601）闭合，因为此前 KA1（601－605）已经闭合，所以横梁上升接触器 KM10 得电，电动机 M8 启动，拖动横梁上升。当横梁升至目标位置时，松开按钮 SB6，KA1 断电，电动机 M8 停止，上升动作结束。

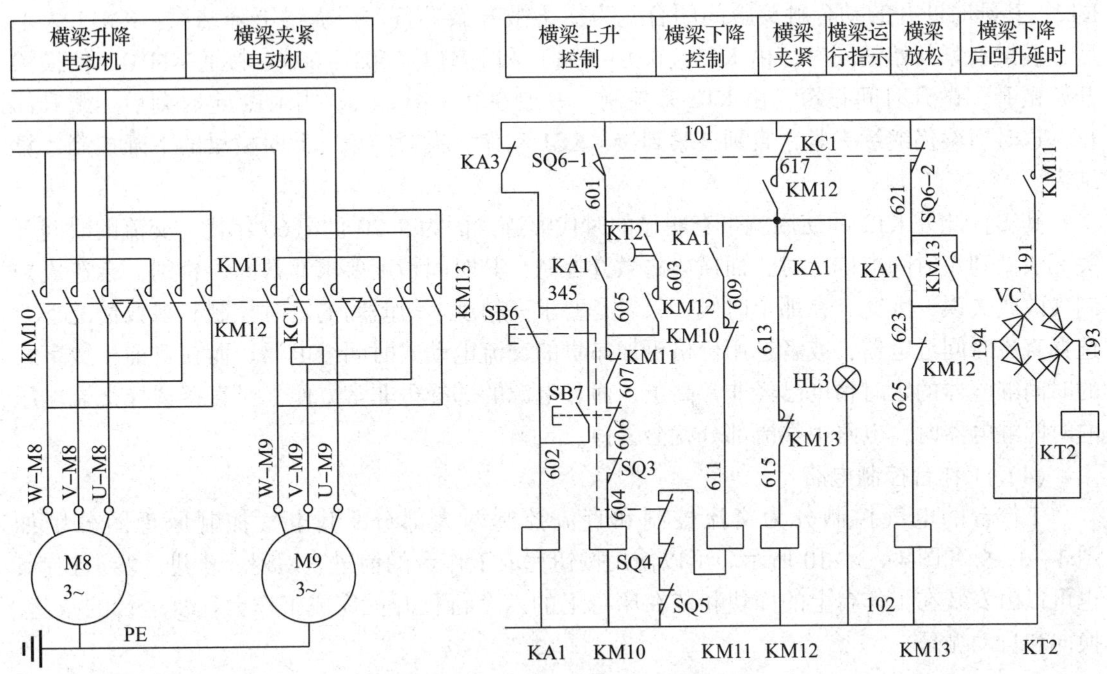

图 4—3—8　横梁控制电气原理图

在 KM10 线圈电路中，串接有行程开关 SQ3 的常闭触头 SQ3（604－606），此开关装在横梁与龙门顶之间，用于避免横梁上升时与龙门顶相撞，做限位保护用。

SQ6－1 的闭合还使指示灯 HL3 点亮，指示横梁处于放松状态。

③横梁上升以后的自动夹紧控制。松开上升按钮 SB6 后，KA1 断电，其常闭触头 KA1（601－613）闭合，使控制夹紧放松的电动机 M9 做夹紧方向旋转的接触器 KM12 通电吸合，M9 启动，横梁开始夹紧。由于 KM12 的常开触头 KM12（101－601）闭合，就形成了通过过电流继电器 KOC1 对 KM12 的第二条供电回路（因此时横梁尚未夹紧，SQ6－1 仍闭合）。待横梁夹紧到一定程度，SQ6 复位，SQ6－1 断开，KM12 则由其自锁点的一路供电，M9 继续旋转，横梁继续夹紧。随着夹紧力的增大，会导致 M9 严重过载甚至堵转，当过载电流达到或超过串接在 M9 定子电路中的过电流继电器 KC1 的整定值时，KC1 动作，其触头 KC1（101－617）断开，KM12 断电，夹紧放松电动机 M9 断电。至此，横梁上升后自动夹紧过程结束。此时，横梁上升控制结束。

2）横梁下降的电气控制原理。横梁下降过程的电气控制原理与横梁上升过程的电气控制有许多相似之处，请大家注意控制的不同之处。

在工作台停止的情况下，按下控制按钮 SB7，先接通上升、下降标志继电器 KA1，此时，电路也是先接通放松接触器 KM13，完成横梁的放松。但放松到位后，由于按下的是 SB7，则 KM11 得电吸合，M8 旋转拖动横梁下降。下降到位后，松开 SB7，下降结束。此后也是由 KM12 得电吸合，接通 M9，进行横梁夹紧。但与上升不同的是，为了消除由于下降动作使传动丝杠与丝母的机械间隙，要求电气控制在横梁下降到位后要有一个少许的回升动作。因此，在横梁下降开始的同时，由 KM11 的常开触头（101－191）接通直流时间继电器 KT2，其延时断开的动合触头瞬间闭合，为横梁微升做准备。当横梁下降结束，KM11 失电后，横梁夹紧开始的同时，由 KT2（601－603）和 KM12（603－605）接通 KM10，使横梁开始微升。微升时间很短，由 KT2 来控制，一般在 0.1～0.4 s。当 KT2 定时到后，微升停止，这时横梁仍继续夹紧，直到夹紧到位，KC1 动作，夹紧结束，此时横梁的下降控制才算结束。

其实，此处 KT2 的使用就带有明显的时代痕迹，因为在 20 世纪 60 年代，交流的时间开关无法做到短时间准确定时，而横梁的微升控制，其时间精度要求非常高，否则，会造成控制失败或失误。因此，在那个时候，只要是要求高精度、短时间的定时控制，多数情况下会选择直流时间继电器，或者选用价格更加昂贵的交流电动式时间继电器。而在目前，数字式的时间继电器的定时精度已经非常高了，而且电源的选择也非常方便，当直接选择交流电压的时间继电器时，电路中整流部分就会去掉。

（4）工作台控制电路

工作台的电气控制分为交流控制和直流控制两大部分，其电气控制原理图分别如图 4—3—9 和图 4—3—10 所示。可以使用按钮完成工作台的前进、后退、步进、步退控制；也可以由安装在工作台上的撞块和装在床身上的六个行程开关完成工作台往复运行的减速、换向和自动循环。

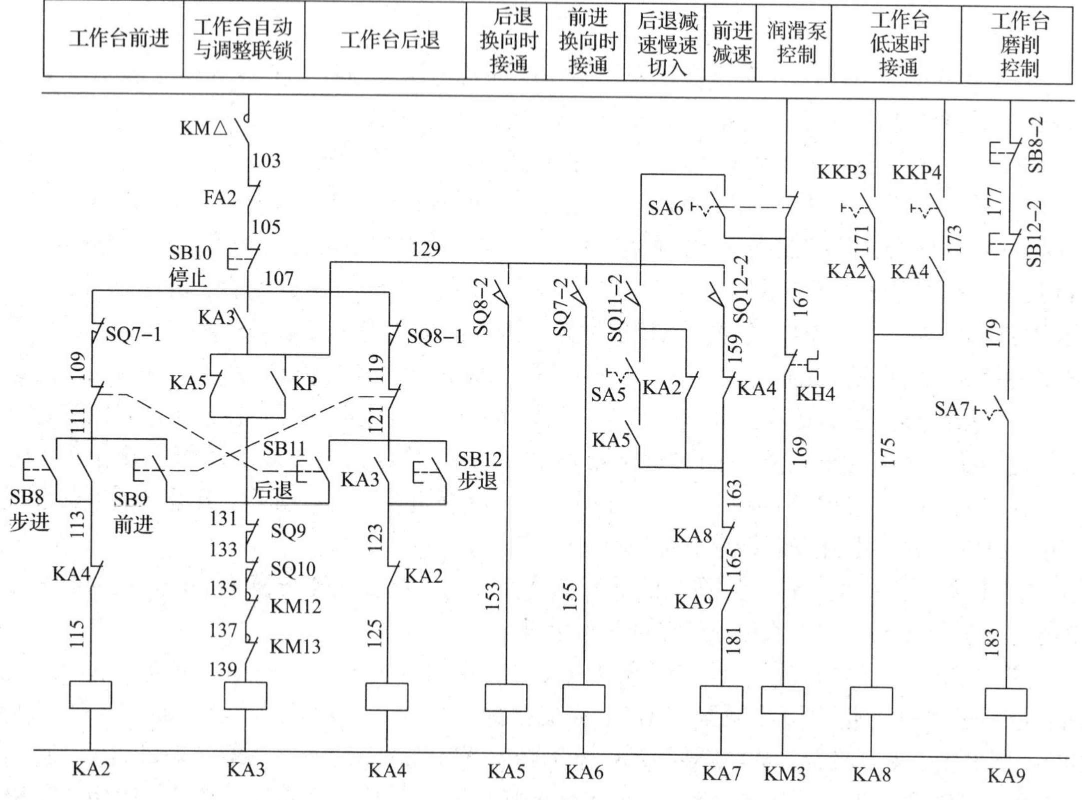

图 4—3—9　工作台交流控制回路电气原理图

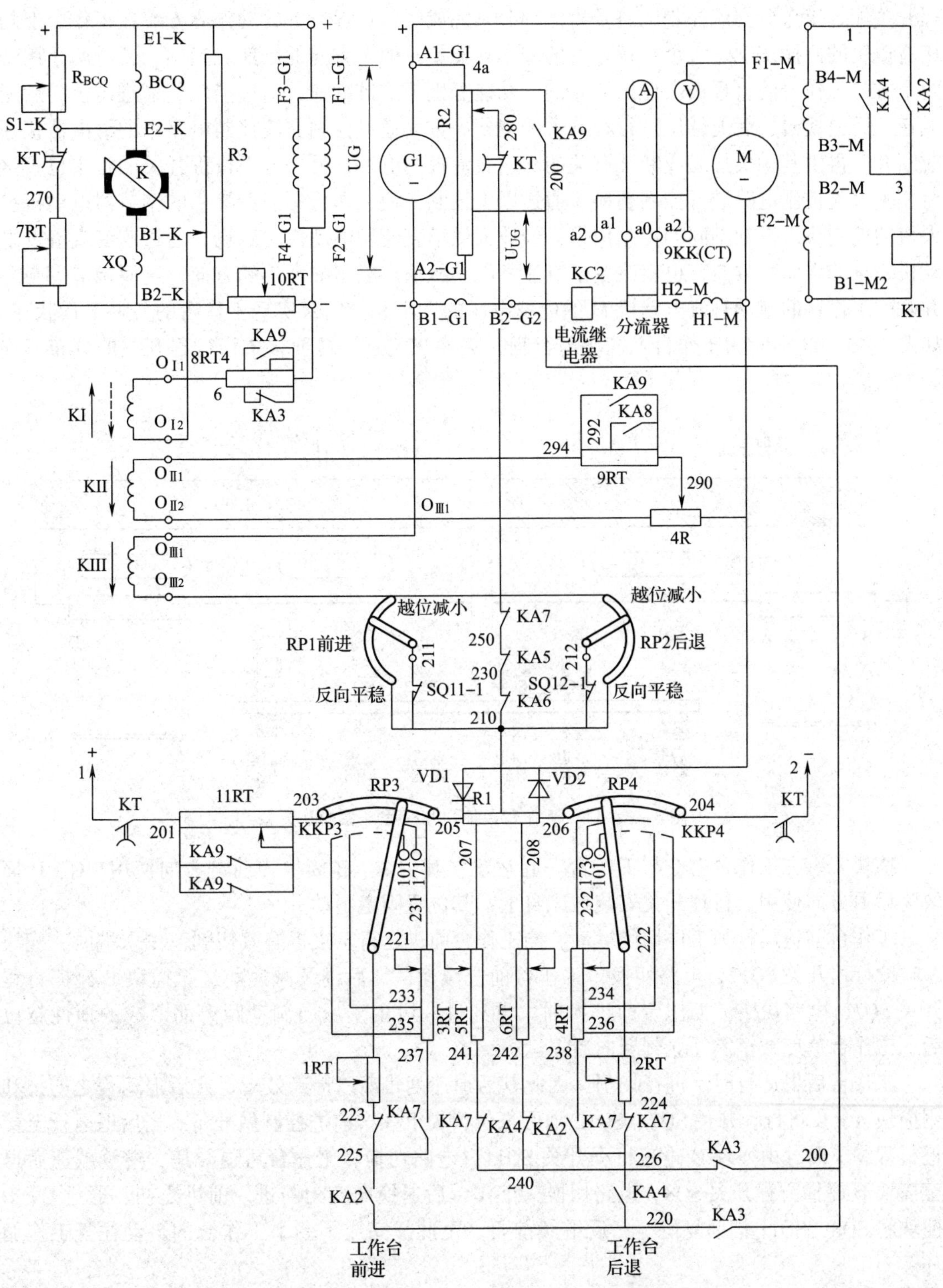

图 4—3—10　工作台直流回路电气控制原理图

1）行程开关的作用及工作台的自动循环。工作台的自动循环是由装在床身上的六个行程开关配合工作台交流控制电路及直流部分来完成的，行程开关的动作靠安装在工作台上的相应撞块的碰撞实现。六个行程开关的基本功能就是两个方向的减速、换向，还有两个用于两个方向工作台的行程极限保护。它们的功能分别为前进减速、前进换向、前进越位；后退减速、后退换向、后退越位。行程开关的动作一方面通过控制交流控制电路中的继电器接通或断开，再由其触头接通或断开有关的交、直流控制电路；另一方面行程开关的触头也直接对相关直流控制电路进行控制切换。通过以上控制，使工作台调速系统中的调节器电动机扩大机的控制绕组得到不同的控制信号，经放大供给直流发电动机的磁场，通过改变直流发电动机磁场的强弱和方向，也就改变了直流发电动机输出电压的大小和方向，进而调节了与之并联的工作台的拖动直流电动机 M 的电枢电压的大小和方向，实现工作台的各种工作状态。如图 4—3—11 所示为工作台及撞块与行程开关相互关系，这种方式为行程开关的分布式安装方式。

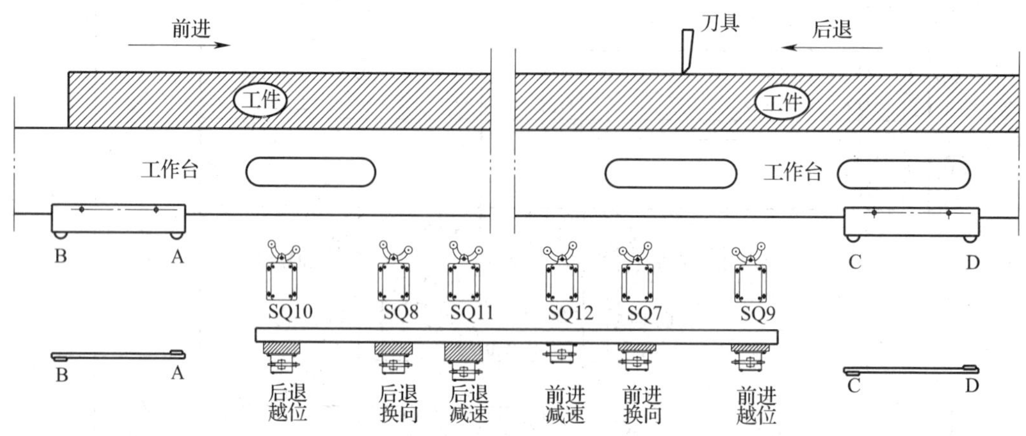

图 4—3—11　工作台及撞块与行程开关相互关系

撞块安装在工作台上，与工作台一起运动，其中 A、B 撞块为前进方向使用，C、D 撞块为后退方向使用。行程开关安装在床身上，其位置固定不动。

工作台前进运行为工件切削运动，当工作台前进运行至接近有效切削范围末端时，撞块 A 碰撞行程开关 SQ12，电路切换，工作台前进减速，然后继续减速前进至撞块 B 碰撞行程开关 SQ7，电路切换，工作台前进换向。再经过一段由于反向制动距离而形成的惯性越位后，工作台速度减至零并立刻反向后退运行。

工作台后退运行时不进行切削，因此其后退速度较高以提高效率。在后退返程之初，利用撞块 A、B 将行程开关 SQ7、SQ12 捎回复位，为下一次前进控制做准备。当后退运行至接近行程终了时，由撞块 C 碰撞行程开关 SQ11，电路切换，工作台后退减速，继续减速后退至撞块 D 碰撞行程开关 SQ8，电路切换，工作台后退换向变为前进。前进之初，通过 C、D 撞块将 SQ8、SQ11 捎回复位，然后继续前行。至此，完成了一个工作台的自动往复工作循环。

装在最外侧的行程开关 SQ9、SQ10 分别为正、反两个方向的越位停车控制，防止工作台换向控制失灵后工作台越出有效区域，属于极限保护，正常时碰不到。

如图 4—3—12 所示为前进运行时工作台的撞块与行程开关碰撞。

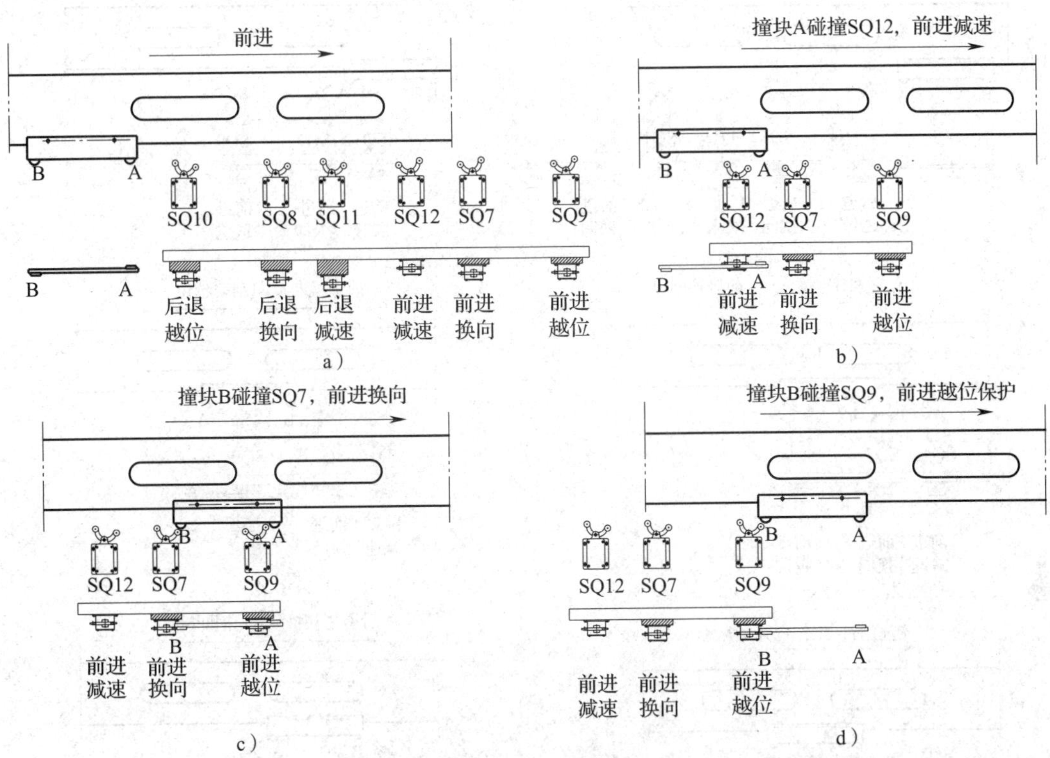

图 4—3—12　前进运行时工作台的撞块与行程开关碰撞

如图 4—3—13 所示为工作台前进变为后退行程中撞块与行程开关碰撞过程。

根据对工作台运行中撞块与行程开关的相互作用关系的认知，结合工作台的交流、直流电气控制原理图，下面对工作台自动控制循环的电气控制原理进行分析。

工作台的基本工作顺序：前进之初工作台低速运行使刀具慢速切入工件→以给定工作速度进行切削→切削末端减速切出工件→反向快速返程→下一个切削的慢速切入。

假设工作台自动循环前，主电动机 M1 已经完成正常启动，工作台已退至末端的标准停车位，如图 4—3—9、图 4—3—10 所示。这时，行程开关 SQ12、SQ7 已经复位，SQ11、SQ8 由撞块压动已经处于动作状态，即 SQ12－1（210－212）、SQ7－1（107－109）、SQ11－2（129－157）、SQ8－2（129－153）是闭合的，SQ12－2（129－159）、SQ7－2（129－155）、SQ11－1（210－211）、SQ8－1（107－119）是断开的。操作前，先将润滑泵运行选择开关 SA6 置于工作台自动与连续位置，其常开触头（129－167）闭合；将慢速切入开关 SA5 闭合，慢速切入处于有效，然后按下工作台前进按钮 SB9。这时，工作台自动与调整联锁继电器 KA3 得电吸合，其常开触头（111－113）闭合。由于 SB9 的常闭触头串联在 KA4 回路将其断开，所以只有工作台前进继电器 KA2 得电吸合，KA2 在直流回路中的常开触头（1－3）闭合，定时器 KT 得电吸合，其延时闭合常闭触头［（S1－K）－270］及（280－OⅢ$_2$）断开，切断了电动机扩大机的欠补偿电路和发电动机的自消磁电路；其延时断开的常开触头（1－201）、（2－204）瞬时闭合，给两个方向的调速给定电位器 RP3 及 RP4 接通直流电源。

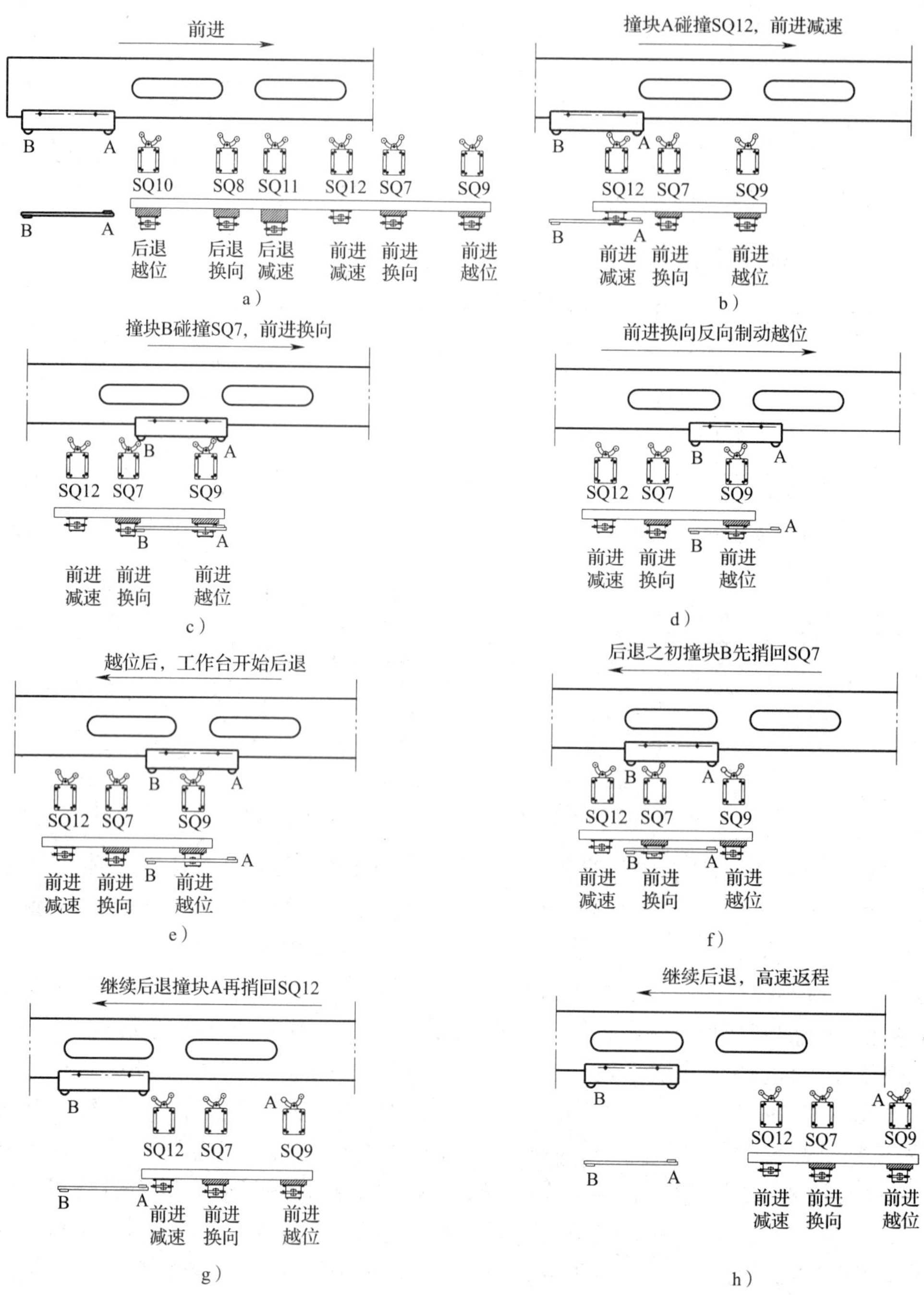

图4—3—13　工作台前进变为后退行程中撞块与行程开关碰撞过程

KA3 吸合后，其自锁触头（107－129）闭合，则 129 号线有电，通过 SQ8－2 接通继电器 KA5 电路，KA5 得电吸合，其常闭触头（129－131）断开。但此时，由于 SA6 开点已经闭合，则润滑泵电动机开始工作，当润滑油达到一定的压力后，压力继电器 KP（129－131）闭合，KA3 才能完成自锁。

注意

如果启动时润滑泵压力建立较慢，应当多按一会儿 SB9，否则会导致自保不成功。也可以在启动时，先按下步进按钮 SB8，观察 SQ8 被捎回复位后，保证让 KA5 不得电，再按下 SB9 会一次成功。

KA3 串在直流回路中的常开触头（200－220）闭合，接通工作台自动控制回路；KA3 的常闭触头（200－240）断开，断开了工作台调整控制的直流回路。由于假设工作台停在标准停车位，因此 SQ8－2 闭合，KA5 得电吸合，其常开触头（161－163）闭合，因为选择开关 SA5 处于接通位置（在不取消慢速环节的情况下应在接通位置），则减速继电器 KA7 通电吸合，这时，KA2、KA7 的常开触头（200－225）、（225－237）均闭合，KA7 的常闭触头（223－225）断开，电动机扩大机控制绕组 OⅢ中便输入了较低的给定电压，电动机扩大机在强迫激磁的作用下，输出电压迅速升至稳定慢速的数值，因而工作台也迅速达到稳定慢速的前进状态。

工作台前进之初慢速切入的控制信号流程如下：

电源正极 1→KT→201→11RT→203→RP3→231→3RT→327→KA7（开）→225→KA2→220→KA3→200→R2→A2－G1→O$Ⅲ_1$→O$Ⅲ_2$→RP1 全部/RP2 局部→210→R1 中间点→206→RP4→204→KT→电源负极 2。

随着前进的进程，当撞块 D 将 SQ8 捎回复位，SQ8－2 断开，KA5 失电，KA7 随即失电，电路切换到正常的给定速度进行切削。此时的控制信号流程为：

电源正极 1→KT→201→11RT→203→RP3→221→1RT→223→KA7（闭）→225→KA2→220→KA3→200→R2→A2－G1→O$Ⅲ_1$→O$Ⅲ_2$→KA7（闭）→250→KA5→230→KA6→210→R1 中间点→206→RP4→204→KT→电源负极 2。

如图 4—3—14 所示为减速状态和给定速度状态工作台直流控制回路的控制电压等效电路图。

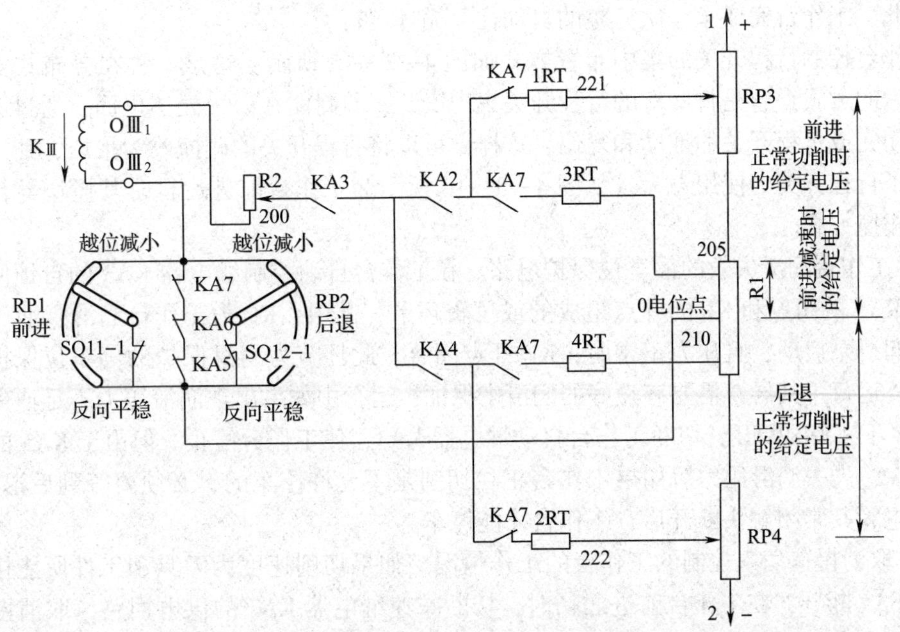

图 4—3—14 减速状态和给定速度状态工作台直流控制回路的控制电压等效电路图

前进接近终了时，由撞块 A 碰撞前进减速行程开关 SQ12，SQ12－2 闭合，减速继电器 KA7 得电，工作台减速。工作台继续前进，由 B 撞块碰撞换向行程开关 SQ7，SQ7－1 断开，KA2 失电，前进回路断开，同时，由于 SQ8 已经复位，KA4 得电，后退回路接通，电动机扩大机的 OⅢ绕组被反向激磁，电动机 M1 电枢电压反向，电动机反向制动，经过制动越位工作台反向后退。

这时，在 OⅢ中的电流方向是相反的，所以电动机扩大机和直流发电动机的输出电压的极性也是相反的，工作台迅速制动，然后反向启动。工作台反向制动的强度是由加速度电位器 RP1、RP2 来调整的，由于在减速、换向过程中，KA7、KA5、KA6 的常闭触头回路是断开的，就将加速度电位器环节接入。在调速回路里增加了 RP2 的全电阻和 RP1 的部分调节电阻的并联值，使激磁电流进一步减小，同时用这个电阻并联值控制反向制动的强度。此时由于 SQ12－1 断开，所以只有 RP1 可调，滑动端往上调整，电阻减小，制动强度增加，反向越位减小；滑动端往下调整，电阻增加，制动强度减弱，反向运行就更平稳。

随着后退运行的进程，SQ7 和 SQ12 被撞块捎回复位，过渡过程结束，KA6 失电，加速度电位器被短接切除，减速继电器 KA7 也失电，减速结束，工作台开始以给定速度高速返程。

在 KA4 吸合的同时，其常开触头（1－50）闭合，接触器 KM 通电吸合，其常开触头（1－11）、（2－12）闭合，接通抬刀电磁铁，刀架在工作台返回行程中，自动抬起。

在工作台返程行程将结束时，撞块 C 碰撞将行程开关 SQ11，SQ11－2（129－157）闭合，减速继电器 KA7 通电吸合，运行后退减速，继续减速后退，撞块 D 碰撞行程开关 SQ8，SQ8－1 断开，KA4 失电，同时 KA2 得电，运行后退换向。经过反接制动，工作台经制动越位转为前进。

至此，工作台完成了一次完整的自动往复循环运行。

工作台控制行程开关的集中布置方式如图 4—3—15 所示。这是一种在分布式安装方式上改进后的方式，它是将所有的行程开关集中安装，并封闭在一个壳体里面，通过触发杆的上下移动完成行程开关的推动和复位。这样做可以将行程开关的碰撞改为推压，在一定程度上延长了行程开关的使用寿命。如图 4—3—16 所示为工作台前进运行时其撞块与行程开关触发杆碰撞方式。

2）工作台润滑失效的停车位保护电路。在工作台自动控制继电器 KA3 的自锁回路上还串联着 KA5 的闭点和 KP 的开点组成的或逻辑环节，其中，KP 为工作台润滑泵油压检测开关，当润滑泵启动，且压力正常时，KP 开点闭合。此环节为润滑保护的停车位保护。工作台的往复运行中其导轨需要有良好的润滑来保证，运行中如果出现润滑压力不足或失去，则由 KP 常开触头的断开，切断工作台自动继电器 KA3，使工作台停止。但由于 KA5 的常闭触头的存在，失去润滑压力后如果工作台正在切削是不允许停车的，必须要等到后退换向时，KA5 得电，其常闭触头断开后，工作台才能停车。

3）取消慢速切入控制的工作台的工作情况。如果切削速度为刀具和工件所能接受，可将开关 SA5 断开，在工作台前进之初时，切断减速继电器 KA7 的供电回路，取消慢速切入环节。

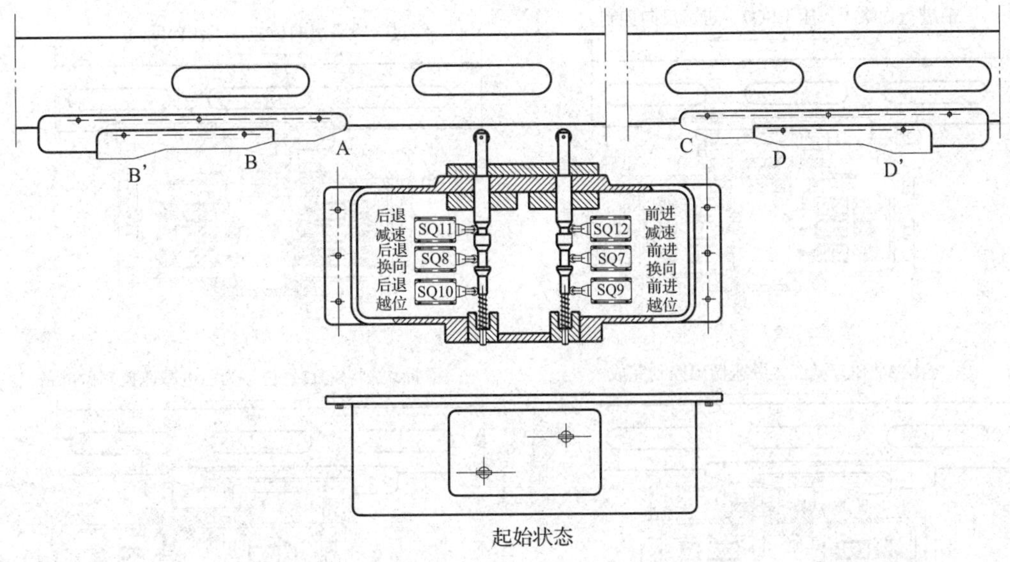

图 4—3—15　行程开关的集中布置方式

4）工作台的步进和步退。有时为了调整机床，需要工作台以步进和步退的方式移动。这时，与工作台联锁的继电器 KA3 未动作，KA3 的常开触头（111－113）、（121－123）断开，使步进、步退控制成为直接对方向继电器 KA2、KA4 的点动控制。

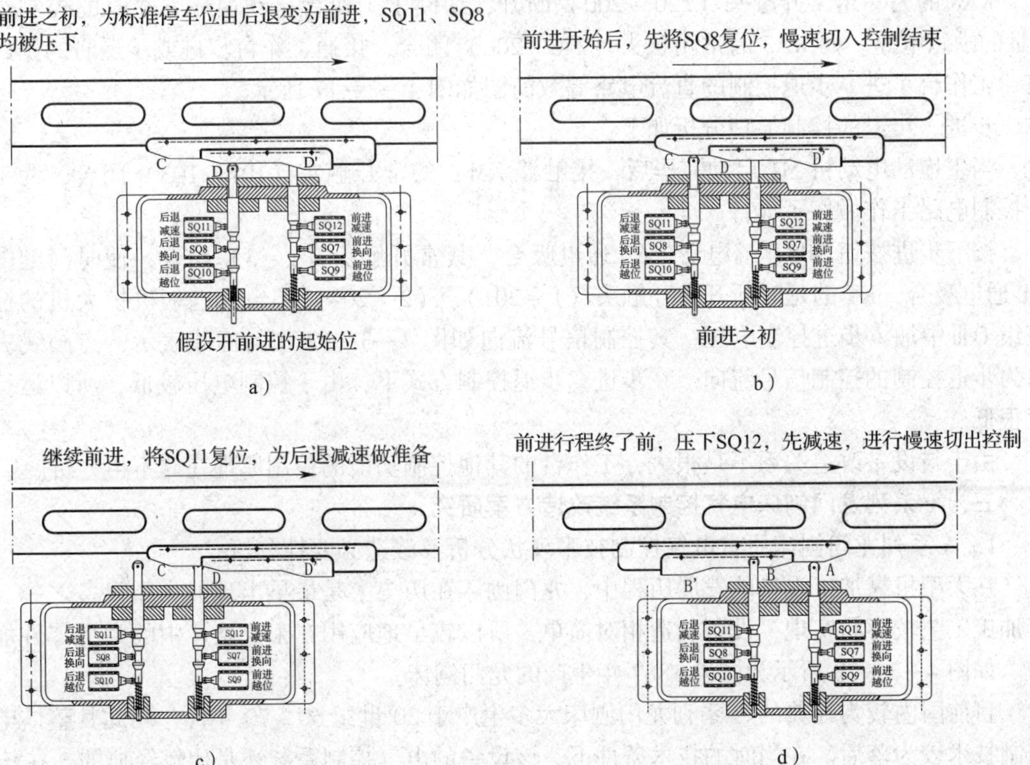

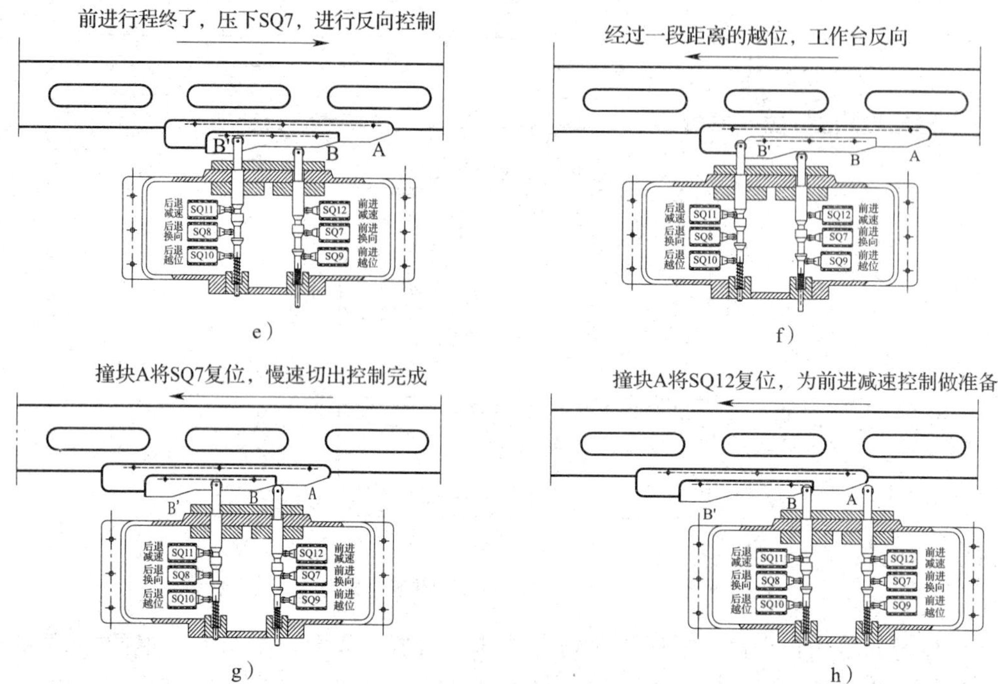

图 4—3—16　工作台前进运行时其撞块与行程开关触发杆碰撞方式

KA3 的另一组常开触头（220－200）断开，切断了工作台自动循环方式时的控制绕组 OⅢ的励磁电路。而 KA3 的常闭触头（240－200）闭合，接通工作台步进或步退时的励磁电路。工作台步进、步退控制的直流电路等效简图如图 4—3—17 所示。

步进、步退的控制原理分析如下：

当主拖动电动机 M1 启动完毕后，接触器 KM△的常开触头（101－103）闭合，为工作台控制电路工作做好了准备。

按下步进按钮 SB8，继电器 KA2 通电吸合，其常开触头（1－3）闭合，使时间继电器 KT 通电吸合，KT 的延时断开常开触头（1－201）、（2－204）闭合，电动机扩大机的控制绕组 OⅢ中加入步进控制电压。其控制信号流向如图 4—3—17 中的虚线表示，点画线表示的为步退控制的控制信号流向。在步进、步退控制方式下，由于控制电压较低，所以运行速度很低。

由于与设备改造关系不是很大，工作台的其他控制功能的控制原理在此不再分析。

三、A 系列龙门刨床电气控制系统改造方案研究

1．A 系列龙门刨床原有电气控制技术现状分析及改造必要性分析

在大型机械加工设备的发展历程中，龙门刨床在历史上是最早出现的大型设备之一。因其加工工艺较容易实现，设备制造相对简单，所以较早地应用在工业生产中的大型零件加工中。如图 4—3—18 所示为国外 1887 年生产的龙门刨床。

目前国内较为经典的 A 系列龙门刨床大多生产于 20 世纪 60～70 年代，因此其整体电气控制技术较为落后。在当时的技术条件下，该设备的电气控制系统还是比较经典的，在长期

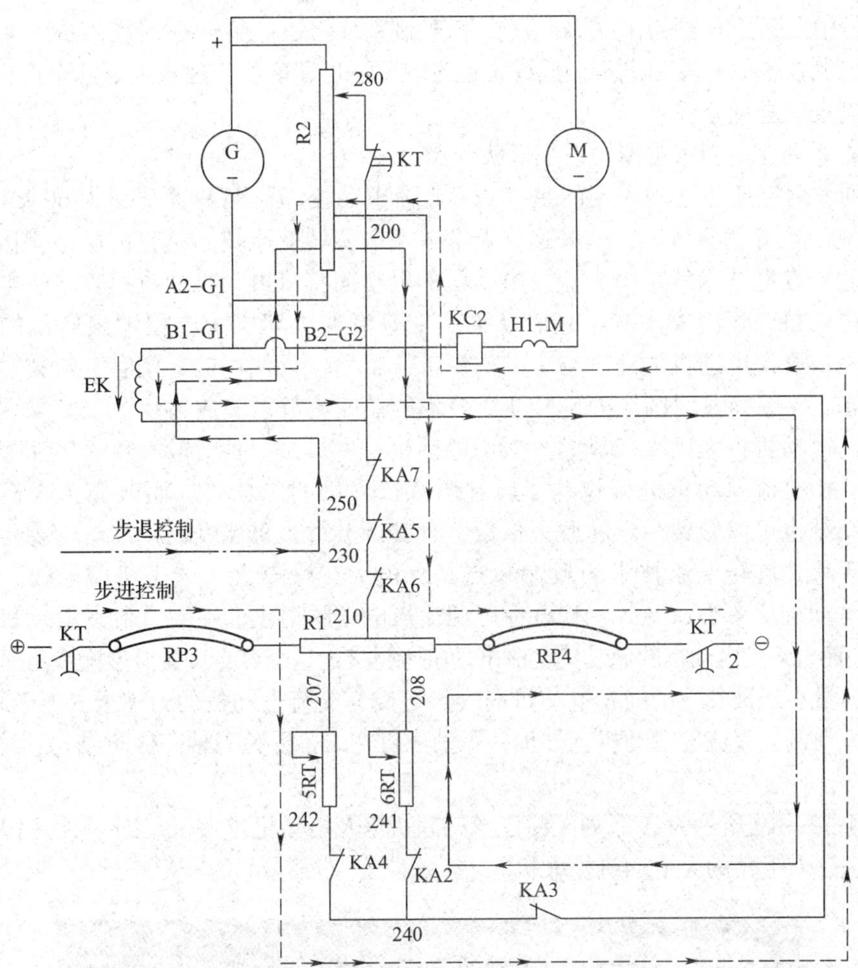

图 4—3—17　工作台步进、步退控制的直流电路等效简图

图 4—3—18　国外 1887 年生产的龙门刨床

的实际运行中发挥了重要作用。直到目前，其控制系统仍是进行电气控制教学的良好范例。但随着电气控制技术的发展和进步，该设备也显现出不足和落后，现从以下几个方面对其目前的电气控制现状进行分析。

（1）A 系列龙门刨床主拖动系统现状分析

A 系列龙门刨床主拖动采用的是大功率直流电动机，典型配置功率为 60 kW。虽然直流电动机拖动本身并不落后，但其速度调节采用的旋转变流技术是目前已经淘汰的落后技术。所谓旋转变流技术就是由直流发电动机的电枢向直流电动机的电枢直接供电，通过调节直流发电动机磁场的大小和方向，从而改变直流发电动机的电枢输出电压的大小和方向，最终完成直流电动机的速度与方向的调节。目前广泛使用的晶闸管变流技术就称为固体变流技术。A 系列龙门刨床的旋转变流技术的速度调节系统放大环节也是采用通过旋转方式调节的电动机扩大机来完成的。所谓电动机扩大机是一种有较大放大倍速的特殊直流发电动机，由交流原动机进行拖动，通过调节扩大机的磁场，从而改变扩大机电枢的输出。这种系统也可以做到一定的放大倍数，且其调节过程也能做到速度均匀稳定，方向改变和制动平稳。旋转变流技术的致命缺点是耗电大、噪声大、产生机械磨损，维护量较大。直流电动机功率为 60 kW，其电枢可调输入电压的提供者——直流发电动机功率也为 60 kW，进而直流发电动机的原动机交流电动机也得接近这个容量，其典型配置功率为 55 kW。原动机的容量小于被其拖动的发电动机的容量是因为交流电动机的效率要比直流电动机高。以上交流原动机、直流发电动机、外加一个励磁机在结构上为同轴一体化结构，统称为三联机组。

如图 4—3—19 所示为 A 系列龙门刨床三联机组及电动机扩大机。图 4—3—19 中正面的为三联机组，右下角的为电动机扩大机。

图 4—3—19　A 系列龙门刨床三联机组及电动机扩大机

控制要求：龙门刨床启动时，要先启动三联机组，而且由于其容量较大，启动后一般不再停止，因此耗电很大。同时，由于振动大，三联机组安装时还需要一个坚实的基础结构，如图 4—3—19 中所示。由于其容量较大，所以其运行噪声也很大，以至于许多车间的管理者用启动三联机组作为车间开工的号令。

（2）A 系列龙门刨床主运动控制现状分析

A 系列龙门刨床的主运动是工作台频繁的往复运动，由工作台带动工件在行进的过程中完成切削。其工作台的换向控制采取的是普通碰撞式行程开关，在龙门刨床频繁碰撞式工作方式下，行程开关的机械使用寿命普遍较短，其典型使用寿命为几千次。在实际运行中，由行程开关损坏而引起的故障占全部故障的60%～70%，而且运行中一旦出现行程开关损坏，就得马上停机检修，从而大大降低了龙门刨床的运行效率。A系列龙门刨床工作台电气控制的逻辑处理采用的是传统的继电器逻辑的控制方式，由于其控制的可靠性主要依赖于各个继电器的触头、各种行程开关和各种主令开关的触头的可靠性，在这种工作方式下，继电器的触头不单单要完成输出的功能，还要承担逻辑处理功能，在其频繁的状态切换下，控制电路整体的控制可靠性很低。

(3) A系列龙门刨床悬挂按钮站的现状分析

为了操作方便，A系列龙门刨床的电气操作中设置了可移动式悬挂按钮站，运行中龙门刨床的主要控制动作均通过按钮站操作完成，如工作台的启动、停止，工作台的步进、步退，横梁的升、降，刀架的快速移动等。但按钮站内部安装的均为传统的按钮开关，其中除了SB10（工作台停止控制）属急停闭点按钮，一碰就有效外，其他均为开点有效的按钮。如图4—3—20所示为A系列龙门刨床按钮站开关功能及布置。

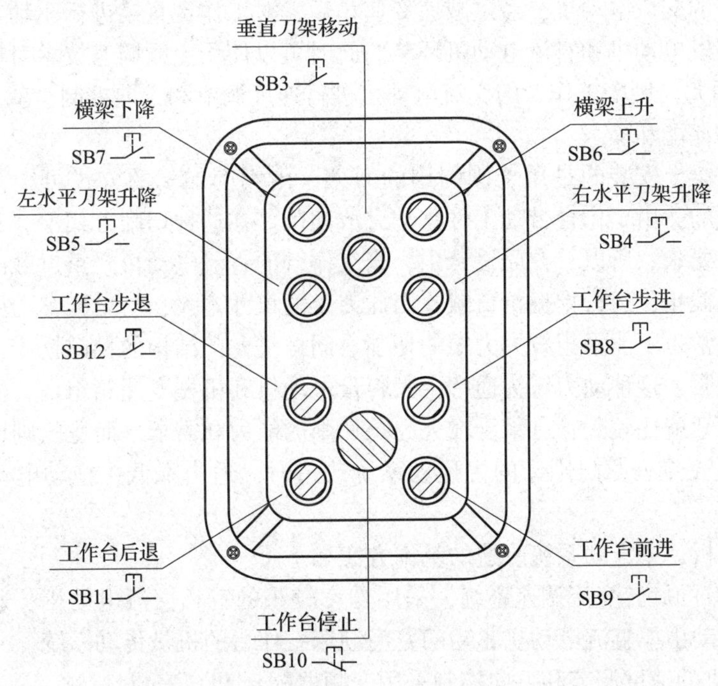

图4—3—20 A系列龙门刨床按钮站开关功能及布置

特别是那些机床调整控制用的按钮，均设计成点动控制方式，使用时需要长时间、大力度的按动。因此，其操作的便利性和舒适性大大降低，同时也因此使按钮站的维修量增大。按钮站安装在床身上，与主控制柜之间靠数量较多的导线穿电线管进行敷设，因此其接线数量较多，每次维护需要更换按钮站时，都需认真进行标识才能顺利完成。

2. A系列龙门刨床电气控制系统技术改造可行性分析

(1) 对A系列龙门刨床主拖动系统的电气改造分析

根据以上的分析可知，主拖动系统存在的主要问题就是功耗大，噪声高，技术落后，这也是进行设备改造的有效切入点之一。通过分析和调查 A 系列龙门刨床生产的年份和技术背景可知，该产品属于行业里所说的“仿苏”设备，和它同时代的小型设备大多已退出运行，如车床 C620－1、C616－1、C618－2，铣床 X62、X53 等。这种产品有一个最显著的特点就是设计裕度较大，表现在机械结构上为尺寸大、外形大、过载倍数也大；在电气设备中，突出表现为电动机功率大、开关和导线的参数取值也大，形成了那个时代产品的一个显著特点。因此，对于这种设备进行电气控制系统改造时，要重新测评主要电气设备的电气参数，如主拖动电动机等。以 A 系列龙门刨床为例，其主拖动交流电动机作为直流发电动机的原动机，其功率典型值为 55 kW，其额定工作电流值应当为 110 A 左右，但在实际运行中的实测值经常在 50 A 以下。分析三相交流电动机的运行状况，其空载电流值一般略小于额定电流的 1/3，即本例中的电动机空载电流约为 30 A。也就是说，其实际功率输出增加的电流部分通常为 20 A（50－30＝20 A）左右。如果考虑使用额定电流为 30 A 的交流电动机，也能输出 20 A 的输出增加值，而这样的电动机的额定功率才 15 kW，考虑余量，选择标称功率为 22 kW 的电动机是比较可行的。实践中就有过选择 15 kW 三相交流电动机进行改造的实例。采用了较小功率的交流电动机，经过减速变速箱后，对工作台直接进行驱动，甩掉原来运行效率很低的直流发电动机和直流电动机环节。此时可以使用变频调速技术对所选用的、用于直接拖动 A 系列龙门刨床工作台的交流电动机进行速度调节和方向控制，就可以大大降低 A 系列龙门刨床的耗能和噪声。

龙门刨床横梁上安装的是用于刨削用的刀架。由刨削加工的方式可知，进行刨削切削时，刀具是静止的，由工作台带动工件移动完成切削。在这种切削方式下，其设计之初就没有大力矩切削的要求。所以，在原设计中，当工作台的直流电动机严重过载时，靠强的电流反馈让输出迅速截止，运行挖掘机负载，因此刀架的尺寸不大，与之配套的横梁的机械尺寸也不大，所以通常也不能承担较大力矩的切削。同样是龙门结构的龙门铣床，由于其横梁上需要安装动力铣头，这种动力铣头通常由大容量电动机和机械变速箱组成，质量较大，所以其横梁的机械尺寸就比较大，有承受较大力矩切削的能力和需求，而龙门刨床却没有这种需求。因此在进行 A 系列龙门刨床的主拖动系统改造时，适当降低主拖动电动机功率是可行的。

根据以上分析，主拖动系统改造的基本方案如下：

1）去掉原有的旋转变流调速系统，采用功率较小的三相交流电动机，通过新增的机械变速箱，直接驱动由原直流电动机驱动的龙门刨床工作台的机械传动系统。

2）主电动机的速度调节和方向控制采用变频器配合 PLC 完成。

主拖动控制系统改造方案的电气控制框图如图 4—3—21 所示。

如图 4—3—22 所示为用交流三相异步电动机改造前后的现场对比图。

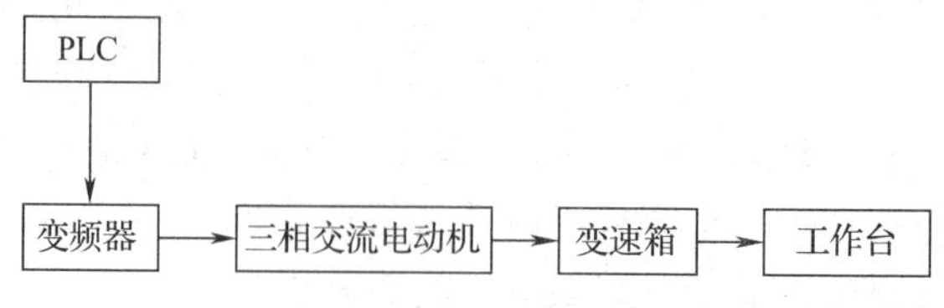

图 4—3—21　主拖动控制系统改造方案电气控制框图

a） b）

图 4—3—22 用交流三相异步电动机改造前后的现场对比图

a）改造后的样例 b）改造前的状况

由变频调速技术和 PLC 控制技术的有效组合进行这类设备改造时没有任何技术及设备障碍，单从电气控制技术的角度看，不用承担任何风险。但要注意的是，对于新增的交流电动机，在购买时，应当尽量选择变频调速专用电动机。因为这类电动机有一个与电动机同时启动而且恒速运转的轴流风扇，不论电动机运行于工频还是低频，均可以保证电动机的有效散热。普通三相交流异步电动机自身散热一般靠其尾部与电动机同轴的风扇散热，当电动机低频运行时，其散热效率由于转速较低而大大降低，有可能造成电动机温升过高。

在本例改造方案中的电气控制上，要求变频器与 PLC 配合才能完成，单独使用变频器是无法实现整个工作过程的自动控制的。既然在改造中引入了 PLC 这个控制平台，那么着眼点就不仅仅局限于主拖动系统的调控，所以使用 PLC 进行该设备所有控制逻辑的处理就成为此时的一个很自然的想法。这样一来，改造的任务就因此而扩大了，一般就会很自然地演变为龙门刨床电气控制的整体改造了。

是否可以只甩掉原拖动原动机交流电动机和直流发电动机，不去掉原拖动用直流电动机，而采用目前同样已经很成熟的固体变流调速技术来进行主拖动控制改造？因为目前龙门铣床就是普遍采用直流电动机配合固体变流技术，对工作台及各主轴箱进行直流无级调速控制的。而这样做也可以使得改造更加简单。回答这个问题前，先来分析一下龙门刨床和龙门铣床切削加工的特点。简单地说，龙门刨床的切削过程中，其工作台一般会走全程，以提高运行效率。例如，如果龙门刨床的工作台规格为 12 000 mm，则一般在给刨床上活时候，会充分利用其有效的加工范围把工件排满。一般也不允许在很长的工作台有效加工长度上只对加工长度在 500 mm 以内的工件进行刨削加工，因为这样会造成工作台非常频繁地正、反转，对设备寿命不利。龙门刨床在工作台后退时不切削，为提高效率，一般会高速返程。龙门铣床则不然，有时其工作台也比较长，如 6 000 mm，但所加工的工件尺寸却不会达到这个加工范围，一般会把工件固定于工作台恰当的部位，其动力铣头只在小的范围内对需要进行加工的部位逐个进行铣削加工，一般不会跑全程。如果有跑全程的大平面或槽的加工需求时，首选龙门刨床，因为这样效率会更高。再来分析目前固体变流技术的基本工作原理，它是一种末端采用晶闸管作为输出元件的调节电路，通过调节晶闸管的导通角，来控制其直流输出电压的大小，以达到无级调压的功能。但晶闸管属于不能自行关断的元件，晶闸管一旦触发导通后，如果流过晶闸管的电流大于其最小维持电流时就不能自行关断。当晶闸管调压电路所带负载为感性负载时，如直流电动机的电枢，其电流的滞后是无法避免的。在比较严重的电流滞后情况下，很容易发生行业中所说的失控现象。晶闸管可控及失控状态波形图如图 4—3—23 所示。

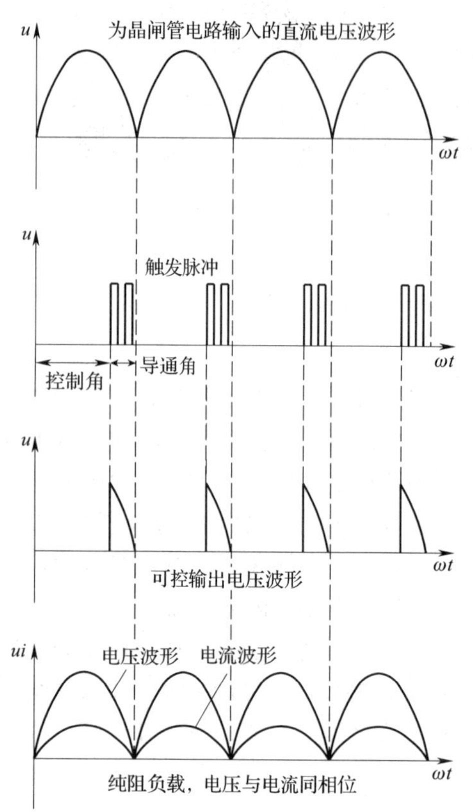

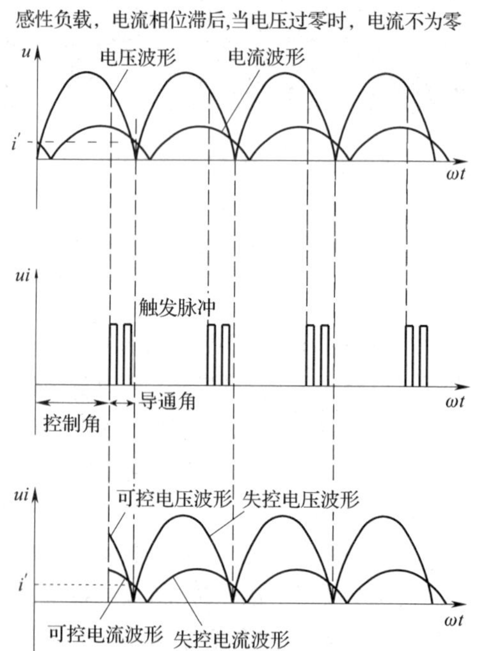

图 4—3—23　晶闸管可控及失控状态波形图

正常情况下，如纯阻负载或小电流感性负载时，输出电压和电流受触发脉冲的控制，输出值为正常值。当工作于大电流感性负载时，当电压过零时，由于其电流滞后，通常是不过零的。如果此时滞后电流值较大，大于晶闸管的最小维持电流时，可造成晶闸管在电压过零时不能正常关断。因此，当下一个半波的电压到来时，晶闸管可以不用等待触发信号的触发直接处于导通状态。此时，变流调速装置就会输出一个全电压，这就是所谓的失控。这种失控会使得直流电动机的速度突然升高，如果失控发生在龙门刨床工作台高速返程的末端，就有可能使工作台由于巨大的惯性而冲出床身之外，引发设备和人身安全事故。

因此，对于工作于全程状态的龙门刨床主电动机的改造，一般不提倡使用晶闸管直流调速的方式。而变频器的输出元件则是采用可关断元件或可关断技术来实现的，所以用变频器来驱动三相交流电动机时，就没有这种风险。因此，龙门刨床的工作台的主拖动采用交流变频技术实现比较稳妥，这也体现了设备改造中风险评估的基本思想。

(2）对 A 系列龙门刨床工作台电气控制改造的分析

根据前面工作台运行现状的分析可知，A 系列龙门刨床工作台的电气控制存在的问题主要有两点：

1）工作台的换向控制中需要频繁地碰撞用于换向控制的行程开关，由此引起行程开关的损坏，使得维修工作量很大。

2）工作台电气控制的逻辑处理为继电器逻辑，因此整体的电气控制可靠性不高，运行中会有很高的故障率。

根据以上存在的问题进行分析，碰撞式的行程开关必须予以更换，可以选择现在已经非常成熟且性价比较高的接近开关取代传统行程开关。同时，工作台电气控制的逻辑处理可以使用目前逻辑处理功能非常强，而且非常适合在工厂强干扰环境下可靠工作的 PLC 来承担。目前 PLC 的价格也已经趋于合理，和 20 世纪 90 年代初刚刚开始大量进入中国大陆自动控制领域时已经有了较大幅度的降低，因此应用时也不会带来成本的障碍。简单说，就是用接近开关拾取换向控制信号；用 PLC 来处理控制逻辑。信号的高可靠性加上逻辑处理的高可靠性，其结果肯定是高可靠性，这也是目前工业控制的最佳组合之一。

使用接近开关和 PLC 控制技术，仅仅对 A 系列龙门刨床工作台换向控制部分进行控制改造，对该设备来说最具必要性和可行性。工作台的运动为龙门刨床的主运动，运行时工作台通过频繁地碰撞用于换向控制的行程开关来实现往复运动从而完成切削。在这种运行方式下，原控制方式带来了较大的故障率，严重地影响了该设备的运行效率，因此，改造是势在必行，此谓必要性。如果只进行工作台的电气控制改造则属于局部改造，PLC 的输入、输出点的数量也不用太多，因此费用不高，工期也短，对设备的使用部门影响也不大，且拟采用的改造技术目前也已经非常成熟，改造后，可起到立竿见影的效果，此谓可行性。这也是从事设备电气控制改造工作的最佳切入点。

（3）对 A 系列龙门刨床悬挂按钮站的电气改造分析

根据悬挂按钮站目前存在的突出问题，可在思维上突破一下，将按钮站中嵌入 PLC 控制装置。目前有一种单板式可编程序控制器，整体采用单板式结构，没有外壳，但完全具备常规 PLC 的所有功能和强大抗干扰能力，而价格不足常规 PLC 产品的一半。如果将其植入按钮站中，按钮站为其提供坚固的外壳，同时，既然引入了 PLC 控制平台，按钮站的电气控制改造也就有了很大的想象空间。当然，如果一个改造方案连按钮站都高起点涉及了，那该方案肯定也是电气控制的整体改造了。这时，可以在原主控制箱内设置 PLC 主站完成刨床的主要控制逻辑的处理，在按钮站上设置从站 PLC 专门处理按钮控制逻辑。

在此方案下，原来的所有按钮都可以选用长寿、轻触按钮品种，以提高操作的舒适性和便利性。利用 PLC 的逻辑处理功能很强这一优势，还可以赋予原有按钮更多的功能以方便操作，而且还能保证控制可靠。例如，横梁的上升和下降控制，过去采用点动控制，非常不便利、不舒适。现在可以对新的按钮采取轻轻碰一下就上升，再碰一下就停止。同样地，步进、步退、刀架的移动控制等也可以这样改造。对于这样的控制要求，如果采用继电器逻辑控制方式基本上不敢想象，但对于 PLC 来说，这样的控制要求可以轻松实现。

对于工作台停止按钮 SB10，由于其比较重要，属于急停按钮，因此它的控制信号直接输入到主站 PLC 的输入点。其他按钮的众多控制信号全部输入到按钮站 PLC 的输入端，再以按钮站 PLC 作为从站，通过一对双绞线，采取计算机通信技术传送到主站 PLC，然后由主站 PLC 进行逻辑处理后，由主站 PLC 的输出点进行输出控制。这样一来，既不占用主站

PLC 的输入点，还可以使按钮站到主控制箱的连线大大减少。这样，可以利用闲置的从站 PLC 的输出点进行控制过程的状态显示，还可以在按钮站上增加文本显示器，通过从站 PLC 向文本显示器输入指令和数据，动态显示各种控制功能。

以上分三个方面分别对 A 系列龙门刨床电气控制改造的意义和可行性做了较为详细的分析。通过分析可知，如果进行主拖动系统的控制改造，那肯定就演变为对该设备电气控制的整体改造，通常要投入较多的资金，占用较长的时间，对此必须有一个清醒的认识。当然，整体控制改造后，对于整个设备的各项指标的提升是非常显著的，所以在实践中要理性把握。

按钮站的电气控制改造，如果要达到较好的效果，嵌入 PLC 控制单元，一般也成为电气控制整体改造的一个分支。从改造的方案本身要达到的目的来说，单独实施是无法实现的。

经过以上分析，只有对工作台电气控制系统的改造是可以独立进行的项目。所以，本次任务就确定为对 A 系列龙门刨床工作台换向控制的改造，本次改造属于局部改造。

任务实施

一、任务准备

实施本任务所使用的实训设备及工具材料可参考表 4—3—1。

表 4—3—1　　　　实训设备及工具材料

类别	序号	名称	型号与规格	单位	数量
工具	1	电工常用工具	测电笔、螺钉旋具、尖嘴钳、斜口钳、剥线钳、电工刀等	套	1
仪表	2	万用表	MF47	块	1
	3	兆欧表	500 V，0～200 MΩ	只	1
	4	钳形电流表	0～50 A	只	1
器材	5	编程计算机	装有编程软件 GX－Developer	台	1
	6	通信电缆	FX－422CAB－150 型 RS－422 缆线	条	1
	7	可编程序控制器	FX_{1N}－14MR，其他型号 PLC 也可	台	1
	8	导轨	C45	米	0.3
	9	电源开关 QF	6 A	只	1
	10	继电器	DC 24 V，6 A	只	6
	11	接近开关	PNP 型	只	3
	12	接线端子排	D－20	只	20
	13	冷压接线端子		只	若干
	14	导线	BVR1.0	米	若干
	15	导线	BVR1.5 黄绿双色线	米	若干
	16	螺钉		盒	1
	17	控制盘	300 mm×500 mm	块	1

二、A 系列龙门刨床工作台电气控制系统改造思路和方法分析

在前面的 A 系列龙门刨床电气控制系统改造方案研究中总结过，工作台的电气控制改造的基本思路：用接近开关获取换向信号；用 PLC 处理控制逻辑。这也是本次电气控制改造的基本出发点。

从该设备的电气控制原理图中看到，原控制方式中，工作台的换向控制使用了六只普通行程开关。由一般电气元件的常识知道，行程开关的触头容量一般标配为 5 A 以上，完全有能力将其触头接在控制电路中完成电路的切换。所以，原来的行程开关在完成控制信号采集的同时，也完成了控制输出，即控制电路切换。但接近开关不可以，它是低电压、小电流的工作方式。所以改成接近开关后，接近开关只能完成控制信号的采集，而不能完成控制动作输出。因此，本次工作台的电气控制改造任务中，需要努力完成三件事情，即：

（1）换向控制信号采集与确定。

（2）换向控制动作的输出。

（3）PLC 控制逻辑的编程。也就是说，根据之前讨论的电气控制改造的基本原则，改造后，要完全达到或超过原电路的控制功能，并在控制的可靠性要求上有一个大的提升，下面分别予以实施。

1. 换向控制信号采集与确定

根据原控制电气原理图，原电路中总共使用了六只行程开关作为工作台换向控制的信号采集。它们分别是前进减速、前进换向、前进越位；后退减速、后退换向、后退越位。简单地讲，就是两个方向的减速、换向和越位。其中，减速、换向属于控制功能；越位则为满足保护功能。分散安装的工作台换向控制行程开关原安装方式和功能如图 4—3—24 所示。

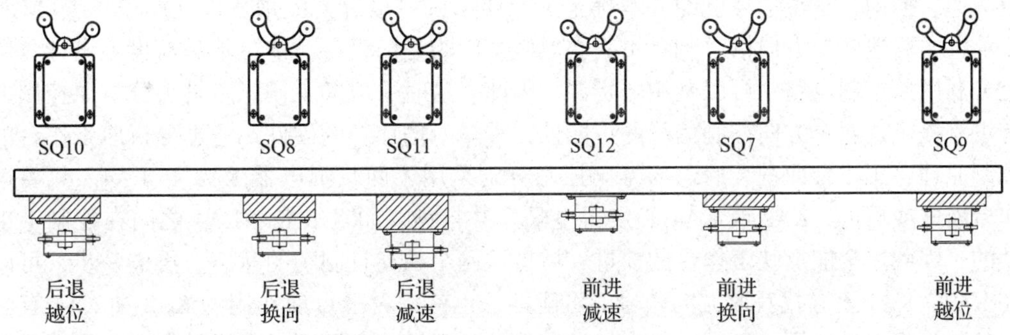

图 4—3—24　工作台换向控制行程开关原安装方式和功能

从图 4—3—24 中可以看到，原设备上的 6 只行程开关按照运动方向每三只一组，分别由两组撞块碰撞其各自运动方向上的行程开关。由于要求两个方向上的撞块只能碰撞其各自方向上的行程开关，所以开关和撞块安装时都不在一条直线上，撞块与行程开关的安装与配合也比较复杂。但是，行程开关在完成碰撞采集输入信号的同时，也同时做出了工作台前进、后退两个方向的减速、换向、越位控制输出，电路状态也随之发生了切换。

再进一步观察发现，上述控制功能中，两个方向上的控制及保护功能是相同的，都是减速、换向和越位。既然准备使用 PLC 进行逻辑处理，同时也知道，PLC 控制系统的逻辑处理能力非常强，那可不可以将以上相同的控制及保护功能进行合并，减少信号采集的数量呢？在目前的控制技术下，这个答案是肯定的。接近开关的触发就是接近一下即可，不像普通行程开关那样，需要有应对不同方向碰撞的要求。所以，单从其触发方式上来说，接近开关的触发是没有方向要求的，完全可以适应从两个方向的触发。而逻辑处理的问题，依靠 PLC 非常强的逻辑处理能力一般是可以实现的。这样做的结果不仅可以使控制更为简单、合理，同时也可以简化控制系统硬件设施的结构。一般来说，一个高水平的电气控制应当尽量在软件上想办法，努力减少硬件，因为硬件的成本相对软件来说要高很多。

由于准备减少换向控制信号的数量，工作台运行前进和后退时都触发的是一组换向控制信号。但实际运行中，当 PLC 真正完成控制输出时，是不能没有方向要求的，这一点从其工作台电气控制原理图中可以看到。

因此，目前必须解决好这样一个问题，在实际运行中，当简化后的减速、换向信号输入到 PLC 时，PLC 必须能正确判断出信号是哪个方向上的，从而做出正确的控制输出，否则就会出现控制错误。也就是说，要完成正确的控制，除了原有的减速、换向和越位信号外，还应当有一个判断运行方向的标志信号也要输入到 PLC 的输入端。在每一个方向的动作开始时，就要让 PLC 知道，目前运行的方向是前进还是后退，编程时再让这个方向信号与之前的减速、换向和越位其中之一组成与逻辑。之后，当工作台运行至相应方向的减速、换向位置时，PLC 就能做出正确的方向输出。而且，这个方向性信号的采集也应当遵循尽量不增加硬件设施，在原有在用的硬件上寻找的原则。

至此，根据分析该设备的运行要求，本控制改造初步确定的输入信号为五个，它们分别是减速、换向、越位、前进、后退。

减速、换向、越位信号已经基本确定了，使用三只接近开关来发出，属于新增的硬件。那么前进、后退两个方向信号到哪里去获取呢？因为是旧设备改造，不是新设备设计，所以要充分利用原控制电路中可以利用的资源。因此，这时一般的工作思路是去分析原控制电路里有没有提供这两个方向控制信号的可能性，尽量不增加新的硬件。通过分析原工作台的电气控制原理，工作台前进、后退的方向控制分别采用了两只继电器 KA2 和 KA4。只要运行工作台前进或后退，KA2 或 KA4 必定得电吸合并自锁。而且 KA2、KA4 之间在控制上也是互锁的，因此完全能反映工作台的前进、后退这两个独立且制约的状态。再进一步，可以试图在 KA2、KA4 上寻找获取方向信号的可能性，也就是看看目前在用的 KA2 和 KA4 有没有富裕的触头可以供使用。根据一般电气控制设计的元件选取原则，富裕触头存在的可能性是很大的。

经过分析和观察可以发现，前进控制方向继电器 KA2 还有一个常开触头是闲置的；后退控制继电器 KA4 也有一个常闭触头是闲置的。无论是常开触头、常闭触头，只要有就可以。因为 PLC 需要的仅仅是一个能确定方向的开关信号而已，至于用什么类型触头来发出这个开关信号对 PLC 来说根本就不是个问题。

至此，可以画出 PLC 输入端子的接线原理图，共有五个输入信号，对应 PLC 的五个输入端子，输入信号的功能和地址分配如下：

X0－减速，X1－换向，X2－越位，X3－前进标志，X4－后退标志。所用接近开关和方向信号继电器的名称分别为 SQ1－减速，SQ2－换向，SQ3－越位，KA2－前进标志，KA4－后退标志。PLC 的输入端子接线图如图 4—3—25 所示。需要注意的是，所选择的 PLC 型号规格不同，接近开关类型选择也会不同。这里是假设选择 FX_{1N}－14MR 型 PLC，它的输入点为双向型输入口，电流的流动取决于接线方式，所以要使用 PNP 型的接近开关。

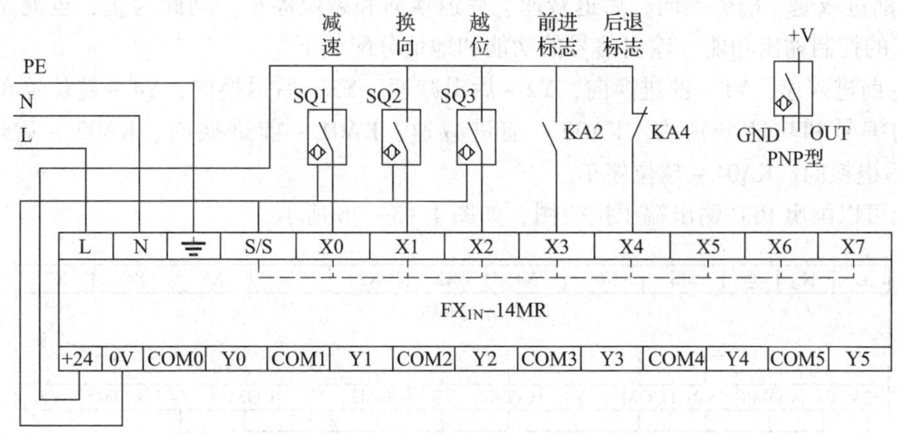

图 4—3—25　PLC 输入端子接线图

2．换向控制动作的输出

由接近开关输入给 PLC，再由 PLC 的输出端子完成控制输出，仅是完成了控制逻辑的处理和逻辑状态的输出，还不能达到实际控制动作功能的要求。因为已经知道，原换向控制用的行程开关多数是使用了一开、一闭独立的两组触头，而 PLC 的每一路继电器只能输出一个常开触头，尽管也是独立的，但显然是不够用的。在继电器逻辑电气控制设计中，要扩展触头数量满足控制需要，一般的思路就是增加继电器来满足触头数量的扩大。从原工作台电气控制原理图中看到，上述六只行程开关的控制负荷均是交流中间继电器的线圈或接在直流控制信号电路中，基本为毫安数量级，因此负荷不大。由此有理由认为，小型继电器以其驱动电流小、控制功率适中以及使用寿命较长等特点，可以满足此任务中的控制输出要求。

根据本次任务的实际需要，同时考虑到与接近开关工作电压的匹配，选择了工作电压为 DC 24 V、额定电流为 6 A 的小型继电器。通过查阅资料，其驱动电流约为 30 mA，目前较为高端的小型继电器电气寿命约为 50 万次，其电气寿命的指标远远高于碰撞式的行程开关，因此可显著提高改造后的控制可靠性和使用寿命，而且其价格也不高。

下面再来考虑继电器的常开触头、常闭触头的数量。原行程开关中多数为一开、一闭两组独立触头的运行状态，继电器的触头组数也应当符合这个要求。但从小型继电器的基本结构可知，小型继电器的触头多数是不独立的。例如，小型继电器如果是一开、一闭的话，一般只会引出三个端子，两组触头共用一个公共端，因此无法做到两组触头的独立运行。因此，继电器应当选择两开、两闭的，这样才可以获得独立的两组开、闭触头。

接下来还要确定小型继电器的个数。从原工作台电气控制原理图中可知，两个方向的减速和换向控制是工作于不同的电路分支中，所以，两个方向的减速、换向，总共四只继电器是不能少的。只有越位保护的行程开关的触头 SQ9、SQ10（原线路线号为 131、133、135），是由两个闭点串联在工作台的停车控制回路中的。因为新方案中两个方向都触发一个越位控制信号，因此两个触头就变成一个触头了，只使用一个继电器触头接在 131 和 135 之间，就能满足控制要求。无论是运行前进还是后退指令，只要这个越位继电器能有效动作，完成其触头的切换，就可保证越位停车保护的控制功能。因此，输出继电器的总数量就初步确定为 5 只，即前进减速、前进换向、后退减速、后退换向和越位停车。到此为止，也就完成了有方向要求的控制输出功能。输出信号的功能和地址分配如下：

Y0 – 前进减速，Y1 – 前进换向，Y2 – 后退减速，Y3 – 后退换向，Y4 – 越位停车。所用继电器的编号和功能分别为：KA00 – 前进减速、KA01 – 前进换向、KA02 – 后退减速、KA03 – 后退换向、KA04 – 越位停车。

由此可以画出 PLC 输出端子接线图，如图 4—3—26 所示。

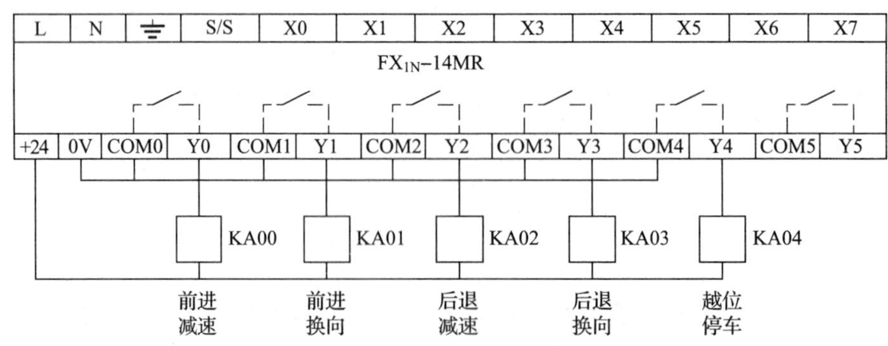

图 4—3—26　PLC 输出端子接线图

至此，就完成了工作台电气控制改造初步的基本硬件平台的搭建，接下来就以此平台为基本依据，进行 PLC 控制逻辑的编程，完成整个改造任务中的软件设计工作。

3. PLC 控制逻辑的编程

（1）PLC 的 I/O 及内部继电器地址分配

其实在前面的分析和设计中，已经完成了 PLC 的 I/O 地址和功能的分配。除此之外，在编程的时候，至少还需要两只 PLC 的内部软继电器作为两个方向标志信号的存储位使用。FX 系列 PLC 的通用型辅助继电器共有 500 个存储位，地址编号为 M0 ~ M499。现可以分配 M10 为前进标志位，M20 为后退标志位。至此，可以做出 PLC 输入、输出及辅助继电器的地址分配表，见表 4—3—2。

表 4—3—2　　PLC 输入、输出及辅助继电器地址分配表

名称	代号	电路器件	控制功能
输入继电器	X0	SQ1	减速
	X1	SQ2	换向
	X2	SQ3	越位
	X3	KA2	前进标志
	X4	KA4	后退标志

续表

名称	代号	电路器件	控制功能
输出继电器	Y0	KA00	前进减速
	Y1	KA01	前进换向
	Y2	KA02	后退减速
	Y3	KA03	后退换向
	Y4	KA04	越位停车
辅助继电器	M10		前进标准位
	M20		后退标志位

（2）根据 PLC 的输入、输出点数及控制功能选择 PLC 型号、规格

通过查 FX 系列 PLC 样本，能满足 5 个输出点的 PLC 产品应为 14 点规格的最为合适。在 FX_{1N}系列产品中，有 14 点这个规格，其输入、输出点的配置为 8 输入，6 输出。根据控制需要，PLC 的输出方式选择继电器输出方式，因此所选 PLC 的型号可以为 FX_{1N} – 14MR。如图 4—3—27 所示为选用 FX_{1N} – 14MR 型 PLC 后完整的输入、输出接线图。

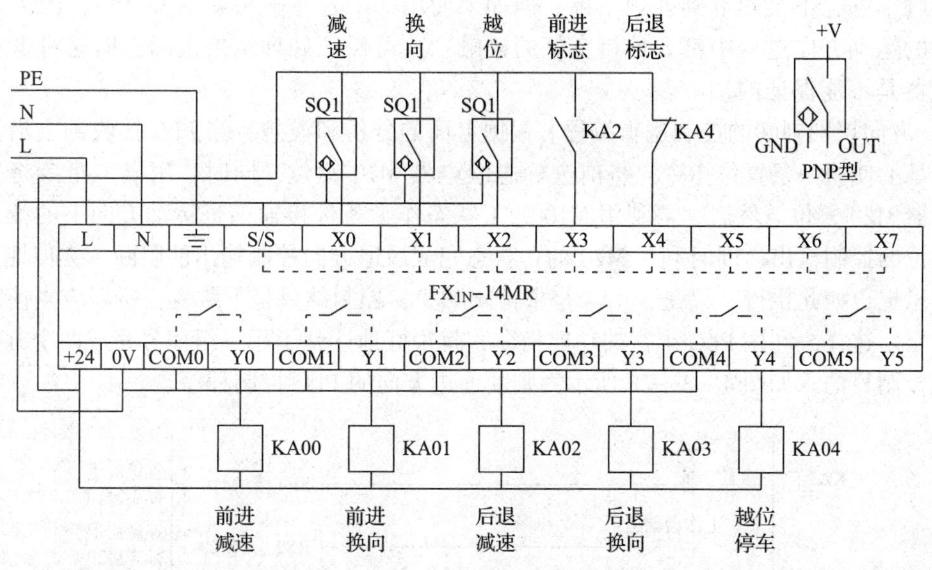

图 4—3—27 PLC 的输入、输出接线图

但是，到目前为止也只是完成了该任务硬件部分的电路设计。要使 PLC 能按照控制思想完成控制功能，还得给 PLC 编制控制程序，接下来，继续完成 PLC 控制任务的软件编程。

（3）控制任务的软件编程

目前 PLC 还没有一个统一的编程语言，各个厂家 PLC 的编程方式也不尽相同，但其基本的控制思想仍是基于继电器逻辑和计算机原理。因此各品牌之间也有相通之处，只是在某些编程语言的表达方式上和功能上有所区别，但最终也都可以用各自的表达方式和功能完成控制任务。在学习 PLC 编程时，要注意关注实现某种控制任务要用哪一类功能指令。这样，在使用不同品牌的 PLC 时，就会很快适应。即使同样一个控制任务，使用同样的控制思想，

用不同品牌的 PLC 编出的控制程序也是不一样的。

下面选择三菱 FX_{1N} －14MR 型 PLC 就该控制任务进行编程。

1）运动方向的识别与判断分析。使用两个输入点，利用原控制中的方向继电器 KA2、KA4，作为运动方向标志信号。并且 KA2 有个常开触头可用；KA4 有个常闭触头可用。即当工作台前进时，KA2 的常开触头吸合导通，KA4 的触头由于是常闭触头，不得电是导通的，但得电以后是断开的。如果用 PLC 的逻辑语言描述，触头的闭合为逻辑 1，触头的断开则为逻辑 0。因此，当工作台前进时，KA2 为常开触头，其触头的变化是从 0 到 1，是一个上跳变，即“↑”；当工作台后退时，KA4 是个常闭触头，其触头的变化是从 1 到 0，是个下跳变，即“↓”。用 PLC 的控制语言就可以描述成：前进时，KA2 的触头有一个上跳变，会产生一个由 0 到 1 的上升沿；后退时，KA4 的触头有一个下跳变，会产生一个由 1 到 0 的下降沿。那么使用该 PLC 的上沿微分和下沿微分指令，就可以完成对该动作的识别。其基本做法：如果 PLC 的某一个点一旦输入一个上沿跳变，使用一条上沿微分指令马上对该信号进行响应并进行逻辑处理，就可完成对前进信号的识别和判断。同理，对于后退的输入，使用一个下沿微分指令就可以完成对后退的识别和判断了。这样的编程方式可靠性更高，因为捕捉的是一个跳变的瞬间，然后马上进行处理，这之后它即使出现抖动、接触不好也不会影响到处理结果。但如果使用一个普通触头就不太可靠，因为它在整个确定的运动方向过程中都要保持良好的接触，才可保证处理结果正确，但这对设备现场的继电器是不能保证的。

2）方向识别判断的控制逻辑编程。根据上面的分析和设想，当 PLC 接收到上沿微分指令后，马上使用一条置位指令，将前进标志继电器 M10 置位，同时，用复位指令将后退标志继电器 M20 复位。然后，再利用 M10 的 1 状态作为条件接通前进运动方向上的减速、换向、越位的控制输出，同时利用 M20 的 0 状态完成后退方向控制输出的阻断。类似地，后退的控制思想也如此执行。只是，KA4 是个常闭触头，控制结果是下跳变，所以应当使用下沿微分指令。这样，利用 PLC 丰富的功能指令，就很好地达到了用一组信号完成两个方向控制输出的控制目的。如图 4—3—28 所示为判断前进方向的 PLC 控制程序。

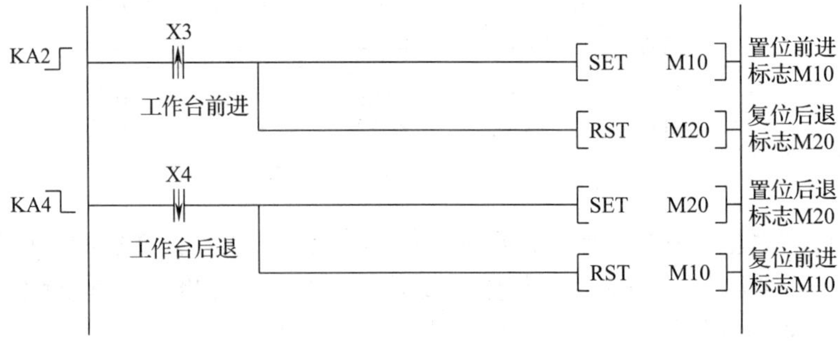

图 4—3—28　判断前进方向的 PLC 控制程序

3）减速、换向的控制输出。根据上面的分析会很自然地想到，当方向标志位有效后，如前进有效就可以用前进标志 M10 和减速信号 X0 的与逻辑作为接通前进减速输出 Y0 的基本条件，进而接通前进减速继电器 KA00，如图 4—3—29 所示。

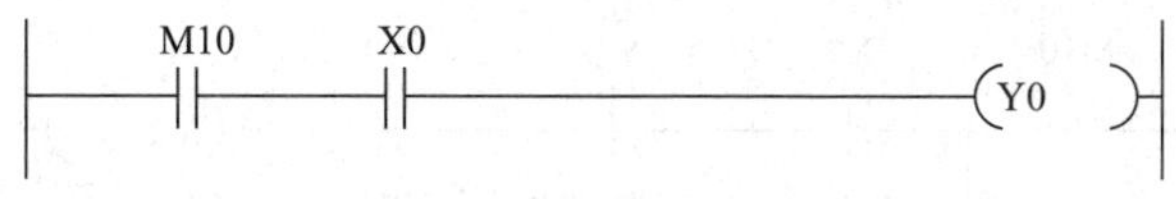

图 4—3—29　前进减速控制基本思路示意图

但控制目的还没有达到，由原工作台的电气控制原理可知，前进接近终了工作台先减速，由工作台上的撞块先碰撞 SQ12，其触头闭合接通减速继电器 KA7，运行前进减速。但在整个从减速到换向的过渡过程中，减速动作要一直有效。在目前的控制方式下，SQ1 输入有效，X0 为 1 接通，Y0 得电，进而 KA00 得电，其触头进行电路切换进而运行前进减速。但这时工作台继续前进，原控制中的 SQ12 是不复位的，所以其原有触头一直有效，这相当于目前控制方式中的 Y0 也要一直有效。在目前的控制方式中，X0 是可以做到不复位的，这取决于对它的触发方式。当运行至前进换向时的那一刻，M10 立即被复位。但那一刻 Y0 还不能复位，它的有效相当于原控制中 SQ12 有效，进而减速继电器 KA7 也是一直有效，直到换向后退过程中才被复位。所以，编程中，在图 4—3—29 中 M10 处应当有 Y0 的开点对其进行或运算，以完成 Y0 的自锁。原控制中，工作台继续前进运行至前进换向碰撞 SQ7 时，相当于目前 SQ2 有效，X1 为 1 接通，PLC 输出 Y1，运行前进换向。但此时 Y0 也要能一直处于接通状态，直到工作台经过短暂的惯性越位后退时，才先后复位 SQ7 和 SQ12，这相当于目前的 SQ2 和 SQ1 被先后复位。直到原控制中的 SQ12 被复位，也就是目前控制的 SQ1，即 PLC 中的 X0 被复位，Y0 才能复位，工作台这时才可以加速到给定速度运行。所以编程时，要使 PLC 内部的输入点 X1 和 X0 被先后复位后，之前由 X1、X0 接通的 Y1 和 Y0 才能顺序复位。即 X1 和 X0 既是 Y0、Y1 为 1 的条件，又是 Y0、Y1 为 0 的条件，只有这样编程，才可以做到使新的控制和原控制的结果是一样的。另外，加上必要的电气互锁，则完成后的前进方向的减速、换向以及后退方向的减速、换向控制输出的 PLC 梯形图如图 4—3—30 所示。

到目前为止，根据之前的控制思想，还应当有一个越位停车的控制没有编程。其实单从越位停车控制来说，其控制程序很简单，一旦 SQ2 被触发，而工作台却由于控制失误没有换向时，再往前走，SQ3 就要被触发有效，则 X2 输入有效。根据之前的地址分配，应当让 Y4 输出，使外连的 KA04 得电，如果将其常闭触头接于（131－135）之间的话，工作台则保护停车。所以，单就越位停车保护，再编写一个逻辑行，将 X2 的开点作为 Y4 输出的条件控制就能实现。

到此为止本设计方案中还有一个重要问题没有解决。参看原工作台控制电路，原来用于换向控制的行程开关既是信号输入，同时也是控制输出。所以原控制是没有风险的，也就是说，工作台运行中只要碰到行程开关，如果行程开关没有损坏，那就肯定会输出，电路就能切换。但目前不一定了，可靠性高且使用寿命长的接近开关再好，也只是作为一个换向信号的采集，控制输出还得靠 PLC 来完成。但运行中，一旦发生 PLC 控制失效，那么采集的减速、换向以及越位信号如果不能完成输出，工作台就完不成应有的减速、换向以及越位控制动作而继续前行，势必会出现设备、人身安全事故。当然，PLC 发生控制失效状况的可能性不大，但的确是有可能发生的。设备改造的原则之一就是增加一个环节后，除了看到它带来的优势外，还要评估它带来的风险。因为任何技术都具有两面性，要做的就是如何较好地规避所带来的负面影响和风险，因此，还需要在软件上增加一个对 PLC 运行监测的功能。

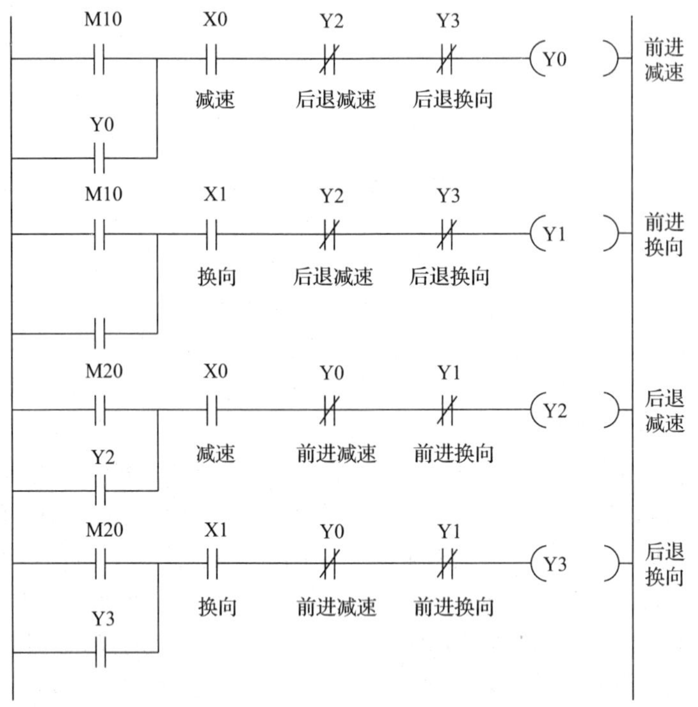

图 4—3—30　减速、换向控制输出的 PLC 梯形图

4）PLC 的运行监视。对 PLC 运行监视的基本思路为一旦 PLC 不运行了，一定要让刨床工作台立即停车或处于一个错误的状态，以提醒操作者注意并进行检查。

通过查阅 FX 系列 PLC 的编程手册，发现特殊继电器 M8000 的作用就是 PLC 的运行监视器，M8000 的功能为当 PLC 处于运行状态时，即 PLC 运行在"RUN"时，M8000 常通，即为"ON"。无论什么原因，使 PLC 不运行在"RUN"时，M8000 则处于"OFF"状态，即该点关断，如图 4—3—31 所示。

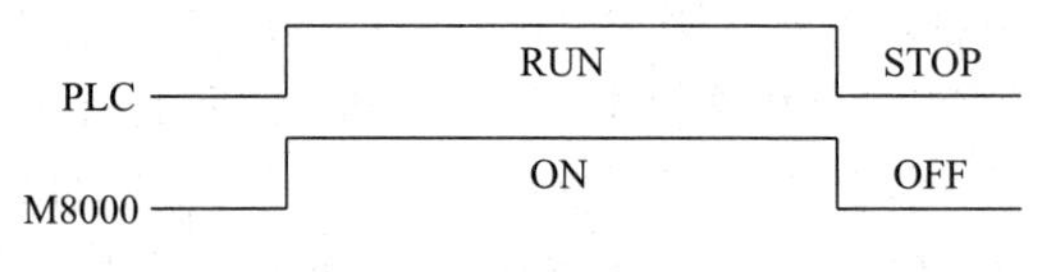

图 4—3—31　FX 系列 M8000 的功能

如果用 M8000 的开点接通一个输出继电器，并将此继电器的开点串接在（131—135）之间，就可完成监测 PLC 运行的控制功能。这样一来，PLC 的输出似乎就要变成 6 个。但是，由于运行监视控制的作用点和越位停车一样，都是接在（131—135）之间。如果考虑将越位停车保护和 PLC 运行监视的功能用一个输出来完成的话，本控制的 PLC 输出点就不需要增加。只是越位停车保护原设想是使用常闭触头，而运行监视要使用一个常开触头而已，稍作变通即可做到。所以，只要编写这样一个逻辑行：基本条件除了 M8000 的开点外，再跟越位停车的输入条件 X2 的闭点与逻辑，其输出仍为 Y4。也就是说，两个条件组成与逻辑，其中只要一个出现 0，则输出即为 0。这样，PLC 一上电进入运行，正常情况下越位停

车保护和 PLC 运行监视继电器 Y4 就立刻输出且常通。其外连的继电器 KA04 也得电常通，其开点（131—135）闭合也就保持正常的常通，控制功能就实现了。至于 KA04 采用的这种长期通电的运行方式，在实际应用中也是可行的，在许多工程实践中，小型继电器的这种长期通电做状态监视的例子在自动化设备的控制中非常普遍。其达到的控制结果是一旦 PLC 不运行或刨台越位，工作台马上停车，此时只能进行工作台的调整动作，即步进、步退，不能运行自动循环，就能提醒操作者和维护人员注意。

根据以上设想，工作台电气控制改造的全部程序就编写完成了，如图 4—3—32 所示为编写完成的工作台换向控制改造的梯形图程序。

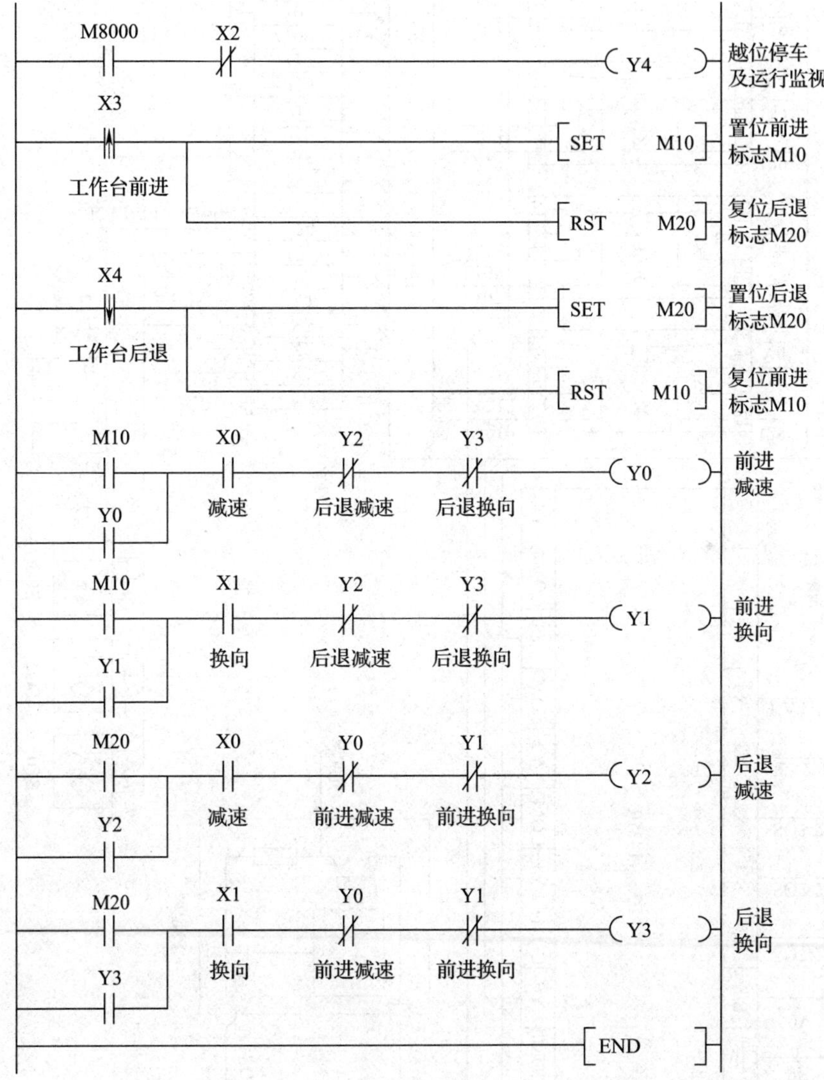

图 4—3—32 编写完成的工作台换向控制改造的梯形图程序

在完成了全部软件、硬件设计后，在实施前，一般还要画出该设计的电气接线图，用于指导工人进行电气安装与接线。如图 4—3—33 所示为工作台换向控制改造的电气接线图。

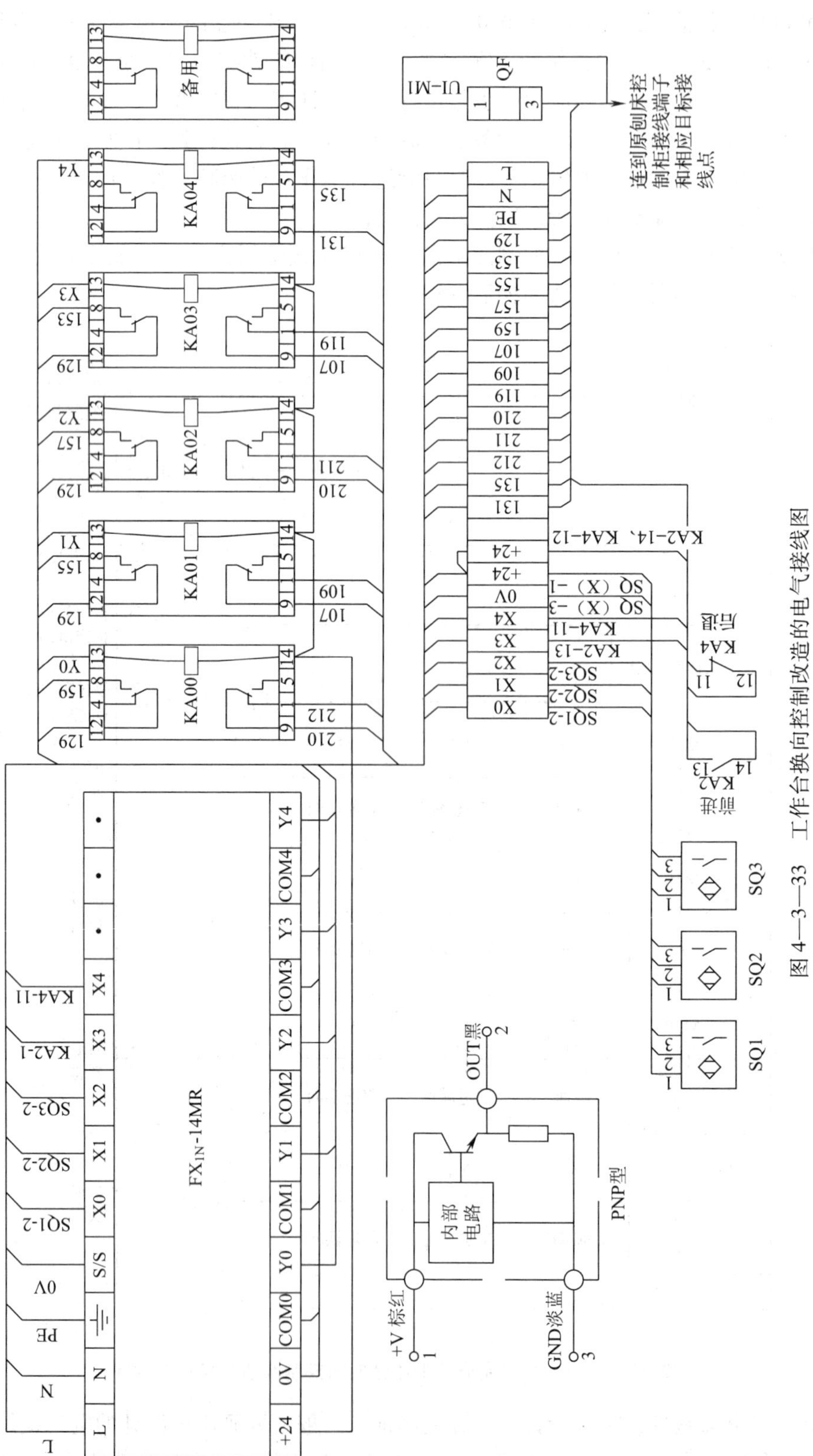

图 4—3—33　工作台换向控制改造的电气接线图

在接线图中看到，其中输出继电器多选择了一个备用，这在电气设计中也是个通用做法。因为在该改造完成以后的实际运行中，工作强度最高的就是小型继电器了，因此其损坏的概率较其他元件稍大。而且在一个强电设备居多的工作地点，这种小型继电器一般也不多见，所以在方案中增加一个备用作为应急。

新设计的控制单元的短路保护及电气隔离选用了一个单极微型断路器 QF，其额定电流值可选择该系列中最小的一种即可，一般为6 A。如果想要求保护精度更高、电流更小的话，可以向厂家订货，如可以做到 1.5 A，保护曲线选择 B 曲线，整定动作倍数为 $(3\sim5)I_N$。该微断 QF 可以安装在新主控单元的控制底板上，也可以安装在总控制箱内的某个地方。QF 的电源端引自设备总控制箱中的 U1 – M1 处，即主电动机电源线之一的 U 相，一旦主电动机 M1 完成启动，本控制系统就上电。如设备现场的供电电源运行 TN – C 系统，则现场没有 N 线，只有相线和 PEN 线。接线时相线不变，将 PEN 线接 PLC 的 N 端子，然后再将 N 端子与接地端子跨接即可。

三、接近开关触发装置的改造设计

由于换向信号的触发元件发生了改变，原设备的触发装置和触发方法也应该重新设计以满足更高的运行需求。

1. 接近开关触发安装盒的设计

在设计接近开关的触发方案时，考虑到龙门刨床的工作现场会有许多被切削下来的切屑，这些切屑一旦接近接近开关，就会造成误触发。因此，用于换向控制信号采集的接近开关应当像原行程开关一样，封闭在一个壳体中。设计思想：由撞块的碰撞下压一个触发杆，再通过触发杆的上、下位移进行信号触发。为了利于和配合触发时碰撞，在触发杆的顶部需设计触发碰撞轮。触发杆上部设计成正方形结构，可以使触发杆的姿态保持稳定，有利于撞块与碰撞轮的最佳配合，同时也利于接近开关的触发；触发杆的下部是导向杆，功能是保证触发杆能垂直运行，设计成圆形即可。在触发杆的圆形导向部位套装 ϕ13 mm×66 mm×1 mm，螺距为5～6 mm 的一个压簧，用于撞块离开后的自动回位。为便于触发杆上、下运行呈直线性，在触发盒的上部，设计一个间距为35 mm 的导向结构。触发杆的方形部位的下端设有缓冲杆，触发杆回弹时利用缓冲杆与安装在壳体上部的海绵缓冲垫配合，用于防止触发杆弹性回位时出现振荡。

为了提高触发效率和缩短触发行程，在触发盒中，接近开关为品字形排列。图4—3—34中的配合尺寸是按照所选接近开关的实际尺寸设计的，可供制作者参考，一旦接近开关的尺寸改变，触发盒也要做相应改变。

设计完成的接近开关触发盒装配图局部如图 4—3—34 所示。

接近开关的宽度为 18 mm，在触发盒的设计中，触发杆第一次下移触发的距离约为 13 mm，之后的两次触发下移的行程均为 15 mm。如图 4—3—35 所示为由撞块下压触发接近开关过程。越位状态的碰撞一般情况下用不到，但调试时必须要试一下。

为了降低触发杆的质量，使运行更平稳，触发杆的材质可选择酚醛树脂或铝合金。为保证可靠触发，可在触发杆上的触发有效部位镶嵌厚度为 1.5 mm×45 mm×20 mm 的低碳钢板一块。镶嵌时，触发杆的安装位置预设 M4 丝孔，低碳钢板上的安装孔做成沉孔，用沉头螺栓固定。镶嵌完成后，将该部位的两个触发面上平面磨床进行找正、蹭平处理。但触发杆顶

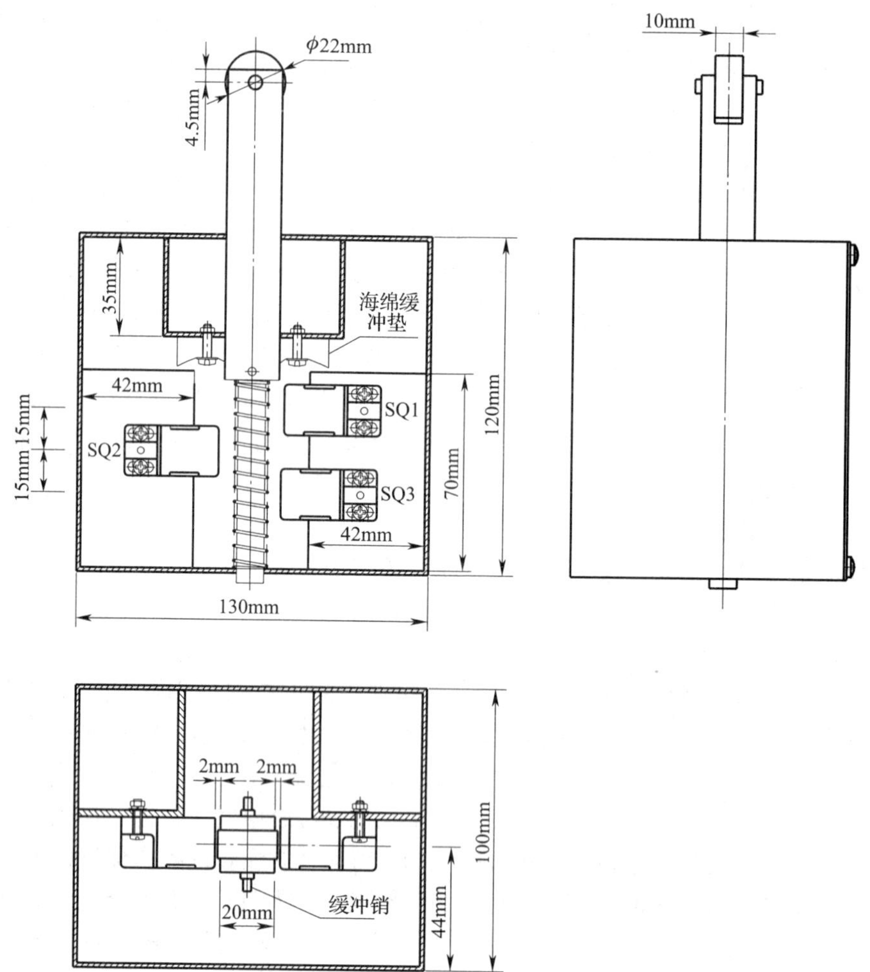

图 4—3—34　接近开关触发盒装配图局部

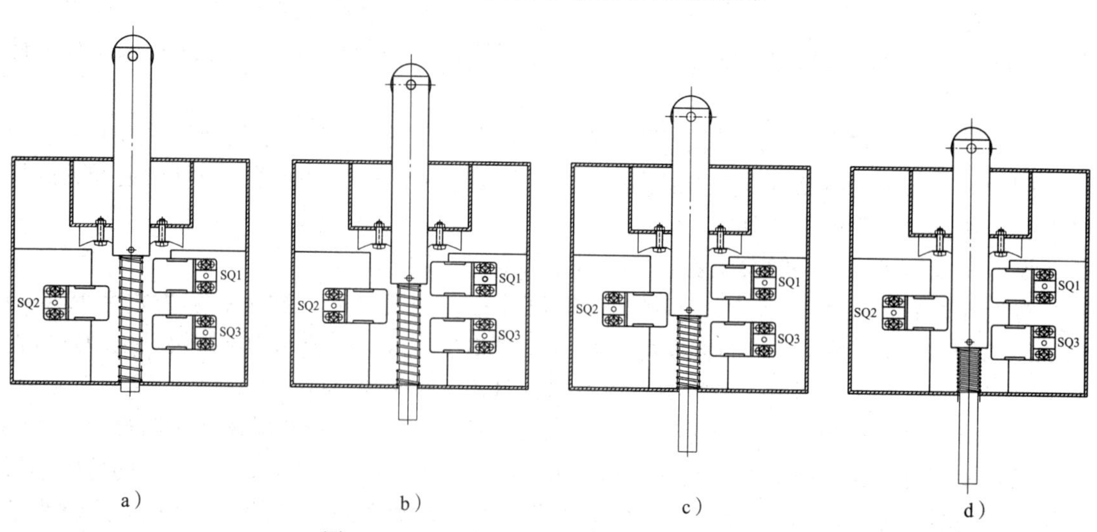

图 4—3—35　由撞块下压触发接近开关过程

a）初始状态　b）减速，SQ1 有效　c）换向，SQ2 有效　d）越位，SQ3 有效端的碰撞轮一定要用高碳钢，而且要求淬火处理到一定硬度。如图 4—3—36 所示为触发杆低碳钢板镶嵌做法。

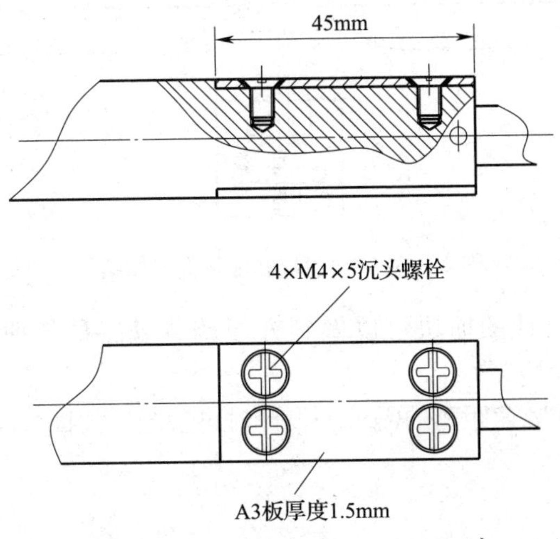

图 4—3—36　触发杆低碳钢板镶嵌做法

2. 接近开关触发撞块的设计

由于触发方式和触发行程均发生了较大的改变，用于新触发盒的触发撞块在本次改造中必须重新进行设计。新的触发撞块设计时有两点基本设想：

第一，必须能对新的触发盒进行高精度的有效、可靠触发，满足基本使用功能。

第二，由于触发方式的改变，使得碰撞力矩大大减小，因此新的撞块要能满足各撞块间距滑动可调的使用功能，这样可以大大方便操作者根据刨床的不同运行方式进行适当调整的需求。

为达到平滑、稳定、碰撞力矩小的目的，与触发杆接触碰撞的过渡部位设计成 30°角度做碰撞行进切入。所有接触部位均为平滑圆弧过渡。

撞块间距的调整需求是基于刨床在运行中使用不同切削速度时，为提高效率，延长使用寿命而提出的。传统的撞块由于要碰撞行程开关，碰撞力矩较大，所以其结构基本上是刚性的，基本就是不能调整。但在这种工作方式下的确影响刨床效率的发挥和寿命的延长。例如，当刨床工作于磨削状态时，工作台的运行速度很低，几乎是爬行。如果这时磨削终了要返程，还是低速走完减速、换向的固定间距，就会很费时。这时由于本来速度就很低，根本不需要充分减速，如果能将减速、换向撞块之间的距离调得很近，碰了减速就换向，则每个工作行程可以节省很多宝贵时间。再如，当刨床切削诸如铝材这样硬度很低的金属时，工作台的运行速度可以调得较高，以提高效率。但高速的情况下切削终了返程时，如果减速后到换向的距离不能调得长一点，势必造成减速距离不够，减速不充分。这时，在反向运行的瞬间，由于减速不够、车速较高，剧烈的反向制动时必然引起强烈的机械撞击，影响机械传动机构的使用寿命。

因此，在进行新的撞块设计时，要很好地解决这些问题，使电气控制改造完成后，不但电气控制的可靠性和使用寿命应得到显著提高，操作的便利性和机械寿命也要有一个较大的提升。只有这样的改造设计思想才符合当下一直强调的机电一体化的基本思想。

根据以上分析和思考所体现的基本思路，新设计的撞块与触发盒的机械结构如图4—3—37和图4—3—38所示。

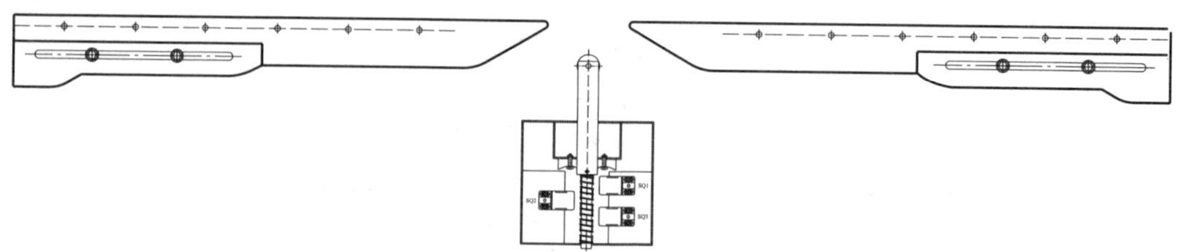

图4—3—37 撞块和触发盒机械结构

根据设计思想，新设计的撞块可以做到方便调节以满足各种运行方式的需求，如图4—3—39所示为撞块调整效果。

如果还有更长的增加减速距离的需求，设计时可适当增加撞块固定部分的长度。

注意

按一般设计要求，真实的改造工程中，还应当设计并绘制出各个组成部分的零件图以便加工生产。

四、生产实际工作中改造任务的实施步骤

1. 市场采购及零件加工投产

根据经过论证并已经确定的设计方案，首先进行电气主要材料的市场采购和改造用机械零件的加工投产。主要采购PLC、接近开关以及小型继电器等；零件加工主要针对触发盒总成及撞块总成的各个零件。由于安装完成的主控制部分一般是放置在原控制箱的某个空位上，所以，PLC最好不要选择没有外壳的单板机型，以防受到其他方面的干涉；接近开关应选择方形，主要是因为其安装尺寸比较小，选择价位一般每只在20元左右的国产品牌行货即可；继电器由于其工作比较频繁，最好选择质量好一点的，如进口的或合资厂的产品，一般价位应该每只为20～40元。所有元件的采购支出在人民币1 000元左右，因此改造的成本是可以接受的。采购的同时，机械零件的加工工作也立即展开。根据预先的设计，将各个组件的零件图根据加工手段和工艺，投向不同的车间和班组。触发盒壳体投向钣金车间；触发杆总成及零件以及撞块总成及零件投向金工车间。组装中所有的紧固件均要求选用镀锌处理，弹簧一般可以选择发蓝处理。

2. 机械组件的装配及电气安装与接线

根据电气接线图进行电气元件的安装与接线，可以把元件中的PLC、继电器、接线端子以及微型断路器等集中安装在一个绝缘底板上，之后完成该部分的电气硬件配线。各机械组件的总成，一般投产时要求加工车间给予加工并组装完成，电气人员一般只在其基础上进行有关电气元件的组装，如接近开关等。组成完成的触发盒和撞块总成要拿到设备现场进行机械安装要求的位置配合测绘，需要测绘出安装在工作台上的撞块总成和安装在床身底座上的触发盒总成之间的位置高度差，一般需要制作配合过渡底座以达到使用要求。

3. 通电调试

在电气安装及接线经检查无误后，可以给控制板通电并观察各部分的状况是否正常。通电正常后，连接上位 PC 机，对 PLC 进行控制程序的下载。之后进行模拟信号下的动作调试，观察信号输入时控制输出是否正常。

4. 现场施工

在完成了主控制系统的模拟调试、机械组件的安装与配合测绘制作之后，就可以去设备现场进行电气改造的现场施工了。

由于被改造的设备价值较高且在企业中地位重要，设备的电气控制系统也较为复杂，同时，机床占地面积较大，在空间上不能一览无余。因此，在整个现场施工过程中，有两点必须注意：首先是注意安全，其次是做必要的免责处置。

到达现场后，在进行计划内停工改造工作前，应先对未进行改造的设备进行现场的身份确认，确定该设备的确为计划改造的目标设备，而且该设备及其操作者也已经做好了进行设备改造工作配合的准备，而且在整个改造过程中，必须要求该设备的操作者全程配合。然后由该设备的操作者对该设备进行一次正常的设备启动，并对拟改造的部位进行几分钟的试运行，以确定设备状况是否正常并记录在案。如启动运行中出现故障，应先分析故障的成因及危害，评估是否会妨碍到本次设备改造的进行；是否对本次改造的结果造成影响。认清事实，分清责任，以决定改造是否可以如期进行。切不可贸然行动。

正式改造工作开始时，在操作者的配合下，首先切断该设备的供电总开关，一般为 200 A 壳架的断路器。停电以后，马上对断路器的出线进行验电，确认电已停后，悬挂“有人工作，请勿合闸”警示牌。然后，改造工作分步展开。

第一步：旧组件的拆除与新控制组件的安装。

在原总控制箱内空闲处找到一个合适的地方，将本次改造的主控单元可靠固定。同时，拆掉原床身上的行程开关组件及其撞块，保留原行程开关与总控制箱的连接导线供本次改造使用。接下来安装新的触发盒和撞块组件，按照事先测绘的结果，通过过渡底座，将撞块和触发盒按工作状态的位置进行安装，并做机械尺寸配合的调试，以达到使用要求。

第二步：控制组件间控制线路的连接。

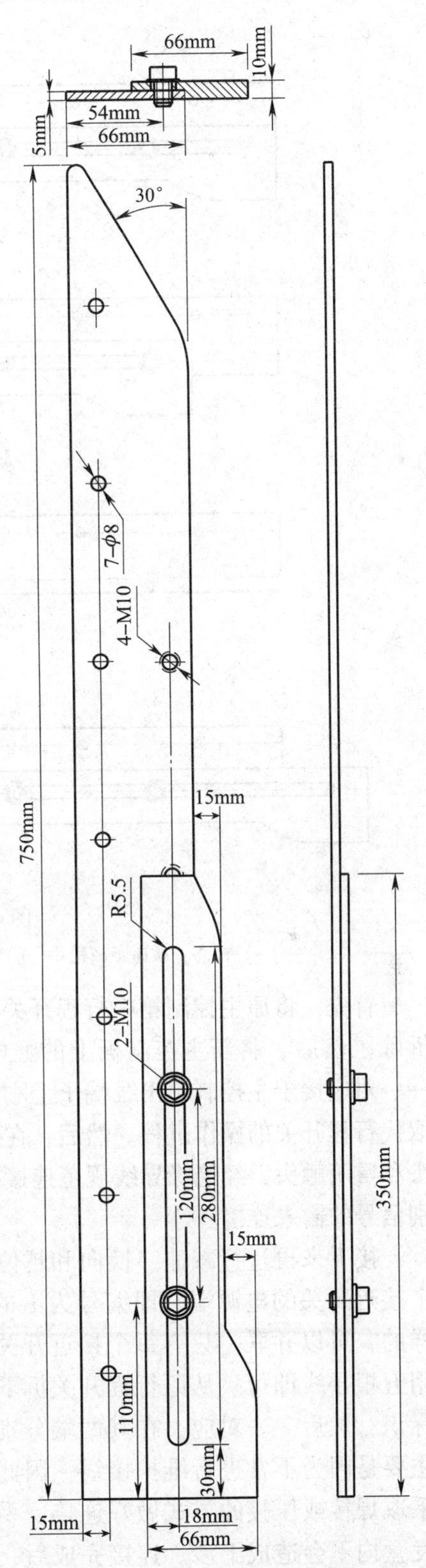

图 4—3—38 撞块装配图局部

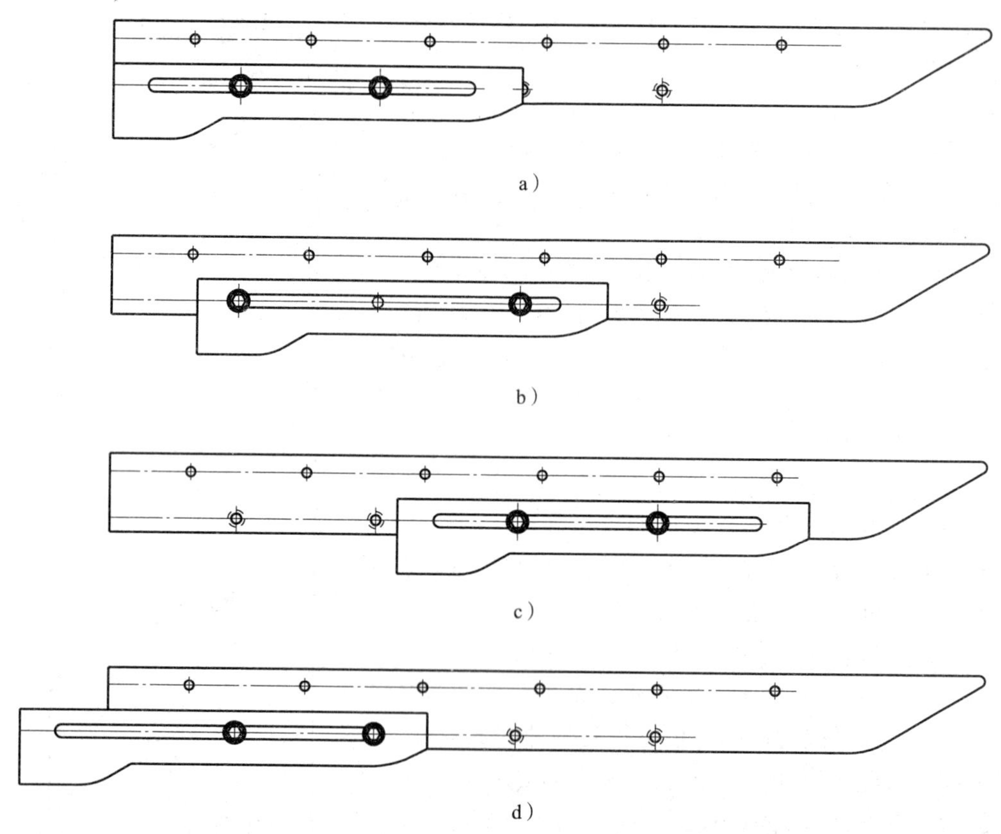

图 4—3—39　撞块调整效果

a）初态，减速距离适中　b）减速距离缩短　c）减速距离最小　d）减速距离最大

首先，将原主控制箱中行程开关的所有出线在其接线端子上对应其线号在出线侧全部拆除。然后，将新主控制板上的继电器控制出线端子上的相应线号的端子，经绝缘导线，一一对应接于主控制箱出线端子上刚刚拆除的相应线号的端子上。这样，就完成了用继电器取代行程开关的操作过程。然后，在原主控制箱方向继电器 KA2、KA4 上找到选定的常开触头和常闭触头，经绝缘导线规范连接到新主控制板上对应的端子编号上，这就完成了方向识别信号的输入连接。

接下来再进行减速、换向和越位信号的接线。三只接近开关，总共九个接线点，但每个接近开关的电源端，即编号为 1 的端，和接近开关的 GND 端，即编号为 3 的端都是一样的，可以并联。只有每个接近开关的输出端，即编号为 2 的端必须区分。所以，总共使用五根导线即可。从原行程开关拆下的导线中挑出五根状态较好的导线，先重新做好线号标识，然后一一对应，在其两端分别进行导线的规范连接。触发盒内没有设计接线端子，主要是因为不常进行维护接线，因此用处不大，其次是受空间的限制。所以，所有接线均采取焊接或压接的方式做好连接，妥善处理好绝缘并有序绑扎，使连接导线和触发杆在触发盒内不会造成干涉。连接完成后，将剩余闲置的原行程开关引线两头进行绝缘处理后作为备用。

最后，将新的主控板的电源开关 QF 的电源端与原总控制箱的 U1 – M1 进行规范连接，再将原总控制箱中的 N 线和 PE 线也规范连接至新主控板对应的线号标识的端子上。至此，所有改造接线全部完成，下一步，就可以进行通电联动试车了。

本次电气安装中，导线规范连接的基本要求和含义如下：

（1）使用的导线均应为 BVR 型软导线，导线截面积要求≥0.75 mm^2 。对于导线功能为控制线的导线，导线的颜色不准使用黄、绿、红、淡蓝以及黄绿双色线，可选择诸如白、黑、紫、灰等颜色。QF 的上口进线属于电源线，本次取的为 U 相，因此选择黄色导线；QF 的下口出线则为控制线；N 线选用淡蓝色；PE 线选用黄、绿双色；如果为 PEN 线，则也选择淡蓝色。

（2）导线的电气连接点应当压接过渡端头或焊接，并做好线号标识。

（3）新连接的导线在主控柜内的敷设路径上均要求进行有依托和有序的绑扎。绑扎时，使导线在电气接点上的长度应当处于富裕、自由放松状态，不得拉紧。

第三步：通电联动试车。

对所有改装部分的电气接线进行一次全面的安全和接线正确性检查，一定要认真进行，因为这可能是成败的关键。一切正常后，将新主控板上的断路器 QF 置于合闸位置，将 PLC 的运行状态开关置于 ON 位置，观察无异常后，合上该设备电源总开关，稍作观察，情况一切正常后，由该设备的操作者启动刨床的三联机组。

机组完成启动后，观察新主控制板上的 PLC，其信息显示板上的 POWER 灯和 RUN 灯应同时点亮。同时，PLC 的输出 Y4 指示灯点亮，表示 PLC 运行正常，控制板上的继电器 KA04 得电吸合，其开点闭合，线路（131 – 135）接通，一切就绪。

为安全起见，可先进行空车调试。由该设备的操作者到与工作台的拖动电动机输出轴连接的变速箱处，把变速箱上的变速挡位拨叉放在中间空挡位置，此时电动机转动，但刨床工作台不动。此时，由操作者启动工作台前进，观察直流电动机，此时应当开始以正向转动。然后，有人在工作台的触发盒处用手轻轻按动触发杆，模拟运行碰撞的第一挡，前进减速，观察电动机速度是否明显降低。正常后，继续按下触发杆，模拟运行碰撞的第二挡，前进换向，观察电动机是否反向运行。正常后，再继续按下触发杆，模拟越位停车，这时电动机马上停止。如一切正常（通常会这样），空车调试成功。

接下来，由操作者将变速箱的拨叉调整至工作位置，重新启动工作台前进，工作台就会在新的控制方式下可靠稳定地工作。运行一段时间如一切正常，工作台的电气控制改造任务的现场部分即告完成。

之后，应认真履行完各种手续，完善和规范改装资料，做到善始善终。经有关领导签字认可后，将改装资料进行存档，改造工作告一段落。

像这样规模的局部电气控制改造，进行了实际操作验证，现场的改造时间一般在半个工作日内即可全部完成。改造后控制的可靠性大大提高，至少能做到改装的部分在一年内不发生任何故障，运行效率的提高还是非常显著的。

任务测评

对任务实施的完成情况进行检查，并将结果填入表 4—3—3。

表 4—3—3　　评分标准

序号	项目	评分标准	配分	扣分	得分
1	电路设计	（1）I/O 地址分配错误或遗漏，每处扣 2 分 （2）电路图绘制有误或画法不规范，每处扣 2 分 （3）梯形图结构不合理，违反编程规则，每处扣 2 分	40		
2	电路安装	（1）元件选择不正确，每只扣 5 分 （2）元件布置不整齐、不合理，每只扣 2 分 （3）元件安装不牢固，每只扣 2 分 （4）布线不紧固、不美观，每根扣 2 分 （5）反圈、压绝缘皮、损伤导线绝缘或线芯，每根扣 2 分 （6）线号标记遗漏、误标或不清楚，每处扣 1 分 （7）不按接线图接线，每处扣 5 分	30		
3	通电调试	（1）通电调试步骤不正确，每次扣 5 分 （2）通电调试一次不成功扣 10 分，两次不成功扣 20 分，三次不成功扣 30 分	30		
4	安全文明生产	违反安全文明生产规定，扣 10 ~ 30 分			
开始时间：		结束时间：		成绩	
学生姓名：		教师签名：		年　月　日	

思考与练习

1. 复杂机床电气控制改造有哪几种基本方法？各自的特点是什么？

2. 去电子市场分别模拟采购方形和圆形两种接近开关，测绘接近开关的外形尺寸图。

3. 选择一种接近开关，根据接近开关的实际尺寸，设计一个有两个方向触发需要的位置控制任务中接近开关的安装图以及安装用零件图。